石油和化工行业"十四五"规划教材

荣获石油和化学工业优秀出版物奖·教材奖

高 等 学 校 制 药 工 程 专 业 规 划 教 材

工业药剂学

高 峰 主编

高建青 王 浩 蒋 晨 副主编

陆伟跃 主审

化学工业出版社

·北京·

内容简介

"工业药剂学"是研究药物剂型及制剂工业生产的理论、工艺技术、生产设备、质量管理的综合性应用技术学科。根据《化工与制药类教学质量国家标准》(制药工程专业)，本书着重介绍了制剂工业化相关的知识内容，注重实用性、先进性和科学性，包括工业药剂学的基础理论知识(第1~4章)、剂型相关知识(第5~17章)、工业化生产管理相关知识(第18章)以及药品包装(第19章)等内容。本书以药物制剂理论与生产实践相结合为特色，在研究剂型基础上，强化了制剂制备技术与生产设备的研究。

本教材适用于全国高等院校制药工程、药物制剂、药学等相关专业本科教学，也可作为从事制剂研制、开发和生产管理技术人员的参考书。

图书在版编目（CIP）数据

工业药剂学/高峰主编.—北京：化学工业出版社，
2021.1（2024.7重印）
高等学校制药工程专业规划教材
ISBN 978-7-122-37825-5

Ⅰ.①工…　Ⅱ.①高…　Ⅲ.①制药工业-药剂学-高
等学校-教材　Ⅳ.①TQ460.1

中国版本图书馆 CIP 数据核字（2020）第 185239 号

责任编辑：马泽林　杜进祥　徐雅妮　　　　装帧设计：关　飞
责任校对：宋　夏

出版发行：化学工业出版社（北京市东城区青年湖南街 13 号　邮政编码 100011）
印　　装：北京科印技术咨询服务有限公司数码印刷分部
787mm×1092mm　1/16　印张 28　字数 705 千字　　2024 年 7 月北京第 1 版第 3 次印刷

购书咨询：010-64518888　　　　　售后服务：010-64518899
网　　址：http://www.cip.com.cn
凡购买本书，如有缺损质量问题，本社销售中心负责调换。

定　　价：69.00 元

《工业药剂学》编写人员

主　　编　高　峰
副 主 编　高建青　王　浩　蒋　晨
编写人员（以姓氏笔画为序）

王　勇	国药奇贝德（上海）工程技术有限公司
王　浩	药物制剂国家工程研究中心
王云宝	国药奇贝德（上海）工程技术有限公司
甘　勇	中科院上海药物所
平　渊	浙江大学
付　强	沈阳药科大学
冯年平	上海中医药大学
刘永军	山东大学
朱壮志	药物制剂国家工程研究中心
齐宪荣	北京大学
闫志强	华东师范大学
孙　涛	复旦大学
邱玉琴	广东药科大学
汪　晴	大连理工大学
张　娜	山东大学
陈彦佐	华东理工大学
金　竹	上海交通大学
庞红宁	国药奇贝德（上海）工程技术有限公司
胡巧红	广东药科大学
俞　磊	华东师范大学
贺牧野	华东理工大学
奚　泉	药物制剂国家工程研究中心
高　峰	华东理工大学
高会乐	四川大学
高建青	浙江大学
郭圣荣	上海交通大学
蒋　晨	复旦大学
鲁　莹	第二军医大学
蔡　挺	中国药科大学

前 言 ▶▶▶

"工业药剂学"是研究药物剂型及制剂工业生产的理论、工艺技术、生产设备、质量管理的综合性应用技术学科。旨在培养具有药物剂型与制剂的设计、制备、生产、质量控制和保障等方面理论知识和技能的专业人才，为从事科学研究、药品生产和研发等工作奠定基础。本书是根据教育部关于普通高等教育本科教材建设与改革意见的精神，为适应我国高等院校药学类专业教育发展的需要，全面推进素质教育，培养 21 世纪高素质的科研型与应用型创新人才而编写的，以供广大药学类、制药工程专业人员参考。

《工业药剂学》首先总体介绍了工业药剂学的基础理论知识（第 1～4 章），包括绪论、相关基础理论与方法、晶体药物和药物制剂的设计与开发；而后分别介绍了传统剂型与新剂型及其制剂技术，按照液体制剂，灭菌制剂与无菌制剂，固体制剂，半固体制剂，气雾剂、喷雾剂与粉雾剂，口服缓（控）释制剂与快速释放制剂，经皮给药制剂，固体分散体，包合物，靶向制剂，微粒制剂，生物技术药物制剂和中药制剂的顺序（第 5～17 章），具体介绍各种制剂的基本原理、质量要求、处方设计、制备工艺（包括工艺流程图、常用设备及制备的关键点等）、质量评价，以及生产过程中常见问题和解决措施等内容；最后介绍了药物制剂的工业化生产，包括药物制剂的工业化生产管理及药品包装（第 18 和 19 章）等内容。

由于国内药学专业人才培养和专业课程教学的需要，根据药物制剂发展和生产实践，并结合了药物制剂生产技术，本书着重介绍与制剂工业化相关的知识内容，注重实用性、先进性和科学性。本书以药物制剂理论与生产实践相结合为特色，在研究剂型的基础上，强化了制剂制备技术与生产设备的研究，结合了材料科学、机械科学、粉体工程学、化学工程学的理论和实践，在新剂型研制开发过程中的处方设计、生产工艺技术的研究与改进及提高质量方面发挥着传授知识的关键作用。本书适合作为全国高等院校制药工程、药物制剂、药学等相关专业本科生的教材，也可供从事药物制剂研制、开发和生产管理技术人员参考。

本书从开始论证到最后编写工作的完成，得到全国范围内诸多高等院校、科研院所和企业界高级药学专业人士的大力支持，在本书的编写工作中倾注了大量心血，体现出扎实的工作作风和严谨的治学态度，在此致以诚挚的谢意！本书得到高等院校有关领导和教学管理部门的高度重视，在人力、物力和财力上给予了诸多帮助，在此表示衷心的感谢。同时，感谢上海市药学会药剂专业委员会的鼎力支持。

鉴于本书所涵盖的理论知识及工艺技术涉及领域较广、笔者水平有限，难免有疏漏之处，敬请广大读者批评指正，以便再版时予以充实和完善。

编者

2020 年 8 月

目 录 ▶▶▶

第十二章 固体分散体   **258**

第十三章　包合物　　273

第十四章　靶向制剂　　291

第十八章　药物制剂的工业化生产管理　　379

第一章 ▶▶▶

绪 论

本章学习要求

1. 掌握工业药剂学及其相关概念；药物剂型的重要性与分类；工业药剂学的任务与相关学科分支；药物递送系统。
2. 熟悉工业药剂学的主要研究内容；药典与药品标准；工业药剂学的发展；药品相关法规。
3. 了解制药工业的智能制造。

第一节 概 述

药剂学（pharmaceutics）是研究药物制剂的基本理论、处方设计、制备工艺、质量控制和合理使用等内容的综合性应用技术学科。另外，把制剂的研制过程也称为制剂。研究药物制剂的配制理论和制备工艺的科学通常称为制剂学（pharmaceutical engineering）。

工业药剂学（industrial pharmaceutics）是研究药物剂型及制剂工业生产的理论、工艺技术、生产设备、质量管理的综合性应用技术学科，是药剂学的核心之一。工业药剂学的基本任务是将药物制成适宜的剂型，并能批量生产，为临床提供安全、有效、稳定和便于使用的药品。工业药剂学在研究剂型的基础上，强化了制剂加工技术，如粉碎、混合、制粒、压片、灭菌、空气净化等制剂单元操作及设备的研究，吸收融合了材料科学、机械科学、粉体工程学、化学工程学的理论和实践，在新剂型的研究与开发、处方设计、生产工艺技术的研究与改进及提高质量方面发挥着关键作用。

一、常用术语

1. 药物与药品

药物是指用以预防、治疗和诊断人的疾病所用的物质的总称。药品（drugs 或 medicines）是指由药物制成的各种药物制品，可直接用于患者的制剂，并规定有适应证、用法、用量的物质。

2.剂型与药物制剂

剂型是指适合于疾病的治疗、预防或诊断所需要而制备的医药品的不同形态，简称剂型（dosage forms），如片剂、胶囊剂、注射剂等。为了达到最佳的治疗效果，根据用药途径不同，同一种药物还可加工成不同的剂型供临床使用。各种剂型中的具体药品，称药物制剂（pharmaceutical preparations），简称制剂，如阿莫西林片、阿莫西林胶囊、阿莫西林颗粒等。

3.辅料与物料

辅料是药物制剂中除主药以外的一切其他成分的总称，是生产制剂和调配处方时所添加的赋形剂和附加剂，是制剂生产中必不可少的组成部分。物料是指制剂生产过程中所用的原料、辅料和包装材料等物品的总称。

4.批和批号

在规定限度内具有同一性质和质量并在同一连续生产周期内生产出来的一定数量的药品为一批。所谓规定限度是指一次投料、同一生产工艺过程、同一生产容器中制得的产品。批号是用于识别"批"的一组数字或字母加数字，用于追溯和审核该批药品的生产历史。每批药品均应编制生产批号。

二、工业药剂学的研究内容

工业药剂学除继承药剂学的基本内容外，还加强了制剂单元操作及设备的研究，并要求其生产过程必须遵循药品生产质量管理规范，其主要研究内容概述如下。

（一）基本理论的研究

工业药剂学的基本理论是指药物制剂的配制理论，包括处方设计、制备工艺、质量控制等方面的基本理论。如粉体性质对固体物料的处理过程和对制剂质量的影响；片剂的压缩成型理论和缓控释行为的研究；流变学性质对脂质体、乳剂、混悬剂、软膏剂质量的影响；微粒分散理论在非均相液体制剂中的应用研究。

（二）制剂新技术、新剂型的研究与开发

制剂新技术、新剂型的研究与开发主要包括化学药、生物技术药物和中药。

1.药物制剂技术的创新和新剂型的研究与开发

剂型直接影响药物疗效，而新剂型的开发离不开新技术开发与应用，新技术为新剂型的开发奠定了基础，例如用固体分散技术提高了许多难溶性药物的溶解性、溶出度和吸收率，结合缓控释技术制备难溶性药物的缓控释制剂，既提高其溶解性能又控制其缓控释行为。新剂型为新技术的发展提供了广阔的空间。与片剂、胶囊、溶液剂、注射剂等普通制剂相比，缓释、控释和靶向制剂等新剂型可以更有效地提高疗效，降低副作用，如长效缓释微球注射剂，单次注射后药物持续释放长达数月之久，提高用药的顺应性，是目前新剂型研究方向之一。

2.生物技术药物新剂型的研究与开发

生物技术药物是指采用 DNA 重组技术或其他创新生物技术生产的治疗药物，如细胞因子、纤溶酶原激活剂、重组血浆因子、生长因子、融合蛋白、受体、单抗和疫苗等。21 世

纪生物技术的发展，正在改变医药科技的面貌。生物技术药物是人类攻克疑难病症最有希望的途径之一。如预防乙肝的基因重组疫苗、治疗严重败血症的促红细胞生长素、治疗糖尿病的人胰岛素、治疗侏儒症的人生长激素、治疗血友病的凝血因子等都是现代生物技术药物的新产品。基因、核糖核酸、蛋白质等生物药物普遍具有活性强的特点，但克服其分子量大、稳定性差、吸收性差等问题是摆在药剂工作者面前的艰巨任务。为了解决稳定性差、吸收性差和半衰期短等问题，需要寻找和发现适合于这类生物药物的长效、安全、稳定、使用方便的新剂型。

3. 中药前处理技术的应用和中药新剂型的研究与开发

在继承和发扬中医中药理论和中药传统制剂的同时，运用现代科学技术和方法实现中药制剂现代化，是中药制剂走向世界所必经的道路。有效成分的萃取分离技术，如超声萃取、逆流萃取、超临界萃取、膜分离技术、絮凝分离等，可得到高纯度的活性成分；现代制剂技术如固体分散技术、包合技术、微粒技术、纳米技术等，可提高中药的生物利用度。近年来中药缓释制剂和靶向制剂也在开发和研究中，如中药微球、脂质体和包合物等，丰富和发展了中药的新剂型和新品种。

（三）新辅料的研究与开发

药物制剂由活性成分和辅料所组成。辅料是制剂生产中必不可少的重要组分，是制剂成型以及工艺过程顺利进行的关键，对于药物稳定性的提高、有效成分作用的调节至关重要。采用新型药用辅料能够改良制剂性能、提高生物利用度以及缓（控）释药性能。因此，药用辅料的更新换代日益成为药剂工作者关注的热点。

新型、优质、多功能的药用辅料的不断发展，促进了药物新剂型与制剂新技术的发展。①在液体药剂中，表面活性剂以及乳化剂的作用早已为人们所知，泊洛沙姆（Poloxamer）乳化剂的出现为静脉乳剂的制备提供了更好的选择。②在固体药物制剂中，交联聚维酮崩解剂的应用推动口腔速溶片的发展；可压性淀粉的开发使粉末直接压片技术实现了工业化。③在经皮给药制剂中，月桂氮卓酮的问世使药物透皮吸收制剂的研究更加活跃，有不少产品上市。④在注射剂中，聚乳酸羟基乙酸共聚物的出现使新型长效注射剂得到了应用。

（四）新机械和新设备的研究与开发

随着新剂型和新制剂技术的不断涌现，制剂机械和设备的发展遇到了前所未有的机遇。为了保证药品的质量，药物制剂工业生产应向封闭、高效、多功能、连续化、自动化、智能化的方向发展。如固体制剂生产中使用的流化床制粒机在一台机器内可完成混合、制粒、干燥和包衣，与传统的摇摆式制粒机相比，大大缩短了工艺过程，减少了与人接触的机会。挤出滚圆制粒机、离心制粒机等使制粒更加致密、球形化的机械设备，在制剂生产中得到广泛应用。高效全自动压片机的问世，使片剂的产量和质量大大提高。3D打印技术极大地降低产品研发创新成本，缩短研发周期，并且能够简化制作，提高产品质量与性能。自动机器人技术的应用也将促使无人化的生产模式实现，简单的人机交互可以降低对技术工人的需求。

（五）"工业4.0"时代的智能制药的研究与开发

未来的制药行业将更加自动化、信息化、智能化，借助物联网技术，实现人、设备与产品的实时联通、精准识别、有效交互与智能控制。实现制药装备、药品生产过程和装备制造过程智能化，全面提升制药企业研发、生产、管理和服务的智能化水平。

无论是化学药、生物技术药物还是中药，先进的制剂技术、优质的药用辅料、精密的生产设备已成为优质制剂生产不可或缺的三大支柱。

三、工业药剂学的发展

1.工业药剂学的发展

药剂学具有悠久漫长的历史，古埃及和古巴比伦便记载有散剂、硬膏剂、丸剂、汤剂、软膏剂等许多剂型。2世纪初，在格林（Galen）的著作中记述了散剂、丸剂、浸膏剂、溶液剂、酒剂等。此时，工业药剂学尚未出现，世界各国还停留在家庭式手工生产模式。

18世纪末，人类迎来第一次工业革命，药物制剂的工业化机械生产开始成为现实，片剂、胶囊剂、注射剂、气雾剂等剂型相继进入市场。1843年，Brockdon制备出了模印片，开始了片剂的工业生产；1847年，Murdock发明了硬胶囊剂，胶囊开始普遍出现；1872年，John Wyeth等创制了手动压片机，促进了片剂迅速发展；1886年，Limousin发明了安瓿，解决了液体制剂贮存运输的问题，促进了注射剂的发展。

19世纪60年代，伴随着第二次工业革命，电气开始驱动大规模流水线生产，药物制剂的工业化生产水平进一步提高，这也是现代工业药剂形成的初期。19世纪70年代半自动旋转式压片机的问世，告别了以往生产用槌敲打，通过上冲下压物料模，把药物制成片剂的生产方式，克服了以往片剂不坚固、易碎、剂量不准确、制作费时费力等不足，提高了生产效率和片剂的质量水平，进一步促进了片剂的发展。1903年，拜耳公司生产的阿司匹林片剂迅速风靡全球并且长盛不衰。

第三次工业革命则是信息技术革命，从20世纪40年代开始至今，使用电子技术、工业机器人和IT技术提升生产效率，实现从模拟化向数字化变革，制剂生产过程变得数字化、联动化、自动化和可控化，形成了具有整套规模的研究生产体系，也是现代工业药剂学的迅速发展期。制剂工业化生产过程中所涉及的生产装置复杂，需要控制的工艺参数繁多，存在程序设计中耦合性不强、高度非线性严重等问题；而人工操作劳动强度大，人为影响生产的因素多，生产效率不高，质量不稳定等问题突出。所以信息技术革命整合制剂生产系统体系，将每一生产步骤形成的单个单元整合起来，贯穿整个生产过程，形成自动化工业生产体系，进一步提升生产质量、效率和规模体系。随着学科之间的相互渗透和促进，新剂型、新辅料、新设备、新工艺、新方法等不断涌现，出现了缓（控）释制剂系统、靶向给药系统、透皮给药系统、大分子给药系统等新型药物剂型，涌现了高分子材料、新型复合材料等新型辅料，出现了高速混合制粒机、全自动灌装灭菌机等一大批新型制剂生产设备，出现了超临界流体萃取、纳米制备工艺、基因重组技术等新型工艺技术，出现了质量源于设计（QbD，quality by design）、计算机模拟辅助等新制造方法，大大促进药物制剂和药剂学工艺的发展和完善。例如，脂质体作为新型药物传递系统，由于制备过程中需使用大量有机溶剂，质量难控制，限制了脂质体的工业生产，Aphios公司则利用超临界CO_2代替了有机溶剂，应用超临界脂质体制备装置，实现了紫杉醇脂质体大规模连续工业生产，其质量稳定，治疗效果显著优于常规紫杉醇注射液。

到了21世纪，随着大数据和人工智能的兴起，应用信息物理融合系统开始智能化生产，迎来了第四次工业革命。德国于2013年提出了"工业4.0"项目，描绘了制造业生产高度数字化、网络化、模块化、机器自组织的未来愿景，我国也在2015年发布《国家智能制造标准体系建设指南》，提出具备以智能工厂为载体，以关键制造环节智能化为核心，以端到端数据流为基础，以网通互联为支撑的四大特征，可有效缩短产品研制周期、提高生产效率、提升产品质量、降低资源能源消耗，对于整个制药行业包括工业药剂学，具有里程碑式的重要意义。但对于制药行业来说，"智能制造"之路才刚刚开始，"智能工厂"真正合理与完整的形态和模式并没有形成，但关键制造环节智能化已经开始逐步发展。发达国家或地区医药制造智能化水平较为先进，主要集中于欧洲、美国、日本等制药跨国公司，如瑞士诺华制药、美国辉瑞和日本第一三共制药。例如，2015 年 7 月，由 Aprecia 公司采用 3D 打印技术研发制备的左乙拉西坦速溶片（商品名：Spritam®）获得美国食品药品监督管理局（Food and Drug Administration，FDA）批准上市，开拓了 3D 打印技术在工业药剂片剂生产中的先例，加速了制药行业"智能制造"的开展。我国在制药工业"智能制造"领域开始快速发展，例如，楚天科技 SFSR 系列智能机器人无菌预灌封生产系统，采用智能机器人协同控制技术，可实现预充式注射器撕膜、去内衬、灌装、加塞、称重等工艺流程全自动化，具有生产速度快、性能稳定、无交叉污染等特点，与传统设备相比占地面积更小，降低了生产成本。

2. 工业药剂学的相关学科

工业药剂学是药剂学重要的分支学科，随着药剂学和相关学科的不断发展，逐渐形成了多门药剂学的分支学科。与工业药剂学相关的药剂学的主要分支学科有物理药剂学、药用高分子材料学、临床药剂学、生物药剂学与药物代谢动力学等。这些学科相互渗透、相互促进，对工业药剂学的整体发展具有重大影响。

（1）物理药剂学（physical pharmaceutics）是应用物理化学的基本原理、方法和手段研究药剂学中有关药物剂型设计的一门理论学科。物理药剂学是药物新剂型发展的理论基础，其主要内容是应用物理化学的原理，研究和解释药物制造和贮存过程中存在的现象和规律，用以指导剂型和制剂设计，推动新剂型和新技术的发展与应用。

（2）药用高分子材料学（polymer science in pharmaceutics）是研究工业药剂学中剂型设计和制剂处方中涉及的聚合物原理、物理化学特征、各种合成的和天然的功能性聚合物及其应用。高分子物理、高分子化学和高分子材料工艺学是该学科的基础。各种新材料对创造新剂型和提高制剂质量具有极其重要的作用。没有高分子材料就没有药物剂型和制剂的发展。

（3）生物药剂学（biopharmaceutics）是研究药物及其制剂在体内的吸收、分布、代谢与排泄过程，阐明药物的剂型因素、生物因素与药效三者之间相互关系的一门学科。该学科整合药剂学、药理学、生理学、解剖学以及分子生物学等学科的知识和理论，研究目的主要是正确评价药剂质量、设计合理的剂型及制剂工艺，以及为临床合理用药提供科学依据，保证用药的有效性与安全性。

（4）药物代谢动力学（pharmacokinetics）亦称药动学，是研究药物及其代谢物在机体内的含量随时间变化的过程，并用数学模型拟合，为指导剂型和剂量设计、安全合理用药等提供依据。药动学及其基本分析方法已成为生物药剂学、临床药剂学、药剂学、药理学等多种学科的最主要和最密切的基础，推动着这些学科的蓬勃发展。

（5）临床药剂学（clinical pharmaceutics）是以患者为对象，研究合理、有效、安全用药等与临床治疗学紧密联系的一门学科，广义上亦称临床药学。其主要内容包括：提供特定患者所需药品信息；临床用制剂和处方的研究；药物制剂的临床研究和评价；药物制剂生物利用度研究；药物剂量的临床监控；药物配伍变化及相互作用的研究等。临床药剂学使药剂工作者直接参与对患者的药物治疗活动，有利于提高临床治疗水平。

（6）制剂工程学（engineering of drug preparation）是以药剂学、工程学及相关科学的理论和技术来综合研究制剂工程化的应用科学。其综合研究的内容包括产品开发、工程设计、单元操作、生产过程和质量控制等，目的是规模化规范化生产制剂产品。

(7) 分子药剂学（molecular pharmaceutics）是发现和了解剂型的性质和制剂工艺的分子原因的一门学科，从分子水平和细胞水平研究剂型因素对药效的影响。2004 年，学术刊物 *Molecular Pharmaceutics* 由美国化学会主办创刊，分子药剂学成为药剂学的一个重要分支学科。

由此可见，工业药剂学涵盖了庞大复杂的知识理论，这就要求广大药剂工作者必须拥有比较全面的科学知识。另外，工业药剂学的实践，还与各国的药品生产质量管理规范（GMP）、药品生产的厂房和车间设计规范等密切相关。药物制剂工业在医药工业乃至整个国民经济中占有不可忽视的地位，制剂工业水平在某种程度上反映了一个现代工业化国家的综合国力。

第二节　药物剂型与药物递送系统

一、药物剂型的意义

1. 药物剂型与给药途径有关

药物剂型与给药途径对临床治疗效果会产生重要影响。药品应用于人体，有 20 余种给药途径，即皮肤、眼、耳道、鼻腔、咽喉、口腔、舌下、支气管、肺部、胃肠道、直肠、子宫、阴道、尿道、皮内、皮下、肌肉、静脉、动脉等。根据这些给药途径的特点来制备不同的药物剂型。如眼黏膜用药是以液体、半固体剂型最为方便，舌下给药则应以速释制剂为主。有些剂型可以多种途径给药，如溶液剂可通过胃肠道、皮肤、口腔、鼻腔、直肠等途径给药。总之，药物剂型必须与给药途径相适应。

2. 药物剂型的重要性

一种药物可制成多种剂型，可用于多种给药途径。而一种药物可制成何种剂型主要由药物的性质，临床应用的需要，运输、贮存等方面的要求决定。良好的剂型可以发挥出良好的药效，剂型的重要性主要体现在以下几个方面。

① 改变药物的作用性质　如硫酸镁口服剂型产生导泻和利胆作用，外用热敷可消炎去肿，但硫酸镁注射液静脉滴注，能抑制大脑中枢神经，具有镇静和抗惊厥等作用；又如 1% 利凡诺注射液用于中期妊娠引产，但 0.1% 利凡诺水溶液局部涂敷有杀菌作用。

② 可调节药物的作用速度　如注射剂、吸入气雾剂等发挥药效很快，常用于急救；缓（控）释制剂、长效制剂等发挥药效持久。

③ 可降低药物的不良反应　如缓释与控释制剂能保持血药浓度平稳，从而在一定程度上降低某些药物的不良反应。

④ 可产生靶向作用　如静脉注射用载药脂质体在体内能被网状内皮系统的巨噬细胞所吞噬，药物可被动靶向于肝脏和脾脏。

⑤ 可提高药物的稳定性　同种活性成分制成固体制剂的稳定性高于液体制剂，对于活性成分易发生降解的，可以考虑制成固体制剂。

⑥ 可影响疗效　固体剂型如片剂、颗粒剂的制备工艺不同会对药效产生显著的影响，药物晶型、药物粒子大小的不同，也可直接影响药物的释放，从而影响治疗效果。

二、药物剂型的分类

药物可制成多种剂型，采用不同的途径给药。同一药物由于剂型不同，采用的给药途径不同，所产生的药效也会不同。药物给药途径有：全身给药，包括口服、静脉注射、肌内注射、皮下注射、舌下含化等；局部给药，包括气管、阴道、肛门给药等。通常注射药物比口服吸收快，到达作用部位的时间快，因而起效快，作用显著。注射剂中的水溶性制剂通常比油溶液和混悬剂吸收快、起效时间短。口服制剂中的溶液剂通常比片剂、胶囊容易吸收。缓（控）释制剂是可以控制药物缓慢、恒速或非恒速释放的一大类制剂，其作用更为持久和温和。一般药物剂型分类方法有以下几种。

1. 按给药途径分类

首先按给药部位进行大分类，然后根据形状进行分类，再根据特性细分。

(1) 口服给药剂型 是指口服后通过胃肠黏膜吸收而发挥全身作用的制剂。①片剂：普通片、分散片、咀嚼片、口腔崩解片、溶解片等。②胶囊剂：硬胶囊剂和软胶囊剂。③颗粒剂：溶液型颗粒剂、混悬型颗粒剂、泡腾颗粒剂。④散剂：口服散剂。⑤口服液：溶液剂、混悬剂、乳剂等。

(2) 口腔内给药剂型 主要在口腔内发挥作用的制剂，要和口服片区别开。①口腔用片：含片、舌下片、口腔粘贴片等。②口腔喷雾剂。③含漱剂。

(3) 注射给药剂型 以注射方式给药的剂型。①注射剂：静脉注射、肌内注射、皮下注射、皮内注射和腔内注射等。②输液：营养输液、电解质输液、胶体输液。③缓释注射剂：微球注射剂、脂质体和乳剂等。④植入注射剂：用微球或原位凝胶制备的注射剂。

(4) 呼吸道给药剂型 通过气管或肺部给药的制剂，主要以吸入或喷雾方式给药，如气雾剂、粉雾剂、喷雾剂等。

(5) 皮肤给药剂型 用于皮肤的剂型，可以起到局部或全身作用。①外用液体制剂：溶液剂、洗剂、搽剂、酊剂等。②外用固体制剂：外用散剂。③外用半固体制剂：软膏剂、凝胶剂、乳膏剂等。④贴剂：压敏胶分散型贴剂、贮库型贴剂。⑤贴膏剂：凝胶贴膏、橡胶贴膏等。⑥外用气体制剂：气雾剂、喷雾剂等。

(6) 眼部给药剂型 用于眼部疾病的剂型，有滴眼剂、眼膏剂、眼膜剂等。

(7) 鼻黏膜给药剂型 滴鼻剂、鼻用软膏剂、鼻用散剂等。

(8) 直肠给药剂型 直肠栓、灌肠剂等。

(9) 阴道给药剂型 阴道栓、阴道片、阴道泡腾片等。

(10) 耳部给药剂型 滴耳剂、耳用凝胶剂、耳用丸剂等。

(11) 透析用剂型 腹膜透析用制剂和血液透析用制剂。

上述剂型类别中，除了口服给药剂型之外的其他剂型都属于非胃肠道给药剂型，而且可在给药部位起局部作用或被吸收后发挥全身作用。

2. 按分散系统分类

分散相分散于分散介质中形成的系统称为分散系统。

(1) 溶液型 药物以分子或离子状态（质点的直径≤1nm）分散于分散介质中所形成的均匀分散体系，亦称低分子溶液。如芳香水剂、溶液剂、糖浆剂、醑剂、注射剂等。

(2) 胶体型 分散质点直径在1～100 nm的分散体系有两种，一种是高分子溶液的均匀分散体系；另一种是不溶性纳米粒的非均匀分散体系。如胶浆剂、涂膜剂等。

(3) 乳剂型　油性药物或药物的油溶液以液滴状态分散在分散介质中所形成的非均匀分散体系，分散相直径在 $0.1 \sim 50~\mu m$。如口服乳剂、注射乳剂等。

(4) 混悬型　固体药物以微粒状态分散在分散介质中所形成的非均匀分散体系，分散相直径在 $0.1 \sim 100~\mu m$。如合剂、洗剂、混悬剂等。

(5) 气体分散型　液体或固体药物以微粒状态分散在气体分散介质中所形成的分散体系。如气雾剂、粉雾剂。

(6) 固体分散型　固体混合物的分散体系。如片剂、散剂、颗粒剂、胶囊剂、丸剂等。

3. 按形态分类

按物质形态分类：

(1) 液体剂型　如注射剂、溶液剂、合剂、洗剂、芳香水剂等。

(2) 气体剂型　如气雾剂和喷雾剂等。

(3) 固体剂型　如散剂、丸剂、片剂、栓剂和膜剂等。

(4) 半固体剂型　如软膏剂、糊剂等。

4. 按制法分类

根据特殊的原料来源和制备过程进行分类的方法，虽然不包含全部剂型，但习惯上还是常用。

(1) 浸出制剂　用浸出方法制备的各种剂型，一般是指中药剂型，如浸膏剂、流浸膏、酊剂等。

(2) 无菌制剂　用灭菌方法或无菌技术制成的剂型，如注射剂、滴眼剂等。

剂型的不同分类方法各有特点，也有不完善或不全面的地方。

三、药物递送系统

药物递送系统（drug delivery system，DDS）是指在空间、时间及药量上调控药物在体内分布的技术体系，采用多学科手段将药物有效地递送到目的部位，调节药物的药动学参数、药效、毒性、免疫原性和生物识别等。药物递送系统融合了药学、医学及工学等学科，其研究对象包括药物本身，载体材料、装置，以及对药物或载体等进行物理化学改性、修饰的相关技术。

1. 药物递送系统的目的

(1) 药物控释　通常指给药后能在机体内按照一定速率释放药物，使血液中或特定部位的药物浓度能够在较长时间内维持在有效浓度范围内，从而减少给药次数，并降低产生毒副作用的风险。随着制剂技术的发展，现在的控释技术不仅能够实现药物的缓释，而且能够对药物释放的空间、时间及释药曲线进行更加精确、智能的调控。

(2) 靶向递药　靶向递药是使药物瞄准特定的病变部位，在局部形成相对高的浓度，减少对正常组织、细胞的伤害。根据靶标的不同，药物靶向可分为组织器官水平、细胞水平及亚细胞水平几个层次。根据靶向机理的不同，药物靶向可分为被动靶向、主动靶向、物理化学靶向等几类。

(3) 增强药物的水溶性、稳定性和调控药物代谢速度　利用包合物、胶束和脂质体等载体包裹难溶性药物，从而改善难溶性药物的水溶性；此外，可通过表面修饰、改性等手段在药物或其载体表面构筑一个保护层，保护药物免受体内吞噬细胞的清除及各种酶的攻击，从而提高药物在体内的稳定性。利用现代制剂技术，还可以起到调控药物在体内的代谢速度的效果。

（4）**促进药物吸收及通过生物屏障**　促进药物通过肠道黏膜、皮肤等的吸收；或者通过表面修饰等方式，增加药物穿透特定生物屏障（如血脑屏障、细胞膜）的能力，提高药效，如修饰乳铁蛋白受体、穿膜肽 Tat 等。

2. 药物递送系统类型及其所涉及的材料

药物递送系统大致可分为：控释药物递送系统（controlled or sustained release DDS）、靶向药物递送系统（targeting DDS）、智能药物递送系统（intelligent DDS）、经皮药物递送系统（transdermal DDS）、黏膜药物递送系统（mucosal DDS）、植入药物递送系统（implanting DDS）、多肽蛋白疫苗类药物递送系统（peptide，protein and vaccine DDS）、基因治疗药物递送系统（DNA DDS for gene therapy）和微粒工程药物递送系统（particle engineering DDS）。其中，微粒工程药物递送系统包括微球（microspheres or microcapsules）、纳米球或纳米囊（nanospheres or nanocapsules）、脂质体（liposomes）、胶束（micelles）等。

药物递送系统的性质和质量取决于所选用的药用材料及其与药物之间的相互作用。药物从系统中的释放行为，如释放速度、释放部位、释放方式（如脉冲释放等）与所选用材料的性质有关。新型药物递送系统的设计和研究取决于新型药用材料的开发。药物递送系统所涉及的材料主要包括无机材料、药用高分子材料、稳定剂以及控制药物释放速率的阻滞剂、促进溶解与吸收的促进剂等。其中，药用高分子材料可分为天然高分子材料（如海藻酸盐、白蛋白、壳聚糖、淀粉）、半合成高分子材料（如纤维素衍生物）及合成高分子材料（如聚乳酸-羟基乙酸共聚物、聚酯类）。

药剂发展时代一般可划分为：第一代，传统的片剂、胶囊、注射剂；第二代，缓释制剂、肠溶制剂（第一代 DDS）；第三代，控释制剂，利用单克隆抗体、脂质体、微球等制备的靶向给药制剂（第二代 DDS）；第四代，由体内反馈靶向于细胞水平的给药系统（第三代 DDS）。

在近几十年间，随着制剂技术与药用材料的不断发展，这些系统在理论研究、剂型设计及制备方法等多方面都得到迅速发展，药物品种不断增加，在临床治疗中正发挥越来越重要的作用，但新型药物递送系统并不能取代普通制剂的作用，必须同时重视二者的发展和提高。

第三节　药品相关法规

一、药典

药典（pharmacopoeia）是一个国家记载药品标准、规格的法典，一般由国家药典委员会组织编纂、出版，并由政府颁布执行，具有法律约束力。药典是从本草学、药物学以及处方集的编著演化而来的，其发展历史源远流长。《神农本草经》是目前我国现存的最早的医学专著。唐显庆四年（公元 659 年）颁行的《新修本草》是我国历史上第一部官修本草，堪称世界上最早的国家药典。1580 年，pharmacopoeia 一词首次出现在意大利贝加莫的地方药物标准上。药典代表着当时医药科技的发展与进步，一个国家的药典反映这个国家的药品生产、医疗和科学技术的水平。各国的药典跟踪药品的品种和质量的提高定期修订和补充，以满足医药事业的发展，保证人们用药安全、有效，为药品研究和生产起到指导和保障作用。

《中华人民共和国药典》（Pharmacopoeia of the People's Republic of China，Ch. P）简称《中国药典》，坚持"临床常用、疗效确切、使用安全、工艺成熟、质量可控"的品种遴选原则。中国药典始自 1930 年出版的《中华药典》。中华人民共和国成立以后，党和政府高度重视医药卫生事业，新中国成立伊始即着手启动药品标准体系建设。1950 年成立了第一届药典委员会，并于 1953 年颁布了第一版《中国药典》。此后陆续部颁了 1963 年版、1977年版、1985 年版、1990 年版、1995 年版、2000 年版、2005 年版、2010 年版、2015 年版、2020 年版，共 11 版。

据不完全统计，世界上已有近 50 个国家编制了国家药典，例如《美国药典》（Pharmacopoeia of the United State，USP）、《英国药典》（British Pharmacopoeia，BP）、《日本药局方》（Pharmacopoeia of Japan，JP）等，另外还有 3 种区域性药典以及世界卫生组织（WHO）编制的《国际药典》（Pharmacopoeia International，Ph. Int.）。《国际药典》是为了统一世界各国药品的质量标准和质量控制的方法而编纂的，但它对各国无法律约束力，仅作为各国编撰药典时的参考标准。这些药典无疑对世界医药科技交流和国际医药贸易具有极大的促进作用。

二、国家药品标准

药品应当符合国家药品标准和经国家药品监督管理局（National Medical Products Administration，NMPA）核准的药品质量标准。经国家药品监督管理局核准的药品质量标准，为药品注册标准。药品注册标准应当符合《中国药典》通用技术要求，不得低于《中国药典》的规定。制定药品标准对加强药品质量的监督管理、保证质量、保障用药安全有效、维护人们健康起着十分重要的作用，我国有约 9000 个药品质量标准。药品标准是药品现代化生产和质量管理的重要组成部分，是药品生产、供应使用和监督管理部门共同遵循的法定依据。药品质量的内涵包括 3 个方面：真伪、纯度和品质优良度，三者的集中表现是使用过程中的有效性和安全性。

三、处方药与非处方药

1. 处方

处方是指医疗和生产部门用于药剂调制的一种重要书面文件，有以下几种。

（1）法定处方　国家药品标准收载的处方，具有法律的约束力，在制备或医师开写法定制剂时，均需遵照其规定。

（2）医师处方　医师为患者开写的药品书面凭证。该处方具有法律、技术和经济意义。

2. 处方药与非处方药

《处方药与非处方药分类管理办法》是国家药品监督管理局发布的药品类管理办法，该办法对于处方药的调配、购买和使用以及非处方药的标签、说明、包装印刷和销售都进行了明确的规定。

（1）处方药（prescription drug 或 ethical drug）　必须凭执业医师或执业助理医师的处方才可调配、购买的药品。处方药可以在国务院卫生行政部门和药品监督管理部门共同指定的医学、药学专业刊物上介绍，但不得在大众传播媒介发布广告宣传。

（2）**非处方药**（nonprescription drug）　不需凭医师处方，消费者可以自行判断购买和使用的药品。经遴选，由国家药品监督管理局批准并公布。在非处方药的包装上，必须印有国家指定的非处方药专有标识。非处方药在国外又称为"可在柜台上买到的药品（over the counter，OTC）"。目前，OTC已成为全球通用的非处方药的简称。

处方药和非处方药不是药品本质的属性，而是管理上的界定。无论是处方药还是非处方药，都经过国家药品监督管理部门批准，其安全性和有效性是有保障的。其中，非处方药主要是用于治疗各种消费者容易自我诊断、自我治疗的常见轻微疾病。

四、药品生产质量管理规范

《药品生产质量管理规范》（Good Manufacturing Practice，GMP）是药品生产和质量管理的基本准则。推行GMP的目的是：①人为造成的错误减小到最低；②防止对医药品的污染和低质量医药品的产生；③保证产品高质量的系统设计。GMP的检查对象是人、生产环境和制剂生产的全过程。"人"是实行GMP管理的软件，也是关键的管理对象，而"物"是GMP管理的硬件，是必要条件，缺一不可。生产优质合格的药品必须具备的三个要素是：①人的素质；②符合GMP的软件，如合理的剂型、处方、工艺，合格的原辅材料，严格的管理制度等；③符合GMP的硬件，优越的生产环境与生产条件，GMP厂房、设备。GMP的中心指导思想：任何药品质量形成是设计和生产出来的，而不是检验出来的。必须强调预防为主，在生产过程中建立质量保证体系，实行全面质量保证，确保药品质量。

人类社会经历了多次重大的药物灾难，特别是20世纪最大的药物灾难"反应停"事件后，药品的生产质量引起了公众的关注。1962年美国FDA组织坦普尔大学的6名教授编写并制定了《药品生产质量管理规范》，从1963年美国诞生世界第一部GMP、1969年WHO建议各成员国实行GMP制度至今，全球已有100多个国家和地区实行了GMP管理制度。cGMP是英文Current Good Manufacture Practices的简称，即动态药品生产管理规范，也翻译为现行药品生产管理规范。

我国自1988年第一次颁布GMP至今已有30多年，其间经历1992年和1998年两次修订，并于1999年8月1日起正式施行。2011年2月颁布了《药品生产质量管理规范（2010年修订）》，并于2011年3月1日起施行，沿用至今。

五、药品其他法规

1. ICH

ICH（International Council for Harmonization）为英文国际协调会议的缩写，根据协调会议的内容，中文通常译为"人用药品注册技术要求国际协调会议"。ICH的目的是协调各国的药物注册技术要求（包括统一标准、检测要求、数据收集及报告格式），使药物生产厂家能够应用统一的注册资料规范，按照ICH的有效性、质量、安全性及综合学科指南申报。2017年6月，我国国家食品药品监督管理总局也正式成为ICH在全球的第八个监管机构成员，标志着我国药品标准在国际合作领域迈出重要的一步。

2. GLP

药品非临床研究质量管理规范（Good Laboratory Practice，GLP）是药物非临床安全性评价试验从方案设计、实施、质量保证、记录报告到归档的指南和准则。GLP适用于非临床安全性评价研究，是国家为了保证新药临床前研究、安全性试验资料的优质、真实、完整和可靠，针对药物非临床安全性评价研究机构制定的基本要求。GLP 的核心精神是通过严格控制非临床安全性评价的各个环节以保证试验质量，即研究资料的真实性、可靠性和完整性。

3. GCP

药物临床试验质量管理规范（Good Clinical Practice，GCP）是指任何在人体（患者或健康志愿者）进行的系统性研究，以证实或揭示试验用药品的作用及不良反应等。其目的是确保药物临床试验中受试者安全及其权益得到保护、试验过程规范以及结果科学可靠。临床试验前必须经过"伦理道德委员会"的批准方可进行。

4. GSP

《药品经营质量管理规范》（Good Supply Practice，GSP）为我国针对药品经营企业设置的行业准入门槛，其核心为通过严格管理制度的制定与实施，使企业在涉及药品采购、收货、验收、贮存、养护、销售、运输乃至售后服务等环节中获得全面、有效的质量管理，确保为用户提供的药品是安全的、符合国家质量标准的。

第四节 制药工业的智能制造

德国于 2013 年提出了"工业 4.0"项目，描绘了制造业的未来愿景，蒸汽机的应用、规模化生产和电子信息技术等三次工业革命后，人类将迎来以信息物理融合系统（cyber physical systems，CPS）为基础，以生产高度数字化、网络化、机器自组织为标志的第四次工业革命（图 1-1）。"工业 4.0"项目旨在通过充分利用信息通信技术和网络空间虚拟系统（信息物理系统）相结合的手段，推动制造业向智能化转型。"工业 4.0"项目主要分为两方面，一是"智能工厂"，研究智能化生产系统及过程，以及网络化分布式生产设施的实现；

从"工业1.0"到"工业4.0"

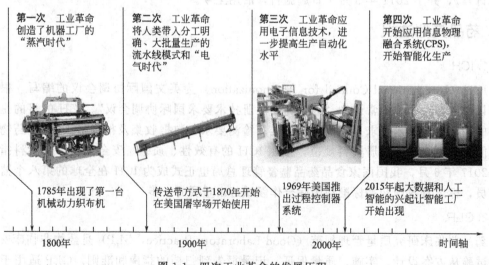

第一次 工业革命创造了机器工厂的"蒸汽时代"
第二次 工业革命将人类带入分工明确、大批量生产的流水线模式和"电气时代"
第三次 工业革命应用电子信息技术，进一步提高生产自动化水平
第四次 工业革命开始应用信息物理融合系统(CPS)，开始智能化生产

1785年出现了第一台机械动力织布机
传送带方式于1870年开始在美国屠宰场开始使用
1969年美国推出过程控制器系统
2015年起大数据和人工智能的兴起让智能工厂开始出现

1800年　　　　1900年　　　　2000年　　　时间轴

图 1-1 四次工业革命的发展历程

二是"智能生产"，涉及整个企业的生产物流管理、人机互动以及 3D 打印技术等在工业生产过程中的应用。我国在 2015 年发布的《中国制造 2025》战略规划中指出把"智能制造"作为我国制造业发展的主攻方向。采用互联网技术，实现智能生产将是制药企业必然的发展趋势。

一、智能制造概念与任务

2015 年 10 月发布《国家智能制造标准体系建设指南》对"智能制造"所做的定义如下：智能制造是指将物联网、大数据、云计算等新一代信息技术与设计、生产、管理、服务等制造活动的各个环节融合，具有信息深度自感知、智慧优化自决策、精准控制自执行等功能的先进制造过程、系统与模式的总称。

《国家智能制造标准体系建设指南》提出"三个维度集成"，即从企业"系统层级"构架角度的纵向集成、从产品的"生命周期"角度的端对端集成和从不同价值链的"智能功能"角度的横向集成。其中，"纵向集成"主要包括设备层、车间层、控制层、企业层和协同层 5 个层。"端对端集成"主要包括设计、生产、物流、销售和服务等 5 个环节。而"横向集成"主要包括系统要素、系统集成、互联互通、信息融合和新兴业态等 5 个方面（图 1-2）。各个行业的制造业的所谓"智能制造"，在总体内容上都应按照所提出的三个维度方向努力。

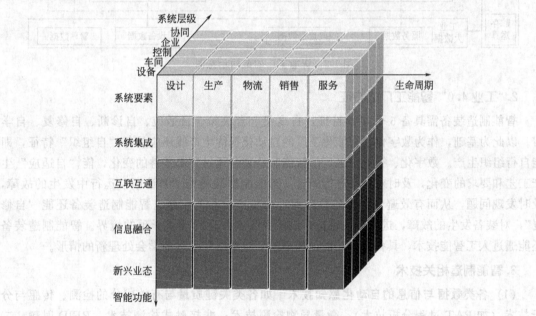

图 1-2　智能制造的系统构架

二、"工业 4.0"智能工厂

1. "工业 4.0"智能工厂的涵义

在智能工厂里，人、机器和资源自然地相互沟通协作。主要涵义包括：①在数字化工厂的基础上，利用物联网的技术和设备监控技术加强信息管理和服务；②清楚掌握产销流程、提高生产过程的可控性、减少生产线上的人工干预、正确即时地采集生产线数据、合理地编排生产计划与生产进度；③集绿色智能的手段和智能系统等新兴技术于一体，构建高效节能、绿色环保、环境舒适的人性化工厂。

所谓的"智能工厂"就是"智能制造"的一个载体，其重点在"智能制造"的"纵向集成"，是在新一代信息化技术基础上所构成的基本结构（图 1-3），通常应该包括物理层、信息层、工业大数据层、工业云层、智慧决策层五个层面。

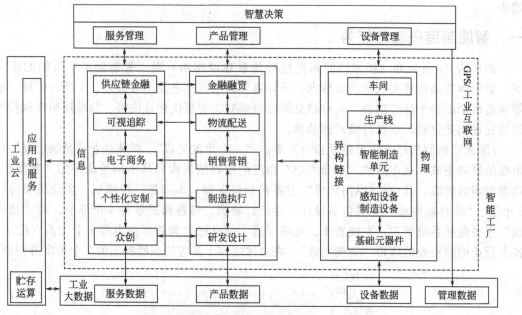

图 1-3 智能工厂的架构示意图

2."工业 4.0"智能工厂的特征

智能制造装备需具备 6 个基本特征：自度量、自决策、自适应、自诊断、自修复、自学习。以此为基础，作为数字化、智能化工厂的自动化智能生产线还应具备"自组织"特征，即能自行组织生产。数字化、智能化工厂的智能制造装备通过外部条件的变化，能"自适应"生产工艺和要求的变化，及时对装备进行调整。智能制造装备能"自诊断"运行中发生的故障，及时发现问题，从而有效避免因设备故障而导致生产运行的中断。智能制造装备还能"自修复"，对装备发生的故障，进行自我维护，以使生产运行达到无人干预的境界。智能制造装备还能通过人工智能技术，具备学习功能，能不断"自学习"而逐渐学会处理新的情形。

3.智能制造相关技术

(1) 各类数据与信息的自动化感知技术 如各类关键质量与有效成分的检测、传感与分析技术（如 PAT 过程分析技术）；微量异物检测技术；非接触式检测技术、RFID 射频、二维码及多维码标签等标签识别与追踪技术；无线传感和通信技术；有关的视频、视觉技术等。

(2) 新一代的信息化技术和先进自动化控制应用技术 如物联网、工业大数据、云计算与工业互联网等技术；基于物联网的药品全生命周期质量监控追溯技术；自动化批控制技术（batch control）；先进控制技术（APC）；模糊控制技术（fuzzy control）；MES 应用技术；ERPMESPCS 在内的 IACS 综合控制系统等。

(3) 数字建模和仿真技术 如各类建模、仿真和基于模型技术（基于模型定义 MBD、基于模型系统工程 MBSE、基于模型系统企业 MBE 等）。

(4) 人工智能技术（artifcial intelligence，AI） 如智能诊断、智能优化、智能决策和智能控制技术等。

(5) 各类模块与装置应用技术 如嵌入式技术、机器人应用技术、气流输送技术、自动装卸与执行装置等。

(6) 其他特殊要求和应用的技术 如增强现实技术（augmented reality）、虚拟现实技术（virtual reality）、柔性化人机交互技术、包括 3D 打印技术在内的混合制造技术等。

三、"工业 4.0"时代下的制药工业

1. 制药行业的显著性

制药行业作为一个特殊的传统产业，与其他行业相比，其最大特殊点就是制药行业对质量、规范和验证都有着严格要求。制药行业主要有两个显著特点：

(1) 不管是原料药还是制剂药生产，不管它们的流程化或离散化程度如何，产品基本都是按照"批次"的概念来安排生产和管理的，因此有了"批控制（bach control）"和"批管理（bach management）"的概念，可追溯性与柔性化要求都将贯穿在药品智能化生产的全过程。因此，在智能化生产模式下，药品生产的批控制、批管理以及产品、工艺和设备的柔性化控制与管理会得到充分的发挥。

(2) 药品全生命周期质量应从药品的设计、生产、流通和使用的整个过程建立合规性监管要求和质量管理规范，而智能制造从药品生命周期角度的端对端的集成要求与药品质量生命周期的监管与追溯要求相符。因此，制药行业的智能制造模式将为实现药品全生命周期质量的监管与追溯提供条件。

2. "工业 4.0"时代下的制药工业的发展现状与展望

《中国制造 2025》战略规划的"战略任务与重点"中明确指出："加快推动新一代信息技术与制造技术融合发展，把智能制造作为两化深度融合的主攻方向；着力发展智能装备和智能产品，推进生产过程智能化，培育新型生产方式，全面提升企业研发、生产、管理和服务的智能化水平。"目前，我国制药行业"智能制造"之路刚刚开始，所谓"智能制造""智能工厂"真正合理与完整的形态和模式并没有形成，制药行业的很多特殊问题有待探索，不应该把其他行业的一些模式简单地照搬到制药行业，也不应该把局部的自动化、信息化或智能化的内容作为制药行业整体模式。

工信部 2016 年 6 月公布的《2016 年智能制造综合标准化与新模式应用项目》中有制药行业新模式应用项目，《2016 年智能制造试点示范项目》中有制药行业试点示范项目。新模式应用项目与制药行业有关的有《中医药产品智能制造》《医药包装材料智能车间》《智能制造新模式及智能工厂改造》《注射剂生产与质量管理过程智能制造》《高端生物医药机器人及装备智能制造》等；制药行业试点示范项目有《现代中药智能制造试点示范》《中药保健品智能制造试点示范》《药品固体制剂智能制造试点示范》《中药饮片智能制造试点示范》。这些项目的实施将推动我国制药行业向智能化转型。

未来的制药行业是更加自动化、信息化、智能化的，将借助物联网技术，实现人、设备与产品的实时联通、精准识别、有效交互与智能控制。面对目前制药行业自动化、信息化程度普遍不高的现状，如何发展"工业 4.0"时代下的制药工业，如何打造智慧工厂，将是我们共同面临的难题与挑战。

（高峰）

思考题

1. 试述工业药剂学的性质与任务。
2. 工业药剂学的研究内容有哪些方面？
3. 药物制剂新技术与新剂型的研究与开发主要包括哪些内容？
4. 试述工业药剂学与其他学科分支的联系与区别。
5. 何谓药物递送系统？药物递送系统有哪些研究内容？
6. 试区分药物、药品、剂型、药物制剂的概念。
7. 试述药典的主要作用。
8. 试述 GMP、GCP、GLP 和 ICH 的中英文全称及其概念。
9. 推行 GMP 的目的是什么？
10. 制药工业的智能制造的重点任务是什么？

参考文献

[1] 崔福德.药剂学 [M].7 版.北京：人民卫生出版社，2011.
[2] 潘卫三.工业药剂学 [M].3 版.北京：中国医药科技出版社，2015.
[3] 胡容峰.工业药剂学 [M].北京：中国中医药出版社，2010.
[4] 高峰.药用高分子材料 [M].上海：华东理工大学出版社，2014.
[5] 中华人民共和国药典 [M].北京：中国医药科技出版社，2015.
[6] 工业和信息化部.国家智能制造标准体系建设指南（2018 年版）[J].机械工业标准化与质量，2019 (1)：7-14.
[7] 汤继亮.探讨制药行业的智能制造 [J].流程工业，2016 (24)：28-33.

第二章 ▶▶▶

相关基础理论与方法

本章学习要求

1. 掌握溶解与溶出、界面化学、粉体学、流变学、制剂稳定性的概念及其基础理论。

2. 熟悉生物药剂学和药物动力学的概念及内容。

3. 了解基础理论在工业药剂学中的应用。

第一节 溶解与溶出理论

一、药物的溶解度

1. 溶解度

药物的溶解度（solubility）是指在一定温度（气体在一定压力）下，在一定量溶剂中达到饱和时溶解的最大药量。药物的溶解度可用很多方法表示，如摩尔浓度（mol/L）、质量密度（g/L）、体积分数（%）、质量分数（%）、摩尔分数等，常用一定温度下 100 g 溶剂中（或 100 g 溶液、100 mL 溶液）溶解溶质的最大质量（g）来表示。在药剂学领域，为了简化应用，也常常使用极易溶解、易溶、溶解、略溶、微溶、极微溶解、几乎不溶或不溶等表示药物的溶解度。

① 极易溶解是指药物 1 g（1 mL）能在溶剂不到 1 mL 中溶解；

② 易溶是指药物 1 g（1 mL）能在溶剂 1 mL 至不到 10 mL 中溶解；

③ 溶解是指药物 1 g（1 mL）能在溶剂 10 mL 至不到 30 mL 中溶解；

④ 略溶是指药物 1 g（1 mL）能在溶剂 30 mL 至不到 100 mL 中溶解；

⑤ 微溶是指药物 1 g（1 mL）能在溶剂 100 mL 至不到 1000 mL 中溶解；

⑥ 极微溶解是指药物 1 g（1 mL）能在溶剂 1000 mL 至不到 10000 mL 中溶解；

⑦ 几乎不溶或不溶是指药物 1 g（1 mL）在 10000 mL 溶剂中不能完全溶解。

药物处于溶解状态才能吸收，所以，任何药物无论采用何种给药途径，都必须有一定的溶解度。溶解度是药物非常重要的基本性质，在一定程度上决定药物适合制成的剂型以及药物的吸收程度。药物的溶解度主要与药物的分子结构、晶型、粒子大小和温度等因素有关。

溶解度有特征溶解度和平衡溶解度。特征溶解度（intrinsic solubility）是指不含任何杂质的药物在溶剂中不发生解离或缔合，也不发生相互作用时的饱和溶液的浓度。特征溶解度是药物的重要物理参数之一，尤其对新化合物而言更有意义。从制剂角度出发，一个新药的特征溶解度是首先应该测定的参数，因为在了解该参数后，可以对制剂剂型的选择以及对处方、工艺、药物的晶型、粒子大小等做出适当的考虑。在很多情况下，如果口服药物的特征溶解度小于 1 mg/mL 就可能出现吸收问题。然而，很多药物属于弱酸性或弱碱性。例如，当弱碱性药物在酸性、中性溶剂中溶解时，药物可能部分或全部转变成盐，在此条件下测定的溶解度就不是特征溶解度，而是平衡溶解度（equilibrium solubility）或表观溶解度（apparent solubility）。因此，物质的溶解，不仅仅意味着溶质以分子的形式分散在溶剂中，还可以以离子的形式分散于溶剂中，或与溶剂中的其他溶质形成可溶性盐、溶于胶团、吸附于可溶性高分子溶质、形成可溶性络合物的形式分散于溶剂之中。

2. 溶解度的测定方法

《中国药典》（2020 年版）规定了溶解度测定方法：称取研成细粉的供试品或量取液体供试品，置于 25 ℃±2 ℃一定容量的溶剂中，每隔 5 min 强力振摇 30 s，观察 30 min 内溶解情况，如看不见溶质颗粒或液滴时，即视为完全溶解。测定溶解度时，要注意恒温搅拌和达到平衡的时间。不同药物在溶剂中的溶解平衡时间不同。测定取样时要保持温度与测试温度一致并滤除未溶的药物，否则影响测定的准确性。

药物的溶解度多是平衡溶解度。平衡溶解度的测定方法是将药物配制为从不饱和到饱和的系列浓度梯度溶液，恒温振荡或搅拌至平衡，测定药物在溶液中的浓度，当药物浓度达到平衡不继续升高时，即可得到该温度下药物的平衡溶解度。

在某个 pH 条件下，解离型药物的平衡溶解度 S 为其非解离部分的溶解度 S_0 与解离部分溶解度 S_1 之和，即 $S = S_0 + S_1$，S_0 即特征溶解度。在测定数份不同程度过饱和溶液的情况下，将配制好的溶液恒温持续振荡达到溶解平衡，离心或过滤后，测定药物在饱和溶液中的浓度（取出上清液并做适当稀释后测定）。以测得的药物溶液浓度为纵坐标，以药物质量/溶剂体积为横坐标作图，直线外推到比率为零处即得药物的特征溶解度。图 2-1 中正偏差表明在该溶液中药物发生解离，或者杂质成分、溶剂对药物有复合及增溶作用等（曲线 A）；曲线 B 表明药物无解离与缔合，无相互作用；负偏差则表明发生抑制溶解的同离子效应（曲线 C）；曲线外推与纵坐标的交点所示溶解度即为特征溶解度 S_0。

3. 影响药物的溶解度因素

（1）药物的分子结构与溶剂性质 溶质的溶解能力主要和溶质与溶剂间的相互作用力有关。根据相似相溶原理，溶剂分子与溶质分子产生相互作用时，如果溶剂与溶质的相互作用力大于溶质与溶质的作用力，则溶质分子易于脱离溶质的吸引，发生扩散，最终在溶剂中达到平衡状态，形成稳定的溶液状态。溶质与溶剂间的相互作用力主要包括溶质与溶剂的极

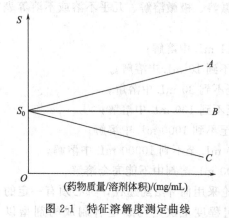

图 2-1　特征溶解度测定曲线

性、介电常数、溶剂化作用、缔合、形成氢键等。溶剂的极性对溶质的影响很大。极性溶剂易于溶解离子型或其他极性溶质，如无机盐类、糖类及其他多羟基化合物。当溶质与溶剂间形成氢键时，二者间的结合力更强。水是极性最强的溶剂，25℃时的介电常数为78.5。此外水还可与多种物质形成氢键缔合。一般情况下，药物溶剂化作用（如水合作用）对药物的溶解度和溶解速度的排序为：水化物＜无水物＜有机溶剂化物。

(2) **晶型** 许多药物都有多晶型。晶型不同，导致晶格能不同，药物的熔点、溶解速度、溶解度等也不同。稳定型的结晶熵值最小、熔点高、溶解速度慢、溶解度小；亚稳定型比稳定型熔点低，有较高的溶解度和溶解速度。无定型为无结晶结构的药物，无晶格约束，自由能大，所以溶解度和溶解速度较结晶型大。如氯霉素棕榈酸酯的 A、B 两种晶型，其中 B 晶型的溶解度略高于 A 晶型。

(3) **粒子大小** 对于可溶性药物，粒子大小对溶解度的影响不大。粒子的大小对难溶性药物的溶解度的影响主要表现为当药物被微粉化，粒径相当小时，才能使其溶解度发生改变。这是因为药物微粉化后，表面能剧增，粒子处于亚稳态。对于难溶性药物，粒径大小在 0.1～100 nm 时溶解度随粒径减小而增加。这一规律可用 Ostwald-Freundlich 方程描述

$$\ln\frac{S_2}{S_1}=\frac{2\sigma M}{\rho RT}\left(\frac{1}{r_2}-\frac{1}{r_1}\right) \tag{2-1}$$

式中，S_1、S_2 为半径 r_1、r_2 的药物溶解度；σ 为表面张力；ρ 为固体药物的密度；M 为药物的分子量；R 为气体常数；T 为热力学温度。由式(2-1)可见，半径小的微粒溶解度大。

(4) **温度** 溶解度与温度的关系可表示为

$$\ln\frac{S_2}{S_1}=\frac{\Delta H_s}{R}\left(\frac{1}{T_1}-\frac{1}{T_2}\right) \tag{2-2}$$

式中，S_1 和 S_2 为溶质在温度 T_1 和 T_2 下的溶解度（摩尔分数）；ΔH_s 为摩尔溶解热，J/mol；R 为气体常数。当 $\Delta H_s>0$ 时，药物的溶解是一个吸热过程，所以升高温度有利于增大药物的溶解热（J/mol）。当 $\Delta H_s<0$ 时，药物的溶解是一个放热过程，温度升高，溶解度反而下降。对于大多数固体，温度越高，溶解度越大；少部分固体溶解度受温度影响不大，如氯化钠；极少数固体物质的溶解度随温度的升高而降低，如醋酸钙。

(5) **同离子效应和溶液离子强度** 对于电解质类药物，当溶液中含有与其自身解离相同离子时，溶解度会下降；当没有相同离子存在时，则溶液的离子强度增加，药物的溶解度略有增大，这是由于同离子效应的影响。如许多盐类药物在 0.9% 氯化钠溶液中的溶解度比在水中低。

(6) **介质的 pH 对难溶性弱酸、弱碱及其盐溶解度的影响** 难溶性弱酸、弱碱及其盐在水中的溶解度受 pH 影响很大。难溶性弱酸、弱碱的盐溶液存在一个可使弱酸或弱碱析出的 pH，这个 pH 即为该浓度的盐溶液的沉降 pH，用 pH_m 表示。弱酸或弱碱的 pH_m 与溶解度的关系式表示如下。

$$弱酸：pH_m = pK_a+\lg[(S-S_0)/S_0] \tag{2-3}$$
$$弱碱：pH_m=pK_a+\lg[S_0/(S-S_0)] \tag{2-4}$$

式中，pK_a 为弱酸或弱碱的解离常数的负对数；S_0 为弱酸或弱碱的溶解度；S 为弱酸、弱碱及其盐的总浓度。

4. 增加药物溶解度的方法

(1) **难溶性药物分子中引入亲水基团**　如：维生素 K_3 不溶于水，分子中引入—$NaHSO_3$ 则成为维生素 K_3 亚硫酸氢钠，可制成注射剂。

(2) **制成盐类**　有机弱酸或弱碱可制成盐，以增大在水中的溶解度。例如巴比妥类、磺胺类、氨基水杨酸等酸性药物，可用碱（常用氢氧化钠、碳酸氢钠、氢氧化铵、乙二胺、二乙醇胺等）与其生成盐，增大在水中的溶解度。又如天然的或合成的有机碱一般可用酸（盐酸、硫酸、磷酸、氢溴酸、枸橼酸、水杨酸、马来酸、酒石酸或醋酸等）使其成盐。选用的盐类除考虑溶解度满足临床要求外，还需考虑溶液的 pH、稳定性、吸湿性、毒性及刺激性等因素。

(3) **应用混合溶剂**　水中加入甘油、乙醇、丙二醇等水溶性有机溶剂，可增大某些难溶性有机药物的溶解度。如氯霉素在水中的溶解度仅为 0.25%，采用水中含有 25% 乙醇与 55% 的甘油复合溶剂可制成 12.5% 的氯霉素溶液。苯巴比妥在 90% 乙醇中溶解度最大。在混合溶剂中各溶剂在某一比例时，药物的溶解度比在单纯溶剂中更大，这种现象称为潜溶（cosolvency），此混合溶剂称为潜溶剂（cosolvent）。常与水组成潜溶剂的有：乙醇、丙二醇、甘油、聚乙二醇 300 或聚乙二醇 400 等。

(4) **加入助溶剂**　一些难溶性药物当加入第三种物质时能够增加其在水中的溶解度，并且不降低药物的生物活性，此现象为助溶（hydrotropy），加入的第三种物质多为低分子化合物，称为助溶剂（hydrotropic agents）。助溶机理为药物与助溶剂形成可溶性络盐、复合物或通过复分解反应生成可溶性复盐。例如，难溶于水的碘可用碘化钾作助溶剂，与之形成络合物（$I_2 + KI \rightleftharpoons KI_3$），使碘在水中的浓度达 5%；咖啡因在水中的溶解度为 1∶50，若用苯甲酸钠助溶，形成分子复合物苯甲酸钠咖啡因，溶解度增大到 1∶1.2；茶碱在水中的溶解度为 1∶20，用乙二胺助溶形成氨茶碱，溶解度提高为 1∶5；可可豆碱难溶于水，用水杨酸钠助溶，形成水杨酸钠可可豆碱则易溶于水；芦丁在水中溶解度为 1∶10000，可加入硼砂增大溶解度；乙酰水杨酸与枸橼酸钠经复分解反应生成溶解度大的乙酰水杨酸钠。

(5) **加入增溶剂**　表面活性剂增大难溶性药物在水中的溶解度并形成澄清溶液的过程称为增溶（solubilization）。具有增溶能力的表面活性剂又称为增溶剂（solubilizers）。表面活性剂与难溶性药物在水中形成"胶束（micelles）"从而增加溶解度。非极性药物如苯、甲苯、维生素 A 棕榈酸酯等，其亲油性强，与作为增溶剂的表面活性剂的亲油基有较强的亲和力，被包裹在胶束的疏水中心区而被增溶；极性药物如对羟基苯甲酸等，由于亲水性强，与增溶剂的亲水基具有亲和力被镶嵌于胶束的亲水性外壳而被增溶；同时具有极性基团与非极性基团的药物，如甲酚、水杨酸等，分子的非极性部分（苯环）插入胶束的疏水中心区，亲水部分（酚羟基、羧基等）嵌入胶束的亲水外壳内而被增溶。

(6) **形成共晶**　药物共晶（cocrystal）是药物活性成分与合适的共晶试剂通过分子间作用力（如氢键）而形成的一种新晶型。共晶可以在不破坏药物共价结构的同时改变药物的理化性质，包括提高溶解度和溶出速度。当共晶试剂的分子结构和极性与药物相似时，比较容易形成共晶，如将阿德福韦酯与糖精制成共晶后，可显著提高阿德福韦酯的溶出速度。共晶试剂目前多是药物辅料、维生素、氨基酸等。

二、药物的溶出速度

1. 溶出速度

溶出速度（dissolution rate）是指在一定温度下，单位时间药物溶解进入溶出介质中的量。溶出速度与溶解速度的含义一致，是药剂学中常用的术语。溶出过程包括连续的两个阶段：首先是溶质分子经溶解离开固体粒子表面并在其表面上形成饱和溶液层；其次在对流作用下溶质分子由饱和溶液层向溶液内部扩散。

固体药物的溶出速度主要受扩散控制，可用 Noyes-Whitney 方程表示：

$$\frac{dC}{dt} = \frac{DS}{Vh}(C_s - C) \qquad (2\text{-}5)$$

式中，dC/dt 为溶出速度；D 为溶质在溶出介质中的扩散系数；V 为溶出介质的体积；h 为扩散层的厚度；S 为固体的表面积；C_s 为溶质在溶出介质中的溶解度；C 为 t 时间溶液中溶质的浓度。

当 $C_s \gg C$ 时，$K = \dfrac{D}{Vh}$，K 为溶出速度常数。上式简化成 $dC/dt = KSC_s$。$C_s \gg C$ 被称为漏槽条件（sink condition），可理解为药物溶出后立即被移出，或溶出介质的量大，或药物的投入量不超过药物溶解度的 30%，即溶液中药物的浓度很低，不影响药物的扩散。

2. 影响药物溶出速度的因素和增加溶出速度的方法

(1) 固体的表面积　固体药物粒子愈细，比表面积愈大，其表面形成饱和溶液的速度愈大。

(2) 温度　温度升高，绝大多数药物的溶解度增大，扩散增强，溶出速度加快。

(3) 溶出介质的体积　溶出介质的体积大，溶液中的浓度低，溶出速度快。

(4) 扩散系数　在温度一定的情况下，扩散系数的大小受溶出介质的黏度和药物分子大小影响。药物在溶出介质中的扩散系数越大，溶出速度越快。

(5) 扩散层的厚度　扩散层的厚度与搅拌程度有关，搅拌充分，扩散层薄，溶出速度快。

第二节　界面化学

界面（interface）是指物质相与相之间交界的区域，存在于两相之间，厚度约为几个分子层。根据形成界面的物质的聚集状态可将界面分为气-液、气-固、液-液、液-固、固-固界面。习惯上将其中一相为气体的界面称为表面（surface），其他则称为界面，一般两者可以通用。界面化学（interface chemistry）是研究物质在多相体系中界面的特征和界面发生的物理和化学过程及其规律的科学。界面化学的基本原理和方法在物理学、化学、生物学等学科以及化工、食品、医药等领域有着广泛的应用。尤其在药学领域，从药物的合成、提取、分离和分析、制剂的制备、贮存和使用、药物在体内的作用和代谢等，都涉及各种各样的界面化学问题。胶体化学是专门研究粒子大小处于 $1 \sim 1000$ nm 的分散体系的科学。胶体体系中存在相界面且其比表面积大，胶体化学属于界面化学。本节主要介绍溶液的表面性质和表面活性剂。

一、比表面积与表面张力

1. 比表面积

单位质量物质所具有的表面积称为比表面积（specific surface area）或分散度（degree

of dispersion)。一定量的物质，分散程度越高，比表面积越大，则表面效应越明显。例如，在药剂学中常采用提高药物分散度的方法改善药物的吸收。如将难溶性药物灰黄霉素微粉化，控制其粒径在 2.6 μm 左右，可提高其在胃肠液中的溶解速度，增加了药物的吸收，提高了疗效。

2. 表面吉布斯能

处于界面层的分子和体相内部分子受力不同。当把一个分子从液体内部拉入表面层时，必须对系统做功以克服体相内部分子对该分子的引力。在温度、压力和组成恒定的条件下，单位面积表面系统吉布斯能的增量（σ）被称作表面吉布斯能（surface Gibbs energy），简称表面能，单位为 J/m^2。

将体相分子移至表面需要对系统做功，因此表面的分子具有更高的能量，表面吉布斯能就是单位面积表面的分子比其处于体相时所高出的那一部分吉布斯能。表面吉布斯能与系统的表面积成正比，一个分散度很高的系统，蓄积了大量表面吉布斯能，这正是引起各种表面现象的根本原因。

3. 表面张力

液体表面存在一种使液面收缩的力，称为表面张力（surface tension）或界面张力（interfacial tension）。液膜自动收缩、液滴自动缩成球形以及毛细现象等，都有表面张力的作用。人们用表面吉布斯能和表面张力分别从热力学和力学角度讨论表面现象。表面吉布斯能和表面张力虽然物理意义不同，但它们是完全等价的，具有等价的量纲和相同的数值。

表面张力可以通过实验测定。测定液体表面张力的常用方法有毛细管上升法、最大气泡压力法、滴重（体积）法、吊片法等。

由于表面张力产生于物质内部的分子间引力，因此物质的性质影响表面张力的大小。例如，极性的水分子之间会形成氢键，分子间作用力很大，因此它的表面张力远远大于非极性的有机化合物。对于金属和离子型晶体，由于质点间由金属键和离子键连接，其表面张力远远大于有机物的固体。表面张力和温度有关，一般情况下，温度升高，物质的表面张力下降。

二、铺展与润湿

1. 铺展与润湿定义

润湿（wetting）是指固体表面的气体被液体取代，或一种液体被另一种液体取代。更多的时候，润湿是指用水取代固体表面的气体或其他液体。因此常把能增强水在固体表面取代其他流体作用的物质称为润湿剂（wetting agent）。

润湿是一种常见的表面现象。混悬剂的制备、外用制剂在皮肤和黏膜的表面黏附等都与润湿密切相关。在制备混悬型液体制剂时，常发生药物微粒表面不易被液体介质润湿的现象，因而药物微粒会漂浮于液体表面，如硫黄粉末若不加入润湿剂就难以得到符合要求的洗剂。药物微粒表面不易被液体介质所润湿的原因在于药物微粒表面与液体介质之间的固-液界面的张力较大，因此具有较大的接触角 θ。

药物的润湿状态可用接触角（contact angel）判断。设液滴在固体表面处于平衡状态，气-液界面与固-液界面的夹角为 θ，θ 即接触角（图 2-2）。在讨论液体对固体的润湿性时，一般是把 90° 的接触角作为是否润湿的标准：$\theta \geqslant 90°$ 为不润湿；$\theta < 90°$ 为润湿；$\theta = 0°$ 为完全

润湿，即达到铺展。液体在另外一种与其不互溶的表面自动展开成膜的过程称铺展（sprea-ding）。

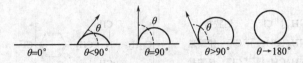

图 2-2　接触角

2.毛细现象

毛细现象（capillary phenomenon）是弯曲液面的附加压力使得和毛细管壁润湿的液体沿毛细管上升的现象。当液体可以润湿毛细管壁时，即形成凹液面，毛细管内液面上升；若液体不能润湿毛细管壁，即形成凸液面，毛细管内液面下降，低于正常液面。毛细现象不仅发生在毛细管内，物料堆积产生的毛细间隙也会出现毛细现象，如片剂压制过程中少量的水在压缩过程中出现毛细现象，产生润湿热，影响片剂的压片过程。

三、表面活性剂及其性质

溶液的表面张力除了与温度、压力、溶剂的性质有关外，还与溶质的性质和浓度有关。溶质使溶剂的表面张力降低的性质称为表面活性（surface activity）。具有表面活性的物质称为表面活性物质（surface active substance），能在较低的浓度下显著降低表面张力，即具有较强的表面活性，这类物质也称为表面活性剂（surfactant）。

1.表面活性剂的分类

表面活性剂分子由亲水基和疏水基两部分组成，是两亲性分子。表面活性剂的性质差异主要与亲水基的不同有关，因此表面活性剂的分类一般是以亲水基团的结构为依据。根据表面活性剂分子溶于水后是否发生电离，可将其分为离子型和非离子型两大类。其中，离子型表面活性剂又可以根据它在水溶液中所带电性分为阴离子型、阳离子型和两性离子型表面活性剂。非离子型表面活性剂根据其亲水基的不同分为聚氧乙烯型和多元醇型（表 2-1）。还有一些新型的表面活性剂是根据分子的非极性部分分类的。除此以外，还有一些特殊的表面活性剂，如高分子表面活性剂、氟表面活性剂、硅表面活性剂等。

表 2-1　表面活性剂的分类

分　类		举　例
阴离子型表面活性剂	$RCOO^-M^+$ 高级脂肪酸羧酸盐	$C_{17}H_{35}COONa$ 硬脂酸钠(肥皂类)
	$ROSO_3^-M^+$ 高级脂肪酸硫酸酯盐	$C_{12}H_{25}OSO_3Na$ 十二烷基硫酸钠
	$RSO_3^-M^+$ 高级脂肪酸磺酸盐	$C_{12}H_{25}\!-\!\!\bigcirc\!\!-\!SO_3Na$ 十二烷基苯磺酸钠
	$ROPO_3^{2-}M^{2+}$ 高级脂肪酸磷酸酯盐	$C_{16}H_{33}OPO_3Na_2$ 十六醇磷酸二钠

分　类	举　例	
阳离子型表面活性剂	$[RNH_3]^+Cl^-$　伯胺盐 $[RNH_2(CH_3)]^+Cl^-$　仲胺盐 $[RNH(CH_3)_2]^+Cl^-$　叔胺盐 $[RN(CH_3)_3]^+Cl^-$　季铵盐	 十二烷基二甲基苄基氯化铵
两性离子型表面活性剂	磷脂	 磷脂酰胆碱
	$RNHCH_2CH_2COOH$ 氨基酸型	$C_{12}H_{25}NHCH_2CH_2COONa$ 十二烷基氨基丙酸钠
	$RN^+(CH_3)_2CH_2COO^-$ 甜菜碱型	 十八烷基二甲基甜菜碱
非离子型表面活性剂	聚氧乙烯型	$CH_3(CH_2)_{11}O(CH_2CH_2O)_nH$ 聚氧乙烯十二烷基醇醚(苄泽类)
		$CH_3(CH_2)_{10}COOCH_2(CH_2CH_2O)_nH$ 聚氧乙烯十二烷基酯(卖泽类)
		$HO(CH_2CH_2O)_a(CH_2(CH_3)CHO)_b(CH_2CH_2O)_cH$ 普朗尼克,或称泊洛沙姆
	多元醇型	 脱水山梨醇脂肪酸酯,或称司盘(Span)
		 聚氧乙烯脱水山梨醇脂肪酸酯,或称吐温(Tween)

阴离子型表面活性剂一般为长链有机酸的盐类或长链醇的多元酸酯盐。这类表面活性剂水溶性好，降低表面张力的能力强，应用广泛，多用于洗涤剂、乳化剂、润湿剂等。阳离子型表面活性剂大部分为含氮的化合物，最常用的为季铵盐。这类表面活性剂易吸附于固体表面，并且多有毒性，常用作杀菌剂。两性离子型表面活性剂的性质随 pH 的变化而改变，作用比较柔和，毒性低。非离子型表面活性剂的亲水部分是由一定数量的含氧基团组成的，一般为聚乙二醇或多元醇。这类表面活性剂毒性较小，常用于食品和医药领域。高分子表面活性剂，如明胶、阿拉伯胶等，这类表面活性剂降低表面张力的能力较弱，但乳化能力强，毒性小。

2. 克拉夫特点和昙点

温度对不同类型的表面活性剂的物理化学性质影响各异。室温下，非离子型表面活性剂的溶解度较大，而离子型则较小。离子型表面活性剂的溶解度随着温度的升高缓慢增大，但达到某一温度后其溶解度急剧增大，该突变点的温度称为克拉夫特点（Krafft point）。造成此现象的原因是在克拉夫特点之前，表面活性剂以单个离子的形式存在于溶液中，故随着温度的升高，溶解度增加缓慢；在克拉夫特点之后，溶液中的表面活性剂离子自发形成聚集体，因而大大增加了其在水中的溶解度。和离子型表面活性剂相反，聚氧乙烯型的非离子型表面活性剂在温度低时易溶解于水，形成澄清的溶液，升至某一温度时，溶液突然由透明变为混浊，这种现象称为起昙，这个温度称为昙点或浊点（cloud point）。产生此现象的原因是：聚氧乙烯型的非离子型表面活性剂溶于水中时，水分子以氢键与聚氧乙烯基的氧原子结合。温度升至浊点时，聚氧乙烯基同水分子间的氢键遭到破坏，结合于氧原子的水分子逐渐脱离，表面活性剂的亲水性减弱，表面活性剂在水中的溶解度降低析出。大多数此类表面活性剂的昙点在 $70\sim100\ ℃$，如吐温 20 为 90 ℃，吐温 60 为 76 ℃，吐温 80 为 93 ℃。含有此类物质的制剂在灭菌时有可能出现质量问题。很多含有聚氧乙烯的非离子型表面活性剂在常压下观察不到昙点，如泊洛沙姆 108 和泊洛沙姆 188 等。

3. 表面活性剂的亲水亲油平衡值

表面活性剂分子是由非极性的疏水基团和极性的亲水基团构成的两亲分子，具有既亲油又亲水的两亲性质（amphiphilic characteristics）。因此，表面活性剂分子能定向地排列在油-水界面上，从而降低表面张力。表面活性剂分子的亲水、亲油性是由分子中的亲水基团和疏水基团的相对强弱决定的，它们之间的平衡关系对表面活性剂降低表面张力的能力尤为重要。亲水亲油平衡值（hydrophile and lipophile balance value，HLB）用来衡量非离子型表面活性剂分子亲水性和亲油性的相对强弱。以完全疏水的烃类化合物石蜡的 HLB＝0、完全亲水的聚乙二醇的 HLB＝20 作为标准，以后，又将十二烷基硫酸钠的 HLB 定为 40，按亲水性强弱确定其他表面活性剂的 HLB 值。表面活性剂的 HLB 值越小，亲油性越强；反之，HLB 值越大，亲水性越强；HLB 值在 10 附近，亲水亲油能力均衡。不同 HLB 值的表面活性剂具有不同的用途，因此，HLB 值是反映表面活性剂性能的一个重要参数。表 2-2 列出了常用表面活性剂的 HLB 值。

测定表面活性剂 HLB 值的方法很多，如表面张力法、乳化法、滴定法、铺展系数法、气相色谱法、核磁共振法等。根据部分常用表面活性剂在水中的溶解情况可以用浊度法估计表面活性剂 HLB 值的范围（表 2-3）。

表 2-2　常用表面活性剂的 HLB 值

品　名	HLB 值	品　名	HLB 值
油酸	1.0	油酸三乙醇胺	12.0
二硬脂酸乙二酯	1.5	聚氧乙烯烷基酚	12.8
司盘 85	1.8	聚氧乙烯脂肪醇醚(乳白灵 A)	13.0
司盘 65	2.1	西黄蓍胶	13.0
单硬脂酸丙二酯	3.4	聚氧乙烯 400 单月桂酸酯	13.1
司盘 83	3.7	吐温 21	13.3
单硬脂酸甘油酯	3.8	聚氧乙烯辛苯基醚甲醛加成物(Triton WR 1330)	13.9
司盘 80	4.3	聚氧乙烯辛基苯基醚	14.2
月桂酸丙二酯(阿特拉斯 G-917)	4.5	吐温 60	14.9
司盘 60	4.7	聚氧乙烯壬烷基酚醚(乳化剂 OP)	15.0
自乳化单硬脂酸甘油酯	5.5	卖泽 49	15.0
单油酸二甘酯	6.1	聚山梨酯 80(吐温 80)	15.0
蔗糖二硬脂酸酯	7.1	吐温 40	15.6
阿拉伯胶	8.0	卖泽 51	16.0
司盘 20	8.6	聚氧乙烯月桂醇醚(平平加 O-20)	16.0
聚氧乙烯月桂醇醚(苄泽 30)	9.5	聚乙烯氧丙烯共聚物(Fluronic F68)	16.0
吐温 61	9.6	聚氧乙烯十六醇醚(西士马哥)	16.4
明胶	9.8	吐温 20	16.7
吐温 81	10.0	卖泽 52	16.9
吐温 65	10.5	苄泽 35	16.9
甲基纤维素	10.8	卖泽 53	17.9
吐温 85	11.0	油酸钠	18.0
聚氧乙烯单硬脂酸酯(卖泽 45)	11.1	油酸钾	20.0
聚氧乙烯 400 单油酸酯	11.4	烷基芳基磺酸盐(阿特拉斯 G-263)	25～30
聚氧乙烯 400 单硬脂酸酯	11.6	十二烷基硫酸钠	40
烷基芳基磺酸盐(阿特拉斯 G-3300)	11.7		

表 2-3　表面活性剂的 HLB 值与其在水中的性质

HLB 值范围	加入水中后的性质
1～4	不分散
3～6	分散不好
6～8	剧烈振荡后成乳状分散体
8～10	稳定乳状分散体
10～13	半透明至透明的分散体
＞13	透明溶液

　　HLB 值具有加和性。当两种或两种以上的表面活性剂混合时，混合表面活性剂的 HLB 值等于各表面活性剂 HLB 值的权重加和：

$$HLB_{A+B} = \frac{HLB_A \cdot m_A + HLB_B \cdot m_B}{m_A + m_B} \qquad (2-6)$$

式中，HLB_A 和 HLB_B 为表面活性剂 A 和 B 的 HLB 值；m_A 和 m_B 为表面活性剂 A 和 B 的质量。该式仅适用于非离子型混合表面活性剂的计算，对离子型不适用。

表面活性剂的 HLB 值与其应用性质密切相关。HLB 值为 3～6，常用作 W/O 型乳化剂；HLB 值为 7～9，常用作润湿剂；HLB 值为 8～18，常用作 O/W 型乳化剂；HLB 值为 13～18，常用作增溶剂。

四、胶束的形成及其性质

1. 胶束的形成和临界胶束浓度

表面活性剂由于其分子结构的特点，容易定向吸附在水溶液表面，因此只需很小的浓度就可以极大地降低溶液的表面张力。当达到一定浓度后，浓度的增加不再引起表面张力的继续降低。在低浓度的水溶液中，表面活性剂主要是以单个分子或离子的状态存在的，同时还可能存在一些二聚体、三聚体。当浓度增加到一定程度时，表面活性剂分子的疏水基通过疏水相互作用缔合在一起而远离水环境，形成了疏水基向内、亲水基朝向水中的多分子聚集体，该聚集体称为胶束（micelle）。胶束是热力学稳定体系。表面活性剂分子缔合形成胶束的最低浓度称为临界胶束浓度（critical micell concentration，CMC）。亲水基相同的表面活性剂同系物，其碳链越长，CMC 越低。在达到临界胶束浓度以后，继续增加表面活性剂的浓度，只会改变胶束的形状，使胶束增大或增加胶束的数目。由于降低表面张力的作用是由表面活性剂分子引起的，所形成胶束的外表面只有亲水基，失去了两亲性，也就不再具有表面活性，不能继续降低表面张力。临界胶束浓度是表面活性剂的一个重要的性质参数，它与表面活性剂的性能和作用直接相关。离子型表面活性剂的 CMC 一般在 10^{-4}～10^{-2} mol/L，非离子型表面活性剂的 CMC 更小一些，可以低至 10^{-6} mol/L。CMC 的大小和表面活性剂本身的分子结构有关，还受外界条件的影响，如温度、添加剂（如电解质、有机物）等。

当表面活性剂浓度达到 CMC 后，不仅溶液的表面张力不再下降，还有很多和表面活性剂单个分子相关的物理性质也发生了明显的改变。溶液的电导率、渗透压、蒸气压、光学性质、去污能力及增溶作用等性质在 CMC 前后都有一个明显的变化。因此，测定表面活性剂的这些物理性质发生显著变化的转折点就可得知表面活性剂的 CMC。常用于测定 CMC 的方法有：电导法、表面张力法、染料吸收光度法和荧光分光光度法等。

2. 胶束的形态和结构

当表面活性剂溶液的浓度大于 CMC 时，表面活性剂分子在溶液中自聚集形成胶束。胶束的形状与表面活性剂的浓度有关。在浓度达到 CMC 或略大于 CMC 时，胶束大多呈球形，即胶束具有疏水性内核（或称中心区），而亲水基排列在球壳外面形成栅状结构；当浓度 10 倍于 CMC 或更高时，胶束的形状变得复杂，大多呈肠状或棒状；当表面活性剂的浓度继续增加时，就会形成层状胶束（图 2-3）等，从而使溶液变得黏稠。形成一个胶束所需要的表面活性剂的分子数目称为聚集数。一般地，离子型表面活性剂胶束的聚集数小于 100，非离子型表面活性剂胶束的聚集数达几百至上千。

油溶性或亲油性表面活性剂如钙肥皂、丁二酸二辛基磺酸钠、司盘类在溶于烃类化合物、氯代烷烃以及低极性非水溶液中时，形成的胶束与水溶性表面活性剂胶束相反，即形成了水化的极性内核和碳氢链（油相）朝外的胶束，这种胶束称为反胶束（reversed micelle）。

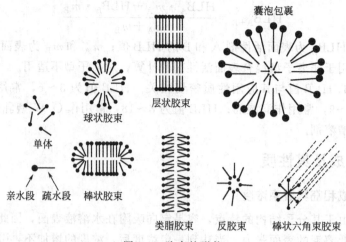

囊泡包裹

球状胶束

单体

亲水段 疏水段 棒状胶束

层状胶束

类脂胶束 反胶束 棒状六角束胶束

图 2-3 胶束的形状

五、表面活性剂的几种重要作用

由于表面活性剂具有在界面上定向吸附从而极大地降低表面张力和在溶液中形成胶束的独特性质，因而具有重要的实际应用价值。表面活性剂在药物制剂中主要用于难溶性药物的增溶，油的乳化，混悬剂的分散、润湿，同时可用于作为透皮吸收的促进剂、增进药物的吸收以及改善制剂工艺、提高制剂质量等。阳离子型表面活性剂主要用于消毒、杀菌及防腐。表面活性剂在药剂学中的应用是十分广泛的，除上述几方面外，在中药的有效成分的提取，片剂的辅助崩解、润湿、包衣，软膏与栓剂基质的处方组成等方面均有应用。某些表面活性剂在药物新剂型的设计中具有不可替代的作用，如卵磷脂是构建脂质体双分子层的必备材料。因此表面活性剂对药物制剂的研制与开发有着重要的应用价值。

第三节　粉体学理论

一、粉体学概念及在药剂学研究中的应用

粉体学（micromeritics）是研究具有各种形状的粒子集合体性质的科学。粒子集合体是指由粒子组成的整体，而不是指一个个单独的粒子。粉体中粒子的大小范围很宽，可以小至 10 nm，大至 1000 μm。粒子的种类和来源不同，其形状不同，粒径和粒度分布也是不均匀的，其性质也有区别。粉体属于固体分散在空气中形成的胶体或粗分散体系，有较大的分散度，因而具有很大的比表面积和表面自由能，进而表现出一些物理化学性质。药剂学中的某些制剂，如散剂本身就是粉体，经过粉碎后的药物细粉、填充胶囊所用的药物粉末，都属于粉体，一些药用辅料如稀释剂、黏合剂、崩解剂、润滑剂等就是典型的粉体。颗粒剂、微囊、微球等颗粒状制剂，也具有粉体的某些性质。药物混合的均匀性，分剂量的准确性受到粉体的相对密度、粒子大小与形态、流动性等性质的影响，压片时颗粒的流动性严重地影响片重差异。粉体的基本性质（如粒子大小、表面积等）直接影响药物的溶出度和生物利用度。总之，粉体学是药剂学的基础理论，对制剂的处方设计、制备、质量控制、包装等都有

重要指导意义。

二、粉体粒子的大小和粒度分布

1. 粒子大小

粉体的粒子大小也称粒度，含有粒子大小和粒度分布双重含义。粒子的大小可用粒径表示。粉体是粒子的集合体，粉体中粒子的大小差别较大，同时形状也各不相同。为了适应生产与研究的需要，科学工作者根据测定方法的不同提出了一些表示粒径的方法，如：

（1）**几何学粒径** 根据几何学尺寸定义的粒径称几何学粒径。按测定方法不同又分为长径和短径、定向径、等价径等。

（2）**比表面积径** 用吸附法或透过法测定粉体的比表面积后推算出的粒径称为比表面积径，即用与欲测粒子具有相同比表面积的球体的直径作为粒子的粒径。

（3）**有效径** 又称 Stokes 径，是用沉淀法求得的粒径，它是指与被测定粒子具有相同的沉降速度的球形粒子的直径。常用于测定混悬剂的粒径。

（4）**筛分径** 粉体可通过粗筛网而被细筛网截留时，用相邻两筛的孔径平均值表示该层粉体粒径的大小，即筛分径。

2. 粒径的测定方法

测定粉体粒径的方法有显微镜法、筛分法、沉降法、比表面积法（吸附法）、库尔特计数法（电阻法）、光阻法、激光衍射法及动态光散射法等多种。

3. 平均粒径和粒度分布

平均粒径系由若干个粒径的平均值表示的粒径，平均粒径比单个粒子的粒径更具有实用价值和代表性。平均粒径的表示方法很多，例如有平均径（mean diameter，如算数平均径、几何平均径、重量平均径、体积平均径等）、中位径（medium diameter，累计中间值）和众数径（mode diameter，频率最多的粒子的直径）等。不同的表示方法，其数值不相同，在表述时要写清楚。

研究粉体性质时不仅要知道粉体粒子的大小，还要知道某一粒径范围内粒子所占的百分数，这就是粒度分布（size distribution）。粒度分布对了解粒子的均匀性很重要。表示粒度分布的方法有频率分布和累积分布。平均粒径相同的粉体，其粒度分布可能相差很大，频率分布越窄，粉体的粒子大小越均匀。

三、粉体的密度及孔隙率

1. 粉体的密度

密度（density）是指单位容积物质的质量。根据粉体容积的不同表示方法，密度的表示方法有下列几种。

（1）**真密度（true density）** 指除去粉体中微粒内部的孔隙所占的容积和粉体中微粒间空隙所占的容积，得到粉体中微粒所占的真实容积后求出的密度。常用的测定方法为氦气置换法。由于氦能钻入极其微小的裂隙和孔隙，所以一般认为用氦测定的密度接近于真密度。水、醇等液体，由于不能钻入极细小的孔隙，以这些液体测得的密度往往略小于真密度。将粉末用强大的压力压成片，测定片的重量和体积，求出的密度称为高压密度，其结果与真密度十分接近。

（2）**粒密度（granule density）** 指除去粉体中微粒间空隙所占的容积后，利用粉体中微粒内部的孔隙所占的容积和微粒所占的真实容积求出的密度。常用的测定方法为汞置换法。由于汞有较大的表面张力，常压下不能透入粉体本身的细小裂隙或孔隙（＜20 μm）中，但可以透入粉体间的空隙中，所以用汞置换法测得的容积是微粒本身固有容积与粉体之间空隙之和。除用汞以外，苯、水、四氯化碳也可用于测定粒密度。

（3）松密度（bulk density） 也称堆密度，即单位容积粉体的质量。此时所指的粉体的容积既包括粉体中微粒内部的孔隙所占的容积，也包括粉体中微粒间空隙所占的容积和粉体的真实容积。将粉体充填于量筒中，并按一定的方式振动，测量得到粉体的容积，粉体的松密度由量筒内粉体重量及容积求得。

2.孔隙率

如上所述，粉体中的孔隙包括微粒内的孔隙和微粒间的空隙，所以粉体的孔隙率（porosity）是指微粒内的孔隙和微粒间的空隙所占的容积与粉体总容积（包括微粒内的孔隙、微粒间的空隙和微粒的固有容积）之比。

粉体的孔隙率受很多因素影响，如粒子形态、大小、表面状态等。颗粒剂及片剂均由粉体加工制成，颗粒剂与片剂都是多孔体，内部有很多孔隙，片剂的孔隙率对片剂的崩解时间和崩解程度有影响，孔隙率大者，水易透入片剂内部，崩解速度快。

四、粉体的流动性

粉体的流动性（fluidity）是粉体的重要性质，对某些药物制剂的质量控制至关重要。当粉末在机器上填充胶囊时，粉末的流动性就将影响到胶囊剂装量的准确性；片剂颗粒在压片加料时，颗粒的流动性和分层现象会造成压片时的片重差异大，高速压片机和粉末直接压片技术要求物料应具有更高的流动性；散剂的分剂量也与其流动性有关。粉体的流动性常用休止角和流出速度等来衡量。

休止角（angle of repose）是指静止状态的粉体堆积体的自由表面与水平面之间的夹角，用 α 表示。假如一堆粉体的堆积体，粉末加到一定程度以后，再加上更多的粉末，粉末就会沿侧面下滑，此时粉末的相互摩擦力与重力达到平衡，粉体堆积体的侧面与水平面的夹角将不再继续变化，此时的夹角即为休止角（$\alpha = \tan^{-1} H/R$）。测定休止角的装置和方法见图 2-4。

休止角越小，说明摩擦力越小，流动性越大。休止角≤30°，为自由流动的粉体；休止角≤40°，一般可以满足生产过程中流动性的需要；休止角＞40°，粒子不再自由流动。由于休止角测定方法不同，所得数据有所不同，重现性差，一般不把休止角作为粉体的一个物理常数。

影响粉体流动性的因素包括：

（1）粒度 粉体的粒径增大，休止角变小，即流动性变好。一般来说，粒径大于

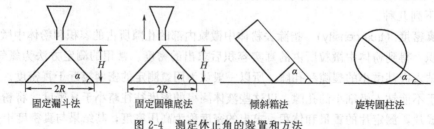

固定漏斗法　　　　固定圆锥底法　　　　倾斜箱法　　　　旋转圆柱法

图 2-4　测定休止角的装置和方法

$200 \ \mu m$，休止角小，流动性好。粒度在 $100 \sim 200 \ \mu m$ 之间，粒子间的内聚力和摩擦力开始增加，休止角也增大，流动性减小。

（2）**粒子的形态和表面粗糙性**　粒子的形态越不规则，表面越粗糙，粉体运动时需要克服的摩擦力就越大，流动性就越差。

（3）**含水量**　粉体中所含水分与凝聚力有关。在一定范围内，休止角随含水量的增加而增加，因为水分使粉体粒子间的凝聚力增加；但含水量超过某一值后，休止角又逐渐减小，这是因为粉体粒子孔隙被水分充满而起润滑作用，使流动性增加。

（4）**加入润滑剂或助流剂**　润滑剂或助流剂一般是粒径非常小的粉体，在表面粗糙的粉体中加入适量的润滑剂或助流剂，可黏附在粉体的表面将粗糙表面的凹陷处填平，改善粒子的表面状态，并将颗粒隔开，降低了颗粒剂间的摩擦力，从而改善粉体的流动性。润滑剂的添加超过一定限度后，粉体中含有大量细粉，反而会降低粉体的流动性。

五、吸湿性

吸湿是药物表面吸附水分子的现象。把粉体放在空气中，有些粉末容易吸湿，出现润湿、流动性下降、结块等物理变化，从而造成剂量不准、称量与混合困难。有些粉体还会发生变色、分解等化学变化。

六、粉体的压缩性、黏附性和黏着性

1.压缩性

压缩性（compressibility）表示粉体在压力下减小体积的能力。成型性（compatibility）表示粉体在压力下结合成一定形状压缩体的能力。粉体的压缩性和成型性密不可分，因此常常结合在一起简称压缩成型性（compressibility and compatibility）。片剂的制备就是药物粉末或颗粒在压力作用下，压缩成型的过程。压缩成型理论及物料的压缩特性对于处方筛选与工艺选择具有重要意义。

2.黏附性和黏着性

粉体在处理过程中常发生黏附器壁或出现团聚的情况。黏附性（adhesion）是指不同分子间产生的引力，如粉体粒子与器壁间的黏附。黏着性（stickiness）是指同分子间产生的引力，如粒子间发生黏着形成聚集体。粉体的黏附和聚集对粉体的摩擦特性、流动性、分散性和压缩性起着重要作用。

第四节　流变学理论

一、流变学的基本概念

流变学（rheology）是研究物质在外力作用下发生变形和流动的科学。变形主要与固体的性质有关。对某一物体外加压力，其内部的各部分的形状和体积发生变化，即所谓的变形。对固体施加切变应力，则固体内部存在一种与外力相对抗的内力使固体恢复原状。由外部应力而产生的固体的变形，如除去其应力，则固体恢复原状，这种性质称为弹性（elasticity），把这种可逆性变形称为弹性变形。流动主要为液体和气体的性质。流动的难易与物质本身具有的性质有关。黏性（viscosity）是施加于流体的应力和由此产生的变形速率以一定的关系联系起来的流体的一种宏观属性，表现为流体的内摩擦。黏性变形是不可恢复的。流动也被看作是一种非可逆性变形过程。实际上，某一种物质对外力表现为弹性和黏性双重特性，即黏弹性（viscoelasticity）。

一种物质的流变性和变形按其类别可以分两类：一种为牛顿流变学；另一种为非牛顿流变学。其决定因素在于物质的流变性是否遵循牛顿的流变学法则。

1. 牛顿流体

液体流动时在液体内形成速度梯度，故产生流动阻力。反映此阻力大小的切变应力 S 和切变速率 D 有关。实验证明，纯液体和多数低分子溶液在层流条件下的切变应力与切变速率成正比。

$$S = \frac{F}{A} = \eta D \qquad 或 \qquad D = \frac{1}{\eta}S \tag{2-7}$$

上式为牛顿黏度定律（Newtonian equation），遵循该法则的液体为牛顿流体（Newtonian fluid）。

式中，S 为切变应力（shearing stress），是作用在单位面积上的剪切力；D 为切变速率（rate of shear）。切变应力和切变速率成正比关系，比例系数（η）称黏度系数（coefficient of viscosity），也称作黏度（viscosity），是表示流体黏性的物理常数。根据式(2-7)得知，牛顿液体的切变速度 D 与切变应力 S 之间关系如图 2-5(a) 所示，呈直线关系，且直线经过原点。绝大多数纯液体、低分子溶液和稀胶体分散体系都是牛顿流体。

2. 非牛顿流体

高分子溶液、胶体溶液、乳剂、混悬剂、软膏以及固-液的不均匀体系的流动不遵循牛顿定律。我们把这类物质称为非牛顿流体（non-Newtonian fluid），这类物质的流动现象称为非牛顿流动（non-Newtonian flow）。非牛顿流体的切变应力和切变速率之比不是常数，它是切变速率的函数。对于非牛顿流体可以用旋转黏度计进行测定，其切变速率 D 和切变应力 S 的变化规律如图 2-5 所示。按非牛顿液体流动曲线的类型可以把非牛顿液体分为塑性流动、假塑性流动、胀形流动、触变流动。

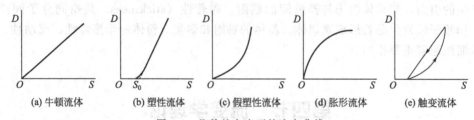

(a) 牛顿流体　　(b) 塑性流体　　(c) 假塑性流体　　(d) 胀形流体　　(e) 触变流体

图 2-5　几种基本流型的流变曲线

塑性流体（plastic fluid）的流变曲线不通过原点 [图 2-5（b）]。属于塑性流体的有泥浆、油漆、沥青、牙膏及药用硫酸钡胶浆等，大多数高聚物在良溶剂中的浓溶液也属于这一流型。

假塑性流体（pseudoplastic fluid）的流变曲线从原点开始，是一条凹型曲线 [图 2-5（c）]。几乎所有的高分子熔体和浓溶液都属于假塑性流体。甲基纤维素类、聚丙烯酰胺类、淀粉、橡胶等高分子溶液、西黄蓍胶、海藻酸钠以及某些乳剂等属于假塑性流体。

胀形流体（dilatant fluid）的流变曲线是通过原点的一条凸型曲线［图 2-5 (d)］。例如球形粒子的淀粉糊，当浓度在 40%～50% 时为胀形流体；长方形粒子的氧化铁溶胶，在浓度为 11%～12% 时表现为胀形流体的流变性。属于胀形流体的还有泥浆、SiO_2、混悬体、一些糊剂等。

触变流体（thixotropic fluid）的流变性和时间有关，保持一定的切变速率时，切变应力会随时间的延续而减小。这种体系在静置时呈凝胶状或膏状，搅动时成为流体，停止搅动重新静置一段时间，体系慢慢变稠又回到开始的半固态。这一过程可以反复进行。触变流体的流变曲线为一环状曲线［图 2-5 (e)］，其上、下行线不重合，构成滞后圈（hysteresis loop）。滞后圈面积的大小反映了触变性的大小。这一类流体的流变性比较复杂。一般认为，触变性是体系在恒温下凝胶和溶胶的相互转换过程，转换由切变应力决定，并且需要一定的时间。静止状态时，该体系的粒子靠一定方式形成网架结构。在一定的切变应力下，结构被破坏，体系开始流动。当流动停止后，被拆散的粒子重新搭建成网架结构，这个过程是依靠布朗运动进行的，需要一定的时间，因此出现滞后现象。油漆、高浓度的 $Fe(OH)_3$ 或 V_2O_5 溶胶、某些凡士林软膏等属于触变流体。

二、流变学在药剂学中的应用

流变学在药剂学研究中的重要意义在于可以应用流变学理论对乳剂、混悬剂、半固体制剂等的剂型设计、处方组成以及制备、质量控制等进行评价。多数药物制剂属于复杂的多分散体系，流变性质较为复杂，并受到很多因素影响。

乳剂、混悬剂属于热力学不稳定体系，分散相趋于聚结，导致分层。应用流变学理论选择添加剂增加外相的黏度，进而使乳剂、混悬剂稳定。

软膏剂、凝胶剂等半固体制剂的可挤出性，对于患者的依从性有重要影响。阻力大，挤出困难；阻力过小，开盖时药物会自动流出。若采用触变性的体系，就能解决黏度方面的矛盾。在不同的剪切条件下，同一药膏表现出不同的黏度。当软膏被挤压时，所施加的切变应力能破坏原有的结构，黏度变小，容易流动；当挤压停止时，触变体系的结构又重新建立，恢复原有的黏度。

第五节　制剂稳定性理论

一、研究药物制剂稳定性的意义

药物制剂的稳定性是指药物在体外的稳定性，一般包括化学、物理与生物学三个方面。化学稳定性是指药物水解、氧化等化学降解途径使药物有效含量（或效价）降低及产生色泽等方面的变化。物理稳定性方面，如混悬剂中药物分散度的下降，结晶的长大与转型，乳剂的分层，胶体制剂的老化，片剂崩解、溶出性能的改变等均属于物理稳定性问题。生物学稳定性是指制剂由微生物作用所造成的药品变质。

药物及药物制剂是一种特殊的商品，对其最基本的要求是安全、有效、稳定。制剂稳定性是用药安全的有效保证。在众多药物制剂产品中，液体制剂较固体制剂的稳定性差。特别是注射剂的稳定性更具重要性，它直接进入人的体内甚至血液中。药物在生产、运输、贮存过程中若发生化学、物理或生物因素所导致的降解、聚沉、长菌、腐败等，不仅使其药理活性降低，而且会产生毒副作用。若产品的稳定性无法保证，将会危及人的生命。所以药品的生产，从原料到制剂稳定性是研究的最基本内容之一。国家对药品（原料与制剂）的研究、生产及使用中的稳定性均有严格的要求。

二、药物制剂的化学稳定性

1.反应级数与动力学方程

研究药物制剂化学稳定性，主要是要了解制剂中的药物含量在不同条件下（温度、湿度、光、pH 等）随时间变化而改变的规律。可用化学动力学中不同反应级数的动力学方程来处理，其中最常用的是零级反应与一级反应，在一定温度下药物浓度与时间的关系为

零级反应 $$c = -kt + c_0 \tag{2-8}$$

一级反应（包括伪一级） $$\lg c = -\frac{kt}{2.303} + \lg c_0 \tag{2-9}$$

式中，c_0 为 $t = 0$ 时反应物的浓度；c 为 t 时刻反应物的浓度；k 为反应速率常数。在药物降解反应中药物降解 10% 的时间有特殊意义，因为常用其评价制剂稳定性并以此作为有效期。

零级反应 $t_{0.9} = \dfrac{0.1\,c_0}{k}$；一级反应 $t_{0.9} = \dfrac{0.1054}{k}$。此外，药物的降解半衰期也具有特殊意义。

零级与一级反应半衰期分别为：$t_{1/2} = \dfrac{0.5\,c_0}{k}$ 与 $t_{1/2} = \dfrac{0.693}{k}$；而零级反应的速率常数 k 值的单位为 [浓度][时间]$^{-1}$，一级反应的速率常数 k 值的单位为 [时间]$^{-1}$，可用于判断降解反应是否属于零级或一级。药物制剂降解的反应速率常数 k 与温度的关系符合 Arrhenius 指数定律：

$$k = A e^{-E/RT} \tag{2-10}$$

其对数形式为 $$\lg K = -\frac{E}{2.303RT} + \lg A \tag{2-11}$$

2.制剂中药物化学降解途径

水解与氧化是药物降解的两个主要途径。药物化学降解的途径取决于药物的化学结构。含有酯键的药物的水溶液，在 H^+、OH^- 或广义酸碱的催化下，水解反应加速。例如普鲁卡因水解生成对氨基苯甲酸与二乙氨基乙醇，此分解产物无明显的麻醉作用。阿司匹林水解成水杨酸和醋酸，分解产物对胃有刺激性。酰胺类药物水解以后生成酸与胺。属这类的有氯霉素类、青霉素类、头孢菌素类、巴比妥类等药物。此外如利多卡因、对乙酰氨基酚（扑热息痛）等也属此类药物。药物的氧化作用与化学结构有关，许多酚类、烯醇类、芳胺类、吡唑酮类、噻嗪类药物较易氧化。药物氧化后，不仅效价损失，而且可能产生颜色或沉淀。具有酚羟基的药物，如肾上腺素、左旋多巴、吗啡、阿扑吗啡、水杨酸钠等，易于发生氧化反应。一些药物会发生异构化、聚合、脱羧等反应。有些药物也会发生两种或两种以上的降解反应。

3.影响药物制剂降解的因素及稳定化方法

影响药物制剂降解的因素很多。制备任何一种制剂，首先要进行处方设计，因处方的组成不仅会影响制剂中药物的药理作用，同时对制剂的稳定性影响很大。pH 值、广义的酸碱

催化、溶剂、离子强度、处方中基质或赋形剂等因素，均可影响药物的稳定性。影响稳定性的外界因素包括温度、光线、空气（氧）、金属离子、湿度和水分、包装材料等。这些因素对于制订产品的生产工艺条件和包装设计都是十分重要的。

一般来说，固体剂型的稳定性优于液体剂型，因此制成固体剂型，制成微囊或包合物，以及用直接压片或包衣工艺等措施可以改善药物制剂的稳定性。

三、药物制剂的物理稳定性

药物及其制剂的物理稳定性主要表现在以下三个方面：①外观性状。在有效期内外观性状发生变化，如变色等。②均匀性。如乳剂、混悬剂由于粒度的不均一而产生聚集，影响制剂的物理稳定性；再如溶液剂与注射剂中药物溶解度下降，出现析晶，影响制剂的澄明度等。③有效性。在有效期内主药的生物利用度应保持不变。

物理稳定性与化学稳定性一样，对疗效有直接影响，如晶型、粒度的改变会影响药物的吸收。药物在不同剂型中发生物理变化时其表现形式不同，如针剂的澄明度，片剂的崩解时限及溶出速率，软膏剂的稠度，混悬剂的再分散性，乳剂的均匀性，糖浆剂的黏度，栓剂的软化等。因而物理稳定性研究方法各不相同。

1. 晶型变化

许多有机药物存在多晶型现象。物质在结晶时受各种因素影响，形成不同的晶体结构。晶型分为稳定型、亚稳型和不稳型（非晶态）三类。稳定型的晶型一般熔点高，化学稳定性最好，但溶出速率慢，溶解度小，故其生物利用度相对差。不稳型则相反。亚稳型的性质介于稳定型和不稳型之间，有较高的溶解度和溶出速率，其稳定性较稳定型差，但优于不稳型。因此，药物晶型多为亚稳型。

在制剂工艺中，如粉碎、加热、冷却、湿法制粒等都可能使药物发生晶型的变化，在处方设计时应考虑加入抑晶剂及在生产制备过程中采取有效措施以阻止转型。因此在设计制剂时，要对晶型做必要的研究。研究晶型的方法有差热分析和差示扫描量热法、X射线单晶结构分析、X射线粉末衍射、红外光谱、核磁共振谱、热显微镜、溶出速率法等。影响晶型转变主要因素有：温度、溶剂、辅料和杂质等。此外，药物的晶癖（结晶的外部形态）对药物及其制剂的稳定性也有影响，如对称的圆柱状碳酸钙比不对称的针状碳酸钙稳定，前者下沉聚集，但易分散，后者下沉聚集后不易分散。

2. 沉淀或结晶

液体制剂与注射剂中若药物为饱和或过饱和溶液，则药物容易从溶液中析出，导致溶液中药物含量下降，不仅影响剂量的准确性和生物利用度，同时会影响制剂的澄明度。此外药物也会因pH变化自溶液中析出沉淀，或因包装不严，溶剂挥发而析出。再如栓剂内药物在不同基质中其溶解度不同，就有可能从基质中结晶出来。采用有效的增溶、助溶方法，以及选择适宜的单溶剂、混合溶剂、pH等是防止药物析出的有效措施。

温度升高可促使一些药物溶解，当温度降低时药物又重新析出结晶，在药物的溶解与析晶过程中，不仅容易引起结晶的长大，而且容易造成晶型或晶癖的变化。同时由于温度升高，加剧微粒间的碰撞，从而促进聚集。温度升高也会使介质的黏度下降，致使沉降速度加大。所以此类制剂应避免在运输、贮存过程中，因温度的变化而导致制剂的不稳定。

3. 沉降、破乳

在液体制剂中混悬剂存在的主要物理稳定性问题是沉降。与胶体分散体系相比较，由于混悬剂微粒粒径大，粒子微弱的布朗运动难以克服其重力的影响，因而表现出动力学不稳定性。另外，混悬剂中微粒因巨大的表面积而具有高的表面自由能是其不稳定的热力学因素。

混悬剂中的微粒受重力作用，静置时会自然下降，沉降速度服从 Stokes 定律。

$$V = \frac{2r^2(\rho_1 - \rho_2)g}{9\eta} \tag{2-12}$$

式中，V 为微粒沉降速度；r 为微粒半径；ρ_1、ρ_2 为微粒、分散介质的密度；η 为分散介质的黏度；g 为重力加速度常数。由 Stokes 公式可知，沉降速度 V 与微粒半径 r 的平方成正比，因此若使混悬剂体系稳定，必须减小粒径；微粒沉降速度与黏度 η 成反比，即增加介质的黏度，可降低微粒的沉降速度，加入助悬剂可以改善混悬剂稳定性；降低微粒与分散介质的密度差（$\rho_1 - \rho_2$）也有利于改善混悬剂的稳定性。此外，混悬剂中的微粒小且分布均匀，对于保证混悬剂的稳定性是非常必要的。

液体制剂中的乳剂同样属于热力学不稳定体系。破乳是其主要的物理稳定性问题。乳剂的稳定性与乳粒的大小及均匀性密切相关，乳粒的粒径小且均匀的乳剂稳定。而决定乳粒粒径大小的主要因素是乳化剂的乳化能力，使用单一或混合乳化剂形成的乳化膜越稳定，乳剂就越不易发生破乳现象。另外，外界因素如微生物促使乳剂的酵解与霉变及乳化剂的性质变化都是乳剂不稳定的原因。

4. 其他

片剂在贮存期间可能发生的物理变化有形状和表面性质的改变，如因磨损和震动引起破碎、顶裂或破裂而影响剂量的准确性，硬度的改变，脆碎性的改变，崩解时限、主药溶出速率和释放速率的改变。若主药有挥发性，如硝酸甘油，药物挥发也影响剂量的准确性。

四、药物制剂的微生物稳定性

以水为溶剂的液体制剂易被微生物污染，特别是含有营养性物质如糖、蛋白质等的液体制剂污染后更容易滋生微生物。例如，葡萄糖溶液、糖浆剂，以及中药的浸出制剂等，都极易滋生微生物。即使是缺乏上述营养性物质的液体制剂，如各种生物碱溶液、氨基比林溶液等含氮物质的溶液，药物中的氮元素仍可作为某些微生物的氮源用来维持生命。此外，滴眼剂、软膏剂，以及片剂和丸剂等固体制剂，均有微生物滋生的可能。

药物制剂的微生物学质量要求分为两种。一种是要求完全无菌的制剂，对这种制剂规定了无菌要求。另一种是不要求完全无菌的一般制剂，但不允许某些致病菌存在，或对某种菌的菌数需加以限制，并制定了卫生标准要求。

对于多剂量制剂如糖浆剂、合剂、滴鼻剂、滴眼剂等液体制剂需加入抑菌剂来解决在使用过程中的染菌问题，常用的抑菌剂有：①醇类及其卤代衍生物，如乙醇、三氯叔丁醇等；②苯甲酸衍生物及其酯类，如尼泊金类、苯甲酸类；③酚类，如苯酚、甲酚、麝香草酚等；④季铵盐类，如苯扎溴铵等；⑤有机汞类，如硫柳汞、硝酸苯汞、醋酸苯汞等。

第六节 生物药剂学

一、生物药剂学的概念

生物药剂学（biopharmaceutics）是研究药物及其剂型在体内的吸收、分布、代谢和排泄过程，阐明药物的剂型因素、生物因素与药效之间相互关系的一门学科。药物从用药部位进入体循环的过程称为吸收（absorption）。药物吸收后，通过细胞膜屏障向各组织、器官或者体液进行转运的过程称为分布（distribution）。药物在体内受酶系统或者肠道菌丛的作用而发生结构转化的过程称为生物转化（biotransformation）或代谢（metabolism）。药物以原型或者代谢产物的形式排出体外的过程称为排泄（excretion）。

药效是指某药物及其制剂的临床疗效及副作用、毒性等方面的总评价。药效不仅与药物的化学结构有关，同时还受到各种剂型因素和生物因素的影响。大量的事实表明，同一种药物处方组成、制备工艺和剂型等不同时，药效可以相去甚远，某些制剂可能无效，而另一些制剂可能引起中毒反应。因此，研究药物的吸收、分布、代谢和排泄过程的各种机理和理论，研究各种剂型因素和生物因素对药效的影响，对控制药物制剂的内在质量，确保最终药品的安全和有效，为新药开发和临床用药提供严格的评价指标，具有十分重要的理论和现实意义。

二、药物的转运

药物通过生物膜（或细胞膜）的现象称为膜转运（membrane transport）。膜转运在药物的吸收、分布、代谢、排泄过程中十分重要，是不可缺少的重要生命现象之一。药物的膜转运途径可分为两种：一种是穿过细胞膜的经细胞转运通道（transcellular pathway）；另一种是穿过侧细胞间隙的细胞旁路通道（paracellular pathway）。药物转运分为几种不同的方式。

大多数药物都以简单的被动扩散（passive diffusion）方式通过细胞膜，这一过程属于一级速率过程。被动扩散的特点是：顺浓度梯度转运，即从高浓度向低浓度转运；不需要载体，生物膜对通过的物质无特殊选择性，不受共存的类似物的影响，即无饱和现象和竞争抑制现象，一般也无部位特异性；扩散过程与细胞代谢无关，故不消耗能量，不受细胞代谢抑制剂的影响，也不会因温度影响代谢水平而发生改变。

一些生命必需物质（如 K^+、Na^+、I^-、单糖、氨基酸、水溶性维生素）和有机酸碱等弱电解质的离子型等均是以主动转运（active transport）方式通过细胞膜。主动转运属于载体转运（carrier-mediated transport），需要载体参与。主动转运的特点是：逆浓度梯度转运；与细胞内代谢有关，故需消耗能量，可被代谢抑制剂阻断，温度下降使代谢受抑制可使转运减少；需要载体参与，对转运物质有结构特异性要求，结构类似物可产生竞争抑制，有饱和现象，也有部位专属性（即某些药物只在某一部位吸收）。

也有一些物质或药物通过促进扩散（facilitated diffusion）通过生物膜。促进扩散与主动转运一样，属于载体转运，具有载体转运的各种特征：对转运物质有专属性要求，可被结构类似物竞争性抑制，有饱和现象。不同之处在于：促进扩散不依赖于细胞代谢产生的能量，而且是顺浓度梯度转运。

由于生物膜具有一定的流动性，因此细胞膜可以主动变形而将某些物质摄入细胞内或从细胞内释放到细胞外，这个过程称为膜动转运（membrane-mobile transport），其中向内摄入为入胞作用（endocytosis），向外释放为出胞作用（exocytosis），二者统称胞饮（pinocytosis）。摄取固体颗粒时称为吞噬（phagocytosis）。某些高分子物质，如蛋白质、多肽、脂溶性维生素和重金属等，可按胞饮方式吸收。胞饮作用对蛋白质和多肽的吸收非常重要，并且有一定的部位特异性，如蛋白质在小肠下段的吸收最为明显。

三、生物药剂学分类系统

药物的生物利用度从根本上是由药物的性质和用药部位的生理因素决定的。生物药剂学分类系统（biopharmaceutics classification system，BCS）是根据溶解度和渗透性对药物进行分类的一种科学方法。它的出现为药品管理和新药研发提供了一个非常重要的工具。其根据药物在体外的溶解性和在肠道渗透性的高低将药物分为四类：Ⅰ型（高水溶性/高渗透性药物）、Ⅱ型（低水溶性/高渗透性药物）、Ⅲ型（高水溶性/低渗透性药物）、Ⅳ型（低水溶性/低渗透性药物）。

四、给药途径

口服给药，药物通过消化道吸收。消化道由胃、小肠和大肠三部分组成。胃的表面积较小，但一些弱酸性药物可在胃中吸收。小肠表面有环状皱褶、绒毛和微绒毛，故吸收面积极大，约为 $200\ m^2$，小肠是药物、食物营养等吸收的主要部位。大肠无绒毛结构，表面积小，因此对药物的吸收不起主要作用。大部分运行至结肠的药物可能是缓释制剂、肠溶制剂或溶解度很小而残留的部分。

直肠下端接近肛门部分，血管相当丰富，是直肠给药（如栓剂）的良好吸收部位。

肺部吸入给药能产生局部或全身治疗作用，涉及的剂型有气雾剂、雾化剂和粉末吸入剂。呼吸道的结构较为复杂，药物到达作用或吸收部位的影响因素较多。肺泡是药物吸收的良好场所。巨大的肺泡表面积、丰富的毛细血管和极小的转运距离，决定了肺部给药的迅速吸收，而且吸收后的药物直接进入血液循环，不经受肝的首过效应。

经皮给药，主要指药物经过皮肤吸收，无论起局部治疗作用，还是通过皮肤吸收产生全身治疗作用，药物均需通过皮肤外层的屏障（主要是角质层）进入皮肤，药物渗透到达真皮，被毛细血管系统很快吸收。

注射是常用的给药方法。注射有静脉、肌内、皮下、鞘内与关节腔内注射等数种，除关节腔内注射及局部麻醉药外，注射给药一般产生全身作用。注射部位不同，所能容纳的注射液量、允许的药物分散状态及药物吸收的快慢均不同。

鼻黏膜给药的方式可以是溶液剂滴入鼻腔，也可以气雾剂或喷雾剂给药。激素类、多肽类和疫苗类药物已有鼻黏膜吸收制剂上市。

口腔黏膜给药可发挥局部或全身治疗作用，局部作用剂型多为溶液型或混悬型漱口剂、气雾剂、膜剂、口腔片剂等，可用于治疗口腔溃疡、细菌或真菌感染，以及其他口腔科或牙科疾病。全身作用常采用舌下片、黏附片等剂型。口腔黏膜作为全身用药途径主要指颊黏膜吸收和舌下黏膜吸收。

第七节　药物动力学

一、药物动力学的概念

药物动力学（pharmacokinetics）是应用动力学原理研究药物在体内吸收、分布、生物转化（代谢）、排泄等过程的速度规律（即时间过程）的科学。药物动力学通过研究药物在体内存在的部位、浓度和时间之间的关系，阐明药物在体内量变规律，为新药、新剂型、新制剂的研究及药物临床应用提供药效学和毒理学的科学依据，还为选择给药途径、确定剂型和剂量、优化给药方案等临床应用提供参考依据。

二、药物动力学重要的基本概念

1.血药浓度-时间曲线

给药后，在不同时间采集血浆样品，测定样品中的药物浓度，可得出血药浓度-时间曲线（plasma drug concentration-time curve），如图 2-6 所示。通过血药浓度-时间曲线，可以说明药物的动力学特征。图 2-6 中主要的药理学参数：最低有效浓度（minimum effective concentration，MEC）表示药物产生药效的最小浓度；最低中毒浓度（minimum toxic concentration，MTC）则反映药物最小毒性浓度；达峰浓度（concentration of peak，c_{max}）是最大血药浓度（峰浓度）；达到最大血药浓度对应的时间称为达峰时间（t_{max}）。血药浓度愈高，产生的药效作用愈强。

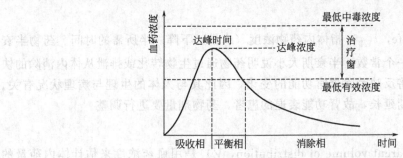

图 2-6　血管外给药的血药浓度-时间曲线

2.血药浓度与药理效应

多数药物的血药浓度与药理效应之间呈平行关系，所以研究血药浓度的变化规律具有重要的意义。例如苯妥英钠，血药浓度低于 10 $\mu g/mL$ 无显著疗效，10～20 $\mu g/mL$ 为有效，而 20 $\mu g/mL$ 以上就出现中毒现象。故血药浓度的数值对治疗效果是有价值的资料。

但是应该注意，有时药物的药效指标比血药浓度更为重要，例如评价地高辛的最重要的指标是心电图；了解抗凝药物双香豆素的效果，主要检测其凝血时间；应用胰岛素治疗糖尿病，则观察其血糖水平。同时有些药物（如在受体部位作用不可逆的药物）血药浓度不能准确预测药物效应。因此，在临床实际中，应根据药物的特点，采取各种综合措施，达到安全有效治疗的目的。

3. 药物动力学模型

为了定量地研究药物在体内的变化，首先要建立起研究模型。人们将用数学方法模拟药物在体内吸收、分布和消除（包括代谢和排泄）的速度过程而建立起来的数学模型，叫作药物动力学模型（pharmacokinetic models），简称 PK 模型，包括隔室模型（compartment models）、非线性药物动力学模型（nonlinear models）、生理药物动力学模型（physiological pharmacokinetic models）、药理药物动力学模型（physiologically based pharmacokinetics models）、统计矩模型（statistic moment models）、药物动力学-药效动力学链式模型（pharmacokinetic-pharmacodynamic link models）、群体药物动力学模型（population pharmacokinetics models）等。

4. 隔室模型

隔室模型（compartment models）是将给药对象比作一个或多个容器（隔室）的组合，并用动力学原理研究药物在各隔室中速度规律的 PK 模型。隔室模型是 PK 研究中最为广泛的模型。药物进入全身循环迅速分布到机体各部位，在血浆、组织与体液之间处于一个动态平衡"均一"体，此种将整个机体作为一个隔室处理的模型叫单室模型。但要注意"均一"并不意味着各组织或体液浓度相等，而只说明各组织或体液达到平衡。

5. 消除速度常数

消除速度常数（elimination rate constant，k）代表体内各种途径消除药物的总和，包括生物转化、尿排泄、胆汁排泄、肺排泄等各种消除途径。消除速度常数具有加和性。消除速度常数的单位是时间的倒数，代表单位时间内消除药物的分数。应该指出，一个药物的消除速度常数对正常人来说，一般是恒定的，因此只依赖于药物本身的性质，与剂型无关，其数值大小反映药物在体内消除的快慢，所以是一个很重要的参数。

6. 消除半衰期

消除半衰期（half life，$t_{1/2}$）指体内药物浓度（或量）下降一半所需的时间。药物半衰期对正常人来说，也是一个常数。半衰期大小说明药物通过生物转化或排泄从体内消除的快慢。半衰期的任何变化将反映消除器官功能的变化，因此其与人体的生理与病理状况有关。如肾功能衰退时，半衰期延长，故肾功能衰退的患者，药物剂量要进行调整。

7. 表观分布容积

表观分布容积（apparent volume of distribution，V）是用血药浓度来估计体内药量的一个比例常数。V 值接近人体血液容积，表明药物只在血中分布；V 值超出人体血液容积越多，表明药物在组织中分布越多，药物与组织蛋白结合或某些组织对药物有特殊亲和力而将药物贮存于某些特定组织中。分布容积大的药物一般在体内排泄较慢，在体内能保持较长的时间，比那些不能分布到深部组织中去的药物毒性要大。故分布容积不应看成一个特殊的生理空间，也不代表真正的容积，所以叫表观分布容积。

8. 清除率

清除率（clearance，CL）是指机体或机体内某些消除器官或组织，在单位时间内清除相当于流经血液体积中所含有药物的能力，反映药物从体内清除的速率，是药物动力学中一个重要的参数。器官（如肾脏、肝脏、肺部和肠道等）清除率就是单位时间内器官将血流中的药物清除出去的量。

三、药物的生物利用度和生物等效性

1.生物利用度

生物利用度（bioavailability，BA）指药物吸收进入血药循环的程度和速度。生物药剂学的大量研究资料表明，制剂的处方与制备工艺等因素能影响药物的疗效，含有等量相同药物的不同制剂、不同药厂生产的同一种制剂，甚至同一药厂生产的同种制剂的不同批号间的临床疗效都有可能不一样。生物利用度是衡量制剂疗效差异的重要指标。

生物利用度包括两方面的内容：生物利用程度与生物利用速度。生物利用程度，即药物进入血液循环的多少，用血药浓度-时间曲线下的面积（area under blood concentration time curve，AUC）表示，因为它与药物吸收总量成正比。生物利用速度即药物进入血液循环的快慢，可用吸收速度常数（k_a）表示；在生物利用度研究中更常用达峰时间（t_{max}）比较制剂吸收快慢，达峰时间小，吸收速度快。峰浓度（c_{max}）亦与吸收速度有关，还与吸收的量有关。

如果一种药物的吸收程度低或吸收太慢，在体内不能产生足够高的治疗浓度，也达不到治疗效果。图 2-7 中，A、B、C 三种制剂具有相同的 AUC，但制剂 A 吸收快，达峰时间短，峰浓度大，已超过最小中毒浓度（MTC），因此临床上应用可能会出现中毒反应。制剂 B 达峰比制剂 A 稍慢，血药浓度有较长时间落在最小中毒浓度与最小有效浓度之间，因此可以得到较好的疗效。制剂 C 的血药浓度一直在最小有效浓度（MEC）以下，所以在临床上可能无效。因此，制剂的生物利用度应该用峰浓度 c_{max}、达峰时间 t_{max} 和血药浓度-时间曲线下面积（AUC）三个指标全面地评价，它们也是制剂生物等效性的三个主要参数。同理，尿药数据的三个主要参数是累计尿排泄药量（D_u），尿药排泄速度（dD_u/dt）和最大尿药排泄时间（t_∞）。

生物利用度分为绝对生物利用度（absolute bioavailability，F_a）与相对生物利用度（relative bioavailability，F_r）。绝对生物利用度是以静脉注射制剂为参比标准的生物利用度。通常用于原料药及新剂型的研究，常用 F_a 表示。

$$F_a = \frac{AUC(T)/剂量(T)}{AUC(iv)/剂量(iv)} \times 100\% \quad (2\text{-}13)$$

相对生物利用度是剂型之间或同种剂型不同制剂之间的比较研究，一般是以吸收最好的剂型或制剂作为参比制剂，常用 F_r 表示。

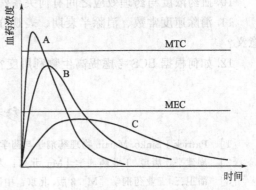

图 2-7　三种制剂的血药浓度-时间曲线的比较

$$F_r = \frac{AUC(T)/剂量(T)}{AUC(R)/剂量(R)} \times 100\% \quad (2\text{-}14)$$

上述式中，T 为试验制剂；iv 为静脉注射剂；R 为参比制剂。

2.生物等效性

在相同实验条件下，给予与参比制剂剂量相同的试验制剂，它们的吸收速度与程度在统计学上无显著性差异时，认为试验制剂与参比制剂具有生物等效性（bioequivalence，BE），这两个产品认为是生物等效产品；当吸收速度的差异未能引起临床上的差异时，虽吸收速度不同，但吸收程度相同的也可以认为这些制剂生物等效。因此，对于生物等效性而言，吸收程度相同更为重要，例如缓（控）释制剂与普通制剂比较，吸收速度不同，但吸收程度相同，缓（控）释制剂是可以替代普通制剂应用的。

生物利用度或生物等效性的研究，反映了药物制剂的生物学标准，对临床疗效提供直接的证明。目前实际要求进行生物利用度或生物等效性研究的药物产品主要有：①新开发的药物产品；②改变剂型的产品；③改变处方和制备工艺的制剂产品（有些仿制药品）。后两者主要是生物等效性研究。

（齐宪荣）

思考题

1.试述影响药物溶解度的因素和增加药物溶解度的方法。

2.试述影响药物溶出速度的因素和增加药物溶出速度的方法。

3.什么是接触角？哪些因素决定接触角的大小？如何用接触角来判断固体表面的润湿状况？

4.表面活性剂分子的结构有什么特点？它的结构特征和其降低表面张力的特性之间有什么联系？

5.试述表面活性剂的应用。

6.试述粒径测定方法的选择。

7.药物的稳定性如何影响药物的质量？

8.简述影响药物稳定性的因素。

9.说明药物动力学的概念、意义与研究内容。

10.血药浓度与药理效应之间有何关系？

11.消除速度常数、消除半衰期、表观分布容积、清除率等药物动力学参数有什么临床意义？

12.如何根据 BCS 考虑提高生物利用度？

参考文献

［1］ Patrick J Sinko. Martin 物理药剂学与药学 ［M］.刘艳，译.北京：人民卫生出版社，2012.

［2］ 周建平，唐星.工业药剂学 ［M］.北京：人民卫生出版社，2014.

［3］ 潘卫三.工业药剂学 ［M］.3 版.北京：中国医药科技出版社，2015.

［4］ 魏树礼，张强.生物药剂学与药物动力学 ［M］.2 版.北京：北京大学医学出版社，2004.

［5］ 叶德泳.药学概论 ［M］.北京：高等教育出版社，2007.

第三章 ▶▶▶

晶体药物

本章学习要求

1. 掌握药物多晶型、盐型、溶剂合物和共晶的基本概念。
2. 熟悉晶体理化特征与制剂性能的关系。
3. 了解常用的药物结晶工艺及制剂工艺对药物晶型的影响。

第一节 概 述

结晶是自然界和工业合成过程中普遍存在的现象，史前人类就已经掌握了海水晒盐的结晶技术。从制药工业到食品工业，大量的工业产品和应用以结晶为基础，我们日常生活中所接触的固体多为晶体。绝大多数的原料药物以晶体的形式最终被开发成临床使用的制剂。药物晶体的理化性质是影响药品质量的因素之一，它对原料药及药物制剂的制备，以及制剂的稳定性、溶出度及生物利用度等有着不可忽视的影响。

晶体（crystal）是由物质的点（原子、离子或分子）在三维空间周期性重复排列构成的固体，具有规则的几何外观。作为基本单元的物质点（原子、离子或分子）叫作结构基元，简称基元。在研究晶体结构中各类物质点排列的规律性时，可以把结构基元抽象成一些几何点，这样的点叫阵点（lattice point），阵点在三维空间的周期性分布形成无限的阵列，叫空间点阵（space lattice），简称点阵（lattice）。晶体结构可以表示为：晶体结构＝点阵＋基元，如图 3-1 所示。晶体的空间点阵可分解为一组平行且完全相同的平行六面体单位，如图

基元   点阵   晶体结构

图 3-1   点阵＋基元（没食子酸）＝ 晶体结构示意图

3-2 所示，称为单位格子。矢量 **a**、**b**、**c** 的长度 a、b、c 及它们之间的夹角 γ、β、α 称为点阵参数。单位格子在三维空间中周期性重复排列形成的几何图形称为晶格（crystal lattice）。

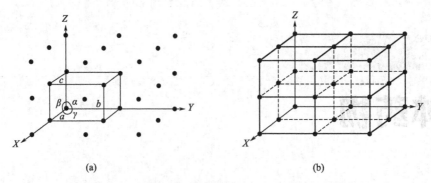

(a)　　　　　　　　　　　　(b)

图 3-2　空间点阵和单位格子（a）及晶格（b）

晶胞（unit cell）是晶体结构的最小重复单元，可以用一个平行六面体表示。在同一个晶体中，每个晶胞的大小和形状完全相同。晶胞和单位格子的区别是晶胞为晶体结构的基本单元，用于表示实际晶体结构的周期性和对称性，而单位格子为抽象的概念，其中的阵点为结构基元抽象成的几何点。晶胞有两个要素：一是晶胞的大小和形状，由晶胞参数（与点阵相同，包括晶胞棱长 a、b、c 及它们之间的夹角 γ、β、α）决定；二是晶胞内部各个原子的坐标位置，由原子坐标参数（x，y，z）表示。坐标参数的意义：由晶胞原点指向原子的矢量 **r**，用单位矢量 **a**、**b**、**c** 表达

$$r = xa + yb + zc \tag{3-1}$$

晶胞有七种类型，被称为七个晶系：三斜晶系（triclinic）、单斜晶系（monoclinic）、正交晶系（orthorhombic）、三方晶系（trigonal）、四方晶系（tetragonal）、六方晶系（hexagonal）和立方晶系（cubic），图 3-3 和表 3-1 列出了七个晶系及其特征。

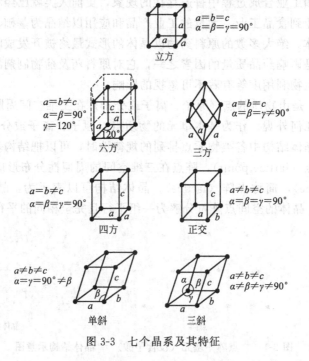

图 3-3　七个晶系及其特征

表 3-1　七个晶系和晶系特征

晶系	晶棱	晶棱夹角
立方（cubic）	$a=b=c$	$\alpha=\beta=\gamma=90°$
四方（tetragonal）	$a=b\neq c$	$\alpha=\beta=\gamma=90°$
正交（orthorhombic）	$a\neq b\neq c$	$\alpha=\beta=\gamma=90°$
单斜（monoclinic）	$a\neq b\neq c$	$\alpha=\gamma=90°,\beta\neq90°$
三斜（triclinic）	$a\neq b\neq c$	$\alpha\neq\beta\neq\gamma\neq90°$
六方（hexagonal）	$a=b\neq c$	$\alpha=\gamma=90°,\beta=120°$
三方（trigonal）	$a=b=c$	$\alpha=\beta=\gamma\neq90°$

第二节　药物晶型与晶习

一、药物多晶型

多晶型现象广泛存在于晶体药物中，相同的化合物因为晶体结构中分子的晶格排列或（和）构象的不同，存在两种及两种以上固态形式的称为多晶型现象（polymorphism），形成的不同的固态形式称为多晶型（polymorph）。多晶型现象同样也广泛存在于盐、溶剂合物（包括水合物）和共晶等体系中。造成多晶型现象的原因有很多，包括晶体的堆积方式、构象、氢键、手性，多晶型的形成通常是多种因素共同作用的结果。多晶型分类如下。

1. 构型多晶型

构型多晶型（configurational polymorphs）也叫堆叠多晶型，刚性分子多采用此种方式形成多晶型。如图 3-4 所示，在构型多晶型中分子的构象相似甚至相同，但是三维结构不同，每个晶型都有独特的堆叠基团和分子间相互作用。

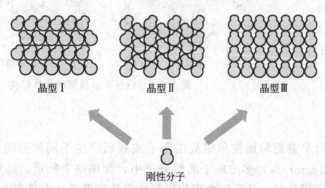

晶型Ⅰ　　　　晶型Ⅱ　　　　晶型Ⅲ

刚性分子

图 3-4　构型多晶型示意图

实例：卡马西平存在构型多晶型，其结构式如图 3-5 所示。卡马西平存在至少 4 种晶型，晶型Ⅰ为三斜晶系，晶型Ⅱ为三方晶系，晶型Ⅲ和晶型Ⅳ为单斜晶系，晶胞参

図 3-5 卡马西平结构式

数列于表 3-2。卡马西平多晶型的堆积单元均是酰胺与羰基形成的二聚体，各晶型中分子构象基本一致，多晶型现象来自二聚体单元的堆积差异。如图 3-6 所示，两种单斜晶系晶型Ⅲ和晶型Ⅳ中氮杂环的烯氢与羰基通过弱 C—H…O 相互作用形成无限链状结构，三斜和三方晶系的晶型Ⅰ和晶型Ⅱ的二聚体中羰基氧作为受体分别与邻近的两个碳形成氢键。

表 3-2　卡马西平多晶型晶胞参数

晶系(crystal system)	三斜	三方	单斜	单斜
空间群(crystal space)	$P\bar{1}$	$R\bar{3}$	$P2_1/n$	$C2/c$
$a/\text{Å}$	5.1705	35.454	7.534	26.609
$b/\text{Å}$	20.574	35.454	11.150	6.927
$c/\text{Å}$	22.245	5.253	13.917	13.957
$\alpha/(°)$	84.12	90	90	90
$\beta/(°)$	88.01	90	92.94	109.70
$\gamma/(°)$	85.19	120	90	90
密度/(g/cm³)	—	1.235	1.35	1.31

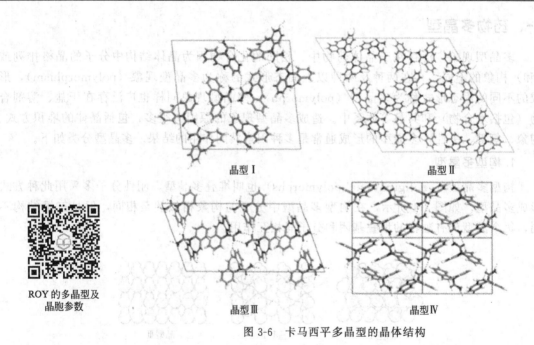

晶型Ⅰ　　　　　　　　　晶型Ⅱ

ROY 的多晶型及晶胞参数

晶型Ⅲ　　　　　　　　　晶型Ⅳ

图 3-6　卡马西平多晶型的晶体结构

2.构象多晶型

构象是指分子沿单键旋转而使单键周围原子或基团产生不同的空间排列。构象多晶型（conformational polymorphs）多出现于柔性分子中，如图 3-7 所示，这些分子可以采取不同构象，堆积形成不同晶型。分子构象变化引起的多晶型现象是多晶型中最常见和最主要的一类。药物分子通常具有柔性，并且有多种官能团，由于单键旋转，使分子可能存在多种能量相近的构象，分子间相互作用力可以维持晶体中分子不同构象的稳定性。奥氮平的中间体 ROY 的多晶型及晶胞参数扫描二维码获取。

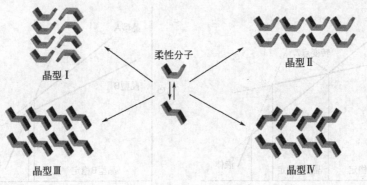

图 3-7 构象多晶型示意图

3.多晶型热力学

同一化合物的多晶型的稳定性关系由自由能决定，自由能越低的晶型越稳定。自由能可由下式表示：

$$G = H - TS \tag{3-2}$$

式中，G 为吉布斯自由能；H 为焓；T 为热力学温度；S 为熵。在任意温度下，晶型 A 与晶型 B 自由能差为：

$$\Delta G_{A \to B} = G_B - G_A = (H_B - TS_B) - (H_A - TS_A) = \Delta H_{A \to B} - T\Delta S_{A \to B} \tag{3-3}$$

根据自由能差，在任意温度下，两种晶型的关系都存在以下三种情况：

(1) $\Delta G_{A \to B} < 0$，晶型 B 的自由能更低，晶型 B 比晶型 A 稳定，所以晶型 A 向晶型 B 的转化为自发过程。

(2) $\Delta G_{A \to B} > 0$，晶型 A 的自由能更低，晶型 A 比晶型 B 稳定，所以晶型 A 向晶型 B 的转化为非自发过程，而晶型 B 向晶型 A 的转化为自发过程。

(3) $\Delta G_{A \to B} = 0$，晶型 A 和晶型 B 自由能相等，没有相互转化发生。

根据式(3-2)，两种晶型间的自由能差与温度有关，两种晶型自由能相等的温度称为相转变点（transition temperature，T_t）。如果相转变点低于两晶型的熔点（melting point，T_m），则晶型 A 和晶型 B 为互变关系（enantiotropic），如图 3-8（a）所示。温度 $T < T_t$，晶型 A 的自由能更低，更加稳定；而温度 $T > T_t$，晶型 B 的自由能更低，晶型 B 更加稳定。如果相转变点高于两晶型的熔点，晶型 A 和晶型 B 为单变关系（monotropic），如图 3-8（b）所示。晶型 B 的自由能始终低于晶型 A，所以晶型 B 的稳定性始终高于晶型 A。以上讨论虽然基于只有两个晶型的体系，但是得出的关于多晶型热力学关系的结论可以推广到两个以上的多晶型体系。

在药品实际开发过程中，通常首先考虑将室温条件下热力学最稳定的晶型作为临床使用的剂型中的晶型。因为亚稳态晶型在加工（制粒、干燥、粉碎、压片和包衣等）和贮存等过程中，受温度、溶剂、辅料、机械力和压力等因素的影响，存在向稳定的晶型发生转变的风险。美国雅培制药公司的抗艾滋病药物利托那韦（Ritonavir）最早以晶型 I 形式开发上市。然而后来发现上市的产品中一些批次出现了更稳定的晶型 II，导致药物溶出下降且严重影响了疗效。雅培制药公司被迫将该药品从市场撤出，重新研究晶型及处方工艺，造成了巨额的经济损失。值得一提的是，在某些情况下，为了克服热力学稳定晶型的缺陷，如低溶解度、较差的粉体性质等，仍然可以通过选择适当的辅料和处方设计使亚稳态晶型达到动力学稳定，也可以被用于开发上市。由于使用亚稳态晶型会存在一定的转晶风险，因此在药

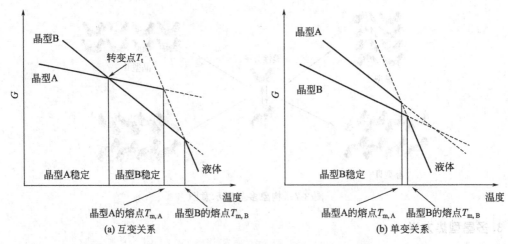

图 3-8　多晶型互变和单变关系的热力学相图

物开发过程中有效监测和控制亚稳态晶型的稳定性非常重要。

二、溶剂合物、盐型和共晶

常见的多组分晶体药物的固体形式有溶剂合物、共晶和盐，如图 3-9 所示。

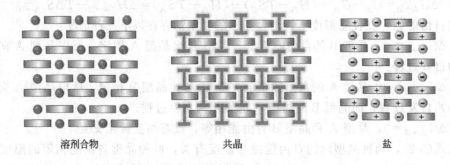

图 3-9　药物的溶剂合物、共晶和盐的示意图

1.溶剂合物和水合物

在新药研发和工业制备中，常常会伴随着溶剂合物的产生。药物的结晶、沉淀、重结晶的过程必然会引入大量的溶剂。溶剂分子与药物分子接触后，通过氢键等作用进入药物分子的晶格内部并与药物分子形成一种复合物，即溶剂合物。溶剂合物可能在任何有溶剂参与或表面接触到溶剂蒸气的过程中产生，包括结晶、混悬、回流、湿法制粒、包衣、贮存和溶出过程等。有机溶剂合物由于安全性问题，很少作为药物上市，但可作为药物开发中的中间产物，进一步纯化和分离药物。

水合物是溶剂合物的一种，即溶剂分子为水分子的溶剂合物。水合物主要是从水中重结晶产生。此外，将无水物混悬在水中，或暴露在高湿度条件下，经常会产生水合物。例如盐酸右美托咪定暴露在一定湿度条件下可转变为一水合物。药物可以与水分子形成不同计量比的水合物。例如：头孢类化学药可以与 0.5 个、1 个、1.5 个、2 个、3 个水分子或更多的水分子形成多达 10 种以上的水合物晶体。

按照水合物的结构特点、水分子如何参与到晶胞结构中，水合物可以分为空穴型水合物和隧道型水合物。

（1）空穴型水合物　这类水合物是指水分子在晶体结构中被药物分子隔开而独立存在。这种情况下，水分子之间没有直接作用，水分子仅仅与药物分子之间产生氢键作用或范德瓦耳斯力。头孢拉定二水合物就是典型的空穴型水合物，其水分子与药物分子之间结合较弱，在受热后易发生脱水。

（2）隧道型水合物　这类水合物的特点是水分子存在于晶胞的隧道中，即每个晶胞中的结晶水相连，并与相邻晶胞中的结晶水相连，从而在晶格内形成了一个个独立的"隧道"。在这种类型的水合物晶体结构中，水分子之间通过氢键相连，同时也可能与主体分子产生氢键作用。茶碱单水合物就是典型的隧道型水合物，晶体中水分子之间沿特定轴通过氢键彼此相连，形成一条条水分子隧道，同时水分子也参与茶碱分子的氢键相互作用，形成稳定的三维晶体结构。

拓展内容：水合物对药物开发的影响

在药物开发中，常常会有溶剂或水的引入。药物一旦生成溶剂合物或水合物的固体形式，可能会对药物的理化性质造成影响，包括溶解度、稳定性、力学性质等。考虑多数有机溶剂的毒性和易挥发等特点，有机溶剂合物一般不作为药物开发的固态形式。

水合物的生成常常会导致药物溶解度的降低。比如琥珀酰磺胺噻唑无水物的溶解度是它的水合物的 13 倍，氯硝柳胺无水物的溶解度是它的水合物的 23 倍。也有少数报道水合物比无水物具有更高的溶解度。此外，水合物有时候也会导致化合物力学性质发生改变。例如磷酸氢钙可以以无水物或者二水合物形式存在，这两种固体形式虽然具有相似的流动性，但是却具有不同的可压性。此外，磷酸氢钙无水物还具有比水合物更快的崩解速率。对于一些不稳定的水合物，有时可作为中间产物使药物发生转晶，在脱水时还可能会使晶格塌陷生成无定形态。在上述情况中，由于水合物的生成会带来不被期望的后果，因此在开发和贮存中需要特别注意隔离水分，避免水合物的生成。

水合物在药物开发中有时也具有一定优势。水合物虽然通常具有更低的溶解度，但是通过降低溶解度达到缓控释等目的时，水合物也可以成为一种选择。另外，有些药物具有很强的吸湿性，极易生成水合物。这种情况下，为了保证药物的稳定性，如果溶出的影响不大，水合物往往是药物开发的更优选择。水合物的生成，还会影响药物的晶癖和物理化学稳定性，在这些方面可能也会比无水物具有更优越的性质。

2. 盐型

药物成盐是指在溶液中化合物与带有相反电荷的反离子均电离，然后两者以离子键结合，在适宜的溶剂中以盐的形式结晶析出的过程。目前，小分子药物超过 50% 是以盐的形式上市的。在固体药物中，药物盐型是主要的固体形式。与纯物质相比，盐型药物具有不同的晶体结构。同一药物的不同盐型具有不同的晶体结构和性质。反离子的筛选是药物成盐中关键的一环，同一药物与不同反离子可能形成性质差异极大的盐型。药物成盐中常用的反离子见表 3-3。盐型的选择主要根据 pK_a 值。通常药物成盐部位的 pK_a 值与对应反离子的 pK_a 值相比应至少相差 3 个单位，才能发生有效的质子转移形成稳定的盐。

表 3-3　药物成盐中常用的反离子 pK_a

阴离子	pK_a	阳离子	pK_a
碘离子	-8	钠离子	14
溴离子	-6	钾离子	14
氯离子	-6	锌离子	大约 14
硫酸根	$-3,1.92$	胆碱离子	13.9
对甲苯磺酸根	-1.34	L-精氨酸离子	13.2,9.09,2.18
硝酸根	-1.32	钙离子	12.7
甲磺酸根	-1.2	镁离子	11.4
萘磺酸根	0.17	二乙胺离子	10.93
苯磺酸根	0.70	L-赖氨酸	10.79,9.18,2.16
马来酸根	1.92,6.23	铵离子	9.27
磷酸根	1.96,7.12,12.32	葡甲胺离子	8.03
L-酒石酸根	3.02,4.36	三乙醇胺离子	8.02
富马酸根	3.03,4.38		
柠檬酸根	3.13,4.76,6.40		
D,L-乳酸根	3.86		
琥珀酸根	4.19,5.48		
醋酸根	4.76		

　　与原型药物相比,成盐可以有效改善药物的各种理化性质,包括熔点、理化稳定性、溶解度、溶出速率、引湿性等,对进一步开发药物剂型具有重要作用。例如,萘普生是一种溶解度极低(0.016 mg/mL)的非甾体抗炎药,成钠盐后溶解度可以达到 178 mg/mL,是其游离酸的 11000 倍左右。替拉那韦作为一种 HIV-Ⅰ蛋白酶抑制剂,是一种低溶解度(3 μg/mL)和低溶出速率[<0.2 μg/(cm²/s)]的弱酸。它的 pK_a 分别是 6.2 和 7.6,与钠离子分别形成单钠盐和双钠盐。这两种盐的溶出速率分别是 115 μg/(cm²/s)和 450 μg/(cm²/s),远远高于游离酸溶出速率。替拉那韦游离酸在狗体内的生物利用度仅有 3%,而它的单钠盐和双钠盐的生物利用度分别是 15% 和 50%。替拉那韦双钠盐胶囊(剂量 250 mg)和口服液(剂量 100 mg/mL)已经上市。然而,成盐的方法也有一定局限。首先中性化合物不能成盐,酸性或碱性太弱也可能很难成盐。即使能够形成稳定的盐,仍有可能在体外或体内转变成溶解度差的游离酸或碱。例如,游离碱的盐酸盐可能先在胃中较低的 pH 中溶解,但当其进入小肠后,pH 升高,药物在溶液中的浓度超过其在相应 pH 条件下离子化和非离子化形式的平衡总溶解度,游离碱就可能会沉淀析出,导致不完全吸收。

拓展内容:成盐的其他优势

　　① 一些药物成盐是为了降低游离型药物溶解度,从而达到减轻混悬剂的 Ostwald 熟化、掩盖味道或缓控释的目的。例如,为了掩盖依托红霉素混悬剂的苦味,利用成盐的方式将其溶解度降低了 20 倍。抗精神疾病药物氯丙嗪的盐酸盐具有苦味,为了提高患者的顺应性开发了溶解度较低的双羟萘酸盐混悬剂。对一个难溶性药物而言,提高溶解度是最

优先考虑的问题。而对高溶解度药物，盐的稳定性、顺应性等其他性质则是重要的评估标准。②成盐也可用于手性药物的拆分。抗血小板药物氯吡格雷被广泛用于预防高危患者的血管血栓，氯吡格雷是一种手性化合物，相对于 S-构型，R-构型的生物活性和耐受力较差。氯吡格雷和手性酸 L-樟脑磺酸成盐后，可将氯吡格雷的 S-构型从外消旋混合物中分离出来。③成盐可以提高药物的稳定性。氯吡格雷游离碱以油状半固体存在，其化学稳定性较差，手性中心不稳定，有可能发生外消旋。因其 pK_a 仅有 4.55，只有与强酸才有可能成盐。氯吡格雷能与盐酸成盐，但盐酸盐吸湿性强并且不稳定。在筛选了 20 多种反离子后，只有硫酸氢盐性质最理想，具有高熔点、良好的长期稳定性、低吸湿性及高溶解度。氯吡格雷硫酸氢盐的晶型 II 最终被用于开发。

3. 药物共晶

由于成盐有一定的限制，药物分子必须有可解离基团才能和反离子成盐。对于一些没有电离基团的中性药物分子，可以通过形成药物共晶来改善药物的理化性质。国际上把"共晶（cocrystal）"定义为"两种或者两种以上不同的固态分子化合物通过超分子作用力组成的具有特定化学计量比的单一晶相"。2018 年 FDA 的共晶药物指南中将共晶定义为"两种或两种以上不同的固态分子通过非共价键结合于一个晶格内堆积而成的物质状态"。药物共晶是指共晶中有一个组分是活性药物分子（active pharmaceutical ingredient，API），另外的组分被称作共晶配体（cocrystal former，CCF）。共晶与盐的本质区别是盐的结构中有完全的质子转移，而共晶没有。

形成共晶的驱动力是氢键、范德瓦耳斯力、π-π 堆积等非共价作用力，其中以氢键为主。共晶的设计合成主要是通过超分子化学和晶体工程学实现的。超分子是指由于分子间的相互作用缔结形成的复杂而有序的具有特定功能的分子聚集体。相较于传统的共价键等强相互作用力，超分子化学专注于研究分子间的弱相互作用力，包括氢键、范德瓦耳斯力、配位作用、疏水作用及 π-π 堆积等。它的研究核心是通过分子间的弱相互作用的协同实现分子识别和超分子自组装。晶体工程学将超分子化学的原理应用于晶体的设计和生长，通过分子识别和超分子自组装得到结构性质可控的晶体。它的目的在于通过研究不同类型分子间的相互作用力的能量和性质，并根据已预设的结构和性质构建晶体。

共晶作为新兴的药物固态形式受到越来越多的关注和应用。目前已经有多个药物以共晶的形式上市。2015 年，由诺华公司研发的沙库比曲-缬沙坦共晶（Sacubitril/Valsartan，又称 LCZ696，商品名 Entresto）为一种血管紧张素受体和脑啡肽酶双重抑制剂（ARNI）的复方新药，被 FDA 提前 6 周批准。2017 年，辉瑞和默克共同开发的新型治疗糖尿病药物——埃格列净-L-焦谷氨酸共晶（又名埃格列净，Ertugliflozin）被 FDA 批准上市。

三、晶习

晶体的外观通常用晶习来描述。常见的药物晶习有针状、块状、片状或球状等（图 3-10）。晶习与比表面积、堆密度、孔隙率、流动性和应力应变关系等药物粉体性质密切相关，进而会影响后续的制剂工艺及质量。例如在混悬剂中，片状或块状晶体的通针性要优于针状晶体。块状、球状晶体的粉体流动性或可压性会优于针状晶体，从而更有利于片剂的压片制备工艺。药物晶体的晶习往往受到结晶过程和结晶条件等因素的影响，例如溶剂种类、结晶温度、杂质含量。一些添加剂如表面活性剂等，可通过在溶液中吸附在晶体特定晶面的表面，从而影响晶体的生长，导致晶习发生改变。

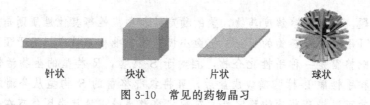

针状　　　　块状　　　　片状　　　　球状

图 3-10　常见的药物晶习

第三节　晶体性质与固体制剂性能的关系

药物晶体由于内在结构的差异，可以表现出不同的化学和物理特性，包括堆叠性质、热力学性质、光谱学性质、动力学性质、表面性质和力学性质（图 3-11）。这些特性又可以直接影响原料药和制剂的生产工艺过程，并会影响药物制剂的理化稳定性、溶解度、生物利用度和机械性质等。因此，药物晶体性质会影响药物制剂的质量、安全性和有效性。

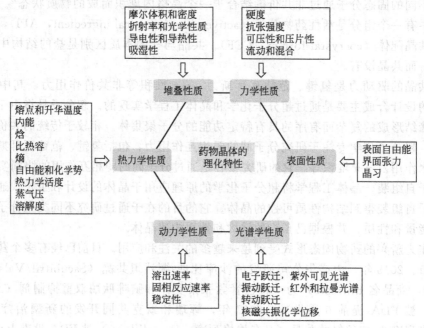

图 3-11　药物晶体的理化特性

1. 化学稳定性

虽然多晶型药物中所含化合物是相同的，但是晶体结构的差异也会引起化学稳定性的不同。例如，非甾体抗炎药吲哚美辛的两种晶型 α 和 γ 与氨气的反应速率存在显著差异。晶型 α 为吲哚美辛的亚稳晶型，可以与氨气反应形成氨基盐微晶，反应速率各向异性，沿晶体的 a 轴速率最快，而稳定晶型 γ 不与氨气反应。两种晶型与氨气的反应速率的差异源于吲哚美辛分子在两种晶型晶格中不同的排列方式。在晶型 α 中吲哚美辛分子的羧基暴露在晶面，容易与氨气接触而发生反应。相反，在晶型 γ 中存在中心对称结构，羧基之间螯合形成二聚体结构，产生的位阻效应阻碍了吲哚美辛与氨气分子发生化学反应。

2. 溶解度和溶出速率

药物晶型的溶解度由它们的自由能决定，因此，同一化合物的不同晶型在相同溶剂中的溶解度有所不同。亚稳晶型由于具有较高的自由能，溶解度更大。例如：琥珀酰磺胺噻唑有至少6种无水晶型，3种一水合物晶型，还有1种丙酮化物和1种正丁醇化物。6种无水晶型之间的溶解度差异达4倍之多，无水晶体的溶解度是它的水合物的13倍。通常多晶型药物不同晶型间溶解度差异在几倍以内，但是其中也有例外，例如，帕马沙星（Premafloxacin）晶型Ⅰ的溶解度是晶型Ⅲ的23倍。如果固体溶出仅由扩散控制，那么溶出速率与溶解度符合 Noyes-Whitney 公式，多晶型溶出速率的差异可以通过溶解度的差异来表示。

3. 生物利用度

生物利用度是指制剂中活性药物吸收进入人体循环的速度和程度。多晶型药物不同晶型间生物利用度可能存在差异。无味氯霉素（棕榈酸氯霉素）是多晶型影响生物利用度的经典案例。氯霉素是广谱抗生素，但是本身味道非常苦，所以将其制备成无味的棕榈酸盐混悬剂的形式。无味氯霉素有三种多晶型（晶型 A、B、C）和一种无定形，其中晶型 A 为稳定晶型。亚稳晶型 B 和无定形具有生物活性。晶型 B 的混悬剂的口服吸收利用度远大于晶型 A 的混悬剂，如图 3-12 所示。利福定用不同溶剂结晶可以得到四种晶型，其中利福定Ⅳ型为有效晶型，动物试验表明，Ⅳ型产品血药浓度高峰是Ⅱ型产品血药浓度高峰的 10 倍。

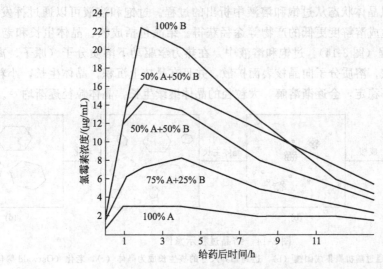

图 3-12 口服含 1.5 g 无味氯霉素晶型 A 混悬剂、晶型 B 混悬剂、
晶型 A 与晶型 B 混合混悬剂的血药浓度

4. 机械性质

晶体的晶习、多晶型的晶体结构差异会导致多晶型机械性质不同，进而影响制剂的生产以及片剂的物理属性，例如多晶型药物的晶习影响粉末的流动性，针状和棒状的颗粒流动性差，而立方体或者球状颗粒的流动性较好。晶体结构中存在滑移平面的晶体塑性更好，具有更好的压片性能。对乙酰氨基酚（acetaminophen）稳定晶型Ⅰ可压性差，需要大量辅料帮助制片，而亚稳晶型Ⅱ因为存在二维分子层，晶体在压力作用下可沿滑移面滑移，具有更高的塑性，所以可以粉末直压制片。磺胺甲基嘧啶晶型Ⅰ晶体结构中存在着垂直于 b 轴的滑移面，而晶型Ⅱ没有，压片结果显示晶型Ⅰ的可压性优于晶型Ⅱ，见图 3-13。

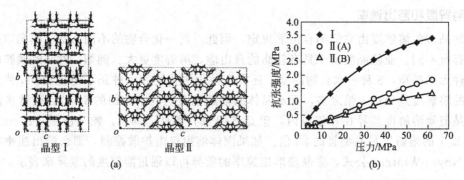

图 3-13　磺胺甲基嘧啶的晶体结构（晶型 I 具有平行于 ac 面的滑移平面，
晶型 II 中未观察到滑移平面）（a）；晶型 II 的压片性能优于晶型 I（b）

第四节　晶体生长与药物结晶工艺

结晶是指溶质以晶体状态从过饱和溶液中析出的过程。过饱和溶液可以通过挥发、冷却、添加抗溶剂、反应生成溶解度更低的产物等途径获得。结晶包括成核、晶体生长和老化（Oswald 熟化）三个过程（图 3-14）。过饱和溶液中，在热力学驱动下溶质分子（原子、离子）通过随机碰撞形成晶核，溶质分子向晶核表面扩散，并且在晶核上沉积，晶体生长，小粒径的晶体由于比表面积大不稳定，会逐渐溶解，大粒径的晶体继续生长，晶体粒径逐渐均一。

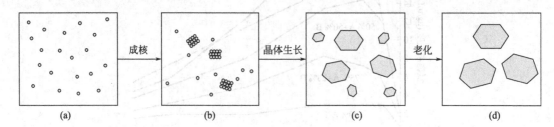

图 3-14　结晶过程示意图
饱和溶液（a）中溶质通过随机聚集成团簇（b），达到临界尺寸的核生长成为晶体（c），老化（Ostwald 熟化）（d）

结晶过程中受多种因素的影响，包括过饱和度、温度、溶剂种类、搅拌方式等。这些参数的微小改变可能会影响最终药物晶体的性质，如晶型、晶习和粒径分布等。这些性质又会进而影响药物制剂的生产和药效。因此，科学设计结晶工艺和合理控制结晶过程对获得质量稳定的药物晶体产品至关重要。

一、晶体生长原理

1.过饱和度和亚稳区

溶液过饱和是结晶的前提。当溶液中溶解的溶质已经超过该温度和压力下的平衡溶解度，而溶液中依然没有溶质析出，该溶液称为过饱和溶液，溶液浓度与平衡溶解度的比值叫作过饱和度（supersaturation）。溶液可以在一定浓度范围内维持过饱和不成核析出，这个区域叫作亚稳区或介稳区（metastable zone）。从形成过饱和开始到有晶核形成的这段时间叫作成核诱导时间（induction time），随着过饱和度的增加，诱导时间逐渐缩短。当过饱和度达到一定值时，成核会立刻发生，这一浓度到平衡溶解度的距离叫作亚稳区宽度（metastable zone width，MZW）。图 3-15 是溶解度和亚稳区示意图。MZW 和成核诱导时间受到多种因素的影响，包括温度、溶剂、化合物、杂质等。与平衡溶解度不同，MZW 和成核诱导时间还依赖于结晶条件，如降温速度、反溶剂添加速度、容器体积等。

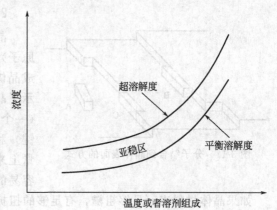

图 3-15　溶解度和亚稳区

拓展内容：经典成核理论（classical nucleation theory，CNT）

成核需要克服成核自由能 ΔG，ΔG 包括体相自由能 ΔG_v 和表面自由能 ΔG_s。在过饱和溶液中，分子（离子、原子）碰撞聚集形成团簇，团簇在生长时分子从溶液相进入晶体相释放自由能驱动成核（ΔG_v），同时产生的固/液界面使体系自由能增加阻碍成核（ΔG_s）。如图 3-16 所示，ΔG 有一个最大值 ΔG^*，ΔG^* 所对应的团簇的半径叫作临界成核半径 r^*，只有克服 ΔG^* 的团簇才能成为稳定晶核，生长成为晶体。成核自由能 ΔG 可以用下式表示。

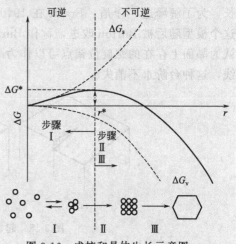

图 3-16　成核和晶体生长示意图，吉布斯自由能与粒径的关系

$$\Delta G = \Delta G_v + \Delta G_s = -n\Delta\mu + \varphi_n \qquad (3\text{-}4)$$

式中，n 为晶核中包含的分子数；$\Delta\mu$ 为溶液中溶质分子化学势与晶体中溶质分子化学势之差；φ_n 为总的界面能。假设晶核是半径为 r 的球体，那么 $n = 4\pi r^3 \rho_c / 3$，$\varphi_n = 4\pi r^2 \gamma$，$\rho_c$ 为晶核中分子的数量密度，γ 为单位面积的表面自由能。

ΔG 可以表示为：

$$\Delta G = -\frac{4}{3}\pi r^3 \rho_c \Delta\mu + 4\pi r^2 \gamma \qquad (3\text{-}5)$$

通过求导 $d\Delta G(r)/dr\,|_{r_c} = 0$，可以获得临界成核自由能 $\Delta G^* = 16\pi\gamma^3 / 3\,(\rho_c\Delta\mu)^2$ 和临界成核尺寸 $r^* = 2\gamma/(\rho_c\Delta\mu)$。

成核速率可以表示为：

$$J = J_0 \exp\left(\frac{-\Delta G^*}{k_B T}\right) \qquad (3\text{-}6)$$

式中，k_B 为 Boltzmann 常数；J_0 为前因子。

外界条件，如温度、浓度、压力、过饱和度通过影响 ΔG^* 影响成核速率。

2.晶体生长方式

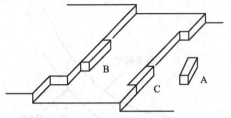

图 3-17 分子结合到晶体表面的方式

晶核形成后，形成了晶-液界面，分子（离子、原子）在界面上按照晶体结构的排列方式堆积形成晶体。通常认为晶体是层状生长的，图 3-17 显示了晶面上三种生长位点，即 A 平坦面（surface）（一个方向成键）、B 生长台阶（step）（两个方向成键）和 C 扭折位点（kink）（三个方向成键）。从能量上来说 C 为最佳生长位置，其次是 B，A 是最不容易的生长位置。

如果晶体材料表面足够粗糙，有足够的扭折位点和生长台阶用于晶体生长，晶体可以连续生长（continuous growth），在连续生长情况下生长速率与过饱和度呈线性关系。然而大多数晶体都没有足够的粗糙度用于连续生长，需要在平坦面形成台阶用于生长。一种形成台阶的方式叫作二维成核（two-dimensional nucleation），即在平坦面上先长一个质点，用来提供生长位置。形成二维核需要较大的过饱和度，许多晶体在饱和度很低的情况下也能生长，为了解释这一矛盾，Frank 在 1949 年提出了螺旋位错生长机制（screw dislocation）。这个模型随后被 Burton 改进，称作 Burton-Cabrera-Frank（BCF）模型（图 3-18）。该模型认为晶面上存在的螺旋位错点可以作为晶体生长的台阶，分子在台阶上不断地堆砌，形成螺线，这种台阶永不消失。

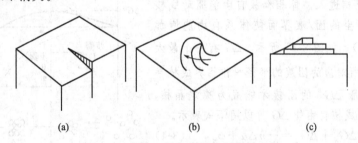

(a)   (b)   (c)

图 3-18 起始于螺旋位错的螺旋线发展

二、药物结晶工艺

由于结晶过程的多样性及复杂性，往往没有统一的分类方法和通用的结晶工艺，会随着原料药的性质以及具体的工艺目标变化而变化。例如冷却结晶适用于溶解度随温度变化较大的体系；而溶解度随温度变化不大的化合物则建议使用蒸发结晶。结晶方法、结晶工艺的差异可直接导致晶型、晶习、粒径、纯度的不同，进而影响药物的理化性质、溶解度、溶出速率、生物利用度甚至临床药效等。工业上常见的结晶器有冷却结晶器、蒸发结晶器、导流筒结晶机（DTB 型蒸发结晶器）、OSLO 流化床型冷却结晶器、外循环型结晶器、真空式结晶器、真空冷却结晶器、转鼓结晶机、表面连续结晶器、卧式结晶机。根据结晶原理的不同具体可分为以下结晶方法。

1.冷却结晶

因为操作容易，可重复，易放大，冷却结晶成为工业化大生产的首选方法。图 3-19 为冷却结晶的介稳区，点 A 代表未饱和溶液，随着温度降低到达溶解度曲线上的点 B，成为饱和溶液，此时还没有固体析出，继续降温，到达超溶解度曲线上的点 C 成核发生，伴随着晶体的生长，溶液浓度下降，再次达到平衡溶解度 D 点。在冷却结晶中可以通过添加晶种的方式改善结晶的重现性，控制粒径分布，甚至可以控制晶型。添加晶种时溶液的浓度会影响晶种对结晶控制的效果，如果在添加晶种时溶液还未达到饱和溶解度，晶种会溶解；如果添加晶种时溶液的浓度已经超过超溶解度曲线，自发成核会发生，晶种的作用也会大大减弱。建议控制溶液的浓度在介稳区的 30％～40％ 处添加晶种。添加晶种的量也会影响晶种对结晶的控制，例如在控制粒径时，添加晶种的量足够时可以避免自

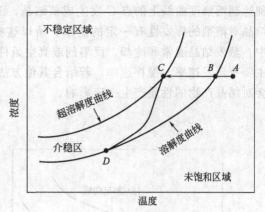

图 3-19　冷却结晶的介稳区

发成核，获得单分布粒径的产物；如果添加晶种的量太少，可能获得的产物粒径呈双分布，一部分产物来自在晶种上的生长，另外一部分小粒径的产物来自自发成核和生长。

　　降温速度是冷却结晶的关键，图 3-20(a) 反映了成核速率和过饱和度关系，说明快速冷却条件下产生的晶核数量随着饱和度的增加呈指数增长，过多的晶核会影响晶体的生长，导致产生大量小颗粒晶体。有多种方式可以用于溶液冷却，自然冷却是最简单的一种方法，通常是在反应器夹套或者冷凝管中使用固定温度的冷却剂，这种冷却方式在初始时速度较快，可能会导致饱和度过高，发生不可控成核。如果是添加晶种结晶，可能在添加晶种前已经到达了自发成核区。另外，过饱和度太高，可能导致油析、无定形、颗粒细、粒度分布宽、溶剂和杂质残留等问题。另外，器壁的低温会导致表面先结晶，表面上的结晶会影响冷却。线性冷却可以降低初始的冷却速率。为了避免产生过高的过饱和度，降温速度应该与增加的晶体表面积相匹配，如图 3-20(b) 所示，在结晶初始时因为可以生长的晶体表面积较小，所以用缓慢的降温方式，随着析出越来越多的晶体，再提高降温速度，可以减少成核促进生长。

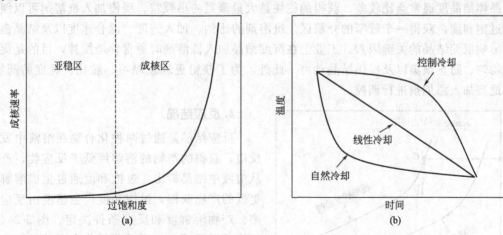

图 3-20　过饱和度与成核速率的关系（a）及冷却方式（b）

2. 蒸发结晶

　　蒸发结晶是在常压或减压条件下通过改变温度使溶剂挥发，从而形成过饱和溶液，达到析晶的目的。具体见图 3-21，点 D 处于未饱和区域，恒温挥发，溶液体积减小，浓度增加，

到达超溶解度曲线上的点 C 发生成核结晶。工业上常用蒸发结晶装置如图 3-22 所示，蒸发结晶对溶剂的挥发性有一定的要求，所以这些搅拌罐通常在减压条件下操作。在制药工业中，蒸发结晶通常和冷却、反溶剂或真空条件联合使用，用于提高产率。可优化的工艺参数主要有蒸发速率、搅拌速率，若结合其他方法，则其他方法的工艺条件可同样进行优化，均会对结晶产物的性质产生一定影响。

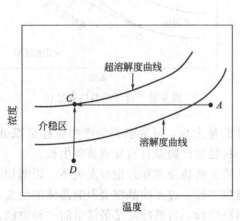

图 3-21　蒸发结晶用介稳区表示

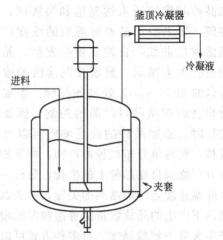

图 3-22　蒸发结晶装置图

3. 沉淀结晶

在沉淀结晶中，过饱和度通过外加物质以降低溶质溶解度实现，根据外加物质的不同可分为盐析结晶、水析结晶、气体抗溶剂结晶等。恒温沉淀结晶可用图 3-23 表示，此外我们以外加物质为抗溶剂说明，随着抗溶剂的加入化合物的溶解度下降，沉淀析出。加入抗溶剂的速率会影响介稳区的宽度从而显著影响沉淀结晶。快速加入抗溶剂，固体立刻析出，此时介稳区宽度是无法测量的。快速加入抗溶剂获得的沉淀可能会是无定形，也可能会是晶体，但是晶体结晶度通常会比较差，获得的往往是大量聚集的小颗粒。缓慢加入抗溶剂可以缓慢提高过饱和度，获得一个较窄的介稳区。抗溶剂的比例、加入速度、混合速度以及结晶温度均是影响沉淀结晶的关键因素。工业上在沉淀结晶加入抗溶剂时通常伴随搅拌，目的是促进混合均匀、防止聚集以及提供结晶动力。此外，为了获得更理想晶习、粒径、纯度的药物，也会适当加入添加剂进行调控。

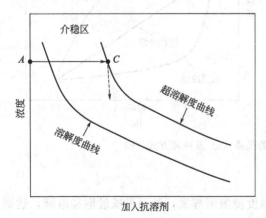

图 3-23　沉淀结晶介稳区

4. 反应结晶

反应结晶是通过两种化合物在溶液中发生反应，获得的产物的溶解度低于反应物，产物从溶液中结晶析出。过饱和度通过生成溶解度更低的产物获得，过饱和度产生速度由反应速率、产物溶解度和反应条件决定。图 3-24(a) 为快速恒温反应，可以获得非常高的过饱和度和迅速沉淀，这种情况与快速沉淀结晶中加入抗溶剂类似，通常获得的沉淀为无定形。图 3-24(b) 为反应结晶的另一种极端情况，产物的浓度低于饱和溶解度，要通过冷却才能发生结晶。在制药工业中常通过调节 pH 来进行反应结晶。许多药物是弱酸或者弱碱，它们的阳离子或阴离子盐在水中的溶解度更高，通过调节 pH 可以使它们以碱或酸的形式沉淀或者结晶。

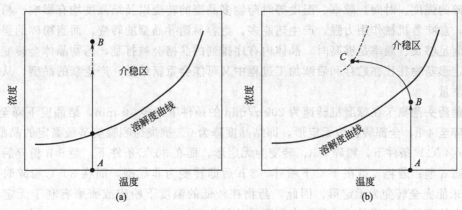

图 3-24　反应结晶介稳区

5. 连续结晶及在线监测技术

连续结晶是用于制药工业结晶的新兴方法。与传统的间歇式结晶模式不同，连续结晶技术通过不间断地导入母液的同时连续出料结晶产物。连续结晶的主要优势体现在重现性高、可控性好、生产效率高、设备占地面积小、经济效益高等。但产物易堵塞、堆积硬化，以及对操作人员水平要求较高是连续结晶的不足之处。随着分析技术的发展，通过连续结晶与过程分析技术（process analytical technology，PAT）联用，可对连续结晶过程进行实时监测，从而更好保障工艺的稳定和最终产品的质量。连续结晶器主要设备类型有 MSMPR 结晶器、振荡挡板结晶器等。

应用于结晶过程的常见几种 PAT 包括红外光谱、拉曼光谱、在线粒度监测技术和粒子成像技术。红外和拉曼光谱能够对药物结晶的晶型进行实时监测，及时反馈生产过程中的晶型转变情况，确保最终产物的晶型符合实际生产需要。而在线粒度监测和粒子成像技术主要是对结晶过程晶体的颗粒性质进行分析，包括晶习、粒径分布等。

连续结晶还可用于制备球状晶体。有研究以平喘药沙丁胺醇硫酸酯为模型药物，用单级 MSMPR 结晶器结合在线粒度监测技术对沙丁胺醇硫酸酯进行连续球状结晶，30min 后，得到了产率高达 95% 的沙丁胺醇硫酸酯球状晶体，证明了连续结晶和 PAT 联用的实际价值。连续结晶结合在线监测技术也可用于制备多晶型药物、共晶和分离手性药物等，具有广阔应用前景。

第五节　制剂工艺对药物晶型的影响

一、粉碎

粉碎是固体制剂的常见单元操作，通常用来控制产物的粒径、增大比表面积、混合等进而提高溶解度、生物利用度等。不可忽略的是，药物的晶型在粉碎过程中有发生转变的风险，包括多晶型的转变、结晶度的变化。晶型转变即药物晶型在一定环境条件下转变为更稳定的晶型。结晶度表示药物晶体化的程度，结晶度越低表示无定形含量越高，虽然化合物结构相同，但其溶解性不一致。

粉碎的强度、时间、频率、温度等对药物多晶型的转变以及结晶度均有影响。粉碎的强度越高，意味着机械作用力强，产生热能多，更容易诱导晶型的转变。而当粉碎的强度足够大、时间足够长、频率足够高时，晶体内有序排列的晶格会被打乱，药物晶体会转变为无定形。无定形药物往往在贮存和后续加工过程中又可能会重新结晶，产生新的晶型，从而影响制剂的质量。

抗菌药头孢氨苄在球磨机转速为 200 r/min 的条件下粉碎 10 min，结晶度下降至 60%，继续粉碎至 4 h，全部转化为无定形，即结晶度降为 0。抗炎药吲哚美辛最稳定的晶型 γ 型，在低温（4 ℃）条件下，粉碎 4 h，转变为无定形，而在 30 ℃ 条件下，经 6 h 粉碎后，转变为亚稳态 α 型；若将 α 型在 4 ℃ 下粉碎，2 h 后即转变为非晶型，而在 30 ℃ 粉碎时，即使 10 h 仍未能完全转变为无定形。因此，药物在较低的温度下粉碎或研磨有利于无定形的生成，而在较高的温度下粉碎或研磨有利于晶体的生成。

药物与辅料共同粉碎研磨时可影响药物的晶型转变。例如在微晶纤维素存在时研磨可延缓福司地尔晶型 Ⅱ 向晶型 Ⅰ 的转化。此外，也要注意粉碎或研磨过程中伴随产生的热量，容易导致溶剂合物脱溶剂，造成晶型和结晶度的改变。

二、制粒

在粉末压片或填充胶囊之前，制粒可有效改善粉体的流动性、可压性和黏性等。制粒的方法有很多种，包括干法制粒、湿法制粒、喷雾制粒、高速剪切制粒等，其中，对药物晶型影响最大的制粒方式为湿法制粒。因为湿法制粒需要在原辅料中加入润湿剂，而润湿剂通常为有机溶剂或水，在一定程度上会促进无水物转变成溶剂合物或发生晶型转变，从而影响药物晶体的理化性质和制剂疗效。

制粒过程中溶剂使用的量、溶剂与原辅料的接触时间均能对药物晶型的转变产生影响。治疗哮喘的活性药物成分茶碱存在三种晶型，当处方中茶碱的载药量为 60% 时，溶出速率与制粒过程中水的使用量成反比，而当茶碱的含量降至 25% 时，虽然溶出速率依旧慢，但制粒过程中水的使用量对其无影响，对这一现象进行深入剖析后，发现在载药量高时，制粒所用的水越多，越容易转变形成茶碱一水合物，从而使溶出减慢。抗癫痫药物卡马西平有四种多晶型。湿法制粒时，在卡马西平、单水乳糖和淀粉的混合物中加入 50% 的乙醇溶液或 5% 的羟丙基纤维素乙醇溶液作为润湿剂，在制粒产物中会包含一定量的二水合物。而如果以纯水作为润湿剂进行湿法制粒则不会产生卡马西平的二水合物。这种现象的产生主要是因为晶型转变的速率与饱和度有关，药物在 50% 的乙醇水溶液中溶解度更高，饱和度增加，晶型转变速率越快。

三、干燥

干燥通常指通过热能变化脱去溶剂的过程，工业中典型的干燥方式有盘式干燥、流化床干燥、真空干燥等，这些过程的热变化对药物晶型有重要影响。如干燥会使以溶剂合物形式存在的药物脱去表面溶剂，晶格内的溶剂在高温条件下同样汽化，进而转变成无定形或不含溶剂的多晶型。对于多晶型药物，热能变化和溶剂的汽化过程也有可能使晶型由亚稳晶型向稳定晶型转变。另外，对于以无定形存在的药物，干燥过程更容易引起其结晶行为，因为该过程提供了热能，加速内部分子运动。

　　干燥的温度、时间和方式等因素均对药物晶型的转变有影响。抗疟药青蒿素在高温条件下其晶型会发生转变，由正交晶系转变为三斜晶系。尼莫地平 α、β 两种晶型敞开放置于 40 ℃、60 ℃、80 ℃烘箱中 20 天，105 ℃放置 12 h，取出后测定的 X 射线衍射图谱明显不同，说明高温对尼莫地平晶型转变有影响。

　　颗粒的粒径也会影响干燥过程中晶型的转变。海藻糖有无水物、二水合物和无定形等固体形式。在二水海藻糖进行干燥过程中，如果其颗粒较大时会脱水转变为无水物，而颗粒较小时则会转变为无定形。因为当颗粒较小时，比表面积较大，受热脱水速率加快。二水合物晶胞中的水分子失去后，海藻糖分子晶格发生坍塌，从而形成了分子排列无序的无定形固体。

　　喷雾干燥是在制剂生产过程中经常运用的技术，药物经喷雾干燥处理后其晶型很可能因所用的溶剂、温度和干燥速度等条件的不同而出现变化。5%保泰松的二氯甲烷溶液在不同的条件下进行喷雾干燥，随着入口温度的改变可得到不同晶型的混合物。在 120 ℃喷雾干燥的保泰松是 δ 型，在 80 ℃和 100 ℃喷雾干燥得到的是 β 和 δ 两种晶型的混合物，在 70 ℃制备的混合物中则出现 ε 型。

四、压片

　　片剂是药物制剂中应用最广的剂型之一。压片是片剂生产的重要环节。同样，压片过程中的机械力、热能的变化，有时会使药物晶格产生缺陷，促进晶型转变。压片的强度、频率对药物晶型的转变均有一定影响。降糖类氯磺丙脲有 A、B、C 三种晶型，其中晶型 A 为稳定晶型，B 为无定形，C 为亚稳晶型。有实验表明，当在室温、压力为 196 MPa 条件下，晶型 A 与晶型 C 能够相互转化，且随着压片次数的增多，其转化率升高，当达到一定次数后，最终片剂中三种晶型的比例固定。

　　压片对同一片剂不同区域的晶型转变影响有所差异。磺胺苯酰和盐酸麦普替林片剂在同一压力环境下，上表面、内部以及下表面的药物由稳定晶型转变为亚稳晶型的转化率不一致，这与片剂的受力不均匀有关。

　　此外，压片的原料药粒径同样对药物晶型的转变有影响。将不同粒径分布的盐酸麦普替林作为压片的原料药，在同等压力下压片，结果表明粒径越大，晶型转变率越高，可能由于粒径较大的颗粒比表面积小，粒子间接触和受力面积小，作用力强。

　　除上述提及的单元操作外，固体制剂生产或开发过程中还有更多潜在因素可能引起药物晶型发生转变，如包衣、辅料的相互作用等。这要求我们在制剂过程中要充分重视药物的晶型。在处方前研究中尽可能地考虑药物活性分子、辅料的多晶型，理解多晶型之间转变的具体机制，选择适合的晶型进行开发，合理设计处方，选择合适的工艺，同时在制剂生产过程中对药物晶型实时监测，最大限度避免药物其他晶型的干扰，确保最终产品符合预期。

　　药物的晶习往往与药物溶解度、稳定性、生物利用度等密切相关。对于新药研发而言，在早期成药性评价中需要对候选药物的晶型进行考察，选择一种在制剂加工工艺或临床治疗学上最有优势的晶型开发。对于仿制药而言，药物晶型的研究也是一致性评价和质量控制的核心之一，药物的晶型变化往往会导致与原研制剂的性能和质量产生偏离。因此，对于药物晶型的充分研究和把控，有助于提高生物利用度，降低不良反应，增进临床疗效；有助于药物给药途径的选择与设计；有助于药物制剂工艺参数的确定；有助于提高药物稳定性和产品质量；对实现高质量药品制造具有非常重要的意义。

（蔡　挺）

思 考 题

1. 晶体结构中最小重复单元称为什么？晶系有哪几种？其参数特征是什么？
2. 药物晶体由于内在结构的差异，可以表现出哪些不同的理化特性？
3. 药物晶型的特性差异会影响固体制剂的哪些性能？
4. 多晶型药物热力学中单变和互变的含义分别是什么？
5. 按照水合物中水分子参与到晶胞结构中的方式，水合物可以分为哪两类？
6. 药物晶体常见的晶习有哪些？不同的晶习会影响哪些粉体性质？
7. 药物结晶过程中主要会受到哪些因素的影响？
8. 什么是过饱和度？结晶工艺中亚稳区的概念是什么？
9. 常用的药物结晶工艺包括哪些？
10. 哪些制剂工艺会对药物晶型转变造成影响？

参 考 文 献

[1] B. K. 伐因斯坦. 现代晶体学 [M]. 吴自勤，孙霞，译. 合肥：中国科学技术出版社，2011.

[2] 吕扬，杜冠华. 晶型药物 [M]. 北京：人民卫生出版社，2009.

[3] 邱怡虹，陈义生，张光中，等. 固体口服制剂的研发：药学理论与实践 [M]. 北京：化学工业出版社，2013.

[4] 平其能，屠锡德，张钧寿，等. 药剂学 [M]. 北京：人民卫生出版社，2013.

[5] Joel Bernstein. Polymorphism in molecular crystals [M]. New York：Oxford University Press，2002.

[6] Brittain H G. Polymorphism in pharmaceutical solids [M]. New York：Informa Healthcare USA, Inc，2009.

第四章 ▶▶▶

药物制剂的设计与开发

本章学习要求

　　1.掌握药物制剂的处方前研究内容；药物和辅料的配伍及其相容性；药物制剂设计的主要内容。

　　2.熟悉药物制剂设计的目的和基本原则。

　　3.了解 QbD 理念在制剂设计中的应用。

第一节　新药开发中的药物制剂研究

　　药物作用的效果不仅取决于原料药自身的活性，也与药物进入体内的形式、途径和作用过程等密切相关。因此，在新药研究中，制剂研究是一项不可缺少的重要内容。

　　新药研究往往针对的是新化学实体（new chemical entity，NCE）或全新作用机制，因而存在着很大的不确定性，需要经过从发现（discovery）到开发（development），最后到临床研究等一系列复杂而精密的程序。传统意义上的制剂研究仅包括药物开发阶段的处方筛选、稳定性研究以及工艺开发等内容。然而，在实际工作中，发现有相当多的候选化合物（candidate compounds）在开发阶段才被发现存在溶解性差、体内吸收不佳、稳定性不足等问题，造成研发工作的中断或延迟，浪费大量的前期投入。因此，制剂设计的理念和制剂相关研究应该贯穿在整个新药开发的过程中。一般药物开发按图 4-1 上部所示的流程进行；制剂研发是将候选药物制成最终产品即药品，按图 4-1 下部所示的流程完成。

　　药物制剂设计是新药研究和开发的起点，是决定药品安全性、有效性、可控性、稳定性和顺应性的重要环节。如果剂型选择不当，处方、工艺设计不合理，就会对药品质量产生一定的影响，甚至影响药品的疗效及安全性。所以，制剂研究在药物研发中占有十分重要的地位。

　　在先导化合物优化（lead compounds optimization）以及候选化合物确定（candidate compounds selection）阶段，应引入制剂设计（design of dosage forms）理念。在考察化合

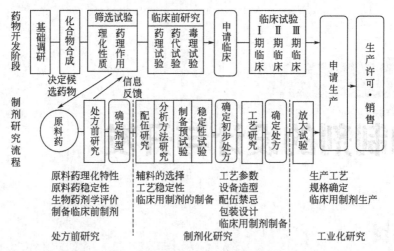

图 4-1　创新药物开发与制剂研究

物的活性、特异性以及毒性等药理学特性的同时，还应对其重要的物理化学特性和生物药剂学性质，包括不同盐型和晶型的溶解度、稳定性以及膜透过性、生物半衰期等进行表征。例如口服给药的药物，应考虑选择水溶性良好、晶型稳定、吸湿性低且化学稳定性较好的化合物，以降低后期制剂研究中的风险。

　　进入制剂开发阶段后，应根据药物本身的理化性质和临床用药需求，设计适宜的给药途径和剂型。确定给药途径和剂型后，进一步设计和筛选合理的处方和工艺。21世纪制剂设计中引入"质量源于设计（quality by design，QbD）"的理念。即使是对于已上市的药物，基于更为安全和有效的理念而开展的新制剂研究也是制剂设计的一项重要内容。一方面，对于现有药品在临床应用中出现的问题和不足，需要通过改良制剂设计来解决；另一方面，通过申请改进剂型的专利和开发新制剂产品，可以延长药物保护期，保持市场占有率，即所谓的药品的生命周期管理（life cycle management）策略。随着新型药物制剂技术和药物递送系统（drug delivery system，DDS）研究的不断深入，制剂新产品的研发也将成为制剂设计的重要内容而受到广泛重视。

第二节　药物制剂设计的基础

一、药物制剂设计的目的

　　药物制剂设计的目的在于根据疾病性质、临床用药需要以及药物的理化性质和生物学特征，确定合适的给药途径和药物剂型。在调查和研究药物的理化性质和生物学特性的基础上，选择合适的辅料和制备工艺，筛选制剂的最佳处方和工艺条件，确定包装，最终形成适合于工业化生产和临床应用的制剂产品。

　　为保证将药物合理地递送到体内，并在临床上呈现适宜的药理活性和治疗作用，制剂设计时应达到以下目标。

1. 保证药物迅速到达作用部位

设计剂型时，应尽可能地使药物迅速到达作用部位，然后保持其有效浓度，最终产生较高的生物利用度。如水溶性药物，静脉注射可以得到100％的生物利用度，其作用速率也容易控制；一次静注（静脉注射）可立即发挥药效作用，也可静脉滴注，以稳定的速率发挥作用；局部作用的软膏、吸入剂、洗剂等比较容易到达皮肤、黏膜等部位。

2. 避免或减少药物在体内转运过程中的破坏

制剂设计时，需了解活性药物在体内是否有肝脏首过效应，是否能被生物膜和体液环境的 pH 或酶所破坏等，以便通过合理的剂型设计加以克服。

3. 降低或消除药物的刺激性与毒副作用

某些药物具有胃肠道刺激性或对肝肾有毒性，改变剂型可以减少刺激性或毒副作用。如酮洛芬对胃的刺激性较大，制成经皮吸收制剂可以消除刺激性；多柔比星普通注射剂的心脏毒性较大，但是制成脂质体后能显著降低心脏毒性。

4. 保证药物的稳定性

凡在水溶液中不稳定的药物，一般可考虑将其制成固体制剂。口服用制剂可制成片剂、胶囊剂、颗粒剂等，注射用则可制成注射用无菌粉末，均可提高稳定性。

二、药物制剂设计的基本原则

任何药物都不能直接应用于患者，需经过处方设计制成药品。在药物处方中加入一些辅料，使其形成简单的溶液形式或者复杂的药物递送系统。这些辅料具有可变的、特定的药剂学功能。处方中如增溶剂、助悬剂、增稠剂、防腐剂、乳化剂等辅料提高了药物的成药性，将药物转变成药品。

剂型设计的原则是药物处方能够进行大规模生产，并且产品具有可重现性，最重要的是药品具有可预测的治疗效果。为确保药品的质量，需满足以下要求：加入适当的防腐剂避免微生物污染，保证药品的物理化学性质稳定，保证药物剂量的均一性；选择适当的包装和标识，保证药品工作人员和患者的可接受性。最理想的情况是，剂型的设计应该根据患者的变化而变化，尽管目前还很难实现。最近也开始有依据个体患者特殊的代谢能力而开发的给药系统，例如应用声波或磁场使药物具有一定的靶向性。

药物制剂设计的基本原则主要包括以下五个方面。

1. 安全性

药物制剂的设计首先要考虑用药的安全性（safety）。药物制剂的安全性问题主要来源于药物本身，也可能来源于辅料，并且与药物制剂的设计有关。如紫杉醇本身具有一定的毒副作用，其在水溶液中的溶解度也小，在制备紫杉醇注射液时需加入聚氧乙烯蓖麻油作为增溶剂，该增溶剂具有很强的刺激性；如果将紫杉醇通过制剂手段设计为脂质体制剂，则可避免使用强刺激性的增溶剂，降低不良反应。理想的制剂设计应在保证疗效的基础上使用最低的剂量，并保证药物在作用后能迅速从体内被清除而无残留，从而最大限度地避免刺激性和毒副作用。对于治疗指数低的药物宜设计成控释制剂，减少血药浓度的峰谷波动，维持较稳定的血药浓度水平，以降低毒副作用的发生率。对机体具有较强刺激性的药物，可通过适宜的剂型和合理的处方来降低药物的刺激性。

2. 有效性

药物制剂的有效性（effectiveness）是药品开发的前提，虽然活性药物成分是药品中发挥疗效的最主要的因素，但给药途径、剂型、剂量以及患者的生理病理状况也一定程度上影响疗效。例如治疗心绞痛的药物硝酸甘油通过舌下、经皮等形式给药时，起效快慢与作用强度差别很大。对心绞痛进行急救，宜选用舌下给药，药物可快速被吸收，2～5min 起效；对于预防性的长期给药则使用缓释透皮贴剂较为合适，作用可达到 24h 以上。同一给药途径，如果选用不同的剂型，也可能产生不同的治疗效果。因此，应从药物本身的特点和治疗目的出发，设计最优的起效时间和药效持续周期，如以时辰药物治疗学的理念指导开发的妥洛特罗经皮吸收贴剂。

3. 可控性

药品质量是其有效性与安全性的重要保证，因此制剂设计必须保证质量可控性（controllability）。可控性主要体现在制剂质量的可预知性与重现性。重现性指的是质量的稳定性，即不同批次生产的制剂均应达到质量标准的要求，不应有大的差异，应处于允许的变化范围内。质量可控要求在制剂设计时应选择较为成熟的剂型、给药途径与制备工艺，以确保制剂质量符合规定标准。国际上现行的"QbD"理念，希望在剂型和处方设计之初就考虑确保药品质量的可控性。

4. 稳定性

药物制剂的稳定性（stability）是制剂安全性和有效性的基础。药物制剂的稳定性包括物理、化学和微生物学的稳定性。在处方设计的开始就要将稳定性纳入考察范围，不仅要考察处方本身的配伍稳定性和工艺过程中的药物稳定性，而且还应考虑制剂在贮藏和使用期间的稳定性。因此，对新制剂的制备工艺研究过程要进行为期 10 天的影响因素考察，即在高温、高湿和强光照射条件下考察处方及制备工艺对药物稳定性的影响，用以筛选更为稳定的处方和制备工艺。药物制剂的化学不稳定性导致有效剂量降低，形成新的具有毒副作用的有关物质；制剂的物理不稳定性可导致液体制剂产生沉淀、分层等，以及固体制剂发生形变、破裂、软化和液化等形状改变；制剂的微生物学不稳定性导致制剂污损、霉变、染菌等严重的安全隐患。这些问题可采用调整处方、优化制备工艺或改变包装、贮存条件等方法来解决。

5. 顺应性

顺应性（compliance）是指患者或医护人员对所用药物的接受程度，其对制剂的治疗效果也常有较大的影响。难以被患者接受的给药方式或剂型不利于治疗。如长期应用的处方中含有刺激性成分，注射时有强烈疼痛感的注射剂；老年人、儿童以及有吞咽困难的患者服用体积庞大的口服固体制剂等。影响患者顺应性的因素除给药方式和给药次数外，还有制剂的外观、大小、形状、色泽、口感等。因此，在剂型设计时应遵循顺应性的原则，考虑采用最便捷的给药途径，减少给药次数，并在处方设计中尽量避免用药时可能给患者带来的不适或痛苦。

另外，制剂设计还会涉及成本控制、知识产权以及节能环保等因素。由于创新药物的竞争优势很大程度上依赖于法律对知识产权的保护，所以在制剂设计中常常需要考虑知识产权因素，并在多数情况下通过制剂设计来建立或加强产品知识产权保护优势。例如已知化合物的新的盐型或晶型，如果在药学或生物药剂学上与已知的盐型或晶型有较大不同，并有助于提高药物的安全性、有效性或可控性，则可申请专利。此外，通过发明新辅料和新工艺等也能获得较为宽泛的知识产权保护。所以，基于制剂专利技术开发药物的新制剂产品也是国内外研究的重点和热点。近年来，另外一个对药物制剂设计影响较大的因素是全球性的对于绿色辅料和环保工艺的推动。一个典型的例子就是，世界各国已开始禁止氟利昂作为气雾剂的抛射剂。

三、质量源于设计（QbD）理念

质量源于设计（quality by design，QbD）理念首先发布于 ICH（人用药品注册技术规定国际协调会议），其定义为"在可靠的科学和质量风险管理基础之上的，预先定义好目标并强调对产品与工艺的理解及工艺控制的一个系统的研发方法"。在 ICH 发布的质量系列指导原则 Q8（药品研发）、Q9（药品质量风险管理）、Q10（药品质量体系）和 Q11（原料药研发和生产）中，明确提出：要想达到理想的药品质量控制状态，必须从药品研发、药品质量风险管理和药品质量体系这 3 个方面入手，即 Q8～Q11 的组合。其中，Q8 首次明确指出药品质量不是检验出来的，而是通过设计和生产所赋予的。这就将药品质量控制模式前移，以通过初始设计（研发）来确保最终质量。因此，要获得良好的设计，必须加强对产品的认知和对生产的全过程控制。实施 QbD 的理想状态是实行高效灵活的生产，可持续获得高质量的药品，而不需要监管部门过多的监管。

美国食品药品监督管理局（FDA）是 QbD 理念最积极的倡导者和推动者，认为 QbD 是动态药品生产质量管理规范（current good manufacture practices，CGMP）的基本组成部分，是科学的、基于风险控制的全面主动的药物开发方法，从产品概念到工业化均精心设计，是对产品属性、生产工艺与产品性能之间关系的透彻理解。很多大公司比如辉瑞公司使用 QbD 提升了新产品和现有产品的工艺能力和灵活性，目前国内许多制药公司也将其用于指导研发。QbD 的实施过程包括三个阶段：产品的理解、工艺的理解和工艺的控制。

QbD 以预先设定的目标产品质量特性作为研发起点，确认来自处方和工艺的产品关键质量属性（critical quality attribute，CQA），并确定目标产品质量概况（quality target product profile，QTPP），即产品质量目标，确立关键物料属性（critical material attribute，CMA）、原辅料因素和关键工艺参数（critical process parameter，CPP）对 CQA 的影响，确认和控制来自原辅料和工艺中的变量，根据能满足产品性能且工艺稳定的设计空间（design space），建立质量风险管理的质量控制策略和药品质量体系，通过持续监控工艺，确保产品质量的稳定。

因此，以 QbD 理念进行药物制剂研发，对关键参数把控好，开发效率高，投入生产后药品质量稳定，是目前新制剂研发非常重要的途径。

第三节　药物制剂的处方前研究

一、资料收集和文献查阅

对已知化合物进行新制剂或改良制剂的研究，有些参数可以通过查阅文献或专业数据库获得。资料收集与文献检索是处方前研究首先面临的重要内容。随着现代医药科学的飞速发展，医药文献的数量与种类也日益增多，要迅速、准确、完整地检索到所需的文献资料，必须熟悉检索工具、掌握检索方法。目前主要的检索工具包括网络检索、专利检索和工具书检索。常用的网络检索网站有 Google、PubMed、ScienceDirect、RxList、FDA、NMPA、CDER、中国知网、万方数据库、维普网、超星数字图书馆。常用的专利检索网站有国际专利、US patent、欧洲专利、中国专利等。常用的工具书包括各国药典、*Physician's Desk Reference*、*Martindale*、*Pharm Project* 和其他药学专著。

二、药物的理化性质测定

新药的理化性质研究主要包括解离常数（pK_a）、溶解度、多晶型、油水分配系数（P）、表面特征以及吸湿性等性质的测定。药物的物理化学性质如溶解度和油水分配系数等是影响药物体内作用的重要因素，因此，应在处方前研究中系统地表征这些理化性质。

近年来，随着计算化学理论的发展，计算机估算候选化合物的基本理化性质的方法即所谓的计算机方法（in silico）日益受到重视。这种方法不仅可以大大节约处方前研究所需要的样品量，而且也符合现代新药研究的高通量筛选的要求。常用的商用软件既有收费的，也有免费的。如 Virtual Computational Chemistry Laboratory 网站（http：//www.vcclab.org）提供的 ALOGPS 软件，可以在线计算溶解度、lg$P$ 以及 pK_a 等。还有 Organic Chemistry Portal 网站（http：//www.organic-chemistry.org）提供 OSIRIS Property Explorer 在线计算功能，不仅可以给出溶解度、pK_a 等参数，还能预测化合物的成药性（drug-likeness），甚至致癌性、致突变性等。当然，目前计算所得的参数的准确性尚不够好，如 OSIRIS Property Explorer 计算非诺洛芬（fenoprofen）的 lg$P$ 为 3.13，与实测值 3.45 比较接近；但 pK_a 的计算值是 4.30，与实测值 5.70 差别较大。相信随着计算方法的进一步完善，基于 in silico 的处方前研究仍具有发展潜力。

1. 溶解度与 pK_a

一般而言，药物溶解是吸收的前提。因此，不论通过何种途径给药，药物都需要具有一定的溶解度，才能被吸收进入循环系统并发挥治疗作用。对于溶解度大的药物，可以制成各种固体或液体剂型，适合于各种给药途径；对于溶解度小的难溶性药物，其溶出是吸收的限速步骤，是影响生物利用度最主要的因素。

在一定温度下，将过量药物与特定溶剂混合，并且充分搅拌达到饱和后，测定溶剂中药物的浓度，即可得到该温度下药物的饱和溶解度或平衡溶解度（equilibrium solubility）。

解离常数（dissociation constant）直接关系到药物的溶解性和吸收性。大多数药物是有机弱酸或有机弱碱，其在不同 pH 介质中的溶解度不同，药物溶解后存在的形式也不同，即主要以解离型和非解离型存在，对药物的吸收可能会有很大的影响。一般情况下，解离型药物不易跨过生物膜被吸收，而非解离型药物往往可有效地跨过生物膜被吸收。由于溶解度与 pK_a 在很大程度上影响许多后续研究工作，所以进行处方前工作时必须首先测定溶解度与 pK_a。溶解度在一定程度上决定药物能否制成注射剂和溶液剂。药物的 pK_a 值可使研究人员应用已知的 pH 变化解决溶解度问题或选用合适的盐，以提高制剂的稳定性。

大多数药物是有机弱酸或弱碱性化合物，在水中解离，其方程式表示如下：

$$弱酸性药物 \quad HA \rightleftharpoons H^+ + A^- \tag{4-1}$$

$$弱碱性药物 \qquad B+H^+ \rightleftharpoons BH^+ \tag{4-2}$$

Henderson-Hasselbach 公式可以说明药物的解离状态、pK_a 和 pH 的关系：

$$对弱酸性药物 \quad pH = pK_a + lg([A^-]/[HA]) \tag{4-3}$$

$$对弱碱性药物 \quad pH = pK_a + lg([B]/[BH^+]) \tag{4-4}$$

Henderson-Hasselbach 公式可用来解决以下问题：①根据不同的 pH 所对应的药物溶解度测定 pK_a 值；②如果已知［HA］或［B］和 pK_a，则可预测不同 pH 条件下药物的溶解度；③有助于选择药物的适宜盐；④预测盐的溶解度和 pH 的关系。从式(4-3)和式(4-4)可知，pH 改变 1 个单位，药物的溶解度将发生 10 倍的变化。因此，液体制剂需要特别控制体系中 pH 的变化。

pK_a 值可以通过滴定法测定。如测定弱酸性药物的 pK_a 可用碱滴定，将结果以被中和的酸质量分数（X）对 pH 作图；同时还需滴定水，得到两条曲线。将两条曲线上每一点的差值作图，得到校正曲线。pK_a 即为 50% 的酸被中和时所对应的 pH。水的曲线表示滴定水所需的碱量，酸的曲线为药物的滴定曲线，两者差值的曲

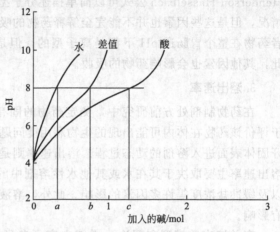

图 4-2　用滴定法测定某酸性化合物的 pK_a

线为校正曲线，即纵坐标相同时，酸的曲线和水的曲线对应的横坐标值之间的差值，如图 4-2 中的 b 点值等于 c 点值减去 a 点值。

对于胺类药物，其游离碱较难溶解，pK_a 的测定可在含有机溶剂（如乙醇）的溶剂中进行，以不同浓度（如 5%、10%、15% 和 20%）的有机溶剂进行，将结果外推至有机溶剂为 0% 时，即可推算出水的 pK_a 值。

2.油水分配系数

药物分子必须有效地跨过体内的各种生物膜屏障系统，才能到达病变部位发挥治疗作用。生物膜相当于类脂屏障，药物分子穿透生物膜的能力与其亲脂性密切相关。由于油水分配系数（partition coefficient，P）是分子亲脂特性的度量，所以在处方前研究中常用油水分配系数来衡量药物分子亲脂性的大小。

油水分配系数代表药物分配在油相和水相中的比例，用公式 $P=C_O/C_W$ 计算。式中，C_O 为药物在油相中的质量浓度；C_W 为药物在水相中的质量浓度。

实际应用中常采用油水分配系数的常用对数值，即 lgP 作为参数。lgP 值越高，说明药物的亲脂性越强；相反则药物的亲水性越强。由于正辛醇和水不互溶，且其极性与生物膜相似，所以正辛醇最常用于测定药物的油水分配系数。

摇瓶法是测定药物的油水分配系数的常用方法之一。将药物加入水和正辛醇的两相溶液中（实验前正辛醇相需要用水溶液饱和 24h 以上），充分摇匀，达到分配平衡后，分别测定有机相和水相中的药物浓度。当某一相中的药物浓度过低时，也可通过测定另一相中药物浓度的降低值来进行计算。

需要注意的是，测定药物的油水分配系数时，浓度均是非解离型药物的浓度，因此，如果该药物在两相中均以非解离型存在，则分配系数即为该药物在两相中的固有溶解度之比。

但是，如果该药物在水溶液中发生解离，则应根据 pK_a 计算该 pH 条件下的非解离型药物浓度，再据此计算油水分配系数。直接根据药物在水相中的浓度（非解离型和解离型药物浓度之和）计算得到的油水分配系数称为表观分配系数（apparent partition coefficient）或者分布系数（distribution coefficient）。显然，在不同的 pH 条件下，解离型药物的表观分配系数是不同的。

影响弱酸和弱碱性药物吸收的最主要的因素是吸收部位的 pH 和分子型药物的脂溶性。Henderson-Hasselbach 公式可以简单描述分子型药物和离子型药物在不同 pH 条件下的吸收情况，但是这些因素也并不能完全解释药物的吸收过程，因为有些药物油水分配系数很小或者药物在整个胃肠道 pH 下都是离子型的，但是药物的吸收很好，生物利用度也很高。因此，其他因素也会影响药物的吸收。

3. 溶出速率

在药物制剂处方前研究中，测定药物的固有溶出速率（intrinsic dissolution rate）有助于评价该药物在体内可能出现的生物利用度问题。溶出是指固体药物在溶剂中，药物分子离开固体表面进入溶剂的动态过程。溶出速率则是描述溶出快慢程度的参数。一种固体药物的溶出速率主要取决于其在水或其他水性溶剂中的溶解度，但同时也受包括粒度、晶型、pH 以及缓冲盐浓度等许多因素的影响。此外，溶液的黏度和粉末的润湿性对药物的溶出速率也有影响。

有关溶出的模型和理论，详细内容可参见第二章。根据 Nernst-Bruner 所提出的扩散层模型，当溶出介质中的药物浓度远远低于其饱和溶解度，即满足漏槽条件（sink condition）时，溶出速率仅仅由固体颗粒的表面积所决定。因此，当固定固体的表面积不变时，所测得的单位面积的溶出速率即为固有溶出速率。固有溶出速率反映了药物从固体表面进入溶出介质的速率。所以，这一参数可以有效地反映药物不同晶型或盐型的溶解快慢差异，进而提示在后续处方研究时是否可能因此而出现溶出速率过低所致的生物利用度问题。

药物的固有溶出速率是指单位时间、单位面积溶出药物的量。具体测定是将一定量的原料药物压成某一直径的圆片，在溶出介质中以一定的转速测定其溶出速率。采用这一方法的目的是固定表面积，但又不阻碍药物自身的溶解过程。由于有些化合物在较大压力的作用下可能发生晶型转变，所以在压片完毕后还需用 X 射线衍射等方法确认待测药物的晶型。

4. 盐型

有机化合物分子可通过成盐的方法增大其溶解度，化合物成盐也会影响其他理化性质，如吸湿性、化学稳定性、晶型以及力学性能。这些性质均会对其生产和体内代谢过程产生重大影响，因此选择合适的盐型是一项非常关键的工作。

通常来说，有机盐比未成盐的药物水溶性好，从而提高溶出速率，进而可能会提高生物利用度。合成过程中，在有机溶剂中成盐可提高纯度和产率。在成盐时经常遇到的问题包括低结晶度，不同程度的溶剂化作用、水合作用和吸湿作用，以及由于结晶微环境的不适宜 pH 造成的不稳定性。常用的成盐阴离子盐有盐酸盐、溴化物、氯化物、碘化物、枸橼酸盐、马来酸盐、双羟萘酸盐、磷酸盐、硫酸盐和酒石酸盐等；常用的成盐阳离子盐有葡甲胺盐、钙盐、钾盐、钠盐和锌盐（表 4-1）。

表 4-1　成盐药物实例表

成盐试剂	被修饰的化合物	改善的性质
N-乙酰-1-天冬酰胺	红霉素	溶解度、活性、稳定性
N-乙酰半胱氨酸	多西环素	肺炎治疗中的联合效应
金刚烷羧酸	双胍类药物	延长药效
己二酸	哌嗪	稳定性、毒性、感官特性
N-烷氨基磺酸盐	林可霉素	溶解度
蒽醌-1,5-二磺酸	头孢氨苄	稳定性、吸收率
阿拉伯树胶酸（阿拉伯糖）	各种生物碱	延长药效
精氨酸	磺苄西林	稳定性、吸湿性、毒性
天冬氨酸盐	红霉素	溶解度
甜菜碱	四环素	胃部吸收
肉毒碱	二甲双胍	毒性
4-氯-m-甲苯磺酸	普罗帕酮	感官特性
癸酸	辛胺醇	延长药效
二炔硫酸	维生素 B_1	稳定性、吸湿性
二乙胺	头孢菌素	减轻注射疼痛
愈创木酚磷酸	四环素	活性
二辛基磺基琥珀酸	长春胺	感官特性
亚甲基双羟萘酸	卡那霉素	毒性
1,6-焦磷酸果糖	红霉素	溶解度
1-谷氨酸	红霉素	溶解度、活性
2-(4-咪唑)乙胺	前列腺素	延长药效
2-氨基异丁胺醇	茶碱	稳定性
月桂烷硫酸盐	长春胺	感观特性
赖氨酸	磺苄西林	毒性、稳定性、吸湿性
甲基磺酸	碘解磷定	溶解度
N-甲葡糖胺	磺苄西林	毒性、稳定性、吸湿性
N-甲葡糖胺	头孢菌素	减轻注射疼痛
N-甲葡糖胺	保泰松	毒性、稳定性、吸湿性
吗啉	头孢菌素	减轻注射疼痛
碘苯腈辛酸酯	辛胺醇	延长药效
丙磺舒	匹氨西林	感观特性
丹宁酸	各种氨基酸	延长药效
3,4,5-三甲氧基苯甲酸酯	辛胺醇	延长药效
氨丁三醇	阿司匹林	吸收度（口服）

5.药物多晶型

同一化合物具有两种或两种以上的空间排列和晶胞参数，形成多种晶型的现象称为多晶型现象（polymorphism），又称同质多晶现象。大多数结晶药物都存在多晶型现象。由于不同晶型结构的理化性质（如溶解度、熔点、密度、蒸气压、光学和电学性质等），以及稳定性和力学性能等都存在明显差异，可能导致药物的生物利用度不同，甚至导致药物活性产生差异。因此，在药物制剂设计的研究中一定要对化合物的晶型进行精确的表征和控制。

在不同条件下，药物各晶型之间会发生相互转化，如一个化合物具有多晶型，其中只有一种晶型是最稳定的，能量最低的，称为稳定型（stable form），其他的晶型都不太稳定，为亚稳定型（metastable form）或不稳定型，亚稳定型最终都会转变成稳定型，这种转变可能需要几分钟到几年的时间。亚稳定型实际上是药物存在的一种高能状态，通常熔点低，溶解度大。另外还存在无结晶性的状态，即无定形粉末（amorphous particle）或简称无定形，无定形是分子或原子的无序结构，同一物质只有一种无定形存在。无定形不属于多晶型，无定形与晶型的物理性质差异很大，但在一定条件下可以转换。这种晶型之间以及无定形和晶型之间的相互转化，对于药物的稳定性及药物制剂的性质如吸收速率和疗效等有很大的影响。很多制剂的不稳定性是由药物多晶型所引起。

研究药物多晶型通常使用的方法有熔点法、X射线衍射法、红外分析法、差示扫描量热法和差示热分析法、溶出速率法、热台显微镜法等。在进行晶型研究时，应选择具有专属性的晶型检查方法。对于具有多晶型的药物，在稳定性考察试验中也应设置晶型考察指标，以确定适宜的贮存条件，确保晶型稳定。对于多晶型的药物应充分研究在处方和工艺筛选过程中各种因素对晶型可能产生的影响，减少低效、无效晶型的产生，确保药品的稳定性、有效性和安全性。关于更多药物多晶型内容请参考本书第三章。

6. 药物的吸湿性

药物从周围环境中吸收水分的性质称为吸湿性（hygroscopicity）。一般而言，物料的吸湿程度取决于周围空气中的相对湿度（relative humidity，RH），空气的RH越大，露置于空气中的物料越易吸湿。药物的水溶性不同，吸湿规律也不同；水溶性药物在大于其临界相对湿度（critical relative humidity，CRH）的环境中吸湿量突然增加，而水不溶性药物随空气中相对湿度的增加缓慢吸湿。

在室温下，大多数吸湿性药物在RH为30%～45%时与周围环境中的水分达平衡状态，在此条件下贮存最稳定。此外，合适的包装在一定程度上也能防止水分的影响。处方前对物料吸湿性的研究，可以为辅料的选择和优良稳定的处方设计提供依据。

药物的吸湿性可通过测定药物的平衡吸湿曲线进行评价。具体方法为将药物置于已知相对湿度的环境中（有饱和盐溶液的干燥器中），一定时间间隔后，将药物取出，称重，测定吸水量。在25℃、80%的相对湿度下放置24h，吸水量小于2%时为微吸湿，大于15%即为极易吸湿。

7. 药物的粉体学性质

药物的粉体学性质主要包括粒子形状、大小、粒度分布、比表面积、密度、吸附性、流动性、润湿性等。这些性质对固体制剂工艺及剂型的稳定性、成型性、释药性、质量控制、体内吸收和生物利用度等均有显著影响，因此多数固体制剂研究中，根据不同需要进行粒子加工以改善粉体学性质，来满足产品质量和粉体操作的需求。另外，用于固体制剂的辅料如填充剂、崩解剂、润滑剂等的粉体性质也可改变主药的粉体性质，如果选择不当，也可能影响制剂的质量。

8.药物的稳定性

药物受到外界因素如空气、光、热、金属离子等的作用，常发生物理和化学变化，使药物的疗效降低，甚至产生未知的毒性物质。因此，对药物的理化稳定性和影响药物稳定性的因素进行考察是处方前研究的一个重要内容。药物本身稳定性的研究，可对处方组成、制备工艺、辅料和稳定性附加剂的选用以及合适的包装设计起重要的指导作用。

处方前研究中，对于药物在溶液中的稳定性，可以在一系列不同的 pH 条件下检测药物在不同温度和光照条件下的降解情况；对于固态药物的稳定性，可以将药物置于加速试验条件下考察其降解情况。稳定性研究通常采用薄层色谱和高效液相色谱等方法检测化合物的含量变化和降解产物；热分析法检测多晶型、溶剂化物以及药物与辅料的相互作用；漫反射分光光度法也可用于检测药物与辅料的相互作用。

多数药物含有易被水解的酯、酰胺、内酯、内酰胺等基团，因此水解是最常见的一种影响药物稳定性的降解反应。药物的水解是一个伪一级动力学过程，与溶液中的氢离子浓度有关。例如遇水稳定性较差的药物可以选择比较稳定的剂型，如固体剂型或加隔离层，薄膜衣片可减少与外界的接触，减少药物分解。另外，影响药物稳定性的反应还有氧化、聚合、脱羧、脱氨等反应。在处方前研究中应根据药物的结构和性质以及准备采用的给药途径进行分析，并在后续的稳定性研究中进行重点研究。

9.药物与辅料的配伍特性

成功开发一个稳定有效的药物剂型不仅需要活性药物成分，还需要仔细选择药物的辅料。选择合适的辅料对设计优质的药品是至关重要的，对于处方中辅料种类及其用量的选择不仅与其功能性有关，还与药物的相容性有关。如果药物和辅料不相容就会导致药物制剂物理、化学、微生物学或治疗学性质的改变。

药物-辅料相容性的研究主要用于预测不相容现象，为在药物处方中选择辅料所需的监管文件提供合理的理由。从药物-辅料相容性研究获得的信息对药物开发很重要，通常用来作为选择剂型成分的依据，描述药物稳定性曲线，鉴别降解产品，理解反应机制。

药物制剂中药物和辅料不相容会导致口感、溶解性、物理形式、药效及稳定性的改变。

一些文献中提到的药物辅料不相容的例子可以为后续的处方设定提供参考，如表 4-2 所示。

表 4-2　药物辅料的非相容性

辅料	非相容性
乳糖	美拉德反应；乳糖杂质 5-羟甲基-2-糖醛的克莱森-施密特反应；催化作用
微晶纤维素	美拉德反应；水吸附作用导致水解速度加快；由于氢键作用而发生的非特异性的非相容性
聚维酮和交联聚维酮	过氧化降解；氨基酸和缩氨酸的亲核反应；对水敏感药物的吸湿水解反应
羟丙纤维素	残留过氧化物的氧化降解
交联羧甲纤维素钠	弱碱性药物吸附钠反离子；药物的盐形式转换
羧甲淀粉钠	由于静电作用吸附弱碱性药物或其钠盐；残留的氯丙嗪发生亲核反应
淀粉	淀粉终端醛基团与肼类反应；水分介质反应；药物吸附；与甲醛反应分解使功能基团减少
二氧化硅胶体硬脂酸镁	在无水条件下有路易斯酸作用；吸附药物；MgO 杂质与布洛芬反应；提供一个碱性 pH 环境加快水解；Mg 会起到螯合诱导分解的作用

(1) **固体制剂的配伍研究** 固体制剂常用的辅料有填充剂、黏合剂、润滑剂与崩解剂等，每种辅料都具有各自的理化性质，选择适宜的辅料与药物配伍，对于制剂加工成型、美化外观、有效性以及安全性等具有重要意义。

对于缺乏相关数据的辅料，可进行相容性研究。通常将少量药物和辅料混合，放入小瓶中，胶塞封蜡密闭（阻止水汽进入），贮存于室温以及 55 ℃（但硬脂酸、磷酸二氢钙一般用 40 ℃）。参照药物稳定性指导原则中考察影响因素的方法，于一定时间取样检查，重点考察性状、含量、有关物质等。必要时，可用原料和辅料分别做平行对照试验，以判别是原料本身的变化还是辅料的影响。如果处方中使用了与药物有相互作用的辅料，需要用实验数据证明处方的合理性。通常情况下，口服制剂可选用若干种辅料，若辅料用量较大（如稀释剂），通过比较药物与辅料的混合物、药物和辅料的热分析曲线，从熔点、峰形、峰面积和峰位移等变化了解药物与辅料间的理化性质的变化。

(2) **液体制剂的配伍研究** 液体制剂的配伍研究一般是将药物置于不同的 pH 缓冲液中，考察 pH 与降解反应速率之间的关系，以选择最稳定的 pH 和缓冲液体系。

注射剂通常直接注射进入血液循环系统，选择的辅料应具有更高的安全性。因此，对注射剂的配伍，一般是将药物置于含有附加剂的溶液中进行研究，通常是在含抗氧剂（在含氧或含氮的环境中）或重金属（同时含或不含螯合剂）的条件下研究，考察药物和辅料对氧化、光照和接触重金属时的稳定性，为注射剂处方的初步设计提供依据。

口服液体制剂的配伍研究需要考察药物与乙醇、甘油、糖浆、防腐剂和缓冲液等常用辅料的配伍情况。

三、药物的生物药剂学及药物动力学性质

生物药剂学是研究药物及其制剂在体内的吸收、分布、代谢与排泄过程，阐述药物的剂型因素、机体生物因素和药物疗效之间相互关系的科学。其研究目的之一即设计合理的剂型、处方以及生产工艺，使药物制剂不仅在体外有良好的质量，而且应用于人体后安全、有效。因此，处方设计前的工作包括研究药物的生物药剂学性质及其影响因素。

1. 生物药剂学分类系统

图 4-3 生物药剂学分类系统（BCS）

生物药剂学分类系统（biopharmaceutics classification system，BCS）是根据药物体外溶解性和肠道渗透性的高低，对药物进行分类的一种科学方法，将口服吸收药物分为四类（图 4-3）。当药物的最大应用剂量能在 pH 1～7.5、不大于 250 mL 的水性缓冲液介质中完全溶解，即具有高溶解性；反之，则为低溶解性。高渗透性药物是指没有证据表明药物在胃肠道不稳定的情况下，在肠道吸收达 90％以上的药物，否则即为低渗透性药物。

BCS 分类系统对药物的制剂设计有重要的指导意义。对于 BCS Ⅰ 类药物来说，溶解度和渗透性均较大，只要处方中没有影响其溶解和渗透的辅料即可做成口服制剂；对于 BCS Ⅱ 类药物来说，因溶解度低限制了其在胃肠道的溶出，进而影响了药物吸收，可增加药物溶解度或加快药物溶出速率提高其生物利用度；对于 BCS Ⅲ 类药物来说，主要从提高药物渗透性入手；对于 BCS Ⅳ 类药物来说，由于溶出和渗透均为药物吸收限速过程，因此制剂开发的难度和风险都比较大。

2.药物的吸收、分布、代谢和排泄

药物在体内的吸收、分布、代谢和排泄是药物在体内的整个过程。对于不同的制剂或给药途径，其体内过程各不相同，这一过程决定药物的血浆浓度和靶部位的浓度，进而影响疗效。药物的吸收过程决定药物进入体循环的速度与量；分布过程影响药物是否能及时到达与疾病有关的组织器官；代谢与排泄过程关系到药物在体内的存在时间。只有充分了解药物体内过程的特性，才能针对性地进行制剂设计。

药物的吸收必须穿透脂溶性的生物膜，对于绝大多数药物，这是一个被动扩散的过程，基本上符合一级速度过程，即吸收速度与吸收部位药物的浓度呈正比。在制剂设计时，应充分考虑药物的理化性质，如酸碱性、脂溶性、溶解度、粒度及晶型等对药物吸收的影响。一般来说，脂溶性的非解离分子吸收好。对于解离型药物，可用人工方法调节给药部位的 pH 增加分子型药物的比例，达到改善药物吸收的目的。对于脂溶性很差的药物，虽然通过改变 pH 可增大未解离型的比例，但也不一定能达到理想的吸收。此时，可采用改变药物的结构以增大药物的脂溶性或引入亲水基团提高药物的水溶性等方法，促进药物的吸收；也可采用微粉化、固体分散技术、环糊精包合技术等，以改善药物的溶出度而促进其吸收。对于易受到胃肠道 pH 或消化道中酶作用发生降解的药物，则可考虑设计成胃肠道定位给药系统或采用其他给药途径。

药物吸收后，分布的速度取决于组织器官的血液灌流速度和药物与组织器官的亲和力。药物在作用部位的浓度，除主要与其进入和离开作用部位的相对速度有关外，尚与肝脏的代谢速度、肾或胆汁的排泄速度有关。理想的制剂设计需使各种药物选择性地进入欲发挥作用的靶器官，在必要的时间内维持一定浓度，充分发挥作用后，迅速排出体外，保证高度的有效性。并且尽量减少在其他组织器官的分布，使毒副作用限制在最低程度，保证高度的安全性。

药物在吸收、分布的同时，伴随着代谢，使药物活性减弱或失去活性，同时增大药物的水溶性以便于将药物从体内消除。但某些情况下，药物代谢能增强药物的作用。充分掌握药物的代谢部位及代谢规律，才可有效地设计更合理的给药途径、给药方法、给药剂量，提高药物的生物利用度和疗效，避免和降低药物的毒副作用，提高药物的安全性，对制剂处方的设计、工艺改革和指导临床应用都有重要意义。对于不同代谢特征的药物，可以采用不同的设计策略。

(1) 首过效应强的药物 可设计成前体药物，或采用舌下、直肠下部给药，经皮给药等途径。比如，氨苄西林在胃中易被胃酸分解，制成酞氨苄西林前体药物口服，则可增加血中氨苄西林浓度；异丙肾上腺素口服代谢严重，血中浓度很低，可设计成注射剂、气雾剂或舌下给药片剂。

(2) 在酶参与下完成代谢的药物 体内酶量是一定的，当药量超过酶的代谢反应能力时，代谢反应会出现饱和现象。将水杨酰胺制成溶液剂、混悬液和颗粒剂分别口服，服用颗粒剂后生成代谢物硫酸酯的量就要多于溶液剂和混悬剂，原因在于颗粒剂吸收慢，不会出现硫酸结合反应的饱和状态；将左旋多巴设计成肠溶泡腾片，使药物在十二指肠部位迅速释放，增加局部药物浓度，饱和该处的脱羧酶，减少脱羧作用，增加左旋多巴的吸收。

(3) 抑制肝微粒体中酶作用的药物 使其他药物代谢速率减慢，而增加药理活性。左旋多巴与甲基多巴胺（10:1）配伍，可使血中左旋多巴的浓度比单用时高约 4 倍，正是甲基多巴胺对体内（不包含脑内）的脱羧酶有强烈抑制作用的结果。

药物排泄是药物自体内消除的一种形式，当药物的排泄速度增大时，血中药物量减少，以致不能产生药效；当药物由于相互作用或疾病等因素的影响，排泄速度减慢时，血中药量

则会增大。此外，药物的排泄方式和途径较多，如通过肾、胆汁、消化道、呼吸系统、汗腺、唾液腺、泪腺等途径均可排泄。因此，在确定剂型和处方设计前，了解药物的排泄途径和特点是很有必要的。

3. 药物生物利用度和动力学参数

生物利用度包括两方面的内容，即生物利用速度与生物利用程度。前者表示药物进入血液循环的快慢，可用吸收速度常数（k_a）、平均吸收时间（MAT）或达峰时间（T_{max}）表示。其中，以达峰时间最为常用。生物利用程度为药物进入血液循环的多少，可通过血药浓度-时间曲线下面积（AUC）、峰浓度（C_{max}）表示。上述各参数的具体测求方法参见生物药剂学与药物动力学的教科书或参考资料。

在确定剂型和设计处方前，必须了解和研究影响药物生物利用度的主要因素，包括用药对象的生理因素和药物剂型因素。生理因素主要包括种族、体重、性别、年龄、遗传性差异以及生理、病理条件等。药物剂型因素则不仅是指注射剂、片剂、软膏剂等剂型概念，而且还包括与剂型有关的药物理化因素、辅料与附加剂等的性质及用量、制剂的工艺过程、操作条件以及贮存条件等。

四、药物的药理和毒理特性

在制剂的设计过程中，必须对药物的药理、药效、毒理等特性充分了解，在此基础上进行剂型和处方的设计，保证药物的安全、有效、稳定、质量可控以及低成本，以确保药物在临床应用时能最大程度地发挥疗效，降低毒性。

1. 药理和药效学性质

在药物制剂设计过程中，需要了解原料药物的作用机制和药效学性质，如药物的作用部位与靶点以及治疗窗的范围等，用于指导制剂的设计，增强药物治疗有效性。

药物的疗效除与原料药本身的性质有关外，还与剂型和给药途径有很大关系。如治疗心绞痛的药物硝酸甘油，采用相同的给药途径，不同的剂型会产生不同的效果，硝酸甘油口腔速崩片在接触唾液10s内崩解吸收，作用迅速；舌下片也能在约2 min的时间内发挥作用；而普通片剂吸收较慢，不适于作急救用药。需要根据治疗目的进行给药途径与剂型的选择，如果是对心绞痛进行急救，宜选用口腔速崩片或舌下片，吸收速度很快；如需起到预防作用，则透皮贴剂更为合适。

2. 毒理学特性

药物的不良反应是剂型设计应考虑的重要因素。对于单纯改变剂型的新制剂，由于原料药的毒副反应已经明确，剂型设计时较容易考虑，可以检索到原料药的毒理学（toxicology）资料。对于改变给药途径的新制剂应进行毒理学研究，包括急性、慢性毒性，有时还要进行致畸、致突变等试验。对于局部用药的制剂必须进行刺激性试验。对于全身用药的输液，除进行刺激性试验外，还要进行过敏试验、溶血试验以及热原检查。对于创新药物，只能通过毒理学研究结果确定药物临床应用可能发生的毒副反应。

剂型设计时首先要考虑给药途径，应该结合药物毒理学研究结果进行设计。具有胃肠道不良反应的药物，就不宜选择口服给药的剂型，即使选择，也要确定其不良反应发生的部位，确定给药的策略。如果只是对胃具有刺激性，则可设计成肠道释药的剂型。具有皮肤刺激性的药物，应尽量避免皮肤给药，或在皮肤给药时采用适当的措施，以减少对皮肤的刺激性。毒性较大的药物也可选择可显著降低药物不良反应的缓控释剂型。

第四节　药物制剂设计与开发的主要内容

一、简介

药物制剂的设计与开发的主要内容包括：

(1) **处方前研究**　对原料药物的理化性质、药理学性质、药动学性质有一个全面认识。

(2) **选择合适的剂型**　根据处方前研究和综合因素的考察，确定最佳给药途径和剂型。

(3) 安全性初步考察。

(4) **处方研究**　针对药物的基本性质及制剂的基本要求，选择适宜辅料和制备工艺，考察制剂的各项指标，优化处方和制备工艺，初步确定处方。

(5) **制剂工艺研究**　根据剂型特点，结合药物理化性质和稳定性等情况，考虑生产条件和设备，进行工艺研究，初步确定实验室样品的制备工艺，并建立相应的过程控制指标。

(6) **选择包装材料（容器）**　通过加速试验和长期留样试验进行考察。

(7) 建立制剂的质量标准，考察制剂稳定性。

制剂研究的各项工作既有其侧重点和需要解决的关键问题，彼此之间又有着密切联系。剂型选择是以对药物的理化性质、生物学特性以及临床应用需求等综合分析为基础的，而这些方面也正是处方及工艺研究中的重要问题。质量研究和稳定性考察是处方筛选和工艺优化的重要科学基础。

二、给药途径和剂型的设计

药物制剂的优劣除了取决于药物本身的性质和药理作用外，剂型的作用也非常重要。不同给药途径、不同剂型以及制剂的体内过程不同，对药物作用的快慢、作用的强弱以及毒副作用等可以产生很大差别。比如，口服给药的固体制剂一般要经过药物制剂的崩解和溶解过程，而溶液剂、颗粒剂能缩短崩解、溶解的时间，加快药物作用的速度；但有些药物口服后的疗效还受到胃肠道及肝脏中 pH、酶代谢等复杂生理因素的影响，此时则可选择注射或其他给药途径；经皮给药的制剂能够避免药物在胃肠道和肝脏的破坏，但药物透过皮肤需要较长的时间过程，不适宜发挥速效作用。总之，设计适宜剂型对临床治疗的有效性和安全性具有重要意义。

药物剂型的设计，根据疾病对制剂的要求选择适合的给药途径与剂型。一些严重疾病或危急情况要求给药后立即发挥作用，则以血管给药的注射剂为首选，也可选择肌内注射或皮下注射，根据需要也可选择口腔吸入的气雾剂或舌下片剂。对于慢性疾病的治疗，由于需要长时间用药，则可选用口服制剂，如片剂、胶囊剂等。对于治疗局部疾病，则可考虑选用局部给药制剂，如经皮、口腔、鼻腔、直肠、阴道等部位给药制剂。

药物本身的特性，也是给药途径和剂型选择的一个重要考虑方面，如药物作用特点、药物毒副作用、用药剂量、药物动力学参数等。剂型设计时，根据药物的作用特点和毒副作用，首先要考虑给药途径，如青霉素制成水溶液容易发生水解，因此，粉针剂成为其最常用的剂型；蛋白质药物口服给药无效而选择非肠道给药途径；具有胃肠道不良反应的药物或皮肤刺激性的药物，则应尽量避免设计成口服给药或经皮给药的剂型。一般而言，由于口服给药患者的顺应性较好，是药物剂型设计时首先考虑的给药途径，只有在口服无法保证药物的安全、有效、稳定的情况下才考虑其他给药途径的剂型。用药剂量也是剂型设计中常考虑的因素，一次用药剂量太大（0.5 g），则考虑选择口服给药剂型；若希望以缓控释方式作为给药形式，则用药剂量最好在每次 0.5 g 以下，否则难以进行剂型设计。药物的药动学参数对药物的剂型设计具有重要的指导意义。若药物的半衰期很长，在剂型设计时就不宜考虑缓释剂型；药物的达峰时间短且峰浓度与药物毒性又较大，则宜设计成缓释或控释剂型，使药物在体内的血药浓度平稳，并维持较长的作用时间。

以上为给药途径和剂型选择的几个出发点，需综合考虑进行选择，也可参见图 4-4 剂型设计依据。

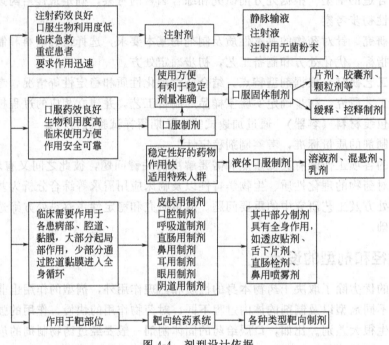

图 4-4　剂型设计依据

三、处方与工艺的筛选与优化

剂型确定后，需根据制剂要求设计处方和工艺。处方的设计包括对辅料种类和用量的选择。工艺的设计包括对工艺的类型及具体的制备条件如温度、压力、搅拌速度、混合时间等的选择。一些研究者常常可以根据自己对相同剂型与制剂的经验，在原有的基础上进行适当的调整而设计出符合要求的处方及工艺。但在很多情况下，需要对入选的辅料、辅料用量、工艺及工艺条件，采用优化技术，设计一系列处方或处方与工艺的组合方案，制备试验用制剂样品并进行试验。

常用的优化技术有正交设计、均匀设计、星点设计、单纯形优化法、拉氏优化法等。所有这些方法都是应用多因素数学分析的手段，按照一定的数学规律进行设计，根据试验得到的数据或结果，建立一定的数学模型或应用现有数学模型对试验结果进行客观的分析和比较，综合考虑各方面因素的影响，以较少的试验次数与较短的试验时间确定其中最优的方案或者确定进一步改进的方向。近年来，随着计算机技术的发展，专家系统、人工智能神经网络等优化设计技术也得到迅速的发展。

常用优化技术简介如下。

(1) 单纯形优化法 单纯形优化法是一种动态调优的方法，方法易懂，计算简便，结果可靠、准确，不需要建立数学模型，并且不受因素个数的限制。基本原理是：若有 n 个需要优化设计的因素，单纯形则由 $n+1$ 维空间多面体所构成，空间多面体的各顶点就是试验点。比较各试验点的结果，去掉最坏的试验点，取其对称点作为新的试验点，该点称"反射点"。新试验点与剩下的几个试验点又构成新的单纯形，新单纯形向最佳目标点进一步靠近。如此不断地向最优方向调整，最后找出最佳目标点。在单纯形推进过程中，有时出现新试验点的结果最坏的情况。如果取其反射点，就又回到以前的单纯形，这样就出现单纯形的来回"摆动"，无法继续推进的现象，在此情况下，应以去掉单纯形的次坏点代替去掉最坏点，使单纯形继续推进。单纯形优化法与正交设计相比，在相同的试验次数下得到的结果更优。

(2) 拉氏优化法 拉氏优化法是一种数学技术。对于有限制的优化问题，其函数关系必须在服从对自变量的约束条件下进行优化。此法的特点有：①直接确定最佳值，不需要搜索不可行的试验点；②只产生可行的可控变量值；③能有效地处理等式和不等式表示的限制条件；④可处理线性和非线性关系。

(3) 效应面优化法 效应面优化法又称响应面优化法，是通过一定的实验设计考察自变量即影响因素对效应的作用，并对其进行优化的方法。效应与考察因素之间的关系可用函数 $y=f(x_1, x_2, \cdots, x_k)+\varepsilon$ 表示（ε 为偶然误差），该函数所代表的空间曲面就称为效应面。效应面优化法的基本原理就是通过描绘效应对考察因素的效应面，从效应面上选择较佳的效应区，从而回推出自变量的取值范围即最佳实验条件的优化法。该方法是一种新的集数学与统计学于一体，利用计算机技术数据处理的优化方法。

(4) 正交设计 正交设计是一种用正交表安排多因素、多水平的试验，并用普通的统计分析方法分析实验结果，推断各因素的最佳水平（最优方案）的科学方法。用正交表安排多因素、多水平的试验，因素间搭配均匀，不仅能把每个因素的作用分清，找出最优水平搭配，而且还可考虑因素的联合作用，并可大大减少试验次数。正交试验设计的特点是在各因素的不同水平上，使试验点"均匀分散、整齐可比"。

(5) 均匀设计 均匀设计也是一种多因素试验设计方法，它具有比正交设计试验次数更少的优点。进行均匀设计必须采用均匀设计表和均匀设计使用表，每个均匀设计表都配有一个使用表，指出不同因素应选择哪几列以保证试验点分布均匀。均匀设计完全采用均匀性，从而使试验次数大大减少。试验结果采用多元回归分析、逐步回归分析法得多元回归方程，通过求出多元回归方程的极值即可求得多因素的优化条件。

四、制剂质量标准的建立

药物的质量研究和质量标准的制订是药物研发的主要内容之一。在药物的研发过程中需对其质量进行系统、深入的研究，制订出科学、合理、可行的质量标准，并不断地修订和完善，以控制药物的质量，保证其在有效期内安全有效。药物质量标准的建立主要包括以下几方面的内容：确定质量研究的内容、方法学研究、确定质量标准的项目及限度、制订及修订质量标准。

药物的质量研究是质量标准制订的基础，质量研究的内容应尽可能全面，既要考虑一般性要求，又要有针对性。根据研制产品的特性（如原料的结构、理化性质，制剂中不同剂型的特点、成分间相互作用等），采用的制备工艺，并结合稳定性研究的结果，以使质量研究的内容能充分地反映产品的特性及质量变化的特点。

方法学研究包括方法的选择和方法的验证。通常根据选定的研究项目与试验目的选择试验方法。常规项目通常可采用药典收载的方法。鉴别项应重点考察方法的专属性；检查项重点考察方法的专属性、灵敏度和准确性；有关物质检查和含量测定通常要采用两种或两种以上的方法进行对比研究，比较方法的优劣，择优选择。

质量标准的项目及限度应在充分的质量研究基础上，根据不同药物的特性确定，以达到控制产品质量的目的。质量标准中既要设置通用性项目，又要设置针对产品自身特点的项目，能灵敏地反映产品质量的变化情况。质量标准中限度的确定通常基于安全性、有效性的考虑，还应注意工业化生产规模产品与进行安全性、有效性研究样品质量的一致性。

根据已确定的质量标准项目和限度，即可进行合理、可行的质量标准制订。但需注意，药品的质量标准分为临床研究用质量标准、生产用试行质量标准、生产用正式质量标准，分别对应于不同的药品研发阶段，质量标准制订的侧重点也应不同。随着药物研发的进程、分析技术的发展、产品数据的积累以及生产工艺的放大和成熟，质量标准尚需进行相应的修订。

五、制剂稳定性评价

制剂稳定性是指制剂保持其物理、化学、生物学和微生物学性质的能力。稳定性研究的目的是考察制剂在温度、湿度、光线等条件的影响下随时间变化的规律，为药品的生产、包装、贮存、运输条件和有效期的确定提供科学依据，以保障临床用药安全有效。

根据研究目的的不同，稳定性研究内容可分为影响因素试验、加速试验、长期试验等。

六、制剂包装设计与评价

药品的包装指用于药品包装的材料，包括原材料和容器。包装是药品质量的重要保证，药品包装的重要性受到越来越多的重视，这是因为包装材料和容器既是影响药物稳定性的重要因素，也是影响药品的安全性以及患者对药品的接受性等的重要因素。详细内容请参考本书第十九章药品包装。

七、制剂体内评价

制剂体内评价主要是制剂临床药代动力学参数的获得和生物等效性的评价。前者旨在阐明药物在人体内的吸收、分布、代谢和排泄的动态变化规律，这是全面认识人体与药物间相互作用不可或缺的重要组成部分，也是临床制订合理给药方案的依据。制剂临床药代动力学研究一般在健康志愿者中进行，对于一些特殊的制剂，尚需在目标适应证患者及特殊人群（包括肝功能损害患者、肾功能损害患者、老年患者和儿童）中进行考察。关于药代动力学参数的获得和生物等效性的评价可参考药物代谢动力学的专著，以及国家药品监督管理局颁发的相关技术指导原则。

（俞　磊　闫志强）

思考题

1. 简述药物制剂设计的基本原则。
2. 简述 QbD 理念在药物制剂设计中的应用。
3. 简述药物制剂处方前研究的内容。

4. 简述药物制剂设计与开发的主要内容。

5. 简述生物药剂学分类系统。

参考文献

[1] 方亮.药剂学 [M].8版.北京：人民卫生出版社，2016.

[2] 崔福德.药剂学 [M].2版.北京：中国医药科技出版社，2011.

[3] 王建新.药剂学 [M].2版.北京：人民卫生出版社，2015.

[4] 王兴旺.QbD与药品研发概念与实例 [M].北京：知识产权出版社，2014.

第五章

液体制剂

1. 掌握液体制剂的定义、分类、特点、常用溶剂、附加剂与质量要求；低分子溶液剂的处方设计与制备方法；高分子溶液剂的性质与制备方法；溶胶剂的性质；混悬剂的定义、物理稳定性；稳定剂及处方组成、制备方法；乳剂的定义、特点、形成与稳定理论、处方设计与制备方法。

2. 熟悉溶胶剂的制备方法；混悬剂的质量评价；乳剂稳定性及质量评价。

3. 了解滴鼻剂、滴耳剂、滴牙剂、含漱剂、洗剂、搽剂、涂剂、涂膜剂、灌肠剂与灌洗剂的定义和应用。

第一节　概　述

一、液体制剂的定义、分类与特点

（一）液体制剂的定义

液体制剂（liquid pharmaceutical preparations）是指药物溶解或分散在适宜的介质中制成的可供内服或外用的液体形态的制剂。在液体制剂中，药物被称为分散相，药物可以是固体、液体或气体。在一定条件下，药物以分子、离子、小液滴、胶粒、不溶性微粒等形式溶解或分散于介质中形成液体分散体系。液体制剂的理化性质、稳定性、药效甚至毒性等，均与药物的分散程度密切相关。通常，药物在分散介质中的分散度越大，体内吸收越快，呈现的疗效也越高。液体制剂的品种多，临床应用广泛，在药剂学中占有重要地位。

（二）液体制剂的分类

1.按分散系统分类

（1）均相液体制剂　药物以分子状态均匀分散的澄清溶液，是热力学稳定体系，有以下两种：低分子溶液剂，由低分子药物溶解在介质中形成的液体制剂，也称溶液剂；高分子溶液剂，由高分子化合物溶解在介质中形成的液体制剂，在水中溶解时，因为分子较大（＜100 nm），亦称亲水胶体溶液。

（2）非均相液体制剂 为不稳定的多相分散体系，包括以下几种：溶胶剂，又称疏水胶体溶液；乳剂，由不溶性液体药物以乳滴状态分散在分散介质中形成的不均匀分散体系；混悬剂，由不溶性固体药物以微粒状态分散在分散介质中形成的不均匀分散体系。

按分散体系分类，分散相微粒的大小决定了分散体系的特征，见表5-1。

表 5-1 分散体系中微粒大小与特征

分类	液体类型	微粒大小/nm	特征与制备方法
均相液体制剂	低分子溶液剂	＜1	以分子或离子分散的澄清溶液,稳定,溶解法制备
	高分子溶液剂	＜100	以分子或离子分散的澄清溶液,稳定,胶溶法制备
非均相液体制剂	溶胶剂	1～100	以胶态分散形成的多相体系,热力学不稳定,分散法或凝聚法制备
	乳剂	＞100	以液体微粒分散形成的多相体系,热力学和动力学不稳定,分散法制备
	混悬剂	＞500	以固体微粒分散形成的多相体系,热力学和动力学不稳定,分散法或凝聚法制备

2.按给药途径分类

（1）内服液体制剂 如合剂、糖浆剂、乳剂、混悬剂、滴剂等。

（2）外用液体制剂 ①皮肤用液体制剂，如洗剂、搽剂等；②五官科用液体制剂，如洗耳剂、滴耳剂、滴鼻剂、含漱剂、滴牙剂等；③直肠、阴道、尿道用液体制剂，如灌肠剂、灌洗剂等。

（三）液体制剂的特点

液体制剂有以下优点：①易于分剂量，服用方便，特别适用于婴幼儿和老年患者；②给药途径多，可以内服，也可以外用；③药物以分子或微粒状态溶解或分散在介质中，分散度大，吸收快，能较迅速地发挥药效；④将某些固体药物制成液体制剂后，有利于提高药物的生物利用度；⑤能减少某些药物的刺激性，如调整液体制剂浓度减少刺激性，避免溴化物、碘化物等固体药物口服后由于局部浓度过高而引起胃肠道刺激作用。

液体制剂有以下不足：①液体制剂体积较大，携带、运输、贮存都不方便；②对于非均相液体制剂，药物的分散度大，分散粒子具有很大的比表面积，易产生一系列的物理稳定性问题；③药物分散度大，易受分散介质的影响引起药物的化学降解；④水性液体制剂容易霉变，需加入防腐剂。

二、液体制剂的溶剂/分散介质与附加剂

对于均相液体制剂而言，我们将溶解药物的液体称为溶剂；对于非均相液体制剂而言，药物并不溶解而是分散，因此，通常将分散药物的介质称作分散介质。溶剂/分散介质对药物的溶解和分散起重要作用，对液体制剂的性质和质量影响很大。此外，制备液体制剂时，

根据需要还需加入多种附加剂。

（一）液体制剂的常用溶剂/分散介质

液体制剂研究中，溶剂/分散介质的选择至关重要，因为溶剂/分散介质与液体制剂的制备方法、理化性质、稳定性及所产生的药效等都密切相关。因此，制备液体制剂应选择合适的溶剂/分散介质。选择溶剂/分散介质的条件是：①对药物具有较好的溶解性和分散性；②化学性质稳定，不与药物或附加剂发生反应；③不影响药效的发挥和含量测定；④毒性小、无刺激性、无不适气味。

药物的溶解或分散状态与溶剂的极性有密切关系。药物在溶剂中溶解的多少，取决于药物的性质和溶剂的极性。溶剂的极性用介电常数表示，按照极性，可以将溶剂分为极性溶剂、半极性溶剂和非极性溶剂。

1.极性溶剂

（1）水（water）　最常用的溶剂，能与乙醇、甘油、丙二醇等溶剂以任意比例混合，能溶解大多数的无机盐类和极性大的有机药物，能溶解药材中的生物碱、盐类、苷类、糖类、树胶、黏液质、鞣质、蛋白质、酸类及色素等。但是，有些药物在水中不稳定，容易产生霉变，故不宜长久贮存。配制水性液体制剂时，应使用纯化水或精制水，不宜使用常水。

（2）甘油（glycerin）　无色黏稠性澄明液体，有甜味，毒性小，能与水、乙醇、丙二醇等溶剂以任意比例混合，可以内服，也可外用。对硼酸、苯酚和鞣质的溶解度比水大。30%（体积分数）以上的甘油具有防腐作用。

（3）二甲基亚砜（dimethyl sulfoxide，DMSO）　无色澄明液体，具大蒜臭味，有较强的吸湿性，能与水、乙醇、甘油、丙二醇等溶剂以任意比例混合。溶解范围广，亦有万能溶剂之称。能促进药物在皮肤和黏膜上的渗透，但对皮肤有轻度刺激性。

2.半极性溶剂

（1）乙醇（alcohol）　没有特殊说明时，乙醇指95%（体积分数）乙醇。乙醇可与水、甘油、丙二醇等溶剂任意比例混合，能溶解大部分有机药物和药材中的有效成分，如生物碱及其盐类、苷类、挥发油、树脂、鞣质、有机酸和色素等。20%（体积分数）以上的乙醇具有防腐作用。但乙醇有一定的生理活性，并有易挥发、易燃烧等缺点，为防止乙醇挥发，制剂应密闭贮存。

（2）丙二醇（propylene glycol）　药用一般为1,2-丙二醇，性质与甘油相近，但黏度较甘油小，可作为内服及肌内注射液溶剂。丙二醇毒性小、无刺激性，可与水、乙醇、甘油等溶剂以任意比例混合，能溶解许多有机药物。一定比例的丙二醇和水的混合溶剂能延缓许多药物的水解，增加稳定性。丙二醇对药物在皮肤和黏膜的吸收有一定的促进作用。

（3）聚乙二醇（polyethylene glycol，PEG）　分子量在700以下的聚乙二醇为无色澄明液体，分子量超过1000则为半固体或固体。液体制剂中，常用的聚乙二醇分子量为300～600，其理化性质稳定，能与水、乙醇、丙二醇、甘油等溶剂任意混合。不同浓度的聚乙二醇水溶液是良好的溶剂，能溶解许多水溶性无机盐和水不溶性的有机药物。聚乙二醇对一些易水解的药物有一定的稳定作用。在洗剂中，聚乙二醇能增加皮肤的柔韧性，具有一定的保湿作用。

3.非极性溶剂

（1）脂肪油（fatty oil）　常用的非极性溶剂，如麻油、豆油、花生油、橄榄油等植物油。脂肪油不能与极性溶剂混合，但可与非极性溶剂混合。脂肪油能溶解脂溶性药物，如激素、挥发油、游离生物碱和许多芳香族药物。脂肪油容易酸败，也易受碱性药物的影响而发生皂化反应，影响制剂的质量。脂肪油多为外用制剂的溶剂，如洗剂、搽剂、滴鼻剂等。

（2）**液体石蜡**（liquid paraffin） 从石油产品中分离得到的液状烃的混合物，分为轻质和重质两种。前者相对密度为 0.828～0.860，后者为 0.860～0.890。液体石蜡为无色澄明油状液体，无色无臭，化学性质稳定，但接触空气能被氧化，产生臭味，可加入油性抗氧剂。液体石蜡能与非极性溶剂混合，能溶解生物碱、挥发油及一些非极性药物等。液体石蜡在肠道中不分解也不被吸收，能使粪便变软，有润肠通便的作用。可作口服制剂和搽剂的溶剂。

（3）**乙酸乙酯**（ethyl acetate） 无色油状液体，相对密度在 20 ℃时为 0.897～0.906，有挥发性和可燃性。在空气中容易氧化、变色，故常加入抗氧剂使用。能溶解挥发油、甾体类药物及其他油溶性药物。常作为搽剂的溶剂。

（二）液体制剂常用附加剂

1. 增溶剂

难溶性药物的饱和水溶液浓度往往低于治疗所需的浓度，解决此类问题的措施之一是加入表面活性剂，利用其胶束增溶作用来提高药物的溶解度。具有增溶能力的表面活性剂称为增溶剂（solubilizer），被增溶的物质称为增溶质。对于以水为溶剂的药物，增溶剂的最适亲水亲油平衡值（HLB）为 15～18。每克增溶剂能增溶药物的质量（g）称为增溶量。常用的增溶剂为聚山梨酯类和聚氧乙烯脂肪酸酯类等。

2. 助溶剂

难溶性药物与加入的第三种物质在溶剂中形成可溶性分子间的络合物、复盐或缔合物等，以增加药物的溶解度，这第三种物质称为助溶剂（hydrotropy agent）。助溶剂多为低分子化合物（不是表面活性剂），与药物形成络合物后，可数倍甚至数十倍增加药物的溶解度，如碘在水中溶解度为 1：2950，加入适量的碘化钾，可明显增加碘在水中的溶解度，能配成含碘 5% 的水溶液。其增加碘溶解度的机制是碘与助溶剂碘化钾形成了分子间络合物 KI_3。

3. 潜溶剂

为了提高难溶性药物的溶解度，常使用两种或多种混合溶剂。在混合溶剂中，各溶剂达到某一比例时，药物的溶解度出现极大值，这种现象称为潜溶（cosolvency），这种溶剂称为潜溶剂（cosolvent）。乙醇、丙二醇、甘油、聚乙二醇等溶剂均可以作为潜溶剂使用，增加难溶性药物在水中的溶解度。例如，甲硝唑在水中的溶解度为 10%（质量密度），如果使用水-乙醇混合溶剂，则溶解度提高 5 倍；再如，醋酸去氢皮质酮注射液是以水-丙二醇为溶剂制备的。

一般认为，两种溶剂间发生氢键缔合或潜溶剂改变了原来溶剂的介电常数，是潜溶剂能提高药物溶解度的原因。

4. 防腐剂

液体制剂，特别是以水为溶剂的液体制剂，易被微生物污染而发霉变质，尤其是含有糖类、蛋白质等营养物质的液体制剂，更容易引起微生物的滋长和繁殖。污染微生物的液体制剂会引起理化性质的变化，严重影响制剂质量，有时会产生细菌毒素有害于人体。

防腐剂（preservative）是指防止药物制剂由于细菌、酶、真菌等微生物的污染而变质的添加剂。优良的防腐剂应该满足以下几个条件：①防腐剂本身的理化性质和抗微生物性质稳定，不易受温度、pH、制剂中的药物和附加剂的影响；②不影响制剂的理化性质和药理作用；③在贮存和使用期间稳定，不与包装材料发生作用；④在水中有较大的溶解度，能达到防腐所需浓度；⑤在抑菌浓度范围内，对人体无害、无刺激性，内服无特殊臭味；⑥对大多数微生物有较强的抑制作用。

防腐剂可分为以下四类：①酸碱及其盐类，苯酚、山梨酸及其盐等；②中性化合物类，三氯叔丁醇、聚维酮碘等；③汞化合物类，硫柳汞、硝酸苯汞等；④季铵化合物类，氯化苯甲烃铵、度米芬等。常用的防腐剂有以下几种。

(1) 对羟基苯甲酸酯类 这是一类很有效的防腐剂，包括对羟基苯甲酸甲酯、乙酯、丙酯、丁酯，商品名为尼泊金。其抑菌作用随烷基碳数增加而增加，但溶解度则减小，对羟基苯甲酸丁酯抗菌力最强，溶解度却最小。本类防腐剂混合使用具有协同作用，通常是乙酯和丙酯（1:1）或乙酯和丁酯（4:1）合用，浓度均为 0.01%～0.25%。在酸性、中性溶液中均有效，在酸性溶液中作用较强，但在弱碱性溶液中作用减弱，这是酚羟基解离所致。本类防腐剂化学性质稳定。但是处方研究时应注意：本类防腐剂遇铁能变色；遇弱碱或强酸易水解；塑料能吸附本品；聚山梨酯类和聚乙二醇等与本类防腐剂能产生络合作用，虽然能增加水中溶解度，但其抑菌能力降低，原因是只有游离的对羟基苯甲酸酯类才有抑菌作用，所以应避免合用。

(2) 苯甲酸及其盐 苯甲酸在水中溶解度为 0.29%，在乙醇中为 43%（20 ℃），通常配成 20% 醇溶液使用，用量一般为 0.03%～0.1%。苯甲酸未解离的分子抑菌作用强，所以在酸性溶液中抑菌效果较好，最适 pH 值是 4。溶液 pH 值增大时，解离度增大，防腐效果降低。苯甲酸防霉作用较尼泊金类弱，而防发酵能力则较尼泊金类强。苯甲酸 0.25% 和尼泊金 0.05%～0.1% 联合应用时，防止发霉和发酵效果最为理想，特别适用于中药液体制剂。在酸性溶液中，苯甲酸钠的防腐作用与苯甲酸相当。

(3) 山梨酸及其盐 白色至黄白色结晶性粉末，熔点 133 ℃，30 ℃时，水中溶解度为 0.125%。对细菌的最低抑菌浓度为 0.02%～0.04%（pH<6.0），对酵母、霉菌的最低抑菌浓度为 0.8%～1.2%。pK_a 为 4.76，起防腐作用的是未解离的分子，在 pH 4.5 水溶液中效果较好。山梨酸与其他抗菌剂联合使用产生协同作用。山梨酸钾、山梨酸钙的作用与山梨酸相同，在水中溶解度更大。需在酸性溶液中使用。

(4) 苯扎溴铵 又称新洁尔灭，为阳离子表面活性剂。淡黄色黏稠液体，低温时形成蜡状固体，极易潮解，有特臭、味极苦，无刺激性。溶于水和乙醇，微溶于丙酮和乙醚。在酸性和碱性溶液中稳定，耐热压。作防腐剂使用浓度为 0.02%～0.2%，多外用。

(5) 醋酸氯己定 又称醋酸洗必泰，微溶于水，溶于乙醇、甘油、丙二醇等溶剂。广谱杀菌剂，用量为 0.02%～0.05%，多外用。

(6) 邻苯基苯酚 微溶于水，使用浓度为 0.005%～0.2%。广谱杀菌剂，低毒无味，是较好的防腐剂，亦可用于水果、蔬菜的防霉保鲜。

(7) 其他防腐剂 一些挥发油也具有防腐作用，如桉叶油为 0.01%～0.05%、桂皮油为 0.01%、薄荷油为 0.05%。

除添加抑菌剂外，液体制剂还应采取全面的防腐措施：①减少或防止环境污染，防止微生物污染是防腐的重要措施，包括加强生产环境的管理，清除周围环境的污染源，加强操作人员个人卫生管理等；②控制溶剂质量，液体制剂中常以水为溶剂，未经处理的水中存在某些微生物生长所需的营养物质，所以制备液体制剂应使用纯化水或蒸馏水，以保证产品质量；③严格控制辅料的质量，在制备液体制剂时，为了达到安全、有效、稳定、可控和顺应的目的，常加入以稳定、矫味或着色等为目的的附加剂，这些附加剂中可能带有微生物，也可能本身就是微生物生长的营养物质，因此，应该严格控制辅料的质量。

5. 矫味剂

常用矫味剂（flavoring agent）如下。

（1）甜味剂 根据来源，甜味剂可以分为天然来源和合成来源两大类。天然甜味剂中，蔗糖和单糖浆应用最广泛。甘油、山梨醇、甘露醇等也可作甜味剂。具有芳香味的果汁糖浆（如橙皮糖浆及桂皮糖浆等）不但能矫味，还能矫臭。天然甜味剂甜菊苷为微黄白色粉末，无臭，有清凉甜味，常用量为 0.025%～0.05%，甜度比蔗糖约大 300 倍，在水中溶解度（25 ℃）为 1∶10，pH 4～10 时加热也不被水解；甜味持久且不被吸收，但甜中带苦，故常与蔗糖和糖精钠合用。合成的甜味剂有糖精钠，常用量为 0.03%，甜度为蔗糖的 200～700 倍，易溶于水，但水溶液不稳定，长期放置甜度降低，常与单糖浆、蔗糖和甜菊苷合用。阿司帕坦，也称蛋白糖，为二肽类甜味剂，又称天冬甜精，甜度比蔗糖高 150～200 倍，不致龋齿，可以有效地降低热量，适用于糖尿病、肥胖症患者。

（2）芳香剂 在制剂中，有时需要添加少量香料和香精以改善制剂的气味和香味，这些香料与香精称为芳香剂。香料分天然香料和人造香料两大类。天然香料有植物中提取的芳香性挥发油，如柠檬、薄荷挥发油，以及它们的制剂，如薄荷水、桂皮水等。人造香料也称调和香料，是由人工香料添加一定量的溶剂调和而成的混合香料，如苹果香精、香蕉香精等。

（3）胶浆剂 胶浆剂具有黏稠、缓和的性质，通过干扰味蕾的味觉而矫味，如阿拉伯胶胶浆、羧甲基纤维素钠胶浆、琼脂胶浆、明胶胶浆、甲基纤维素胶浆等。如在胶浆剂中加入适量糖精钠或甜菊苷等甜味剂，则增加其矫味作用。

（4）泡腾剂 将有机酸与碳酸氢钠混合后，遇水产生大量二氧化碳，二氧化碳能麻痹味蕾起矫味作用，对盐类的苦味、涩味、咸味有所改善。

6. 着色剂

着色剂（colorant）又称色素，分天然色素和人工色素两大类。着色剂能改善制剂的外观颜色、增加制剂的辨识度，如果选用的颜色与矫味剂协调配合，更易为患者所接受。可供食用的色素称为食用色素，只有食用色素才能作内服制剂的着色剂。

（1）天然色素 常用的有植物性和矿物性色素，可作食品和内服制剂的着色剂。植物性色素中，红色的有苏木、甜菜红、胭脂红等；黄色的有姜黄、胡萝卜素等；蓝色的有松叶兰、乌饭树叶；绿色的有叶绿素铜钠盐；棕色的有焦糖等。矿物性色素有氧化铁（棕红色）等。

配液罐与液体制剂
流水线

（2）人工色素 人工色素的特点是色泽鲜艳，价格低廉，大多数毒性比较大，用量不宜过多。我国批准的人工色素有苋菜红、柠檬黄、胭脂红、靛蓝等，通常配成 1% 贮备液使用，用量不得超过万分之一。

7. 其他附加剂

为了增加稳定性或减小刺激性，有时还需要向液体制剂中加入抗氧剂、pH 调节剂、金属离子络合剂或止痛剂等。

三、液体制剂制备的一般工艺流程

液体制剂包括的种类较多，其制备方法亦有不同，液体制剂制备的一般工艺流程见图 5-1 配液罐与液体制剂流水线。

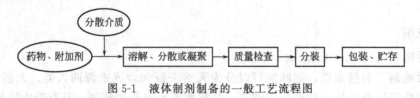

图 5-1　液体制剂制备的一般工艺流程图

四、液体制剂的质量要求

液体制剂应浓度准确；均相液体制剂应是澄明溶液，非均相液体制剂的药物粒子应分散均匀；口服的液体制剂外观良好、口感适宜，外用的液体制剂应无刺激性；液体制剂应有一定的防腐能力，保存和使用过程不应发生霉变；包装容器适宜，方便患者携带和使用。

第二节　低分子溶液剂

低分子溶液剂是指小分子药物以分子或离子状态溶解在溶剂中形成的均相的液体制剂，可供内服或外用。低分子溶液剂包括溶液剂、芳香水剂、糖浆剂、甘油剂、酊剂、醑剂和涂剂等液体制剂，具体将在本章第七节做以介绍。

一、低分子溶液剂的性质

低分子溶液剂中，药物是以分子或离子状态溶解的。所以，与普通固体制剂相比，起效更快、生物利用度高。但是，药物的化学活性也高，导致某些药物的水溶液不稳定。

二、低分子溶液剂的处方设计

低分子溶液型液体制剂的处方设计需考虑药物在溶剂中的溶解度；同时，还需要综合考虑制剂的稳定性、用法与用药部位等。

首先，必须使药物具有足够的溶解度以满足临床治疗的剂量要求。当必须制成溶液剂，但药物的溶解度还达不到最低有效浓度时，就需要考虑采用制剂策略增加药物的溶解度。其次，药物分散度大，化学活性高，一些药物在水中易降解（如维生素 C 等），且一些药物的水溶液极易霉变（如肾上腺素水溶液等），因此，还需要特别重视药物的稳定性。再次，溶剂可能影响药物的用法或用药部位，如 5% 苯酚水溶液用于衣物消毒，而 5% 苯酚甘油溶液可用于治疗中耳炎。

三、低分子溶液剂的制备

1. 低分子溶液剂的制备方法

低分子溶液剂一般有三种制备方法，即溶解法、稀释法和化学反应法。其中，化学反应法应用较少。

(1) 溶解法　固体药物直接溶解于溶剂的制备方法，适用于较稳定的化学药物，工艺流程图见图 5-2。

图 5-2　溶解法制备溶液剂的一般工艺流程图

具体方法：取处方总量 1/2～3/4 量的溶剂，加入称量好的药物，搅拌使其溶解。处方中如有附加剂或溶解度较小的药物，应先将其溶解于溶剂中，再加入其他药物使溶解。根据药物性质，必要时可将固体药物先行粉碎或加热溶解，难溶性药物可加适当的助溶剂使其溶解。制备的溶液应滤过，并通过滤器加溶剂至全量，滤过可用普通滤器、垂熔玻璃滤器及砂滤棒等，滤过后的药液应进行质量检查。如处方中含有糖浆、甘油等液体时，用少量水稀释后加入溶液剂中，如使用非水溶剂，容器应干燥。制得的药物溶液应及时分装、密封、贴标签及进行外包装。

(2) 稀释法　稀释法是先将药物制成高浓度溶液或将易溶性药物制成贮备液，再用溶剂稀释至需要浓度。用稀释法制备溶液剂时，应注意浓度换算，挥发性药物浓溶液稀释过程中应注意挥发损失，以免影响浓度的准确性。

(3) 化学反应法　利用化学反应制备溶液剂的方法。

2.低分子溶液剂制备时应注意的问题

①有些药物虽然易溶，但溶解缓慢，此类药物在溶解过程中应采用粉碎、搅拌、加热等措施；②易氧化的药物溶解时，宜将溶剂加热放冷后再溶解药物，同时应加入适量抗氧剂，以减少药物氧化损失；③易挥发性药物应最后加入，以免在制备过程中损失；④处方中如有溶解性较小的药物，应先将其溶解后再加入其他药物；⑤难溶性药物可加入适宜的助溶剂或增溶剂使其溶解。

例 5-1　复方碘溶液

【处方】 碘 5.0 g，碘化钾 10.0 g，纯化水加至 100 mL。

【制法】 ①取碘化钾，加纯化水 10 mL 溶解；②加碘搅拌溶解，再加纯化水至 100 mL，即得。

【注解】 ①碘在水中溶解度为 1:2950，加碘化钾作助溶剂使形成 KI_3，能增加碘在水中的溶解度，并能使溶液稳定；②为了加快溶解速度，先将碘化钾加适量纯化水配制成浓溶液，然后加入碘溶解。

四、低分子溶液剂的质量评价

低分子溶液剂必须是澄清的液体，不得有浑浊、沉淀。低分子溶液剂应具备一定的防腐能力，在贮存、使用过程中不发生霉变、酸败、变色、产气等。含量、装量、微生物限度等均应符合要求。内服口感良好，外用无刺激性。糖浆剂除了药物含量应符合要求外，还应检查相对密度、pH、装量、微生物限度。酊剂、醋剂还有含醇量的要求。

第三节　高分子溶液剂

高分子溶液剂（polymer solutions）是指高分子化合物以分子状态溶解于溶剂中形成的均相液体制剂。以水为溶剂的，称为亲水性高分子溶液剂，或称胶浆剂。以非水溶剂制备的高分子溶液剂，称为非水性高分子溶液剂。高分子溶液剂属于热力学稳定体系。

一、高分子溶液剂的性质

1. 高分子的荷电性

高分子溶液剂中，高分子化合物的某些基团因解离而带电，有的带正电，有的带负电。带正电的高分子水溶液有琼脂、血红蛋白、血浆蛋白等；带负电的有淀粉、阿拉伯胶、西黄蓍胶、树脂和海藻酸钠等。某些高分子化合物所带电荷受溶液 pH 的影响，例如，蛋白质分子中含有羧基和氨基，当溶液的 pH 大于等电点时，蛋白质带负电；pH 小于等电点时，蛋白质带正电；pH 等于等电点时，蛋白质不带电，这时高分子溶液的许多性质发生变化，如黏度、渗透压、溶解度、电导率等都变为最小值。高分子溶液的这种性质，在药剂学中有重要意义。溶液中荷电的高分子化合物有电泳现象，可用电泳法测得高分子化合物所带电荷的种类。

2. 高分子的渗透压

亲水性高分子溶液有较高的渗透压，渗透压的大小与高分子溶液的浓度有关。

3. 高分子溶液的黏度与分子量

高分子溶液是黏稠性流体，其黏度与分子量之间的关系可用式(5-1)表示。因此，可以根据高分子溶液的黏度来测定高分子化合物的分子量。

$$[\eta] = KM^a \tag{5-1}$$

式中，K、a 为高分子化合物与溶剂之间的特有常数。

4. 高分子溶液的聚结特性

高分子化合物含有大量亲水基团，能与水形成牢固的水化膜，可阻止高分子化合物分子之间的相互凝聚，因此，可以以单分子状态分散在水中形成均相的热力学稳定的分散体系。但是，当高分子的水化膜和荷电发生变化时，易出现聚结沉淀，如：①向溶液中加入大量电解质，由于电解质的强烈水化作用，破坏高分子的水化膜，使高分子化合物凝结而沉淀，这一过程称为盐析；②向溶液中加入脱水剂（如乙醇、丙酮等）也能破坏水化膜而发生聚结；③其他原因（如盐类、pH、絮凝剂、射线等）也会使高分子化合物凝结沉淀，称为絮凝；④带相反电荷的两种高分子溶液混合时，由于相反电荷中和而产生凝结沉淀。

5. 胶凝性

有些亲水胶体溶液（如明胶水溶液、琼脂水溶液等），在高温时是一种可流动的黏稠性溶液，但在低温时能变成不流动的半固体凝胶。这主要是由于呈链状分散的高分子化合物在温度降低时形成了网状结构，水分进入网状结构的内部形成了不流动的半固体状物，称为凝胶，形成凝胶的过程称为胶凝。当加热时，网状结构被破坏，水分又从网状结构中出来，恢复成具有黏稠性且可流动的溶液，这种可因温度或浓度的变化而转变为原溶液的凝胶称为可逆凝胶。凝胶失去网状结构中的水分时，体积缩小，形成的干燥固体称为干胶。药剂学中的硬胶囊、微囊等，都是干胶的存在形式。

二、高分子溶液剂的处方设计

为制得安全、有效、性质稳定的高分子溶液剂，处方设计时应考虑药物的亲水性、溶解度、解离后所带电荷的种类及其与处方中其他药物或辅料的相互作用。

三、高分子溶液剂的制备

制备高分子溶液的过程叫作胶溶，包括有限溶胀和无限溶胀两个过程，工艺流程如图5-3所示。

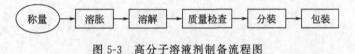

图 5-3　高分子溶液剂制备流程图

(1) 有限溶胀　先将高分子化合物用水浸泡，由于高分子化合物分子大、扩散慢，只有水分子单方向渗入高分子化合物分子间的空隙中，与高分子中的亲水基团发生水化作用而使体积膨胀，结果使高分子空隙间充满了水分子，这一过程称为有限溶胀。

(2) 无限溶胀　由于高分子空隙间存在水分子，降低了高分子化合物分子之间的作用力（范德瓦耳斯力），溶胀过程继续进行，最后，高分子化合物完全分散在水中而形成高分子溶液，这一过程称为无限溶胀。无限溶胀常需搅拌或加热等过程才能完成。

胶溶过程的快慢取决于高分子的性质以及工艺条件。制备明胶溶液时，先将明胶碎成小块，放于水中浸泡 3～4h，使其吸水膨胀，这是有限溶胀过程；然后加热并搅拌使其形成明胶溶液，这是无限溶胀过程。甲基纤维素则在冷水中完成这一制备过程。淀粉遇水立即膨胀，但无限溶胀过程必须加热至 60～70 ℃才能完成，即形成淀粉浆。胃蛋白酶等高分子药物，其有限溶胀和无限溶胀过程都很快，需将其撒于水面，待其自然溶胀后再搅拌成溶液，如果将它们撒于水面后立即搅拌，则形成团块，给制备过程带来困难。

例 5-2　**胃蛋白酶合剂**

【处方】 胃蛋白酶 2.0 g，单糖浆 10.0 mL，稀盐酸 2.0 mL，5% 羟苯乙酯乙醇液1.0 mL，橙皮酊 2.0 mL，纯化水加至 100.0 mL。

【制法】 ①将稀盐酸、单糖浆加入约 80.0 mL 纯化水中，搅匀；②将胃蛋白酶撒在液面上，待自然溶胀、溶解；③将橙皮酊缓缓加入溶液中；④另取约 10.0 mL 纯化水，溶解羟苯乙酯乙醇液后，将其缓缓加入上述溶液中；⑤加纯化水至全量，搅匀，即得。

【注解】 ①影响胃蛋白酶活性的主要因素是 pH，一般 pH 值在 1.5～2.5 之间。含盐酸的量不可超过 0.5%，否则使胃蛋白酶失去活性。因此，配制时，先将稀盐酸用适量纯化水稀释。②须将胃蛋白酶撒在液面上，待溶胀后，再缓缓搅匀，且不得加热，以免失去活性。③本品一般不宜过滤。因胃蛋白酶等电点在 pH 2.75～3.00 之间，因此在该液中 pH＜等电点，胃蛋白酶带正电荷，而润湿的滤纸或棉花带负电荷，过滤时则吸附胃蛋白酶。必要时，可将滤材润湿后，用少许稀盐酸冲洗以中和滤材表面电荷，消除吸附现象。④胃蛋白酶消化力应为 1∶3000，即 1g 胃蛋白酶应能消化凝固卵蛋白 3000g。⑤因胰酶、氯化钠、碘、鞣酸、浓乙醇、碱以及重金属等能降低本品活性，本品不宜与上述物质配伍。

四、高分子溶液剂的质量评价

高分子溶液剂应稳定、无刺激性，不得有发霉、酸败、变色、异物、产生气体或其他变质现象；除另有规定外，应避光、密封贮存；装量、装量差异、微生物限度等也应符合规定。

第四节　溶胶剂

溶胶剂（sols）是指难溶性药物固体微细粒子（多分子聚集体）分散在水中形成的非均相分散体系，又称疏水胶体。溶胶剂中，分散的微细粒子在 1～100 nm 之间，胶粒是多分子聚集体，有极大的分散度，属热力学不稳定系统。将药物分散成溶胶状态，它们的药效会出现显著的变化。目前，溶胶剂很少使用，但它们的性质对药剂学却十分重要。

一、溶胶剂的性质

(1) **光学性质**　当强光线通过溶胶剂时，从侧面可见到圆锥形光束，这一现象称为丁达尔效应（Tyndall effect），这是胶粒粒度小于自然光波长而引起的光散射现象。溶胶剂的浑浊程度用浊度表示，浊度越大表明散射光越强。

(2) **电学性质**　溶胶剂因具有双电层结构而带电，可以带正电，也可以带负电。在电场的作用下，胶粒或分散介质开始移动，在移动过程中产生电位差，这种现象称为界面动电现象。溶胶的电泳现象就是界面动电现象所引起的。

(3) **动力学性质**　溶胶剂中的胶粒在分散介质中不规则地运动，这种运动称为布朗运动（Brown movement）。布朗运动是由胶粒受溶剂水分子不规则撞击产生的。溶胶粒子的扩散速度、沉降速度及分散介质的黏度等都与溶胶的动力学性质有关。

(4) **稳定性**　溶胶剂属热力学不稳定体系，主要表现为聚结不稳定性和动力不稳定性。但是，由于胶粒表面电荷产生静电斥力以及胶粒荷电所形成的水化膜，都增加了溶胶剂的聚结稳定性。动力不稳定性主要表现为重力沉降，但由于胶粒的布朗运动又使其沉降速度变得缓慢，增加了动力稳定性。

溶胶剂对带相反电荷的溶胶以及电解质极其敏感，将带相反电荷的溶胶或电解质加入溶胶剂时，由于电荷被中和，ζ 电位降低，同时又减少了水化层，使溶胶剂产生聚结进而加速沉降。向溶胶剂中加入天然的或合成的亲水性高分子溶液，使溶胶剂具有亲水胶体的性质而增加稳定性，这种胶体称为保护胶体。

二、溶胶剂的处方设计

如何使制剂稳定是设计溶胶剂的关键。处方设计时，主要应考虑药物在水中的带电性、分散度以及附加剂的配伍等因素。

三、溶胶剂的制备

1.分散法

（1）**机械分散法**　胶体磨是制备溶胶剂的常用设备。将药物、分散介质以及稳定剂从加料口处加入胶体磨中，胶体磨以 10000 r/min 的转速高速旋转将药物粉碎到胶体粒子范围，可以制成质量很好的溶胶剂。

（2）**胶溶法**　亦称解胶法，是将聚集起来的粗粒又重新分散的方法。

（3）**超声分散法**　用 20000 Hz 以上超声波所产生的能量使分散粒子粉碎成溶胶剂的方法。

2.凝聚法

（1）**物理凝聚法**　改变分散介质的性质使溶解的药物凝聚成为溶胶。

（2）**化学凝聚法**　借助于氧化、还原、水解、复分解等化学反应制备溶胶的方法。

例 5-3　氢氧化铁溶胶

【处方】氯化铁（10%）5 mL，去离子水适量。

【制法】在 250 mL 三颈瓶中加入 120 mL 去离子水，将其置于磁力搅拌电加热套里加热至沸腾；然后一边搅拌，一边慢慢滴入 5 mL 的 10%氯化铁溶液，加完后在微沸状态继续加热 5min，得到红棕色的氢氧化铁溶胶。

【注解】①该制剂是利用 $FeCl_3$ 的水解反应生成 $Fe(OH)_3$ 溶胶；②制备溶胶需要铁离子充分水解，所以滴加速度不要太快，搅拌要充分；③千万不要因为水的蒸发而在制好胶体后加水；④当反应体系呈现红褐色，即制得氢氧化铁胶体，应立即停止加热，否则会产生红褐色的氢氧化铁沉淀；⑤过量的 $FeCl_3$ 同时又起到稳定剂的作用，$Fe(OH)_3$ 的微小晶体选择性地吸附离子，可形成带正电荷 Fe^{3+} 的胶体粒子。

第五节　混悬剂

混悬剂（suspensions）是指难溶性固体药物以微粒状态分散于分散介质中形成的非均相液体制剂。混悬剂中，药物微粒粒径一般在 0.5～10 μm 之间，小者可达 0.1 μm，大者可达 50 μm 甚至更大。混悬剂属于热力学不稳定体系，所用分散介质大多数为水，也可用植物油。

制备混悬剂的理想药物应满足以下条件：①将难溶性药物制成液体制剂供临床应用；②药物的剂量超过了溶解度而不能以溶液剂形式给药；③两种溶液混合，药物的溶解度降低而析出固体药物；④为了使药物产生缓释作用。但是，为了安全起见，毒剧药或剂量小的药物不应制成混悬剂。

一、混悬剂的常用附加剂

为了提高混悬剂的物理稳定性，在制备时需加入的附加剂称为稳定剂。稳定剂包括助悬剂、润湿剂、絮凝剂与反絮凝剂等。

1. 助悬剂

助悬剂（suspending agents）是指能增加分散介质的黏度以降低微粒的沉降速度或增加微粒亲水性的附加剂。助悬剂包括的种类很多，其中有低分子化合物、高分子化合物，甚至有些表面活性剂也可作助悬剂用。助悬剂主要是增加分散介质的黏度，以降低微粒沉降速度，增加微粒的亲水性，防止结晶的转型。根据分子量，可以将助悬剂分为低分子助悬剂和高分子助悬剂。

(1) 低分子助悬剂 可以增加分散介质的黏度，也可增加微粒的亲水性。例如，甘油、糖浆剂等。在外用混悬剂中常加入甘油；而糖浆剂则主要是用于内服的混悬剂，兼具助悬和矫味的作用。

(2) 高分子助悬剂 按照来源，高分子助悬剂主要分为天然高分子助悬剂、半合成高分子助悬剂和合成高分子助悬剂。

① 天然高分子助悬剂 主要是树胶类，如阿拉伯胶、西黄蓍胶、桃胶等。阿拉伯胶和西黄蓍胶可用其粉末或胶浆，前者用量为 5%～15%，后者用量为 0.5%～1%。硅皂土是天然的含水硅酸铝，为灰黄或乳白色极细粉末，直径为 $1～150\ \mu m$，不溶于水或酸，但在水中膨胀，体积增加约 10 倍，形成高黏度并具触变性和假塑性的凝胶，在 pH>7 时，膨胀性更大，黏度更高，助悬效果更好。此外，还有植物多糖类（如海藻酸钠、琼脂、淀粉浆等）和蛋白质类（如明胶等）用作助悬。

② 半合成高分子助悬剂 主要为纤维素类衍生物，如甲基纤维素、羧甲基纤维素钠、羟丙基纤维素、羟丙基甲基纤维素、羟乙基纤维素等。此类助悬剂大多数性质稳定，受 pH 影响小，但应注意某些助悬剂能与药物或其他附加剂有配伍变化。

③ 合成高分子助悬剂 常用的合成高分子助悬剂有卡波普、聚维酮、葡聚糖等。有些高分子助悬剂（如单硬脂酸铝）属于触变胶，可以利用其触变性（凝胶与溶胶恒温转变的性质，静置时形成凝胶防止微粒沉降），振摇后变为溶胶有利于混悬剂的使用。另外，使用触变胶作助悬剂有利于混悬剂的稳定。

2. 润湿剂

润湿剂（wetting agent）是指能增加疏水性药物微粒被水湿润能力的附加剂。许多疏水性药物（如硫黄、甾醇类、阿司匹林等）不易被水润湿，加之微粒表面吸附有空气，给混悬剂的制备带来困难，这时应加入润湿剂，润湿剂可被吸附于微粒表面，增加其亲水性，产生较好的分散效果。最常用的润湿剂是 HLB 值在 7～9 之间的表面活性剂，如聚山梨酯类、聚氧乙烯脂肪醇醚类、聚氧乙烯蓖麻油类和泊洛沙姆等；甘油、乙醇等也可作润湿剂使用。

3. 絮凝剂与反絮凝剂

使混悬剂产生絮凝作用的附加剂称为絮凝剂（flocculating agent），而产生反絮凝作用的附加剂称为反絮凝剂（deflocculating agent）。制备混悬剂时，常需加入絮凝剂，使混悬剂处于絮凝状态，以增加混悬剂的稳定性。

絮凝剂主要是电解质。阴离子絮凝作用大于阳离子；电解质的絮凝效果还与离子价数有关，离子价数增加 1，絮凝效果增加 10 倍；同一电解质可因加入量的不同，在混悬剂中起絮凝作用或反絮凝作用。常用的絮凝剂有枸橼酸盐、枸橼酸氢盐、酒石酸盐、酒石酸氢盐、磷酸盐及氯化物等。絮凝剂和反絮凝剂的使用对混悬剂有很大影响，应在试验的基础上加以选择。

二、混悬剂的物理稳定性

混悬剂中，药物微粒的分散度大，使混悬微粒具有较高的表面自由能而处于不稳定状态。因此，物理稳定性是混悬剂的重要评价指标之一。

1. 混悬粒子的沉降速度

混悬剂中，微粒受重力作用，静置时会自然沉降，沉降速度越大，物理稳定性越差。微粒的沉降速度服从 Stoke's 定律：

$$v = \frac{2r^2(\rho_1 - \rho_2)g}{9\eta} \tag{5-2}$$

式中，v 为沉降速度，cm/s；r 为微粒半径，cm；ρ_1 为微粒的密度，g/mL；ρ_2 为介质的密度，g/mL；g 为重力加速度，cm/s^2；η 为分散介质的黏度，g/(cm·s)。

由 Stoke's 公式可见，微粒沉降速度与微粒半径平方、微粒与分散介质的密度差成正比，与分散介质的黏度成反比。因此，减小微粒沉降速度、提高混悬剂动力稳定性的主要方法是：①减小微粒半径；②增加分散介质的黏度；③减小固体微粒与分散介质间的密度差。减小微粒半径主要通过对原料药进行研磨、粉碎等前处理实现；向混悬剂中加入高分子助悬剂则可增加分散介质的黏度，同时，也可起到减小固体微粒和分散介质间密度差的作用，另外，微粒吸附助悬剂分子也会增加其亲水性。

混悬剂中，微粒大小是不均匀的，大的微粒沉降相对迅速，细小微粒沉降相对缓慢。而且由于布朗运动，细小微粒可长时间悬浮在介质中，使混悬剂长时间地保持混悬状态。

2. 微粒的荷电与水化

混悬剂中，微粒可因本身解离或吸附分散介质中的离子而荷电，具有双电层结构，表面荷电可用ζ电势表示。由于微粒表面荷电，水分子可在微粒周围形成水化膜，这种水化作用的强弱随双电层厚度而改变。微粒荷电使微粒间产生排斥作用，加之有水化膜的存在，阻止了微粒间的相互聚结，使混悬剂稳定。向混悬剂中加入少量的电解质，可以改变双电层的构造和厚度，影响混悬剂的聚结稳定性并产生絮凝。疏水性药物混悬剂的微粒水化作用很弱，对电解质更敏感；亲水的难溶性药物混悬剂微粒除荷电外，本身具有水化作用，受电解质的影响较小。

3. 絮凝与反絮凝

(1) 热力学不稳定性 混悬剂中，微粒由于分散度大而具有很大的总表面积，因而微粒具有很高的表面自由能。这种高能状态的微粒有降低表面自由能的趋势，表面自由能的改变可用式(5-3)表示：

$$\Delta F = \delta_{SL} \Delta A \qquad (5-3)$$

式中，ΔF 为表面自由能的改变值；ΔA 为微粒总表面积的改变值；δ_{SL} 为固液界面张力。

对于一定的混悬剂，药物固定，分散介质固定，δ_{SL} 就是一定的。因此，只有降低 ΔA，才能降低微粒的表面自由能 ΔF，这就意味着微粒间的聚集是自发的。因此，混悬剂是热力学不稳定体系。

(2) 电解质的加入 由于微粒荷电，电荷的排斥力阻碍了微粒产生聚集。加入适当的电解质，使 ζ 电位降低，可以减小微粒间的电荷排斥力。

① 絮凝 ζ 电势降低到一定程度后，混悬剂中的微粒会形成疏松的絮状聚集体，使混悬剂处于稳定状态。混悬微粒形成疏松的絮状聚集体的过程称为絮凝（flocculation），加入的电解质称为絮凝剂。为了得到稳定的混悬剂，一般应控制 ζ 电势在 20～25 mV 之间，使其恰好能产生絮凝作用。此时形成的絮状物疏松、不易结块，而且易于分散。

② 反絮凝 向絮凝状态的混悬剂中加入电解质，使絮凝状态变为非絮凝状态的这一过程称为反絮凝。加入的电解质称为反絮凝剂，反絮凝剂所用的电解质与絮凝剂相同。

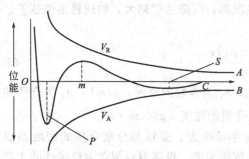

图 5-4 混悬剂中粒子间吸引与排斥位能曲线

(3) 产生的原因 絮凝作用和反絮凝作用的产生，主要是由于混悬剂微粒间同时存在斥力（静电斥力）和引力（范德瓦耳斯力）。当两个运动的微粒接近时，电荷的斥力增大，引力也增大。斥力和引力以微粒间的相互作用能表示，如图 5-4 所示，斥力的相互作用能以正号表示，即 A 线；引力的相互作用能以负号表示，即 B 线；两种相互作用能之和为 C 线。

① 絮凝作用的产生 当混悬剂中两个微粒间的距离缩短至 S 点时，引力稍大于斥力，这是粒子间保持的最佳距离，这时粒子形成絮凝状态。

② 反絮凝作用的产生 当粒子间的距离进一步缩短时，斥力明显增加，当距离达到 m 点时，斥力最大，微粒间无法达到聚集而处于非絮凝状态。

③ 结饼状态的产生 受外界因素影响，粒子间的距离很容易进一步缩短达到 P 点。在此点，微粒之间产生强烈的相互吸引，以至于在强引力的作用下挤出粒子间的分散介质而使粒子结饼（caking），这时就无法再恢复至混悬状态。

4. 结晶的长大

混悬剂中，药物微粒的大小不可能完全一致。混悬剂在放置过程中，微粒的大小与数量在不断变化，即小的微粒数目不断减少，大的微粒粒径不断长大，使微粒的沉降速度加快，必然影响混悬剂的稳定性。当药物微粒处于微米大小时，小粒子药物的溶解度就会大于大粒子的溶解度，这一规律可以用 Ostwald Freundlich 方程式表示：

$$\lg \frac{S_2}{S_1} = \frac{2\sigma M}{\rho RT}\left(\frac{1}{r_2} - \frac{1}{r_1}\right) \qquad (5-4)$$

式中，S_1 为半径 r_1 的药物溶解度；S_2 为半径 r_2 的药物溶解度；σ 为固液两相界面间的表面张力；ρ 为固体药物的密度；M 为分子量；R 为气体常数；T 为热力学温度。

根据式(5-4)可知，当药物处于微粉状态时，小的微粒溶解度大于大的微粒。若 $r_2 <$ r_1，r_2 药物的溶解度 S_2 大于 r_1 药物的溶解度 S_1。混悬剂中溶液是饱和溶液，但小微粒的溶解度大且在不断溶解；对于大微粒来说，过饱和而不断增长变大，使沉降速度加快，混悬剂的稳定性降低。这时，必须加入抑制剂以阻止结晶的溶解和生长，以保持混悬剂的物理稳定性。

5. 分散相的浓度和温度

在同一分散介质中，分散相的浓度增加，混悬剂的稳定性降低。

温度对混悬剂的影响更大，温度变化不仅改变药物的溶解度和溶解速度，还能改变微粒的沉降速度、絮凝速度、沉降容积，从而改变混悬剂的稳定性。冷冻可破坏混悬剂的网状结构，也会使其稳定性降低。

三、混悬剂的处方设计

在进行混悬剂处方设计时，除了药物的治疗作用、化学稳定性、制剂的防腐、色泽等问题外，还需重点考虑混悬剂的物理稳定性。应采取适当的方法减小微粒的粒径，对于疏水性药物还应保证其被充分润湿，选用合适的稳定剂，以提高物理稳定性。除了符合液体制剂的一般要求外，对混悬剂还有特殊要求：①混悬剂中药物粒子须有一定的细度，并且粒径均匀，用药时无刺激性或不适感；②药物的溶解度应最低，药物粒子应能较长时间保持悬浮状态；③粒子的沉降速度应很慢，沉降后亦不结块，轻摇即能重新分散均匀；④混悬剂应具有一定的黏度，且可方便地从容器中取出较均匀的制剂。

四、混悬剂的制备

制备混悬剂时，应使混悬微粒有适当的分散度，并应尽可能地分散均匀，以减小微粒的沉降速度，使混悬剂处于稳定状态。混悬剂的制备分为分散法和凝聚法。

1. 分散法

分散法是先将粗颗粒的药物粉碎成符合混悬剂微粒要求的分散程度，再分散于分散介质中制备混悬剂的方法，工艺流程如图5-5所示。采用分散法制备混悬剂时：①粉碎时采用加液研磨法，固体与液体的比例为 1 :（0.4～0.6）时，可使药物更易粉碎，微粒可达 0.1～0.5 μm；②亲水性药物，如氧化锌、炉甘石等，一般应先将药物粉碎到一定细度，再加处方中的液体适量，研磨到适宜的分散度，最后加入处方中的剩余液体至全量；③疏水性药物不易被水润湿，必须先加一定量的润湿剂与药物研匀后再加液体研磨；④小量制备可用乳钵，大量生产可用乳匀机、胶体磨等机械设备；⑤对于质量重、硬度大的药物，可采用中药制剂常用的"水飞法"，即在药物中加适量的水研磨至细，再加入较多量的水，搅拌，稍加静置，倾出上层液体，研细的悬浮微粒随上清液被倾倒出去，余下的粗粒再进行研磨。如此反复直至完全研细，达到要求的分散度为止。"水飞法"可使药物粉碎到极细的程度。

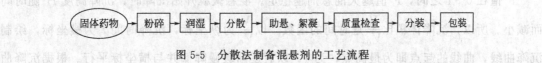

图 5-5 分散法制备混悬剂的工艺流程

例 5-4 复方硫黄洗剂

【处方】沉降硫黄 30 g，硫酸锌 30 g，樟脑醑 250 mL，羧甲基纤维素钠 5 g，甘油 100 mL，纯化水加至 1000 mL。

【制法】取沉降硫黄置乳钵中，加甘油研磨成细腻糊状；取硫酸锌溶于 200 mL 纯化水中；另将羧甲基纤维素钠用 200 mL 纯化水制成胶浆，在搅拌下缓缓加入乳钵中研匀，移入量器中，搅拌下加入硫酸锌溶液，搅匀，在搅拌下以细流加入樟脑醑，加纯化水至全量，搅匀，即得。

【注解】硫黄为强疏水性药物，甘油为润湿剂，使硫黄能在水中均匀分散；羧甲基纤维素钠为助悬剂，可增加混悬液的动力学稳定性；樟脑醑为 10% 樟脑乙醇液，加入时应急剧搅拌，以免樟脑因溶剂改变而析出大颗粒；可加聚山梨酯 80 作润湿剂，使成品质量更佳。但不宜选用软肥皂，因为软肥皂能与硫酸锌生成不溶性的二价锌皂。

2. 凝聚法

(1) 物理凝聚法　物理凝聚法是将药物溶液加入另一分散介质中凝聚成混悬液的方法。一般先将药物制成热饱和溶液，在搅拌下加至另一种不同性质的液体中，使药物快速结晶，可制成 10 μm 以下的微粒，再将微粒分散于适宜介质中制成混悬剂。醋酸可的松滴眼剂就是用物理凝聚法制备的。

(2) 化学凝聚法　化学凝聚法是将两种药物通过化学反应生成新的难溶性的药物微粒，再混悬于分散介质中制备混悬剂的方法。为使微粒细小均匀，化学反应应在稀溶液中进行，并应急速搅拌。胃肠道透视用 $BaSO_4$ 就是用此法制成的。

五、混悬剂的质量评价

1. 微粒大小的测定

混悬剂中，微粒的大小不仅关系到混悬剂的质量和稳定性，也会影响混悬剂的生物利用度和药效。所以，微粒大小及其分布是评定混悬剂质量的重要指标。显微镜法、库尔特计数法、浊度法、光散射法、漫反射法等很多方法都可用于测定混悬剂粒子的大小。

2. 沉降体积比的测定

沉降体积比（sedimentation rate）是指沉降物的体积与沉降前混悬剂的体积之比。测定方法：将混悬剂放于量筒中，混匀，测定混悬剂的总体积 V_0 或高度 H_0；静置一定时间后，观察沉降面不再改变时，记录沉降物的体积 V 或高度 H，其沉降体积比 F 如下式所示：

$$F = \frac{V}{V_0} = \frac{H}{H_0} \tag{5-5}$$

式中，V_0 为沉降前混悬液的体积，mL；V 为沉降后混悬液的体积，mL；H_0 为沉降前混悬液的高度，cm；H 为沉降后沉降面的高度，cm。

F 值在 0～1 之间，F 值越大混悬剂越稳定。混悬微粒开始沉降时，沉降高度 H 随时间而减小。所以，沉降体积比 $\frac{V}{V_0}$ 是时间的函数。以 $\frac{V}{V_0}$ 为纵坐标，沉降时间 t 为横坐标，绘制沉降曲线，曲线的起点即为最高点，为 1，以后逐渐缓慢降低并与横坐标平行。根据沉降曲线的形状，可以判断混悬剂处方设计的优劣。处方优良的制剂，其沉降曲线平坦且降低速度缓慢。但是，沉降体积比的测定不适用于较浓的混悬剂。

3. 絮凝度的测定

絮凝度（flocculation value）是比较混悬剂絮凝程度的重要参数，可用下式表示：

$$\beta = \frac{F}{F_\infty} = \frac{\dfrac{V}{V_0}}{\dfrac{V_\infty}{V_0}} = \frac{V}{V_\infty} \tag{5-6}$$

式中，F 为絮凝混悬剂的沉降体积比；F_∞ 为非絮凝混悬剂的沉降体积比；β 为絮凝度。

例如，非絮凝混悬剂的 F_∞ 值为 0.15，絮凝混悬剂的 F 值为 0.75，则 $\beta = 5.0$，说明絮凝混悬剂沉降体积比是非絮凝混悬剂沉降体积比的 5 倍。β 值越大，絮凝效果越好。用絮凝度评价絮凝剂的效果、预测混悬剂的稳定性，具有重要价值。

4. 重新分散试验

经过贮存后，混悬剂应当可以通过振摇快速地重新分散，以保证服用时的均匀性和分剂量的准确性。试验方法：将混悬剂置于 100 mL 量筒内，以 20 r/min 的速度转动，经过一定时间的旋转，量筒底部的沉降物应重新均匀分散，说明混悬剂再分散性良好。

5. ζ 电位测定

混悬剂中微粒具有双电层，即 ζ 电位。ζ 电位的大小可表明混悬剂的存在状态。一般 ζ 电位在 25 mV 以下，混悬剂呈絮凝状态；ζ 电位在 50～60 mV 时，混悬剂呈反絮凝状态。可用电泳法测定混悬剂的 ζ 电位。

6. 流变学测定

主要采用旋转黏度计测定混悬液的流动曲线，由流动曲线的形状，确定混悬液的流动类型，以评价混悬液的流变学性质。触变流动、塑性触变流动和假塑性触变流动，能有效地减缓混悬剂微粒的沉降速度。

第六节　乳　剂

乳剂（emulsions）是指互不相溶的两种液体混合，其中一相液体以小液滴状态分散于另一相液体中形成的非均相液体分散体系，通常为热力学和动力学不稳定体系，可供内服、外用或注射。乳剂中，形成小液滴的液体称为分散相（dispersed phase）、内相或非连续相；另一液体则称为分散介质、外相（external phase）或连续相。其中，一相通常是水或水溶液，常以水相（W）表示；另一相是与水不相混溶的有机液体，常以油相（O）表示。

乳剂由水相（W）、油相（O）和乳化剂组成，三者缺一不可。乳剂可以分为单层乳剂和多层乳剂。单层乳剂包括水包油（O/W）型乳剂和油包水（W/O）型乳剂，两种乳剂的示意图见图 5-6，主要区分方法见表 5-2。

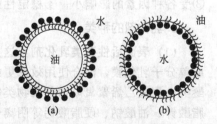

图 5-6　乳剂结构示意图
(a) 水包油型乳剂；(b) 油包水型乳剂

多层乳剂也称复乳（multiple emulsion），如 W/O/W 或 O/W/O 型乳剂。

表 5-2 水包油（O/W）或油包水（W/O）型乳剂的区别

鉴别方法	O/W 型乳剂	W/O 型乳剂
外观	通常为乳白色	接近油的颜色
稀释	可用水稀释	可用油稀释
导电性	导电	不导电或几乎不导电
水溶性染料	外相染色	内相染色
油溶性染料	内相染色	外相染色

根据分散相液滴的大小以及制备方法的不同，可将乳剂分为以下几类：①普通乳（emulsion），粒径在 $1 \sim 100~\mu m$ 之间；②亚微乳（submicroemulsion），粒径一般在 $0.1 \sim 1.0~\mu m$ 之间，亚微乳常作为胃肠外给药的载体，如用于补充营养的静脉注射脂肪乳剂；③纳米乳（nanoemulsion）、微乳（microemulsion），通常粒径在 $10 \sim 100~nm$，为胶体分散体系，外观呈半透明或透明状。

乳剂具有如下优点：①乳剂中液滴的分散度大，药物吸收和药效的发挥快，生物利用度高；②油性药物制成乳剂能保证剂量准确，而且服用方便；③O/W 型乳剂可掩盖药物的不良气味；④外用乳剂能改善药物对皮肤、黏膜的渗透性，减少刺激性；⑤静脉注射乳剂注射后分布较快，具有靶向性。

一、乳剂及乳化剂

1. 乳化及乳化剂

乳化是液-液界面现象，两种不相混溶的液体，如油与水在容器中分成两层，密度小的油在上层，密度大的水在下层。若加入适当的表面活性剂，并且强烈搅拌，油被分散在水中（或水被分散在油中），形成乳状液，该过程叫乳化。

在乳剂中，能使一相液体以小液滴的形式分散在另一相不相混溶的液体中形成乳浊液的附加剂，称为乳化剂（emulsifier）。乳化剂是乳剂的重要组成部分，在乳剂的形成、稳定以及药效发挥等方面起重要作用。乳化剂的作用为：①在乳滴形成过程中，有效地降低表面张力或表面自由能，有利于形成和扩大新的界面，使乳剂保持一定的分散度和稳定性；②在乳剂制备过程中不必消耗更大的能量，甚至用简单的振摇或搅拌的方法，就能制成稳定的乳剂。

理想的乳化剂应具备如下条件：①应有较强的乳化能力，并能在乳滴周围形成牢固的乳化膜；②应有一定的生理适应能力，不应对机体产生毒副作用，也不应该有局部的刺激性；③受各种因素的影响小；④稳定性好。

2. 乳化剂的种类

（1）表面活性剂类乳化剂 这类乳化剂乳化能力强，性质比较稳定，容易在乳滴周围形成单分子乳化膜，混合使用效果更好。包括脂肪酸山梨坦类、聚山梨酯类、聚氧乙烯脂肪醇醚类、聚氧乙烯聚氧丙烯共聚物类等非离子型乳化剂，以及十二烷基硫酸钠、硬脂酸钠、硬脂酸钾、油酸钠、硬脂酸钙等阴离子型乳化剂。

（2）天然高分子乳化剂 天然高分子材料，亲水性较强，黏度较大，能形成多分子乳化膜，稳定性较好。可制成 O/W 型乳剂，使用这类乳化剂需加入防腐剂。

① 阿拉伯胶　阿拉伯酸的钠、钙、镁盐的混合物，可形成 O/W 型乳剂。适用于制备植物油、挥发油的乳剂，制备的乳剂可供内服。阿拉伯胶使用浓度为 10％～15％，在 pH 4～10 范围内乳剂稳定。阿拉伯胶内含有氧化酶，使用前应在 80 ℃加热使其破坏。阿拉伯胶乳化能力较弱，常与西黄蓍胶、琼脂等混合使用。

② 西黄蓍胶　可形成 O/W 型乳剂，其水溶液具有较高的黏度，pH 5 时溶液黏度最大，0.1％溶液为稀胶浆，0.2％～2％溶液呈凝胶状。西黄蓍胶乳化能力较差，一般与阿拉伯胶合并使用。

③ 明胶　O/W 型乳化剂，用量为油量的 1％～2％，易受溶液的 pH 及电解质的影响产生凝聚作用，使用时须加防腐剂。常与阿拉伯胶合并使用。

④ 杏树胶　杏树分泌的胶汁凝结而成的棕色块状物，用量为 2％～4％。乳化能力和黏度均超过阿拉伯胶，可作为阿拉伯胶的代用品。

(3) 固体微粒型乳化剂　一些溶解度小、颗粒细微的固体粉末，乳化时可被吸附于油水界面，能形成固体微粒乳化膜，形成乳化剂。形成乳化剂的类型由接触角 θ 决定，一般 $\theta<90°$ 易被水润湿，形成 O/W 型乳化剂；$\theta>90°$ 易被油润湿，形成 W/O 型乳化剂。O/W 型乳化剂有氢氧化镁、氢氧化铝、二氧化硅、皂土等。W/O 型乳化剂有氢氧化钙、氢氧化锌等。

(4) 助乳化剂　助乳化剂是指与乳化剂合并使用能增加乳剂稳定性的乳化剂。助乳化剂的乳化能力一般很弱或无乳化能力，但能提高乳化剂的黏度，并能增强乳化膜的强度，防止乳滴合并。

① 增加水相黏度的助乳化剂　甲基纤维素、羧甲基纤维素钠、羟丙基纤维素、海藻酸钠、琼脂、西黄蓍胶、阿拉伯胶、黄原胶、果胶及皂土等。

② 增加油相黏度的助乳化剂　鲸蜡醇、蜂蜡、单硬脂酸甘油酯、硬脂酸及硬脂醇等。

二、乳剂的形成与稳定理论

乳剂是由水相、油相和乳化剂经乳化制成。但是，要制成符合要求的稳定的乳剂：首先，必须提供足够的能量使分散相分散成微小的乳滴；其次，提供使乳剂稳定的必要条件。

1.降低表面张力

当水相与油相混合时，用力搅拌即可形成液滴大小不同的乳剂，但很快会合并分层。这是因为水相与油相之间存在表面张力，水相与油相间表面张力越大，两相混合后的表面自由能也越大，形成乳剂的能力就越小。两种液体形成乳剂的过程，也是两相液体间新界面形成的过程，乳滴越细，新增加的界面就越大。如边长为 1 mm 的正方体总表面积为 6 mm^2，若保持总体积不变，边长变为 1 μm 时，则总表面积变为 6000 mm^2，表面积提高了 1000 倍。乳剂的分散度越大，新界面增加就越多，而乳剂粒子的表面自由能也就越大。这时乳剂就有巨大的降低界面自由能的趋势，促使乳滴合并以降低自由能。所以，乳剂属于热力学不稳定分散体系。

为保持乳剂的分散状态和稳定性，必须降低表面自由能。根据式(5-3)，表面自由能取决于总表面积和表面张力。其一，乳剂粒子自身形成球体，以保持最小表面积，可以降低表面自由能；其二，在保持乳剂分散度不变的前提下，为最大限度地降低表面张力和表面自由能，使乳剂保持一定的分散状态，就必须加入适宜的乳化剂。

2.形成牢固的乳化膜

乳化剂被吸附于乳滴的表面上，在降低油、水间的表面张力和表面自由能的同时，也使乳化剂在乳滴周围有规律地定向排列成膜，称为乳化膜。乳化剂在乳滴表面上排列越整齐，乳化膜就越牢固，乳剂也就越稳定。乳化膜有三种类型。

（1）**单分子乳化膜**　表面活性剂类乳化剂被吸附于乳滴表面，有规律地定向排列成单分子乳化剂层，称为单分子乳化膜，增加了乳剂的稳定性。若乳化剂是离子型表面活性剂，那么形成的单分子乳化膜是离子化的，乳化膜本身带有电荷，由于电荷互相排斥，阻止乳滴的合并，使乳剂更加稳定。

（2）**多分子乳化膜**　亲水性高分子化合物类乳化剂，在乳剂形成时被吸附于乳滴的表面，形成多分子乳化剂层，称为多分子乳化膜。强亲水性多分子乳化膜不仅阻止乳滴的合并，而且增加分散介质的黏度，使乳剂更稳定。如阿拉伯胶作乳化剂就能形成多分子膜。

（3）**固体微粒乳化膜**　作为乳化剂使用的固体微粒对水相和油相有不同的亲和力，因而对油、水两相表面张力有不同程度的降低。在乳化过程中，固体微粒被吸附于乳滴的表面，在乳滴的表面排列成固体微粒膜，起到阻止乳滴合并的作用，增加了乳剂的稳定性。这样的固体微粒层称为固体微粒乳化膜。硅皂土、氢氧化镁等都可作为固体微粒乳化膜使用。

（4）**复合凝聚膜**　由两种或两种以上的不同乳化剂组成的乳化膜更牢固，制成的乳剂也更稳定，如胆固醇与十二烷基硫酸钠、阿拉伯胶与硬脂酸钠等。

三、乳剂的稳定性

乳剂属热力学不稳定的非均相分散体系，乳剂常发生下列变化。

1. 分层

分层（delamination）是指乳剂放置后出现分散相粒子上浮或下沉的现象，又称乳析（creaming）。分层的主要原因是分散相和分散介质之间存在密度差。通常，O/W型乳剂的分散相粒子会上浮；而W/O型乳剂的分散相液滴则下沉。乳滴上浮或下沉的速度符合Stoke's公式。乳滴的粒子越小，上浮或下沉的速度就越慢。减小分散相和分散介质之间的密度差，增加分散介质的黏度，都可以减小乳剂分层的速度。乳剂分层也与分散相和分散介质的相比有关，通常分层速度与相比成反比，相比低于25%的乳剂很快分层，相比达50%时就能明显减小分层速度。分层的乳剂经振荡仍能恢复成均匀的乳剂。

2. 絮凝

乳剂中分散相的乳滴发生可逆的聚集现象称为絮凝（flocculation）。但由于乳滴荷电以及乳化膜的存在，阻止了絮凝时乳滴的合并。发生絮凝的条件是：乳滴的电荷减少，ζ电位降低，乳滴产生聚集而絮凝。絮凝状态仍保持乳滴及其乳化膜的完整性。乳剂中的电解质和离子型乳化剂的存在是产生絮凝的主要原因，同时絮凝与乳剂的黏度、相比以及流变性均有密切联系。由于乳剂的絮凝作用限制了乳滴的移动并产生网状结构，可使乳剂处于高黏度状态，有利于乳剂稳定。絮凝与乳滴的合并是不同的，但絮凝状态也会引起乳滴的合并。

3. 转相

由于某些条件的变化而诱发乳剂类型的改变称为转相（phase inversion），由O/W型转变为W/O型或由W/O型转变为O/W型。转相主要是由乳化剂的性质改变而引起的。如油酸钠是 O/W 型乳化剂，遇氯化钙后，生成 W/O 型乳化剂油酸钙，乳剂则由 O/W 型变为 W/O 型。向乳剂中加入相反类型的乳化剂也可使乳剂转相，特别是两种乳化剂的量接近相等时，更容易转相。转相时，两种乳化剂的量比称为转相临界点（phase inversion critical point）。在转相临界点，乳剂不属于任何类型，处于不稳定状态，可随时向某种类型乳剂转变。

4. 合并与破裂

乳剂中，乳滴周围有乳化膜存在，乳化膜破裂会导致乳滴变大，称为合并（coalescence）。合并进一步发展，使乳剂分为油、水两相称为破裂（demulsification）。乳剂的稳定性与乳滴的大小和均一性有密切关系：乳滴越小，乳剂就越稳定。乳剂中乳滴大小是不均一的，通常，小乳滴填充于大乳滴之间，使乳滴的聚集性增加，容易引起乳滴的合并。所以，为了保证乳剂的稳定性，制备乳剂时应尽可能地保持乳滴均一性。此外，分散介质的黏度增加，可使乳滴合并速度降低。影响乳剂稳定性的各因素中，最重要的是形成乳化膜的乳化剂的理化性质，单一或混合使用的乳化剂形成的乳化膜越牢固，就越能防止乳滴的合并和破裂。

5. 酸败

受外界因素及微生物的影响，乳剂的油相或乳化剂等发生变化而引起变质的现象称为酸败（rancidify）。所以，乳剂中常须加入抗氧剂和防腐剂，防止氧化或酸败。

四、乳剂的处方设计

设计乳剂处方时，首先，应根据产品的用途和药物的性质确定乳剂的类型；其次，应根据乳剂的类型和药物的性质等选择合适的乳化剂；再次，确定油水两相的体积比，并选择可调整连续相黏度的助乳化剂以及其他附加剂（如矫味剂、防腐剂、抗氧剂等）；最后，通过试验比较，优化处方组成。

1. 乳剂类型的确定

乳剂的类型应根据产品的用途和药物的性质进行设计。供口服或静脉注射用时，应设计成 O/W 型乳剂；供肌内注射时，通常制成 W/O 型乳剂；若为了使水溶性药物缓释，则可以设计成 W/O 或 W/O/W 型乳剂；供外用时，应按照医疗需要和药物的性质，选择制成 O/W 型乳剂或 W/O 型乳剂。

2. 乳化剂的选择

选择乳化剂时，应综合考虑乳剂类型、给药途径、药物性质、处方组成、制备方法等。

（1）**根据乳剂的类型选择**　O/W 型乳剂应选择 O/W 型乳化剂，W/O 型乳剂应选择 W/O 型乳化剂。乳化剂的 HLB 值为这种选择提供了重要的依据。

（2）**根据乳剂给药途径选择**　口服乳剂应选择无毒的天然乳化剂或某些亲水性的高分子乳化剂等。外用乳剂应选择对局部无刺激性、长期使用无毒性的乳化剂。注射用乳剂应选择磷脂、泊洛沙姆等乳化剂。

（3）**根据乳化剂的性能选择**　乳化剂的种类很多，其性能各不相同，应选择乳化性能强、性质稳定、受外界因素（如酸、碱、盐、pH 等）影响小、无毒、无刺激性的乳化剂。

（4）**混合乳化剂的选择**　乳化剂混合使用有许多特点：①可改变 HLB 值，使乳化剂的适用性更广，如磷脂与胆固醇的混合比例为 10：1 时，可形成 O/W 型乳剂，比例为 6：1 时则形成 W/O 型乳剂；②增加乳化膜的牢固性，如油酸钠为 O/W 型乳化剂，与鲸蜡醇、胆固醇等亲油性乳化剂混合使用可形成络合物，增强乳化膜的牢固性，并增加乳剂的黏度及其稳定性；③非离子型乳化剂可以混合使用，如聚山梨酯和脂肪酸山梨坦等；④非离子型乳化剂可与离子型乳化剂混合使用。但是，阴离子型乳化剂和阳离子型乳化剂不能混合使用，主要原因是它们混合后通常形成溶解度很小的化合物沉淀析出。乳化剂混合使用，必须符合油相对 HLB 值的要求。若油的 HLB 值未知，可通过实验加以确定。

混合乳化剂 HLB 值的计算公式如下：

$$HLB_{AB} = \frac{HLB_A W_A + HLB_B W_B}{W_A + W_B} \tag{5-7}$$

式中，HLB_{AB} 为混合乳化剂的 HLB 值；HLB_A 为 A 乳化剂的 HLB 值；HLB_B 为 B 乳化剂的 HLB 值；W_A 为 A 乳化剂的质量；W_B 为 B 乳化剂的质量。

如用 45％司盘 60（HLB＝4.7）和 55％吐温 60（HLB＝14.9）组成的混合表面活性剂的 HLB 值为 10.31。但上式不能用于混合离子型表面活性剂 HLB 值的计算。

3.相比对乳剂的影响

油、水两相的体积比称为相体积比（phase volume ratio），简称相比。从几何学的角度看，具有相同粒径的球体最紧密填充时，球体所占的最大体积为 74％，如果球体之间再填充不同粒径的小球体，球体所占总体积可达 90％。但实际上，制备乳剂时，分散相浓度一般在 25％～50％之间比较稳定；相比低于 25％乳剂很快分层；而相比超过 50％时，乳滴之间的距离很近，乳滴容易发生碰撞而引发合并或转相，反而使乳剂不稳定。所以，在制备乳剂时，应考虑油、水两相的相比，以利于乳剂的形成和稳定。

五、乳剂的制备

1.乳剂的制备方法

制备乳剂有多种方法，这些方法均依靠能量输入将分散相以小液滴的状态分散在分散介质中。多种制备方法中，机械法是乳剂制备最常用的方法。

（1）机械法 机械法是将油相、水相、乳化剂混合后用乳化机械制备乳剂的方法。机械法借助于机械提供的强大能量，很容易制成乳剂，不用考虑混合顺序，工艺路线图如图 5-7 所示。

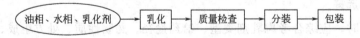

图 5-7　机械法制备乳剂工艺路线图

机械法生产乳剂，使用的主要设备有真空乳化机、胶体磨、高压均质机、高剪切乳化机和超声乳化机等。

真空乳化机通常由乳化锅、水锅、油锅、刮壁双搅拌、均质乳化真空系统、加热温度控制系统及电气控制等组成，适用于高黏度的物料，如乳膏、乳剂等。其工作原理是：物料在水锅、油锅内加热、搅拌混合后，由真空泵吸入乳化锅，通过乳化锅内的刮壁双搅拌、高速剪切的均质搅拌器，迅速被破碎成微粒。同时，真空系统可将气泡及时抽走，以确保获得优质产品。

高剪切乳化机由1~3个工作腔组成，在电机的高速驱动下，物料在转子与定子之间的狭窄间隙中高速运动，形成紊流，物料受到强烈的液力剪切、离心挤压、高速切割、撞击和研磨等综合作用，从而达到分散、乳化和破碎的作用效果。物料的物理性质、工作腔数量以及物料在工作腔中的停留时间决定了粒径分布范围及均化、细化的效果和产量大小。管线式高剪切乳化机处理量大，适合工业化在线连续生产，可以实现自动化控制，粒径分布范围窄，省时、高效、节能。

超声波乳化机是利用高频振动制备乳剂。该法乳化时间短，液滴细小且均匀，但可能引起某些药物分解。该法不适用于制备黏度大的乳剂。

高压均质机是以高压往复泵为动力传递及物料输送机构，将物料输送至工作阀（一级均质阀和二级均质阀）。物料高速通过工作阀细孔的过程中，在高压下产生强烈的剪切、碰撞和空穴作用，使液态物质或以液态为载体的固体颗粒得到超细化。与离心式分散乳化设备（胶体磨、真空乳化机等）相比，高压均质机具有细化作用更强烈、物料发热较小、可定量输送物料的优点；但是，同时存在耗能较大、损失较多、维护工作量较大的缺点，并且不适用于黏度很高的物料。

(2) 其他方法 除机械法外，乳剂还可以采用干胶法、湿胶法、新生皂法、两相交替加入法和二步乳化法等方法制备。

① 干胶法 该法的特点是先将乳化剂（胶）分散于油相中，研匀后加水相制备成初乳，然后稀释至全量。在初乳中，油、水、胶的比例：若油相为植物油时比例为4∶2∶1，挥发油时2∶2∶1，液体石蜡时3∶2∶1。该法适用于阿拉伯胶或阿拉伯胶与西黄蓍胶的混合胶。

② 湿胶法 该法先将乳化剂分散于水中研匀，再将油加入，用力搅拌使成初乳，加水将初乳稀释至全量，混匀，即得。初乳中油、水、胶的比例与干胶法相同。

③ 新生皂法 将油水两相混合时，两相界面上生成的新生皂类为乳化剂产生乳化的方法。植物油中含有硬脂酸、油酸等有机酸，加入氢氧化钠、氢氧化钙或三乙醇胺等，在高温下（70 ℃以上）生成的新生皂类为乳化剂，经搅拌即形成乳剂。生成的是一价皂则为O/W型乳化剂，生成的是二价皂则为W/O型乳化剂。该法适用于乳膏剂的制备。

④ 两相交替加入法 向乳化剂中每次少量交替地加入水或油，边加边搅拌，即可形成乳剂。天然胶类、固体微粒乳化剂等可用该法制备乳剂。当乳化剂用量较多时，该法是一个很好的方法。

⑤ 二步乳化法 常用于复合乳剂的制备，先将水、油、乳化剂制成一级乳，再以一级乳为分散相与含有乳化剂的水或油再乳化制成二级乳。如制备O/W/O型复合乳剂，先选择亲水性乳化剂制成O/W型一级乳，再选择亲油性乳化剂分散于油相中，在搅拌下将一级乳加于油相中，充分分散即得O/W/O型乳剂。

2. 乳剂中药物的加入方法

乳剂是药物的很好载体，可加入各种药物使其具有治疗作用。根据药物的溶解性质不同，采用不同的方法加入：①若药物溶解于油相，可先将药物溶于油相再制成乳剂；②若药物溶于水相，可先将药物溶于水后再制成乳剂；③若药物既不溶于油相也不溶于水相时，可用亲和性大的液相研磨药物，再将其制成乳剂；④也可将药物先用已制成的少量乳剂研磨至细，再与乳剂混合均匀。

> **例 5-5**　鱼肝油乳剂
>
> 【处方】鱼肝油 500 mL，阿拉伯胶细粉 125 g，西黄蓍胶细粉 7 g，糖精钠 0.1 g，挥发杏仁油 1 mL，尼泊金乙酯 0.5 g，纯化水加至 1000 mL。
>
> 【制法】将阿拉伯胶与鱼肝油研匀，一次加入 250 mL 纯化水，用力沿一个方向研磨制成初乳，加糖精钠水溶液、挥发杏仁油、尼泊金乙酯醇溶液，再缓缓加入西黄蓍胶胶浆，加纯化水至全量，搅匀，即得。
>
> 【用途】本品用于维生素 A、D 缺乏症。
>
> 【注解】处方中鱼肝油为药物、油相；阿拉伯胶为乳化剂；西黄蓍胶为稳定剂（增加连续相黏度）；糖精钠、挥发杏仁油为矫味剂；尼泊金乙酯为防腐剂。

> **例 5-6**　石灰搽剂
>
> 【处方】花生油 10 mL，Ca(OH)₂ 饱和水溶液 10 mL。
>
> 【制法】①取 Ca(OH)₂ 加 50 mL 纯化水，在水浴锅上加热溶解，制成饱和水溶液；②量取 Ca(OH)₂ 饱和水溶液的上清液和花生油各 10 mL，同置 50 mL 具塞量筒中，加盖用力振摇至乳剂生成。
>
> 【用途】用于轻度烫伤。具有收敛、保护、润滑、止痛等作用。
>
> 【注解】Ca(OH)₂ 与花生油中游离脂肪酸生成脂肪酸钙皂，为乳化剂，故本处方为新生皂法制备乳剂。

六、乳剂的质量评价

乳剂给药途径不同，其质量要求也各不相同，很难制定统一的质量标准。但对乳剂的质量必须有最基本的评定。

1. 乳剂粒径大小的测定

乳剂粒径大小是衡量乳剂质量的重要指标。不同用途的乳剂对粒径大小要求不同，如静脉注射乳剂，其粒径应在 0.5 μm 以下，其他用途的乳剂粒径也都有不同要求。乳剂粒径的测定方法有显微镜测定法、库尔特计数器测定法、激光散射光谱法和透射电镜法等。

① 显微镜测定法　用光学显微镜可测定粒径范围为 0.2～100 μm 的粒子，测定粒子数不少于 600 个。

② 库尔特计数器测定法　库尔特计数器可测定粒径范围为 0.6～150 μm 的粒子和粒度分布。方法简便、速度快，可自动记录并绘制分布图。

③ 激光散射光谱法　样品制备容易，测定速度快，可测定 0.01～2 μm 范围的粒子，最适于静脉乳剂的测定。

④ 透射电镜法　可测定粒子大小及分布，可观察粒子形态。测定粒径范围为 0.01～20 μm。

2. 分层现象的观察

乳剂经长时间放置，粒径变大，进而产生分层现象。这一过程的快慢是衡量乳剂稳定性的重要指标。为了在短时间内观察乳剂的分层，可用离心法加速其分层，4000 r/min 离心15 min，如不分层可认为乳剂质量稳定。此法可用于比较各种乳剂的分层情况，以估计其稳定性。将乳剂置 10 cm 离心管中以 3750 r/min 速度离心 5 h，相当于放置 1 年的自然分层的效果。

3. 乳滴合并速度的测定

乳滴合并速度符合一级动力学规律，其直线方程为：

$$\lg N = -\frac{Kt}{2.303} + \lg N_0 \tag{5-8}$$

式中，t 为时间；N 为 t 时的乳滴数；N_0 为 t_0 时的乳滴数；K 为合并速度常数。

测定随时间 t 变化的乳滴数 N，求出合并速度常数 K，估计乳滴合并速度，用以评价乳剂的稳定性。

4. 稳定常数的测定

乳剂离心前后的光密度变化百分数称为稳定常数，用 K_e 表示，其表达式如下：

$$K_e = \frac{A_0 - A}{A} \times 100\% \tag{5-9}$$

式中，A_0 为未离心乳剂稀释液的吸光度；A 为离心后乳剂稀释液的吸光度。

测定方法：取乳剂适量于离心管中，以一定速度离心一定时间，从离心管底部取出少量乳剂，稀释一定倍数，以蒸馏水为对照，用比色法在可见光某波长下测定吸光度 A，同法测定原乳剂稀释液吸光度 A_0，代入公式计算 K_e。离心速度和波长的选择可通过试验加以确定。K_e 值越小乳剂越稳定，该法是研究乳剂稳定性的定量方法。

第七节　不同给药途径液体制剂

液体制剂可经多种途径给药，如滴鼻剂、滴耳剂、滴牙剂、含漱剂、灌肠剂、灌洗剂、洗剂、搽剂、涂剂与涂膜剂等。

滴鼻剂（nasal drops）是指专供滴入鼻腔内使用的液体制剂，主要供局部消毒、消炎、收缩血管和麻醉之用。

滴耳剂（ear drops）是指供滴入耳腔内的外用液体制剂。

滴牙剂（drop dentifrices）是指用于局部牙孔的液体制剂。

含漱剂（gargles）是指用于咽喉、口腔清洗的液体制剂。

灌肠剂（enemas）是指灌注于直肠的水性、油性溶液，乳状液和混悬液，以治疗、诊断或营养为目的的液体制剂。

灌洗剂（lavage solution）是指用于灌洗阴道、尿道和洗胃的液体药剂。

洗剂（lotions）是指供清洗或涂抹无破损皮肤的外用液体制剂。

搽剂（liniments）是指原料药物用乙醇、油或适宜的溶剂制成的液体制剂，供无破损皮肤揉擦用。

涂剂是指含原料药物的水性或油性溶液、乳状液、混悬液，供临用前用消毒纱布或棉球等柔软物料蘸取涂于皮肤或口腔与喉部黏膜的液体制剂，也可为临用前用无菌溶剂制成溶液的无菌冻干制剂，供创伤面涂抹治疗用。

涂膜剂（paints）是指原料药物溶解或分散于含成膜材料的溶剂中，涂搽患处后形成薄膜的外用液体制剂。

（付　强）

思 考 题

1. 液体制剂的特点和质量要求有哪些？
2. 按分散体系分类，液体制剂可以分为哪几类？
3. 液体制剂的常用溶剂有哪些？附加剂有哪些？举例说明。
4. 药物在什么条件下可以制成混悬剂？
5. 根据 Stoke's 定律，可用哪些措施延缓混悬微粒沉降速率？
6. 混悬剂的物理稳定性与哪些因素有关？
7. 乳剂中药物的加入方法有哪些？
8. 试述乳化剂的种类和选择的原则有哪些？
9. 乳剂形成与稳定的基本条件是什么？
10. 乳剂的不稳定性表现在哪些方面？

参考文献

[1]　Yvonne Bouwman-Boer，V'Iain Fenton-May，Paul Le Brun. An International Guideline for the Preparation，Care and Use of Medicinal Products [M]. Practical Pharmaceutics，2015：678-687.

[2]　龙晓英，房志仲. 药剂学 [M]. 北京：科学出版社，2009.

[3]　周建平，唐星. 工业药剂学 [M]. 北京：人民卫生出版社，2014.

[4]　方亮. 药剂学 [M]. 8 版. 北京：人民卫生出版社，2016.

第六章

灭菌制剂与无菌制剂

本章学习要求

1. 掌握灭菌的定义及灭菌方法的分类；灭菌制剂与无菌制剂的概念；注射剂和输液的处方组成和质量要求，热原的来源、组成、性质和去除方法；等渗和等张的概念和调节。

2. 熟悉注射剂处方和工艺设计的一般考虑原则；输液的制备工艺流程；注射用无菌粉末的概念和特点；眼用液体制剂的处方设计和质量要求。

3. 了解灭菌制剂和无菌制剂生产过程中易出现的问题及解决方法；空气净化技术的机制及影响因素，无菌制剂生产车间的设计原则。

第一节 概 述

无菌制剂是指法定药品标准中列有无菌检查项目的制剂，临床应用广泛，主要包括注射用制剂（如注射剂、输液、注射粉针等）、眼用制剂（如滴眼剂、眼用软膏剂、凝胶剂等）、植入型制剂（如植入片）等。由于这类制剂直接作用于人体血液系统或创口、黏膜等特殊部位，在使用前必须保证其处于无菌状态，因此，在生产过程中需要采用一系列生产技术来防止微生物的污染，以保证无菌制剂的质量，确保用药的安全性。

自然界中有大量的微生物存在，微生物包括细菌、霉菌、病毒、酵母菌等。各种微生物对灭菌的抵抗力是不同的，以芽孢的抵抗力为最强，不易被杀灭。因此，灭菌方法的评价应以杀死抵抗力强的芽孢为标准。另外，各种制剂在选择灭菌方法时，不但要达到灭菌的目的，而且要保证药物的质量。

灭菌（sterilization）是指使用物理和化学方法杀死或除去所有微生物，以获得无菌状态的过程，所用的灭菌方法称为灭菌法。

无菌（sterility）是指不存在任何活的微生物。从理论上说，无菌是绝对的概念，在实际上是无法实现的，因为微生物的杀灭是遵循对数规则的。故无菌状态，应指用任何现行的方法都不能检出活的微生物，并且是医疗上可以接受的状态。国际上公认的注射剂灭菌后微生物的残存概率，一般取 10^{-6}，即灭菌后的注射剂中，每 10^6 个包装中存活的微生物数不得多于 1 个。无菌制剂按生产工艺可分为两类：采用最终灭菌工艺的为最终灭菌产品；部分或全部工序采用无菌生产工艺的为非最终灭菌产品。

无菌操作法（aseptic technique）是指在整个操作过程中利用或控制一定的条件，使产品避免被微生物污染的一种操作方法或技术。该法适合一些不耐热药物的注射剂和眼用制剂的制备。按无菌操作法制备的产品，一般不再对其灭菌，但某些特殊（耐热）品种可进行再灭菌（如青霉素 G 等）。最终采用灭菌的产品，其生产过程采用避菌操作（避免微生物污染），如大部分注射剂的制备等。

无菌检查法（aseptic test）是指检查药品与辅料是否无菌的方法，是评价无菌产品质量必须进行检测的项目。

第二节　灭菌制剂与无菌制剂的相关技术和理论

一、洁净室与空气净化技术

注射剂生产车间的
无菌灌装线

洁净室是指将一定空间范围内的空气中的微粒子、有害空气、细菌等污染物排除，并将室内的温度、洁净度、压力、气流速度与分布、噪声振动、照明、静电控制在一定范围内，而所给予特别设计的房间。即无论外在条件如何变化，其室内均能具有维持原先所设定要求的洁净度、温湿度及压力等性能。洁净区与非洁净区之间、不同级别洁净区之间的压差应当不低于 10 Pa。必要时，相同洁净度级别的不同功能区域之间也应当保持适当的压差梯度。例如注射剂的生产车间中的全密闭隔离器的无菌灌装线。

根据我国 2015 年版 GMP 规定，洁净区的设计必须符合洁净度的要求，包括达到"静态"和"动态"的标准。其中，"静态"是指所有生产设备均已安装就绪，但没有生产活动且无操作人员在场的状态；"动态"是指生产设备按预定的工艺模式运行并有规定数量的操作人员在现场操作的状态。无菌药品生产的洁净区可分为 A、B、C、D 四个级别。

（1）A 级　高风险操作区，如灌装区、放置胶塞桶和与无菌制剂直接接触的敞口包装容器的区域及无菌装配或连接操作的区域，应当用单向流操作台（罩）维持该区域的环境状态。单向流系统在其工作区域必须均匀送风，风速为 0.36～0.54 m/s（指导值）。应当有数据证明单向流的状态并经过验证。在密闭的隔离操作器或手套箱内，可使用较低的风速。

（2）B 级　指无菌配制和灌装等高风险操作 A 级洁净区所处的背景区域。

（3）C 级和 D 级　指无菌药品生产过程中重要程度较低的操作步骤洁净区。

以上各级别空气悬浮粒子的标准规定和洁净区微生物监控的动态标准如表 6-1 和表 6-2 所示。

洁净室的空气过滤器清洗及测试新风口的初效过滤器一般每周清洗一次，中效过滤器每月清洗一次。高效过滤器应每月测试风速及尘粒数目，当高效过滤器的风量为原来的 70% 时，应进行更换。洁净室应每周进行彻底消毒。每日用消毒清洁剂对门窗、墙面、地面、室内用具及设备外壁进行清洁，并开启紫外光灯消毒。必要时可采用熏蒸的方法降低洁净区内卫生死角的微生物污染。洁净室还应按规定进行温度、湿度、空气压力、风速、尘粒数及菌

表 6-1 不同洁净区空气悬浮粒子的标准规定

洁净度级别	悬浮粒子最大允许数/(个/m³)			
	静态		动态	
	≥0.5 μm	≥5 μm	≥0.5 μm	≥5 μm
A 级	3520	20	3520	20
B 级	3520	29	352000	2900
C 级	352000	2900	3520000	29000
D 级	3520000	29000	不作规定	不作规定

表 6-2 不同洁净区微生物检测的标准规定

洁净度级别	浮游菌/(cfu/m³)	沉降菌(φ90mm)/(cfu/4h)	表面微生物	
			接触(φ55mm)/(cfu/碟)	5 指手套/(cfu/手套)
A 级	<1	<1	<1	<1
B 级	10	5	5	5
C 级	100	50	25	—
D 级	200	100	50	—

注：1. 表中各数值均为平均值。

2. 单个沉降碟的暴露时间可以少于 4 h，同一位置可使用多个沉降碟连续进行监测并累积计数。

落数等监测。洁净室的污染来源主要为操作者。进入洁净区的人员应经淋浴、更衣、风淋后才能进入。进入洁净室的人员要尽量避免不必要的讲话、动作及走动。工作服及其质量应当与生产操作的要求及操作区的洁净度级别相适应，其式样和穿着方式应当能够满足保护产品和人员的要求。进入洁净室的各种物料及运送工具也应视为污染源，需进行清洁灭菌才能进入洁净室。人员和物料进出洁净区和无菌操作区的程序见图 6-1。

空气净化技术是指以创造洁净的空气为主要目的空气调节措施。大气中存在各种微粒，如灰尘、纤维、煤烟、花粉和细菌（附着于尘埃粒子上）等，在净化的空气环境中制药是防止药品受到污染、提高药品质量的重要措施之一。

1. 空气过滤的机制

常用的空气滤过介质为错综复杂排列的纤维层，当空气流过纤维层时，其滤过的机制比较复杂，主要包括惯性作用、扩散作用、拦截作用、静电作用、重力作用、分子间范德瓦耳斯力等作用。

2. 影响空气过滤的因素

(1) 尘粒粒径 粒径越大，惯性、拦截、重力沉降作用越大；粒径越小，扩散作用越明显。而中间粒径的过滤效率较低，因此常以中间粒径的尘粒来检查高效滤过器的效率。

(2) 滤过风速 风速越大，惯性作用越强，但风速过强会将附着的尘粒吹出，并且使滤过的阻力增加。风速越小，扩散作用越强，滤过阻力越小，能捕集小尘粒，因此常用极小的风速捕集更小的尘粒。

(3) 介质纤维直径与密实性 纤维越细及密实，与空气接触面积就越大，惯性及拦截作用越强，但过于密实阻力增加，扩散作用减弱。

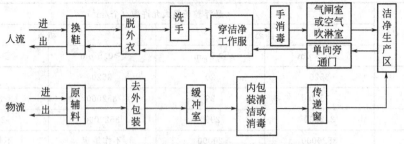

(a) 人员和物料进出洁净生产区的程序示意图

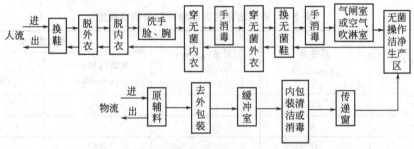

(b) 人员和物料进出无菌操作洁净生产区的程序示意图

图 6-1　人员和物料进出洁净区和无菌操作区的程序示意图

(4) 附尘作用　随过滤的进行,在纤维表面沉积的粒子逐渐增多而拦截效果增加,但到一定程度后尘粒有再次飞散的可能,因此需要定期清洗滤过介质。

二、水处理技术

《中国药典》收载的制药用水包括饮用水、纯化水、注射用水和灭菌注射用水。制药用水的原水通常为饮用水,为天然水经净化处理所得的水,其质量应符合我国《生活饮用水卫生标准》(GB 5479—2006)。纯化水为饮用水经蒸馏法、离子交换法、反渗透法或其他适宜方法制得的制药用水,不含任何附加剂。纯化水可作为配制普通药物制剂用的溶剂或试验用水,非灭菌制剂用器具的精洗用水,但不得用于注射剂的配制与稀释。注射用水为纯化水经蒸馏所得的无热原水。注射用水可作为注射剂的溶剂或稀释剂及注射用容器的精洗用水,也可作为配制滴眼剂的溶剂。灭菌注射用水为注射用水按注射剂生产工艺制备所得,主要用作注射用灭菌粉末的溶剂或注射剂的稀释剂。

1.原水的处理

(1) 吸附过滤法　利用硅藻土、活性炭等物质的吸附性能,采用吸附过滤法可除去原水中的悬浮物质、有机物、细菌及铁、锰等杂质。通常采用石英砂滤器、活性炭滤器及细滤过器组合而成的滤过器滤过。石英砂滤器可滤除较大的固体杂质;活性炭滤器可吸附有机物;细滤过器由聚丙烯多孔管上缠绕聚丙烯滤线组成,可除去 5 μm 以上的微粒。

(2) 离子交换法　离子交换法是制备纯化水的常用方法,利用阳、阴离子交换树脂分别同水中存在的各种阳离子与阴离子进行交换,从而达到纯化水的目的。离子交换法的优点是设备简单,可节省能源,成本低,经处理后的水化学纯度高。缺点是除热原效果不可靠,而且离子交换树脂需经常再生,耗费酸碱,还需定期更换破碎树脂,生产中一般采用联合床的组合形式。

（3）**电渗析法**　电渗析法是20世纪50年代发展起来的一种水处理技术，效率较高，无须耗酸碱，非常经济，但对于不带电荷的物质去除能力极差，所得水的纯度较低，比电阻较低（约为$10^4\ \Omega\cdot cm$），故常用于离子交换法的前处理。

（4）**反渗透法**　渗透是由半透膜两侧不同溶液的渗透压差所致，低浓度一侧的水向高浓度一侧转移。若在盐溶液上施加一个大于该盐溶液渗透压的压力，则盐溶液中的水将向纯水一侧渗透，从而达到盐、水分离，这一过程称为反渗透。通常一级反渗透装置能除去90%～95%一价离子，98%～99%二价离子，同时能除去微生物和病毒，但除去氯离子的能力达不到药典标准。二级反渗透装置能较彻底地除去氯离子。有机物的排除率与其分子量有关，分子量大于300的化合物可几乎完全除尽，故可除去热原。反渗透法制水具有耗能低、水质高、使用及保养方便等优点。

2.蒸馏法制备注射用水

蒸馏法制备注射用水是在纯化水的基础上进行，它可除去水中不挥发性微粒、可溶性盐和高分子物质，是制备注射用水最可靠的方法。蒸馏法所用的常见设备有塔式蒸馏水器、多效蒸馏水器及气压式蒸馏水器。塔式蒸馏水器生产能力大，可达$50\sim100\ L/h$，所得水质量较好，但缺点是未能充分利用热能，并需耗费较多的冷却水，且体积大，拆洗和维修较困难。塔式蒸馏水器如图6-2所示。多效蒸馏水器是近年发展起来的制备注射用水的主要设备，由多个蒸馏水器串联构成，其特点是耗能低、产量高、质量优、节约时间，并且在一定的蒸汽压力下，对热原有较强的去除作用，是一种经济适用的方法。气压式蒸馏水器又称热压式蒸馏水器，是20世纪60年代在国外发展起来的产品，主要由泵、换热器、加热室、蒸发室、冷凝器及蒸汽压缩机等组成，如图6-3所示。为保证注射用水的质量，现在药厂一般采用综合法制备注射用水，不同厂家的流程组合略有差异，主要根据原水质量、设备环境和工艺要求进行。

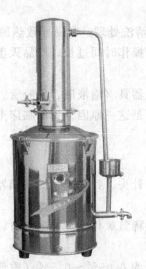

图6-2　不锈钢塔式蒸馏水器

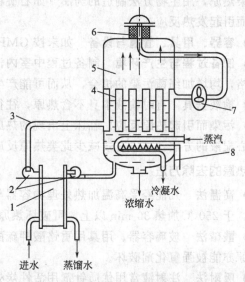

图6-3　气压式蒸馏水器示意图

1—换热器；2—泵；3—蒸汽冷凝管；4—冷凝器；5—蒸发室；6—捕雾器；7—蒸汽压缩机；8—加热器

三、热原的去除

1. 热原的组成

注射后能使恒温动物的体温异常升高的物质，称为热原（pyrogen）。热原主要是微生物的代谢产物，为磷脂、脂多糖及蛋白质组成的复合物，存在于细菌的细胞壁和细胞膜之间，也称内毒素，其中脂多糖是其主要成分，具有极强的热原活性。大多数细菌都能产生热原，但革兰阴性杆菌的致热能力最强，其次是革兰阳性杆菌类，霉菌、酵母菌，甚至病毒也能产生热原。脂多糖组成因菌种不同而不同，分子量为 10^6 左右。含有热原的注射液注入体内后，大约半小时就能引起体温升高，严重者出现昏迷、虚脱，甚至有生命危险。因此，注射剂的生产过程必须严格控制热原的污染。

2. 热原的性质

热原在 100 ℃ 加热不降解，要在 250 ℃ 受热 30～45 min、200 ℃ 受热 60 min 或 180 ℃ 受热 3～4 h 才可彻底破坏。由于磷脂结构上连接有多糖，所以热原能溶于水。热原的大小通常为 1～5 nm，即使微孔滤膜也不能截留，但可被超滤膜截留。热原本身不挥发，故可用蒸馏法制备注射用水。热原可被活性炭吸附，然后用常规滤器可将其去除。热原能被强酸强碱破坏，也能被强氧化剂如高锰酸钾或过氧化氢等破坏，超声波及某些表面活性剂（如去氧胆酸钠）也能使之失活。

3. 热原的主要污染途径

(1) 溶剂　溶剂是热原污染的主要来源。蒸馏设备结构不合理，操作与接收容器不当，贮藏时间过长均易发生热原污染问题。故注射用水应新鲜使用，蒸馏器质量要好，环境应洁净。

(2) 原辅料　容易滋长微生物的药物和辅料，如葡萄糖、乳糖可因贮存年久、包装损坏常致污染热原，用生物方法制造的药品（如右旋糖酐、水解蛋白或抗生素等）常因致热物质未除尽而引起发热反应。

(3) 容器、用具、管道与设备　如未按 GMP 要求认真清洗处理，常易导致热原污染。

(4) 制备过程与生产环境　制备过程中室内洁净度差，操作时间过长，产品灭菌不及时或不合格，均增加细菌污染的机会，从而可能产生热原。

(5) 输液器具　有时输液本身不含热原，往往由于输液器具（输液瓶、乳胶管、针头与针筒等）污染而引起热原反应。临床上出现的热原反应大多是这一原因。目前临床上采取在配液中心配液的方法，可以有效减少此类热原反应。

4. 热原的去除方法

(1) 高温法　凡能经受高温加热处理的容器与用具，如针头、针筒或其他玻璃器皿，在洗净后，于 250 ℃ 加热 30 min 以上，可破坏热原。

(2) 酸碱法　玻璃容器、用具用重铬酸钾硫酸清洗液或稀氢氧化钠液处理，可将热原破坏。热原亦能被强氧化剂破坏。

(3) 吸附法　注射液常用优质针剂用活性炭处理，用量为 0.05%～0.5%（质量密度）。此外，将 0.2% 活性炭与 0.2% 硅藻土合用，除热原效果较好。

(4) 蒸馏法　利用热原的不挥发性，在多效蒸馏水器制备蒸馏水时，热原仍留在浓缩水中。为了防止热原随水蒸气中的雾滴带入蒸馏水内，在蒸发室的上部设有隔沫装置以分离雾滴和上升蒸汽，或采用旋风分离法进行水气分离，确保去除热原。

(5) **离子交换法** 一些不能用活性炭吸附的药液可采用♯301弱碱性阴离子交换树脂与♯122弱酸性阳离子交换树脂来去除热原，如用于除去丙种胎盘球蛋白注射液中的热原。

(6) **凝胶过滤法** 用二乙氨基乙基葡聚糖凝胶（分子筛）可制备无热原去离子水。

(7) **反渗透法** 用反渗透法通过三醋酸纤维膜除去热原，这是近几年发展起来的有使用价值的新方法。

(8) **超滤法** 热原的分子量一般为$1×10^6$Da左右，所以采用分子量为$5×10^4$Da的超滤膜即可除去热原。超滤法适用于中药注射剂，既可除去热原，又不吸附药物的有效成分。

(9) **其他方法** 采用两次以上湿热灭菌法，或适当提高灭菌温度和时间，处理含有热原的葡萄糖或甘露醇注射液亦能得到热原合格的产品。微波也可破坏热原。

四、灭菌与无菌操作技术

灭菌和无菌是药剂制备中重要的操作过程，对注射剂、眼用制剂等无菌制剂尤为重要。《中国药典》规定，无菌制剂要进行无菌检查，而非无菌制剂（如口服制剂、一般局部用制剂、吸入剂、腔道用制剂等）要进行微生物限度的检查，即允许有规定量的微生物存在，但不得有某些种类的微生物存在。

消毒（disinfection）是指用物理或化学方法杀灭物体上或介质中的病原微生物。对病原微生物具有杀灭或除去作用的物质称为消毒剂。防腐（antisepsis）是指用物理或化学方法防止和抑制微生物生长繁殖，亦称抑菌。对微生物的生长或繁殖具有抑制作用的物质称为防腐剂或抑菌剂。药剂学中采用灭菌与无菌技术的主要目的是杀死或除去药剂中的微生物繁殖体和芽孢，最大限度地提高药物制剂的安全性，保护制剂的稳定性，又不能破坏药物有效性。因此，应根据药物的性质及临床治疗要求，选择适宜的灭菌方法。

（一）物理灭菌法

物理因素对微生物的化学成分和新陈代谢影响极大，故可用许多物理方法来达到灭菌的目的。利用蛋白质与核酸具有遇热、射线不稳定的特性，采用加热、射线和滤过方法，杀灭或除去微生物的技术称为物理灭菌法。常用的物理灭菌法有干热灭菌法、湿热灭菌法、射线除菌法和过滤灭菌法。

1. 干热灭菌法

通过加热可以破坏蛋白质与核酸的氢键，导致蛋白质变性或凝固，核酸破坏，酶失活，从而使微生物死亡。细菌芽孢比繁殖体耐热高，因此灭菌应以杀灭芽孢为标准。干热灭菌法是指在干燥环境中进行灭菌的技术，其中包括火焰灭菌法和干热空气灭菌法。火焰灭菌法是指直接在火焰中灼烧灭菌的方法，将灭菌物品通过火焰3～4次，每次20 s以上。该法灭菌迅速、可靠、简便，适用于耐火焰材质（如金属、玻璃及瓷器等）的物品与用具的灭菌，不适合药品的灭菌。干热空气灭菌法是指用高温干热空气灭菌的方法。由于干热空气穿透力弱，各处温度的均匀性差，且干燥条件下微生物的耐热性强，必须长时间受高热作用才能达到灭菌的目的。因此，干热空气灭菌法采用的温度一般比湿热灭菌法高。为了确保灭菌效果，《中国药典》（2020年版）规定，使用干热灭菌的条件为：160～170 ℃灭菌120 min以上；170～180 ℃灭菌60 min以上；250 ℃灭菌45 min以上。该法适用于耐高温的玻璃和金属制品以及不允许湿气穿透的油脂类（如油性软膏基质、注射用油等）和耐高温的粉末化学药品的灭菌，不适用于橡胶、塑料及大部分药品的灭菌。

2. 湿热灭菌法

湿热灭菌法是指用饱和蒸汽、沸水或流通蒸汽进行灭菌的方法。由于蒸汽潜热大，穿透力强，容易使蛋白质变性或凝固，因此此法的灭菌效率比干热灭菌法高，是制剂生产过程中应用最广泛的一种灭菌方法。缺点是不适用于对湿热敏感的药物。湿热灭菌法包括热压灭菌法、流通蒸汽灭菌法、煮沸灭菌法和低温间歇灭菌法。影响湿热灭菌的主要因素有：①微生物的种类与数量。微生物的种类不同，耐热、耐压性能存在很大差异，不同发育阶段的微生物对热、气压的抵抗力不同。微生物数量愈少，所需灭菌时间愈短。②蒸汽性质。蒸汽有饱和蒸汽、湿饱和蒸汽和过热蒸汽。饱和蒸汽热含量较高，热穿透力较大，灭菌效率高；湿饱和蒸汽因含有水分，热含量较低，热穿透力较差，灭菌效率较低；过热蒸汽温度高于饱和蒸汽，但穿透力差，灭菌效率低，且易引起药品的不稳定性。因此，热压灭菌应采用饱和蒸汽。③药品性质和灭菌时间。一般而言，灭菌温度愈高，灭菌时间愈长，药品被破坏的可能性愈大。因此，在设计灭菌温度和灭菌时间时必须考虑药品的稳定性，即在达到有效灭菌的前提下，可适当降低灭菌温度或缩短灭菌时间。④介质的性质。介质 pH 对微生物的生长和活力具有较大影响。一般情况下，在中性环境微生物的耐热性最强，碱性环境次之，酸性环境则不利于微生物的生长和发育。

(1) 热压灭菌法 热压灭菌法是指用高压饱和水蒸气加热杀灭微生物的方法，该法为热力灭菌中最有效、用途最广的方法，具有很强的灭菌效果，能杀灭所有细菌繁殖体和芽孢，灭菌效果可靠，适用于耐高温和耐高压蒸汽的药物制剂、玻璃容器、金属容器、瓷器、橡胶塞、滤膜过滤器等。在一般情况下，热压灭菌法所需的温度与时间的关系为：116 ℃，40 min；121 ℃，30 min；126 ℃，15 min。热压灭菌系在热压灭菌器内进行。热压灭菌的设备种类较多，如卧式热压灭菌柜、立式热压灭菌柜和手提式热压灭菌器等，生产中以卧式热压灭菌柜最为常用。

热压灭菌柜使用时的注意事项包括：①必须使用饱和蒸汽。②使用前必须将灭菌器内的空气排尽。如果灭菌器内有空气存在，则压力表上所显示的压力是蒸汽和空气两者的总压，而非单纯的蒸汽压力，温度达不到规定值。而且由于水蒸气被空气稀释，妨碍了水蒸气与灭菌物品的充分接触，因此空气的存在降低了水蒸气的灭菌效果。③灭菌时间必须由全部被灭菌物品温度真正达到所要求的温度时算起。④灭菌完毕后，应避免灭菌柜内的压力骤然下降，待压力降至零后，才能放出锅内蒸汽，使锅内压力和大气压相等后，先将柜门小开，再逐渐开大，以避免内外压力差太大而使物品冲出或使玻璃瓶炸裂。

(2) 流通蒸汽灭菌法 流通蒸汽灭菌法是指在常压下，采用 100 ℃流通蒸汽加热杀灭微生物的方法。灭菌时间通常为 30～60 min，但不能保证杀灭所有的芽孢，所以必要时需要加入适当的抑菌剂，如酚类和三氯叔丁醇等。该法适用于消毒及不耐高热制剂的灭菌。

(3) 煮沸灭菌法 煮沸灭菌法是指将待灭菌物置沸水中加热灭菌的方法。煮沸时间通常为 30～60 min。该法灭菌效果较差，不能确保杀灭所有的芽孢。常用于注射器、注射针等的消毒。必要时可加入适量的抑菌剂以提高灭菌效果。

(4) 低温间歇灭菌法 低温间歇灭菌法是指将待灭菌物品 60～80 ℃加热 1 h 后，杀灭微生物繁殖体，然后在室温条件下放置 24 h，待灭菌物中的芽孢发育成繁殖体，再次加热灭菌，如此加热和放置反复操作 3～5 次，直至杀灭所有芽孢。该法适合于不耐高温、热敏感物料和制剂的灭菌。其缺点是费时、工效低、灭菌效果差，必要时可加入适量抑菌剂以提高灭菌效率。

3. 射线灭菌法

射线灭菌法是指采用辐射、微波和紫外线杀灭微生物和芽孢的方法。

(1) 辐射灭菌法 辐射灭菌法是指用放射性核素（^{60}Co 和 ^{137}Cs）放射的 γ 射线杀菌的方法。射线可使微生物的分子直接发生电离而产生能破坏微生物正常代谢的自由基，最终使微生物遭到破坏。不升高产品温度，穿透力强，灭菌效率高，特别适合于不耐热物料和制剂的灭菌，可用于固体、液体药物的灭菌，尤其对已包装的产品如中药制剂也可灭菌，因而大大减少了污染机会。

(2) 紫外线灭菌法 紫外线灭菌法是指用紫外线照射杀灭微生物和芽孢的方法。其原理是紫外线可使核酸蛋白变性，且能使空气中氧气产生微量臭氧，而达到共同杀菌作用。用于灭菌的紫外线波长一般为 200～300 nm，灭菌力最强的波长为 254 nm。

(3) 微波灭菌法 微波灭菌法是通过微波照射产生的热能杀灭微生物和芽孢的方法。微波是指频率为 300 MHz～300k MHz 的电磁波。微波的生物效应使得该技术在低温（70～80 ℃）时即可杀灭微生物，而不影响药物的稳定性。微波能穿透到介质和物料的深部，可使介质和物料表里一致地加热，具有低温、常压、高效、省时、低能耗、无污染、易操作、易维护、产品保质期长等特点。该法适合液态和固体物料的灭菌，且对固体物料具有干燥作用。

4. 过滤除菌法

过滤除菌法是指使药液通过无菌的滤器除去活的或死的微生物的方法，属于机械除菌方法。该法适合于对热不稳定的药物溶液、气体、水等的灭菌。灭菌用过滤器应有较高的滤过效率，能有效地除尽物料中的微生物，滤材与滤液中的成分不发生相互交换，滤器易清洗，操作方便等。

（二）化学灭菌法

化学灭菌法是指用化学药品直接作用于微生物而将其杀灭的方法。该法仅对微生物繁殖体有效，不能杀灭芽孢。故化学灭菌的目的在于减少微生物的数目，以控制一定的无菌状态。化学杀菌剂的杀灭效果主要取决于微生物的种类与数量、物体表面光洁度或多孔性以及杀菌剂的性质等。使用化学杀菌剂不应损害药物制剂的质量。

1. 化学气体灭菌法

化学气体灭菌法是指采用化学品的气体或蒸气（如环氧乙烷、甲醛、丙二醇、甘油和过氧乙酸蒸气等）进行灭菌的方法。该法特别适合环境消毒以及不耐加热灭菌的医用器具、设备和设施等的消毒，不适合对产品质量有损害的场合。

2. 药液灭菌法

药液灭菌法是指采用杀菌剂溶液进行灭菌的方法。该法主要作为其他灭菌法的辅助措施，用于物体表面，如皮肤、无菌器具和设备、无菌室的地面和台面等的消毒。常用消毒液有 75％乙醇、1％聚维酮碘溶液、0.1％～0.2％苯扎溴铵溶液、2％的酚或煤酚皂溶液等。

五、无菌操作技术

无菌操作是指整个操作过程控制在无菌条件下进行的一种操作方法。按无菌操作制备的产品，一般不再灭菌，故无菌操作对于保证无菌产品的质量非常重要。无菌室的灭菌往往需要几种灭菌法同时应用。首先采用空气灭菌法对无菌室进行灭菌，可采用甲醛溶液加热熏蒸法、丙二醇蒸气熏蒸法、过氧乙酸熏蒸法等气体灭菌法并结合紫外线灭菌的方法对无菌室进行灭菌。定期采用3％酚溶液、2％煤皂酚溶液、0.2％苯扎溴铵或75％乙醇在室内喷洒或擦拭室内墙壁、地面、用具等。操作人员进入无菌操作室前要严格按照操作规程，经过不同的洁净区，经洗澡、更换灭菌的工作服和清洁的鞋子等净化处理，不得外露头发和内衣，以免污染。无菌操作所用的一切物品、器具及环境，均需按前述灭菌法灭菌。物料通过适当方式在无菌状态下送入室内。人流和物流要严格分离，以避免交叉污染。

第三节　注射剂

一、简介

（一）注射剂的定义和分类

注射剂（injection）是指药物制成的供注入体内的无菌溶液（包括乳浊液和混悬液），以及供临用前配成溶液或混悬液的无菌粉末或浓溶液。抗癌药大多水溶性差，需注射给药，具有较大不良反应。而脂肪乳和脂质体的出现，避免了使用助溶/增溶剂带来的刺激性，还可通过表面合理修饰，增强对肿瘤组织的主动靶向作用。目前全球已经有多个细胞毒类抗癌药物的脂肪乳和脂质体注射剂产品上市，如顺铂、依立替康、多柔比星、阿糖胞苷、柔红霉素、长春新碱和紫杉醇等。此外，非甾体抗炎药异丙醇、地塞米松棕榈酸、前列地尔等静脉注射脂肪乳产品已开发出来，可被巨噬细胞大量吞噬，使药物容易聚集在炎症部位，实现靶向给药；氟比洛芬酯、地西泮、丙泊酚等静脉注射脂肪乳产品均作为临床一线用药，用于麻醉镇静，起效迅速、不良反应小、持久有效；出鸦胆子油、去氢骆驼蓬碱、黄芪甲苷等中药中分离出的难溶性单体成分，也已制成静脉注射脂肪乳产品，应用于临床。《中国药典》（2020年版）把注射剂分为注射液、注射用无菌粉末和注射用浓溶液三类。

1.注射液

注射液是指药物制成的供注入体内的无菌溶液型注射液、乳状液型注射液或混悬型注射液，可用于肌内注射、静脉滴注、静脉注射等。

2.注射用无菌粉末

注射用无菌粉末俗称粉针，是指原料药物或与适宜的辅料制成的供临用前用无菌溶液配制成注射液的无菌粉末或无菌块状物。可用适宜的注射用溶剂配制后注射，也可以用静脉输液配制后静脉滴注。凡是在水溶液中不稳定的药物均须制成注射用无菌粉末。

3.注射用浓溶液

注射用浓溶液是指药物制成的为供临用前稀释且供静脉滴注用的无菌浓溶液。

（二）注射剂的特点

（1）**作用迅速可靠**　注射剂的药液直接注入组织或血管，因此吸收快，作用迅速。尤其是静脉注射，药液可直接进入血循环，故适用于危重患者的抢救或能量的提供。注射剂不经过胃肠道，不受消化液及食物的影响，无肝脏首过效应，作用可靠，易于控制。

（2）**适用于不宜口服的药物**　某些药物由于本身的性质，如青霉素或胰岛素可被消化液破坏，庆大霉素口服不易吸收，这些药物制成注射剂才能发挥疗效。

（3）**适用于不能口服给药与禁食的患者**　在临床上常遇到昏迷或抽搐等状态的患者，或消化系统障碍的患者，他们均不能口服给药，因此可以注射给药和补充高能营养。

（4）**产生局部定位作用**　局部麻醉药可以产生局部定位作用，有些药物还可用注射方式延长药物的作用，也可用于疾病诊断等。

（5）**产生定向作用**　脂质体或静脉乳剂可产生定向作用，使药物分布在肝、脾等器官。

注射剂与其他剂型相比也存在不足之处：①注射剂不如口服给药安全，注射剂需严格控制用药，一旦注入体内，药物起效迅速，容易产生不良反应，需严格控制用药；②注射剂使用不便，注射疼痛；③注射剂制造工艺复杂，有严格的质量要求，必须具备相应的生产条件和设备，成本高。

（三）注射剂的给药途径

1. 静脉注射

静脉注射剂多为水溶液，平均直径小于 $1\ \mu m$ 的乳浊液也可用作静脉注射，油溶液和混悬型注射液不宜用作静脉注射。静脉注射剂中不得添加抑菌剂。静脉注射分为静脉推注和静脉滴注，前者用量小，一般为 $5\sim50\ mL$；后者用量大，多至数千毫升。静脉注射见效最快，常作急救、补充体液和供营养之用。

2. 肌内注射

水溶液、油溶液、混悬液、乳浊液均可用作肌内注射。注射于肌肉组织中，一次剂量在 $5\ mL$ 以下，药物吸收较皮下注射快。

3. 皮内注射

注射于表皮和真皮之间，一次注射量在 $0.2\ mL$ 以下，常用于过敏性试验或疾病诊断，如青霉素皮试液和白喉诊断毒素等。

4. 皮下注射

注射于真皮和肌肉之间的软组织内，一般用量为 $1\sim2\ mL$。皮下注射剂主要是水溶液，如胰岛素注射液、疫苗等。由于皮下感受器官较多，具有刺激性的药物应尽量避免皮下注射。

5. 脊椎腔注射

将药物注入脊椎四周蛛网膜下腔内，一次剂量通常低于 $10\ mL$。用于脊椎腔的注射剂必须等渗，pH 值应与脊椎液相当，这是因为神经组织比较敏感，脊椎液缓冲容量小，循环较慢。

二、注射剂的处方

（一）注射剂的溶剂

注射剂的溶剂需要满足如下要求：不与主药发生反应，能被组织吸收，且在注射用量内不影响疗效；无菌、无热原、溶解范围较广、性质稳定；对机体无害，不引起任何不良反应。

1. 注射用水

注射用水为纯化水经蒸馏所得，其 pH 值应为 5～7，氨、氯化物、硫酸盐与钙盐、硝酸盐与亚硝酸盐、二氧化碳、易氧化物、不挥发物与重金属、细菌内毒素及微生物检查等均应符合《中国药典》规定。注射用水的储存时间一般不超过 12 h，灭菌后存放不宜超过 24 h。

2. 注射用油

注射用油是指可被机体代谢的精制的植物油，适用于不溶于水而溶于油的药物制成注射剂，如脂溶性维生素、激素与甾体类化合物等，供肌内注射用。常用的注射用油有注射用大豆油、麻油、茶油等。按照《中国药典》（2020 年版）要求，其质量应符合：无异臭，无酸败；10 ℃时应保持澄明；酸值应不大于 0.56，皂化值为 185～200，碘值为 79～128。

(1) 碘值　表示有机化合物中不饱和程度的指标，主要用于油脂、脂肪酸、蜡及聚酯类等物质的测定。碘值过高，则不饱和键多，油易氧化酸败，不适合注射用。

(2) 皂化值　皂化值的高低表示油脂中脂肪酸分子量的大小。皂化值愈高，说明脂肪酸分子量愈小，亲水性愈强，从而失去油脂的特性；皂化值愈低，则脂肪酸分子量愈大或含有愈多的不皂化物，油脂接近固体，难以注射和吸收，所以注射用油需规定一定的皂化值范围，使油中的脂肪酸在 C_{16}～C_{18} 的范围。

(3) 酸值　又叫酸价，是化合物（例如脂肪酸）或混合物中游离羧酸基团数量的计量标准。脂肪在长期贮藏过程中，由于微生物、酶和热的作用发生缓慢水解，产生游离脂肪酸。酸值高表明油脂酸败严重，不仅影响药物稳定性，而且具有刺激性。

3. 其他注射用溶剂

注射剂的溶剂除了有注射用水、注射用油以外，常因药物的特殊性选用其他的溶剂。常用的有如下几种：

(1) 丙二醇　丙二醇即 1,2-丙二醇，溶解范围较广，毒性较小，但有一定的刺激性，能与水、乙醇、甘油相混溶，能溶解多种挥发油。丙二醇已广泛用作注射溶剂，供静注或肌注。注射用溶剂或复合溶剂常用量为 10%～60%，用作皮下或肌注时有局部刺激性。

(2) 聚乙二醇（PEG）　常用的有 PEG 300、PEG 400，化学性质稳定，黏度中等，能与水、乙醇混合。

(3) 甘油　甘油对许多药物具有较大的溶解能力，但由于其黏度和刺激性较大，故常与注射用水、乙醇、丙二醇等组成复合溶剂使用。

(4) 乙醇　乙醇可与水、甘油、挥发油等以任意比例混合。用乙醇为注射用溶剂的浓度最高达 50%，如氢化可的松注射液，可供肌内或静脉注射。含醇量超过 10% 的注射剂，肌内注射时有疼痛感。

(5) 二甲基亚砜（DMSO）　二甲基亚砜溶解范围广，被称为万能溶剂，肌内或皮下注射均安全。

(6) 二甲基乙酰胺（DMA）　与水、乙醇任意比例混合，对药物的溶解范围大，为澄明中性溶液，常用浓度为 0.01%。但连续使用时，应注意其慢性毒性。

(7) 苯甲酸苄酯　不溶于甘油和水，但能与乙醇（95%）、脂肪油相混溶。如在二巯丙醇油注射液中加入苯甲酸苄酯，不仅可作为助溶剂，而且能够增加主药的稳定性。

（二）附加剂

为确保注射剂的安全、有效和稳定，除主药和溶剂外还可加入其他物质，这些物质统称为"附加剂"。附加剂在注射剂中的主要作用是：①增加药物的理化稳定性；②增加主药的溶解度；③抑制微生物生长；④减轻疼痛或对组织的刺激性等。常用注射剂附加剂见表6-3。

表 6-3 常用注射剂附加剂

附加剂	浓度范围/%	附加剂	浓度范围/%
增溶剂、润湿剂或乳化剂		**抗氧剂**	
聚山梨酯 80	0.05～4.0	亚硫酸钠	0.1～0.2
卵磷脂	0.5～2.3	亚硫酸氢钠	0.1～0.2
脱氧胆酸钠	0.21	焦亚硫酸钠	0.1～0.2
泊洛沙姆 188	0.2	硫代硫酸钠	0.1
聚乙二醇 40 蓖麻油	7.0～11.5	**抑菌剂**	
聚氧乙烯蓖麻油	1～65	0.5%的苯酚	0.5～1.0
pH 调节及缓冲剂		甲酚	0.3
醋酸	0.22	三氯叔丁醇	0.25～0.5
枸橼酸钠	4.0	苯甲醇	1～2
乳酸	0.1	**局部止痛剂**	
磷酸氢二钠	1.7	盐酸普鲁卡因	1.0
助悬剂		利多卡因	0.5～1.0
甲基纤维素	0.03～1.05	苯甲醇	1.0～2.0
羧甲基纤维素钠	0.01～0.75	三氯叔丁醇	0.3～0.5
明胶	2.0	**渗透压调节**	
螯合剂		氯化钠	0.5～0.9
EDTA-2Na、EDTA-CaNa	0.01～0.05	葡萄糖	4～5

1.渗透压调节剂

（1）注射剂的等渗调节 临床上的等渗溶液是指与血浆渗透压相等的溶液，如0.9%的氯化钠溶液、5%的葡萄糖溶液即为等渗溶液。高于或低于血浆渗透压的溶液则称为高渗溶液或低渗溶液。常用的渗透压调节剂有氯化钠、葡萄糖等。常用的渗透压调整方法有冰点降低数据法和氯化钠等渗当量法。

① 冰点降低数据法 一般情况下，血浆和泪液的冰点值均为-0.52 ℃。因此，任何溶液只要将其冰点值调整为-0.52 ℃，即为等渗溶液。

② 氯化钠等渗当量法 氯化钠等渗当量是指与 1 g 药物呈现等渗效应的氯化钠的量。如硼酸的氯化钠等渗当量为 0.47，即 1 g 硼酸在溶液中能产生与 0.47 g 氯化钠相同的渗透效应。因此，查出药物的氯化钠等渗当量后，即可按下式计算调节剂的用量：

$$X = 0.009V - EW \qquad (6\text{-}1)$$

式中，X 为配成体积为 V(mL) 的等渗溶液需要加入氯化钠的量，g；V 为欲配制溶液的体积；E 为 1g 药物氯化钠等渗当量；W 为药物的质量，g。

（2）**注射剂的等张调节** 等张溶液是指与红细胞膜张力相等的溶液。红细胞膜对于许多药物的水溶液可视为理想的半透膜，即它只让溶剂分子通过，而不让溶质分子通过，因此，它们的等渗浓度与等张浓度相等。如 0.9% 的氯化钠溶液既是等渗溶液也是等张溶液。而对于尿素、甘油、普鲁卡因等药物的水溶液，红细胞膜并不是理想的半透膜，它们能自由通过细胞膜，同时促进细胞外水分进入细胞，使红细胞胀大破裂而溶血。由于等渗和等张溶液的定义不同，等渗溶液不一定是等张溶液，等张溶液亦不一定是等渗溶液。因此，在新产品的处方设计时，即使所设计的溶液为等渗溶液，为安全用药，亦应进行溶血试验，必要时加入氯化钠、葡萄糖等调节成等张溶液。

2. pH 调节剂

在注射剂处方设计时，为确保产品在贮存期内的稳定性、对机体的安全性等，注射剂应有适宜的 pH 值。一般注射液的 pH 值调节在 4～9 范围内，大剂量的静脉注射液 pH 应近中性。

3. 助溶剂与增溶剂

有些药物在水中的溶解度小，即使配成饱和浓度也不能满足治疗需要，所以，在配制这些药物的注射液时，就要设法增加其溶解度。

4. 抗氧剂

一些易被氧化的药物配成注射液后，会出现药液颜色逐渐变深，析出沉淀，甚至药效消失或产生毒性物质等现象。为了解决上述问题，通常采用在注射剂处方中加抗氧剂、金属络合物及通惰性气体等方法。

5. 金属离子络合剂

金属离子络合剂是指能与多种金属离子结合形成稳定络合物的有机化合物，可增加某些药物注射剂的稳定性。为了获得增强抗氧效果，可采用加抗氧剂、金属离子络合剂、充惰性气体的综合方法。

6. 抑菌剂

肌内或皮下注射剂可适量加入抑菌剂；对一次剂量超过 5 mL 的注射液添加抑菌剂应慎重；用于静脉或脊髓注射的注射液一律不得加抑菌剂。加有抑菌剂的注射剂，仍需采取适宜的方法灭菌。

7. 其他附加剂

有些注射剂，由于药物本身或其他原因，在皮下或肌内注射时，对组织产生刺激而引起疼痛，除找出原因采取相应措施外，必要时可加入局部止痛剂。对于乳剂型注射剂和混悬型注射剂往往需要添加乳化剂和助悬剂。

三、注射剂的制备

（一）注射剂的制备工艺流程

注射剂生产自动化流水线

注射剂的生产过程包括原辅料的准备、容器的处理、配液、过滤、灌封、灭菌、质量检查、印字、包装等步骤，这些单元的自动化流水线已应用于工业生产当中。注射剂生产工艺流程与环境区域由四部分组成，见图 6-4。其中环境区域划分为控制区与洁净区，对可灭菌产品洁净区可划分为控制区。注射剂生产自动化流水线扫码观看。

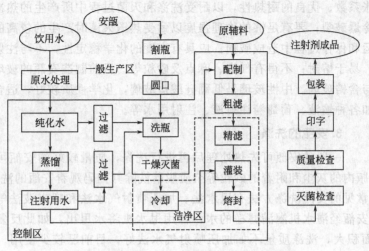

图 6-4　注射剂生产工艺流程与环境区域划分

（二）注射剂原辅料的准备

注射剂的原辅料必须使用"注射用规格"，符合《中国药典》所规定的各项杂质检查与含量限度。不同批号的原料药，生产前必须做小样试制，并经严格检验合格后方能使用。

（三）注射剂容器的处理

1. 注射剂容器种类

注射剂的容器用来灌装各种性质不同的注射剂，在制造过程中需经高温灭菌，并且要在各种不同的环境下长期贮藏。因此，要求注射剂的容器应有很高的密闭性和机械强度，化学性质稳定，使得容器表面与药液在长期接触过程中不会发生脱落、降解、物质迁移等现象，也不能使药液发生变化。目前使用的注射剂容器主要是由硬质中性玻璃制成的安瓿或西林瓶，见图 6-5。由于塑料工业的发展，注射剂的包装也有采用塑料容器（如软塑料袋、硬塑料袋等）。为了减少对药品的污染，可使用塑料的一次性的注射器包装。最为常用的是曲颈易折安瓿，即在安瓿上有一环或刻痕，使用时易折断，损坏率低，使用方便，其容积有 1 mL、2 mL、5 mL、10 mL、20 mL 几种规格。多采用无色安瓿，对光敏感的药物可采用琥珀色安瓿。

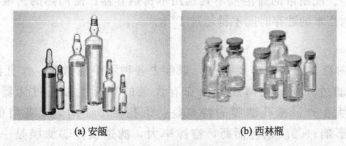

(a) 安瓿　　　　　　　　　　(b) 西林瓶

图 6-5　注射剂的容器

2. 安瓿的质量要求

制备安瓿的玻璃符合以下要求：应无色透明，以便于检查澄明度、杂质以及变质情况；

应具有低的膨胀系数、优良的耐热性，以耐受洗涤和灭菌过程中所产生的热冲击，使之在生产过程中不易冷爆破裂；要有足够的物理强度以耐受热压灭菌时产生的较高的压力差，并避免在生产、装运和保存过程中造成破损；应具有高度的化学稳定性，不与注射液发生物质交换；熔点较低，易于熔封；不得有气泡、麻点及砂粒等。目前制造安瓿的玻璃主要有中性玻璃、含钡玻璃与含锆玻璃。中性玻璃是低硼硅酸盐玻璃，化学性质较好，适合于近中性或弱酸性注射液，如各种输液、葡萄糖注射液、注射用水等。

3. 安瓿的洗涤

安瓿的洗涤

一般的安瓿可先热处理后再进行洗涤，质量较好的安瓿可直接洗涤，使瓶内的灰尘和附着的砂粒等杂质脱落洗除（扫码观看安瓿的洗涤视频）。目前常见的安瓿洗涤方法有甩水法、加压喷射气水法和超声波法等。甩水法是将安瓿经灌水机灌满滤净的水，再用甩水机将水甩出，如此反复三次。此法耗水量多，占地面积大，洗涤质量不如加压喷射气水法好，目前已较少使用。加压喷射气水法是目前生产上常用的洗瓶方法，特别适用于体积大的安瓿洗涤，是将水与压缩空气交替喷入安瓿内进行清洗，冲洗顺序为气—水—气—水—气，4～8次，最后一次采用通过微孔滤膜精滤的注射用水。超声波法是利用超声技术清洗安瓿，清洗洁净度高，速度快，效果好。目前国内已有超声波洗瓶机用于生产，也有采用加压喷射气水与超声波相结合的洗涤机组。

4. 安瓿的干燥与灭菌

隧道式烘箱

安瓿洗涤后，需要在烘箱内以 120～140 ℃干燥。盛装无菌操作或低温灭菌液的安瓿则须 180 ℃干热灭菌 1.5 h。为了防止污染，可在电热红外线隧道式自动干燥灭菌机中附带局部层流装置，安瓿在连续的层流洁净空气的保护下，经过 350 ℃的高温，5 min 达到安瓿灭菌的目的。灭菌好的空安瓿存放时间不应超过 24 h。

（四）注射剂的制备

1. 配制

配制注射液的用具和容器均不应影响药液的稳定性。常用装有搅拌器的夹层锅配制，以便加热或冷却。配制药液的容器应使用化学稳定的材料，如玻璃、不锈钢、耐酸碱搪瓷、陶瓷和聚乙烯塑料等。配制浓的盐溶液不宜选用不锈钢容器；需加热的药液不宜选用塑料容器。配制所用注射用水的贮存时间不得超过 12 h。

2. 滤过

配制好的注射液在灌装前需要滤过，以除去各种不溶性微粒。微孔滤膜是用高分子材料制成的薄膜滤过介质，在薄膜上分布有大量的穿透性微孔过滤器，过滤面积大，适用于注射剂的大生产。微孔滤膜的特点是：①孔径小而均匀，截留能力强，不受流体流速、压力的影响；②质地轻而薄，空隙率大，滤速快；③滤膜是一个连续的整体，滤过时无介质脱落，不影响药液的 pH；④滤膜吸附性小，不滞留药液；⑤滤膜用后弃去，药液之间不会产生交叉污染。由于微孔滤膜的滤过精度高，广泛应用于注射剂生产中。

微孔滤芯是用各种渗透性材质（化学纤维、多孔塑料、陶瓷、金属纤维等）做成的管状结构的过滤介质。滤芯一端密封、一端与滤液集液管相连，药液从滤芯外表面流向内腔滤除不溶性微粒。微孔滤芯的纳污量大，当量过滤面积大，流量大，但不易清洗。垂熔玻璃滤器系用硬质玻璃细粉烧结而成，通常有垂熔玻璃漏斗、垂熔玻璃滤球和垂熔玻璃滤棒三种。垂熔玻璃滤器在注射剂生产中常用于精滤或膜滤前的预滤。垂熔玻璃滤器的特点是化学性质稳定，除强碱与氢氟酸外几乎不受化学药品的腐蚀；滤过时无介质脱落，对药物无吸附作用，对药液的 pH 无影响；易于清洗，可以热压灭菌。

安瓿联动生产线

3. 灌封

注射液过滤后，经检查合格应立即进行灌封。灌封包括灌注药液和封口，应在同一室内进行，灌注后立即封口，以免污染。灌封是注射剂制备中洁净度要求最高的地方，应严格控制物料的进出和人员的活动，采用尽可能高的洁净度（A级）。药液灌封要求做到剂量准确、药液不沾瓶、不受污染。灌封分为手工灌封和机械灌封两种方式。手工灌封常用于小试，灌注针头一般采用拉尖的玻璃管或不锈钢针头。由于玻璃管具有毛细管作用，针头易呈缩水现象，故药液不易沾瓶壁。但若操作不当，药液仍可沾瓶，在封口时会造成焦头而影响澄明度。封口的方式采用火焰拉封法，常采用双火焰，封口速度快，质量较高。大生产采用机械灌封，主要由自动灌封机完成。灌注药液由四个动作协调进行：①移动齿挡送安瓿；②灌注针头下降；③灌注药液入安瓿；④灌注针头上升后安瓿离开同时灌注器吸入药液。四个动作顺序进行，而且必须协调。灌好液体并被充气的安瓿传送至封口位置，其颈部被煤气、压缩空气或氧气产生的高温火焰（1400 ℃）软化后被拉丝抽断而使安瓿闭合。灌封中可能出现的问题有计量不准确，封口不严（毛细孔），出现焦头、瘪头、鼓泡等废品。

某些易氧化药物的注射液，安瓿内要通入惰性气体以置换安瓿中的空气，常用的有氮气和二氧化碳。安瓿应先通气，再灌注药液，最后再通气。通气效果可用测氧仪进行残余氧气的测定。注射剂的生产对环境要求很高，且要经历多道工序，若能将这些工序连接起来，组成联动机，不仅可提高注射剂的生产效率，而且对其质量的提高也大有好处。我国已制成洗、灌、封联动机，但灭菌包装还没有联动。有些联动机，在洗涤、干燥灭菌、灌封各部分装上局部层流装置，可以用于生产无菌产品，有利于提高产品质量。

4. 灭菌与检漏

除采用无菌操作生产的注射剂之外，注射剂在灌封后必须尽快进行灭菌，以保证产品的无菌。通常注射剂从配制到灭菌不应超过 12 h。灭菌的方法和时间应根据药物的性质来选择，必须既要保证药液的稳定，又要保证灭菌效果。必要时，可采用几种灭菌方法联合使用。灭菌后的注射剂需进行检漏，检漏一般应用灭菌检漏两用灭菌器。也可在灭菌后，趁热立即于灭菌锅内放入有颜色的水，安瓿遇冷内部压力收缩，颜色水即从漏气的毛细孔进入而被检出。此外还可将安瓿倒置或横放于灭菌器内，灭菌与检漏同时进行。

5. 印字与包装

注射剂生产的最后环节是在安瓿或小瓶上印字或贴签，内容包括注射剂的名称、规格、批号及有效期。印字后的安瓿即可装入纸盒，盒外贴标签，盒内应附详细说明书，供使用时参考。

四、注射剂的质量评价

由于注射剂以液体状态直接注射入人体的组织、血管或器官内，为了保证用药安全性，质量要求比其他剂型更严格。注射剂在处方设计与原辅料选择时应经必要的动物试验，考察主药、附加剂、容器等的安全性，以及产品的物理、化学稳定性，在生产与贮存期间应防止药液变质，防止微生物、热原、微粒等的污染。注射剂除应满足药物制剂的一般要求外，还必须符合下列各项质量要求：

(1) **无菌** 注射剂应不得含有任何活的微生物，按《中国药典》现行版无菌检查法检查，应符合规定。

(2) **无热原** 无热原是注射剂的重要质量指标，特别是用量一次超过 5 mL 以上、供静脉注射或脊椎注射的注射剂，按照《中国药典》现行版热原检查法检查，应符合规定。

(3) **渗透压** 注射剂要有一定的渗透压，对用量大、供静脉注射的注射剂，其渗透压要求与血浆的渗透压相等或接近。

(4) **pH 值** 注射剂的 pH 值要求与血液相等或接近，一般控制在 4～9 的范围内。

(5) **可见异物** 《中国药典》现行版规定溶液型注射液、注射用浓溶液均不得检出可见异物；混悬型注射液不得检出色块、纤毛等可见异物。溶液型静脉用注射液、注射用无菌粉末及注射用浓溶液，除另有规定外，必须检查不溶性微粒，均应符合《中国药典》规定。

(6) **安全性** 注射剂必须对机体没有毒性反应和刺激性。特别是非水溶剂及一些附加剂，必须安全无害，不得影响疗效和注射剂的质量，并避免对检验产生干扰。有些注射液还要检查降压物质，必须符合规定以保证用药安全。

(7) **稳定性** 注射剂按要求应具有必要的物理稳定性、化学稳定性与生物学稳定性，确保在贮存期内药效不发生变化。

(8) **其他** 注射剂中降压物质、杂质限度、有效成分含量和装量差异限度检查等，均应符合药品标准。有些注射剂还应检查是否有溶血作用、致敏作用等，对不合规格要求的严禁使用。

五、注射剂的典型处方与分析

例 6-1 维生素 C 注射液

【处方】维生素 C 104 g，依地酸二钠 0.05 g，碳酸氢钠 49 g，亚硫酸氢钠 2 g，注射用水加至 1000 mL。

【制法】在配制容器中，加配制量 80% 的注射用水，通二氧化碳饱和，加维生素 C 溶解后，分次缓缓加入碳酸氢钠，搅拌使其完全溶解，加入预先配制好的依地酸二钠溶液和亚硫酸氢钠，搅拌均匀，调节药液 pH 6.0～6.2，添加二氧化碳饱和的注射用水至足量，用垂熔玻璃漏斗与微孔滤膜滤过，并在二氧化碳或氮气流下灌封，最后用 100 ℃ 流通蒸汽灭菌 15 min。

【检查】根据药典要求检查 pH 值、颜色、草酸和细菌内毒素等项目。

【用途】本品为维生素类药，参与机体新陈代谢，减轻毛细管脆性，增加机体抵抗能力。临床上用于预防及治疗坏血病等。

例 6-2 丁酸氯维地平静脉注射脂肪乳剂

【处方】丁酸氯维地平 1.5 g（主药），注射用大豆油 600.0 g（油相），精制蛋黄卵磷脂 36 g（乳化剂），油酸 0.9 g（稳定剂），注射用甘油 6.75 g（等张剂），依地酸二钠 0.15 g（金属离子螯合剂），注射用水加至 3 L，制成 1500 支。

【制法】采用两步乳化法进行制备：依次按顺序投入处方量的注射用大豆油、油酸、丁酸氯维地平，在氮气流下高速剪切得到油相。依次按顺序投入处方量的依地酸二钠、注射用甘油，再加入注射用水，高速剪切得到水相。将上述油相加入水相中，在氮气流下高速剪切，得到初乳；将初乳注入高压均质机中，于一定压力下循环若干次，添加注射用水至足量，用微孔滤膜滤过，灌封，最后用 121 ℃热压灭菌 20 min，取出安瓿自然冷却、贮存。

【检查】注射用脂肪乳剂的质量检查要求严格，除需按注射剂检查要求外，对制备的脂肪乳注射液粒径、电位、PI、形态学表征、尾部大颗粒、游离脂肪酸、过氧化值、甲氧基苯胺值、脂肪酸组成、溶血磷脂酰胆碱与溶血磷脂酰乙醇胺、磷、甘油、渗透压摩尔浓度等进行检测，满足要求才能上市使用。

【用途】丁酸氯维地平注射液属于第三代二氢吡啶类钙拮抗剂，主要用于围手术期高血压、重度高血压以及原发性高血压的治疗。

第四节　输　液

一、输液的分类与质量要求

（一）输液剂的定义

大容量注射剂简称输液剂（infusion），指容量不低于 50 mL 并直接输入静脉的液体灭菌制剂。输液剂起效迅速，临床应用广泛，常用于急救、补充体液或补充营养，维护机体的水、电解质与酸碱平衡，不含防腐剂或抑菌剂。与小容量注射剂相比，质量要求、生产工艺、设备、包装材料均有一定的差异，见表 6-4。

表 6-4　小容量注射剂和输液的区别

类别	小容量注射剂	输液
液体体积	<100 mL	≥100 mL
给药途径	以肌内注射为主,静脉、脊椎腔、皮下以及局部注射	静脉滴注
工艺要求	从配制到灭菌,必须尽快完成,一般应控制在 12 h 内	从配制到灭菌的生产周期应尽量缩短,以不超过 4 h 为宜

类别	小容量注射剂	输液
附加剂	可加入适宜抑菌剂；根据需要还可加入适量止痛剂和增溶剂	不得加入任何抑菌剂、止痛剂、增溶剂
不溶性微粒	除另有规定外，每个供试品容器中含 10 μm 以上的不溶性微粒不得超过 6000 个，含 25 μm 以上的微粒不得超过 600 个	除另有规定外，1 mL 中含 10 μm 以上的微粒不得超过 25 个，含 25 μm 以上的微粒不得超过 3 个
渗透压	等渗	等渗、高渗或等张

(二) 静脉输液的种类及临床用途

1.电解质输液

主要用于大量脱水患者补充体内水分、电解质，纠正体内酸碱平衡，维持体液渗透压，恢复人体的正常生理功能等。近年来，电解质输液已从单一电解质逐步向复方电解质发展，如复方氯化钠注射液、乳酸钠林格注射液等。

2.营养输液

主要用于不能口服吸收营养的患者，为患者提供糖、脂肪、氨基酸、微量元素和维生素等营养成分，使不能正常进食或超代谢的患者仍能维持良好的营养状态、纠正负氮平衡、促进伤口愈合、延长生存期等。营养输液有糖类（葡萄糖、果糖等）输液、脂肪乳输液、氨基酸输液、维生素输液等。

3.渗透压输液

主要用作血容量扩充剂和高渗利尿脱水剂，前者是利用水溶性高分子化合物溶液所产生的胶体渗透压来增加血容量，维持血压达到预防和治疗休克的目的；后者利用药物溶液所产生的高渗透压达到脱水利尿作用，并有降低眼压、颅内压以及防治急性肾功能衰竭的作用。这类输液有右旋糖酐注射液、羟乙基淀粉注射液以及甘露醇注射液等。

4.含药输液

为了避免临床使用输液配制产生的污染和配伍变化，可将常需静脉滴注给药的药物直接制成输液，如乳酸左氧氟沙星注射液、苦参碱葡萄糖注射液等。

(三) 静脉输液的质量要求

输液剂的质量要求与注射剂基本一致，但由于其注射量较大，所以对无菌、无热原和澄明度的要求更加严格。此外，含量、色泽、pH 值也应符合要求。质量要求包括：①输液的 pH 值应在制品稳定和保证疗效的基础上，接近人体血液的 pH 值；②输液的渗透压尽可能与血液等渗（等张）或略偏高渗；③输液中不得添加任何防腐剂或抑菌剂，贮存过程中质量要稳定；④输入人体后不能引起血象的任何异常变化，不引起过敏反应，不损害肝脏。

二、输液的制备

(一) 输液车间的基本要求

输液是大容量注射剂，制备工艺与注射剂几乎相同，但对生产环境的洁净度要求更高，过滤、灌装等工序常需局部 A 级的洁净度。根据我国《药品生产质量管理规范》规定，输液的生产工艺流程，需根据输液生产条件与质量监控原则，要求区域划分、人物分流、布局合理，洁净工房相对集中，便于管理；避免往返迂回流动，防止交叉污染；配套设施齐全，力求先进完善。

(二) 输液剂的工业化生产工艺流程

输液的工业化生产工艺流程与环境区域划分如图 6-6 所示。

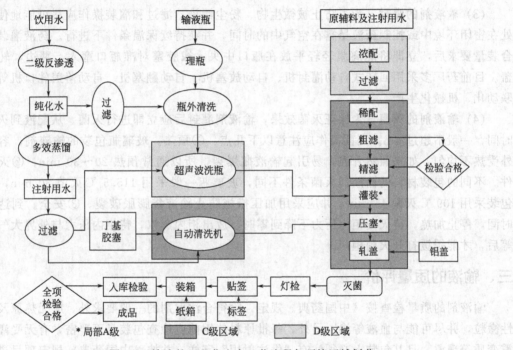

图 6-6 输液的工业化生产工艺流程与环境区域划分

(三) 输液剂的制备

目前输液容器主要有瓶型和袋型两种类型。瓶型输液容器主要包括玻璃瓶和塑料瓶。玻璃瓶是传统使用的容器，适用于盛装酸性、中性药物。塑料输液瓶采用的材料是聚丙烯（PP）和聚乙烯（PE）。其优点是重量轻，不易破碎，耐碰撞，运输便利，化学性质稳定，无溶出物，不掉屑，一次性包装使用，避免交叉污染，生产自动化程度高，人为影响因素小，质量波动不大等；缺点是由于成型方式不同，瓶体透明性不如玻璃瓶，有一定的变形、透气性和吸附性，仍需插空气针，不能加压输液。袋型输液容器主要包括聚氯乙烯（PVC）软袋和非 PVC 软袋。PVC 软袋在临床上解决了原瓶装半开放式输液的空气污染问题，但是对人体健康及环境存在潜在危害，并不是一种理想的瓶装输液替代品。非 PVC 软袋是由聚烯烃多层共挤膜制成的，无热原、无微粒；操作简便，体积小，重量轻，不易破碎，且生产自动化程度较高，制袋、印字、灌装、封口可在同一生产线完成。

胶塞主要用于输液剂、粉针剂等制剂瓶包装封口，对输液剂的可见异物影响很大。丁基橡胶是由异丁烯和少量异戊二烯聚合而成的合成橡胶，现已逐渐取代了天然橡胶生产药用瓶塞。丁基橡胶的优点是气密性好、耐热性好、耐酸碱性好、内在洁净度高，保证了药品质量，提高了用药安全性。输液剂的制备方法如下。

(1) 配液　配液是保证输液质量的关键环节。为防止外界空气污染，配液工序应具备 D 级净化条件。一般配液多用浓配法，即先配成较高浓度的溶液，必要时加入针剂用活性炭（0.01%～0.5%），煮沸后冷却至 45～50 ℃，过滤后再加新鲜注射用水稀释至所需浓度。如果原料质量好，也可采用稀配法，降低生产成本。

(2) 滤过　输液剂的滤过与小容量注射剂基本一致，多采用加压三级滤过法，即"初滤—精滤—精滤"模式，黏度较高时可采用保温滤过。精滤后的输液剂要进行半成品质量检查，合格后进行灌装。

(3) 输液剂的灌封　为了防止被微生物、粉尘污染，滤过和灌装操作应尽可能地使药液处在密闭环境中或控制药液暴露在空气中的时间，并在持续保温条件下进行。药液灌装至符合装量要求后，立即将隔离膜轻轻平放在瓶口中央，橡胶塞对准瓶口塞入，翻边，轧紧铝盖。目前药厂多采用回转式自动灌封机、自动放塞机、自动翻塞机、自动落盖轧口机等完成联动化、机械化生产。

(4) 输液剂的灭菌　为保证灭菌效果，输液剂灌封后应立即进行灭菌。从配液到灭菌的时间，一般不超过 4 h。灭菌操作应注意以下几点：①预热。玻璃瓶包装的输液剂，容易内外受热不均匀，如果骤然升温，易引起输液瓶爆裂，所以通常预热 20～30 min。②灭菌条件。不同的包装材料的输液剂灭菌条件不同，玻璃瓶一般采用 115.5 ℃灭菌 30 min，塑料包装采用 109 ℃灭菌 45 min，并应采用加压措施防止输液袋膨胀破裂。③安全。到达灭菌时间，停止加热，待灭菌柜内压力下降到零时，放出柜内蒸汽，待柜内压力与外界大气压相等后，才能缓缓打开灭菌柜门。

三、输液的质量评价

输液剂的质量检查按《中国药典》规定，除符合注射剂的一般要求外，应无热原及不溶性微粒，并尽可能与血液等渗。另外，每批原料使用前应检查包装是否严密，有无受潮、发霉变质等现象，且其包装上必须注有"供注射用"字样，并按《中国药典》规定项目进行质量检查。

四、输液生产中常见问题及解决措施

输液剂生产中主要存在可见异物与微粒问题，如炭黑、碳酸钙、氧化锌、纤维素、纸屑、黏土、玻璃屑、细菌和结晶等，产生原因及解决方法如下：

①原辅料质量问题　原辅料质量对可见异物影响很大，进而影响药液的稳定性，因此应严格控制原辅料的质量。例如，注射用葡萄糖有时可能含有少量蛋白质、水解不完全的糊精、钙盐等杂质；氯化钠、碳酸氢钠中常含有较高的钙盐、镁盐和硫酸盐；氯化钙中含有较多的碱性物质。这些杂质的存在，会使输液产生乳光、白点、浑浊等现象。活性炭 X 射线散射证明石墨晶格内的少量杂质能使活性炭带电，杂质含量较多时，不仅影响输液的可见异物，而且影响药液的稳定性。

② 输液容器与附件的质量问题　输液中发现的异物主要来自橡胶塞和玻璃输液容器，主要为钙、镁、铁和硅酸盐。根据有关试验结果显示，聚氯乙烯袋与玻璃瓶盛装输液不断振摇 2 h 后发现微粒增加了 5 倍，经过薄层色谱及红外光谱分析，表明微粒为增塑剂二乙基邻苯二甲酸酯（DEHP）。主要解决方法是提高输液容器及橡胶塞的质量。

③ 生产工艺及操作的问题　这个方面主要包括车间洁净度差、容器及附件洗涤不净、滤器的选择不恰当、过滤与灌封操作不符合要求、工序安排不合理等。这些问题都会增加澄明度的不合格率，因此，应严格遵循标准操作规程，必须采用单向流净化空气，微孔滤膜滤过和生产联动化等措施。

五、输液的典型处方与分析

例 6-3　复方氨基酸输液

【处方】脯氨酸 2.4 g，丝氨酸 2.4 g，丙氨酸 4.8 g，异亮氨酸 8.45 g，亮氨酸 11.76 g，天门冬氨酸 6.0 g，酪氨酸 0.6 g，谷氨酸 1.8 g，苯丙氨酸 12.8 g，盐酸精氨酸 12.0 g，盐酸赖氨酸 10.3 g，缬氨酸 8.64 g，苏氨酸 6.0 g，盐酸组氨酸 6.0 g，色氨酸 2.16 g，甲硫氨酸 5.4 g，胱氨酸 0.24 g，甘氨酸 18.24 g，山梨醇 50 g，亚硫酸氢钠 0.5 g，注射用水加至 1 L，氢氧化钠适量。

【制法】将各种氨基酸溶于 800 mL 热注射用水中，加亚硫酸钠溶解后，采用 1 mol/L 氢氧化钠调节 pH 值至 6.0～7.0，加注射用水适量，加入活性炭脱色，保温搅拌 15 min，过滤除炭，用 0.2 μm 微孔滤膜过滤，灌封，充氮，加塞，轧盖，121 ℃热压灭菌 20 min。

【检查】根据药典要求检查 pH 值、透光率、渗透压、异常毒性、细菌内毒素、亚硫酸氢钠、降压物质和无菌等项目。

【用途】①改善外科手术前患者的营养状态。②供给胃肠道及消化吸收障碍患者的蛋白质营养成分，为创伤、烧伤患者术后补充蛋白质。③纠正肝硬化和肝病所致蛋白质合成紊乱。④为慢性、消耗性疾病，急性传染病和恶性肿瘤患者提供营养。

第五节　注射用无菌粉末

一、注射用无菌粉末的分类与质量要求

1.注射用无菌粉末的定义和分类

注射用无菌粉末又称为粉针剂，用无菌操作的方法将无菌精制的药物灌装或分装到无菌的容器中而得。临用前用灭菌注射用水或其他适当的溶剂溶解或分散后注射。也可用静脉输液溶解配制后静脉滴注，该法适用于在水中不稳定的药物，特别是对湿热敏感的抗生素及酶、血浆等生物制品。根据不同的生产工艺，注射用无菌粉末可分为注射用冷冻干燥制品和注射用无菌分装制品。前者是将药物配制成无菌水溶液，并无菌分装至安瓿，经冷冻干燥法

制得粉末密封后得到的产品，常见于生物制品，如辅酶类；后者是将已经用灭菌溶剂法或喷雾干燥法精制而得的无菌药物粉末在无菌条件下分装而得，常见于抗生素药品，如青霉素。

2. 注射用无菌粉末的质量要求

因制成无菌粉末的药物通常稳定性较差，均在无菌环境中进行操作，且一般没有高温灭菌过程，因而对无菌操作有严格的要求，特别在灌封等关键工序，应采取 B 级背景下的局部 A 级洁净度的措施。注射用无菌粉末除应符合《中国药典》对注射用原料药物的各项规定外，还应符合下列要求：①粉末无异物，配成溶液或混悬液后可见异物检查合格；②粉末细度或结晶度应适宜，便于分装；③无菌、无热原。对于生物制品如蛋白类药物制成的注射用无菌粉末，除应符合药典中注射剂项下的规定外，还应符合生物制品的相关检查要求。

二、注射用无菌粉末的制备

（一）无菌分装制品生产工艺

无菌分装制品是将药物精制成无菌药物粉末之后，在无菌操作条件下直接分装于灭菌的西林瓶或安瓿中密封而成。

1. 药物的准备

原料需要用重结晶法或喷雾干燥法等精制或发酵方法制备，必要时需进行粉碎、过筛等，精制成无菌粉末。在制定生产工艺之前，首先应了解药物的理化性质，包括：①物料的热稳定性，以确定产品最后能否进行灭菌处理。②物料的临界相对湿度。生产中分装室的相对湿度必须控制在临界相对湿度以下，以免吸潮变质。③物料的粉末晶型与松密度等，使之适于分装。

2. 包装材料

包装材料应按注射剂的要求进行灭菌处理。西林瓶用自来水内外洗净后，再用纯化水、新鲜滤过的注射用水内外淋洗净，180 ℃干热灭菌 1.5 h。丁基胶塞经清洁处理后，使用前需经过 125 ℃干热灭菌 2.5 h。灭菌空瓶的存放柜应有净化空气保护，存放不得超过 24 h。

注射用无菌粉末生产线

3. 分装

符合无菌注射用规格的精制药物粉末可进行分装。按 GMP 要求，分装须在 A 级洁净环境中按照无菌操作法进行。除特殊规定外，分装室温度为 18～26 ℃，相对湿度应控制在分装产品的临界相对湿度以下。分装机械有插管分装机、螺旋自动分装机与真空吸粉分装机等。分装后的西林瓶立即压丁基胶塞、轧铝塑盖密封。

4. 质量控制

（1）**可见异物**　由于药物粉末精制处理的一系列操作增加了污染机会，往往使粉末溶解后出现毛头、白点等，以至于澄明度不符合要求，因此应从原辅料的处理开始，严格控制车间洁净环境，防止污染。

（2）**无菌**　微生物在固体粉末中的繁殖慢，不易被肉眼所见，而有些产品既不能用最可靠的热压灭菌法灭菌，也不能用标准的干热灭菌法灭菌，如青霉素钠盐。因此只能严格控制无菌操作的条件。

（3）**吸潮变质**　一般是由胶塞透气性和铝盖松动引起的。因此，既要加强对分装环境的温度和湿度控制，又应对所有橡胶塞进行密封防潮性能测定，选择性能好的橡胶塞；铝盖压紧后瓶口采用烫蜡工艺，防止水汽透入。

（二）冷冻干燥制品生产工艺

冷冻干燥粉针剂简称冻干粉针剂，系将药物制成无菌水溶液，进行无菌过滤、无菌分装后冷冻成固体，在高真空、低温条件下，使水分由冻结状态直接升华除去，在无菌条件下密封制成无菌冻干粉针剂的办法，临用时加无菌注射用水溶解后使用。注射用冷冻干燥制品有以下优点：①可避免药品因高热而分解变质，如产品中的蛋白质不致变性；②所得产品质地疏松，加水后迅速溶解，恢复药液原有的特性；③含水量低，一般在1‰～3％范围内，同时干燥在真空中进行，故不易氧化，有利于产品长期贮存；④产品中的微粒物质比用其他方法生产者少，因为污染机会相对减少；⑤产品剂量准确，外观优良。缺点是溶剂不能随意选择，故要求制备某种特殊的晶型；需使用特殊设备，成本较高。

1.冷冻干燥原理

冷冻干燥又称为升华干燥，原理可用纯水在大气压力下的三相平衡图（图6-7）加以说明。图中 OA 线为升华曲线，在此线上冰、汽共存；OB 线为融化曲线，在此线上冰、水共存；OC 线为蒸发曲线，在此线上水、汽共存；点 O 为冰、水、汽三相的平衡点，该点的温度为 0.0098 ℃（图上 0.01 ℃），压力为 610.38 Pa（4.58 mmHg）。从图6-7可见，当压力低于 610.38 Pa 时，不论温度如何变化，只有水的固态和气态两种形态存在，此时固相（冰）受热时不经过液相直接变为气相；而气相遇冷时放热直接变为冰。根据升华曲线 OA，可通过降低压力或升高温度打破气固两相平衡，使整个系统朝着冰转变为汽的方向进行。

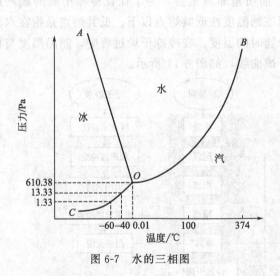

图 6-7　水的三相图

图 6-8　冻干机

2.冷冻干燥设备

冷冻干燥设备俗称冻干机，见图6-8。冻干机通常由冻干箱、真空冷凝器、真空系统、热源系统、制冷系统和仪表控制系统组成，如图6-9所示。冻干箱是药品在其内部完成冻结和真空干燥过程的容器，箱内设置有导热搁板和搁板升降机构、充气装置、灭菌与清洗装置。搁板一般采用三合板式结构，液体传热介质在栅板回路间循环流动提供升华所需热量。搁板升降机构用于装瓶、西林瓶压塞和出瓶。

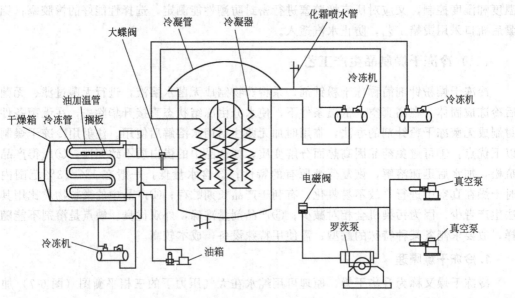

图 6-9　冷冻干燥机示意图

3. 冷冻干燥工艺流程

冷冻干燥制品生产工艺流程与环境区域划分如图 6-10 所示。将主药和辅料溶解在适当的溶剂中，通常为含有部分有机溶剂的水性溶液。然后用不同孔径的滤器对药液分级滤过，最后通过 $0.22\ \mu m$ 微孔膜滤器进行除菌滤过。将已经除菌的药液灌注到容器中，并用无菌胶塞半压塞。冷冻干燥的工艺条件对保证产品质量非常重要，为了保证冷冻干燥的顺利进行，应首先测定产品的低共熔点，然后控制冻结温度在低共熔点以下。低共熔点是指在水溶液冷却过程中，冰和溶质同时析出结晶混合物时的温度。在冷冻干燥过程中，制品温度与板温随着时间的变化所绘制的曲线称为冷冻干燥曲线，如图 6-11 所示。

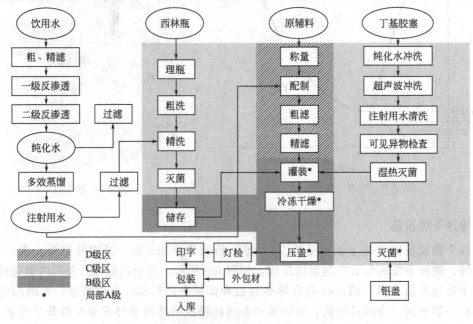

图 6-10　冷冻干燥制品的生产工艺流程与环境区域划分

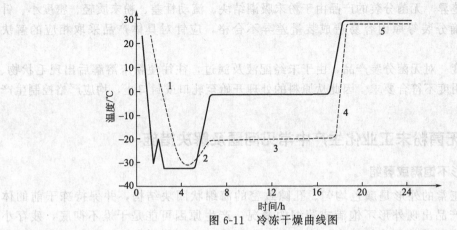

图 6-11 冷冻干燥曲线图

1—降温阶段（预冻）；2—第一阶段升温；3—维持阶段（一次干燥）；4—第二阶段升温；5—最后维持阶段（二次干燥）

(1) 预冻 通常预冻温度应低于产品共熔点。预冻过程首先将药物配制成含固体物质4%～15%的稀溶液，然后采用缓慢冻结法或快速冻结法冻结，冻结温度通常应低于产品低共熔点 10～20 ℃。在此过程中，药液中的水即被冻结成结晶，药物分散在晶体结构中。缓慢冻结法形成结晶数量少、晶体粗，但冻干效率高；快速冻结法是将冻干箱先降温至−45 ℃以下，再将制品放入，因急速冷冻而析出细晶，形成结晶数量多，晶粒细，制得产品疏松易溶，对酶类、活菌、活病毒的保存有利。预冻时间通常为 2～3 h，有些样品需要更长时间。

(2) 升华干燥（一次干燥） 先将处理好的产品溶液在干燥箱内预冻至低共熔点以下10～20 ℃，冷凝器温度降至−45 ℃以下，启动真空泵，当干燥箱内真空度达 13.33 Pa（0.1 mmHg）以下关闭冷冻机，通过搁板下的加热系统缓缓加温，提供升华过程所需热量，温度逐渐升高至约−20 ℃，药液中水分升华。如产品的低共熔点为−25 ℃，可将温度降至−45 ℃，然后升温到低共熔点附近（−27 ℃），维持 30～40 min，再降温至−40 ℃。如此反复，使产品结构改变，外壳由致密变为疏松，有利于水分升华。此方法适用于某些低共熔点较低，或结构比较复杂、黏稠的产品，如蜂王浆等。

(3) 二次干燥 当升华干燥阶段完成后，为尽可能除去残余的水，需要进二次干燥。二次干燥的温度根据产品性质确定，如 0 ℃、25 ℃等。

(4) 封口与轧盖 冷冻干燥好的半成品通过安装在冻干箱内的液压或螺杆升降装置全压塞。然后将已全压塞的制品容器移出冻干箱，用铝盖轧口密封。

三、注射用无菌粉末的质量评价

注射用无菌分装产品应按照《中国药典》中的规定进行含量、可见异物等注射剂的一般检查项目，还应特别注意其吸湿、无菌、检漏、装量差异和澄明度等问题。

(1) 吸湿 无菌分装产品在分装过程中应注意防止吸潮问题的发生，此外，铝盖也可能封口不严，应确保封口严密。

(2) 无菌 无菌分装产品系在无菌操作下制备，稍有不慎就有可能使局部受到污染，而微生物在固体粉末中繁殖又较慢，不易为肉眼所见，危险性更大。为了保证用药安全，解决无菌分装过程中的污染问题，应采用层流净化装置，为高度无菌提供可靠的保证。

(3) 检漏 粉针的检漏较困难。耐热的产品可在补充灭菌时进行检漏，漏气的产品在灭菌时吸湿结块。不耐热的产品可用亚甲蓝水检漏。

（4）**装量差异** 无菌分装的产品由于粉末吸潮结块、流动性差、粉末质轻、密度小、针状结晶不易准确分装等原因容易造成装量差异不合格，应针对具体产品采取相应的解决措施。

（5）**澄明度** 对无菌分装产品，由于未经配液及滤过，往往使粉末溶解后出现毛状物、白点，以致澄明度不符合要求。因此从原料的处理开始至轧口或封口止，均应严格控制生产环境的洁净度。

四、注射用无菌粉末工业化生产中常见问题及解决措施

1. 产品外形不饱满或萎缩

冻干产品正常的外形是颜色均匀、孔隙致密的海绵状团块结构，并保持冻干前的体积与形状。若产品出现外形不饱满或萎缩的情况，产生原因可能是干燥不彻底，残存小量冰晶可造成产品萎缩；冻结温度过高、时间太短或一次干燥时温度和压力过高，可因部分产品熔化而造成产品泡坑、塌陷和空洞；产品配方中所含固体物质太少，可能使药物成分随水蒸气一起升华。解决办法从冻干工艺和处方设计两方面考虑，可在处方中加入适量甘露醇、氯化钠等填充剂，并采取反复预冻法，以改善制品的通气性，产品外观即可得到改善。

2. 产品含水量不合要求

产品含水量过低的原因是干燥时间过长或二次干燥温度过高；产品含水量过高的原因主要是装入容器的药液过厚、升华干燥过程中供热不足、冷凝器温度偏高或真空度不够等。因此，可采用旋转冷冻机及其他相应的方法解决产品含水量过高或过低的问题。

3. 喷瓶

喷瓶是指在高真空条件下，少量液体从已干燥的固体界面下喷出的现象。主要是预冻温度过高，供热太快，受热不匀或预冻不完全，在升华过程中制品部分液化，在真空减压条件下产生喷瓶。为防止喷瓶，需要控制预冻温度在共熔点以下 $10\sim20\ ^{\circ}\mathrm{C}$ 加热升华。

五、注射用无菌粉末的典型处方与分析

例 6-4 注射用辅酶 A

【处方】辅酶 A 56.1 单位，甘露醇 10 mg，水解明胶 5 mg，葡萄糖酸钙 1 mg，半胱氨酸 0.5 mg，注射用水适量。

【制法】将上述各成分用注射用水充分溶解后，过滤除菌，分装于西林瓶中，每瓶 0.5 mL，冷冻干燥，真空加塞，轧盖，半成品质量检查合格后印字包装。

【检查】检查 pH 值和有关物质和无菌等项目。其他应符合注射剂项下有关的各项规定。

【用途】用于白细胞减少症、原发性血小板减少性紫癜及功能性低热的辅助治疗。

【注解】①辅酶 A 易被空气、过氧化氢、碘和高锰酸钾盐等氧化成无活性二硫化物，故在制剂中加入半胱氨酸，以甘露醇和水解明胶作为填充剂。②辅酶 A 在冷冻干燥工艺中易丢失效价，故应酌情增加投料量。

第六节　眼用液体制剂

一、眼用液体制剂的分类与质量要求

1.眼用液体制剂的分类

眼用制剂是指直接用于眼部发挥治疗作用的无菌制剂。眼用制剂可分为眼用液体制剂（滴眼剂、洗眼剂、眼内注射溶液）、眼用半固体制剂（眼膏剂、眼用乳膏剂、眼用凝胶剂）、眼用固体制剂（眼膜剂、眼丸剂、眼内插入剂）等。滴眼剂是指药物与适当辅料制成的供滴入眼内的无菌液体制剂；眼膏剂是指原料药物与适宜基质均匀混合，制成溶液型或混悬型膏状的无菌眼用半固体制剂；眼膜剂是指原料药物与高分子聚合物制成的无菌药膜，可置于结膜囊内缓慢释放药物的眼用固体制剂。

2.眼用液体制剂的质量要求

滴眼剂是最常用的眼用制剂。虽然是外用剂型，但由于眼睛的解剖生理特点及眼黏膜组织较为娇嫩，一旦受到损伤后果严重，因此滴眼剂质量要求类似注射剂，对渗透压、pH、无菌、可见异物等均有要求。

（1）pH　正常眼睛可耐受的 pH 值为 5.0～9.0，pH 6.0～8.0 时无不适感。滴眼剂的 pH 应综合考虑药物的疗效、刺激性、稳定性和溶解度的要求，往往选用适宜的缓冲液配制，使 pH 较为恒定。

（2）渗透压　眼球能适应的渗透压范围相当于浓度为 0.6%～1.5% 的氯化钠溶液，超过 2% 时有明显的不适感。

（3）无菌　滴眼剂系无菌制品。对眼部有外伤的患者或手术用的滴眼剂要绝对无菌，而且不得加抑菌剂，因常用抑菌剂会刺激眼内组织，这类滴眼剂多为单剂量包装。一般滴眼剂（用于无眼外伤者）要求无致病菌。一般滴眼剂是多剂量包装，患者在多次使用时，容易染菌，故应加抑菌剂，于下次使用之前恢复无菌。

（4）可见异物　除另有规定外，滴眼剂的可见异物按照《中国药典》（2020 年版）总则可见异物检查法中滴眼剂项下的方法检查，应符合规定。

（5）黏度　滴眼剂的黏度适当增大，可使药物在眼内停留的时间延长，同时可减少对眼的刺激性和提高药效，黏度以 4.0～5.0 mPa·s 为宜。

（6）粒度　除另有规定外，混悬型滴眼剂照下述方法检查，应符合规定。按照《中国药典》（2020 年版）总则粒度和粒度分布测定法检查，大于 50 μm 的粒子不得超过 2 个，且不得检出大于 90 μm 的粒子。

（7）稳定性　许多眼用药物如毒扁豆碱、后马托品、乙基吗啡等不稳定，某些酯类化合物易水解而失活。在滴眼剂的处方设计时，在保持药物有效性的前提下，尽可能满足药物稳定所需的条件。

（8）其他　除另有规定外，混悬型滴眼剂的沉降物不应结块或聚集，经振摇应易再分散，并应检查沉降体积比。同时，每个容器的装量一般不超过 10 mL。包装容器应无菌、不易破裂，其透明度应不影响可见异物检查。

二、眼用液体制剂的附加剂

拟定滴眼剂处方时，既要考虑发挥滴眼剂的最佳疗效，也要考虑减少滴眼剂的刺激性，因此必要时可添加附加剂，但选用的附加剂的品种与用量应符合《中国药典》标准。

(1) 渗透压调节剂　除另有规定外，滴眼剂应与泪液等渗。低渗溶液可选用氯化钠、葡萄糖、硼酸等调成等渗。因治疗目的确实需用高渗溶液，如30%磺胺醋酰钠滴眼剂，可不加调整。

(2) pH 值调节剂　为了保证药物的稳定性，避免过强的刺激性，有时选用适当的缓冲液作眼用溶剂，使滴眼剂的pH值稳定在一定的范围内。常用的缓冲溶液有硼酸缓冲溶液、巴氏硼酸盐缓冲溶液和沙氏磷酸盐缓冲溶液。

(3) 抑菌剂　滴眼剂通常采用多剂量包装形式，开封后在使用过程中，无法始终保持无菌，因此要求抑菌剂效果好且作用迅速，即在患者两次使用的间隔时间内达到无菌。

三、眼用液体制剂的制备

(1) 药液的配滤　滴眼剂要求无菌，小量配制可在无菌操作柜中进行，大量生产要按注射剂生产工艺要求进行。所用器具于洗净后干热灭菌，或用灭菌剂浸泡灭菌，用前再用新鲜蒸馏水洗净。滴眼剂的配制与注射剂工艺过程几乎相同。对热稳定的药物，配滤后装入适宜的容器中，灌装灭菌。对热不稳定的药物可用已灭菌的溶剂和用具在无菌柜中配制，操作中应避免细菌的污染。药物、附加剂用适宜溶剂溶解，必要时加活性炭（0.05%～0.3%）处理，经滤棒、垂熔滤球或微孔滤膜过滤至澄明，加溶剂至足量，灭菌后做半成品检查。

(2) 容器及附件的处理　滴眼液灌装的容器有塑料瓶和玻璃瓶两种。目前最常用的滴眼剂容器为塑料瓶，体软而有弹性、不易破裂、容易加工，包装价廉、轻便，但应注意塑料与药液之间的相互作用，如吸收或吸附抑菌剂，也可能会吸收或吸附某些主药，使含量降低。塑料瓶可用气体灭菌。玻璃瓶一般为中性玻璃，配有滴管和铝盖。中性玻璃对药液的影响小。透明度高、耐热、遇光不稳定者可选用棕色瓶，可使滴眼剂保存时间较长。

(3) 无菌灌封　目前生产上均采用减压灌装。灌装方法要随瓶的类型和生产量的大小而改变。其中间歇式减压灌装工艺是：将灭菌过的滴眼剂空瓶，瓶口向下排列在一平底盘中，将盘放入一个真空灌装箱内，由管道将药液从贮液瓶定量地（稍多于实灌量）放入盘中，密闭箱门，抽气使成一定负压，瓶内空气从液面下小口逸出。然后将空气通过洗气瓶装置通入，恢复常压。药液灌入瓶中，取出盘子，立即封口并旋紧罩盖即可。

（陈彦佐　高　峰）

思 考 题

1.简述无菌制剂的定义、特点和质量要求。

2.简述空气洁净度的标准与设计要求。

3.简述热原的性质、来源、污染途径及去除方法。

4.在药剂学中常用的灭菌方法有哪些？适用条件有何不同？

5.小容量注射剂与输液在处方设计和质量评价方面有哪些相同与不同之处？

6.简述注射剂在生产过程中易出现的质量问题及对策。

7.输液的分类和用途有哪些？

8.注射用无菌粉末的优点有哪些？

9.试述冷冻干燥的原理和过程。

10.简述眼用液体制剂的质量要求及附加剂分类。

参考文献

[1] 潘卫三.工业药剂学 [M].3 版.北京：中国医药科技出版社，2015.

[2] 张先洲，乐智勇，高原.实用注射剂制备技术 [M].北京：化学工业出版社，2017.

[3] 周建平，唐星.工业药剂学 [M].北京：人民卫生出版社，2017.

[4] 沙赟颖.无菌制剂技术 [M].镇江：江苏大学出版社，2018.

第七章 ▶▶▶

固体制剂

本章学习要求

1. 掌握固体制剂的各种剂型的定义、分类、特点以及常用的制备工艺。
2. 熟悉粉碎、筛分、混合以及制粒等单元操作；制备固体制剂常用的处方辅料、设备、操作流程及关键技术指标，可对生产中存在的问题进行分析。
3. 了解各种固体制剂的质量检查；学会对典型处方进行分析。

第一节　概　述

固体制剂，尤其是口服固体制剂，是最常见的剂型，而口服给药则是全身作用的治疗药物最理想和首选的给药途径。常见固体制剂剂型包括片剂、胶囊剂、微丸剂、散剂、颗粒剂及膜剂等。由于这种给药方式临床患者较易接受，服用方便，而且生产成本低，所以在新药和制剂的研发中是首先被考虑的给药途径。对于许多药物来说，必须运用一定的设计，才能使得药物能够耐受胃肠道的生理环境，并被吸收进入体循环。常规的速释制剂在患者可以接受的安全范围内，维持药动学和药效学所需的平衡，因而能提供有效的临床治疗。

本章介绍了固体制剂的各剂型特点、制备方法、辅料与设备以及质量评价等方面内容。口服固体制剂除了需要考虑剂型的稳定性外，在研发和制备过程中需充分考虑胃肠道吸收的特性，在体外通过溶出度研究评价和质量控制，在体内通过药物动力学研究或生物等效性研究评价药物溶出和吸收行为。对于大多数口服固体制剂而言，生物等效是制剂之间具有相同疗效的最重要的评价指标。

一、固体制剂的制备工艺

固体剂型的制备过程中，一般需要将药物和各种辅料进行粉碎、过筛后才能加工成各种剂型。如药物与其他辅料均匀混合后直接分装，可获得散剂；如将混合均匀的物料进行制粒、干燥后分装，即可得到颗粒剂；如将制备的颗粒压缩成型，可制备成片剂；如将混合的粉末或颗粒按照固定剂量装填入胶囊中，可制备成胶囊剂等。

二、固体制剂的单元操作

对于固体制剂而言，物料的混合均匀度、流动性及可压性非常重要。粉碎、筛分、制粒、干燥、混合是保证药物的含量均匀度和成型性的主要单元操作，成型工艺主要是压片。另外，为了实现控制药物释放速度以及美观等目标，还需要对物料进行包衣操作。

诸多单元操作中，制粒工艺和包衣工艺难度相对较大，对制剂产品的质量影响也较大，为工艺研究的重点。制粒工艺通常分为高剪切湿法制粒、流化床一步制粒和干法辊压法制粒。包衣工艺通常分为片剂包衣和流化床微丸包衣。混合工艺采用的设备不同，混合原理也有差别，需要根据物料的特性合理选择。总之，理解制剂单元操作的原理，才有可能在工艺研究以及生产过程中进行最优化选择，实现制剂产品质量可控。

本节主要介绍粉碎、筛分和混合三个固体制剂常用的单元操作。

1.粉碎

粉碎（crushing）是借助机械力将大块物料破碎成适宜大小的颗粒或细粉的操作过程。粉碎可以：①增加表面积，提高难溶性药物的溶出速度，进而提高生物利用度；②有利于制剂各组分混合均匀；③为制剂提供所需粒径的物料。粉碎过程主要是利用外加机械力的作用破坏物质分子间的内聚力来实现的。当物料受到外力的作用后在局部产生很大应力，开始表现为弹性变形，当施加的应力超过物质的屈服应力时物料发生塑性变形，当应力超过物料本身的分子间的内聚力时即可产生裂隙，并发展成为裂缝直至破碎。随着粒子粒径的减小，含有有效裂缝的概率也减少，因此物料会越来越难以粉碎。

粉碎过程常用的外加力有冲击力、压缩力、剪切力、弯曲力、研磨力等，被粉碎物料的性质、粉碎程度不同，所需施加的外力也有所不同。冲击、压碎和研磨作用对脆性物质物料有效，纤维状物料用剪切方法更有效；粗碎以冲击力和压缩力为主，细碎以剪切力、研磨力为主；要求粉碎产物能产生自由流动时，用研磨法较好。实际多数粉碎过程是上述几种力综合作用。粉碎的设备有球磨机、冲击式粉碎机、流能磨和胶体磨等。

(1) 球磨机 由水平放置的回转圆筒和内装一定数量直径不同的钢或瓷的圆球所组成。当圆筒转动时，圆球由于离心力的作用，随筒体一起回转，并被带到一定高度，然后在重力作用下抛落下来，对物料进行冲击；同时，圆球在筒内存在滑动和滚动，对物料起研磨作用；在圆球冲击和研磨的共同作用下，物料被粉碎和磨细。

(2) 冲击式粉碎机 对物料的粉碎以冲击力为主，适用于脆性、韧性物料以及中碎、细碎、超细碎等，应用广泛，有"万能粉碎机"之称。其典型的粉碎结构有锤击式和冲击柱式。

(3) 流能磨 又称气流粉碎机，系利用高速气流使物料颗粒之间以及颗粒与器壁之间碰撞而产生粉碎作用的粉碎机。目前工业上常用的有循环管式气流粉碎机、扁平式气流粉碎机等。物料被高速气流引射进入粉碎室，700～1000 kPa 的压缩空气通过喷嘴沿切线进入粉碎室时产生超声速气流，物料被气流分散、加速，粒子之间、粒子与器壁间发生强烈撞击、冲击、研磨而得到粉碎。气流粉碎机可进行粒度要求为 3～20 μm 的超微粉碎；适用于热敏性物料和低熔点物料的粉碎；经验证后可用于无菌粉末的粉碎；粉碎效率不高。

(4) 胶体磨 一般由定子和转子组成，其工作原理是流体或半流体物料在离心力的作用下，通过定齿与动齿之间的高速相对运动，使齿面之间的物料受到强大的剪切、研磨及高频振动等作用，有效地被粉碎成胶体状。粉碎产物在旋转转子的离心作用下从缝隙中排出。胶体磨常用于混悬剂与乳剂等分散系的粉碎。

2.筛分

筛分法（sieving method）是借助筛网孔径大小将物料进行分离的方法，其操作简单、经济，且分级精度较高，是医药工业中应用最广泛的分级操作之一。其目的是获得较均匀的粒子群。如颗粒剂、散剂等制剂都有药典规定的粒度要求；在混合、制粒、压片等单元操作中对混合度、粒子的流动性、充填性、片重差异、片剂的硬度、裂片等具有显著影响。

（1）影响筛分的因素

① 物料粒径的分布。粒径越小，由于表面能、静电等影响容易使粒子聚结成块或堵塞筛孔无法操作，一般筛分粒径不小于 $70\ \mu m$，聚结现象严重时可根据情况采用湿法筛分。物料的粒度越接近于筛孔直径越不易分离。

② 物料的湿度。物料中含湿量增加，黏性增加，易成团或堵塞筛孔。

③ 粒子的形状。粒子表面状态不规则，密度小等不易过筛。

④ 筛面运动性质及其装置参数。筛分装置的参数，如筛面的倾斜角度、振动方式、运动速度、筛网面积、物料层厚度及过筛时间等，应保证物料与筛面充分接触，给小粒径的物料通过筛孔的机会。

（2）筛分设备　筛分用的药筛分为冲眼筛和编织筛。冲眼筛系在金属板上冲出圆形的筛孔而成，筛孔坚固，不易变形，多用于高速旋转粉碎机的筛板及药丸等粗颗粒的筛分。编织筛是由具有一定机械强度的金属丝（如不锈钢丝、铜丝、铁丝等），或非金属丝（如尼龙丝、绢丝等）编织而成。其优点是单位面积上的筛孔多、筛分效率高，可用于细粉的筛选。

药筛的孔径大小用筛号表示，《中国药典》（2020 年版）规定的药筛为国家标准的 R40/3 系列（表 7-1）。标准筛用"目"来表示筛孔的大小，"目"是指每英寸（2.54 cm）长度内所编织筛孔的数目。制剂工业中常采用筛面运动方式，且根据筛面的运动方式分为旋转筛、摇动筛、旋动筛及振荡筛等。此外，还有其他筛分设备，如滚筒筛、多用振动筛等。

表 7-1 《中国药典》药筛标准

筛　号	筛孔内径/μm	目号
一号筛	2000±70	10 目
二号筛	850±29	24 目
三号筛	355±13	50 目
四号筛	250.0±9.9	65 目
五号筛	180.0±7.6	80 目
六号筛	150.0±6.6	100 目
七号筛	125.0±5.8	120 目
八号筛	90.0±4.6	150 目
九号筛	75.0±4.1	200 目

3.混合

（1）混合　混合（mixing）是指把两种以上的组分均匀混合的操作过程。混合操作以物料含量的均匀一致为目的，通常以细微粉体为对象，是保证制剂产品质量的重要措施之一。在制剂生产的过程中，混合结果直接影响制剂的外观质量和内在质量。如在压片时出现斑点，崩解时限、硬度不合格，会影响疗效。特别是安全范围窄的药物，活性高、含量非常低的药物，长期服用的药物，主药的含量不均匀对治疗效果带来极大的影响，甚至带来毒性反应。因此，合理的混合操作是保证制剂产品质量的重要措施之一。

（2）混合方法与设备　制剂生产中固体的混合设备大致分为容器旋转型和容器固定型两大类。前者为借助容器本身的旋转作用带动物料上下运动而使物料混合的设备。包括：①水平圆筒型混合机。水平筒体在轴向旋转时带动物料向上运动，并在重力作用下物料往下滑落的反复运动中进行混合。②V形混合机。由两个圆筒V形交叉结合而成，交叉角 α 为 $80°\sim$ $81°$，圆筒直径与长度之比为 $0.8\sim0.9$。物料随圆筒旋转时被分成两部分，两部分物料再重新汇合在一起，如此反复循环，在较短时间内即能混合均匀。③双锥形混合机。在短圆筒两端各连接一个锥形圆筒而成，旋转轴与容器中心线垂直。物料在混合机内的运动状态与混合效果类似于V形混合机。容器固定型混合机是物料在容器内靠叶片、螺带或气流的搅拌作用进行混合的设备。包括：①搅拌槽型混合机。由固定混合槽和螺旋状二重带式搅拌桨组成，混合槽可绕水平轴转动以便于卸料。物料在搅拌桨的作用下不停地向上下、左右、内外的各个方向运动，从而达到均匀混合。②锥形垂直螺旋混合机。由锥形容器和内装的 $1\sim2$ 个螺旋推进器组成。螺旋推进器的轴线与容器锥体的母线平行，螺旋推进器在容器内既有自转又有公转，在混合过程中物料在推进器的作用下自底部上升，又在公转作用下在全容器内产生涡旋和上下循环运动。

（3）混合的影响因素　在多种固体物料进行混合时往往伴随离析现象，妨碍物料的良好混合，降低混合程度。影响混合效果的因素很多，包括物料因素、设备因素及操作因素等。其中，物料粒径大小及粒度分布、粒子形态及表面状态、粒子密度及堆密度、粒子的表面电荷、黏附性、团聚性等粉体性质都会影响混合过程。特别是各个成分间粒径、粒子形态、密度等差异显著时，混合过程中或混合后容易发生离析现象而无法混合均匀。一般来说，粒径对混合的影响最大，密度的影响在流态化操作中比粒径更显著。各成分的混合比也是非常重要的因素，混合比越大，混合度越小。

为了达到均匀的混合效果，应充分考虑以下问题：①混合组分的比例。组分比例相差过大时，难以混合均匀，应该采用等量递加混合法（又称配研法）进行混合，即将量小药物研细后，再加入等体积其他细粉研匀，如此倍量增加混合至全部混匀，再过筛混合即可。②混合组分的密度。各组分密度差异较大时，应将密度小者先放入混合器中，再放入密度大者，以避免密度小者浮于上部而密度大者沉于底部而不易混匀。但当粒子粒径小于 $30~\mu m$ 时，各组分密度大小将不会成为导致分离的因素。③各组分的黏附性与带电性。有的药物粉末对混合器械具有黏附性，影响混合也易造成损失，一般应将量大或不易吸附的药粉或辅料垫底，量少或易吸附者后加入。混合时摩擦而带电的粉末不易混匀，常加少量表面活性剂或润滑剂加以克服，如硬脂酸镁、十二烷基硫酸钠等发挥抗静电作用。④其他。含液体成分时，可采用处方中其他固体成分吸收；若液体量较大时，可另加赋形剂（如磷酸钙、白陶土、蔗糖和葡萄糖等）吸收。

第二节　散剂、颗粒剂与胶囊剂

一、散剂

散剂（powders）是指原料药物或与适宜的辅料经粉碎、均匀混合制成的干燥粉末状制剂。散剂作为古老的传统剂型,在中药制剂中应用更为广泛,在《五十二病方》《黄帝内经》和《神农本草经》等医药典籍中都有记载。散剂按应用途径可分为口服散剂和局部用散剂。口服散剂一般溶于或分散于水、稀释液或者其他液体中服用,也可直接用水送服,如牛黄千金散、阿奇霉素散剂等。局部用散剂可供皮肤、口腔、咽喉或腔道等处应用,如硝酸咪康唑散、冰硼散等。

散剂具有如下特点:①粉碎程度大,比表面积大,起效快,古有论述"散者散也,去急病用之";②外用时覆盖面广,具有保护和收敛等作用;③制备工艺简单,剂量易调节,便于老人和小儿服用;④贮存、运输、携带比较方便。但应注意,由于药物粉碎后比表面积增大,化学活性和吸湿性等也相应增强,故刺激性大、湿热不稳定的药物一般不宜制成散剂。散剂作为粉末状制剂,除了直接使用外,也可作为其他剂型,如颗粒剂、胶囊剂、混悬剂和粉雾剂等的基础物质。

1.散剂的制备

散剂制备的一般工艺流程如图 7-1 所示。

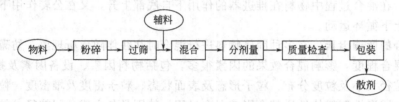

图 7-1　散剂的制备工艺流程图

物料粉碎前通常需进行前处理,即将物料加工成符合粉碎要求的粒度和干燥程度等。制备散剂的粉碎、过筛及混合等单元操作也适合其他固体制剂的制备过程。分剂量是将混合均匀的物料按剂量要求进行分装的过程,常用的方法有目测法、重量法和容量法三种。重量法准确,容量法快捷。机械化生产多采用容量法,但应对粉末的流动性、堆密度、吸湿性等进行考察,以保证剂量的准确性。

2.散剂的质量评价

根据《中国药典》(2020 年版),除另有规定外,散剂应进行以下项目检查:

(1) 粒度　除另有规定外,化学药局部用散剂和用于烧伤或严重创伤的中药局部用散剂及儿科用散剂按单筛分法测定,化学药散剂通过七号筛 (120 目,125 μm) 或中药通过六号筛 (100 目,150 μm) 的粉末重量不得少于 95%。

(2) 外观均匀度　取供试品适量置光滑纸上,平铺约 5 cm^2,将其表面压平,在明亮处观察,色泽应均匀,无花纹与色斑。

(3) 水分　中药散剂照水分测定法测定,除另有规定外,不得超过 9.0%。

(4) 干燥失重　除另有规定外,取化学药或生物制品散剂供试品,照干燥失重测定法测定,在 105 ℃干燥至恒重,减失重量不得超过 2.0%。

(5) 装量差异　单剂量包装的散剂,依法检查,应符合规定。凡规定检查含量均匀度的化学药和生物制品散剂,一般不再进行装量差异的检查。

(6) 装量　除另有规定外,多剂量包装的散剂,照最低装量检查法检查,应符合规定。

(7) 无菌　除另有规定外,用于烧伤、严重创伤或临床必须无菌的局部用散剂,照无菌检查法检查,应符合规定。

（8）**微生物限度** 除另有规定外，照非无菌产品微生物限度检查，应符合规定。凡规定进行杂菌检查的生物制品散剂，可不进行微生物限度检查。

3. 散剂的典型处方与分析

例 7-1 冰硼散

【处方】冰片 50 g，硼砂（煅）500 g，朱砂 60 g，玄明粉 500 g。

【制法】以上四味，朱砂水飞成极细粉，硼砂粉碎成细粉，将冰片研细，上述粉末与玄明粉配研、过筛、混合，即得。

【注解】①朱砂主含硫化汞，为粒状或块状集合体，色鲜红或暗红，具光泽，质重而脆，水飞法可获极细粉。玄明粉系芒硝，经风化干燥而得，含硫酸钠不少于 99%。②本品朱砂有色，易于观察混合的均匀性。③本品用乙醚提取，重量法测定，冰片含量不得少于 3.5%。

例 7-2 氢溴酸东莨菪碱散

【处方】氢溴酸东莨菪碱 0.0003 g，乳糖 0.2997 g。

【制法】取氢溴酸东莨菪碱 0.1 g 置乳钵中，按等量递增原则加乳糖 0.9 g 混匀成 1：10 倍散（十倍散）；取十倍散 0.1 g 同上法加乳糖 0.9 g 混匀成 1：100 倍散（百倍散），取百倍散 0.1 g 等量递增加入 0.9 g 混匀成 1：1000 倍散（千倍散），取千倍散 0.9 g 分成三等份，包装即得。

【注解】本品为小剂量剧毒药，不易准确称取，剂量不准易致中毒。为保证含量准确，多采用等量递增法稀释混匀，大量配制时必须做含量均匀度检查，以保证质量和用药安全。

二、颗粒剂

颗粒剂（granules）是指原料药物与适宜的辅料混合制成具有一定粒度的干燥颗粒状制剂。《中国药典》规定粒度范围是不能通过一号筛与能通过五号筛的总和不得超过 15%。颗粒剂可分为可溶性颗粒（通称为颗粒）、混悬颗粒、泡腾颗粒、肠溶颗粒，根据释放特性不同还有缓释颗粒和控释颗粒等。

与散剂相比，颗粒剂具有以下特点：①飞散性、附着性、团聚性及吸湿性等均较小；②服用方便，根据需要加入着色剂、芳香剂、矫味剂等可制成色、香、味俱全的颗粒剂；③必要时可对颗粒进行不同材料的包衣，使颗粒具有防潮性、缓控释性或肠溶性等；④含多种成分颗粒在混合和分剂量时，若颗粒大小和密度差异较大，易产生离析现象，导致剂量不准确。

1. 颗粒剂的制备

颗粒剂的制备主要涉及制粒技术。制粒（granulation）是指粉末状的药物原料中加入适宜的润湿剂和黏合剂，经加工制成具有一定形状和大小颗粒状物体的操作。制粒方法主要分湿法制粒与干法制粒两大类。制粒前药物的粉碎、过筛和混合等单元操作与散剂制备过程相同。目前颗粒剂主要采用传统的湿法制粒制备，制备工艺流程见图 7-2。具体操作如下。

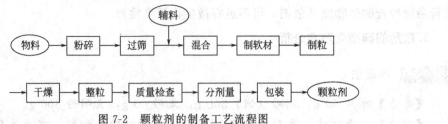

图 7-2　颗粒剂的制备工艺流程图

（1）**制软材**　又称捏合（kneading），是将药物与适宜的稀释剂、崩解剂等充分混匀，加入适量的水或其他黏合剂后混匀制备成具有一定塑性物料的过程。黏合剂的用量是制软材的关键，也是湿法制粒的关键。一般可根据经验"手握成团，轻压即散"为原则掌握软材的质量。现代技术可通过监测黏合剂加入量对混合能量的变化来判断润湿程度是否合适。

（2）**制湿颗粒**　通常用挤出制粒法制备湿颗粒，即将软材以机械挤压的方式通过筛网。颗粒的大小通过筛网的孔径大小来调节。近年来流化床制粒、搅拌制粒和转动制粒等技术也广泛用于颗粒剂的制备。其中，流化床制粒可在同一台设备内完成物料的混合、制粒及干燥等过程，因此称为"一步制粒法"。

（3）**干燥**　制得的湿颗粒需加以干燥，以除去水分或其他溶剂，防止颗粒结块或受压变形。常用的设备有厢式干燥器和流化床干燥器等。

（4）**整粒与分级**　湿颗粒在干燥过程中常会发生粘连，甚至结块。因此，需通过整粒的过程使粘连、结块的干颗粒散开，获得具有一定粒度的均匀颗粒。一般通过筛分法进行整粒和分级。

（5）**质量检查与分剂量**　将制得的颗粒进行含量检查与粒度测定等，按剂量装入适宜袋中。机械化生产中多采用容量法分剂量。为保证剂量的准确，应使颗粒均匀一致，流动性好，并控制车间的湿度以防颗粒吸湿。颗粒剂应于干燥处密封贮存，防止受潮。

2.颗粒剂的质量评价

根据《中国药典》（2020 年版），除另有规定外，颗粒剂应进行以下质量检查项目。

（1）**粒度**　除另有规定外，照粒度和粒度分布测定法（第二法 双筛分法）测定，不能通过一号筛（10 目，2000 μm）与能通过五号筛（80 目，180 μm）的总和不得超过 15％。

（2）**水分**　中药颗粒剂照水分测定法测定，除另有规定外，水分不得超过 8.0％。

（3）**干燥失重**　除另有规定外，化学药品和生物制品颗粒剂照干燥失重测定法测定，于105 ℃干燥（含糖颗粒应在 80 ℃减压干燥）至恒重，减失重量不得超过 2.0％。

（4）**溶化性**　除另有规定外，可溶颗粒和泡腾颗粒按方法检查，溶化性应符合规定。混悬颗粒以及已规定检查溶出度或释放度的颗粒剂可不进行溶化性检查。

（5）**装量差异**　单剂量包装的颗粒剂按药典方法检查，应符合规定。凡规定检查含量均匀度的颗粒剂，一般不再进行装量差异检查。

（6）**装量**　多剂量包装的颗粒剂，照最低装量检查法检查，应符合规定。

（7）**微生物限度**　以动物、植物、矿物质来源的非单体成分制成的颗粒剂及生物制品颗粒剂，照非无菌产品微生物限度检查，应符合规定。规定检查杂菌的生物制品颗粒剂，可不进行微生物限度检查。

3.颗粒剂的典型处方与分析

例 7-3 降脂灵颗粒

【处方】制何首乌 369.8 g，枸杞子 369.8 g，黄精 493.1 g，山楂 246.6 g，决明子 73.3 g。

【制法】以上五味，黄精、枸杞子加水煎煮二次，第一次 2 h，第二次 1 h，滤过，滤液合并，浓缩至稠膏状，其余制何首乌等三味用 50％乙醇加热回流提取二次，每次 1 h，滤过，滤液合并，回收乙醇并浓缩至稠膏状。将上述两种稠膏合并，加淀粉适量，混匀，制粒，干燥，制成 1000 g，即得。

例 7-4 阿奇霉素颗粒剂（1000 袋量）

【处方】阿奇霉素 180 g，蔗糖 800 g，淀粉 80 g，甘露醇 30 g，甜菊素 25 g，95％乙醇适量，椰子香精适量。

【制法】称取处方量的原辅料，将阿奇霉素、蔗糖、甘露醇分别粉碎，过 100 目筛，淀粉过 120 目筛，得到原辅料粉末。将上述所得的原辅料粉末置于混合机内密封干混 10 min 后，加入 95％乙醇，湿混 80 s 制软材，过筛制粒，得湿颗粒。湿颗粒于 65 ℃干燥 40 min 后，将干颗粒和椰子香精混合，加入整粒机中过 18 目筛整粒。检查合格后，根据含量确定装量，包装即得。

【注解】①该颗粒剂为混悬颗粒剂，系难溶性药物与适宜辅料混合制成的一定粒度的颗粒剂，临用前加水或其他适宜的液体振摇即可分散成口服混悬液。②混悬颗粒剂在制备过程中需制粒，原料药粒度需控制在一定范围内。由于对物理稳定性无特殊要求，处方中一般无须添加助悬剂、絮凝剂及反絮凝剂等辅料。③由于混悬颗粒剂中难溶性药物的溶出是药物吸收的限速过程，故质量研究中应进行溶出度检查。

三、胶囊剂

（一）胶囊剂的定义、特点与分类

胶囊剂（capsules）是指原料药物或与适宜辅料充填于空心硬质胶囊或密封于软质囊材中制成的固体制剂，主要供口服用。此外还有供其他给药途径使用的胶囊剂，如干粉吸入胶囊、植入胶囊、直肠和阴道用胶囊等。

胶囊剂具有如下特点：①能掩盖药物的不良嗅味，提高药物稳定性。因药物装填于胶囊壳中与外界隔离，避免了空气、水分和光线等的影响，对具苦味、不良嗅味和不稳定的药物有一定遮蔽、保护和稳定作用。②药物在体内起效快，生物利用度较高。药物是以粉末或颗粒状态直接充填于囊壳中，在胃肠道中能迅速分散、溶出和吸收。③液态药物固体剂型化。液态药物或含油量高的药物可充填于软胶囊中形成固体制剂，方便携带、服用。④内容物可具有多种形态。内容物可以是固体、液体或半固体，可以制备成粉末、颗粒、小丸或小片等。⑤可实现药物不同的释药特性。对需起速效的难溶性药物，可制成固体分散体装于胶囊；将药物制成缓释颗粒装入胶囊，可达到缓释延效作用；制成肠溶胶囊可将药物定位释放于小肠。

根据胶囊壳物理性质的不同，胶囊剂可分为硬胶囊（hard capsules）和软胶囊（soft capsules）。硬胶囊（通称为胶囊）是指采用适宜的制剂技术，将原料药或加适宜辅料制成的均匀粉末、颗粒、小丸、半固体或液体等，充填于空心胶囊中的胶囊剂。软胶囊（胶丸）是指将一定量的液体原料药物直接包封，或将固体原料药物溶解或分散在适宜的辅料中制备成溶液、混悬液、乳液或半固体，密封于软质囊材中的胶囊剂。根据释放特性不同，胶囊剂可分为普通胶囊、缓释胶囊、控释胶囊和肠溶胶囊。

（二）胶囊剂的制备

1. 硬胶囊剂的制备

硬胶囊剂的制备过程通常包括空心胶囊的制备和填充物料的制备、填充、套合封口等工艺，制备工艺流程见图7-3。

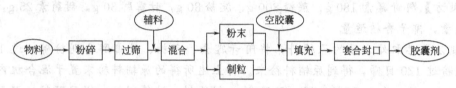

图 7-3　硬胶囊剂的制备工艺流程图

（1）空心胶囊的制备

① 组成　明胶（gelatin）是最为常用的成囊材料，由动物的皮或骨经提取制得。生产中常将骨胶和皮胶混合使用，以兼顾囊壳的强度和塑性。在制备过程中通常还需添加其他各种成分，如增塑剂、增稠剂、着色剂、遮光剂和防腐剂等（表7-2），以改善囊壳的性质。由于明胶来源于动物，不能满足不同宗教、文化地区或素食者的需求，故近些年出现了以淀粉、羟丙甲基纤维素、卡拉胶和结冷胶等为囊材的空心胶囊。除具有植物来源优势外，这些新型空心胶囊还具有含水量低、适用性广及贮存要求低等优点。

表 7-2　空心胶囊制备常用的添加剂

种类	功能	常用添加剂
增塑剂	增加韧性与可塑性	甘油、山梨醇、羟丙基纤维素、天然胶等
增稠剂	减小流动性、增加胶冻力	琼脂等
着色剂	美观与便于识别	食用色素（如氧化铁、柠檬黄、苋菜红）等
遮光剂	增加光敏药物的稳定性	二氧化钛（2%～3%）等
防腐剂	防止霉变	尼泊金、对羟基苯甲酸酯类等
成型助剂	更好成型、增加囊壳光泽	月桂醇硫酸钠等表面活性剂

② 制备工艺　空心胶囊为圆筒状空囊，由囊体和囊帽两部分组成。其生产过程一般由自动化生产线来完成，主要分为溶胶、蘸胶（制坯）、干燥、拔壳、切割、整理和套合等工序。为便于识别，还可用食用油墨在囊壳表面印字。

③ 规格与质量要求　空心胶囊共有8种规格，常用的为0～5号，随号数由小到大，容积则由大到小（图7-4）。制备的空心胶囊成品应做必要的检查，检查项目主要包括外观、嗅味、水分、脆碎度、崩解性、松紧度以及重金属与微生物限度等。

（2）填充物料的制备、填充与套合封口

① 物料的处理　胶囊剂的填充物料需与空心胶囊相容，且具有一定的流动性。若药物

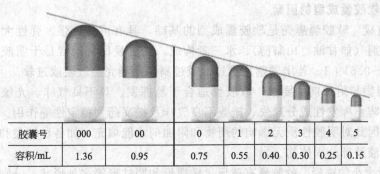

胶囊号	000	00	0	1	2	3	4	5
容积/mL	1.36	0.95	0.75	0.55	0.40	0.30	0.25	0.15

图 7-4　空心胶囊的号数与容积

粉碎至适宜粒度就能满足填充要求，即可直接填充。但多数药物由于流动性差等方面的原因，通常需添加适量的稀释剂、崩解剂、润滑剂等辅料以满足填充或临床用药的要求。

② 物料的填充　硬胶囊剂的物料填充多采用容积控制，分手工填充和机器填充两种方式。手工填充装量差异大、生产效率低，只适合小剂量药品和贵重药品等的填充。大规模生产中使用胶囊填充机进行填充。胶囊填充机按填充方式可分为以下四种类型（图 7-5）：由螺旋钻压进物料［图 7-5（a）］；用柱塞上下往复压进物料［图 7-5（b）］；利用流动性自由流入物料［图 7-5（c）］；在填充管内先将药物压成单位量药粉块，再填充于胶囊中［图 7-5（d）］。为保证快

生产型全自动硬胶囊填充机

速填充和剂量准确，应根据填充物料的性质，选择合适类型的填充剂。此外，对于半固体或液体内容物，常采用定量液体泵取代饲粉器和定量管，用泵压法进行填充。目前制药企业多采用全自动硬胶囊填充机，比较著名的品牌包括德国 BOSCH，意大利 IMA、MG2 等。

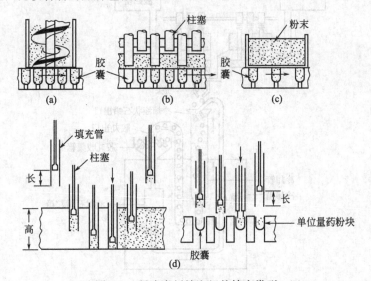

图 7-5　硬胶囊剂填充机的填充类型

③ 套合封口　物料填充于囊体后，即可套合胶囊帽。目前多使用锁口型胶囊，锁口型的囊帽、囊体有闭合用槽圈，套合后相互咬合密闭性好，不必封口。

2.软胶囊剂的制备

由于软胶囊是将一定量的药液密封于球形或椭圆形的软质囊材中而成的制剂，所以了解各种影响成型的因素，有利于处方设计与工艺条件的控制。

（1）影响软胶囊成型的因素

① 囊壳组成　软胶囊囊壳是软胶囊成型的基础，具有可塑性强、弹性大等特点，主要由明胶、增塑剂（如甘油、山梨醇）、水三者构成，其质量比例通常是干明胶：干增塑剂：水为 1:（0.4~0.6）:1。若增塑剂用量过低或过高，则囊壳会过硬或过软。

② 填充药物与附加剂的要求　软胶囊适合于易挥发、具不良气味、光敏感、易氧化等的药物，起到防止挥发性成分逸失、掩盖不良气味及提高药物稳定性等作用。由于软质囊材以明胶为主，因此对明胶性质无影响的药物和附加剂才能填充，如各种油类和液体药物、药物溶液、混悬液及部分固体物。

③ 软胶囊大小的选择　软胶囊有球形、椭圆形和圆柱形等多种形状，分别有多种容量可供选择。为便于成型，一般要求软胶囊的容积尽可能小一些。液体药物包裹时按剂量和密度计算囊壳大小。当内容物为混悬液时，所需软胶囊的大小可用"基质吸附率（base adsorption）"来计算，即 1 g 固体药物制成填充的混悬液时所需液体基质的质量（g），按下式计算：

$$基质吸附率 = 液体基质质量(g)/固体药物质量(g) \qquad (7-1)$$

（2）软胶囊的制备方法

① 滴制法　由具双层滴头的滴丸机（图 7-6）完成。以明胶为主的软质囊材（胶液）与被包油状药液，分别在双层滴头的外层与内层以不同速度流出，使定量的胶液将定量的药液包裹后，滴入与胶液不相混溶的冷却液（如液体石蜡、植物油等）中，由于表面张力作用使之形成球形，并逐渐冷却、凝固成软胶囊。该制备方法设备简单、投资少，生产过程中几乎不产生废胶，产品成本低。

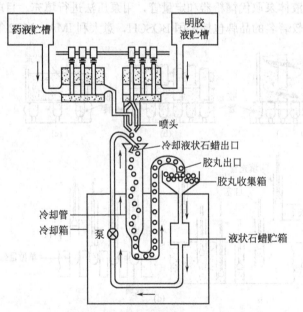

图 7-6　滴制法制备软胶囊的生产过程示意图

② 压制法　是将胶液制成厚薄均匀、半透明的胶片，再将定量的药液置于两个胶片之间，用钢板模或旋转模压制软胶囊的一种方法。目前生产上主要采用旋转模压法，其制囊机及模压过程示意图见图 7-7。该机由涂胶机箱、鼓轮制出的两条带状胶片连续不断地自两侧相对方向移动，在接近旋转模时，两胶片靠近，此时药液由填充泵经导管至楔形注入器，定量灌注于两胶片之间，向前转动中被压入模孔，轧压、包裹成型，剩余的胶片即自动切断分

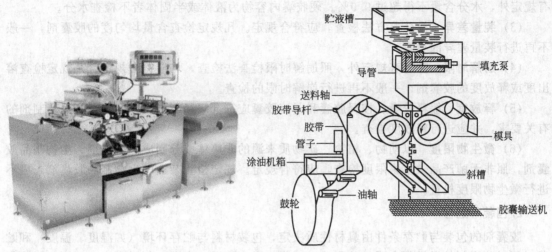

图 7-7　旋转模压法制备软胶囊的制囊机及模压过程示意图

离。胶片在接触旋转模孔的一面需涂润滑油，所以用石油醚洗涤胶丸，再于相对湿度 40％、21～24 ℃、鼓风条件下干燥，使胶壳含水量在 6％～10％范围内。此种旋转模压机可连续生产，产量大，装量精确，物料损失较小。

3. 肠溶胶囊剂的制备

具有胃刺激性、不良嗅味、遇酸不稳定或需在肠内发挥疗效的药物，可设计制备成在胃内不溶而在肠内崩解、溶化的肠溶胶囊剂。可通过以下几种方法制备：①将溶解好的肠溶性材料加到明胶液中，加工成肠溶性空胶囊，如醋酸纤维素酞酸酯（CAP）、羟丙甲纤维素酞酸酯（HPMCP）、虫胶等作为肠溶材料制备成肠溶软胶丸，具有较好的肠溶性能。②在胶囊剂表面包被肠溶衣料，使胶囊壳具有肠溶性。如用聚乙烯吡咯烷酮作底衣层，然后用肠溶材料作外层包衣，其肠溶性较为稳定。但由于包衣工艺不易掌握，且包衣后胶囊表面的光洁度变差，有待进一步改进工艺。③将肠溶包衣的颗粒或小丸等充填于胶囊制成硬胶囊。该方法制备的肠溶胶囊受胶囊壳的影响较小，还可通过调整内容物性质来控制药物的释放速度，应用较为广泛。

4. 其他新型胶囊剂的制备

近年来，随着新辅料、新设备以及制剂新技术的发展，人们设计制备了许多新型的胶囊剂，以满足不同的临床需求。如常见的缓释、控释胶囊，是将药物制成不同释放速度的骨架颗粒或包衣小丸，然后装于硬胶囊中，如布洛芬缓释胶囊。充液胶囊（liquid-filled cap-sules）是指将含药液体填充入空胶囊而制成的硬胶囊，具有外观透明度高、生产工艺简单及提高湿热敏感药物的稳定性等优点。如 Capsugel 公司的 Licaps® 充液胶囊可提供明胶和HPMC 两种囊壳，适合于填充液体或半固体内容物。此外，还出现了如脉冲胶囊、泡腾胶囊以及胃滞留释药系统等新型胶囊剂。

（三）胶囊剂的质量评价与包装贮存

1. 质量评价

根据《中国药典》（2020 年版），除另有规定外，胶囊剂应进行以下质量检查项目。

（1）外观　胶囊剂应整洁，不得有黏结、变形、渗漏或囊壳破裂现象，并应无异臭。

（2）水分　中药硬胶囊剂应进行水分检查。取供试品内容物，照水分测定法测定，除另有规定外，水分含量不得超过 9.0%。硬胶囊内容物为液体或半固体者不检查水分。

(3) 装量差异 按药典方法检查，应符合规定。凡规定检查含量均匀度的胶囊剂，一般不再进行装量差异的检查。

(4) 崩解时限 除另有规定外，照崩解时限检查法检查，均应符合规定。凡规定检查溶出度或释放度的胶囊剂，一般不再进行崩解时限的检查。

(5) 释放度 缓释胶囊、控释胶囊和肠溶胶囊应符合缓释制剂、控释制剂和迟释制剂的有关要求，并应进行释放度检查。

(6) 微生物限度 以动物、植物、矿物质来源的非单体成分制成的胶囊剂、生物制品胶囊剂，照非无菌产品微生物限度检查，应符合规定。规定检查杂菌的生物制品胶囊剂，可不进行微生物限度检查。

2. 包装与贮存

胶囊剂的包装与贮存条件由囊材性质决定，包装材料与贮存环境（如湿度、温度）和贮藏时间对胶囊剂的质量都有明显的影响。一般来说，高温、高湿（相对湿度＞60%）对胶囊剂可产生不良的影响，不仅会使胶囊吸湿、软化、变黏、膨胀、内容物结块，而且会造成微生物滋生。因此，必须选择合适的包装容器与贮存条件。一般应选用密闭性能良好的玻璃容器、透湿系数小的塑料容器或泡罩式复合铝塑包装。除另有规定外，胶囊剂应密封贮存，其存放环境温度不高于 30 ℃，湿度应适宜，防止受潮、发霉、变质。

(四) 胶囊剂的典型处方与分析

例 7-5 盐酸二甲双胍肠溶胶囊

【处方】 微丸处方：盐酸二甲双胍 250 g，微晶纤维素空白丸芯 30 g，滑石粉 30 g，3%羟丙甲基纤维素水溶液适量。

包衣处方：Eudragit L30D-55 300 g，枸橼酸三乙酯 20 g，滑石粉 50 g，水 300 mL。

共制成胶囊 1000 粒。

【制法】 ①含药丸芯的制备：取微晶纤维素空白丸芯（40～60 目）500 g，置离心包衣造粒机内，将过 120 目的盐酸二甲双胍加入加料斗内，以 3%羟丙甲基纤维素水溶液为黏合剂，操作离心包衣造粒机，至药粉供完，抛光并取出烘干，即得含药丸芯。②含药丸芯的修饰：称取含药丸芯 500 g，置包衣机内，另将 50 g 滑石粉加入加料斗内，以 3%羟丙甲基纤维素水溶液为黏合剂，开动离心包衣造粒机，至滑石粉供完为止，取出烘干，即得。③包衣工艺：称取以滑石粉修饰过的含药丸芯 500 g，置包衣机内，另取包衣液适量，以包衣锅进行包衣，至包衣液喷完时停止，取出热处理 24 h 即可。④装胶囊：将上述含药包衣微丸测定含量后填充明胶硬胶囊壳即得。

【注解】 ①盐酸二甲双胍肠溶胶囊的制备主要是为了克服普通制剂口服后进入上消化道后溶解而产生的刺激性，并实现药品在小肠上部的良好吸收；②影响离心造粒法制备微丸的工艺因素主要有主机转速、喷枪喷雾条件、喷浆速度、供粉速度和抛光时间等，应注意进行控制；③使用 3%羟丙甲基纤维素水溶液作黏合剂时，操作过程中粉末层积较为顺利，制得的含药微丸表面光滑，圆整度较好，同时机械强度亦较高。

例 7-6 硝苯地平软胶囊

【处方】硝苯地平 5 g，聚乙二醇 400 220 g。共制成 1000 粒。

【制法】将硝苯地平与 1/8 处方量的聚乙二醇 400（PEG400）混合，用胶体磨粉碎，然后加入剩余的 PEG400 混溶，即得一透明淡黄色药液（亦可用球磨机研磨 3 h）。另配明胶溶液（明胶 100 份、甘油 55 份、水 120 份）备用，在室温［（23±2）℃］、相对湿度 40% 的条件下，药液与明胶液用自动旋转轧囊机制成胶丸，每丸重 225 mg，在（28±2）℃、相对湿度 40% 条件下将胶囊干燥 20 h，即得。

【注解】①硝苯地平为治疗、预防心绞痛和高血压的药物。其见光易分解，故生产与贮存时均应避光，亦可在胶液中加入适量二氧化钛。②硝苯地平为难溶性药物，不溶于植物油，采用 PEG400 为溶剂，通过球磨制成溶液，可增加药物的吸收。但 PEG400 易吸湿可使囊壁硬化，故在囊材中加入保湿剂（甘油），使囊壁干燥后仍保留水分约 5%。

第三节 片 剂

一、简介

（一）片剂的定义、特点及质量要求

片剂（tablets）是指原料药物或与适宜的辅料制成的圆形或异形的片状固体制剂。片剂形状多为圆形，也有胶囊形、橄榄形、三角形等异形片状。片剂的使用有着悠久的历史，自 1943 年第一个手动压片装置获得专利授权以来，片剂得到了蓬勃的发展，是药物制剂中应用最为广泛的剂型之一。目前世界各国药典收载的制剂中以片剂为最多。

片剂具有以下优点：①以片数作为剂量单位，剂量准确，服用方便；②化学稳定性较好，受外界空气、光线、水分等因素的影响较少，且可通过包衣加以保护；③体积较小，携带、运输、贮存方便；④生产的机械化、自动化程度高，产量大，成本较低；⑤种类多，可满足临床的不同用药需求。片剂也有不足之处：①婴幼儿和昏迷患者不易吞服；②处方工艺设计不当时，可能会出现溶出、吸收及生物利用度低等问题；③含挥发性成分的片剂，久贮含量可能有所下降。

根据《中国药典》（2020 年版）制剂通则的规定，片剂的质量要求主要有以下几个方面：①片剂外观应完整光洁，色泽均匀；②有适宜的硬度和耐磨性；③重量差异、崩解时限、溶出度或释放度及含量均匀度应符合要求。此外，不同的片剂品种还应符合各自的质量标准。

（二）片剂的分类

片剂以口服用片剂为主，另有口腔用和外用等给药途径的片剂，介绍如下：

1. 口服用片剂

指供口服的片剂，口服后药物主要是经胃肠道吸收发挥作用，亦可在胃肠道局部发挥作用。主要包括：

(1) 普通压制片　药物与辅料混合、压制而成的未包衣普通片剂。

(2) 包衣片（coated tablets）　在普通压制片的表面包上一层衣膜的片剂。根据包衣材料不同，又可分为糖衣片、薄膜衣片和肠溶衣片。

(3) 咀嚼片　是指于口腔中咀嚼后吞服的片剂。咀嚼片一般应选择甘露醇、山梨醇、蔗糖等水溶性辅料作填充剂和黏合剂。如阿昔洛韦咀嚼片、对乙酰氨基酚咀嚼片等。

(4) 分散片　是指在水中能迅速崩解并均匀分散的片剂。分散片中的原料药应是难溶性的，分散片可加水分散后口服，也可口中吮服或吞服。如厄贝沙坦分散片、美洛昔康分散片等。

(5) 泡腾片　是指含有碳酸氢钠和有机酸，遇水可产生气体而呈泡腾状的片剂。泡腾片中的药物应是易溶性的，加水产生气泡后应能溶解。应用时将片剂放入水杯中迅速崩解后饮用，非常适合于儿童、老人及有吞咽困难的患者服用。如维生素 C 泡腾片、对乙酰氨基酚泡腾片等。

(6) 口崩片　是指在口腔内不需要用水即能迅速崩解或溶解的片剂。一般适合于小剂量药物，常用于吞咽困难或不配合服药的患者。如利培酮口崩片、阿立哌唑口崩片等。

(7) 缓释片（sustained release tablets）　是指在规定的释放介质中缓慢地非恒速释放药物的片剂。具有服药次数少、治疗作用时间长等优点。如酒石酸美托洛尔缓释片、盐酸安非他酮缓释片等。

(8) 控释片（controlled release tablets）　是指在规定的释放介质中缓慢地恒速释放药物的片剂。具有血药浓度平稳、服药次数少、作用时间长、副作用小等优点。如硝苯地平控释片、盐酸哌甲酯控释片等。

(9) 多层片　由两层或多层组成的片剂，每层含有不同的药物或辅料，目的是避免复方制剂中不同药物间的配伍变化，或调节各层药物的释放速率，亦有改善外观的作用。如马来酸曲美布汀多层片、盐酸罗匹尼罗缓释片等。

2. 口腔用片剂

(1) 含片　是指含于口腔中缓慢溶化产生局部或全身作用的片剂。含片中的药物一般是易溶性的，主要起局部消炎、杀菌、止痛或局部麻醉等作用，如复方草珊瑚含片等。

(2) 舌下片　是指置于舌下能迅速溶化，药物经舌下黏膜吸收发挥全身作用的片剂，由于药物未经胃肠道吸收，可避免肝脏的首过效应。舌下片中的药物应易于直接吸收，主要用于急症的治疗，如用于心绞痛治疗的硝酸甘油舌下片。

(3) 口腔贴片　是指粘贴于口腔，经黏膜吸收后起局部或全身作用的片剂。如用于口腔黏膜溃疡的醋酸地塞米松粘贴片（意可贴）等。

3. 其他途径用片剂

(1) 可溶片　是指临用前能溶解于水的非包衣片和薄膜包衣片剂。可溶片应溶解于水中，供口服、外用、含漱等用，如复方硼砂漱口片等。

(2) 阴道片与阴道泡腾片　是指置于阴道内使用的片剂，主要起局部消炎杀菌作用，也可给予性激素类药物，如壬苯醇醚阴道片、甲硝唑阴道泡腾片等。

(3) 植入片　是指埋植到皮下后缓慢溶解、吸收的片剂。植入片需灭菌，疗效可维持几周、几个月甚至几年，如避孕植入片。

二、片剂的常用辅料及作用

片剂由药物和辅料（excipients 或 adjuvants）组成。辅料是片剂内除主药以外的一切附加物料的总称，亦称赋形剂。根据所起作用的不同，常将辅料分为以下几大类：稀释剂、润湿剂与黏合剂、崩解剂、润滑剂、着色剂以及矫味剂等其他辅料。

1. 稀释剂

稀释剂（diluents）又称填充剂（fillers），其主要作用是增加片剂的重量和体积。稀释剂的加入不仅保证一定的体积大小，而且减小主药成分（尤其是低剂量药物）的剂量偏差，改善药物的压缩成型性等。

(1) **淀粉**　最常用为玉米淀粉，白色细微粉末，无臭、无味，不溶于冷水和乙醇。具有黏附性，流动性和可压性较差，但价格便宜、性质稳定，能与大多数药物配伍。

(2) **预胶化淀粉**　又称为可压性淀粉，系将淀粉部分或全部胶化而成。白色或类白色粉末，水中可溶 10%～20%。具有良好的流动性、可压性、润滑性和干黏合性，并有较好的崩解作用。作为多功能辅料，常用于粉末直接压片，如 Colorcon 公司的 Starch 1500®。

(3) **蔗糖**　无色或白色结晶性的松散粉末，无臭、味甜，溶于水、不溶于乙醇。黏合力强，可增加片剂硬度，并使片剂表面光滑、美观。但吸湿性强，长期贮存会使片剂的硬度变大，影响崩解或溶出。常与淀粉、糊精配合使用。

(4) **乳糖**　从牛乳清中提取制得，为白色结晶性颗粒或粉末，无臭、无吸湿性、易溶于水、性质稳定，可与大多数药物配伍，但价格较贵。喷雾干燥法制得的乳糖流动性、可压性良好，可用于粉末直接压片。

(5) **微晶纤维素**　从植物纤维素部分水解制得，为白色或类白色细微结晶性粉末，无臭、无味，在水、乙醇中几乎不溶，具有良好的流动性和可压性，有较强的干黏合能力，可用于粉末直接压片。根据粒径和含水量不同分为若干规格。

(6) **糖醇类**　甘露醇和山梨醇为同分异构体。本品为白色、无臭、具有甜味的结晶性粉末或颗粒。其甜度约为蔗糖的一半，在溶解时吸热，口服时有凉爽感，因此适用于含片、咀嚼片、口崩片等。

(7) **无机盐类**　主要是一些无机钙盐，如磷酸氢钙、碳酸钙、硫酸钙等。其中，二水硫酸钙最为常用，其性质稳定，无臭、无味，微溶于水，可与多种药物配伍。

2. 润湿剂与黏合剂

润湿剂（moistening agent）是指本身没有黏性，但能诱发待制粒物料的黏性，以利于制粒的液体。常用的润湿剂有蒸馏水和乙醇。

(1) **蒸馏水**　价格低廉，是最常用的润湿剂，但不适于对水敏感的药物。由于易产生结块、润湿不均匀等现象，可用低浓度的淀粉浆或乙醇代替。

(2) **乙醇**　遇水易分解或遇水黏性太大的药物可用乙醇作为润湿剂。乙醇浓度越大，所产生的黏性越低。乙醇的浓度要视原辅料的性质而定，一般为 30%～70%。

黏合剂（adhesives）是指对无黏性或黏性不足的物料给予黏性而加入的物质。常用的黏合剂如下：

(1) **淀粉浆**　淀粉在水中受热后糊化而得，常用浓度 8%～15%。淀粉浆的制法主要有煮浆和冲浆两种方法。

(2) 纤维素衍生物 天然的纤维素经处理后制得的各种纤维素衍生物。甲基纤维素（MC）和乙基纤维素（EC）两者分别为纤维素的甲基和乙基醚化物。MC 冷水中溶解，热水及乙醇中几乎不溶，在水中形成黏稠性胶浆可作黏合剂。EC 不溶于水，溶于乙醇等有机溶剂，可作为对水敏感药物的黏合剂。羟丙基纤维素（HPC）为 2-羟丙基醚纤维素，分低取代（L-HPC）和高取代（H-HPC）两种。L-HPC 为白色或类白色粉末，无臭、无味，在冷水中溶解成透明溶液，是优良的黏合剂，也可作为粉末直接压片的干黏合剂。羟丙甲纤维素（HPMC）为 2-羟丙基醚甲基纤维素，根据甲氧基与羟丙氧基含量不同分为不同型号；无臭、无味，溶于冷水，不溶于热水与乙醇；常用 2%～5%的水溶液作为黏合剂。羧甲基纤维素钠（CMC-Na）是纤维素的羧甲基醚钠盐，在水中先溶胀再溶解，不溶于乙醇、氯仿；作黏合剂的浓度一般为 1%～2%，其黏性较强，常用于可压性较差的药物，但应注意是否造成片剂硬度过大或崩解超限。

(3) 聚维酮 乙烯吡咯烷酮的聚合物，根据聚合度不同，分子量和黏度不同，分为多种规格，如 K$_{30}$、K$_{60}$、K$_{90}$ 等。本品为无臭、无味的白色粉末，具吸湿性，可溶于水和乙醇，因此可用作水溶性或水不溶性物料以及对水敏感性药物的黏合剂。

(4) 聚乙二醇（PEG） 环氧乙烷与水聚合而成，根据分子量不同有多种规格，其中，PEG4000、PEG6000 常用作黏合剂，溶于水和乙醇。制得的颗粒压缩成型性好，片剂不变硬，适用于水溶性与水不溶性物料的制粒。

(5) 其他黏合剂 50%～70%的蔗糖溶液、5%～20%明胶溶液、3%～5%海藻酸钠溶液等。

3. 崩解剂

崩解剂（disintegrants）是促使片剂在胃肠液中迅速碎裂成细小颗粒的辅料。除缓控释片、口含片、咀嚼片等有特殊要求的片剂外，一般都应加入崩解剂。崩解剂的主要作用是消除因黏合剂或高度压缩而产生的结合力，使得片剂瓦解，其作用机理主要有毛细管作用、膨胀作用、产气作用以及润湿热等几种。常用的崩解剂有：

(1) 干淀粉 经典的崩解剂，吸水性较强且有一定的膨胀性。干淀粉较适用于水不溶性或微溶性药物的片剂，但对易溶性药物的崩解作用较差。

(2) 羧甲基淀粉钠（CMS-Na） 白色无定形粉末，吸水膨胀作用非常显著，体积可膨胀为原来的 300 倍，是一种性能优良的崩解剂，适用于水不溶性和水溶性药物的片剂，用量一般为 1%～6%。

(3) 低取代羟丙基纤维素（L-HPC） 兼具黏结和崩解的双重作用，具有很大的表面积和孔隙率，有很好的吸水速度和吸水量，吸水膨胀率为 500%～700%，一般用量为 2%～5%。

(4) 交联羧甲基纤维素钠（CCNa） 由于交联键的存在不溶于水，但能吸收数倍量的水膨胀而不溶化，具有较好的崩解性和可压性。

(5) 交联聚维酮（crospovidone，PVPP） 又称交联 PVP，在水中迅速溶胀且不会出现高黏度的凝胶层，崩解性能十分优越，用量一般为 0.5%～5%。PVPP 和 CMS-Na、CCNa 三种新型的崩解剂，商业上俗称"超级崩解剂"。

(6) 泡腾崩解剂 专用于泡腾片的特殊崩解剂，最常用的是由碳酸氢钠与枸橼酸组成的混合物，遇水时产生二氧化碳气体达到崩解作用。

生产中崩解剂的加入方法有外加法、内加法和内外加法。其中，内外加法是将 25%～50%的崩解剂加在颗粒外，50%～75%的崩解剂加在颗粒内，因而片剂崩解较快，形成的粒子较小。在崩解剂用量相同时，崩解速度一般是外加法＞内外加法＞内加法，溶出速度一般是内外加法＞内加法＞外加法。

4. 润滑剂

广义的润滑剂（lubricants）包括三种辅料，即助流剂（glidants）、抗黏剂（antiadherents）和润滑剂（狭义）。助流剂是降低颗粒之间摩擦力从而改善粉末流动性的物质；抗黏剂是防止压片时物料黏着于冲头表面的物质，以保证压片操作的顺利进行以及片剂表面光洁；狭义的润滑剂是降低药片与冲模壁之间摩擦力的物质。一般将具有上述任何一种作用的辅料都称为润滑剂。润滑剂的作用机制一般认为是改善了颗粒的表面特性。常用的润滑剂有：

(1) 硬脂酸镁 最常用的疏水性润滑剂，为白色细粉，易与颗粒混匀并附着于颗粒表面，减小颗粒与冲模间的摩擦力，压片后片面光洁美观。用量一般为0.1%～1%，用量过大时会使片剂崩解迟缓或产生裂片。

(2) 微粉硅胶 轻质白色粉末，无臭、无味，比表面积大，是优良的助流剂。可用于粉末直接压片，常用量为0.1%～0.3%。

(3) 滑石粉 其成分为含水硅酸镁，白色或类白色细粉，有较好的滑动性和抗黏性，且能增加颗粒的润滑性和流动性。不溶于水，但有亲水性，对片剂的崩解影响不大。一般用量为0.1%～3%，常与硬脂酸镁配合应用。

(4) 氢化植物油 白色至淡黄色块状物或粉末，是良好的润滑剂。用时将其溶于轻质液体石蜡或己烷后喷于干颗粒上，以便于均匀分布。

(5) 聚乙二醇（PEG）与十二烷基硫酸钠 两者均为水溶性润滑剂，具有良好的润滑效果。PEG4000和PEG6000不影响片剂的崩解与溶出。十二烷基硫酸钠能增加片剂的强度，并能促进片剂崩解和药物溶出。

5. 其他辅料

除上述辅料外，片剂中还可加入一些着色剂、矫味剂（芳香剂和甜味剂）等药用级或食用级辅料，以改善口味和外观。此外，近些年还出现了许多新型的预混辅料（表7-3），是将多种辅料按一定比例，以一定的生产工艺预先均匀混合，成为具有特定功能的新辅料。较单一的普通辅料相比，预混辅料通常具有更好的流动性、黏合性和压缩成型性，可用于粉末直接压片。

表7-3 已上市的部分预混辅料

商品名	组成成分	优点	生产商
Ludipress	乳糖＋3.5%PVPK$_{30}$＋PVPP	吸湿性低，流动性好，片剂硬度不依赖压片速度	BASF
Cellactose	75%乳糖＋25%纤维素	可压性高，口感好，价格低，所得片剂性能好	Meggle
Microcelac	MCC＋乳糖	能将流动性很差的原料药备成高剂量但体积小的片剂	Meggle
StarLac	85%α-乳糖＋15%玉米淀粉	崩解性极好，可减少崩解剂用量，压缩性和流动性好，片重差异低	Roquette
Pharmatose DCL40	95%β-乳糖＋5%乳糖醇	可压性好，对润滑剂敏感性低	DMV

商品名	组成成分	优点	生产商
Prosolv	MCC＋二氧化硅	流动性好,对湿法制粒敏感性低,片剂硬度好	Penwest
Avicel CE-15	MCC＋瓜尔胶	无沙砾感,不粘牙,有奶油味,整体口感好	FMC
ForMaxx	碳酸钙＋山梨醇	控制了颗粒粒径分布	Merck
DiPac	蔗糖＋3％糊精	可用于直接压片	Domino Sugar
Kollidon SR	80％聚醋酸乙烯酯＋19％PVP K_{30}	吸湿性低,流动性好,用于直接压片,缓控释骨架材料	BASF

三、片剂的制备

片剂的制备一般是将颗粒状或粉末状物料压缩而成型。用于压片的物料需要具备良好的流动性、可压性和润滑性。目前,片剂制备主要分为以下两大类或三小类:制粒压片法和粉末直接压片法;其中,制粒压片法又分为湿法制粒压片和干法制粒压片。其制备的各种工艺流程见图7-8。

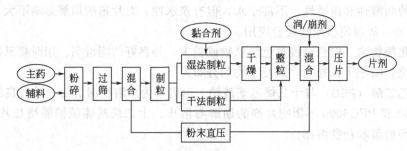

图 7-8 三种制备片剂的工艺流程图

(一) 湿法制粒压片

湿法制粒压片是将物料先用湿法制粒,颗粒经干燥后再压片的工艺。其工艺流程主要包括:粉碎、过筛、混合、湿法制粒、干燥、整粒及压片等单元操作。湿法制粒 (wet granulation) 是将药物和辅料混合均匀后加入润湿剂或黏合剂制备颗粒的方法。该方法靠黏合剂的作用使粉末粒子间产生结合力,制得的颗粒外形美观、粒度均匀、流动性和可压性好,是应用最为广泛的一种制粒方法。湿法制粒适用于对湿热稳定的药物,对于热敏性、湿敏性、极易溶性等物料可采用其他方法制粒。

1. 湿法制粒技术

(1) 制软材 制软材是将粉碎、过筛、称量、混合后的固体粉末 (包括主药、填充剂及崩解剂等) 置于混合机内,加入适量的湿润剂或黏合剂搅拌均匀,制成具有一定塑性物料的操作。黏合剂的用量是制软材的关键,也是湿法制粒的关键。

(2) 制湿颗粒 制粒是指物料经加工制成一定形状和大小颗粒状物的过程,主要目的是改善物料的流动性和可压性,防止混合不均匀和粉尘的飞扬、吸附。通常采用以下几种方法制备湿颗粒。

① 挤压过筛制粒法 是用手工或机械的方式将制备的软材强制挤压通过筛网而制粒的方法。生产时多采用制粒设备,摇摆式制粒机 [图7-9 (a)、(b)]是借机械动力使滚轴做摇

摆式往复转动，将软材挤压搓过筛网；螺旋挤压式制粒机［图 7-9（c）］是借助于螺杆上螺旋的推力将物料挤压通过筛筒的筛孔而形成颗粒。挤压制粒是通过筛网孔径大小调节颗粒的大小，但该方法不适合大批量和连续生产，且筛网寿命短，需经常更换。

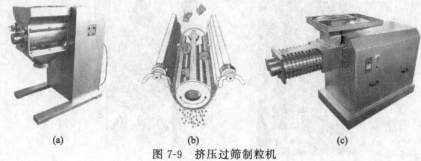

图 7-9　挤压过筛制粒机
（a）、（b）摆摆式制粒机；（c）螺旋挤压式制粒机

② 高速搅拌制粒法　是指在一个不锈钢容器内，通过高速搅拌的分散作用使黏合剂和物料均匀混合而制粒的方法（扫码观看视频）。这种方法是使物料的混合、捏合、制粒在密闭的容器内一次完成，造粒工序简单、时间短，黏合剂用量少，且制得的颗粒粒度均匀、大小适宜、流动性好，是近年来应用较为广泛的一种湿法制粒方法。高速搅拌制粒机主要由容器、搅拌桨和切割刀等组成（图 7-10）。根据搅拌桨的方位，可分为底部驱动［图 7-10（a）、（b）］和顶部驱动［图 7-10（c）］两种。

高速搅拌制粒机原理

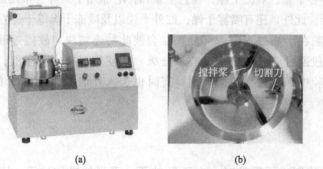

图 7-10　高速搅拌制粒机
（a）、（b）搅拌桨为底部驱动及内部结构；（c）搅拌桨为顶部驱动

③ 流化床制粒法　是指物料粉末在流化床内自下而上的气流作用下，保持悬浮的流化状态，喷入一定量的液体黏合剂使粉末聚结成颗粒的方法（扫码观看视频）。由于在同一台设备内即能完成物料的混合、制粒、干燥等过程，所以流化床制粒也被称为"一步制粒法"。流化床制粒机如图 7-11 所示，其主要由容器、气体分布装置（如筛板等）、喷雾装置、气固分离装置（如袋滤）、空气进出口、物料排出口等组成。近年来，为了满足对制粒技术和产品越来越

流化床制粒机原理

高的要求，充分发挥流化床制粒的优势，出现了一系列以流化床为母体的多功能的新型复合型制粒设备，如搅拌流化制粒机、转动流化制粒机等。

④ 喷雾干燥制粒法　是将药物溶液或混悬液喷雾于干燥室内，雾滴水分迅速蒸发而直接获得球状干燥细颗粒的方法。该方法的特点是由液态物料直接得到粉状颗粒，干燥速度快，物料受热温度低、时间短，适合热敏物料的制粒；制得的颗粒具有良好的溶解性、分散性和流动性。缺点是设备费用高、能耗大，且对于黏性较大料液需用到特殊喷雾干燥设备。

图 7-11　流化床制粒机及其示意图

⑤ 离心转动制粒法　是将混合后的物料置于离心制粒机中，在高速旋转底盘的驱动下喷洒黏合剂制备球形颗粒的方法。物料受到旋转圆盘产生的离心作用而向容器壁滚动，又受到从圆盘周边吹出的空气流的带动，向上运动的同时在重力作用下往下滑向圆盘中心，落下的粒子重新受到圆盘的离心旋转作用而沿转盘周边螺旋运动。

(3) 湿颗粒的干燥　干燥（drying）是利用热能去除湿物料中水分或其他溶剂，从而获得干燥固体产品的操作过程。干燥方法按操作方式分为连续式、间歇式；按操作压力分为常压式、减压式；按热量传递方式分为传导干燥、对流干燥、辐射干燥和介电加热干燥等。常用的干燥设备有厢式干燥器和流化床干燥器。此外，还有喷雾干燥、红外干燥以及冷冻干燥等干燥方法。

(4) 整粒与总混　湿颗粒在干燥过程中，部分颗粒会彼此粘连结块，故需过筛整粒成大小均匀易于压片的颗粒。一般通过筛分法进行整粒和分级，如使用摇摆式颗粒机。压片前的最后一道操作是总混，向颗粒中加入过筛的润滑剂，有时也加入外加的崩解剂，然后置于混合机内进行总混。

2. 压片

(1) 计算片重

① 按主药含量计算　药物制成干颗粒时，由于经过了一系列的操作过程，原料药必将有所损耗，所以应对颗粒中主药的实际含量进行测定，然后按式(7-2)计算片重：

$$片重 = \frac{每片主药含量（标示量）}{颗粒中主药的质量分数（实测值）} \tag{7-2}$$

② 按干颗粒总质量计算　在药厂中，已考虑原料的损耗，因而增加了投料量，则片重可按式(7-3)计算（成分复杂、无含量测定方法的中草药片剂只能按此公式计算）：

$$片重 = \frac{干颗粒重 + 压片前加入的辅料量}{预定压片数} \tag{7-3}$$

(2) 压片机　常用压片机按其结构可分为单冲压片机和多冲旋转压片机；按压缩次数可分为一次压制压片机和二次压制压片机；按片层分为双层压片机、有芯片压片机等。

① 单冲压片机　如图 7-12 所示，单冲压片机主要由转动轮、冲模冲头及其调节装置、饲粉器等几个部分组成。冲头和模圈的形状决定了片剂的形状，片剂的直径大小取决于模孔和冲头的大小。单冲压片机是间歇式生产设备，生产效率低，一般在 40～100 片/份。操作时可以手摇，也可以电动连续压片，一般适用于实验室试制或小批量生产。

多冲旋转压片机原理

图 7-12　单冲压片机及结构示意图

② 多冲旋转压片机　是目前生产中常用的压片机，设备及工作原理如图 7-13 所示（扫码观看视频）。旋转压片机主要由动力部分、传动部分和工作部分组成。旋转压片机具有饲粉方式合理，片重差异小，由上、下冲同时加压，压力分布均匀，生产效率高等优点。目前压片机的最大产量可达 80 万片/h。随着制药设备的发展，已有越来越多的制药企业使用全自动高速压片机。该机有压力信号处理装置，具有片重控制、剔废及数据打印等功能，对缺角、松裂片等不良片剂也能自动鉴别并剔除。

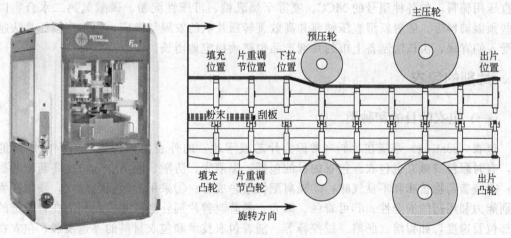

图 7-13　多冲旋转压片机及工作原理示意图

（二）干法制粒压片

干法制粒压片是将干法制粒的颗粒进行压片的方法，常用于热敏感性、遇水不稳定的药物。干法制粒（dry granulation）是将药物和辅料的粉末混合均匀，用适宜的设备压缩成大片状或板状后，粉碎成所需大小颗粒的方法。目前生产上多采用滚压法。滚压法是将药物和辅料混合均匀后，通过滚压机上转速相同的两个滚筒间缝隙，将物料滚压成所需硬度的薄片，再将薄片粉碎和筛分成一定大小的颗粒。图 7-14 为商业化的滚压干法制粒机及结构示意图。滚压法的优点是能缓慢而连续地加料（可连续生产），薄片厚薄均匀且硬度易于控制。

图 7-14 滚压干法制粒机及结构示意图

但应注意由于滚筒间的压缩常使温度上升，以及物料经多次压缩后颗粒过硬和可压性下降等问题。

（三）粉末直接压片

粉末直接压片法（direct compression method）是不经过制粒过程直接把药物和辅料混合均匀后进行压片的方法。该法省去了制粒的过程，将药粉直接压成片剂，工艺简便，可省时节能，尤其适用于对湿热不稳定的药物。此外，粉末直接压片的另一优点是片剂崩解后颗粒为物料的一级粒子，其表面积增大加快了药物的溶出。粉末直接压片工艺对添加的辅料有较高要求，一般需具备良好的流动性、可压性、适宜的粒径等。近些年来，出现了许多优良的直压用辅料，如各种型号的 MCC、喷雾干燥乳糖、可压性淀粉、磷酸氢钙二水合物以及一些预混辅料等。随着新型直压辅料和高效旋转压片机的发展与推广，粉末直接压片法越来越受人们青睐，由该法制备上市的片剂产品也持续稳定地增长。

四、片剂的包衣

（一）包衣的目的和种类

包衣（coating）是指在片剂（常称为片芯或素片）的外表面均匀地包裹一定厚度的衣膜，有时颗粒或微丸也包衣。包衣的目的包括：①避光、防潮、隔离空气，提高药物的稳定性；②掩盖药物苦味和不良气味；③隔离配伍禁忌成分；④采用不同颜色包衣，增加药物的识别能力和用药的安全性；⑤可着色、抛光，显著改善片剂外观；⑥控制药物在胃肠道的释放部位及速度，如胃溶、肠溶、缓控释等。随着包衣技术和包衣材料的飞速发展，包衣在制药工业中占有越来越重要的地位。

包衣可分为糖包衣、薄膜包衣和压制包衣等类型。实际生产中，前两种最为常用。其中薄膜包衣又可分为普通胃溶型、肠溶型和水不溶型三种。包衣过程的影响因素较多，除了与包衣设备和方法有关外，还取决于操作人员的经验。目前随着包衣设备的不断改善和自动化控制的发展，包衣过程更可靠、重现性更好。

（二）包衣工艺与材料

1. 糖包衣

糖包衣（sugar coating）是指以蔗糖为主要包衣材料的传统包衣工艺。虽然具有包衣时间长、所需辅料多、防潮性差、操作影响大等缺点，但由于用料价廉易得且操作设备简单，糖包衣目前在国内外仍广泛应用，尤其是中药片剂的包衣。

糖包衣的工艺流程如图 7-15 所示，各步骤所用的材料也不同：

片芯 → 隔离层 → 粉衣层 → 糖衣层 → 有色糖衣层 → 打光

图 7-15　糖包衣工艺流程图

(1) 隔离层　隔离层是在片芯外起隔离作用的衣层，可防止后面包衣过程中水分侵入片芯。常用材料有玉米朊、虫胶、邻苯二甲酸醋酸纤维素的乙醇溶液以及明胶浆等。包隔离层使用的是有机溶剂，应注意防火防爆。

(2) 粉衣层　粉衣层主要是通过润湿黏合剂和撒粉将片芯边缘的棱角包圆的衣层。润湿黏合剂常用糖浆或明胶浆，撒粉则常用滑石粉、蔗糖粉、淀粉等。

(3) 糖衣层　包粉衣层后片面比较粗糙、疏松，因此在粉衣层外包上一层蔗糖衣，使其表面光滑细腻。用料主要是适宜浓度的蔗糖水溶液。包完粉衣层的片芯，加入稍稀的糖浆，逐次减少用量，在 40 ℃下缓缓吹风干燥。

(4) 有色糖衣层　为增加美观或遮光，或便于识别，可在糖衣层外再包有色糖衣。和包糖衣层的工序完全相同，应先加浅色糖浆，再逐层加深，以防出现色斑。为防止可溶性成分在干燥过程中的迁移，目前多用色淀。

(5) 打光　在糖衣最外层涂上一层极薄的蜡层，以增加光泽和表面疏水性。国内一般用川蜡，用前需精制，即加热熔化后过 100 目筛，并掺入 2％硅油混匀、冷却、粉碎，取过 80 目的细粉待用。

2. 薄膜包衣

薄膜包衣是指在片剂、颗粒等上包裹一层高分子连续薄膜，膜厚度通常为 20～100 μm。与糖包衣相比，薄膜包衣具有以下优点：操作简便、包衣时间短；片重增加小；对崩解及药物溶出影响小；包功能性薄膜衣可调节药物释放；片面上可印字等。具体操作过程如下：①在包衣锅内装入挡板，以利于片芯翻动；②将片芯放入锅内预热，均匀喷入薄膜衣材料溶液，同时吹入热风使干燥，直至薄膜达到一定厚度为止；③在室温或略高温度下自然放置 6～8 h，使薄膜衣固化完全，为完全除尽残余的有机溶剂，一般要在 50 ℃下干燥 12～24 h。

常用薄膜包衣工艺有有机溶剂包衣法和水分散体包衣法。有机溶剂包衣法易成膜，但有安全、环境、劳动保护等一系列问题，且需严格控制有机溶剂残留量。为避免上述缺点，水性包衣逐步取代了有机溶剂包衣。其中，聚合物水分散体应用最为广泛，其优势在于固含量高、黏度低、包衣效率高、减少环境污染及降低生产成本等，对包衣的产业化具有重要的意义。

薄膜包衣材料通常由高分子材料、增塑剂、释放调节剂、遮光剂、色素以及溶剂等组成。高分子包衣材料按作用不同可分为普通型、缓释型和肠溶型三大类。预混包衣材料可包含上述所需的各种成分，且具有最优化的配比，简化了包衣配比的摸索过程，将其直接在溶剂中搅拌混匀后即可使用，可获得更高、更稳定的包衣质量。常见的商品化预混包衣材料有 OPADRY® Ⅱ、SURELEASE®、Aquacoat® ECD、Eudragit® 及 ACRYL-EZE® 等。

（三）包衣的方法和设备

包衣方法有滚转包衣法、流化包衣法、压制包衣法。片剂包衣最常用滚转包衣法。

(1) 倾斜包衣锅和埋管包衣锅　倾斜包衣锅为传统的荸荠形包衣锅［图 7-16 (a)］。包衣锅一般倾斜安装于转轴上，适宜的倾斜角（30°～50°）和转速可使药片在锅内达到最大幅度翻动，热空气连续吹入包衣锅。改良方式为在物料层内插进喷头和空气入口，称埋管包衣锅。这种包衣方法使包衣液的喷雾在物料层内进行，热空气通过物料层，不仅能防止喷液飞扬，而且加快物料的翻动和干燥速度。

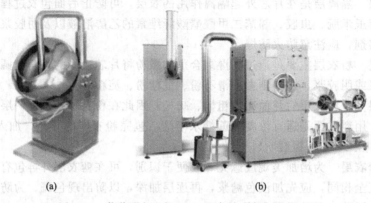

图 7-16　荸荠形包衣锅 (a) 和高效水平包衣锅 (b)

(2) 高效水平包衣锅　高效水平包衣锅是为进一步改善传统倾斜包衣锅干燥能力差的缺点而开发的新型包衣锅［图 7-16 (b)］。其干燥速度快、包衣效果好，已成为包衣装置的主流。按锅型不同分为有孔和无孔两类。锅壁上装有带动片剂向上运动的挡板。包衣锅工作时，锅内的片剂随锅体转动进行复杂运动，安装在锅壁斜面上部的喷雾器向片剂表面喷洒包衣液，干燥空气则从转锅前面的空气入口进入，穿过片剂层从锅底的多孔板进入夹层而排出。

(3) 转动包衣装置　转动包衣装置是在转动制粒机的基础上发展起来的，主要用于微丸的包衣。包衣装置的容器盘旋转时，加入的粒子层在旋转过程中将形成麻绳样旋涡状环流。喷雾装置将包衣液或黏合剂向粒子层表面定量喷雾，并由自动粉末撒布器撒布主药粉末或辅料。

(4) 流化包衣法　流化包衣法的基本原理（扫码观看视频）与流化制粒法相似，经预热的洁净空气以一定的速度经气体分布器进入包衣锅，使药片保持悬浮翻动状态，然后利用雾化喷嘴将包衣液喷到药片表面，热空气使包衣液的溶剂挥发，在药片表面形成一层薄膜。

流化包衣法原理

(5) 压制包衣法　也称为干法包衣，是用包衣材料将片芯包裹后在压片机直接压制成型。该法适合于湿热敏感药物的包衣，也适于长效多层片的制备或配伍禁忌药物的包衣。一般采用两台压片以特制的传动器连接配套来实施压制包衣。压制包衣生产流程短、自动化程度高、劳动条件好，但对压片机械的精度要求较高，目前国内尚未广泛使用。近年来，干法包衣工艺发展迅猛，除了压制包衣外，静电干粉包衣、增塑剂干法包衣以及热熔包衣等技术也被研究应用于药学领域。

五、片剂的质量评价

(1) 外观性状　片剂的外观应完整光洁、色泽均匀、无杂斑、无异物，并在规定的有效期内保持不变。良好的外观可增强患者对药品的信任，故应严格控制。

(2) 片重差异 片重差异应符合现行药典对片重差异限度的要求。糖衣片、薄膜衣片在包衣前应检查片芯的重量差异，符合规定后方可包衣；包衣后不再检查片重差异。另外，凡已规定检查含量均匀度的片剂，一般不再进行重量差异检查。

(3) 硬度和脆碎度 片剂应有适宜的硬度和脆碎度，以免在包装、运输等过程中发生磨损或破碎，以保证剂量准确；而且硬度和脆碎度对片剂的崩解、主药的溶出度等也都有直接影响。

① 硬度（hardness） 是指片剂的径向破碎力，常用孟山都硬度计或硬度测定仪来测定。在生产中常用的经验方法是：将片剂置中指与食指之间，以拇指轻压，根据片剂的抗压能力，判断其硬度。药典中尚未规定片剂硬度检查的具体方法，但一般认为普通片剂的硬度在 50N 以上为好。

② 脆碎度（breakage） 反映片剂的抗磨损和抗振动能力，常用脆碎度检查仪测定。脆碎度小于 1% 为合格片剂，具体测定方法参考《中国药典》（2020 年版）片剂脆碎度检查法。

(4) 崩解时限 除药典规定进行"溶出度或释放度"检查的片剂以及某些特殊的片剂（如口含片、咀嚼片等）以外，一般的口服片剂均需做崩解时限检查。药典规定采用升降式崩解仪测定片剂的崩解时限。崩解时限具体要求见表 7-4。

表 7-4 《中国药典》规定的片剂崩解时限

片剂	普通片	分散片	泡腾片	糖衣片	薄膜衣片	肠溶衣片
崩解时限/min	15	3	5	60	30	在盐酸溶液中 2h 内不得有裂缝、崩解或软化现象，再在 pH 6.8 磷酸盐缓冲液中 1h 内全部崩解

(5) 溶出度或释放度 溶出度是指活性药物从片剂、胶囊剂或颗粒剂等普通制剂在规定条件下溶出的速率和程度，对缓释制剂、控释制剂、肠溶制剂及透皮贴剂等制剂也称释放度。药物从片剂崩解形成的细粒中溶出后才能被吸收而发挥疗效。对于难溶性药物来说，溶出经常是其吸收的限速过程。对普通片剂，除另有规定外在 45 min 内溶出标示量的 70% 以上；对缓控释制剂，除另有规定外至少取 3 个时间点，即在 0.5~2 h 内累计释放约 30%（考察是否有突释）、释放约 50% 的时间点（考察释药特性），最后取样点的累计释放率为标示量的 75% 以上（考察释药是否完全）。《中国药典》（2020 年版）收载了篮法（第一法）、桨法（第二法）及小杯法（第三法）等测定方法。

(6) 含量均匀度 含量均匀度是指小剂量药物在每个片剂中的含量是否偏离标示量以及偏离的程度。每片标示量不大于 25 mg 或每片主药含量不大于 25% 时，均应检查含量均匀度。凡检查含量均匀度的片剂，不再检查片重差异。

六、片剂生产中常见问题及解决措施

1. 裂片

片剂发生裂开的现象叫作裂片（laminating tablets）[图 7-17 (a)]，如果裂开的位置发生在药片的上（下）部或中部，习惯上分别称为顶裂（capping）[图 7-17 (b)]或腰裂（laminating）。

产生裂片的处方因素有：①物料中细粉太多，压缩时空气不能及时排出，解除压力后空气膨胀导致裂片；②物料塑性差，结合力弱。易产生裂片的工艺因素有：①单冲压片机比旋转压片机易出现裂片；②快速压片比慢速压片更易裂片；③凸面片剂比平面片剂更易裂片；

图 7-17 片剂的裂片和顶裂

(a) 裂片；(b) 顶裂

④一次压缩比二次压缩易出现裂片。解决裂片的主要措施：①选用弹性小、塑性好的辅料（提高压缩成型性）；②选用适宜的制粒方法（减少细粉量）；③选用适宜的压片机和操作参数。

2.松片

片剂硬度不够，稍加触动即散碎的现象称为松片（loosing）。主要原因是黏性力差，压缩压力不足等。解决措施有：①处方中增加塑性强的辅料；②选用适当的黏合剂或增加用量；③适当增加压片压力，降低压片速度。

3.黏冲

片剂的表面被冲头黏去一薄层或一小部分，造成片面粗糙不平或有凹痕的现象称为黏冲（sticking）；若片剂的边缘粗糙或有缺痕，则可相应地称为黏壁。造成黏冲或黏壁的主要原因有：颗粒不够干燥，物料较易吸湿，润滑剂选用不当或用量不足，以及冲头表面锈蚀、粗糙不光或刻字等。应根据实际情况确定原因，采取针对性解决措施，如控制颗粒中含水量；适当增加润滑剂用量；抛光冲头以保持高光洁度等。

4.片重差异超限

片重差异超限即片重差异超出药典规定的范围，产生的主要原因及解决办法如下：①颗粒流动性不好，应重新制粒或加入较好的助流剂如微粉硅胶等；②颗粒内的细粉太多或颗粒的大小相差悬殊，应除去颗粒内过多的细粉或重新制粒；③加料斗内的颗粒时多时少，造成加料的质量波动，应保持加料斗内始终有1/3量以上的颗粒；④冲头与模孔吻合性不好，造成下冲外周与模孔壁之间漏粉，物料填充不足，应更换冲头、模圈。

5.崩解迟缓

一般的口服片剂都应在胃肠道内迅速崩解。若片剂超过了药典规定的崩解时限，即称崩解超限或崩解迟缓。片剂崩解迟缓的主要原因及解决办法如下：①压片压力过大导致片剂孔隙率小，不利于水分渗入，可通过调节压片压力改善崩解；②疏水性润滑剂用量过多，可降低用量或选择水溶性润滑剂，加入表面活性剂改善片剂的润湿性；③黏合剂黏性大或物料的塑性变形大造成片剂内部的结合力大，不利于崩解，可通过降低黏合剂用量或选择适当的黏合剂；④崩解剂用量不足或选择不当，可通过增加用量或更换优良的崩解剂改善崩解。

6.溶出超限

片剂在规定的时间内未能溶解出规定药量称为溶出超限或溶出度不合格。影响药物溶出度的主要原因是片剂不崩解、颗粒过硬、药物的溶解度差等，应根据实际情况予以解决。

7. 含量不均匀

所有造成片重差异过大的因素，皆可造成片剂中药物含量的不均匀。对于小剂量药物，除了混合不均匀外，可溶性成分在颗粒之间的迁移也会造成含量不均匀。可通过药物等量递加法、溶剂分散法以及控制原辅料粒径等措施改善混合均匀性。

七、片剂的典型处方与分析

例 7-7 卡维地洛片

【处方】卡维地洛 10 g，微晶纤维素 120 g，羧甲基淀粉钠 10 g，十二烷基硫酸钠 2 g，8% 淀粉浆适量，硬脂酸镁 0.75 g。制成 1000 片。

【制法】将处方量的卡维地洛与羧甲基淀粉钠、微晶纤维素用等量递增法混匀，加入含十二烷基硫酸钠的 8% 淀粉浆适量，制软材，18 目筛制粒，于 50 ℃ 干燥后加入硬脂酸镁混匀，用 16 目筛整粒、压片，即得。

【注解】卡维地洛为主药，微晶纤维素为填充剂，羧甲基淀粉钠为崩解剂，8% 淀粉浆为黏合剂，硬脂酸镁为润滑剂。卡维地洛在水中的溶解度很小，其片剂中必须加亲水性辅料，如微晶纤维素或羧甲基淀粉钠及表面活性剂十二烷基硫酸钠等，由于剂量较小，在操作工艺中应该采用等量递加法混合，以确保制剂的含量均匀。

例 7-8 红霉素肠溶片

【处方】片芯处方：红霉素 1 亿单位，淀粉 52.5 g，干淀粉 5 g，10% 淀粉浆 10 g，硬脂酸镁 3.6 g。制成 1000 片。

肠溶衣膜处方：Ⅱ号丙烯酸树脂 28 g，蓖麻油 16.8 g，聚山梨酯 80 5.06 g，苯二甲酸二乙酯 5.06 g，85% 乙醇 560 mL，滑石粉 16.8 g。

【片芯制法】将红霉素与淀粉混匀，加 10% 淀粉浆搅拌使成软材，用 10 目尼龙筛制粒，80～90 ℃ 干燥后，干颗粒加入硬脂酸镁和干淀粉，经 12 目筛整粒，混匀，压片。

【肠溶片制法】将Ⅱ号丙烯酸树脂用 85% 乙醇溶解制成 5% 树脂溶液，将滑石粉、苯二甲酸二乙酯、聚山梨酯 80、蓖麻油等混匀，研磨后加入 5% Ⅱ号丙烯酸树脂溶液中，加入色素混匀后，过 120 目筛备用；将红霉素片芯置包衣锅中，按一般包衣方法包粉衣六层后，喷入树脂包衣液，包衣锅温度控制在 35 ℃ 左右，在 4h 内喷完。

【注解】红霉素在肠道吸收迅速，但与胃酸作用，化学结构易被破坏，故需包肠溶衣进行保护。片芯处方中红霉素为主药，淀粉为稀释剂，10% 淀粉浆为黏合剂，干淀粉为崩解剂，硬脂酸镁为润滑剂；衣膜处方中Ⅱ号丙烯酸树脂为肠溶材料，85% 乙醇为肠溶材料的溶剂，苯二甲酸二乙酯、蓖麻油为增塑剂，聚山梨酯 80 为膜衣的致孔剂，滑石粉为固体粉料防止片剂粘连。

第四节　微丸、滴丸剂与膜剂

一、微丸

微丸（pellets）指直径为 0.5～1 mm 的球形或类球形固体制剂。可以根据临床需求，采用不同处方工艺将药物制备成速释、缓释或控释的小丸，然后制备成胶囊或片剂使用。微丸制剂的特点有：①口服后可以均匀地分布在胃肠道内，增加药物在胃肠道内的分布面积，药物生物利用度高，且胃肠道刺激性小；②最终制剂由多个微丸组成，单个微丸的质量问题不会对整体制剂的释药行为产生影响；③在胃肠道内的转运受食物影响小；④便于分剂量，便于制备成复方制剂、脉冲制剂等。目前已上市的一些微丸产品见表7-5。

表 7-5　部分已上市的微丸产品

名称	剂型	适应证
布洛芬缓释胶囊	缓释微丸装胶囊	镇痛
康泰克	微丸装胶囊	感冒
美托洛尔缓释片	缓释微丸压片	降血压
美托洛尔缓释胶囊	缓释微丸装胶囊	降血压
双氯芬酸钠双释放胶囊	肠溶微丸、缓释微丸装胶囊	镇痛
奥美拉唑肠溶胶囊	肠溶微丸、微丸装胶囊	胃溃疡

（一）微丸的制备

1.制备方法

（1）**挤出滚圆法**　该方法是目前最常用的微丸制备方法，大致可以分为：湿颗粒的制备→挤压→滚圆成丸→干燥四个步骤。膜控型微丸还需要进一步进行包衣。

（2）**离心-流化造粒**　该方法由于可以在一密闭系统内完成混合、起母、成丸、干燥及包衣的全过程，且制得的微丸圆整均匀，也得到了广泛的应用。

除了以上两种方法，还有一些其他制备方法，如泛丸法、喷雾干燥法、喷雾冻凝法等。

2.微丸的释药机理

（1）**膜控型微丸**　由含药丸芯和功能性衣膜组成。其释药机理和衣膜组成有关。一是通过衣膜中的水性孔道或增塑剂通道等控制药物释放；二是通过丸芯的高渗物质形成衣膜内外的渗透压差，控制药物的释放。

（2）**骨架型微丸**　通常由药物、阻滞剂、致孔剂组成。阻滞剂主要包括亲水凝胶类、水不溶性高分子聚合物、蜡质脂肪类。阻滞剂种类不同，微丸的释药机理也不同。致孔剂的加入可以调节药物释放。

微丸的释药过程通常不是由单一的释药机理控制，而是多种释药机理综合作用的结果。

（二）微丸的质量评价

1. 粉体学性质

（1）粒度和粒度分布 ①显微观察法。包括光学显微镜法和扫描电镜法。优势是可以得到粒子的形状信息，所需样品量少。②筛分法。该方法是最简单、直接的粒径测定方法，在处方工艺开发中应用最为广泛。缺点是所需样品量大。③光衍射法。该方法所需样本量少，分析时间短，重现性好，正在逐步成为测定粒子分布的主要手段。

（2）圆整度 评价指标：长径短径比、形状因子。通过显微镜可以直观观察微丸的圆整度，结合计算机辅助成像技术可以迅速地将圆整度的评价指标进行量化。

（3）孔隙率 扫描电镜可以直观地观察微丸的孔隙率，水银孔度计可以对孔隙率进行定量。

（4）堆密度 通常用量筒法测定：取待测微丸约 100 g 缓缓倒入量筒，读出微丸的体积，即可计算堆密度。

（5）脆碎度和硬度 微丸的脆碎度通常通过脆碎度仪进行测定。微丸的硬度可以通过维氏硬度仪测定。

2. 释放度

微丸的释放度是最重要的评价指标。微丸的释药原理不同，选择的释放度条件也不同。微丸的粒径大小、成丸材料及包衣处方等都是影响微丸释放度的关键因素。

二、滴丸剂

滴丸剂（guttate pills）是指固体或者液体药物与基质共同加热熔化，混合均匀后药物溶解、乳化或者混悬于基质中，再滴入不相互溶、互不作用的冷凝基质中，表面张力的作用使液滴收缩成球状而制成的制剂，主要供口服用，也可供五官科用。

滴丸剂具有如下一些特点：①上市产品主要为中药制剂品种，如苏冰滴丸、复方丹参滴丸，也有少量化药品种；②工艺条件易于控制，设备操作方便，产品质量稳定；③基质容纳液态药物的量大，故可使液态药物固体化，如芸香油滴丸；④用固体分散技术制备的滴丸具有吸收迅速、生物利用度高的特点。

1. 常用基质与冷凝液

（1）水溶性基质 常用的有 PEG 类（如 PEG6000、PEG4000）、硬脂酸钠、甘油明胶、聚氧乙烯单硬脂酸酯类（S-40）等。其中，S-40 是一种优良的水溶性基质（熔点为 46～51 ℃），它改变了 PEG 本身不具有亲脂性结构和表面活性的性质，可改善某些在 PEG 中难溶药物的溶解度。

（2）脂溶性基质 常用的有硬脂酸、单硬脂酸甘油酯、氢化植物油和虫蜡等。

（3）冷凝液 液体石蜡、植物油、二甲基硅油和水等。二甲基硅油表面张力小于液体石蜡，相对密度为 0.965～0.970，与药液的密度差小，可减小黏滞力，有利于滴丸的成型，黏度较大，可显著改善滴丸的圆整度；玉米油作为冷凝剂其表面张力近似于二甲基硅油，但黏度较小，故作为冷凝剂时常与二甲基硅油合用。

2. 制备方法

滴制法是将药物均匀分散在熔融的基质中，再滴入不相混溶的冷凝液收缩成丸的方法。

滴制法的一般工艺流程如下：

药物＋基质→熔融→滴制→冷凝成型→出丸→离心→筛选→干燥→质检→分装

将主药溶解后，与熔融好的基质充分混合（乳化或制成混悬液），均匀分散，保持恒定温度，通过选择一定直径的滴头，匀速滴入不相混溶的冷凝液中，冷凝收缩形成丸粒，滴丸缓缓沉入冷凝液柱的底部或浮于冷凝液的表面，取出滴丸，除去冷凝液，干燥制得滴丸。

滴丸成型性受制剂处方、冷凝剂、滴制温度与速度及滴管口径等影响。

3. 质量要求

滴丸剂在生产与贮藏期间应符合下列有关规定。

（1）冷凝介质必须安全无害，且与药物不发生作用。

（2）丸应圆整均匀，色泽一致，无粘连现象，表面无冷凝介质黏附。

（3）根据药物的性质与使用、贮藏的要求，在滴制成丸后可包衣。必要时，薄膜包衣丸应检查残留溶剂。

（4）除另有规定外，滴丸剂应密封贮存。

除另有规定外，滴丸剂应进行以下相应检查。

(1) 重量差异　除另有规定外，滴丸剂照药典方法检查，应符合规定。包糖衣滴丸应检查丸芯的重量差异并符合规定，包糖衣后不再检查重量差异。包薄膜衣滴丸应在包衣后检查重量差异并符合规定；凡进行装量差异检查的单剂量包装滴丸剂，不再检查重量差异。

(2) 溶散时限　除另有规定外，照崩解时限检查法检查，均应符合要求。溶散时限的要求是：普通滴丸应在30min内完全溶散，包衣滴丸应在1h内完全溶散。

三、膜剂

（一）概述

膜剂（films）是指药物与适宜成膜材料经加工制成的膜状制剂，可用于全身和局部给药，供口服、皮肤和黏膜使用。主要有舌、舌下、颊、眼、皮肤和阴道等给药途径。该剂型收载于中国药典和欧洲药典。目前，膜剂作为一种新型的药物输送剂型，得到国内外的广泛关注。近年来，美国、欧洲和日本等先后推出多种口腔膜剂产品，主要用于精神分裂症、偏头痛、阿尔茨海默病等疾病的治疗，并逐渐应用于胰岛素、胰高血糖素样肽-1（GLP-1）等生物大分子药物。

1. 口腔生理

口腔黏膜分为上皮、基底膜和结缔组织。上皮细胞起源于基底膜的立方形细胞，上皮的外1/3部分是药物扩散的主要屏障。口腔黏膜血管丰富，而且口腔黏膜酶活性较低，与鼻腔和直肠给药相比，药物由于生物化学降解而导致的失活要缓慢得多。口腔不同部位黏膜的结构和组成不同，影响黏膜通透性的因素非常多。舌下递送具有快速吸收和良好的生物利用度，而颊黏膜的渗透性相较低得多，但可能更适合于持续输送系统的发展。由于这些原因，颊黏膜可能具有输送肽药物的潜力，尤其是低分子量、高效力或长生物半衰期的肽药物。

2. 口腔用膜剂的优点和不足

口腔用膜剂又分为舌下膜、口溶膜和颊黏膜黏附膜。口腔作为膜剂药物递送的主要部位，与常规胃肠道途径以及肠胃外和其他用药途径相比具有明显优势，无须饮水即可服用，特别适合有吞咽困难的老人和儿童；相比液体制剂，易于精确分剂量；舌下膜、颊黏膜黏附膜中的药物经黏膜吸收，可避免首过效应，生物利用度高；若采用适宜的成膜材料可以延缓药物的释放，减少给药频率和给药剂量。

但膜剂的口腔给药也存在一些局限，口腔环境以及唾液的连续分泌和吞咽是口腔特有的生理现象，大量唾液流快速冲刷以及颊组织的相对不渗透性是口腔给药的障碍，因此增强药物渗透性以改善生物利用度成为膜剂研究的关键。目前研究表明，生物黏附性聚合物可以克服唾液冲刷的问题，并且可以与渗透促进剂结合使用，以产生良好的局部和全身药物作用。

（二）膜剂的处方组成

膜剂一般由药物、成膜材料、增塑剂、矫味剂、表面活性剂等组成。主要的成膜材料有聚乙烯醇、羟丙甲纤维素、羟丙纤维素、海藻酸钠、果胶等。增塑剂可以增加膜的柔韧性。少量表面活性剂可使不溶性药物更易分散。必要时还可加入色素，增加膜剂的美观度和识别度。对于苦味药物的口腔膜剂，还需加入甜味剂、矫味剂或采用离子交换树脂技术，掩盖药物苦味以改善口感。

（三）膜剂的制备

膜剂的制备方法有流延法和热熔挤出法，流延法指将处方中的各成分用溶剂溶解或者分散后，展延于载体材料上，干燥成膜。热熔挤出法指将药物活性成分与热塑性成膜材料及其他材料混匀，加热挤出、冷却成膜。热熔挤出工艺还可用于制备植入剂、片剂等。目前的上市品种均采用流延法制备。图 7-18 为制备膜剂的设备。

图 7-18　德国 HH 公司和药物制剂国家工程研究中心研制的膜剂制造设备

（四）质量要求

膜剂应符合下列质量要求：

（1）**外观**　膜剂应完整光洁、厚度一致、色泽均匀、无明显气泡。多剂量膜剂，分隔压痕均匀清晰，能按压痕撕开。

（2）**包装材料**　无毒性、易于防止污染，不与药物或成膜材料发生理化作用。

（3）**重量差异**　照药典方法检查，应符合规定。取膜剂 20 片，求每片重量与平均重量，每片重量与平均重量相比，超出重量差异限度的不得多于两片，并不得有 1 片超出重量差异限度 1 倍。凡进行含量均匀度检查的膜剂，不进行重量差异检查。

(4) 微生物限度　照《中国药典》微生物限度检查法检查，应符合规定。

另外，还可检测机械强度、溶出度与溶化时间、黏膜黏附性和黏膜透过性、口感等膜剂指标。

（王　浩　朱壮志　奚　泉）

思考题

1. 简述固体制剂制备的各种单元操作及其影响因素。
2. 简述散剂和颗粒剂的定义、特点及质量要求。
3. 简述胶囊剂的特点，以及硬、软胶囊剂在处方组成和制备方面的异同。
4. 简述片剂的定义、特点、制备工艺及设备。
5. 片剂常用的辅料分为哪几类？试举例说明。
6. 片剂生产过程中经常出现哪些问题？如何防止？
7. 简述包衣的目的、种类及常用设备。
8. 简述微丸的定义、特点及制备方法。
9. 简述滴丸剂的定义、特点及常用基质。
10. 简述膜剂的定义、优缺点及制备工艺。

参考文献

[1]　崔福德. 药剂学［M］. 7 版. 北京：人民卫生出版社，2011.

[2]　潘卫三. 工业药剂学［M］. 3 版. 北京：中国医药科技出版社，2015.

[3]　斯沃布里克 J，博伊兰 J C. 制剂技术百科全书［M］. 王浩，侯惠民译. 北京：科学出版社，2009.

[4]　国家药典委员会. 中华人民共和国药典 2020 版［M］. 北京：中国医药科技出版社，2020.

[5]　Dilip M Parikh. Handbook of Pharmaceutical Granulation Technolog［M］. Informa Healthcare Inc，2010.

[6]　Qiu Y H，Chen Y S，Geoff G，Zhang Z，et al. Developing Solid Oral Dosage Forms［M］. Elsevier Inc，2017.

[7]　Loyd V Allen，Nicholas G Popovich，Howard C Ansel. Ansel's Pharmaceutical Dosage Forms and Drug Delivery Systems［M］. Lippincott Williams & Wilkins Inc，2010.

[8]　罗 R C，舍斯基 P J，韦勒 P J. 药用辅料手册［M］. 北京：化学工业出版社，2004.

[9]　Larry L Augsburger，Stephen W Hoag. Pharmaceutical Dosage Forms：Tablets［M］. Informa Healthcare Inc，2008.

[10]　Michael Levin. Pharmaceutical Process Scale-Up［M］. CRC Press，2011.

第八章 ▶▶▶

半固体制剂

本章学习要求

1. 掌握半固体制剂的定义；软膏剂的定义、常用基质、附加剂及处方组成；栓剂的常用基质、栓剂的置换价、栓剂的制备及质量评价。

2. 熟悉软膏剂的制备方法、工艺流程、处方设计及质量评价方法；常用水性凝胶基质种类及特性；栓剂的处方设计。

3. 了解软膏剂、乳膏剂制备的常用设备及其原理；眼膏剂的定义、特点及质量检查方法；水凝胶剂的制备方法。

第一节 概　述

一、半固体制剂的定义

半固体制剂（semisolid preparations）是原料药物与适宜的基质制成，在轻度的外力作用或体温下易于流动和变形，便于挤出和均匀涂布的一类以外用为主的制剂，常用于皮肤、创面、眼部及鼻腔、阴道和直肠等腔道黏膜。

二、半固体制剂的分类

半固体制剂包括软膏剂、乳膏剂、凝胶剂、眼膏剂、栓剂、糊剂和涂膜剂。多数半固体制剂主要在皮肤、创面或黏膜局部发挥作用，用于表皮的保护润滑或透过角质层在真皮或皮下组织起到局部抗感染、消毒、止痒、镇痛、消炎等作用，如红霉素软膏、盐酸利多卡因凝胶等。有的半固体制剂也可通过皮肤或黏膜给药产生全身治疗作用，如硝酸甘油软膏、对乙酰氨基酚栓剂。用于局部治疗的半固体制剂应避免其全身吸收，以免引起毒副反应。

第二节　软膏剂

一、定义与分类

软膏剂（ointments）是指原料药物与油脂性或水溶性基质混合均匀制成的半固体外用制剂。根据原料药物在基质中的分散状态，软膏剂可分为溶液型和混悬型两类。溶液型软膏剂为原料药物溶解（或共熔）于基质或基质组分中制成的软膏剂；混悬型软膏剂为原料药物细粉均匀分散于基质中制成的软膏剂。软膏剂应不易融化、均匀、细腻，并有适当的黏稠性，易于涂敷于皮肤或黏膜上。不含药软膏主要起保护创面、润滑皮肤作用，含药软膏主要起局部治疗作用，某些药物亦可经皮吸收后产生全身治疗作用。

二、软膏剂的常用基质

软膏剂由药物、基质和附加剂组成，基质作为软膏剂的赋形剂并且占软膏组成的绝大部分，赋予了软膏一定的理化特性，并对其质量以及药物的释放、吸收与疗效都起着重要作用。

理想的软膏基质应具备以下特点：①涂于皮肤或黏膜上无刺激性，不影响皮肤的正常功能；②具有适当的黏稠度，易涂布于皮肤或黏膜上，黏稠度随季节变化应很小；③性质稳定，不与主药和附加剂相互作用，长期贮存不变质；④具吸水性，能吸收分泌液，能溶解药物或与药物均匀混合；⑤容易洗除，不污染衣物。目前常用的软膏基质包括油脂性基质与水溶性基质。

1. 油脂性基质

油脂性基质主要包括油脂类、烃类、类脂类和聚硅氧烷类，常用的有凡士林、石蜡、液体石蜡、硅油、蜂蜡、硬脂酸、羊毛脂等。其特点是润滑性好、无刺激性，并能封闭皮肤表面，减少水分蒸发，促进皮肤的水合作用，对皮肤的保护及软化作用较强。能与多种药物配伍，特别适合用于遇水不稳定的药物。但油腻性及疏水性较大，不易与水性分泌液混合，也不易用水洗除，不宜用于急症炎症渗出较多的创面。

（1）油脂类　是指从动物或植物中得到的高级脂肪酸甘油酯及其混合物。常用的有豚脂、植物油、氢化植物油等。动物来源的油脂类为传统中药软膏剂基质，但易酸败，现已很少应用。常用的植物油有麻油、花生油、棉籽油等，常温下多为液体，不能单独用作软膏基质，常与熔点较高的蜡类熔合制成稠度适宜的基质。

（2）烃类　是从石油分馏得到的多种烃的混合物，其中大部分属于饱和烃，如凡士林、石蜡、液体石蜡。烃类化学性质稳定，脂溶性强，尤其适用于保护性软膏。

① 凡士林（vaseline）　液体与固体烃类形成的半固体混合物。有黄、白两种，后者是前者漂白而得。熔点为 38～60 ℃，化学性质稳定，不易酸败，无刺激性，具适宜黏稠度和涂展性。涂在皮肤上形成闭塞性油膜，可保护皮肤和损伤创面，减少皮肤水分蒸发，促进皮肤水合作用，达到使皮肤柔润、防止干裂或软化痂皮的目的；但油腻性大，吸水能力差，妨碍水性分泌物的排除，故不宜用于有多量渗出液的急性皮肤疾患。若在凡士林中加入羊毛脂或鲸蜡等，可改善其吸水性而扩大适用范围。

例 8-1 单软膏

【处方】黄蜂蜡 50 g，黄凡士林 950 g。

【制法】取黄蜂蜡在水中加热熔化，然后加入黄凡士林混合均匀，再搅拌冷却直至凝结即得。单软膏也可用白蜂蜡和白凡士林依上述处方和制法制得。

② 石蜡（paraffin）、液体石蜡（liquid paraffin） 石蜡是固体饱和烃类混合物，熔点为 50～65 ℃，无臭无味，为白色半透明蜡状固体。液体石蜡是液体饱和烃类混合物，为无色透明油状液体，与除蓖麻油外大多数脂肪油能任意混合，也可用于研磨分散药物粉末以便于与其他基质混合。两者均用于调节基质的稠度。

(3) 类脂类 系高级脂肪酸与高级醇的脂类，其物理性质与油脂类相似，但化学性质更稳定，且具一定的表面活性作用而有一定的吸水性能，常与油脂类基质合用。

① 羊毛脂（lanolin） 羊毛脂是附着在羊毛上的一种分泌油脂，主要成分是甾醇类、脂肪醇类和三萜烯醇类与大约等量的脂肪酸所生成的酯，约占 95%，还含有游离醇 4%，并有少量的游离脂肪酸和烃类物质，其熔点 36～42 ℃。羊毛脂可分为无水羊毛脂和含水羊毛脂。无水羊毛脂为淡黄色或棕黄色的软膏状物，能与约 2 倍量的水均匀混合，并且有优良的乳化性能。含水羊毛脂为羊毛脂熔化后加蒸馏水混合而得，为淡黄色或类白色软膏状物，含水 25%～35%。羊毛脂与皮肤脂质的组成接近，故有利于药物的渗透，但由于黏稠性大，涂于局部有不适感，故不宜单独用作基质，常与凡士林合用，可增加凡士林的吸水性与渗透性。

② 蜂蜡（beewax）和鲸蜡（spermaceti） 蜂蜡是由蜜蜂分泌出来的一种脂肪性物质，主要成分为棕榈酸蜂蜡醇酯。常温下，蜂蜡呈固体状态，熔点在 62～67 ℃。鲸蜡是从抹香鲸头部提取出来的油腻物质经冷却和压榨而得的固体蜡，精制品白色，无臭，有光泽。熔点 41～49 ℃，主要成分为棕榈酸鲸蜡醇酯。二者都可用于调节软膏的稠度，且均因含少量的游离高级醇而有乳化作用，属弱 W/O 型乳化剂，在 O/W 型乳剂型基质中可作为辅助乳化剂起稳定作用。

(4) 聚硅氧烷类（silicones） 是一系列不同分子量的聚二甲基硅氧烷的总称，简称硅油。软膏常用二甲基硅油（dimethicone）。本品为化学稳定性好的惰性辅料，是无色无臭液体，不污染衣物，无刺激性与过敏性，不影响皮肤正常功能，它较凡士林、羊毛脂等其他油脂类基质释药快、渗透性好，但对眼有刺激，不宜作为眼膏基质。

2.水溶性基质

水溶性基质主要为聚乙二醇（polyethylene glycol，PEG），为乙二醇的高分子聚合物。不同平均分子量的 PEG 以适当比例混合可得到稠度适宜的软膏基质。易溶于水，能与乙醇、丙酮、氯仿混溶，化学性质稳定，耐高温，不易霉败。但其吸水性较强，用于皮肤和黏膜常有刺激感，润滑作用较差，长期应用可使皮肤脱水干燥。与季铵盐类、山梨酯及某些酚类药物有配伍反应。

三、软膏剂的处方设计

软膏剂处方设计的目的是使药物稳定地溶解或均匀分散在基质中，在应用时药物能顺利从基质中释放出来，透过角质层到达表皮或真皮发挥局部治疗作用，或吸收入血产生全身治疗作用。

1.药物性质

皮肤具有非均相结构，由亲脂性的角质层和亲水性的活性表皮层（表皮和真皮）组成。软膏剂应用到皮肤上后，药物从制剂中释放到皮肤表面，皮肤表面溶解的药物分配进入角质层，扩散穿过角质层到达活性表皮的表面，继续扩散通过活性表皮到达真皮，被毛细血管吸收进入体循环。药物穿透角质层的能力油溶性药物大于水溶性药物。一般认为，药物的油水分配系数 $\lg P \geqslant 3$，分子量 < 500，容易透过角质层且具有较好的皮肤贮留性。药物的经皮渗透和其亲脂性则可能呈抛物线形的相关性，即油/水分配系数居中的药物，$\lg P$ 在 $1 \sim 3$ 之间的药物较易吸收入血。

2.基质的选择

基质作为软膏的赋形剂并且占软膏组成的绝大部分，赋予了软膏一定的理化特性，并对其质量和疗效都起着重要作用。

(1) **基质类型**　基质类型的选择，应根据治疗需求及皮肤患处的生理病理状况来决定。油脂性基质涂于皮肤能形成封闭性油膜，可起到皮肤表面保护与润滑作用。对皮肤脂溢性皮炎、痤疮及有少量渗出液的皮肤疾患，则不宜用油脂性基质，以免阻塞毛囊而加重病变，应选择水溶性基质或 O/W 型乳剂基质。水溶性基质多用于湿润、糜烂创面，有利于分泌物的排除，也常用于腔道黏膜，常作为防油保护性软膏的基质。

(2) **基质的 pH**　基质的 pH 影响弱酸性与弱碱性药物穿透吸收，当基质 pH 小于弱酸性药物的 pK_a 或大于弱碱性药物的 pK_a 时，这些药物的分子形式显著地增加，脂溶性增大而利于透过角质层。可根据药物的 pK_a 值来调节基质的 pH，使其分子形式的比例增加，提高药物的渗透性。

(3) **基质与药物的亲和力**　基质与药物的亲和力会影响药物的释放速度。若基质的亲和力大，药物难以从基质中释放出来，不利于药物从基质向皮肤转移，影响吸收。对脂溶性药物，从软膏基质的释放顺序为：水溶性类＞类脂类＞油脂类＞烃类。水溶性基质对药物的释放虽快，但对药物的穿透作用影响不大，制成的软膏很难透皮吸收。

3.附加剂

软膏剂中除含有不同类型基质外，常需要加入一些附加剂，如保湿剂、抑菌剂、抗氧剂、透皮促进剂等。软膏剂常用的附加剂如表 8-1 所示。

表 8-1　软膏剂的附加剂

附加剂	举例
保湿剂	甘油、丙二醇
抑菌剂	羟苯酯类、苯甲酸、山梨酸、苯氧乙醇、三氯叔丁醇、醋酸苯汞、苯酚、甲酚、苯扎氯铵、芳香油
抗氧剂	抗坏血酸、异抗坏血酸、亚硫酸盐、枸橼酸、酒石酸、丁羟基茴香醚（BHA）、二丁基羟基甲苯（BHT）、没食子酸丙酯（PG）、生育酚
透皮促进剂	氮酮、癸基甲基亚砜、有机溶剂(如乙醇、丙二醇)、脂肪酸(如油酸、亚油酸)或挥发性物质(如薄荷脑、柠檬烯、樟脑)

四、软膏剂的制备

软膏剂的制备方法可分为研和法和熔合法两种。应根据软膏剂的类型、处方成分的性质、制备量及设备条件选择适当的方法。通用的工艺流程如图 8-1 所示。

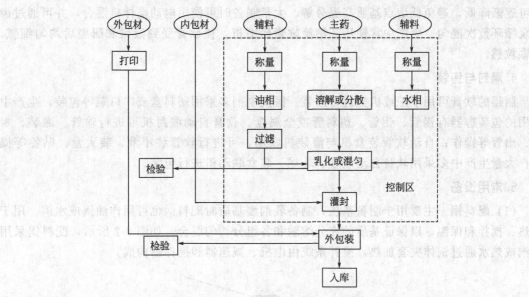

图 8-1 软膏剂、乳膏剂生产工艺流程图

1. 基质的处理

通常软膏剂中的基质需要经过净化和灭菌处理。如果凡士林、液体石蜡等油脂性基质的质地纯净，可以直接使用。若混有异物或大量生产时必须加热过滤后再用。将基质加热熔化后，用数层纱布（绒布或绸布）或120目铜丝网趁热滤过除去杂质。需要灭菌的基质，可在耐高压夹层锅中加热至150 ℃灭菌1h以上，并除去水分。

2. 药物的处理

① 药物不溶于基质或基质的任何组分　必须将药物粉碎至细粉，通过六号筛，先与少量基质或适量液体组分研磨成糊状，再加入基质中。

② 药物可溶于基质或基质某组分　一般将油溶性药物溶于少量液体油或有机溶剂，再与油脂性基质混匀成为油脂性溶液型软膏。水溶性药物溶于少量水或水相，再与水溶性基质混合成水溶性溶液型软膏，或以羊毛脂吸收后制成油脂性软膏。

③ 特殊性质药物　半固体黏稠性药物或固体浸膏可直接与基质混合。若药物有共溶性组分如薄荷脑、樟脑、冰片等挥发性成分共存时，可先将其研磨至共熔后，再与冷至40 ℃以下基质混匀。中药浸出物为液体时，先浓缩至稠膏状再加入基质中。受热易破坏或挥发性药物需待基质冷至40 ℃以下时加入，以减少药物的损失和破坏。

3. 制备方法

(1) 研和法　软膏剂常用制备方法之一，该法简单易行，适用于少量制备。在常温下，把药物细粉与少量基质或适宜液体组分先研磨成糊状，再递加其余基质进行研匀。主要适用于基质稠度适中或主药不宜加热，且常温条件下研磨即可均匀混合的情况。小量制备可在软膏板上或乳钵中进行，大量制备时可用电动研钵生产，但生产效率较低。

(2) 熔合法　也称热熔法，是将基质先加热熔化，再将药物分次加入，边加边搅拌直至冷凝的方法。适用于软膏中含有不同熔点基质，在常温条件下不能均匀混合，或主药可溶于基质，或需用熔融基质提取药材有效成分者。一般熔点较高的基质，如蜂蜡、石蜡等应先加热熔融；熔点较低的基质，如凡士林、羊毛脂等随后加入熔化；最后加入液体成分，加热温度可逐渐降低，避免低熔点基质高温分解。大量制备时可使用电动搅拌机混合，并可通过齿轮泵循环数次混匀。生产中常使用三滚筒软膏研磨机，使软膏受到滚碾和研磨后均匀细腻，无颗粒感。

4. 灌封与包装

制得的软膏可用手工或机械进行灌装。医院制剂多采用塑料盒或广口瓶等包装，生产中常用的包装容器有锡管、铝管、塑料管或金属盒。软膏自动灌封机可进行输管、灌装、封尾、出管等操作；自动软管装盒机与灌装机联用，可进行软管装小盒、装大盒、贴签等操作；大量生产中多采用软膏自动灌装、轧尾、装盒联动机进行包装。

5. 常用设备

(1) 配料锅　主要用于制备基质，制备乳剂型基质时配料锅也可用作油锅或水锅。用于加热、搅拌和保温，以保证基质的充分熔融和各组分均匀混合。如图 8-2 所示，配料锅采用蒸汽或热水通过锅体夹套加热，搅拌系统由电机、减速器和搅拌器构成。

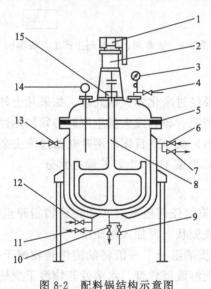

图 8-2　配料锅结构示意图

1—电机；2—减速器；3—真空表；4—真空阀；5—密封圈；6—蒸汽阀；7—排水阀；8—搅拌器；
9—进泵阀；10—出料阀；11—排气阀；12—进水阀；13—放气阀；14—温度计；15—机械密封

(2) 真空乳化搅拌机　可用于软膏剂的加热、溶解、均质与乳化。主要由油锅、水锅、真空系统、乳化锅、搅拌装置、传动装置、升降装置、倒料装置等组成，如图 8-3 所示。先将油相物料和水相物料分别在油锅、水锅中通过加热、搅拌混合均匀，然后由真空泵吸入乳化锅。乳化锅内采用同轴三重型搅拌装置。通过搅拌叶和框式搅拌器的剪切、压缩、折叠，使物料混合而下流往乳化锅下方的均质搅拌器处，并通过均质搅拌器高速旋转的转子与定子之间所产生挤压、剪切、混合、喷射与高频振荡等过程，使物料充分乳化。制成的膏体细度在 $2\sim5\ \mu m$ 之间，而老式简单制膏罐所制膏体细度只有 $20\sim30\ \mu m$。由于真空系统的存在，油水两相在搅拌过程中产生的气泡被及时抽走。

(3) 三辊研磨机　由水平方向平行安装的三个辊和传动系统组成，如图 8-4 所示。在第一和第二两个辊上装有加料斗，两边两个辊与中间一个辊之间的间隙可以调节。三个辊的转速、方向各不相同，从加料处至出料处辊速依次加快，软膏通过辊间隙时受到辊的滚碾和研磨，同时第三个辊还可沿轴线方向往返移动，使软膏更加均匀细腻。

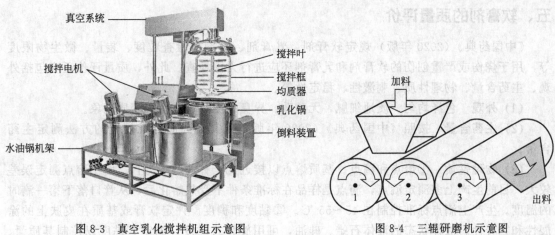

真空系统

搅拌电机

搅拌叶
搅拌框
均质器
乳化锅
倒料装置

水油锅机架

加料

出料

图 8-3 真空乳化搅拌机组示意图   图 8-4 三辊研磨机示意图

（4）软膏自动灌装封尾机   具有输管、灌装、封底等主要功能，设备外形如图 8-5 所示。软管通过自动送管装置整理后，倒置插入管座内，料桶内的软膏通过柱塞泵定量灌装到软管内。转盘将灌装了软膏的软管送至封口工位进行密封，然后打码机在管尾印上生产日期等字，最后经出管装置将成品送出。

图 8-5 软膏自动灌装封尾机示意图

6.实例解析

例 8-2   红霉素软膏

【处方】红霉素 10 g，液体石蜡 50 g，凡士林 940 g。

【制法】分别称取液体石蜡、凡士林，150 ℃干热灭菌 30 min，待温度降至 60～70 ℃，分别过滤。取红霉素与等量的液体石蜡研匀，倒入凡士林中，用剩余的液体石蜡冲洗研磨器具，均倒入凡士林中。不断搅拌直至冷凝，即得。密封保存。

【用途】本品有消炎抑菌作用，用于脓疱疮等化脓性皮肤病及烧伤、溃疡面的感染。

五、软膏剂的质量评价

《中国药典》（2020 年版）规定软膏剂、乳膏剂、糊剂应检查粒度、装量、微生物限度等，用于烧伤或严重创伤的软膏剂和乳膏剂还应进行无菌检查。此外，质量评价还应包括外观、主药含量、物理性质、刺激性、稳定性等。

(1) 外观　色泽均匀、质地细腻，无酸败、异臭、变色、变硬等变质现象。

(2) 主药含量　按照《中国药典》（2020 年版）或其他药品标准规定的方法测定主药含量。

(3) 物理性质　①熔点和滴点。基质熔点以接近凡士林的熔点为宜。由于熔点测定误差较大，目前生产上多测定滴点，滴点是样品在标准条件下受热熔化后，从管口落下第一滴时的温度。生产上滴点标准控制在 45～55 ℃。②黏度和稠度。评定软膏或基质在皮肤上的涂展性和黏着性。液体状态的液体石蜡、硅油，可用旋转式黏度计测定其黏度以控制其质量。半固体状态的软膏或基质除测定黏度外，还可用插入度计测定其稠度以控制其流变性。一般稠度小的样品插入度大，稠度大的样品插入度小。③酸碱度。为避免产生刺激性，软膏剂的酸碱度以接近中性为宜。测定方法是取样品加适量水或乙醇分散均匀，再用 pH 计测定。一般控制 pH 4.4～8.3。

(4) 刺激性　考察软膏对皮肤、黏膜有无刺激性或致敏作用。皮肤测定法一般是将供试品（0.5 g）涂在剃毛的家兔背部皮肤（2.5 cm^2）上，或贴敷在人体手臂、大腿内侧皮肤上，24 h 后观察有无红斑、水肿等刺激现象。黏膜测定法是在家兔眼黏膜上涂敷供试品 0.25 g，观察有无黏膜充血、流泪、畏光及骚动不安等刺激现象。

(5) 稳定性　软膏剂稳定性检查项目包括色泽、稠度、均匀性、酸败、酸碱度及含量等。通常采用加速试验法：软膏按市售包装，在温度 30 ℃±2 ℃，相对湿度 65%±5% 条件下进行 6 个月的加速试验。在试验初始和末次的 5 个时间点（0、1、2、3、6 月）取样检测考察指标。

(6) 粒度　除另有规定外，取混悬型软膏剂的适量供试品，置于载玻片上，涂成薄层，覆以盖玻片，共涂 3 片，照粒度和粒度分布测定法测定，均不得检出大于 180 μm 的粒子。

(7) 装量　照最低装量检查法检查，应符合规定。

(8) 无菌　用于烧伤（除程度较轻的烧伤 I° 或浅 II° 外）、严重创伤或临床必须无菌的软膏剂与乳膏剂，照无菌检查法检查，应符合规定。

(9) 微生物限度　除另有规定外，照微生物限度检查法检查，应符合规定。

(10) 药物释放度及吸收的测定

① 释放度测定　软膏剂的释放度测定方法药典中尚未规定，文献介绍的有透皮扩散池法、表玻片法、渗析池法和圆盘法等，可作为企业的内控标准。其中，透皮扩散池法是采用 Franz 立式扩散池，用不同的人工膜固定于接收池和给药池之间，选择合适的接收介质，在供应池中加入一定量的软膏，定时定量取出接收介质测定药物释放量，同时补加等量空白接收介质。

② 体外试验法　基于扩散池的体外透皮吸收试验广泛用于软膏剂的吸收研究。体外透皮吸收试验是将离体皮肤（人或动物皮肤）固定在扩散池的供应池和接收池之间，测定在不同时间的表皮残留量、皮内滞留量及透皮量。

③ 体内试验法　将软膏涂于人体或动物的皮肤上，经一定时间进行药物透过量测定。

根据药物性质可选择不同的测定方法，如体液与组织器官中的药物含量测定法、生理反应法、放射性示踪原子法等。

第三节 乳膏剂

一、定义与分类

乳膏剂（creams）是指原料药物溶解或分散于乳剂型基质中形成的均匀半固体制剂。《中国药典》（2020版）将乳剂型基质的软膏剂修订为乳膏剂，自此将乳膏剂与软膏剂并列。乳膏剂根据基质不同，可分为水包油（O/W）型乳膏剂和油包水（W/O）型乳膏剂。

二、乳膏剂的常用基质

（一）乳剂型基质的类型

乳剂型基质是指由水相、油相借乳化剂的作用在一定温度下乳化而成的半固体基质。油相含固体或半固体成分，如硬脂酸、蜂蜡、石蜡、高级醇（如十六醇、十八醇）等，为调节稠度需加入液体石蜡、凡士林或植物油等。常用的乳化剂有皂类、月桂醇硫酸钠、聚山梨酯类、脂肪酸山梨坦类、单硬脂酸甘油酯、脂肪醇等。

乳剂型基质可分为水包油（O/W）型及油包水（W/O）型两类。O/W型基质色白如雪，习称"雪花膏"，能与大量水混合，可以通过加入水量的多寡自由地调节至所需的稠度，涂于皮肤无油腻感，易洗除。但由于O/W型基质外相含有大量水，在贮存过程中可能霉变，因此常需加入抑菌剂（如尼泊金类、氯甲酚、三氯叔丁醇等），同时也易干燥而使乳膏变硬，故常需加入保湿剂（如甘油、丙二醇、山梨醇等）。W/O型基质因内相为水相，水分只能缓慢蒸发，在皮肤上可产生缓和的冷霜感，习惯称"冷霜"，不易洗除，不能与水混合，在乳膏剂中用得较少。乳剂型基质的穿透作用较强，除用于治疗浅表皮肤、黏膜部位的疾病外，也适用于药物作用部位需到达皮下组织或吸收入血的疾病，如关节疼痛、心绞痛等。但是O/W型乳膏用于分泌物较多的病变部位时，可使分泌物重新透入皮肤（反向吸收）而使炎症恶化，故忌用于糜烂、溃疡及化脓性创面。通常乳膏剂适用于亚急性、慢性、无渗出的皮损或皮肤瘙痒症。

（二）常用乳化剂

1. 皂类

（1）一价皂　常用钠、钾、铵的氢氧化物或三乙醇胺等有机碱与脂肪酸（如硬脂酸或油酸）作用生成的新生皂，为O/W型乳化剂。脂肪酸用量通常为总基质量的10%～25%，部分与碱反应形成新生皂，未皂化的部分作为油相。用硬脂酸制成的乳剂基质外观光滑美观，还可在水分蒸发后留下一层硬脂酸薄膜而具保护作用。单用硬脂酸为油相制成的乳剂基质润滑作用小，故常加入适量的油脂性基质（如凡士林、液体石蜡等）调节其稠度和延展性。一价皂基质易同酸、碱、钙、镁、铝等离子或电解质作用而形成沉淀，导致两相分离，乳剂转型或破坏。

一价皂作乳化剂的乳剂型基质

【处方】硬脂酸 120 g，三乙醇胺 10 g，羊毛脂 25 g，凡士林 20 g，液体石蜡 50 g，单硬脂酸甘油酯 30 g，山梨酸钾 3 g，甘油 50 g，蒸馏水加至 1000 mL。

【制法】取硬脂酸、羊毛脂、凡士林、液体石蜡、单硬脂酸甘油酯置容器内，在水浴上加热至 70～80 ℃ 使熔化，另取山梨酸钾溶于适量蒸馏水中，加入三乙醇胺、甘油混匀，加热至同温度后，将油相加至水相，边加边搅，直至冷凝。

【注解】处方中三乙醇胺与部分硬脂酸形成一价有机胺皂。三乙醇胺皂的耐酸、耐电解质性能比其他碱金属皂好，碱性较弱，能制成细腻的并带有光泽的、稳定的 O/W 型乳膏基质。未皂化的硬脂酸作为油相，增加基质的稠度。羊毛脂可增加吸水性、药物穿透性和基质润滑性。液体石蜡和凡士林可调节基质的稠度，同时增加基质的润滑性。单硬脂酸甘油酯能进一步增加油相的吸水能力，在 O/W 型基质中作为乳剂的稳定剂。山梨酸钾和甘油分别为抑菌剂和保湿剂。

(2) 多价皂 由二、三价金属如钙、镁、锌、铝的氧化物与脂肪酸作用形成的多价皂，为 W/O 型乳化剂。新生多价皂乳化能力较强，形成的乳剂型基质较一价皂为乳化剂形成的基质稳定。

2. 脂肪醇硫酸酯类

常用月桂醇硫酸钠（十二烷基硫酸钠），其 HLB 值为 40，是强亲水性 O/W 型乳化剂，常与弱的 W/O 型乳化剂如高级脂肪酸及多元醇类合用调节适合的 HLB 值。常用量 0.5%～2%，水溶液呈中性，对皮肤刺激性小，pH 4～8 较稳定。其属于阴离子型表面活性剂，与阳离子型表面活性剂可形成沉淀而失效。

含十二烷基硫酸钠的乳剂型基质

【处方】十八醇 220 g，白凡士林 250 g，十二烷基硫酸钠 15 g，丙二醇 120 g，羟苯乙酯 1 g，羟苯丙酯 0.15 g，蒸馏水加至 1000 g。

【制法】取处方量的十八醇、白凡士林在水浴中加热（70～80 ℃）使熔化，将十二烷基硫酸钠、丙二醇、羟苯乙酯、羟苯丙酯溶于蒸馏水，加热至同温度后，缓慢加入油相中，边加边搅拌直至乳化完全，冷却即得。

【注解】处方中十二烷基硫酸钠为主要乳化剂，形成 O/W 型乳剂型基质。十八醇、白凡士林为油相，十八醇为 W/O 型辅助乳化剂，起调节 HLB 值及稳定作用，并可增加基质的稠度。丙二醇为保湿剂并有助于抑菌剂羟苯酯类的溶解。

3. 高级脂肪醇及多元醇酯类

(1) 十六醇（鲸蜡醇，cetylalcohol）及十八醇（硬脂醇，stearylalcohol） 有一定的吸水能力，是较弱的 W/O 型乳化剂，与 O/W 型乳化剂合用可增加乳剂型基质的稳定性和稠度。同时可作为乳剂型基质的油相，用十六醇和十八醇取代部分硬脂酸形成的新生皂乳剂基质较单用硬脂酸形成的基质细腻光亮。

(2) 硬脂酸甘油酯（glyceral monostearate） 为单、双硬脂酸甘油酯的混合物，以前者为主。因其分子中甘油基上有羟基存在，有一定的亲水性，是较弱的 W/O 型乳化剂。与 O/W 型乳化剂合用时，可作为辅助乳化剂增加乳剂型基质的稳定性。产品细腻光滑，用量为基质总量的 15% 左右。

(3) 聚山梨酯 (polysorbate) 类　商品名为吐温类 (Tweens)，是 O/W 型非离子型表面活性剂，对黏膜和皮肤刺激性小，并能与电解质配伍。吐温类能单独作为乳化剂，常与其他乳化剂 (如司盘类、月桂醇硫酸钠) 合用以调节乳剂型基质的 HLB 值使其稳定。聚山梨酯类能与某些抑菌剂如羟苯酯类、苯甲酸等络合而抑制其效能，亦不宜与酚类、羧酸类药物合用。

> **例 8-5**　吐温 80 为主要乳化剂的乳剂型基质
>
> **【处方】** 硬脂酸 60 g，吐温 80 44 g，司盘 60 16 g，硬脂醇 60 g，液体石蜡 90 g，白凡士林 60 g，甘油 100 g，山梨酸 2 g，蒸馏水加至 1000 g。
>
> **【制法】** 将硬脂酸、司盘 60、硬脂醇、液体石蜡、白凡士林置容器上加热熔融，另将吐温 80、甘油、山梨酸、蒸馏水混合、溶解，两相加热至 80 ℃，将油相加至水相中，搅拌至冷凝，即得。
>
> **【注解】** 处方中吐温 80 为主要乳化剂，形成 O/W 型乳剂型基质。司盘 60 用来调节 HLB 值，以形成稳定的乳剂。硬脂醇为增稠剂与弱乳化剂，可调节基质稠度并起稳定作用。甘油为保湿剂。山梨酸为抑菌剂，不能用羟苯酯类代替，因吐温类能与羟苯酯类络合而抑制其效能。

(4) 脂肪酸山梨坦类　商品名为司盘 (Spans) 类，系 W/O 型非离子型表面活性剂。其水溶液呈中性，对皮肤和黏膜刺激性小，对热、酸、电解质稳定，常与其他 O/W 型乳化剂如聚山梨酯类合用以调节 HLB 值。

> **例 8-6**　司盘 60 为主要乳化剂的乳剂型基质
>
> **【处方】** 单硬脂酸甘油酯 120 g，白凡士林 50 g，液体石蜡 250 g，蜂蜡 50 g，石蜡 50 g，司盘 60 20 g，吐温 80 10 g，羟苯乙酯 1 g，蒸馏水加至 1000 g。
>
> **【制法】** 将单硬脂酸甘油酯、司盘 60、液体石蜡、白凡士林、蜂蜡、石蜡置容器上加热熔融，另将吐温 80、羟苯乙酯、蒸馏水混合、溶解，两相加热至 80 ℃，将水相加至油相中，搅拌至冷凝，即得。
>
> **【注解】** 处方中司盘 60 为主要乳化剂，形成 W/O 型乳剂型基质。吐温 80 用来调节 HLB 值，起稳定作用。单硬脂酸甘油酯为增稠剂与弱乳化剂，可调节基质稠度并起稳定作用。羟苯乙酯为抑菌剂。

4. 聚氧乙烯醚的衍生物类

(1) 平平加 O　为脂肪醇聚氧乙烯醚类，是非离子型表面活性剂，对皮肤无刺激性。与羟基、羧基化合物可形成络合物，故不宜与酚类、羧酸类配伍。

(2) 乳化剂 OP　为烷基酚聚氧乙烯醚类，为 O/W 型非离子型表面活性剂。

三、乳膏剂的处方设计

乳膏剂的处方设计需根据药物的理化性质、皮肤病理生理状况和用药目的选择合适的基质，进而设计合理的处方与制备工艺。

(1) 药物性质 由于乳膏含有水相，应注意遇水不稳定的药物不宜制成乳膏。在选择乳化剂时需注意药物与乳化剂之间是否存在配伍禁忌。如酸、碱，钙、镁离子或电解质类药物可能与皂类乳化剂有配伍变化。酚类、羧酸类药物如苯酚、间苯二酚、水杨酸会与含聚氧乙烯基的乳化剂如聚山梨酯类、平平加 O 等形成络合物。

(2) 乳化剂的选择 应根据油相乳化的需要选择适宜 HLB 值的乳化剂，如表 8-2 所示。可通过将多种乳化剂混合使用以达到油相所需的 HLB 值。乳剂型基质的形成和稳定还与乳化剂的浓度、油水两相的比例等多种因素有关，处方设计时应综合考虑。

表 8-2　各种油相乳化所需的 HLB 值

油相	W/O 型	O/W 型	油相	W/O 型	O/W 型
凡士林	4~5	7~8	二甲基硅氧烷	—	9
液体石蜡	4	10	无水羊毛脂	8	10~12
油酸	7~11	17	硬脂酸	6	17
月桂醇	—	14	月桂酸、亚油酸		16
硬脂醇	7	15~16	蜂蜡	4~6	9~12
单硬脂酸甘油酯		13	地蜡	—	8~10

(3) 附加剂 乳膏剂中因含有水分，需加入保湿剂、抑菌剂等附加剂以增强乳膏剂的稳定性。乳膏剂基质中常用的保湿剂有甘油、丙二醇、山梨醇等，用量为 5%~20%。常用的抑菌剂有尼泊金酯类、氯甲酚、三氯叔丁醇。应注意抑菌剂与药物、乳化剂的配伍禁忌（如尼泊金与吐温类）。

四、乳膏剂的制备

乳膏剂均采用乳化法制备。将处方中的油脂性和油溶性成分一起加热至 80 ℃左右使熔化，细布过滤。另将水溶性成分溶于水为水相加热至与油相相同温度，然后两相混合，搅拌至乳化完全并冷凝。最后加入水、油均不溶解的组分，搅匀即得。

油、水两相的混合方法有三种：①分散相加到连续相中，适用于含小体积分散相的乳剂系统；②连续相加到分散相中，适用于多数乳剂系统大生产，在混合过程中因连续相少，形成反相乳剂，随着连续相的逐渐增加，引起乳剂的转型，能产生更为细小的分散相粒子；③两相同时混合，适用于连续的或大批量的操作，需要一定的设备如输送泵、连续混合装置等。大量生产时由于油相不易控制均匀冷却，或两相混合时搅拌不匀而使形成的基质不够细腻，可在温度降至 30 ℃时再通过胶体磨等使其更加细腻均匀。也可使用旋转型热交换器的连续式乳膏机。乳膏剂的生产设备见本章第二节相应内容。

例 8-7　醋酸氟轻松乳膏

【处方】醋酸氟轻松 0.25 g，二甲基亚砜 15 g，十八醇 90 g，白凡士林 100 g，十二烷基硫酸钠 10 g，液体石蜡 60 g，羟苯乙酯 1 g，甘油 50 g，蒸馏水加至 1000 g。

【制法】将十八醇、白凡士林、液体石蜡置一容器中加热至 80 ℃ 熔融并搅拌均匀作为油相；将十二烷基硫酸钠、羟苯乙酯、甘油、蒸馏水置另一容器中混合、加热至 80 ℃ 溶解，搅拌均匀作为水相；把油相缓缓加入水相，边加边搅拌，待适当乳化后，冷却至 50 ℃ 时将用二甲基亚砜溶解的醋酸氟轻松加入，继续搅拌至乳膏形成，冷却即得。

【注解】本品中十二烷基硫酸钠为 O/W 型乳化剂。十八醇、白凡士林、液体石蜡为油相。十八醇为弱乳化剂起到调节 HLB 值以增加乳剂稳定性的作用，还可增加基质的稠度。羟苯乙酯为抑菌剂。甘油为保湿剂。二甲基亚砜（DMSO）为透皮吸收促进剂，还可作为药物的溶剂，而且具有一定的抗炎、抑菌作用。

五、乳膏剂的质量评价

乳膏剂的质量检查与评价项目基本与软膏剂相同，除此以外，乳膏剂还应不得有油水分离及胀气现象。

第四节　凝胶剂

一、定义与分类

凝胶剂（gels）是指原料药物与能形成凝胶的辅料制成的具凝胶特性的稠厚液体或半固体制剂。乳状液型凝胶剂又称为乳胶剂。由高分子基质如西黄蓍胶制成的凝胶剂也可称为胶浆剂。凝胶剂主要用于局部皮肤及鼻腔、眼、阴道和直肠黏膜给药。目前也有多种药物口服凝胶剂上市。

凝胶剂根据分散系统可分为单相凝胶与两相凝胶。凝胶剂基质属单相分散系统，有水性与油性之分。水性凝胶基质一般由水、甘油、丙二醇与纤维素衍生物、卡波姆和海藻酸盐、西黄蓍胶、明胶、淀粉等构成；油性凝胶基质由液状石蜡与聚乙烯或脂肪油与胶体硅、铝皂、锌皂等构成。混悬型凝胶剂属两相分散系统，系小分子无机原料药物如氢氧化铝的胶体小粒子以网状结构分散于液体形成。混悬型凝胶剂可有触变性，静止时形成半固体而搅拌或振摇时成为液体。临床应用较多的是水性凝胶（hydrogels）。水性凝胶的优点是无油腻感，易涂展和洗除，不妨碍皮肤正常功能，能吸收组织渗出液，附着力强，不污染衣物，且由于黏度较小而有利于药物的释放。缺点是润滑作用较差，易失水和霉变，需添加大量保湿剂和抑菌剂。目前国内上市的水性凝胶主要有抗菌药、非甾体抗炎药、抗过敏药、抗病毒药、抗真菌药及皮肤科常用药等。

二、水性凝胶基质

水性凝胶基质是亲水但又不溶于水、具有三维网络结构的高分子材料，可吸收大量的水形成半固体。水性凝胶基质可分为天然与合成两大类，天然水性凝胶基质包括西黄蓍胶、明胶、淀粉、海藻酸、壳聚糖、透明质酸、琼脂等，合成的水凝胶基质包括卡波姆、纤维素衍生物、聚乙烯醇等。能够感知外界刺激变化（如温度、pH、离子强度、电场等）并能做出环境敏感响应的水凝胶被称为智能水凝胶或环境敏感水凝胶。

(1) 卡波姆（carbomer） 商品名为 carbopol，是丙烯酸键合烯丙基蔗糖或季戊四醇烯丙醚的高分子聚合物，已收载入中国、美国、英国等的药典。不同的材料和聚合度构成了多种规格的产品。卡波姆为白色疏松粉末，具有较强的吸湿性，可溶于乙醇、水和甘油。卡波姆作为凝胶基质的常用浓度为 0.5%～1.5%。卡波姆制成的基质释药快，无油腻性，易于涂展，有生物黏附性，对皮肤及黏膜无刺激性，无过敏反应。溶剂中若含有 Ca^{2+}、Mg^{2+} 等离子时，由于卡波姆中羧基与其结合引起沉淀，因此最好使用去离子水或者软化/离子交换水。

(2) 纤维素衍生物 在水中可溶胀或溶解形成具有一定稠度的水凝胶基质。凝胶剂常用的品种有羟丙甲基纤维素（HPMC）、羧甲基纤维素钠（CMC-Na）、甲基纤维素（MC），常用的浓度为 2%～6%。HPMC 与 MC 不溶于热水，在冷水中可溶胀至透明，pH 2～12 时均稳定。CMC-Na 在任何温度下均可分散在水中形成澄明的胶状液，但 pH 低于 5 或高于 10 时黏度显著下降，不宜与阳离子药物、强酸及重金属离子配伍。该类基质具有较强黏附性，易失水，干燥而有不适感，常需加入 10%～15% 的甘油作保湿剂，并需加入抑菌剂。

(3) 智能水凝胶材料 是一种能够对外部环境（如温度、酸度、电场、磁场等）的改变快速做出响应的、有规律的结构和体积大小变化的高分子材料，可以执行特定的功能，具有智能性，已成为生物医用载药领域的焦点。根据水凝胶对外界环境的刺激不同表现出不同的响应情况，可将凝胶分为：温度敏感性水凝胶、pH 敏感性水凝胶、光敏感性水凝胶、压力敏感性水凝胶、电场敏感性水凝胶等。

① 温度敏感性水凝胶（temperature-sensitive hydrogel）是基于高分子材料的溶胀与收缩性质表现出智能特点的水凝胶。这类大分子链上同时具有亲水性的酰胺基团和疏水性基团，温度的变化可影响这些基团的疏水作用和大分子链间的氢键及大分子链和水分子间的相互作用力，从而破坏凝胶体系的平衡，使凝胶结构改变或者发生体积相变。例如高浓度的泊洛沙姆 407 水溶液具有受热反向胶凝的性质，即冷藏温度下是自由流动的流体，而室温或体温时形成澄明的凝胶，特别适用于腔道黏膜给药。

② pH 敏感性水凝胶（pH-sensitive hydrogel）是指体积随环境酸度变化而发生非连续变化的水凝胶。这类水凝胶中一般都含有较多易水解或可以质子化的酸、碱基团，如羧基（—COOH）和氨基（—NH_2）。当外界 pH 发生变化时，这些基团的解离程度相应改变，使凝胶内外的离子浓度改变。同时，基团的解离会破坏水凝胶内的氢键，导致水凝胶网络交联点减少，水凝胶网络结构发生变化，进而引起水凝胶的溶胀或收缩。pH 敏感药物控释系统特别适合口服药物的控制释放，即根据人体消化道各环节 pH 值的不同，利用水凝胶在不同 pH 值溶胀度、渗透性能的不同，可控制药物在特定部位的释放。

三、凝胶剂的制备

1. 制备

将药物用适当的溶剂溶解（蒸馏水或乙醇、丙二醇）或用少量水或甘油研匀，备用；将其余处方成分按基质配制方法制成凝胶基质，再将药物加入基质中搅拌均匀，即得。

2. 实例解析

> **例 8-8**　盐酸萘替芬凝胶
>
> 【处方】盐酸萘替芬 2 g，卡波姆 940 1.5 g，乙醇 20 mL，甘油 10 g，吐温 80 1 g，三乙醇胺 1.5 g，纯化水加至 100 g。
>
> 【制法】取卡波姆 940 与甘油置于乳钵中研匀使充分润湿，加适量纯化水，分散均匀后放置数小时使卡波姆充分溶胀。另取盐酸萘替芬加吐温 80、三乙醇胺、乙醇溶于适量纯化水后加入卡波姆溶胀物，边加边搅拌使成胶浆状，加水至全量，搅拌均匀，除去气泡，即得。

四、凝胶剂的质量评价

凝胶剂在生产与贮藏期间应均匀、细腻，在常温时保持胶状，不干涸或液化。凝胶剂应符合《中国药典》（2020 年版）规定的质量检查要求。

(1) 粒度　除另有规定外，混悬型凝胶剂照下述方法检查，应符合规定：取供试品适量，置于载玻片上，涂成薄层，薄层面积相当于盖玻片面积，共涂 3 片，照粒度和粒度分布测定法测定，均不得检出大于 180 μm 的粒子。

(2) 装量　照最低装量检查法检查，应符合规定。

(3) 无菌　除另有规定外，用于烧伤［除程度较轻的烧伤（Ⅰ°或浅Ⅱ°外）］、严重创伤或临床必须无菌的凝胶剂，照无菌检查法检查，应符合规定。

(4) 微生物限度　除另有规定外，照微生物限度检查法检查，应符合规定。

第五节　眼膏剂

眼膏剂（eye ointments）是指药物与适宜的基质均匀混合制成的无菌溶液型或混悬型膏状的眼用半固体制剂。眼膏剂较一般的滴眼剂黏度大，因此在眼中保留时间长，疗效持久，并能减轻眼睑对眼球的摩擦。眼膏剂包括眼用软膏剂、眼用凝胶剂及眼用乳膏剂。眼用软膏剂一般使用油脂性基质，使用时眼部有异物感，亦能造成视力模糊。眼用凝胶剂采用水性凝胶为基质，无油腻感，患者依从性更好。近年来出现的智能水凝胶给药系统在非生理状态下为液体，在结膜囊内受到泪液 pH 的影响或体温条件下发生溶胶-凝胶相变，转变为黏稠凝胶，显著延长药物在眼内的保留时间，提高生物利用度，而且剂量准确，使用方便。

一、眼膏剂的常用基质

常用的眼膏剂基质一般由凡士林 8 份，液体石蜡、羊毛脂各 1 份混合而成，可根据气温适当调整液体石蜡的用量以调节稠度。羊毛脂具有较强的吸水性和黏附性，使眼膏与泪液容易混合并易附着于眼黏膜上，延长药物在眼内的保留时间，有利于药物渗透。眼用凝胶剂、眼用乳膏剂的基质类型和一般凝胶剂、乳膏剂相同，应注意选择对眼黏膜无刺激性的基质。

二、眼膏剂的制备

眼膏剂必须在无菌条件下制备，通常在无菌操作台或无菌操作室中进行。制备过程中用到的药物、基质、器械、包装材料等均应采用安全可靠的灭菌方法灭菌，以避免微生物污染。

眼膏剂制备工艺与一般软膏剂大致相同。眼膏剂的基质应加热熔化后用细布保温过滤，于150℃干热灭菌1～2 h。药物的处理如下：

（1）易溶于水或其他基质组分且性质稳定的药物，可先将药物溶于少量溶剂中，再逐步递加其余基质混匀。

（2）不溶于基质组分的药物，应将其粉碎成可通过9号筛的极细粉，加少量液体石蜡或基质研成糊状，再分次加入其余基质混匀。

例 8-9　氯霉素眼膏

【处方】氯霉素0.1 g，液体石蜡适量，眼膏基质 [白凡士林：液体石蜡：无水羊毛脂＝8：1：1（质量比）] 加至10 g。

【制法】取氯霉素极细粉加适量灭菌液体石蜡，研成细腻糊状，分次递加眼膏基质至全量，边加边研匀，即得。

三、眼膏剂的质量评价

眼膏剂除了应满足一般软膏剂的质量要求外，还应检查粒度、金属性异物、装量差异和无菌。

第六节　栓　剂

一、定义与分类

栓剂（suppositories）是指原料药物与适宜基质等制成供腔道给药的固体制剂。栓剂具有一定的形状，引入腔道后，在体温条件下应能迅速熔融、软化或溶解于分泌液，逐渐释放药物。栓剂虽然常温下为固体，但其制备工艺、剂型特点和经典固体制剂差异较大，和软膏等半固体制剂有更多共同点，因此本书将其归类为半固体制剂。

栓剂根据其作用特点，可分为局部栓剂和全身栓剂。栓剂起初被认为以局部作用为主，将栓剂置于直肠、阴道等部位，主要起润滑、收敛、抗菌、杀虫、止痒、局麻等作用，例如用于通便的甘油栓和治疗阴道炎的保妇康栓等。随着研究的深入，逐渐发现栓剂不仅能起局部治疗作用，而且药物可通过黏膜（主要是直肠黏膜）吸收起全身治疗作用，如对乙酰氨基酚栓、甲硝唑栓、盐酸曲马多栓、盐酸克伦特多栓等。

根据其应用腔道的不同，栓剂可分为直肠栓、阴道栓、尿道栓，其形状和大小因使用部位不同而各不相同。其中以直肠栓更为常用，直肠栓的形状有鱼雷形、圆锥形或圆柱形等，其中以鱼雷形较能适应肛门括约肌的收缩而易引入直肠内。成人使用的直肠栓一般约 2 g，长度为 3～4 cm，儿童用直肠栓约为 1 g。阴道栓的形状有球形、卵形、鸭嘴形等，每颗栓重 2～5 g。栓剂的形状如图 8-6 所示。

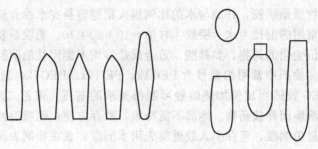

图 8-6　栓剂的形状示意图

根据栓剂的制备工艺与释药特点，又可分为双层栓剂，中空栓剂，控释、缓释栓剂等。

二、栓剂的基质

理想的栓剂基质应符合以下要求：①在室温下具有适宜的硬度和韧性，塞入腔道时不致变形或破碎。在体温下易软化、熔融或溶解，能与体液混合或溶于体液。②性质稳定，与主药无配伍禁忌，不影响主药的含量测定，在贮藏过程中理化性质稳定，不易长霉变质。③无毒、无过敏性，对黏膜无刺激性。④熔点与凝固点的差距小，水值较高，能混入较多的水，油脂性基质的酸价在 0.2 以下，皂化值应在 200～245，碘价低于 7。⑤适用于冷压法和热熔法制备栓剂，易于脱模。

栓剂基质主要分为油脂性基质和水溶性基质两大类。

1. 油脂性基质

（1）**可可豆脂（cocoa butter）**　是从梧桐科植物可可树的种仁中得到的一种固体脂肪。主要成分是硬脂酸、棕榈酸、油酸、亚油酸和月桂酸的甘油酯。可可豆脂常温下为白色或淡黄色脆性蜡状固体，可塑性好，无刺激性，熔点为 31～34 ℃，加热至 25 ℃时开始软化，在体温下迅速熔化。10～20 ℃时具有脆性，粉碎易得粉末，其细粉能与多种药物混合制成可塑性团块。可可豆脂是较理想的栓剂基质，但由于其同质多晶型带来的不稳定性，且国内产量少，价格昂贵，已逐渐被半合成或全合成脂肪酸酯取代。

（2）**半合成或全合成脂肪酸甘油酯**　是由天然植物油经水解、分馏所得 C_{12}～C_{18} 游离脂肪酸，经部分氢化再与甘油酯化而得到的三酯、二酯、一酯的混合物。该类基质具有不同的熔点，可按不同的要求来选择，不易酸败，化学性质稳定。国内已投产的有半合成椰油酯、半合成山苍子油酯、半合成棕榈油酯、硬脂酸丙二醇酯、混合脂肪酸甘油酯等，是目前较理想的一类油脂性栓剂基质。①半合成椰油酯系由椰油加硬脂酸再与甘油酯化而成。本品为白色块状物，熔点为 33～41 ℃，凝固点为 31～36 ℃，具有油脂臭，刺激性小。②半合成棕榈油酯系以棕榈油酯加硬脂酸与甘油酯化而成。本品为乳白色固体，抗热能力强，酸价和碘价低，对直肠和阴道黏膜均无明显的刺激性，为较好的半合成脂肪酸酯。③半合成山苍子油酯系由山苍子油水解，分离得月桂酸再加硬脂酸与甘油酯化而得的甘油酯混合物。也可直接用化学品合成，称为混合脂肪酸甘油酯，为白色或类白色蜡状固体，具有油脂臭。其规格有：34 型（熔点 33～35 ℃）、36 型（35～37 ℃）、38 型（37～39 ℃）、40 型（39～41 ℃）等，以 38 型应用较多。

2.水溶性基质

（1）**甘油明胶**（gelatin glycerin） 是用明胶、甘油、水按一定的比例制得，有弹性，易纳入腔道，在体温下不熔化，但可软化并缓慢溶于分泌液中，具有缓慢释放药物等特点。甘油明胶基质的成型物质是明胶，甘油与水的比例越大则越容易在水性介质中溶解。甘油能防止基质失水变硬。常用的配比为水：明胶：甘油＝10：20：70。明胶是胶原的水解产物，凡与蛋白质能产生配伍变化的药物，如鞣酸、重金属盐等均不能用甘油明胶作基质。

（2）**聚乙二醇** 栓剂中常用的型号为 PEG1k、PEG4k、PEG6k，通常将两种或两种以上不同分子量的 PEG 按适当比例加热熔融可制得要求的基质。聚乙二醇在体温时不熔化，但在体液中能渐渐溶解而释放药物。本品不需冷藏，贮存方便，但吸湿性较强，因此对黏膜有一定刺激性。为避免刺激，可在引入腔道前先用水润湿，或在栓剂表面涂一层鲸蜡醇或硬脂醇薄膜。PEG 基质不宜与鞣酸、银盐、奎宁、水杨酸、苯佐卡因、氯碘喹啉、磺胺类等药物配伍。

（3）**泊洛沙姆** 多用于制备液体栓剂，又称为原位凝胶（in situ gel），其具有适宜的胶凝温度（低于直肠生理温度），胶凝温度以下为液态，能在体温作用下迅速转化为半固体的黏稠胶凝态，可在直肠黏膜牢固附着，不会进入直肠深部，可较好地避免肝脏的首过效应，且不易从肛门漏出。此外液体栓剂柔软而具有弹性，可避免栓剂纳入体腔后产生的异物感，改善了患者用药的依从性。泊洛沙姆是目前研究最深入的制备温度敏感原位凝胶的高分子材料。在作为液体栓剂基质时，以泊洛沙姆 407 和泊洛沙姆 188 合用较常见。

（4）**硬脂酸聚烃氧（40）酯** 是 PEG 的单硬脂酸酯和二硬脂酸酯的混合物，国内商品代号 S-40，国外商品代号 Myrj52。无臭味，无明显毒性和刺激性，是目前应用较多的一类亲水性基质。

三、栓剂的处方设计

栓剂的处方设计首先应考虑以下几点：用于局部治疗还是全身治疗；药物需要快速释放还是缓慢作用或持久作用；用药部位在直肠、阴道还是尿道。根据上述用药目的和药物的理化性质，以及药物在基质中的溶解情况等，选择适宜的基质和附加剂。

（1）**药物性质** 药物的溶解度是栓剂处方设计的重要依据。当基质的溶解特性正好与药物相反时，由于药物与基质之间的亲和力弱，有利于药物的释放与吸收。因此，一般水溶性药物分散在油脂性基质中，脂溶性药物混悬于水溶性基质中。

（2）**基质的选择** 根据栓剂的种类和药物的性质选用不同的基质。一般来说，栓剂中药物吸收的限速过程是基质中的药物释放到体液的速度，而不是药物在体液中溶解的速度。

用作全身治疗的栓剂要求迅速释放、吸收，因此宜选用熔化或溶解速率快的基质。一般选用油脂性基质，特别是具有一定表面活性作用的油脂性基质，有利于药物释放，增强吸收。根据直肠的生理特点，栓剂在应用时以塞入肛门口约 2 cm 处为宜，这样 50％～70％ 的药物可不经过肝脏直接进入血液循环。设计全身作用的处方时还应考虑药物的解离度对其释放的影响。非解离型药物易透过直肠黏膜吸收进入血液。脂溶性非解离药物最易吸收，而季铵类化合物等完全解离的药物则吸收较差。全身作用的栓剂一般多为直肠栓，阴道栓多起局部治疗作用，但目前也有起全身治疗作用的阴道栓的报道。

发挥局部作用的栓剂要求释药缓慢而持久，仅在腔道中发挥作用，尽量减少药物的吸收。应选用熔化慢、液化慢、释药慢、药物不被吸收的基质。但液化时间也不宜过长，否则患者将感到不适，药物可能无法全部释放，有时甚至出现被排出的现象。水溶性基质制成的局部作用栓剂因腔道中的液体量有限，使其溶解速度受限，释放药物缓慢，较油脂性基质更有利于发挥局部疗效。

(3) 附加剂　为了改善药物的吸收和提高稳定性，栓剂中往往要加入一些附加剂，如表面活性剂、稀释剂、润滑剂和抑菌剂等。

四、栓剂的制备

1. 置换价

栓剂是由药物和基质混合均匀通过栓模而制成。置换价（displacement value，DV）是指药物质量与同体积基质质量之比值，也就是与 1 g 基质占有等体积药物的质量（g）。由于模具的容积已经固定，而栓剂所含药物与基质的密度又不尽相等，因而在制备栓剂时必须要考虑置换价这个问题，否则，就不易制得含量准确的栓剂。可以用下述公式求得某些药物对某基质的置换价：

$$DV = \frac{W}{G-(M-W)} \tag{8-1}$$

式中，G 为纯基质平均栓重；M 为含药栓的平均栓重；W 为每粒栓剂的平均含药质量。

药物的置换价可以从文献中查到或经实验测定，测定方法如下：取基质作空白栓，称得平均质量为 G，另取基质与药物小量试做几个使药物与基质具有一定比例的栓（如含药50%或20%等，质量分数），称得平均质量为 M，并求出每粒栓剂中含药物的质量 W，则基质在该含药栓中的质量为 $M-W$，而 $G-(M-W)$ 即为纯基质栓剂与含药栓剂中基质质量之差，亦即与药物同体积的基质的质量。将这些数据代入式(8-1)，即可求得某药物对某一新基质的置换价。根据测定的置换价可计算出制备含药栓需要的基质质量。

2. 制备方法

制备栓剂用的固体原料药物，应预先用适宜方法制成细粉或最细粉。栓剂的制备方法主要有冷压法和热熔法，可以依据基质性质的不同和制备的数量而选择。

(1) 冷压法　适于大量生产油脂性基质栓剂。这种方法是将药物与基质粉末置于冷容器内，混匀后装于制栓机的模具内，通过模型挤压成一定形状。此法适合于所含主药对热不稳定或栓剂中较多成分不溶于基质的情况。该法优点是所制的栓剂外形美观，可以避免不溶性成分在制备过程中的沉降；缺点是生产效率低，在冷压过程中容易搅进空气，空气既能影响栓剂的重量差异，又对基质和有效成分起氧化作用。

(2) 热熔法　该方法是广泛用于制备栓剂的方法，适用于油脂性基质和水溶性基质的栓剂制备。将基质粉末在水浴上加热熔化（温度不宜过高），加入药物溶解或均匀分散在基质中，倾入已经冷却并涂有润滑剂的栓模中，至稍溢出模口为宜。冷却，待完全凝固后，用刀削去溢出部分，开模取栓，晾干，包装即可。

小剂量热熔法制备栓剂采用模具浇注（图 8-7）。大量生产栓剂时采用热熔法，用成卷的塑料包装材料取代金属模具作为栓模（图 8-8），并可根据要求选择全自动栓剂灌封设备（图 8-9）。该机生产速度一般为 6000～30000 粒/h。原理是将成卷的塑料片材经栓剂制壳机吹塑成型制成空壳后，自动进入灌注工序，已搅拌均匀的药液由高精度计量泵灌注到空壳内，然后被剪成多条等长的片段，经过低温成型实现液-固转化，变成固体栓剂，最后经整形、封口、打批号和剪切工序，制成成品栓剂。此法用塑料包装材料作为栓模，同时还作为包装材料，无须进一步包装，因此可节约时间并可降低成本。由于采用装量可调的 PVC 或

PE泡罩作为栓模，且高精度计量泵可根据栓剂中药物含量来准确控制物料的填充量，因此这种全自动栓剂生产设备无须计算或验证药物的置换价。

图 8-7 栓剂金属模具

图 8-8 成卷塑料栓模

图 8-9 全自动栓剂灌封机组

3.实例解析

例 8-10 对乙酰氨基酚栓

【处方】对乙酰氨基酚15 g，聚山梨酯80 20 g，冰片10 g，乙醇50 g，甘油640 g，明胶180 g，纯化水加至1000 g。

【制法】取聚山梨酯80、冰片、乙醇、甘油、明胶和纯化水，加热至60 ℃使熔化并搅拌均匀。加入对乙酰氨基酚，通过胶体磨研磨均匀，注入栓模中冷却，刮平，取出，包装，即得。

五、栓剂的质量评价

栓剂的一般质量要求有：栓剂中的原料药物与基质应混合均匀，其外形应完整光滑，放入腔道后应无刺激性，应能熔化软化或溶化，并与分泌液混合，逐渐释放出药物，产生局部或全身作用；应有适宜的硬度，以免在包装或贮存时变形。栓剂所用内包装材料应无毒性，并不得与药物或基质发生理化作用。对栓剂应做重量差异、融变时限和微生物限度等多项检查。

(1) 重量差异 取供试品 10 粒，精密称定总重量，求得平均粒重，再分别精密称定各粒的重量。每粒重量与平均粒重相比较（有标示粒重的中药栓剂，每粒重量应与标示粒重比较），按表 8-3 中的规定，超出重量差异限度的不得多于 1 粒，并不得超出限度 1 倍。凡规定检查含量均匀度的栓剂，一般不再进行重量差异检查。栓剂重量差异限度如表 8-3 所示。

表 8-3　栓剂重量差异限度

平均粒重或标示粒重	重量差异限度
≤1.0 g	±10%
1.0～3.0 g	±7.5%
>3.0g	±5%

(2) 融变时限 除另有规定外，照《中国药典》（2020 年版）融变时限检查法检查，油脂性基质的栓剂 3 粒均应在 30 min 内全部熔化软化或触压时无硬心；水溶性基质的栓剂 3 粒在 60 min 内全部溶解。如有 1 粒不符合规定，应另取 3 粒复试，均应符合规定。

(3) 微生物限度 除另有规定外，照微生物限度检查法检查，应符合规定。

（胡巧红　邱玉琴）

思 考 题

1. 简述软膏剂、乳膏剂、眼膏剂与凝胶剂的异同点。
2. 简述软膏剂与乳膏剂的工艺流程与制备方法。
3. 简述软膏剂与乳膏剂的处方设计原则。
4. 乳膏剂中常用的乳化剂有哪些？
5. 简述软膏剂、乳膏剂、眼膏剂与凝胶剂基质的类型与特点。
6. 简述软膏剂与乳膏剂的质量评价项目与方法。
7. 全身作用与局部作用的栓剂分别有何特点？
8. 什么是置换价？置换价对于栓剂的制备有何作用？
9. 试分析硝酸咪康唑（达克宁）乳膏处方，并简述制备工艺。

【处方】硝酸咪康唑（达克宁）2g，凡士林 5g，单硬脂酸甘油酯 1.5g，硬脂醇 10g，液体石蜡 10g，硬脂酸聚烃氧（40）酯 2g，聚山梨酯 80 1.5g，甘油 15g，羟苯乙酯 0.05g，蒸馏水加至 100g。

参考文献

[1] 国家药典委员会.《中国药典》2020 年版.[M].北京：中国医药科技出版社，2020.

[2] 方亮.药剂学 [M].8 版.北京：人民卫生出版社，2016.

[3] 王泽.药物制剂设备 [M].3 版.北京：人民卫生出版社，2019.

[4] Sudipta Chatterjee, Patrick Chi-leung Hui. Review of stimuli-responsive polymers in drug delivery and textile application [J]. Molecules, 2019, 24 (14)：2547-2564.

[5] 田洁.皮肤外用半固体制剂体外透皮吸收对比试验常见问题分析 [J].中国新药杂志，2016，25 (18)：2113-2115.

第九章 ▶▶▶

气雾剂、喷雾剂与粉雾剂

本章学习要求

    1. 掌握吸入制剂、气雾剂、喷雾剂和粉雾剂的概念；气雾剂特点、分类、组成，理解其处方设计原则；抛射剂的分类。

    2. 熟悉影响吸入制剂药物吸收的主要因素。

    3. 了解抛射剂常用填充方法；气雾剂、粉雾剂和喷雾剂的给药装置和质量评价方法。

第一节 概　述

气雾剂（aerosols）、喷雾剂（sprays）与粉雾剂（powder aerosols）均是通过特定装置，将药物以雾状气溶胶或干粉等形式喷雾给药于口腔、鼻腔、呼吸道、皮肤、阴道等不同给药部位，起到局部或全身的治疗作用。但三种制剂的雾化机制有所不同，气雾剂需借助抛射剂产生的压力将药物从给药装置中喷出，喷雾剂是借助手动泵、超声或高压气体将药物喷出，而吸入粉雾剂则需要患者主动吸入。由于雾化机制的不同，以上三种剂型的给药装置、处方组成、设计原则以及评价手段均有所区别。

在气雾剂、喷雾剂和粉雾剂的临床应用中，经呼吸道吸入肺部发挥局部或全身治疗作用的吸入制剂因其使用简便、起效迅速、生物利用度高，近年来得到了越来越多的关注和应用，其上市品种除了较为传统的治疗哮喘和慢性阻塞性肺病等治疗肺局部病变的药物，还包括蛋白多肽药、抗生素、抗病毒药物乃至抗肿瘤药物等。

一、吸入制剂

吸入制剂（inhalation）是指原料药物溶解或分散于合适介质中，以蒸气或气溶胶形式递送至肺部发挥局部或全身作用的液体或固体制剂。根据制剂类型，处方中可能含有抛射剂、共溶剂、稀释剂、抑菌剂、助溶剂和稳定剂等，所用辅料应不影响呼吸道黏膜或纤毛的功能。

　　吸入制剂包括吸入气雾剂、吸入粉雾剂、供雾化器用的液体制剂和可转变成蒸气的制剂。其中，供雾化器用的液体制剂是指通过连续或定量雾化产生供吸入用气溶胶的溶液、混悬液和乳液。可转变成蒸气的制剂是指转变成蒸气的溶液、混悬液或固体制剂；通常将其加入热水中，产生供吸入用的蒸气。

　　吸入制剂中所用给药装置使用的各组成部件均应采用无毒、无刺激性、性质稳定、与原料药物不起作用的材料制备。可被吸入的气溶胶粒子应达一定比例，以保证有足够的剂量可沉积在肺部。吸入制剂中微细粒子剂量应采用相应方法进行表征。吸入制剂中原料药物粒度大小通常应控制在 10 μm 以下，其中大多数应在 5 μm 以下。

二、肺部吸入给药的吸收特点和影响因素

　　吸入制剂需经由呼吸道到达肺部发挥药效，呼吸系统包括鼻、咽、喉、气管、支气管及肺。

呼吸系统结构图

　　肺部吸收面积大、毛细血管丰富；肺泡上皮细胞和毛细血管的总厚度仅为 0.5～1 μm，药物在肺部吸收迅速且吸收后药物可避开肝脏首过效应，直接进入血液循环，生物利用度高。吸入制剂给药后影响吸收的主要因素如下。

　　(1) 生理环境　呼吸道中纤毛对外来异物的防御功能直接影响到不同粒径粒子包括药物粒子在呼吸道停留的部位和时间，如上呼吸道仅为几小时，支气管部位不到 24 h，而肺泡处因无纤毛，粒子包埋可停留 24 h 以上。呼吸道越向下，纤毛运动越弱；药物到达肺深部的比例越高，被纤毛运动清除的量越少，药物吸收时间越长。

　　患者呼吸量、频率和类型以及呼吸道直径等因素也会影响药物粒子的停留部位，如快而短的呼吸使粒子停留在肺部的气管部位，细而长的吸气可使药物到达肺深部和肺泡；呼吸道直径越小，粒子的滞留比例越大。

　　(2) 粒子大小　吸入药物颗粒的大小和形态影响药物在呼吸道的分布和吸收。吸入制剂多以空气动力学直径表征药物颗粒大小，一般大于 5 μm 的粒子因惯性碰撞机制影响大部分落在口咽部和上呼吸道黏膜上，吸收缓慢；1～5 μm 的粒子多受重力影响停留在支气管、细支气管处，其中 2～3 μm 的粒子可以到达肺泡；若粒子过小（<0.5 μm）又会受布朗运动影响易随呼吸排出。带棱角和细长的粒子更容易被截留，粉末吸入剂中吸湿性强的药物容易在上呼吸道停留。

　　(3) 药物性质　呼吸道上皮为类脂质膜，亲脂性药物一般经跨细胞途径吸收，亲水性药物多通过细胞间途径吸收，大分子药物则以囊泡转运的方式跨膜转运。通常药物脂溶性越高，吸收越快；小分子药物吸收快，大分子药物吸收慢，当分子量小于 1000 时，其肺部吸收速率与药物在生理 pH 条件下的水溶性相关。

　　(4) 制剂因素　气雾粒子喷射的初速度对药物粒子在呼吸道中的分布和吸收起到了至关重要的作用，一般喷射初速度越大，药物粒子在咽喉部的截留越多，药物在肺部的吸收越少。吸入制剂的处方组成、给药装置结构都直接影响药物雾滴或粒子的大小、特性以及粒子的喷射速度，从而影响药物的吸收。

第二节　气雾剂

一、简介

气雾剂（aerosols）是指原料药物或原料药物和附加剂与适宜的抛射剂共同装封于有特制阀门系统的耐压容器中，使用时借助抛射剂的压力将内容物呈雾状物喷出，用于肺部吸入或直接喷至腔道黏膜、皮肤的制剂。药物喷出状态多为雾状气溶胶，雾滴一般小于 50 μm；如内容物喷出后呈泡沫状或半固体状，则称为泡沫剂或凝胶/乳膏气雾剂。气雾剂可在呼吸道、皮肤或其他腔道起到局部或者全身治疗作用。

1. 发展历史

1946 年，Neodesha 等推出以氟利昂（CFC）为抛射剂的气雾剂系统并逐步推广应用于医学领域，用于局部应用治疗烧伤和各种皮肤疾病。1956 年，首个药用定量吸入气雾剂（metered dose inhalation，MDI）由 Riker 实验室研制上市，用于治疗哮喘等肺部疾病。1964 年我国生产上市了第一个 MDI，保守估计目前国内需要 MDI 治疗哮喘和慢性阻塞性肺病的患者约 8000 万人，药用气雾剂产品的研发具有广阔的市场前景和重要的社会意义。

我国目前已获批准气雾剂品种 63 个，批文 133 张。2020 年版《中国药典》共收录气雾剂品种 8 个，包括丙酸倍氯米松、硫酸沙丁胺醇、硫酸特布他林、沙丁胺醇、二甲基硅油和硝酸甘油吸入气雾剂 6 个化药品种，宽胸气雾剂和麝香祛痛气雾剂 2 个中药品种。

2. 应用特点

气雾剂具有速效和定位作用，用于肺部吸入给药，对于呼吸道疾病如哮喘、肺气肿等具有更快、更强的治疗效果；对于疼痛、癫痫、过敏性反应等需要迅速起效的疾病可以达到类似于静脉注射的效果；还可避开胃肠道和肝的首过作用，适用于胰岛素等多肽蛋白类药物。气雾剂中的药物密封在耐压容器中，避光、无菌，稳定性好；定量阀门可准确控制剂量；外用气雾剂对创面机械刺激性小。

目前气雾剂应用的主要问题在于生产成本高，抛射剂高度挥发会产生制冷效应，引起不适与刺激；气雾剂遇热或受到撞击后易发生爆炸；抛射剂渗漏会导致失效；吸入气雾剂给药时需要使用者手揿和吸气协调等。

3. 分类

气雾剂分类依据包括阀门类型、给药途径、分散系统、处方组成。

(1) 按阀门类型分类　分为定量型和非定量型，定量型气雾剂主要用于肺部、口腔和鼻腔。

(2) 按给药途径分类　①吸入气雾剂是指含药溶液、混悬液或乳液，与合适抛射剂或液化混合抛射剂共同装封于具有定量阀门系统和一定压力的耐压容器中，使用时借助抛射剂的压力，将内容物呈雾状喷出，经口吸入沉积于肺部发挥局部或全身治疗作用的制剂。揿压吸入气雾剂阀门可定量释放活性物质，通常也被称为压力定量吸入剂（pressurized metered dose inhalation，pMDI）。②非吸入气雾剂是指用于皮肤和鼻腔、口腔、阴道等黏膜的气雾剂。其中，鼻用气雾剂经鼻吸入沉积于鼻腔，可用于蛋白多肽类药物的全身给药。皮肤用气雾剂多用于创面保护、清洁消毒、局麻止血等。

（3）按分散系统分类 ①溶液型气雾剂。固体或液体药物溶解在抛射剂中形成溶液，喷射时抛射剂挥发，药物以固体或液体微粒状态到达给药部位。②混悬型气雾剂。固体药物以微粒状态分散在抛射剂中形成混悬液，喷射时随抛射剂挥发，药物以固体微粒状态到达给药部位，又称为粉末气雾剂。③乳剂型气雾剂。液体药物或药物溶液与抛射剂形成 W/O 或 O/W 型乳液，O/W 型乳液在喷射时随着内相抛射剂的汽化而以泡沫形式喷出，W/O 型乳液在喷射时随着外相抛射剂的汽化而形成液流。乳剂型气雾剂内容物喷出后呈泡沫状或半固体状，又称泡沫气雾剂或凝胶/乳膏气雾剂。

（4）按处方组成分类 ①二相气雾剂。即溶液型气雾剂，由药物、抛射剂形成的均匀液相与抛射剂部分汽化所形成的气相组成。多数为外用或舌下给药的药物，如硝酸甘油、利多卡因气雾剂。吸入用两相气雾剂包括溶液型沙丁胺醇、丙酸倍氯米松气雾剂等。②三相气雾剂。包括乳剂型气雾剂和混悬型气雾剂，分别由液-液或液-固二相与抛射剂部分挥发所形成的气相组成。根据药物物态和乳剂类型，共可分为 W/O 型乳剂与抛射剂蒸气、O/W 型乳剂与抛射剂蒸气、S/O 型混悬剂与抛射剂蒸气三种。制备吸入气雾剂时多选用液体抛射剂中混悬微粉化药物颗粒的三相气雾剂。

二、气雾剂的组成

气雾剂由抛射剂、药物与附加剂、给药装置共同组成。由耐压容器、阀门系统组成的容器密封系统（container closure system，CCS）是气雾剂最具特色之处，给药装置还包括驱动器和喷射装置（计量阀杆、喷嘴、气体膨胀室）。

1. 抛射剂 (propellants)

抛射剂是气雾剂的喷射动力来源，也可作为药物的溶剂或稀释剂，高压液化后装于耐压容器内。气雾剂阀门开启时，压力突然降低，抛射剂急剧汽化，与药物一起以雾状喷出至给药部位。抛射剂的种类、性质和用量决定了气雾剂的喷射能力和药物的雾化状态，直接影响到气雾剂的给药效果。为达到理想的抛射效果，抛射剂应符合以下要求：常压下其沸点低于室温，常温下其蒸气压高于大气压；无毒，无致敏反应和刺激性；无色、无臭、无味；性质稳定，不易燃易爆，不与药物等各组分发生理化反应，与容器、阀门等相容；价廉易得。

氟氯烷烃（氟利昂，chlorofluorocarbon，CFC）类抛射剂曾广泛应用于各类气雾剂中，其沸点低，常温下蒸气压略高于大气压，化学性质稳定，不具可燃性且毒性较小，不溶于水，可作为脂溶性药物溶剂使用且价格低廉。但由于氟利昂具臭氧层破坏性，1987 年签订的"蒙特利尔议定书"对 5 种 CFC 提出禁用，我国政府在 1991 年签署该协议。目前在加拿大、日本等发达国家已基本实现 CFC 的全面替代，我国自 2016 年起也不再接受药用吸入式气雾剂 CFC 的必要用途豁免申请。

目前国际上普遍采用氢氟烷（hydrofluoroalkane，HFA）或氢氟烃（hydrofluorocarbon，HFC）作为替代抛射剂，主要包括四氟乙烷（HFC-134a）和七氟丙烷（HFC-227ea）。HFA 与 CFC 一样，在结构上均为饱和烷烃，一般条件下化学性质稳定，几乎不与任何物质产生化学反应，也不具可燃性，室温及正常压力下以任何比例与空气混合不会形成爆炸性混合物。HFA 分子中不含氯原子，仅含碳、氢、氟 3 种原子，因而不会与大气层中的臭氧发生反应，不会破坏臭氧层。1995 年，3M 公司以 HFC-134a 作为抛射剂在欧洲上市了世界上第一个 HFA-MDI 硫酸沙丁胺醇气雾剂。

与 CFC 相比，HFA 的臭氧消耗潜值为 0，温室效应也更小（表 9-1）。但因其理化性质的差异，在气雾剂研发生产中仍存在诸多挑战。HFC-134a 和 HFC-227ea 的饱和蒸气压均较高，对容器耐压性提出了更高要求；它们均须在低温才呈液态，常压下配制需 $-50\,^\circ\text{C}$ 的条件，制备条件要求高；它们的极性均较 CFC 强，水中溶解度远高于 CFC，会导致混悬型 MDI 中的药物微粒絮凝和阀门堵塞等问题；常用表面活性剂如油磷脂等在 HFA 中均难溶，直接影响到混悬型 MDI 稳定性和阀门的润滑以及释药剂量的均一性。

表 9-1　HFC 和 CFC 理化性质对比

参数	CFC-11	CFC-12	CFC-114	HFC-134a	HFC-227ea
分子式	CCl_3F	CCl_2F_2	$C_2Cl_2F_4$	$C_2H_2F_4$	C_3HF_7
沸点/℃	-23.8	-29.8	3.8	-26.2	-17.3
饱和蒸气压/bar	0.89	5.66	1.82	5.72	3.9
介质常数(25℃)	2.33	2.04	2.13	9.51	3.94
水溶解度(25℃)/ppm	130	120	110	2200	610
可燃性	不可燃	不可燃	不可燃	不可燃	不可燃
臭氧破坏性(CFC-11=1)	1	1	0.7	0	0
温室效应(CO₂=1)	5000	8500	9300	1300	2900

注：1. 1 ppm=10^{-6}。

2. CFC-11=1 指臭氧破坏性为 1，其余与之对比。

3. CO_2=1 指温室效应为 1，其余与之对比。

除了 HFA，药物气雾剂抛射剂 CFC 替代品还有丙烷、丁烷、异丁烷、戊烷、异戊烷、二甲醚等液体气体抛射剂和二氧化碳、氧化亚氮、压缩空气及氮气等压缩性/溶解性气体抛射剂。

二甲醚（dimethyl ether，DME）常温下稳定、不易氧化、压力适宜、易于液化，无腐蚀性、致癌性，毒性很弱。其优点是能与大多数极性或非极性溶剂混溶，是唯一与水具有较高互溶性的抛射剂，适用范围广；缺点是易燃，目前主要用于外用气雾剂中替代 CFC。丙烷、正丁烷、异丁烷等烃类化合物密度低、沸点低且价廉易得，但其易燃易爆，不宜单独应用，需与其他抛射剂混合使用。二氧化碳、氮气和一氧化氮等压缩气体的化学性质稳定，不易燃易爆，但常温时蒸气压较高，液化后沸点低，对密闭系统的耐压性能要求较高；若充入非液化压缩气体，密闭容器内压力易迅速降低，达不到持久喷射效果，多用于喷雾剂。

抛射剂的蒸气压和用量决定了气雾剂的喷射能力，一般抛射剂蒸气压越高，用量越大，气雾剂喷射能力越强。抛射剂蒸气压越高，雾化效果越好；但蒸气压过高会导致药物粒子在咽喉部位的沉积百分比增高，需体外模拟实验考察筛选最佳蒸气压。一般溶液型气雾剂中抛射剂用量在 20%～70%（质量分数）之间；混悬型气雾剂中抛射剂用量较高，腔道给药抛射剂用量为 30%～45%，吸入给药气雾剂中抛射剂用量可达 99%；乳剂型气雾剂抛射剂用量一般在 8%～10%，某些品种可达 25% 以上。

2. 药物与附加剂

液体、半固体和固体药物均可制成气雾剂，目前应用较多的药物包括呼吸道系统用药、心血管系统用药、解痉药和烧伤用药等。其中，吸入气雾剂的雾滴（粒）大小应控制在

10 μm 以下，其中大多数应为 5 μm 以下。除抛射剂外，气雾剂常需要添加其他附加剂，如增溶剂、潜溶剂、乳化剂、润湿剂、抗氧剂，甚至矫味剂、防腐剂等。

气雾剂中增溶剂用于增加药物在两相气雾剂中的溶解度和增加表面活性剂的溶解度。低分子量烷烃或醇类，如丙烷、丁烷、异丁烷、无水乙醇、异丙醇和丙二醇常被用作潜溶剂，其中无水乙醇用量最大，因其可增加多数药物在抛射剂中的溶解度。在 HFA 处方中，也常用乙醇作潜溶剂以增加药物和表面活性剂的溶解度，实际应用中还发现适量乙醇可改善阀门的定量性能。但应注意，乙醇被吸入后对呼吸道有刺激作用，哮喘患者尤其敏感；乙醇含量过高时，气雾剂蒸气压会低于标准，无法使药物有效雾化分散，同时应严格控制水分以保证稳定性。

表面活性剂有助于药物和辅料的分散或溶解，常用于助悬和阀门的润滑。常用的表面活性剂有磷脂、油酸和聚山梨醇三油酸酯（司盘 85）等。目前乳剂型气雾剂多采用水性基质为外相，抛射剂为内相，这种 O/W 型气雾剂多采用非离子型表面活性剂，如聚山梨酯类、脂肪酸山梨坦类、脂肪酸酯类和烷基苯氧基乙醇等。

当药物在抛射剂中不溶或溶解度差，且无合适的潜溶剂使之溶解时，可将其制成混悬型气雾剂。混悬型气雾剂常用的附加剂有：①固体润湿剂，用于增加混悬剂的物理稳定性，如滑石粉等；②表面活性剂，低 HLB 值的表面活性剂及高级脂肪醇类可使药物易分散于抛射剂中，常用的有油酸、司盘 85、油醇、月桂醇等，它们同时可润滑阀门系统；③水分调节剂，如无水硫酸钙、无水氯化钙、无水硫酸钠等；④密度矫正剂，如超细粉末的氯化钠、硫酸钠、亚硫酸氢钠、乳糖和硫酸等。

3. 给药装置

气雾剂给药装置直接接触药品，对气雾剂的质量控制、制备工艺和功能发挥都至关重要。根据 2012 年国家食品药品监督管理总局发布的《化学药品注射剂与塑料包装材料相容性研究技术指导原则》，在进行定量吸入式气雾剂的产品开发过程中需要增加包材相容性研究。气雾剂与注射液类似，给药后药物直接进入血液，在局部或全身发挥作用，不经过肝脏的代谢过程。气雾剂给药装置的选择需要确保吸入制剂在进入人体前的安全性。

气雾剂给药装置包括耐压容器、阀门系统和驱动器等。

(1) 耐压容器 气雾剂的容器，应能耐受气雾剂所需的压力，各组成部件均不与原料药物或附加剂发生理化作用，其尺寸精度与溶胀性必须符合要求。用于制备耐压容器的材料包括玻璃和金属两大类。玻璃容器的化学性质比较稳定，但耐压性和抗撞击性较差，故需在玻璃瓶外面搪塑防护层；金属材料如铝、铝镁合金、马口铁和不锈钢等耐压性强，但对药物溶液的稳定性不利，故容器内常用环氧树脂、聚氯乙烯或聚乙烯等进行表面处理。

现在比较常用的耐压容器包括外包塑料的玻璃瓶、铝制容器、铝镁合金罐、不锈钢罐等。根据不同的产品需要，目前的耐压容器以聚酯涂层、电镀涂层等多种方式以减少特殊药物在耐压容器中的吸附和降解。在选择耐压容器时，不仅要注意其耐压性能、轻便、价格和化学惰性等，还应注意其美学效果。

(2) 阀门系统 药用气雾剂阀门系统的基本功能是在密闭条件下控制药物喷射的剂量。阀门系统使用的材料必须对内容物为惰性，所有部件需要精密加工，具有并保持适当的强度，其溶胀性在贮存期内必须保持在一定的限度内，以保证喷药剂量的准确性。一般由金属材料制作阀体外部，由乙缩醛（POM）、聚酯材料（PBT）等材料制作定量杯和阀杆，内部配置不锈钢弹簧和橡胶垫片。气雾阀按喷雾量分为非定量型气雾阀和定量型气雾阀，按结构分为雄型气雾阀和雌型气雾阀，见图 9-1。

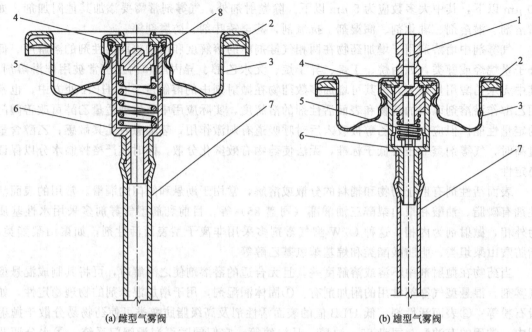

(a) 雌型气雾阀   (b) 雄型气雾阀

图 9-1　气雾阀结构示意图（GB/T 17447—2012）

1—阀杆；2—外密封阀；3—固定盖；4—内密封阀；5—弹簧；6—阀体；7—引液管；8—阀杆座

（3）驱动器　药用气雾剂驱动器是影响药物递送质量的关键组成部件，该装置一般由塑料材料制成，关键参数为产品喷雾口的孔径和喷雾孔的长度。驱动器的质量差异将会严重影响产品的微细粒子剂量、每揿主要含量、递送剂量均一性、驱动器残留等关键检测参数，从而降低产品的质量。

三、气雾剂的制备

1. 处方研究

气雾剂的处方研究包括对原料药和辅料的考察以及处方设计优化。为设计合理的气雾剂处方，需考察药物剂量、理化性质（包括溶解度、表面张力、晶型、吸湿性和化学稳定性）等因素；对于需要制成混悬型气雾剂的药物因大多需要微粉化处理，通常还应考察其粉体学特性。若药物给药剂量较大，制备吸入气雾剂时考虑粒径问题通常应制成三相气雾，舌下、鼻腔给药气雾剂则只要给药剂量均匀性符合要求，两相或三相气雾剂均可采用；对于一些小剂量药物，如能制成两相气雾剂，疗效多好于三相气雾剂。

气雾剂处方按照辅料种类大致分为四类：①药物、抛射剂系统，药物溶解或混悬在抛射剂中；②药物、抛射剂、增溶剂系统，少量增溶剂用于改善药物的溶解或混悬状态；③药物、表面活性剂、抛射剂系统，表面活性剂可提高药物混悬液的稳定性，同时具润滑作用可改善阀门系统性能；④药物、增溶剂、表面活性剂、抛射剂系统，增溶剂提高表面活性剂溶解性，进一步提高处方的物理稳定性。

抛射剂作为气雾剂中最为重要的组分，其用量直接影响气雾剂雾粒的大小、干湿及泡沫状态，气雾剂喷射能力的强弱也取决于抛射剂自身蒸气压和用量。一般情况下，抛射剂的蒸气压高、用量大，制成的气雾剂喷射能力强；反之则弱。在设计气雾剂处方时可采用混合抛射剂系统，通过选择抛射剂种类和调整抛射剂比例以符合临床需求。根据 Raoult 定律，在一定温度下溶质的加入会导致系统蒸气压下降，且蒸气压的下降程度与溶液中溶质的摩尔分数成正比；根据 Dalton 气体分压定律，系统的总蒸气压等于系统中不同组分分压之和，混合抛射剂体系的蒸气压可按下列公式计算：

$$p = p_A + p_B \tag{9-1}$$

$$p_A = N_A p_A^0 = \frac{N_A}{N_A + N_B} p_A^0 \tag{9-2}$$

$$p_B = N_B p_B^0 = \frac{N_B}{N_A + N_B} p_B^0 \tag{9-3}$$

式中，p 为混合抛射剂的总蒸气压；p_A、p_B 为抛射剂 A、B 的分压；p_A^0、p_B^0 为纯抛射剂 A、B 的饱和蒸气压；N_A、N_B 为抛射剂 A、B 的摩尔分数。

溶液型气雾剂常将抛射剂作溶剂，用量一般为 20%～70%（质量比），必要时可加入适量乙醇。有时为使药物与抛射剂混溶，亦可加入丙二醇、聚乙二醇等有机溶剂，但应注意所加入乙醇、丙二醇等的量对肺部的刺激性及气雾剂稳定性的影响。在 HFC-MDI 配制处方中，HFC 的极性均大于 CFC，所以处方中常用乙醇作为潜溶剂。相关研究表明，在 25 ℃条件下，HFC-MDI 体系中的乙醇会使水在 HFC 中的溶解度大大增加，而所构成的混合体系蒸气压会略有降低。在生产和贮存中 HFC 抛射剂中如引入水，可引起药物粒径大小、分布变化，还会影响疗效和堵塞容器阀门口。因此在 HFC-MDI 研发时需优化乙醇浓度、配方比例并改善阀门材质。

当药物溶解度达不到给药剂量要求时，常选择制成混悬型气雾剂。混悬型气雾剂的化学稳定性优于溶液型，但物理稳定性较差，体系中会出现微粒聚集，或多晶型转换现象。混悬型气雾剂中抛射剂的用量较高，腔道用混悬型气雾剂中抛射剂用量为 30%～45%，而吸入用混悬型气雾剂中的抛射剂用量可高达 99%，目的是确保吸入时药物微粉能均匀分散。混悬型气雾剂的处方设计重点在于提高分散系统稳定性，应注意的要点包括：①水分含量，由于混悬的药物微粒遇水会发生聚结且会导致抛射剂压力降低，因此水分应严格控制在 0.03% 以下，通常低于 0.005%；②粒度控制，混悬型气雾剂微粒大小取决于主药固体颗粒大小及其在处方中的浓度，可采用研磨法或喷雾干燥法对药物进行微粉化处理；③晶型和溶剂化物，对于多晶型药物在微粉化处理时，应注意晶型和溶剂化物的影响；④密度调节，药物与抛射剂密度的较大差异会导致混悬液中药物颗粒的迅速沉降。

乳剂型气雾剂中乳化剂的选用是比较关键的。乳化剂的选用应达到以下性能：振摇时可充分乳化并形成很细的乳滴；喷射时能与药液同时喷出，喷出泡沫均匀、细腻、柔软，并具有需要的稳定性。乳化剂可选用单一或混合表面活性剂。其中抛射剂的用量较少，一般为 8%～10%，有的处方可达 25% 以上。

在给药装置的选择方面，溶液型气雾剂可使用小孔径（如 0.3 mm）的驱动器，混悬型气雾剂则宜选用较大孔径（如 0.5 mm）的驱动器，以防堵塞。

2. 制备工艺

气雾剂制备过程主要包括容器阀门系统的处理与装配、药物配制与分装、抛射剂填充、质量检查和包装，见图 9-2。气雾剂配制过程应注意避免微生物污染，吸入的液体制剂应为无菌制剂。

（1）容器阀门系统的处理与装配　玻璃容器通常需外裹一层高分子树脂搪塑防护

图 9-2 气雾剂制备工艺流程图

层，以提高耐压性和耐撞击性。过程是将玻璃容器洗净烘干，预热至 120～130 ℃，趁热浸入塑料黏浆中，使瓶颈以下黏附一层塑料浆液，倒置，在 150～170 ℃烘干 15 min，放冷备用。

阀门系统的各种零件需分别处理：橡胶制品在 75％乙醇中浸泡 24 h 除色、消毒后，干燥备用；塑料、尼龙零件洗净后，95％乙醇浸泡备用；不锈钢弹簧可在 1％～3％碱液中煮沸 10～30 min，清洗直至无油腻，95％乙醇浸泡备用。生产时按照阀门结构将已处理好的零件装配使用。

(2) 药物的配制与分装 首先按处方组成及要求的气雾剂的类型进行配制，溶液型气雾剂应制成澄清药液，混悬型气雾剂应将药物微粉化并保持干燥状态，乳剂型气雾剂应制成稳定的乳剂；而后将配制好的药液定量分装在容器中。

(3) 抛射剂填充 分为压灌法和冷灌法两种。

① 压灌法 先将配好的药液在室温下灌入容器内，再将阀门装上，轧紧，通过压装机压入定量的抛射剂。本法设备简单，抛射剂损耗少，但气雾剂成品在使用过程中易出现较大压力变化。在固定密封阀前一般需要除去容器中的空气，以免连续喷雾时 MDI 内压改变。

② 冷灌法 为低温加入过程，即将抛射剂和药液借助冷灌法装置中热交换器冷却至沸点以下，使药物和抛射剂保持液体状态后定量加入容器内，装上阀门，轧紧密封。本法生产速度快，对阀门无影响，成品压力稳定，但需制冷设备和低温操作，不适用于含水处方，能耗高。

四、气雾剂的质量评价

按照我国药典规定，制成的气雾剂应进行泄漏检查，确保使用安全。定量气雾剂释出的主药含量应准确、均一，喷出的雾滴（粒）应均匀，同时应标明每瓶总揿次和每揿主药含量。吸入气雾剂除符合气雾剂项下要求外，还应符合吸入制剂相关要求，如需进行微细粒子剂量检查，微细药物粒子百分比应不少于每揿主药含量标示量的 15％；鼻用气雾剂除符合气雾剂项下要求外，还应符合鼻用制剂相关要求。主要检查项目如下，具体检查方法和判定标准参见《中国药典》（2020 年版）第四部。

(1) 每瓶总揿次 定量气雾剂照吸入制剂（通则 0111）相关项下方法检查，每瓶总揿次应符合规定。

(2) 递送剂量均一性 定量气雾剂照吸入制剂相关项下方法检查，递送剂量均一性应符合规定。对于含多个活性成分的吸入剂，各活性成分均应进行递送剂量均一性检测。

(3) 每揿主药含量 定量气雾剂每揿主药含量应为每揿主药含量标示量的 80％～120％。

(4) 喷速率 定量气雾剂喷速率应符合各品种项下的规定。

(5) 喷出总量 定量气雾剂喷出量不得少于标示装量的 85％。

(6) 每揿喷量 除另有规定外，定量气雾剂每揿喷量应为标示喷量的 80％～120％。凡进行每揿递送剂量均一性检查的气雾剂，不再进行每揿喷量检查。

(7) 粒度 平均原料药物粒径应在 5 μm 以下，粒径大于 10 μm 的粒子不得超过 10 粒。

除另有规定外，中药吸入混悬型气雾剂若不进行微细粒子剂量测定，应做粒度检查，非定量气雾剂做最低装量检查。

（8）**装量**　非定量气雾剂照最低装量检查法（通则0942）检查，应符合规定。

（9）**无菌**　除另有规定外，用于烧伤（除程度较轻的烧伤外）、严重创伤或临床必须无菌的气雾剂，照无菌检查法检查，应符合规定。

（10）**微生物限度**　除另有规定外，照非无菌产品微生物限度检查应符合规定。

五、气雾剂举例

例 9-1　沙丁胺醇气雾剂

【处方】沙丁胺醇 1.313 g，磷脂 0.368 g，Myri52 0.263 g，HFA-134a 998.060 g。

【制法】将沙丁胺醇、磷脂、Myri52 与溶剂混合超声，控制平均粒径在 0.1～5 μm，冷冻干燥得粉末，悬浮于 HFA-134a 中，即得。

【性状】本品为非定量阀门气雾剂，在耐压容器中，药液为橙红色的澄清液体；气芳香。

【贮藏】避光，密闭，阴凉处保存。

【功能】沙丁胺醇是一种选择性β受体激动剂，本品用于治疗支气管哮喘。

【注解】本品为混悬型气雾剂，处方中药物粒子需经微粉化处理。为防止药物遇水后发生微粒聚集，需控制水分含量低于 0.05%。磷脂和 Myri52 的作用是调节药物微粒的密度，使之与抛射剂密度相当，以提高混悬剂的稳定性。

例 9-2　硝酸甘油气雾剂

【处方】硝酸甘油 0.08 g，98% 乙醇 7.92 g，丙二醇 2.00 g。

【制法】将硝酸甘油在 20 ℃下溶解于乙醇后，与丙二醇混合均匀，真空下通过 0.22μm 的金属滤膜，灌封于气雾剂瓶中。

【贮藏】密闭，凉暗处保存。

【功能】松弛血管平滑肌，减少心肌耗氧量，缓解心绞痛。

【注解】本品为乙醇溶液型硝酸甘油气雾剂，起效迅速。

第三节　喷雾剂

一、简介

喷雾剂（sprays）是指原料药物与适宜辅料填充于特制的装置中，用时借助手动泵的压力、高压气体、超声振动或其他方法将内容物呈雾状物释出，用于肺部吸入或直接喷至腔道黏膜及皮肤等的制剂。喷雾剂按用药途径分为吸入喷雾剂、鼻用喷雾剂及用于皮肤、黏膜的非吸入喷雾剂；按内容物组成分为溶液型、乳状液型或混悬型喷雾剂；按给药定量与否，喷雾剂还分为定量喷雾剂和非定量喷雾剂。定量吸入喷雾剂是指通过定量雾化器产生供吸入用气溶胶的溶液、混悬液或乳液。

溶液型喷雾剂的药液应澄清；乳状液型喷雾剂的液滴在液体介质中应分散均匀；混悬型喷雾剂应将原料药物细粉和附加剂充分混匀、研细，制成稳定的混悬液。雾化器雾化后供吸入用的雾滴（粒）大小应控制在 10 μm 以下，其中大多数应为 5 μm 以下。根据需要可加入溶剂、助溶剂、抗氧剂、抑菌剂、表面活性剂等附加剂，所有附加剂应对皮肤和黏膜无刺激性，喷雾剂装置中各组成部件均应采用无毒、无刺激性、性质稳定、与原料药物不起作用的材料制备。

喷雾剂一般以局部用药为主，喷出雾滴较粗；喷雾剂不同于气雾剂，不是加压包装，因而制备方便，成本低；喷雾剂既有雾化给药的特点和优势，又避免了使用抛射剂，安全可靠，特别适用于皮肤、黏膜、关节肢体表面、腔道等部位给药。我国 SFDA 已批准如利巴韦林喷雾剂、曲安奈德鼻喷雾剂、复方丹参喷雾剂、重组人干扰素 α1b 喷雾剂等化学药、中药和生物药品种在内的 82 个药物品种，共 123 张喷雾剂批文。2020 年版《中国药典》中共收载喷雾剂 8 个，包括硝酸异山梨酯喷雾剂、复方丹参喷雾剂、重组人干扰素 α1b 喷雾剂等。

二、喷雾剂的装置

非定量喷雾剂的给药装置主要包括容器和喷射用阀门系统，可通过手压触动器产生压力使容器内药物按所需形式喷出。此类阀门系统主要由泵杆、支撑体、密封垫、固定杯、弹簧、活塞、泵体、弹簧帽和浸入管组成。喷雾剂容器常用塑料和玻璃两种材质。

定量吸入喷雾剂的给药装置为定量雾化器，包括喷射雾化器、超声雾化器和振动筛雾化器等，药物溶液或乳状液、混悬液经雾化器分散为小雾滴喷出，患者通过装置入口端直接吸入药物。

三、喷雾剂的制备

喷雾剂的处方设计和制备过程相比气雾剂、粉雾剂较为简单。根据用药部位不同，喷雾剂的药物和辅料要求不同。如用于呼吸系统的喷雾剂，其药物和辅料应在呼吸道分泌液中有较好的溶解性，并对腔道黏膜无刺激性和过敏性；用于皮肤外部比如治疗烧伤、皮肤病的药物，则要求药物或者辅料有一定的杀菌防腐作用，还可加入适宜的透皮促进剂。

中药喷雾剂主要是以药材提取物为内容物，药材经过水提、醇提等，再经过分离精制，根据药材提取物性质和给药部位，添加适当的辅料、附加剂，混匀分装，手动泵入或用于雾化吸入。

四、喷雾剂的质量评价

吸入喷雾剂除符合喷雾剂项下要求外，还应符合吸入制剂（通则 0111）相关项下要求；鼻用喷雾剂除符合喷雾剂项下要求外，还应符合鼻用制剂（通则 0106）相关项下要求。根据 2020 年版《中国药典》，喷雾剂主要检查项目如下：

（1）**每瓶总喷次** 多剂量定量喷雾剂供试品 4 瓶，分别计算喷射次数，每瓶总喷次均不得少于其标示总喷次。

（2）**每喷喷量**　除另有规定外，定量喷雾剂每 10 次喷量的平均值均应为标示喷量的 80％～120％。凡规定测定每喷主药含量或递送剂量均一性的喷雾剂，不再进行每喷喷量的测定。

（3）**每喷主药含量**　除另有规定外，定量喷雾剂每喷主药含量应为标示含量的 80％～120％。凡规定测定递送剂量均一性的喷雾剂，一般不再进行每喷主药含量的测定。

（4）**递送剂量均一性**　除另有规定外，定量吸入喷雾剂、混悬型和乳液型定量鼻用喷雾剂应检查递送剂量均一性，照吸入制剂（通则 0111）或鼻用制剂（通则 0106）相关项下方法检查，应符合规定。

（5）**微细粒子剂量**　除另有规定外，定量吸入喷雾剂应检查微细粒子剂量，照吸入制剂微细粒子空气动力学特性测定法（通则 0951）检查，照各品种项下规定的方法，依法测定，计算微细粒子剂量，应符合规定。

（6）**装量差异**　除另有规定外，单剂量喷雾剂供试品 20 个，照各品种项下规定的方法，求出每个内容物的装量与平均装量。每个的装量与平均装量相比较，超出装量差限度的不得多于 2 个，并不得有 1 个超出限度的 1 倍。凡规定检查递送剂量均一性的单剂量喷雾剂，一般不再进行装量差异的检查。

（7）**装置**　定量喷雾剂照最低装量检查法（通则 0942）检查，应符合规定。

（8）**无菌**　除另有规定外，用于烧伤［除程度较轻的烧伤（Ⅰ°或浅Ⅱ°外）］、严重创伤或临床必须无菌的喷雾剂，照无菌检查法（通则 1101）检查，应符合规定。

（9）**微生物限度**　除另有规定外，照非无菌产品微生物限度检查，应符合规定。

五、喷雾剂举例

例 9-3　鼻炎通喷雾剂（鼻炎滴剂）

【处方】盐酸麻黄碱 5 g，黄芩苷 20 g，山银花 300 g，辛夷油 2 mL，冰片 1 g。

【制法】以上五味，黄芩苷加水适量，搅匀，加 40％氢氧化钠溶液适量使溶解，用稀盐酸调节 pH 值至 6.5～7.59，药液备用。山银花加水煎煮两次，滤过，合并滤液，浓缩至相对密度约为 1.05（50 ℃）的清膏，放冷，加 20％石灰乳，调节 pH 值至 12，滤过，沉淀物加乙醇适量，用 50％硫酸溶液调节 pH 值至 3.5～4.0，搅匀，滤过，滤液用 40％氢氧化钠溶液调节 pH 值至 6.5～7.0，密封，冷藏 2～3 天，滤过，滤液回收乙醇，浓缩至约 25 mL，加水搅匀，用活性炭处理，滤过，滤液备用。盐酸麻黄碱加水溶解备用。冰片、辛夷油加乙醇溶解，再加入 21 g 聚山梨酯 80，搅匀，加入上述药液，再加入亚硫酸氢钠 0.8 g、苯甲醇 10 g，混匀，加水至近总量，搅匀，调节 pH 值至 6.0～7.0，滤过，加水至 1000 mL，搅匀，灌装，即得。

【性状】本品为喷雾剂，药液为黄棕色至棕褐色的澄清液体。

【功能与主治】散风清热，宣肺通窍。用于风热蕴肺所致的鼻塞、鼻流清涕或浊涕、发热、头痛；急、慢性鼻炎见上述证候者。

【用法与用量】喷入鼻腔内，一次 1～2 撒，一日 2～4 次。1 个月为一疗程。

第四节　粉雾剂

一、简介

粉雾剂（powder aerosols）是指一种或多种药物粉末，经特殊的给药装置使药物以干粉形式到达呼吸道、腔道、黏膜或皮肤，发挥全身或局部作用的一种给药系统。根据给药部位和用途不同，可分为吸入粉雾剂、非吸入粉雾剂和外用粉雾剂，可有效地用于不同剂量药物的吸入或喷入给药。

吸入粉雾剂又称干粉吸入剂（dry powder inhalation，DPI），是固体微粉化药物单独或与合适载体混合后，以胶囊、泡囊或多剂量贮存形式，采用特制的干粉吸入装置，由患者主动吸入雾化药物至肺部的制剂。非吸入粉雾剂是指药物或与载体以胶囊或泡囊形式，采用特制的干粉给药装置，将雾化药物喷至腔道黏膜的制剂。外用粉雾剂是指药物或与适宜的附加剂灌装于特制的干粉给药器具中，使用时借助外力将药物喷至皮肤或黏膜的制剂。本节主要介绍吸入粉雾剂。

吸入粉雾剂使用时不需吸气与按压阀门同步，剂量准确、顺应性好，不含抛射剂、防腐剂和溶剂，药物稳定性好、绿色环保，近年来作为最有希望替代传统气雾剂的剂型，受到广泛关注。吸入粉雾剂已从单一品种色氨酸钠拓展到哮喘、慢性肺阻塞等肺局部疾病治疗药，从单方制剂到复方制剂，成为多肽蛋白类、抗生素、生物药物和心血管系统药物的全身非侵入性给药的新途径。目前我国药典收录吸入粉雾剂品种 2 个，SFDA 批准粉雾剂品种 9 个，目前尚没有中药粉雾剂品种上市。

二、粉雾剂的装置

粉雾剂由粉末吸入（或喷入）装置和供吸入或喷入用的干粉组成，处方中不含抛射剂。干粉吸入装置见图 9-3。

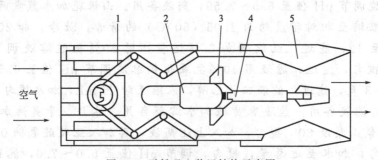

图 9-3　干粉吸入装置结构示意图

1—弹簧；2—含药胶囊；3—扇形推进器；4—钢针；5—口吸器

吸入粉雾剂的剂量准确性、重现性和临床效果很大程度上依赖于合理的给药装置。自1971 年英国 Bell 研制的首个干粉吸入装置（Spinhaler）问世，目前已有几十个粉雾剂品种上市。粉末吸入装置经历了从单剂量到多重单元剂量到贮库型多剂量、从被动型向主动型的转变。粉雾剂给药装置可分为被动型和主动型，还可分为单剂量和多剂量型，处方设计时应根据主药特性选择合适的给药装置，如主药性质不稳定的应选择单剂量给药装置，需长期给药的应选用多剂量贮库型装置。

1.被动型 DPI 装置

指装置本身不提供能源，使用时靠用药者吸气肌收缩提供能量吸入雾化药粉的装置，又可细分为单剂量装置、预剂量多计量装置和贮库型多计量装置。

(1) 单剂量装置 包括 Spinhaler、Rotahaler、ISF Haler 和 Berotec Haler 等，是将单剂量药物和载体粉末分装于无缝胶囊中，使用时胶囊被刺破或分开，吸入时通过装置运动使药物释放进入气道或给药室，在气流作用下进入患者的口腔。此类装置结构简单、价格便宜、内在阻力低、剂量较准确，适用于性质不稳定的药物。但每次使用时需重新装入胶囊，对于哮喘急性发作、儿童患者有一定困难。

(2) 预剂量多计量装置 包括 Diskhaler、Accuhaler、Eclipse、Taifun 等，是指吸入装置含有多个装载单剂量药物和载体粉末的独立囊泡，可以呈泡罩、碟、条带等不同形状，通过给药装置输送控制，使患者每次吸入一个单剂量。此装置中每个剂量单位都是单独包装并密封的，保证了剂量的均一性和药物稳定性，装置上的计数窗可提示患者剩余的吸药次数，便于长期用药的患者。该装置内在阻力较低，适用范围广，但成本较高。

(3) 贮库型多剂量装置 如 Turbuhaler、Clickhaler、Easyhaler、Uhrahaler、Novolizer 等。此类装置中带有粉末贮库，每次使用时药物粉末按体积进行分剂量，供患者吸入。此种方式不需反复装填药物，且可调节每次给药剂量，但对粉末流动性和水分含量要求很高，存在分剂量准确性、均一性和药物稳定性等风险。装置结构复杂，内在阻力略高，属中阻力型，吸入药量与吸气流速直接相关。

针对哮喘和慢性肺阻塞患者的长期复方用药需求，还设计了具有独立的双贮库系统的吸入给药装置。此装置中两种药物独立密封，互不影响；使用时药物各自释放一个药囊的量，雾化成复方制剂，供患者吸入。但无论是何种被动型 DPI 装置，都对递送和分散干粉处方的最低吸入气流有要求，其吸入剂量很大程度上取决于患者的生理、病理状态和顺应性，仅适用于治疗窗较宽的局部用药。

2.主动型 DPI 装置

如 Spiros 等，是由给药装置提供不同类型的雾化能量，如加载弹簧的动能或电池提供的电能等，同样可分为单剂量装置、预剂量多剂量装置和贮库型多剂量装置。相对于被动型 DPI 装置，这类装置通过输入雾化能量的控制以形成具有最佳粒径分布的气溶胶，使药物可以在肺深部沉积，准确性和重现性均较好，非常适用于肽类和蛋白质类生物技术药物。缺点是装置复杂，成本较高。

三、粉雾剂的制备

根据药物与辅料的组成，粉雾剂的处方一般可分为：①仅含微粉化药物的粉雾剂；②药物＋附加剂，以改善粉末之间的流动性，附加剂包括表面活性剂、润滑剂、助流剂等；③药物＋载体的均匀混合体，载体用作稀释剂和改善微粉药物流动性；④药物、适当的润滑剂、助流剂以及抗静电剂和载体的均匀混合体。吸入粉雾剂中所有附加剂均应为生理可接受物质，且对呼吸道黏膜和纤毛无刺激性、无毒性。

粉雾剂的处方与其他制剂相比较为简单，但影响处方的因素仍有许多，包括原料药的理化性质、辅料种类和比例的选择、药物与载体的微粉化、药物与载体的混合、水分含量与环境湿度的控制等方面。

1. 药物

(1) 理化性质 除了常规处方前研究需要考察的内容外,针对粉雾剂中药物,对于影响粉雾剂质量的关键参数,诸如粉末形状、粉末的流动性、比表面积、粒度分布、堆密度、吸湿性、粉末的表面形态、荷电性等理化性质应进行深入研究。对于可能在粉碎或贮存条件下出现转晶现象的药物,还应对其晶型、无定形态、光学异构体、溶剂化或水合状态进行考察,生产过程中也应对其微粉化处理过程予以监控。

(2) 微粉化 粉雾剂中药物需要进行微粉化处理,常用微粉化工艺包括研磨法(球磨机、气流粉碎)、喷雾干燥法以及重结晶法。微粉化处理后的药物,其粉体学参数一般包括:①粉体的粒径分布和形态分析;②粉体流动性;③粉体荷电性的测定,不同的微粉化处理方法可能得到不同电荷的粉末,所以应该对粉体的表面电荷进行测定;④临界相对湿度的测定,药物在进行微粉化处理后,由于比表面积的增大,吸湿性可能发生明显变化,而水分又是粉雾剂严格控制的检查项目,所以应该测定微粉化药物的临界相对湿度(CRH);⑤粉体的比表面积,药物经过微粉化处理后,由于其比表面积增大,存在较大的表面自由能,其吸附性会有明显的变化,不同的吸附能力对粉雾剂的质量会产生较明显的影响;⑥粉体的密度和孔隙率测定,药物进行微粉化处理后,其堆密度、孔隙率均发生较大的变化,可能造成药物与辅料的密度差,造成混合均匀性上的困难,所以微粉化的药物应该进行粉体的密度和孔隙率测定。除考虑微粉化药物的粉体学特性外,多晶型的药物在使用研磨法进行微粉化处理时,需密切关注其晶型变化;用喷雾干燥法对药物进行微粉化处理时,应注意药物在溶剂中晶型变化和溶剂化物的产生,同时严格控制过程中可能产生的水分或其他有机溶剂;对于用重结晶法微粉化的药物,需要特别关注重结晶溶剂的残留。

2. 辅料

(1) 载体 乳糖为粉雾剂常用载体,也是FDA唯一批准用于粉雾剂的载体。乳糖作为广泛应用的口服制剂辅料,已被各国药典收载。然而当乳糖作为吸入粉雾剂载体应用时,还需根据剂型特点对其性质进行深入考察。现有研究结果显示,表面光滑的乳糖可能在气道中较易与药物分离;不同形态的乳糖和无定形态的乳糖,对微粉的吸附力可能不同,有可能导致粉雾剂在质量和疗效上的差异。卵磷脂或磷脂酰胆碱也是粉雾剂常用的载体,因卵磷脂的成分较复杂且不稳定,在用作粉雾剂的载体时,需要严格控制各组分含量。在选择粉雾剂载体时应明确其是否可用于吸入给药,是否对呼吸道上皮细胞以及肺功能具有潜在的危害。

(2) 载体和辅料的比例、混合与粉碎 改善粉末流动性最常用的方法就是加入一些粒径较大的颗粒作为载体或辅料。通常可将 $1\sim5\ \mu m$ 的药物粒子与 $50\sim100\ \mu m$ 的载体颗粒混合,使药物吸附于载体颗粒的表面。载体颗粒的加入能提高粉雾剂的流动性,增加排空率,对小剂量的药物又能同时起到稀释剂的作用。对于在处方中加入载体的粉雾剂,需要在处方筛选中考察不同比例的药物与载体对有效部位沉积量的影响。不同的混合方式对粉雾剂有效部位沉积率也有影响,因此在处方筛选中应对混合方式和混合时间进行考察。不同粒度的载体对微粉化药物的吸附力不同,太细的载体或辅料与微粉化的药物吸附力太强,使药物和载体在呼吸道中难以分离,所以载体和辅料的粉碎粒度需要进行筛选。

水分对粉雾剂的质量具有较大的影响,处方中的水分含量较高致使粉雾剂粒度增大、流动性降低,影响产品的质量。在处方筛选过程中,应保证原料药的水分保持一定并对微粉化的药物及辅料的水分进行检查；在混合和灌装过程中，应控制生产环境的相对湿度，使环境湿度低于药物和辅料的临界相对湿度。对于易吸湿的成分，应采用一定的措施保持其干燥。

四、粉雾剂的质量评价

按照《中国药典》(2020 年版) 规定，吸入粉雾剂中原料药物粒度大小通常应控制在 10 μm 以下，其中大多数应在 5 μm 以下。胶囊型、泡囊型吸入粉雾剂说明书应标明：①每粒胶囊或泡囊中药物含量；②胶囊应置于吸入装置中吸入，而非吞服；③有效期；④贮藏条件。除另有规定，吸入粉雾剂应进行以下检查。

(1) 递送剂量均一性 吸入粉雾剂照下述方法测定，应符合规定。胶囊或泡囊型粉雾剂测定 10 个剂量。贮库型粉雾剂分别测定标示撤次前、中、后，共 10 个递送剂量。对于含多个活性成分的吸入剂，各活性成分均应进行递送剂量均一性检测。

(2) 微细粒子剂量 照吸入制剂微细粒子空气动力学特性测定法（通则 0951）检查。除另有规定外，微细药物粒子百分比应不少于每吸主药量标示量的 10%。

(3) 多剂量吸入粉雾剂总吸次 在设定的气流下，将吸入剂撤空，记录撤次，不得低于标示的总撤次（该检查可与递送剂量均一性测定结合）。

(4) 微生物限度 除另有规定外，照非无菌产品微生物限度检查，应符合规定。

五、粉雾剂举例

例 9-4 色甘酸钠粉雾剂

【处方】 色甘酸钠 20 g，乳糖 20 g。制成 1000 粒。

【制法】 色甘酸钠粉碎成极细粉，与乳糖混合均匀，封装于空心胶囊中，每粒胶囊含色甘酸钠 20 mg，即得。

【注释】 本品为胶囊型粉雾剂，供患者吸入使用，用于预防各类哮喘的发作。

第五节 供雾化使用的液体制剂

供雾化用的液体制剂是指通过连续或定量雾化产生供吸入用气溶胶的溶液、混悬液和乳液。连续型和定量雾化器都是通过高压气体、超声振动或其他方法将液体转化为气溶胶的装置。连续型雾化为吸入液体制剂，可使被吸入的剂量以一定速率和合适的粒径大小沉积在肺部；定量雾化即为定量吸入喷雾剂，可使一定量的雾化液体以气溶胶形式在一次呼吸状态下被吸入。如图 9-4 所示，使用压缩空气或氧气、超声波以及电振荡来提供能量形成和释放气溶胶，可喷雾多种药物，剂量可调，还可根据临床需要配伍给药。雾化吸入时，不需特殊吸入技巧或吸气配合，用药者可自然呼吸，患者顺应性好。不足之处在于雾化吸入治疗时间较长，雾化器易污染，可能导致交叉感染。近年来，为满足临床患者需求，医药公司研发了一系列的小型、家用雾化器，如 Omron 电动携带型喷雾器、OnQTM 气溶胶及气雾发生器和 AERx 雾化溶液给药系统等。

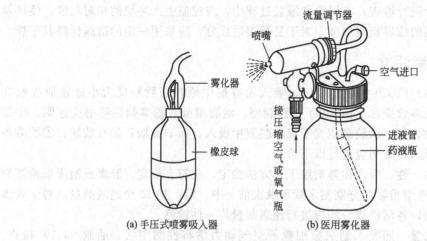

(a) 手压式喷雾吸入器　　　　(b) 医用雾化器

图 9-4　雾化吸入器结构示意图

图中标注：喷嘴、流量调节器、空气进口、雾化器、接压缩空气或氧气瓶、进液管、药液瓶、橡皮球

已上市的雾化液大多采用喷射雾化器，一般需要药液的体积大于 2 mL，药液残留量较大，即使药液全部雾化也会有部分液体与容器内壁黏附，喷射雾化器需采用压缩机产生的压缩空气，还可分为定速释放雾化器、呼吸增强雾化器、呼吸驱动雾化器等。超声雾化过程不受患者呼吸行为的影响，还可根据患者的病情调整雾化速率和雾滴大小，近年新发展的声表面波（SAW）技术使用的超声波振幅处于纳米级，雾化性能明显改善；但是超声波产生的气溶胶密度大，吸入后呼吸道内氧分压相对偏低，缺氧或低氧血症的患者不宜使用；同时，超声雾化可能会破坏蛋白质等生物大分子以及热敏性药物的结构，不良反应发生率较高。振动筛雾化器残留量低，能雾化极小体积的剂量（低至 0.5 mL），更适于雾化生物大分子等稳定性差的药物，其缺点是技术复杂、价格偏高且筛孔易堵塞。氧驱动雾化器是近年来临床应用较多的一类雾化器，雾滴分子小，易被黏膜吸收，排痰效果好，总有效率高；可在雾化的同时吸氧，维持患者正常的血氧饱和度。

用于连续型雾化器的浓缩液使用前采用规定溶液稀释至处方量体积。雾化液体也可由粉末制得。用于连续型雾化器的吸入液体，使用前其 pH 值应在 3～8.5 范围内；混悬液和乳液振摇后应具备良好的分散性，可保证递送剂量的准确性；除非制剂本身具有足够的抗菌活性，多剂量水性雾化溶液中可加入合适浓度的抑菌剂。

除另有规定外，供雾化用的液体制剂应进行以下检查：递送速率和递送总量、微细粒子剂量、无菌检查。

（鲁　莹）

思考题

1. 结合药物肺部吸收的特点和影响因素，分析哪些药物适合于肺部给药。
2. 简述吸入制剂的分类和特点，并比较各类吸入制剂的优缺点。
3. 简述气雾剂的分类和组成、制备方法及质量评价。
4. 根据气雾剂分类和设计原则，讨论如何进行药物气雾剂处方设计。
5. 喷雾剂的主要特点有哪些？试分析其临床应用优势。
6. 简述吸入粉雾剂的分类及其评价指标。
7. 非吸入气雾剂、喷雾剂的主要品种有哪些？请根据不同给药途径各举一例进行说明。

参考文献

[1]　国家药典委员会.中华人民共和国药典 2020 年版第二部 [M].北京：中国医药科技出版社，2020.

[2]　国家药典委员会.中华人民共和国药典 2020 年版第四部 [M].北京：中国医药科技出版社，2020.

[3]　方亮.药剂学 [M].8 版.北京：人民卫生出版社，2016.

[4]　方亮，何仲贵.药物制剂注解 [M].北京：人民卫生出版社.

[5]　龙晓英，房志仲.药剂学：案例版 [M].北京：科学出版社，2009.

[6]　Hugh D C S, Anthony J H. Controlled pulmonary drug delivery [M]. 2nd ed. New York：Springer-Verlag New York Inc，2011.

口服缓（控）释制剂与快速释放制剂

1. 掌握口服缓（控）释制剂的概念、特点；常见缓（控）释制剂（骨架型、膜控型、渗透泵型）的释药特点、处方组成、制备工艺及设备等；口服择时与定位释药制剂的概念、类型及释药原理；口服快速释放制剂的定义及特点；常见口服快速释放制剂（口腔分散片、口腔崩解片、滴丸剂、口腔速溶膜）的处方设计、制备工艺及质量评价标准。

2. 熟悉缓（控）释制剂的设计及设计要求；口服长效制剂的设计原理、释药机制及作用特点；口服创新制剂的设计理念及产业化研究的流程。

3. 了解几种常见口服缓（控）释制剂上市产品的处方、工艺及释药特点；几种常见口服快速释放制剂上市产品的处方、工艺及释药特点。

第一节 口服缓（控）释制剂

一、简介

（一）概念及特点

《中国药典》（2020 年版）对缓（控）释制剂的定义如下：

缓释制剂（sustained-release preparations）是指在规定的释放介质中，按要求缓慢地非恒速释放药物，与相应的普通制剂比较，给药频率比普通制剂减少一半或有所减少，且能显著增加患者依从性的制剂。

控释制剂（controlled-release preparations）是指在规定的释放介质中，按要求缓慢地恒速释放药物，与相应的普通制剂比较，给药频率比普通制剂减少一半或有所减少，血药浓度比缓释制剂更加平稳，且能显著增加患者依从性的制剂。

口服缓（控）释制剂与普通制剂相比具有如下优点：

（1）可以延长给药间隔时间，减少服药频率，提高患者依从性。

（2）维持平稳的血药浓度，降低药物对胃肠道的刺激，减少不良反应。

（3）减少用药总剂量，以最小剂量达到最大疗效。

（二）口服缓（控）释制剂的设计

口服缓（控）释制剂应当依据疾病的临床治疗需求，针对药物的特点开展设计。适宜制备缓（控）释制剂的药物通常包含抗高血压药和抗精神失常药等治疗慢性疾病的药物。如临床上治疗高血压的药物硝苯地平，普通制剂虽可快速降压，但易产生与血管过度扩张相关的不良反应（如潮红、心悸等）；将其制备成缓（控）释制剂，在平缓降压的同时可减少服药次数，改善患者顺应性。

设计缓（控）释制剂，首先需全面考察药物性质；再根据疾病治疗的临床需求，拟定剂量、剂型，并设计可能的释药行为；最后开展生物体内药动及药效学评价，验证制剂的体内缓释特征。缓（控）释制剂设计需要考虑的主要因素包括：药物的理化性质、药动学性质、生物药剂学性质等。

1. 药物的理化性质

（1）**溶解度** 药物在胃肠道的转运时间内没有完全溶解或在吸收部位的溶解度有限，会影响其吸收与生物利用度。

（2）**解离常数** 药物的解离常数反映了药物在不同 pH 条件下的解离程度。根据药物的 pK_a 值可以估算出一定 pH 条件下离子型和分子型药物的比例，从而为缓（控）释制剂处方设计提供重要参考。

（3）**油水分配系数** 药物通常需要跨过生物膜进入体内后才能转运到达靶区。油水分配系数过低的药物不易穿透生物膜，导致生物利用度低；油水分配系数高的药物脂溶性大，易于进入生物膜，但会与生物膜产生强结合力而不能继续转运。

（4）**药物稳定性** 设计缓（控）释制剂时，需要考虑药物在胃肠道环境中的稳定性。例如，胃中不稳定的药物，可制成肠溶制剂；易被结肠内菌群代谢的药物，不适合制成给药后 $7\sim8\ h$ 释放的缓释制剂。

2. 药动学性质

通常，半衰期较短的药物适合制成缓（控）释制剂，但半衰期太短（$t_{1/2}<1\ h$）的药物不适合制成缓（控）释制剂；半衰期长的药物，因其本身药效已较为持久，制成缓（控）释制剂可能增加体内蓄积的风险。一般而言，半衰期 $2\sim8\ h$ 的药物适合制备成口服缓（控）释制剂。

3. 生物药剂学性质

药物的生物药剂学性质对缓（控）释制剂的设计至关重要。在进行设计前，需全面了解药物多剂量给药后吸收、分布、代谢和消除特性。口服后吸收不完全、吸收无规律或药效剧烈的药物较难制成理想的缓（控）释制剂。

（1）**吸收部位** 确定药物在胃肠道的吸收部位或吸收窗对于缓（控）释制剂的设计非常重要。一般而言，在胃肠道整段或较长部分都能吸收的药物适合制成缓（控）释制剂。

（2）**吸收速率** 缓（控）释制剂通过控制制剂的释药行为来控制药物吸收，要求制剂的释药速率必须慢于药物吸收速率。因此，对于吸收速率常数低的药物，不适宜制成缓（控）释制剂。

（3）**代谢** 大多数肠壁酶系统对药物的代谢作用具有饱和性，即当药物浓度超过代谢饱和浓度时，药物的代谢量和药物浓度无关，而和作用时间有关。与快速释放的药物相比，缓慢释放的药物会导致更长的作用时间，导致更多药物转化为代谢物。制剂中加入药物代谢相应的酶抑制剂，可以改善药物吸收。

（三）口服缓（控）释制剂的设计要求

1. 生物利用度

缓（控）释制剂的生物利用度不应显著低于相应的普通制剂，相对生物利用度通常为普通制剂的 $80\% \sim 125\%$。

2. 峰谷浓度比值

缓（控）释制剂稳态时的峰浓度与谷浓度之比（c_{max}/c_{min}）应小于普通制剂。

3. 药物剂量的设计

缓（控）释制剂剂量的设计可以采用两种方法。一种是经验法，即依据普通制剂的用法和剂量，采用 Peppas 方程计算制剂剂量；另一种是采用药代动力学参数方法，根据需要的血药浓度和给药间隔进行计算，确定给药剂量。

（四）口服缓（控）释制剂的类型

缓（控）释制剂的释药原理主要有溶出、扩散、溶蚀、渗透压及离子交换等。依据不同的释药原理，缓（控）释制剂可分为：骨架型、膜控型、渗透泵型、离子交换型和多技术复合型。

二、骨架型缓（控）释制剂

（一）概述

骨架型缓（控）释制剂是指药物（以晶体、无定形、分子分散体等形式）与控速材料及其他惰性成分均匀混合，通过特定工艺制成的固体制剂。骨架型缓（控）释制剂包含片剂、颗粒剂、微丸、微球等剂型，既可以单独使用，也可以作为其他制剂的一部分。骨架型缓（控）释制剂具有开发周期短、释药性能好、生产工艺相对简单、易于规模化生产、服用方便等特点、应用广泛。

（二）骨架型缓（控）释制剂的类型和释药过程

骨架型缓（控）释制剂根据骨架材料的性质，可分为亲水凝胶骨架制剂、不溶性骨架制剂及溶蚀性骨架制剂。

1. 亲水凝胶骨架制剂

亲水凝胶骨架制剂是指遇水或消化液后骨架水化膨胀，形成凝胶屏障，通过药物在凝胶层中的扩散和凝胶层的溶蚀来控制药物释放的制剂。亲水凝胶骨架制剂中药物扩散的动力来自骨架中药物的浓度梯度，释药行为表现为先快后慢的特点。这种释药模式，口服后表面药物大量释放，可使血药浓度迅速达到治疗浓度，随后缓慢释放的药物有助于维持治疗浓度。常用的骨架材料包括纤维素衍生物（羟乙纤维素、甲基纤维素、羧甲纤维素钠、羟丙纤维素以及羟丙甲纤维素等）、聚氧乙烯、多糖类（甲壳素、壳聚糖等）、天然胶类（海藻酸钠等）、乙烯聚合物和丙烯酸树脂等。

2. 不溶性骨架制剂

不溶性骨架制剂是指以不溶于水或水溶性极小的高分子聚合物为骨架材料制成的制剂。

不溶性骨架制剂中药物释放过程如下：消化液渗入骨架内；药物溶解；药物自骨架孔道内扩散释出。骨架在释药过程中不崩解，最终随粪便排出体外。大剂量药物会出现释放不完全现象，难溶性药物从骨架中释放太慢，所以，这两类药物都不适合制成不溶性骨架制剂。常用的不溶性骨架材料有乙基纤维素、聚硅氧烷、聚乙烯、聚丙烯、乙烯-醋酸乙烯共聚物和聚甲基丙烯酸甲酯等。

3. 溶蚀性骨架制剂

溶蚀性骨架制剂又称蜡质骨架制剂，是由药物与不溶解、可溶蚀的蜡质材料制成的骨架型缓释制剂。溶蚀性骨架制剂的骨架材料疏水性较强，使消化液难以迅速浸润和溶解药物，药物随制剂中固体脂肪和蜡质的逐渐溶蚀、降解而逐步释放。释药过程与蜡质材料的降解方式及药物在骨架中的扩散行为有关。常用的蜡质材料主要包括天然蜡质（如蜂蜡、巴西棕榈蜡、鲸蜡）、脂肪酸（如硬脂酸）、脂肪酸酯（如单硬脂酸甘油酯、氢化蓖麻油、蔗糖酯、聚乙二醇单硬脂酸酯）和脂肪醇（硬脂醇、鲸蜡醇）等。

（三）骨架型缓（控）释制剂制备技术

骨架型缓（控）释制剂根据不同的给药途径和释药需求，常制成不同的形状和规格，可根据所用材料的性质和制剂形状，采用多种制备方法。

1. 缓控释骨架片制备技术

（1）湿法制粒压片 缓控释骨架片湿法制粒压片的流程与普通片剂基本相同。药物从不溶性骨架释出较慢，不易释放完全。因此，对于难溶性药物先制备药物的固体分散体再制粒压片，可有效维持药物的无定形状态，以增加药物释放。

（2）干法制粒压片 当药物对于水、热不稳定，有吸湿性，流动性较差时，可采用干法制粒压片。将药物与骨架材料及其他辅料混合后制成薄片，再粉碎成一定粒度颗粒，整粒后加入助流剂，压片。

（3）粉末直接压片 将药物与骨架材料及其他辅料混合后，直接压片。粉末直接压片省去了制粒、干燥等工序，工艺简单，适于湿热不稳定的药物。但对物料要求较高，药物粉末需有合适的粒度、结晶形态和可压性，辅料应有适当的黏结性、流动性和可压性。

2. 多单元骨架型缓（控）释制剂的制备技术

（1）缓控释颗粒（微囊）压片 主要有两种制备方法：将不同释放速度的颗粒混合压片，通过调节释药速率、颗粒的比例等来调节整个制剂的释放特性；以阻滞剂为囊材将药物微囊化，再将微囊压制成片，此法适合于处方中药物含量高的情况。

（2）骨架型小丸 根据处方性质，骨架型小丸的制备可采用滚动成丸法、挤出滚圆法、离心-流化造丸法等。

（四）影响亲水凝胶骨架片释药的因素

亲水凝胶骨架片具有药物释放完全、辅料成本低廉、制备工艺简单、易于工业化生产等优点，已成为骨架型缓（控）释制剂的主要类型。

如图10-1所示，亲水凝胶骨架片接触溶出介质后，表面水化形成凝胶层，药物可从凝胶层表面溶出；凝胶层继续水化增厚，水溶性药物可通过水凝胶层扩散释出；随着时间延长，片剂外层骨架逐渐水化并溶蚀，内部再形成凝胶、溶蚀，直至骨架全部溶蚀，药物完全释放。亲水凝胶骨架片中药物的释放涉及两种机制：Fick扩散释放和骨架溶蚀释放。

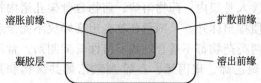

图 10-1　亲水凝胶骨架片在溶出介质中的示意图

众多模型中，Ritger-Peppas 方程常用于描述亲水凝胶骨架片的释药行为：

$$\frac{M_t}{M_\infty}=Kt^n \qquad (10\text{-}1)$$

式中，M_t 为药物在 t 时的释放量；M_∞ 为药物在无穷时间的释放量；K 为动力学常数；n 为扩散常数。n 值可表征药物的释药机制：当 $n=0.5$ 时，药物释放遵循 Fick 扩散定律；当 $0.5<n<1$ 时，药物释放受扩散和溶蚀共同影响；当 $n=1$ 时，药物释放以溶蚀为主。

亲水凝胶骨架片的药物释放过程受很多因素的影响，如药物理化性质、聚合物骨架材料、片剂特征、生产工艺等，下面进行具体说明。

1. 药物理化性质

药物的分子量、溶解度、粒度及剂量大小均影响其在亲水凝胶骨架片中的释放行为。

2. 聚合物骨架材料

聚合物黏度是决定药物释放机制的关键参数，聚合物形成的凝胶层黏度越大，聚合物越难溶蚀，释药速率越慢。聚合物用量越大，基质孔隙率越低，药物释放越慢。聚合物的粒度越小，越易于迅速形成凝胶层，释药速率更慢。

3. 片剂特征

片剂的形状和厚度决定其接触释放介质的表面积，影响释药速率。固体制剂内药物粒子周围饱和溶液的 pH，即片剂微环境 pH 会显著影响 pH 敏感型的药物释放。片剂的孔隙率影响释药速率，在相同压片压力下，片剂的孔隙率更高，释药速率更快。

4. 生产工艺

生产工艺对凝胶骨架片的释药有一定影响。一般而言，片剂硬度不影响亲水凝胶骨架片的药物释放。通过直压法制备亲水凝胶骨架片时，更快的压片速度常导致更高的片剂孔隙率及更快的释药速率。

（五）亲水凝胶骨架缓释片研发实例

例 10-1 普拉克索缓释片（Mirapex® ER™）

【处方】普拉克索、羟丙甲纤维素 2208、玉米淀粉、卡波姆 941、胶体二氧化硅、硬脂酸镁。

【工艺】将普拉克索与玉米淀粉混匀，研磨或筛分处理。将所得混合物与其余辅料混匀，压片，即得。

【释药】普拉克索缓释片具有与同剂量速释片相当的生物利用度，血药浓度更平稳。

【注解】盐酸普拉克索是治疗早发型帕金森病的首选药物。普拉克索普通片一天给药 3 次，普拉克索缓释片一天一次用药，具有更好的依从性，可改善帕金森病伴发的抑郁和睡眠障碍，提高患者的生活质量。

三、膜控型缓（控）释制剂

（一）概述

膜控型缓（控）释制剂是指通过包衣膜来控制和调节制剂中药物的释放速率和释放行为的制剂。相比于骨架型释药系统，膜控型缓（控）释制剂的释药速率更易达到或接近零级，并且药物的释放速率、时间及部位可通过包衣膜的种类及厚度进行调节。

（二）包衣膜的处方组成

包衣膜由成膜材料和添加剂构成。这些添加剂主要包括增塑剂、致孔剂、抗黏剂、着色剂和遮盖剂、表面活性剂等。

1. 成膜材料

合适的成膜材料是控制包衣膜质量和释药特性的关键。根据成膜材料的溶解特性，分为不溶性、胃溶性和肠溶性成膜材料。不溶性成膜材料在水中呈惰性，不溶解，部分可溶胀，如醋酸纤维素、乙基纤维素等。因此，适宜制成以扩散和渗透为释药机制的膜控型缓（控）释制剂。胃溶性和肠溶性成膜材料在特定的 pH 范围保持惰性，不释放药物，适于制成各种定位释药制剂。

2. 增塑剂

膜控制剂的许多衣膜材料较脆、易断裂，加入增塑剂可增加衣膜的柔韧性。常见增塑剂包括邻苯二甲酸酯类、癸二酸酯类及柠檬酸酯和各种乙二醇衍生物等。

3. 致孔剂

不溶性成膜材料单独制成的包衣膜通常对水分或药物的通透性很低，难以满足释药需求。可在包衣液中加入水溶性物质作为致孔剂，调节衣膜的通透性和释药速率。常用的致孔剂有聚维酮、聚乙二醇、羟丙纤维素、盐类等。

4. 抗黏剂

抗黏剂可阻止在包衣及后续贮存过程中片剂的黏结。滑石粉是最常用的抗黏剂，用量可达聚合物干重的 50%～100%。

5. 着色剂和遮盖剂

着色剂和遮盖剂除了增加剂型美观度，还可提高药物的稳定性。在制药工业中最常使用的着色剂和遮盖剂分别是水不溶的色淀和二氧化钛。

6. 表面活性剂

在包衣液中加入表面活性剂，可乳化水不溶的增塑剂，提高片剂的可润湿性，有助于包衣液在片剂表面的铺展，稳定水分散体混悬液。

（三）膜控制剂的类型

膜控型缓（控）释制剂的膜控单元可以是片剂、微片、微丸等，根据单个制剂内所含膜控单元的数目，膜控型缓（控）释制剂可分为单一单元制剂与多单元制剂。多单元制剂含有多个独立的膜控单元，可减少或避免单剂量剂型包衣缺陷造成药物突释等，而且通过混合具有不同释药特点的膜控单元可以获得特定的药物释放曲线。

1. 微孔膜包衣片

采用胃肠道中不溶解的聚合物，如乙基纤维素、醋酸纤维素等作为衣膜材料，加入水溶性物质作为致孔剂，包衣制备微孔膜包衣片。可将水溶性药物加在包衣膜内既作为致孔剂，又作为速释部分。当微孔膜包衣片与胃肠液接触时，致孔剂遇水溶解或脱落，在包衣膜上形成无数微孔，药物可经这些微孔释放。

2. 膜控释微片

将药物与辅料按常规方法制粒后压制成微片，用缓释衣膜包衣后装入硬胶囊。每粒胶囊可装几片至十几片不等的微片，微片可包被具有不同缓释作用或不同厚度的包衣。

3. 膜控释小（微）丸

膜控释小（微）丸由丸芯与芯外包裹的控释薄膜衣组成。包衣材料主要包括亲水性、不溶性和肠溶性几种类别等。

（四）释药机制

如图 10-2 所示，当膜控释制剂在释放介质中，扩散介质渗入膜内并溶解药物后，药物从膜内到膜外有两种可能的途径：途径一是药物从膜内经分配进入连续的高分子相，并扩散通过高分子相后，经再分配进入膜外介质；途径二是药物经膜上的微孔或孔隙进入膜外介质。

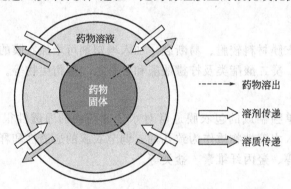

图 10-2　膜包衣片中药物从贮库释放的示意图

膜控型缓（控）释制剂不论是通过膜还是膜上的微孔扩散释放，定量关系均可通过 Fick 定律描述。当药物从储库的释放达到稳态时，其速率计算公式如下：

$$\frac{dM}{dt} = \frac{ADK\Delta c}{L}$$

(10-2)

式中，M 为 t 时药物总释放量；A 为药物扩散膜的有效面积；D 为扩散系数；K 为分配系数；Δc 为膜两侧的浓度梯度；L 为膜厚度。

对于药物通过无孔膜的扩散：K 为膜与片芯间药物的分配系数，D 为药物在膜中的扩散系数。药物在膜中的溶解度是影响药物释放的主要因素。

对于药物通过有孔膜的扩散：K 为药物在膜孔内外释放介质的分配系数，D 为药物在释放介质中的扩散系数。通过调整致孔剂的用量，可调控药物释放速率。

（五）包衣技术及设备

1. 包衣技术

膜控释制剂的包衣通常通过喷雾包衣技术来实现，常见的喷雾包衣技术包括有机溶剂包衣、水性包衣、干法包衣等。其中，以水性包衣最为常用。

（1）有机溶剂包衣 是指将高分子材料溶解于有机溶剂中，再加入增塑剂和致孔剂等制成包衣液，借助喷雾设备在片剂外形成包衣膜的技术。有机溶剂挥发后，包衣材料即可在基片表面成膜。

（2）水性包衣 水性包衣可细分为水溶液、水分散体、水混悬液等几种技术，其中水分散体应用最广。水分散体是将不溶于水的聚合物以半固态或固态的球形粒子形式分散在水中。如图 10-3 所示，当水分散体中的球状颗粒成膜时，随着水分蒸发，分散相颗粒开始以紧密球体堆积的方式排列，颗粒变形，相互聚集结合，形成连续的水不溶性薄膜，包衣后需进行老化以促进聚合物球聚结和膜形成。

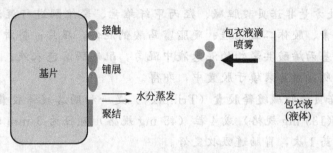

图 10-3　水分散体包衣过程示意图

（3）干法包衣 干法包衣是使包衣材料在压力、静电或干黏合剂的作用下形成衣层，直接在物料表面成膜的包衣技术。干法包衣可避免有机溶剂污染，可缩短包衣时间，适用于水不稳定药物。干法包衣需使用大量增塑剂，包衣粉末易被包衣锅吸附，包衣效率低于有机溶剂和水性包衣。

2. 包衣设备

常见的包衣设备有传统包衣锅、高效包衣锅、流化床等。传统包衣锅因干燥效率低、粉尘积累等缺陷，现已少用。高效包衣锅是对传统包衣锅的改革创新，是目前生产薄膜包衣片的主流设备。流化床在制药行业已广泛用于干燥、制粒、颗粒及片剂包衣等。根据包衣位置的不同，流化床有底喷式、顶喷式、侧喷式。底喷式因流化状态稳定、包衣均匀，是最常用的微丸包衣设备。

（六）影响水分散体包衣片长期稳定性的因素

水分散体包衣是一种常用薄膜包衣技术，由于成膜的特殊机制易导致制剂衣膜在长期贮存后出现缺陷或聚结，影响释药。除包衣过程外，老化条件、添加剂、包材等均显著影响膜控释制剂衣膜的稳定性。

1. 老化条件

依据水分散体衣膜形成机制，提高老化温度、相对湿度、老化时间等可提高聚合物粒子聚结，改善衣膜完整性，有利于提高制剂长期释药行为稳定性。

2. 添加剂

增塑剂可有效促进在包衣和老化过程中聚合物的聚结，改善衣膜的完整性。

3. 包材

水可影响聚合物迁移。在长期贮存过程中，环境的相对湿度可影响聚合物衣膜水分含量，导致释药行为的变化。使用透水性差的包装材料如双铝泡罩，可阻止聚合物衣膜的聚结，提高制剂长期贮存稳定性。

（七）微片研发实例

例 10-2 非诺贝酸胆碱缓释胶囊（Trilipix®）

【处方】肠溶微片：非诺贝酸胆碱、羟丙甲纤维素、聚维酮、羟丙纤维素、胶态二氧化硅、硬脂富马酸钠、甲基丙烯酸共聚物、滑石粉、柠檬酸三乙酯。

胶囊壳：明胶、二氧化钛、黄氧化铁、黑氧化铁、红氧化铁。

【工艺】取处方量非诺贝酸胆碱、羟丙甲纤维素、聚维酮进行湿法制粒；将所得颗粒与羟丙纤维素、胶体二氧化硅、硬脂富马酸钠混匀，压片；将滑石粉、水、柠檬酸三乙酯加入甲基丙烯酸共聚物的混悬液中混匀，配制肠溶包衣液；高效包衣，得肠溶包衣微片；将所得微片装填于胶囊中，即得。

【注解】非诺贝酸胆碱缓释胶囊（Trilipix®）是一种肠溶缓释胶囊，按不同规格，胶囊内装 12 粒（135 mg 规格）或 4 粒（45 mg 规格）直径为 3 mm 的微型肠溶缓释片，每日只需给药 1 次，胃肠道吸收良好。

四、渗透泵型控释制剂

（一）概述

渗透泵（osmotic pump）型控释制剂是以渗透压为药物的释放动力，具有零级释放动力学特征的制剂，一般由药物、半透膜、渗透压活性物质和推进剂等组成。渗透泵型控释制剂中药物以零级释药方式恒速释放，血药浓度平稳，适合于治疗指数窄的药物；释药过程基本不受胃肠道酶、pH 值、胃肠蠕动等机体生理条件及食物的影响，具有较好的体内外相关性；可维持长效释放，减少给药次数，提高患者顺应性。

目前，已上市的渗透泵控释制剂主要应用于慢性疾病的治疗，包括心血管系统疾病，糖尿病，精神系统疾病等（见表 10-1）。

表 10-1 已上市部分渗透泵控释制剂产品

中文名	商品名	生产商	治疗领域
硫酸沙丁胺醇控释片	Volmax	GSK	哮喘
硝苯地平控释片	Adalat XL	Bayer	高血压
格列吡嗪控释片	Glucotrol XL	Pfizer	糖尿病
甲磺酸多沙唑嗪控释片	Cardura XL	Pfizer	良性前列腺增生
伊拉地平控释片	DynaCirc CR	GSK	高血压
哌唑嗪控释片	MINIPRESS XL	Pfizer	高血压
二甲双胍控释片	Fortamet	Andrx	糖尿病
托法替布控释片	XELJANZ XR	Pfizer	类风湿关节炎
盐酸维拉帕米控释片	Covera-HS	Pfizer	高血压
盐酸哌甲酯控释片	Concerta	Janssen	注意缺陷多动障碍
帕利哌酮控释片	Invega	Janssen	精神分裂症、双相狂躁症

（二）渗透泵控释片的结构类型

1. 初级渗透泵

初级渗透泵（elementary osmotic pump，EOP），也称单室渗透泵（图 10-4），由内层和外层两部分组成：内层是由辅料和主药组成的片芯，外层是具有释药小孔的半透膜。当渗透泵片与水接触后，水通过半透膜进入片芯，药物和辅料溶解，形成对于外界高渗的药物饱和溶液。在膜内外渗透压差的作用下，药物通过释药孔恒速释放。

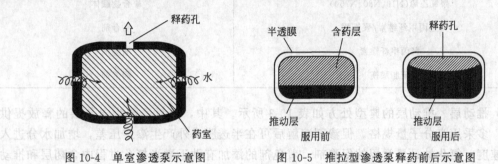

图 10-4 单室渗透泵示意图　　　　图 10-5 推拉型渗透泵释药前后示意图

2. 推拉型渗透泵

推拉型渗透泵（push-pull osmotic pump，PPOP）是外包半透膜的双层片（图 10-5），片芯上层为药物和辅料组成的含药层，下层为聚合物和渗透压活性物质组成的推动层，含药层通过一个释药孔与外界相连。给药后，水分经半透膜渗入片芯，难溶性药物和辅料水化成具有一定黏度的混悬液；推动层促渗透聚合物吸水膨胀，推动含药层水化后的药物经释药孔释出。

三层渗透泵是包被半透膜的三层片（图 10-6）。片芯包括由药物和辅料组成的药物浓度依次递增的含药层 1 和含药层 2，以及聚合物和渗透压活性物质组成的推动层；含药层 1 通过一释药孔与外界相连。由于含药层间存在递增的药物浓度梯度，三层渗透泵片可呈现缓慢递增的释药模式。

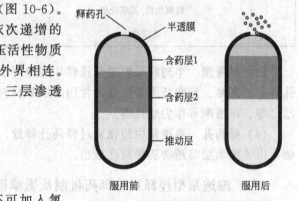

（三）渗透泵控释片的处方组成

1. 初级渗透泵

初级渗透泵的片芯处方中除主药外还可加入氯
图 10-6 三层渗透泵释药前后示意图
化钠等促渗剂。醋酸纤维素是最常见的半透膜包衣
材料，可加入一定量致孔剂调节衣膜通透性。包衣后的片芯使用激光打孔机在片芯任意一侧或上下两侧打上释药孔。

初级渗透泵适合溶解度适中（50～300 mg/mL）的药物，一般 60%～80% 的药物可恒速释放。对于难溶性或极易溶的药物，可加入一定辅料或改变药物的存在形式来调整溶解度，或选择其他适合的渗透泵类型。

2. 推拉型渗透泵

推拉型渗透泵主要包含四部分：含药层、推动层、半透膜和释药孔。

(1) 含药层 含药层的典型处方如表 10-2 所示。聚合物载体多采用低黏度的高分子聚合物。水分进入片芯后，高分子聚合物载体凝胶化使药物混悬在载体中均匀地从释药孔推出。处方中加入润湿剂有助于水分的快速进入和聚合物的水化。

表 10-2　含药层的典型处方

成分	作用
药物	活性成分
聚氧乙烯（N10、N80、N750）	聚合物载体
羟丙甲纤维素/聚维酮	黏合剂
羟丙甲纤维素	润湿剂
硬脂酸镁	润滑剂

(2) 推动层 推动层的典型处方如表 10-3 所示。其中，聚氧乙烯为含药层的释放提供推动力，多采用高分子量规格。促渗剂溶解后可在半透膜内外产生渗透压差，增加水分进入片芯的速度，氯化钠是最常用的促渗剂。着色剂的添加有助于激光打孔过程中含药层和推动层的自动识别。

表 10-3　推动层的典型处方

成分	作用
聚氧乙烯（WSR 301、Coagulant、WSR 303）	溶胀材料
羟丙甲纤维素/聚维酮/共聚维酮	黏合剂
氯化钠	促渗剂
红氧化铁/黑氧化铁	着色剂
硬脂酸镁	润滑剂

(3) 半透膜 半透膜是渗透泵控释片的重要组成部分，是水渗透进入片芯及药物从释药孔释放的屏障。醋酸纤维素是最为常用的成膜材料；为调节释药速率，常用羟丙纤维素、聚乙二醇、聚维酮等作为致孔剂。

(4) 释药孔 渗透泵中药物通过释药孔释放。推拉型渗透泵的释药孔要开在含药层的一侧，以使推动层将药物从释药孔推出。

(四) 渗透泵型控释片的释药机制及影响因素

1. 释药机制

渗透泵控释片的基本组成包括含药物和促渗剂（必要时添加）的片芯，以及带有释药孔的刚性半透膜。具有恒定内部容积的渗透泵控释系统，传递的饱和药物溶液量与透过半透膜的溶剂量相等。渗透泵片芯过量的促渗剂可保障恒速释药，释放速率遵循零级释药动力学；当浓度低于溶质饱和浓度时，释药速率下降。渗透泵系统溶质传递的速率由溶剂经半透膜的流入量决定。

液体的渗透性流动取决于系统半透膜内外两侧的渗透压和流体静压差。水通过半透膜向片芯渗透的速率如式(10-3)所示。

$$\frac{\mathrm{d}v}{\mathrm{d}t} = \frac{A}{h} L_p (\sigma \Delta \pi - \Delta p) \tag{10-3}$$

式中，$\mathrm{d}v/\mathrm{d}t$ 为水通过半透膜向片芯渗透的速率；$\Delta \pi$ 为膜内外的渗透压；Δp 为膜内外的静压差；L_p 为机械穿透系数；σ 为反射系数；A 为膜的表面积；h 为膜的厚度。

药物的释放速率如式（10-4）所示：

$$\frac{\mathrm{d}M}{\mathrm{d}t} = \frac{\mathrm{d}v}{\mathrm{d}t} c \tag{10-4}$$

式中，$\mathrm{d}M/\mathrm{d}t$ 为药物的释放速率；c 为药物的浓度。

理想的半透膜仅允许水分进入，当释药小孔的孔径合适时，膜内外的静压差较小，$\Delta \pi \gg \Delta p$。同时，由于渗透泵内部的渗透压远大于胃肠道内的渗透压，故 π 可以代替 $\Delta \pi$，以常数 K 代替 $L_p \sigma$，可将式（10-4）简化为：

$$\frac{\mathrm{d}M}{\mathrm{d}t} = \frac{A}{h} K \pi c \tag{10-5}$$

式中，K、A、h 取决于半透膜的性质，而 π、c 由渗透泵内渗透压活性物质及药物浓度决定，故只要释药过程中渗透泵半透膜外形、厚度保持不变，渗透压活性物质足以维持恒定的内外渗透压差，药物溶液保持饱和浓度，渗透泵即可实现恒定零级释药。

2. 影响因素

由释药机制可知，包衣膜特性、渗透压、药物溶解度等因素可影响渗透泵制剂的释药行为。

(1) 包衣膜特性　半透膜是渗透泵制剂重要的组成部分，直接影响其释药速率。不同材质的半透膜对水分有不同的渗透性，渗透性越大，K 值越大，水透膜速率越快，系统释药越快。包衣膜的厚度与释药速率成反比。

(2) 渗透压　渗透压是渗透泵制剂的释药动力，是影响释药的关键因素。渗透泵制剂药室内的渗透压需较膜外渗透压高 6～7 倍，才能保证恒定释药。

(3) 药物溶解度　药物溶解度是影响药物释放的一个重要因素，渗透泵制剂适用于溶解度适中（50～300 mg/mL）的药物。溶解度过大的药物，药物释放过快导致零级释药特征较差；溶解度过低的药物，不能保证有效溶出。

（五）渗透泵控释片研发实例

例 10-3　初级渗透泵：托法替布控释片（XELJANZ® XR）

【处方】枸橼酸托法替布，共聚维酮，羟乙纤维素，硬脂酸镁，山梨醇，醋酸纤维素，羟丙纤维素。

【工艺】称取处方量的山梨醇、共聚维酮、枸橼酸托法替布、羟乙纤维素，混匀，制粒；加入处方量硬脂酸镁，混匀，压片。将羟丙纤维素和醋酸纤维素用丙酮-水溶液溶解，混匀，作为控释衣包衣液。将片芯加入高效包衣锅包衣，干燥，打孔，即得。

【释药】如图 10-7 所示，托法替布控释片（11 mg）生物利用度与托法替布普通片（5 mg，2 片）相当。

【注解】托法替布用于甲氨蝶呤疗效不足或对其无法耐受的中度至重度活动性类风湿关节炎的治疗。托法替布控释片每日1次服药，可改善患者依从性。

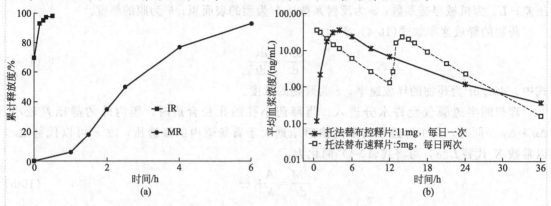

图10-7 托法替布片（IR）和控释片（MR）(a) 体外释放曲线及（b）药时曲线

例 10-4 推拉型渗透泵：硝苯地平控释片（Adalat GITS®）

【处方】硝苯地平，羟丙甲纤维素，聚氧乙烯，硬脂酸镁，氯化钠，红氧化铁，硬脂酸镁，醋酸纤维素，聚乙二醇3350。

【工艺】称取处方量药物层和推动层组分，分别混匀，制备含药层颗粒和推动层颗粒；将含药层颗粒和推动层颗粒，分别加入双层压片机，压制双层片芯；将醋酸纤维素和聚乙二醇3350分别溶于丙酮-水溶液，制成控释衣的包衣液；采用高效包衣锅包衣；在药物层一侧激光打孔，即得。

【释药】如图10-8所示，给药后24 h内控释制剂的血药浓度基本维持在药物治疗窗内，血药浓度平稳。

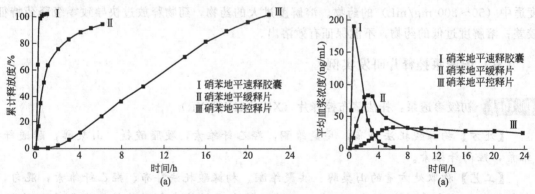

图10-8 硝苯地平速释胶囊（Ⅰ）、缓释片（Ⅱ）及控释片（Ⅲ）的体外释放曲线（a）及药时曲线（b）

【注解】硝苯地平控释片可避免普通硝苯地平制剂的过性血药浓度上升现象，减少不良反应，提高安全性和耐受性，是一种理想的降压药物。

第二节　口服择时与定位释药制剂

随着人们对临床药理学及药物特性的不断深入理解，更多研究着眼于结合疾病特点和各种释药技术，采用特定的释药模式，以满足临床需求。主要分为口服择时和定位释药系统。

一、口服择时释药制剂

（一）概述

时辰药理学和时辰病理学的研究表明，许多常见的疾病如哮喘、高血压等具有昼夜节律性。大多数药物设计为等间隔、等剂量多次给药或缓（控）释制剂，不能满足节律性变化疾病的治疗要求。此外，一些与受体相互作用的药物，如长期刺激受体易产生耐药性，需要通过脉冲式给药改善疗效。

口服择时释药系统（oral chronopharmacologic drug delivery system）又称定时释药系统，是指根据人体的生物节律变化特点，按照生理和治疗的需要而定时定量释药的一种给药系统。按照制备技术的不同，口服择时释药系统可分为包衣型脉冲释药系统、柱塞型脉冲释药系统及渗透泵型脉冲释药系统。

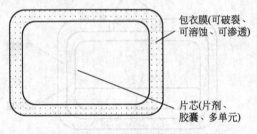

图 10-9　包衣型脉冲释药系统示意图

包衣膜(可破裂、可溶蚀、可渗透)

片芯(片剂、胶囊、多单元)

（二）包衣型脉冲释药系统

包衣型脉冲释药系统包括两部分：含活性药物成分的制剂核心（片剂或微丸）和包衣层（一层或多层）（图 10-9）。其中，包衣层可阻滞药物从核心释放，阻滞时间取决于衣层厚度。根据衣膜释药机制的不同，可将其分为三类：膜破裂型、膜溶蚀型和膜渗透型。基于不同的释药机制，膜破裂型和膜溶蚀型包衣制剂可产生迟释-速释的释药模式，而膜渗透型包衣制剂可产生迟释-缓释的释药模式。

1. 膜破裂型

可破裂膜自身不溶于水，水由包衣膜渗入制剂内部，通过引起内部亲水聚合物的膨胀引起膜破裂。衣膜破裂的时间就是药物从片芯释放的滞后时间，即脉冲释药时间。膜的成分和厚度、崩解剂和可膨胀型聚合物的吸水膨胀力等决定了药物释放时滞。

2. 膜溶蚀型

可溶蚀膜大多由非 pH 依赖的亲水性聚合物如羟丙甲纤维素等组成。衣层中还含有聚乙二醇、蔗糖等可渗透性物质。接触水性介质后，聚合物溶胀、溶出和/或溶蚀，延缓药物释放。药物释放受衣层溶蚀和药物通过凝胶层的扩散速率控制。当衣层完全膨胀或溶蚀后，药物开始从片芯或丸芯释放。释药时滞取决于包衣材料的用量、黏度、颗粒大小。

3. 膜渗透型

可渗透膜由不溶性聚合物组成，水性介质通过渗透膜进入片芯，药物溶解后通过渗透膜扩散释出。释药时滞的长短取决于渗透膜的厚度和组成。

（三）柱塞型脉冲释药系统

柱塞型脉冲释药胶囊由以下几部分组成：水不溶性胶囊壳体、药物贮库、柱塞、水溶性胶囊帽，根据需要可在胶囊帽内装填药物速释部分（图 10-10）。其中，定时柱塞有膨胀型、溶蚀型和酶降解型。当胶囊与水性介质接触后，水溶性胶囊帽溶解，柱塞膨胀、溶蚀或酶解，脱离胶囊体，贮库中药物快速释出。

（四）渗透泵型脉冲释药系统

渗透泵型脉冲释药系统是一种依据人体的生物节律变化特点，按照生理和治疗的需要定时定量释药的一种给药系统。在结构组成上包括含药层、推动层、迟释层和带释药孔的控释衣膜。Covera-HS 是 G. D. Searle 公司开发上市的盐酸维拉帕米脉冲渗透泵片（图 10-11）。与普通渗透泵片相比，Covera-HS 在片芯和外层半透膜之间多了迟释层。胃肠道的水性介质通过半透膜进入片剂，迟释层缓慢溶解，水分进入片芯，推动层膨胀，药物通过半透膜上的释药小孔释出。迟释层的设计可使药物在服药后 4～6 h 开始释放。患者睡前服药，服药后 11 h 血药浓度达到峰值，此时正逢患者体内儿茶酚胺水平增高，可获得最佳治疗效果。

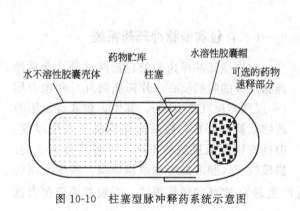

图 10-10　柱塞型脉冲释药系统示意图

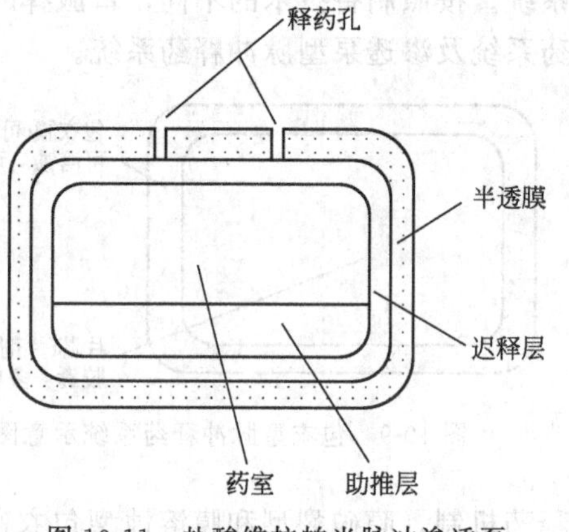

图 10-11　盐酸维拉帕米脉冲渗透泵
（Covera-HS）结构剖面示意图

二、口服定位释药制剂

（一）概述

口服定位释药系统（oral site-specific drug delivery system）是指根据制剂的物理化学性质以及胃肠道局部 pH 值、胃肠道酶、制剂在胃肠道的转运机制等生理学特征制备的能使药物在胃肠道的特定部位释放的给药系统。口服定位释药系统可避免药物在胃肠生理环境下失活；提高生物利用度；改善个体差异、胃肠运动造成的药物吸收不完全现象。依据不同的释药部位，口服定位释药系统可分为：胃定位释药系统、小肠定位释药系统和结肠定位释药系统。

（二）胃定位释药系统

胃定位释药系统，亦称胃滞留给药系统，适用于在酸性环境中溶解的药物、在胃中及小肠上部吸收率高的药物和治疗胃、十二指肠溃疡等疾病的药物。根据不同的滞留机制，胃滞留制剂可分为胃内漂浮型、胃内膨胀型、胃壁黏附型等。

1. 胃内漂浮型

胃内漂浮制剂根据流体动力学平衡原理（HBS）设计，服用后在胃内环境下表观密度小于胃内容物密度而在胃液中呈漂浮状态，延长了胃内滞留时间。常采用亲水凝胶聚合物如羟丙甲纤维素、羧甲纤维素钠、聚维酮、聚乙烯醇等。为提高漂浮力，还可加入助漂剂、发泡剂等辅料。

2. 胃内膨胀型

胃内膨胀型制剂口服入胃后体积迅速膨胀至大于幽门而不能迅速排出，延长胃内滞留时间。该类制剂应有足够强度承受胃部的蠕动，且不阻挡幽门排空其他食物。常用辅料包括交联羧甲纤维素钠、交联聚维酮、羧甲淀粉钠等。

3. 胃壁黏附型

胃壁黏附型制剂是指利用制剂中的膜黏附性聚合物与胃黏膜之间的静电或氢键作用，延长胃内滞留时间。阴离子型聚合物结合胃黏膜的能力高于中性及阳离子聚合物，水不溶性聚合物性能优于水溶性聚合物。可选用的生物黏附材料包括羟丙纤维素、卡波姆、羧甲纤维素钠等，同时合用吸收促进剂如壳聚糖及其衍生物，可增强透过细胞能力，提高黏附性能。

（三）小肠定位释药系统

小肠定位释药系统是指在胃的生理环境中不释药，进入小肠后，能按预设的时间和位置迅速或缓慢释药的制剂。小肠定位释药系统包括 pH 敏感型、黏附型、时滞型三种。pH 敏感型制剂是采用肠溶包衣，利用包衣材料在酸性条件下不溶，在肠道高 pH 条件下快速溶解的特性，实现小肠定位释药。黏附型制剂是指含有丙烯酸衍生物类的生物黏附材料制剂，在 pH 6.2～6.6 范围内可产生最大的生物黏附性，制剂能穿过胃部黏附于肠壁实现定位释药。时滞型释药系统已在口服择时释药部分介绍，此处不再赘述。

（四）结肠定位释药系统

口服结肠定位释药系统（oral colon specific drug delivery system，OCDDS），是通过适当的方法，使药物经口服后避免在胃、十二指肠、空肠和回肠前端释放，运送至结肠释放，发挥局部或全身治疗作用的一种给药系统。结肠部位由于 pH 条件温和、代谢酶少，在此部位释药可减少胃肠道消化酶对药物的破坏作用，提高生物利用度，改善对结肠局部病变的治疗，尤其适用于在胃肠道上段易降解的蛋白和肽类药物的口服给药。

根据结肠独特的释药环境（pH、转运时间、微生物及压力），可设计相应的释药系统实现结肠定位，常见的释药系统包括 pH 敏感型、时控型、生物降解型及压力控制型等。

1. pH 敏感型

通常消化道中胃部 pH 值为 0.9～1.5，小肠为 6.0～6.8，结肠为 6.5～7.5。利用在高

pH 环境下溶解的聚合物如聚丙烯酸树脂包衣，可使药物在较低 pH 环境的胃、小肠部位不释放，实现结肠定位给药。由于小肠和结肠的 pH 差异较小，且在结肠细菌作用及病理条件下可能出现结肠 pH 比小肠还低的情况，单纯依靠胃肠道 pH 差异设计的结肠定位释药系统可能导致药物不能到达结肠或不释药。

2. 时控型

药物口服后经人体的胃、小肠到达结肠所需时间约 6 h。利用控释技术使制剂在到达结肠前大约 6 h 不释药，到达结肠定位释放药物的制剂，称为时控型结肠定位释药系统。由于胃排空速率个体差异较大，利用时滞设计口服结肠定位给药系统具有一定的局限性。

3. 生物降解型

生物降解型结肠定位释药系统是利用某些在结肠部位特有的微生物产生的酶的作用下降解的聚合物作为药物的载体或包衣材料，实现结肠定位释药。这类聚合物在缺乏相应酶的胃和小肠中不能被降解，可保护药物通过胃和小肠。常用的材料有偶氮类聚合物和果胶。生物降解型结肠定位专属性较强，但载体材料在结肠的降解速度较慢，可能导致药物生物利用度较低。

4. 压力控制型

压力控制型结肠定位释药系统采用栓剂基质，外包水不溶性聚合物如乙基纤维素，依靠结肠蠕动压力释放药物。口服后，制剂内部的栓剂基质在体温下液化，使外层乙基纤维素呈球状。由于胃和小肠内液体充足，制剂在胃和小肠不会破裂。到达结肠水分被重吸收后，结肠蠕动产生的压力使制剂破裂释放药物。压力控制型结肠定位制剂释药依赖于人体结肠内的压力，受各种生理条件因素影响变化大，药物释放个体差异大。

5. 复合型

根据结肠独特的环境设计的几种释药类型，由于结肠环境的个体差异和变化性，在单独使用时往往难以实现可靠的结肠定位释药。因此，在实际制剂设计时，常结合两种或两种以上释药机制，如综合时滞效应和胃肠道 pH 差异设计结肠定位释药系统。

第三节　口服快速释放制剂

一、简介

传统的口服固体制剂（如片剂、胶囊剂等）存在崩解慢、起效慢等问题。此外，约有 30% 的患者存在吞咽困难；对于某些特殊疾病如高血压、心脏病、疼痛、癫痫等，需服用方便、起效快速的快速释放制剂进行急救。口服快速释放制剂是指在口腔内可快速崩解、分散或溶解于唾液中的制剂，患者不需水或只需少量水即可将药物顺利服下。口服快速释放制剂主要涵盖口腔崩解片、口腔分散片、滴丸剂及口腔速溶膜等。与普通制剂相比，口服快速释放制剂具有以下优势：

（1）**速崩、速溶、起效快**　制剂快速崩解溶出，药物迅速起效。

（2）**吸收充分，生物利用度高**　对于生物药剂学分类系统（BCS）Ⅱ型药物（低溶解性、高渗透性），溶出速度是影响其生物利用度的主要因素。通过制剂手段改善药物溶解度的基础上，制备速释制剂，药物可通过口腔、咽和食管的生物膜被吸收入血，避免首过效应，提高生物利用度。

(3) 胃肠道局部刺激小 口服快速释放制剂在到达胃肠道前迅速崩解并分散成细微颗粒，药物在胃肠道大面积分布，避免局部药物浓度过高对胃肠道的刺激。

(4) 服用方便 口服快速释放制剂既可像普通片剂一样吞服，又可放于水中崩解后送服，不需用水吞咽服药，适于小儿和吞咽困难的患者。

二、口腔崩解片

(一) 概述

口腔崩解片（orally disintegrating tablets，ODT）是指在口腔内不需要用水即能迅速崩解或溶解的片剂。一般适合于小剂量药物，常用于吞咽困难或不配合服药的患者。口腔崩解片应在口腔内迅速崩解或溶解，口感良好，容易吞咽，对口腔黏膜无刺激性。

(二) 处方设计

1. 药物

考虑临床需求以及药物作用特点，口腔崩解片主要适合于以下几种情况：吞咽困难的患者（如食道癌患者）用药，如止吐药昂旦司琼、盐酸雷莫司琼等；可经口腔黏膜吸收的急救药品或需迅速起效的药品，如硝酸甘油等；需增大接触面积或降低胃肠道刺激的药物，如阿司匹林、布洛芬等；患者不主动或不配合情况下用药，如抗抑郁药佐米曲普坦、偏头痛治疗药苯甲酸利扎曲普坦等；幼儿、老人、卧床体位难改变和缺水条件下患者用药。

2. 常用辅料

与普通片的崩解要求不同，口腔崩解片应在 1 min 内完全崩解，并能通过 710 μm 的筛网，因此口崩片含大量崩解剂和水溶性填充辅料。此外，为保证口感，口腔崩解片中还可加入适量矫味剂等。

(1) 崩解剂 口腔崩解片中一般含有一种或以上的崩解剂。常用的崩解剂有微晶纤维素、交联羧甲纤维素钠、交联聚维酮、羧甲淀粉钠、低取代羟丙纤维素等。

(2) 填充剂 口腔崩解片多以糖醇类化合物为填充剂。常用的糖醇类化合物有木糖醇、甘露醇、山梨醇等。

(3) 矫味剂 常用矫味剂包括甜味剂、酸味剂、增香剂等。对于苦臭味一般的药物，可通过添加常规矫味剂来改善，如加入适量的甜味剂和增香剂等。而对于一些苦臭味较大的药物，仅仅加入矫味剂不足以改善口感，这时需要通过一定的制剂手段如微囊化等进行处理。

(三) 制备工艺

口腔崩解片常用的制备工艺包括冷冻干燥法、喷雾干燥法、模制法、湿法制粒压片法和直接压片法等。

1. 冷冻干燥法

冷冻干燥法是最早用于制备口腔崩解片的方法，以 R. P. Scherer 公司的 Zydis® 为主要代表。通过冷冻干燥可制得高孔隙的载体，水分快速渗透至片芯，崩解过程在几秒内完成。

但冷冻干燥技术不适用于大剂量的水溶性药物。

2.喷雾干燥法

喷雾干燥法是将聚合物、增溶剂及膨胀剂分散在乙醇等溶剂中，以喷雾干燥的方式制得多孔性颗粒，再加入药物和崩解剂等其他辅料，采用普通压片技术压制成口腔崩解片。

3.模制法

模制法可分为热模法、压制法和真空干燥模制法。热模法是将药物溶液或混悬液分装到预成型的泡罩包装中后，直接升温通风干燥。压制法是将药物及辅料粉末用乙醇水溶液润湿后，置于一定模盘中压制成片，然后直接通风干燥除去溶剂。真空干燥模制法是将药物和辅料的混合浆状/糊状溶液或混悬液，分装到泡罩包装中，冷冻，然后将温度控制在崩塌温度和平衡冷冻温度之间进行真空干燥。

4.湿法制粒压片法

湿法制粒压片法一般选择易溶于水的乳糖、甘露醇等作填充剂，另选择优良的崩解剂，采用湿法制粒，干燥后与其他辅料混匀后低压力压片，所制得的口腔崩解片具有一定的硬度，不易破碎，易于包装和运输。

5.直接压片法

直接压片法是将药物、崩解剂和其他流动性、可压性较好的辅料，如微晶纤维素、低取代羟丙纤维素等混合均匀后直接压制成片的方法。由于可选择的大部分辅料水溶性较差，药片在口腔崩解后，会有沙砾感。

（四）质量评价

除片剂含量、有关物质等常规考察项目外，口腔崩解片（口崩片）的质量评价应着重关注以下几个方面：

（1）**崩解时限** 取口崩片一片，投入 37 ℃的水中，应在 1 min 内全部崩解并通过孔径 710 μm 的筛网。如有少量轻质上浮或黏附于不锈钢管内壁或筛网，但无硬芯者，可做符合规定论。重复测定 6 片，均应符合规定。

（2）**溶出度/释放度** 对于难溶性药物制成的口崩片，应进行溶出度检查。对于经肠溶材料包衣的颗粒制成的口崩片，还应进行释放度检查。

（3）**脆碎度** 采用冷冻干燥法制备的口崩片可不进行脆碎度检查。

三、其他口服快速释放制剂

除口崩片外，目前较为常见的口服快速释放制剂还包括口腔分散片、滴丸剂、口腔速溶膜等。

1.口腔分散片

在水中能迅速崩解并均匀分散的片剂。口腔分散片一般适用于生物利用度低或需要快速起效的难溶性药物，如非甾体抗炎药布洛芬、抗生素类药物阿奇霉素等；不适用于安全窗窄或水溶性好的药物。

2.滴丸剂

滴丸剂是固体或液体药物与适宜的基质加热熔融溶解、乳化或混悬于基质中，再滴入不相混溶、互不作用的冷凝介质中，表面张力的作用使液滴收缩成球状而制成的主要供口服用的制剂。

滴丸剂具有如下优势：设备简单，工艺周期短，生产率高；易氧化及具挥发性的药物溶于基质后，可增加其稳定性；基质可容纳大量药物，故可使液态药物固形化；用固体分散技术制备的滴丸具有吸收迅速、生物利用度高的特点。

3. 口腔速溶膜

口腔速溶膜是指将药物加至适宜的可快速崩解的亲水性成膜材料中，经适当制备工艺制成的薄膜状制剂，是口腔黏膜给药体系中的一种新剂型。口腔速溶膜放置在舌上、颊黏膜或舌下，无水条件下，可迅速崩解释放药物。

口腔速溶膜主要通过口腔黏膜吸收，该部位血流丰富可快速吸收，避开胃肠道酶降解及肝脏首过效应，提高生物利用度，发挥局部或全身治疗作用。

第四节　口服创新制剂的设计和产业化研究

一、简介

药品原研企业为让药品尽快上市，在制剂精细化设计方面的考虑往往不多，药品初次上市多以普通剂型出现。创新制剂通过剂型改良来进一步满足临床需求，如：增加适应证、提高药物疗效、降低毒副作用、改善患者依从性、防止药物滥用等。口服创新制剂的设计应在明确临床需求的基础上，设计适宜的释药方式。对于某些特殊疾病如疼痛、癫痫等，需要起效快的药物进行急救或患者存在吞咽困难时，可选择口服快速释放制剂。而抗高血压药、抗哮喘药、抗精神失常药等治疗慢性疾病的药物，则适合选择缓（控）释制剂。

创新制剂的研发是一项复杂的系统工程，覆盖多学科知识、多种技术的综合应用，是经验性很强的实验研究，需要对药物性质有全面及深层次的了解。创新制剂的研发通常分为4个阶段：实验室可行性探索试验、实验室小试、中试、大生产。质量源于设计（QbD）的研发理念是建立在可靠的科学和质量风险管理基础之上的，是预先定义好目标并强调对产品与工艺的理解及工艺控制的一种系统的研发方法。基于 QbD 的理念开展口服创新制剂的研发，对于确保药品安全、有效、稳定至关重要。

在拟定可能的释药方式后，需开展可行性评估，以检验设计的释药方式在生产过程、临床给药、体内行为等方面的可行性，是产品研发成功与否的关键。如前所述，影响可行性的因素主要有药物的理化性质（溶解度、解离常数、油/水分配系数、化学稳定性及蛋白结合率等）、药动学性质、生物药剂学性质等，此处不再赘述。

在通过可行性评估后，就可以着手进行创新制剂的研发。创新制剂处方基本决定了制剂产品的质量及工艺可行性，这就要求在创新制剂研发初期就考虑处方工艺的可行性。在实验室处方小试阶段，应确定关键物料属性及关键工艺参数，并确定二者与药品关键质量属性的关系。这些研究越充分，后续中试和大生产的成功率就越高。中试是实验室小试与生产的过渡，是模拟工业化大生产条件下，对实验室工艺可行性进行优化研究，旨在验证完善实验室工艺研究所确定的制备条件，在此基础上为大生产提供数据支持。在制剂工艺放大（中试和大生产）阶段，首先要根据中试和大生产的生产规模，对小试识别出的关键物料属性和关键工艺属性进行确证。随着制备批量和规模的放大，由于传质、传热、机械力等的巨大变化，某些因素由次要因素转为关键因素，某些因素由不应变转为应变。其次，在对小试识别出的关键物料属性和关键工艺属性进行确证后，工艺放大还要进行优化和验证，以确定产品最终生产规模下较优的处方工艺参数。

对于创新缓（控）释制剂的开发而言，受限于其制备工艺复杂、制备过程影响因素较多，制剂的产业化研究仍存在许多关键技术需要突破。缓（控）释制剂原辅料的选择、制备工艺（制剂关键设备、生产工艺、过程参数控制）等均会对药品的质量属性（如释放度、含量均匀度等）产生重要影响；缓（控）释制剂的产业化还存在工艺放大的非线性等特点。

此外，产业化研究是基于对产品和处方工艺的理解上，进行的产品质量的控制策略的确认研究。通过对物料（如原料药、辅料、包材）质量属性的控制、各关键工艺参数的控制、各制备工艺步骤的中间体控制等，对生产过程进行有效控制，从而全面控制药品质量。

下面以盐酸哌甲酯控释片为实例简单介绍口服创新制剂的研发。

二、口服创新制剂研发实例——盐酸哌甲酯控释片

（一）盐酸哌甲酯控释片的设计

注意力缺失过动症（attention deficit hyperactivity disorder，ADHD）是儿童期最为常见的一种心理行为障碍。盐酸哌甲酯是一种中枢兴奋剂，直接兴奋延脑呼吸中枢，主要用于治疗注意力缺失过动症。盐酸哌甲酯半衰期只有 $2\sim3$ h，其原研的普通片剂（Ritalin®），每日需服药 3 次，患者容易漏服，依从性差，不良反应较多。

盐酸哌甲酯是一种白色结晶粉末，在水中易溶，$\lg P$ 为 2.25，pK_a 为 9.09。这些数据提示其适合于制成缓（控）释制剂。此外，盐酸哌甲酯在服用后数小时内即形成耐受，平稳的血药浓度反而会诱导快速耐药性的产生。因此，更适合选择特殊的释药技术使其体内血药浓度产生波动的脉冲式释药或双相释药。

ALZA 公司采用三层渗透泵技术研发了盐酸哌甲酯控释片（CONCERTA®）。外形与普通胶囊相似，内部结构较复杂，由三层构成（图 10-12）：片芯由含药层 1、含药层 2 和推动层等三层构成，其中，含药层 2 比含药层 1 含有更高浓度的药物；半透膜（控释衣层）包裹于三层片芯外，在靠近含药层 1 的一侧有一释药孔；在半透膜外还包裹一层含药的速释衣层，剂量占总剂量的 22％。

盐酸哌甲酯控释片服用后，外层的速释衣层可迅速释放起效，在 $1\sim2$ h 内达初始峰浓度，实现症状的快速控制；水分透过半透膜进入片芯，溶解药物并使推动层溶胀；在推动层的推动下，含药层 1 和含药层 2 的药物依次从释药孔释出，含药层 1 中的药物可提供上午所需的血药浓度，含药层 2 中的药物在下午被推出，形成递增的血药浓度，保证下午症状的良好控制，使疗效覆盖儿童的整个在校时间（图 10-12）。

（二）盐酸哌甲酯控释片的产业化研究

1. 盐酸哌甲酯控释片的处方组成

片芯：

含药层 1：盐酸哌甲酯、聚氧乙烯 N80、羟丙甲纤维素、2,6-二叔丁基甲基苯酚、硬脂酸镁；

含药层 2：盐酸哌甲酯、聚氧乙烯 N80、红氧化铁、羟丙甲纤维素、2,6-二叔丁基甲基

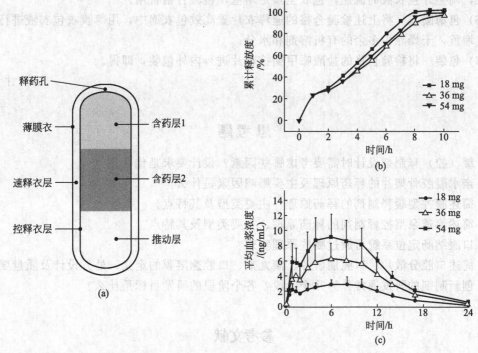

图10-12 盐酸哌甲酯控释片结构示意图 (a)、体外释放曲线 (b) 及药时曲线 (c)

苯酚、硬脂酸镁；

推动层：聚氧乙烯 WSR303、氯化钠、红氧化铁、羟丙甲纤维素、2,6-二叔丁基甲基苯酚、硬脂酸镁。

控释衣层：醋酸纤维素、聚乙二醇。

速释衣层：盐酸哌甲酯、羟丙纤维素、乳糖、二氧化钛。

2. 制备工艺

盐酸哌甲酯控释片的制备工艺流程包括：物料处理→制粒（含药层1、含药层2、推动层）→混合→压片→包控释衣→打孔→包速释衣→包薄膜衣→内包装→外包装。具体制备方法如下：

(1) 制粒 按照含药层1处方称取盐酸哌甲酯和辅料，按等量递加法混匀，采用湿法制粒，加入处方量的羟丙甲纤维素溶液制软材，过20目筛制粒，干燥；过20目筛整粒，加入润滑剂硬脂酸镁混匀，制备含药层1颗粒。

同法制备含药层2颗粒和推动层颗粒。

(2) 压片 将上述制备完成且检验合格的含药层1颗粒、含药层2颗粒及推动层颗粒，依次分别加入三层压片机料筒，分别调整好三种物料的填料量后，设置好片芯压片力，压制三层片芯，检验合格的片芯备用。

(3) 包控释衣 将打孔片置高效包衣锅中，用控释衣包衣液包衣，至预定增重。将三层片干燥除去多余的有机溶剂和水分，检验合格备用。

(4) 打孔 将上述控释衣包衣片通过激光打孔机，在片芯含药层一侧用激光打孔机打一孔径约0.7 mm的释药孔。

(5) 包速释衣 将上述打孔片置高效包衣锅中，用含有处方量盐酸哌甲酯的速释衣包衣液包衣，调整好包衣液的流速，包衣至预定增重，检验合格备用。

(6) 包薄膜衣 将上述检验合格的速释衣片置高效包衣锅中，用薄膜衣包衣液进行包衣至预定增重，干燥除去多余的有机溶剂和水分。

(7) 包装 将检验合格的盐酸哌甲酯控释片进行内外包装，即得。

（甘　勇）

思考题

1. 缓（控）释制剂设计时需要考虑哪些因素？设计要求是什么？
2. 亲水凝胶骨架片的释药原理及主要影响因素是什么？
3. 简述膜控型缓释制剂的释药原理、主要类型及其特点。
4. 简述渗透泵型控释制剂的释药原理、主要类型及其特点。
5. 口服结肠定位系统可通过哪些原理实现？
6. 简述口腔分散片、口腔崩解片、滴丸剂、口腔速溶膜的定义、处方设计及质量要求。
7. 创新制剂的研发通常分为几个阶段？各个阶段的研发目标是什么？

参考文献

[1] 国家药典委员会. 中华人民共和国药典 [M]. 北京：中国医药科技出版社，2020.

[2] Siepmann J, Siepmann F. Stability of aqueous polymeric controlled release film coatings [J]. Int J Pharm, 2013, 457 (2): 437-445.

[3] Maroni A, Zema L, Loreti G, et al. Film coatings for oral pulsatile release [J]. Int J Pharm, 2013, 457 (2): 362-371.

[4] 陈芳，夏怡然，侯惠民. 口腔膜剂的研发及应用 [J]. 中国医药工业杂志，2012, 43 (06): 484-489.

[5] Maderuelo C, Zarzuelo A, Lanao J M. Critical factors in the release of drugs from sustained release hydrophilic matrices [J]. J Control Release, 2011, 154 (1): 2-19.

[6] Kaunisto E, Marucci M, Borgquist P, et al. Mechanistic modelling of drug release from polymer-coated and swelling and dissolving polymer matrix systems [J]. Int J Pharm, 2011, 418 (1): 54-77.

[7] Maroni A, Zema L, Del Curto M D, et al. Oral pulsatile delivery: Rationale and chronopharmaceutical formulations [J]. Int J Pharm, 2010, 398 (1-2): 1-8.

[8] Felton L A, Porter S C. An update on pharmaceutical film coating for drug delivery [J]. Expert Opin Drug Del, 2013, 10 (4): 421-435.

[9] Verma R K, Krishna D M, Garg S. Formulation aspects in the development of osmotically controlled oral drug delivery systems [J]. J Control Release, 2002, 79 (1-3): 7-27.

第十一章 ▶▶▶

经皮给药制剂

本章学习要求

1. 掌握经皮给药制剂的基本概念、类型、基本组成和特点；掌握其制备工艺和质量评价方法。

2. 熟悉影响药物经皮吸收的制剂学和生化学因素，熟悉各种促渗技术及其原理。

3. 了解与经皮给药制剂相关的新设备、新材料、新方法和发展趋势。

第一节 概 述

一、简介

1. 定义

经皮给药制剂（透皮给药制剂）是指可贴在完整皮肤表面上，能将药物输送穿过皮肤进入血液循环系统并达到有效浓度，实现疾病治疗或预防的一类制剂，又称经皮治疗系统（transdermal therapeutical system，TTS）或经皮给药系统（transdermal drug delivery system，TDDS）。从广义上说，通过皮肤给药，能够实现全身治疗和预防作用的制剂都可以称为经皮给药制剂，比如 2020 年版中国药典中收录的凝胶剂、软膏剂、硬膏剂、巴布剂、涂膜剂和贴膏剂等。狭义上讲的经皮给药制剂主要是指确定了给药面积和剂量，贴附在皮肤上并通过皮肤定量输送药物的透皮贴剂，又称透皮贴片（transdermal patch）。

2. TTS 的发展经历

二十世纪六七十年代始，人们对药物通过皮肤吸收展开了大量的研究，逐步揭示了皮肤的生理结构与药物理化性质等对药物经皮吸收的影响和作用规律，TTS 作为一种新的给药途径开始被人们所认识。1979 年 12 月美国 FDA 批准了第一个经皮给药制剂——东莨菪碱贴剂，之后多种 TTS 被研制出来，目前已经有硝酸甘油、可乐定、烟碱、芬太尼、妥洛特罗、罗替戈汀、卡巴拉汀、格拉司琼等数十种透皮给药制剂上市销售。近年来，随着生物促渗技术、微针技术和新材料的不断应用，人们又开始瞄准疫苗等生物大分子的经皮给药制剂的研发并取得了长足的进步，TTS 进入一个全新的发展阶段。

3. TTS 的特点和应用

TTS 给药的特点和应用：①TTS 将药物通过皮肤输送进入血液循环系统，由于不经过肝脏，因此可以避免肝脏的首过效应（first-pass effect），同时减少或消除药物对胃肠道的副作用。如雌二醇采用口服给药时，经肝脏代谢分解，仅 1%～3%进入体循环发挥效用，而经皮给药可直接进入体循环，生物利用度高，因而可减少患者需摄入的总药量；②TTS 可以在较长时间内维持平稳的血药浓度，避免注射和口服给药产生的血药浓度峰谷现象，降低毒副作用的发生率，如东莨菪碱经皮给药制剂，可以避免因口服和注射给药产生的峰谷现象而引起的易疲劳和视力模糊等副作用；③TTS 可以延长药物的作用时间，减少给药次数，如周替型的可乐定贴片，临床上可以维持疗效达 7 天，而且对于缺乏自主用药能力的患者，如婴幼儿、老年人和其他不宜口服给药的病人，TTS 这种给药方式更具有患者顺应性；④TTS 用药时贴附于皮肤，和其他给药途径相比，具有较高的安全性，且一旦发现不良反应，可迅速中止给药。

根据 TTS 的给药途径和剂型特点，其在减少和避免肝脏首过效应、提高患者用药顺应性、长期维持稳定血药浓度等方面有诸多优势，但也有一些局限性，比如因为角质层的屏障作用，很多药物经皮吸收速率低，无法达到有效血药浓度，而且达到稳态经皮渗透所需时间长，药物起效慢，同时药物可能会对皮肤产生刺激或/和过敏反应。上述问题限制了 TTS 的应用，因此，目前仍只有少数药物可以经皮给药。适合于 TTS 的药物的基本特征是：①较低的分子量（<600）；②较低的熔点；③适宜的油/水分配系数；④不会引起皮肤刺激性；⑤不会导致皮肤过敏反应；⑥不会在皮肤中被代谢；⑦需要较长时间给药；⑧需要增加患者顺应性；⑨需要减少在非靶组织的副作用。

二、TTS 的分类

按照药物的控释机制，TTS 可以分为膜控型（membrane moderated）和骨架型（polymeric matrix）两大类（如图 11-1 所示）。膜控型 TTS 是指药物和辅料被包裹在控释膜或其他控释材料中，由控释膜或者控释材料的性质决定药物的释放速率；骨架型 TTS 是指药物溶解或者均匀分散在高分子材料中，通过药物在高分子材料中的扩散控制药物的释放。根据骨架的材料和性质不同，骨架型 TTS 又可以细分为基质型（matrix type）和压敏胶型（pressure sensitive adhesive type）两种类型；同时由于药物在骨架材料中的存在状态会影响药物的释放行为，骨架型 TTS 又可以分为分散型（dispersion type）和溶解型（dissolve type）两种类型。

图 11-1　骨架型和膜控型 TTS 的基本结构示意图

1. 膜控型 TTS

膜控型 TTS 一般由背衬层、药物贮库、控释膜、胶黏层、防黏层（离型膜）等组成。药物贮库被密封于背衬层和控释膜之间，由药物及辅料基质混合而成，药物一般以分散或者溶解形式存在。控释膜通常采用乙烯-醋酸乙烯共聚物（ethylene-vinyl acetate copolymer，EVA）等均质无孔膜，并通过黏附层贴敷于皮肤。在药物贮库中药物的热力学活度保持一定，药物通过均质无孔膜后，可以按照零级或近似于零级的方式释放至皮肤，比较适合于需长时间给药的 TTS。由于 EVA 中乙烯和醋酸乙烯的比例可以改变药物在膜中的溶解性，从而影响药物的释放速率，进而影响药物的经皮吸收。所以，在膜控型 TTS 处方优化时，优化 EVA 膜是十分重要的研究内容。目前市场上销售的 Estraderm®、Trransderm-Nitro®、Durogesic® 等都属于膜控型 TTS。

2. 骨架型 TTS

骨架型 TTS 一般由背衬层、载药高分子层和防黏层（离型膜）等组成。由于其组成结构和制造工艺相对简单，使用方便，在现有已开发出的产品中占有主要地位。在骨架型 TTS 中药物的释放不通过控释膜，因此，药物无论是溶解还是分散在骨架材料中，其释放行为均无法达到零级释放，而是以一级（分散型）或近似一级（溶解型）的方式释放。对于基质型 TTS 而言，由于载药基质没有黏性，因此，需要在载药基质周围制备胶黏层将基质固定在皮肤上，如硝酸甘油贴片 Nitro-Dur® 等。另一类骨架型 TTS 是将药物溶解或分散在压敏胶中，制备而成的压敏胶型 TTS，如癌症化疗辅助用药——格拉司琼透皮贴剂 Sancosu® 等。

除此之外，还有一些根据临床治疗要求设计制造的多层骨架型贴剂，为了保证药物可以从基质中恒速释放，将药物按照一定的浓度梯度制备成多层含不同药量的压敏胶层，如多天（3~4 天）给药一次的雌二醇透皮贴剂 Dermestril®。

三、TTS 的质量要求

TTS 质量要求：外观光洁整齐，切口平整光滑，释药面积和载药层厚度均一；TTS 应具有适宜的皮肤黏附性、内聚强度和黏基力，在给药期间可以牢固地贴附于皮肤表面，除去时不会有残留，不会对皮肤造成损伤，也不会和背衬层剥离；TTS 对皮肤刺激性小或无刺激，不会引起皮肤过敏反应；药物在贴剂内稳定性好，含量准确，均匀度、微生物限度和残留溶剂等符合规定；药物的体外释放率符合规定，且释放速率在保质期内基本保持一致；溶解型 TTS 在适当的保存条件下不会产生结晶。

第二节　药物经皮吸收与 TTS 设计

一、皮肤的解剖结构

皮肤是人体面积最大的器官，成人的皮肤面积约 2 m^2。皮肤由表皮（epidermis）、真皮（dermis）和皮下组织（subcutaneous tissue）等三部分组成，其中还分布有汗腺（eccrine glands）、皮脂腺（sebaceous glands）和毛囊（hair follicles）等附属器。扫码查看皮肤结构示意图。

皮肤结构示意图

1. 表皮

表皮由角质层和活性表皮组成，活性表皮从内向外又分为基底层（stratum germinativum）、棘层（stratum spinosum）、粒层（stratum granulosum）和透明层（stratum lucidum）。角质层（stratum corneum）是皮肤的最外层，由 10~20 层死亡的角质化细胞组成，其中细胞核和细胞器已经消失。角质层类似砖墙结构，角质细胞似砖墙结构中的砖块，细胞间脂质则似填充于砖块间并黏着砖块的水泥灰浆。实际上，细胞间脂质是高度有序排列的脂质双分子层，类脂分子的亲水部分由脂肪酸、胆固醇、神经酰胺以及神经酰胺糖苷元等的亲水性基团组成。这些亲水性基团自身整齐排列成亲水性的极性头区，同时结合水分子形成水性区，而类脂分子的碳氢链形成双分子层的疏水区。角质层这种特殊的砖墙结构决定了角质层是药物透皮吸收的主要屏障，且其中的脂质可起到半透性膜作用，被视为药物吸收的主要途径。活性表皮是活性细胞组织，细胞膜为类脂双分子层结构，胞内为亲水性蛋白质溶液，药物易于透过，活性表皮中含有酶，能降解部分通过皮肤的药物。基底膜为多孔结构，真皮中的体液和细胞成分均易通过，从而进入表皮，维持表皮营养供给。

2. 真皮

真皮位于表皮和皮下脂肪组织之间，主要由结缔组织（connective tissue）构成，在电镜下呈纤维网状结构，胶原纤维（collagen fibers）和弹力纤维（elastic fibers）互相交织，纵横交错，纤维间充以无定形基质，并有皮肤附属器及神经、血管和淋巴管。真皮层一般分两部分，即上部的乳头层和下部的网状层。乳头层组织疏松，胶原纤维较细，向各个方向及乳头分布，并有浅层血管网和淋巴管网及神经末梢。网状层组织紧密，胶原纤维较粗而密，绕以弹力纤维，与皮面平行排列。由于毛细血管网存在于真皮上部，所以，药物渗透到达真皮后很快能被吸收。

3. 皮下组织

皮下组织位于真皮下方，与真皮无明显界限，该组织是由疏松的结缔组织及脂肪小叶组成。真皮与皮下组织对药物穿透的阻力小，药物进入真皮及皮下组织易被血管及淋巴管所吸收。但皮下脂肪组织可以作为一些脂溶性较强的药物贮库。

4. 皮肤附属器

皮肤附属器包括毛囊、汗腺、皮脂腺等。毛囊是毛发长出的部位，其末端呈球形扩张，称为毛球（hair bulb），其基底凹入处有毛乳头伸入，毛乳头内有血管、神经、胶原纤维和成纤维细胞。汗腺分为小汗腺和大汗腺，全身皮肤中以掌、跖和腋下部位分布最多。皮脂腺位于毛囊上部的一侧，呈单泡状或分支泡状腺，主要负责合成并分泌皮脂，除掌、跖及足背部以外，遍布全身体表，其数目为 100 个/cm^2。皮肤的分泌和排泄功能主要是通过汗腺和皮脂腺实现的。

二、皮肤的屏障作用

皮肤的屏障作用主要是由皮肤表皮的特殊结构和性质引起的。皮肤最外层是一层致密的疏水性角质层，角质层下方的活性表皮又是亲水性的结构，这种特殊的结构特征和溶解性质导致了皮肤对绝大部分物质转运具备良好的屏蔽作用。角质层被认为是皮肤具有屏障作用的最主要原因，其中脂质的分子结构和排列方式对皮肤的屏障功能十分重要。尽管角质细胞占据了皮肤表面的绝大部分，但角质细胞整体上通透性比较低。而角质细胞间的通道只占皮肤面积的 3% 左右，却被认为是物质透过角质层的主要途径。

除了物理屏障作用之外，在活性表皮和真皮部位含有各种酶，对部分物质的转运会产生酶解反应，即化学屏障作用；皮肤中存在的免疫系统，也可能对某些物质的转运产生生物屏障作用。

三、药物经皮吸收的途径

药物经皮渗透主要有两种途径：①通过角质层和表皮进入真皮；②通过皮肤附属器进入真皮。药物通过以上途径进入皮肤后，一部分被毛细血管吸收进入体循环，另一部分则分布在皮肤内部或进入更深的皮下组织中。

1. 通过角质层和表皮进入真皮

药物通过角质层进入活性表皮，进而扩散至真皮层被毛细血管吸收进入体循环，这是药物经皮吸收的主要途径。该途径又可包括跨细胞途径（transcellular pathway）和细胞间途径（intercellular pathway），前者是药物穿过角质层细胞后进入活性表皮，后者是药物穿过角质层细胞间类脂双分子层后到达活性表皮。因为药物穿过角质层细胞需要经过多次亲水/亲脂环境的分配，渗透阻力较大，所以跨细胞途径仅占药物吸收的极小部分。药物主要还是通过细胞间途径渗透。

2. 通过皮肤附属器进入真皮

药物通过皮肤附属器的穿透速率要比表皮途径快，药物在吸收初期首先通过皮肤附属器吸收。但由于皮肤附属器只占皮肤总表面积的 0.1% 左右，当药物通过表皮途径吸收达到稳态水平时，对于大多数非极性药物而言，附属器途径的作用往往可被忽略。不过对于水溶性大分子、离子型药物和纳米粒来说，由于难以通过富含类脂的角质层，因此，这些药物一般主要通过毛囊、皮脂腺和汗腺等附属器途径吸收。

四、药物在皮肤内的渗透过程

药物从制剂或介质中释放到皮肤表面，皮肤表面溶解的药物分配进入角质层，可能与角质层发生结合形成药物贮库，同时游离的药物在角质层内扩散，穿过角质层到达活性表皮的界面，即药物从角质层分配进入亲水性的活性表皮。由于活性表皮内含有丰富的酶，部分药物会发生代谢，部分则与受体结合形成贮库，在表皮内扩散并分配进入真皮。当药物到达真皮层后，可分配进入皮下组织或通过毛细血管进入体循环，部分药物会发生代谢，也可能与真皮内受体结合。在整个经皮渗透过程中，角质层对药物起到了最主要的屏障作用，当皮肤破损或角质层缺失时，药物比较容易通过活性表皮被吸收。

总之，药物的经皮吸收是一个很复杂的过程，除了受皮肤生理结构的因素影响之外，还受药物和基质的理化性质，药物分子大小、极性，药物与水的相互作用和脂溶性等的影响。

五、皮肤对药物经皮吸收的影响

1. 药物经皮渗透性

经皮渗透速率（permeation rate）是经皮吸收制剂处方设计和筛选的主要依据。其最常用的方法是使用体外扩散池研究药物的经皮渗透性能。

在药物经皮渗透实验中，为了描述药物的透过特性，需要从累积透过量-时间数据中求出特征参数，见图 11-2。常用的参数有药物累积透过量 Q_t、稳态透过速率 J_{ss}、扩散系数 D、渗透系数 P_m 和时滞时间 t_d。一般认为药物透过皮肤是一个被动扩散过程（passive diffusion），当药物达到稳态时，M-t 的关系即为图 11-2 中的直线部分（M 为累积透过量）。图中直线部分延伸与时间轴相交得到截距，即为时滞时间 t_d，其斜率即为稳态透过速率 J_{ss}，并由以下公式可以分别计算出药物累积透过量 Q_t、扩散系数 D 和渗透系数 P_m：

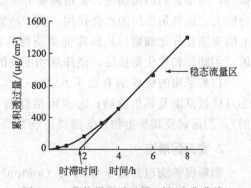

图 11-2　药物累积透过量-时间变化曲线

$$Q_t = \frac{c_n V + \sum c_{n-1} V_n}{A} \; ; \; D = \frac{H^2}{6t_d} \; ; \; P_m = \frac{J_{ss}}{c}$$

式中，V 为接收液的体积，mL；c_n 和 c_{n-1} 为第 n 次和第 $n-1$ 次取样的浓度，$\mu g/mL$；V_n 为每次的取样体积，mL；A 为扩散池的有效透过面积，cm^2；H 为表皮厚度，μm；c 为供给液饱和药物的浓度，$\mu g/mL$。

2. 药物的皮肤结合

药物通过完整皮肤的主要屏障在于角质层。角质层由死亡的角质化细胞组成，是一种非均质结构，约含 40% 的蛋白质（主要是角蛋白）、40% 的水和 15%～20% 的脂质（主要是甘油三酯、游离脂肪酸、胆固醇和磷脂）。对于经皮渗透性较低的药物，药物在皮肤上的吸附可延缓达到稳态渗透所需的时间。Chandrasekaran 等采用体外实验方法，详细研究了东莨菪碱在人体皮肤中的渗透量与时间的关系，更清楚地反映皮肤与药物相互作用对其经皮吸收/转运过程影响。

3. 药物的皮肤代谢

对于存在生物转化的药物，皮肤代谢（skin metabolism）可能是影响其经皮吸收的主要原因。近年来，有研究者利用前体药物进行了经皮渗透和代谢方面的研究。如消炎痛前药酯和雌二醇前药酯在皮肤中被代谢，皮肤中的酶主要存在于基底细胞层；此外，还有人研究尼古丁在无毛小鼠皮肤中可缓慢代谢为可替宁。研究表明，可以通过前药设计改变原形药物的某些理化性质，使之顺利通过角质层，被皮肤内的酶降解后，恢复具有生理活性的原药结构，而被吸收进入体循环。如亲水性药物可酯化成脂溶性较大的前药，增加其在角质层内溶解度；而强亲脂性的药物可引入亲水基团，增加其从角质层向亲水性的活性表皮分配等。

六、经皮促渗技术

皮肤对大多数药物是一道难以通过的屏障。许多药物透皮给药后，透过速率达不到治疗要求，因此，需要促进药物通过皮肤，方法包括物理促渗法（physical penetration method）和化学促渗法（chemical penetration method）。

1. 化学促渗法

化学促渗法是选择各种化学促渗剂以改善角质层的通透性，角质层结构见图 11-3。关于化学促渗剂的作用机制，主要有以下几种假说：①改变皮肤角质层中类脂双分子层的有序排列，增加它们的流动性，促进药物分子通过；②提高皮肤表面角蛋白中含氮物质与水的结合能力，提高角质层的水合作用，便于药物分子穿透；③渗入皮脂腺管内溶解皮脂或腺腔壁上的皮脂性分化细胞，从而降低皮脂腺管内的疏水性，使皮脂腺成为离子型药物的主要通道；④膨胀和软化角质层，使汗腺和毛囊的开口变大，有利于药物通过。

目前采用的促渗剂有以下几类：①水；②亚砜类；③吡咯酮类；④脂肪酸类及其酯；⑤月桂氮卓酮及其衍生物；⑥表面活性剂（包括阴离子型、阳离子型、非离子型表面活性剂）；⑦尿素及其衍生物；⑧醇类；⑨萜类；⑩混合的促渗剂。

2. 物理促渗法

物理促渗法包括离子导入法（iontophoresis）、电穿孔法（electroporation）、超声波法（sonophoresis），特别适用于采用化学促渗剂也难以实现透皮的药物，如多肽、蛋白质等大

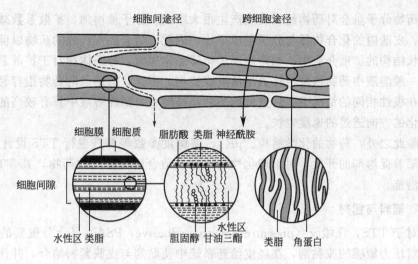

图 11-3　角质层结构示意图

分子药物及离子型药物等。一些蛋白质、多肽类物质已应用于临床，但口服易受胃肠道酶降解和肝脏首过效应的影响，注射给药会给患者带来疼痛，降低其顺应性。而经皮给药可以克服以上缺点，是一种安全、有效且方便的给药方式。离子导入法是通过在皮肤上应用适当的电流而促进药物透过皮肤进入机体的过程。在电场的作用下，阳离子药物在阳极透过皮肤，阴离子药物在阴极透过皮肤，中性分子在电渗作用下也能透过皮肤。电穿孔法是在皮肤上加一个瞬时的高脉冲电压，使角质层脂质双分子层的定向排列发生改变，产生一个短暂的水性通道，药物通过通道穿过皮肤被吸收。脉冲电场结束后，类脂分子重新排列成有序结构。超声波法是通过超声波的热效应、空化作用、机械效应和辐射压力等作用促进药物经皮吸收。另外，微针贴片是由高度为 $150\sim200\ \mu m$ 的针组成的微针阵列，其刚能穿透角质层到达活性表皮，但不接触血管和神经末梢，即不会造成出血和疼痛。

七、TTS 的设计与研究程序

1.药物理化性质

药物的物理化学性质对药物经皮渗透性有着十分重要的影响。用于透皮吸收的药物，需具有合适的物理化学性质，包括低分子量、低熔点、极性较小、在水及矿物油中具有适宜的溶解度以及饱和水溶液 pH 值在 5~9 之间等。

分配系数（partition coefficient）为药物与角质层和基质的相对亲和性，常用药物在两相中的浓度比来表示。油/水分配系数可以预测药物在水中或混合溶液中的溶解度及药物的某些药理活性，其与经皮渗透速率之间也存在一定的关系。因而建立一定的模型，通过测定药物的油/水分配系数来预测药物的经皮渗透性能对筛选有效的透皮药物具有重要意义。据文献报道，许多化合物的油/水分配系数与经皮吸收速率常数呈线性关系，见图 11-4。

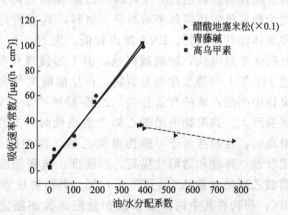

图 11-4　油/水分配系数与经皮吸收速率常数的关系

药物分子量会对药物经皮吸收产生很大影响，分子量增加，扩散系数减小。药物透过皮肤时，皮肤内的化合物量与分子量成反比，因此，适合经皮吸收的药物以低分子为宜。在皮肤网状结构的扩散介质中，如角质层的半静态脂质区，分子体积对于扩散系数的影响相对较强。一般溶液中药物浓度与热力学活度成比例，因此，低熔点的药物很容易透过皮肤。这是因为在极性相同的情况下，熔点低的药物晶格能小，则在溶液中具有较高的浓度，按浓度梯度变化的方向透过的速度也快。

除此之外，药物的化学结构、pK_a、溶解度参数等都是进行 TTS 设计时需要考虑的因素。随着促渗剂的开发，对于理化性质不完全适合透皮给药的药物，其 TTS 开发也存在很大的潜能。

2. 辅料与包材

对于 TTS，压敏胶（pressure-sensitive adhesive，PSA）是十分重要的辅料之一。压敏胶是对压力敏感的胶黏剂，在经皮给药系统中使贴剂与皮肤紧密结合，并作为药物贮库或载体，调节药物的释放速度。压敏胶的主要类型有：聚丙烯酸酯压敏胶、聚异丁烯压敏胶、聚硅氧烷压敏胶、热熔压敏胶与水凝胶型压敏胶。理想的压敏胶能够对药物有理想的溶解度且不产生溢胶现象；能够提供足够长时间经皮药物输送的载药量；室温下能保持药物的化学稳定性和贴剂的物理稳定性；与制剂中所有添加剂具有配伍相容性；患者顺应性好，无致敏性和刺激性；在正常季节下对汗液有一定的吸收；易于生产，成本低廉。但能够同时满足上述各项要求的单一压敏胶比较难，因此常通过不同压敏胶及树脂等的复配实现不同功能和性能的兼顾。除压敏胶外，根据药物的特异性以及具体剂型，可能再向制剂中选择性地添加促渗剂、抗氧剂、表面活性剂等。

TTS 制剂的包材包括背衬材料和防黏层材料。背衬材料根据 TTS 制剂是否需要闭合，可采用铝-聚酯膜、聚乙烯-聚乙烯复合膜、聚酯-乙烯醋酸乙烯复合膜等。防黏层一般采用硅化聚酯薄膜、氟聚合物涂覆聚酯薄膜、硅化铝箔等。

3. 控释材料

TTS 中采用的主要控释材料为控释膜，在众多的控释剂型中，膜控释制剂是指在药物制剂的表面，经包衣工艺覆盖一层或几层薄膜而制成的一类控释制剂，其释药速度稳定，制备工艺较为成熟。在膜控释制剂中起主要控释作用的是高分子材料控释膜，它的结构与性质将直接影响膜控释制剂的释药速率。TDDS 中的控释膜可分为均质膜和微孔膜。用作均质膜的高分子材料有乙烯-醋酸乙烯共聚物（EVA）和聚硅氧烷等。EVA 是经皮给药系统中用得较多的高分子材料，具有较好的生物相容性。它由乙烯和醋酸乙烯两种单体经共聚而得。EVA 熔点较低，为 70～97 ℃，软化温度在 78 ℃以下。EVA 具有良好的化学稳定性，耐酸碱腐蚀，但不耐强氧化剂和蓖麻油等油脂，在过高温度下（约超过 140 ℃）可能发生部分裂解，产生醋酸类化合物，色泽变黄。EVA 性能与分子量和共聚物中醋酸乙烯的含量有关，乙烯-醋酸乙烯共聚物的分子量大，玻璃化转变温度高，机械强度大。共聚物中醋酸乙烯含量很低时，其性能接近于低密度的聚乙烯；醋酸乙烯含量高时，性能接近于可塑性聚氯乙烯。在相同分子量时，醋酸乙烯含量增大，溶解性、柔软性、弹性和透明性提高；而硬度、抗张强度和软化点降低。乙烯-醋酸乙烯共聚物中醋酸乙烯的含量从 9％升高至 40％，其溶解度参数从 8.0 变为 8.5，而结晶度从 47％降至 0％，药物在其中的扩散系数和分配系数亦随之改变，如醋酸乙烯含量从 9％增至 16％时，黄体酮的渗透性增大 1 倍。

4. TTS 研究程序与实例

TTS 的研究程序包括可行性研究、处方前研究、处方研究、工艺研究、中试放大、质量标准建立和稳定性研究等七个部分。

可行性研究的主要任务是获取新药相关的理化参数、临床的用法用量以及药物经皮渗透动力学研究；处方前研究包括原料药相关研究，药物与载药基质、添加剂和包材间相互作用研究，以及药物和辅料之间的相互作用研究等；处方研究即以载药性、经皮渗透性、药物稳定性和压敏胶黏附性等为指标，对处方中各组分及比例进行优化；工艺研究包括混药、涂布和干燥等工艺优化以及明确对产品质量关键参数的控制，这也是中试放大中主要考察的内容；质量标准建立以《中国药典》为基准，考察制剂的含量、均匀度、释放度、黏附性、有关物质及微生物等多方面性质。

奥昔布宁（oxybutynin）盐酸盐作为解痉药，常用于治疗膀胱过度活动症，疗效较显著，但口服给药存在口干、便秘等不良反应。将其开发成透皮制剂，药物可直接通过皮肤吸收进入体循环，从而降低不良反应的发生率。在透皮给药系统中，骨架型透皮贴剂的结构和生产工艺相对简单，成本低廉，应用方便。因此，奥昔布宁被研发制备成了骨架型压敏胶贴剂。

制备方法：将 36 g 奥昔布宁游离碱、21 g 甘油三醋酸酯和 177 g（干胶重）聚丙烯酸酯黏合剂混合至均匀的溶液，采用涂布-干燥-覆膜一体机，先将压敏胶溶液均匀涂布（6 mg/cm^2 干重）于用聚硅氧烷处理的聚酯防黏衬垫上并进行干燥，随后将厚度为 15 μm 的聚乙烯背衬膜层压到含有奥昔布宁的黏性基体的干燥黏性表面上，冲切，得到规格为 36 mg/39 cm^2 的贴剂。该贴剂可贴在腹部、髋部或臀部，每周用药两次，每天经皮肤持续释放 3.9 mg 药物进入血液。甘油三醋酸酯是促渗剂，对 pK_a 约为 8 或更大的碱性药物或其加酸成盐后的药物具有经皮吸收促进作用。

第三节 TTS 制备工艺与车间设计

一、TTS 的制备工艺

1. 称量备料

根据贴剂生产处方，在称量室内称取每批贴剂所需的主辅料。欧盟 GMP 指南要求：起始物料的称量通常需要在一个隔离并根据用途设计的称量室中进行。我国 GMP 认为：称量过程中也会产生较大粉尘，应该最大限度地避免污染及交叉污染。建议在一个配有除尘系统的区域内进行操作，使得操作者对产品的暴露程度降至最低。从对原辅料称量的要求可以看出，原辅料称量需达到的要求：有专门的称量室，有保持相对负压或专门隔离的措施，有除尘系统。

称量室是 GMP 中专业用于取样、称量、分析等功能的工作室，它能控制工作区的粉尘及尘埃不扩散到操作区外，保障操作人员不吸入所操作的物品，是一种控制粉尘飞扬的专用净化设备。室内空气经初效过滤器、中效过滤器，由离心风机压入静压箱，再经高效过滤器后从气流扩散送风单元出风面吹出，洁净空气以均匀的断面风速流经工作区，从而形成高洁净的工作环境。

称量过程中，要注意：称量过程要轻拿轻放，不能超出秤的称量范围，避免损坏衡器，导致称量不准确；称量时必须一人称量、一人核对，防止出差错；称量过程注意防护，如穿戴工作服、防尘或防毒面具；称量过程中不得裸手操作，物料使用洁净的物料袋或容器盛装；注意容器的皮重；称量必须凭合格的生产指令称量，称量前核对物料包装上的标签（标示卡），包括物料品名、规格、批号、物料质量、外观性状等各项内容是否正确，再上秤进行复核称量；每种物料称量完毕必须打扫干净，以确保没有上一种物料，并填写物料称量工作环境检查表格。

2. 混胶与混药

贴剂生产混胶与混药工序主要制备基质液，并与主要成分进行混合。其中，基质液由不同量的聚合物原料液、增黏树脂、软化剂、防老剂和填充剂等组成。活性成分通常以溶液、晶体粉末或如同硝酸甘油吸附在惰性固体上的形式加入基质液中。基质液制备所需的主要设备为混胶罐，是由安装在一根轴上的多个搅拌桨组成的，它可以使被搅拌的物料产生轴向和径向流动，从而使罐内物料混合均匀，并可根据工艺要求设定温度。

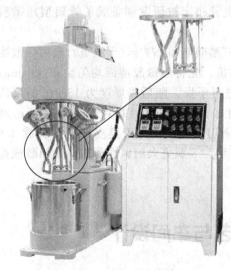

图 11-5　立式行星式搅拌机

近年来随着自动化技术的发展，该工序出现了自动混胶设备，其结构可以依据胶水的性能定制，适合于胶水，满足胶水的性能要求。自动混胶设备的结构主要分为送料、配比、混合三部分，根据使用环境变化附有温控功能，还有加料、抽真空、搅拌、清洗的功能。其基本原理是电动控制气动泵，再由气动泵压力控制胶液按比例混合，达到混胶功能，同时解决了手工搅拌胶液不均匀、配比不准、效率低等问题。如图 11-5 所示，用于混胶的立式行星式搅拌机，通过强制性的机械运动使物料在行星轨迹下运行，提高搅拌物料的质量，促进物料高效地分散、混合，实现高强度、高质量的搅拌。物料在立式行星式搅拌机内可以进行多样化的运动，通过多方向的运动，物料分布细腻、匀质，不会发生离析、积聚现象。传动装置采用硬面减速机产生的动力使搅拌臂做自转和公转运动，搅拌轨迹复杂、运动强烈、质量均匀可靠。采用高精确的计量标准，物料的配比合理适宜。高压清洗装置可以进行快速清洁，不会影响物料混合的质量。

3. 涂布

涂布工艺有多种，应根据不同的需要选择不同的涂布技术，如刮刀涂布（blade coating）、滚轮涂布（roller coating）、狭缝涂布（slit coating）等技术。透皮贴剂生产中应用较多的是刮刀涂布和滚轮涂布。刮刀涂布装置是由各种形状的刮刀和基材的背衬托板或背衬辊构成。通常会配备几把刮刀以便转换使用。还配有刮边器，特别适用于黏度较小的基质液。涂布的厚度由刮刀与背衬托板的距离、刮刀的种类和型号、基质液的性质和涂层走动的速度等因素决定。

（1）光辊上胶涂布　这种上胶涂布也称转移涂布。通过调整上胶辊和涂布辊之间的间隙，就可以调整涂布量。整个涂布头部分的结构较为复杂，要求上胶辊、涂布辊、牵引辊及刮刀的加工精度和装配精度高，成本也比较高。由于这种涂布机主要采用高精度的光辊进行上胶涂布，涂布效果较好，涂布量大小除了通过上胶辊和涂布辊之间的间隙来调整，还可通过涂布刮刀的微动调节来灵活控制，涂布精度高，目前在生产性涂布复合设备上的应用也最广。

在光辊涂布中，由于涂布设备中所使用的橡胶辊会被涂布液中的溶剂侵蚀，因此，涂布橡胶辊和涂布液之间的匹配是辊式涂布的一个关键点。涂布橡胶辊常用的材质有丁腈橡胶、聚氨酯橡胶（PU）、三元乙丙橡胶（EPDM）、硅橡胶（SILICONE）等。每种橡胶都有其优异的特性，同时也有其难以克服的缺陷。图 11-6 为辊式涂布工艺流程图。

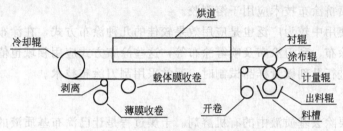

图 11-6　辊式涂布工艺流程图

(2) 网纹辊上胶涂布　主要采用网纹（凹眼）涂布辊来进行上胶涂布，见图 11-7。其涂布均匀，而且涂布量比较准确（但涂布量很难调节）。用网纹辊涂布时，涂布量主要与网纹辊的凹眼深度和胶水种类的精度有关。网纹辊的凹眼深度越深，胶从凹眼中转移到基材上去的量相应也越多；反之，网纹辊凹眼深度越浅，转移到基材上的量也相应越少。涂布量与黏度也有很大关系，胶水黏度太大和太小都不利于胶的正常转移。胶水黏度大易转移，太稀则易流淌，使上胶不均匀，易产生纵向或横向流水纹。所以，一旦涂布网纹辊和胶的种类定下来，就很难调节其涂布量，这也是网纹涂布辊的应用受到限制的主要原因。

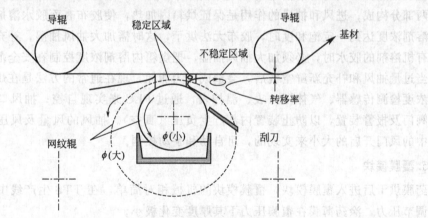

图 11-7　网纹辊上胶涂布原理示意图

(3) 喷挤涂布　这种涂布设备主要将固态型的胶经加热熔化后，由液压装量将胶经涂布模头直接喷涂在基材上。热熔胶（hot melt adhesive）涂布是近十几年来发展起来的新技术，热熔胶涂布不需要烘干设备，耗能低。热熔胶为 100% 的固态胶成分，不含有毒的有机溶剂。而普通的上胶涂布多采用有毒的有机溶剂（如苯等）来稀释胶，其所造成的有毒气体对操作人员的危害也极其严重。热熔胶涂布与普通的上胶涂布相比有其独特的优点。热熔胶涂布是一种绿色环保型的涂布技术，它的生产速度快、效率高、成本低、设备占地小、投资回收期短，是经济实惠的投资项目，已广泛用于包装、医药、汽车、服装和电子等行业。热熔胶涂布具有巨大的市场发展前景，该技术在市场上的占有比例将越来越大，并会不断出现新的应用领域。

喷挤涂布原理是将涂布液首先输入条缝涂布模头的贮液分配腔中，经过狭缝处横向的匀化作用，在出口唇片处以液膜状铺展到被涂基体上。这是一种预计量的涂布方式，即涂布量取决于输入液料量与基材运行速度之比，可以预先做精确的设定来控制得到所要求的涂布量。这种涂布工艺的涂布效果均匀性主要取决于涂布模头，特别是前后唇片的设计、加工精度、变形状态，以及涂布物料本身的流变特性和表面张力等造成的其在贮液分配腔内的状态。目前也有将喷挤涂布技术应用于溶剂胶。

以上是目前使用中较为广泛也是应用效果较佳的几种涂布方式，在涂布设备应用中还有坡流涂布、帘式涂布、刮刀涂布及喷雾涂布等，这些涂布方式应用领域也值得关注。在实验室或者小试试验进行贴剂微量样品试制时，通常采用刮刀涂布技术。

4. 干燥

涂布完毕后要除去基质液中的有机溶剂。干燥过程是让已涂布基质液的基材通过一定长度的干燥隧道挥发除净溶剂。常用的干燥技术有空气冲击干燥（impingement drying）和热风气浮干燥（flotation drying）。空气冲击干燥是将高温高压的空气直接冲击到基质上，带走有机溶剂，可改善传热和传质的效果，提高干燥效率。热风气浮干燥是指已涂布基质液的基材依靠气流托垫，在悬浮行进中干燥。它主要有 3 个特点：①悬浮通过时基材的上下表面不会与干燥器接触；②传递热量使有机溶剂挥发；③传递介质（空气）将有机溶剂从涂层表面带走。此法热传导效率高，干燥效果均匀，可防止气泡产生。

在 TTS 生产线中，烘干设备也是重要设备。当已涂布的衬面转动通过烘箱隧道时，溶剂从基质中蒸发，同时将清洁的惰性气体吹进涂布面，加速基质的干燥过程。风道由进风和抽风两部分构成；进风和抽风的作用是保证烘箱内加热，使胶布表面胶水溶剂的挥发，当烘箱内溶剂浓度达到一定饱和度时，胶布无法烘干，这时需加大抽风抽湿，补充新鲜空气。当遇到有机溶剂的胶水时，必须加大抽风抽湿，把烘箱内溶剂浓度控制在安全范围以内。

当过量抽风和补充新鲜空气后，会造成无为能耗，现在通常的方法是在烘箱的抽风口上安装浓度检测传感器、气体压力表、温控表，通过 PLC 来实现自控；抽风口管道内应配备负压阀门及报警装置，以防止装置内部产生负压（真空）。抽风的风量及风压是通过安装在管道中的风门开启的大小来实现的，可自动和手动控制。

5. 覆膜模块

药膜烘干后进入覆膜模块，覆膜模块的机械相对简单，在 TTS 生产线中通常采用气动方式调节压力，涂药薄膜在覆膜压力下其厚度变化极小。

6. 膜切收卷

模切工艺分为两种：一种是在涂布机尾部的卷取工段加两个滚刀，即上刀和下刀，可直接切成合适尺寸的贴片；另一种是生产出大卷贴片后，在另备的专用切割机上分切整形。

收卷工艺分为直接和间接卷绕法。直接卷绕法所用基材的正反两个表面须具有不同剥离力的防黏层，以防止基材反面粘上胶黏性物质。间接卷绕法是在干燥的基材上覆盖一层防护性箔片，再进行卷绕，成本高，但防黏效果更可靠。这一步工艺要注意切割的速度和模具的状况。工艺完成后要检查外观、贴片的大小、防黏层的剥离力等。

7.包装

包装通常是由填装操作机（pick and place）完成。单个小片密封在内包装袋中，最后用中盒包装。操作中要控制加封的时间、温度和压力，以及包装速度。工艺完成后要检查包装袋的完整性、密封性及耐内压的强度。

二、贴剂自动化生产

目前国内的TTS产业化设备发展迅速，但受生产设备及技术限制，仍处于仿制、改进及组合阶段，没有达到创新或超过世界同类产品的水平。这就要求我们借鉴国外设备的优点，鼓励企业开发适应新剂型、新工艺、新技术并具有自主知识产权的设备，营造良好的技术创新环境，保护和推荐自主研发的新产品。

1.在线检测设备

透皮贴剂属于新剂型，不同企业的处方工艺不同，质量控制方法差异较大，以各家企业自行拟定的质量控制标准为主，各国药典收载的品种较少。各品种标准中的检查项目不尽相同，但均会对产品的性状、鉴别和含量进行规定。在释放度检查项上存在很大差异，例如在美国药典中，尼古丁透皮贴剂的药物释放检查方法有4种，雌二醇透皮贴剂的药物释放检查方法有3种，可乐定透皮贴剂的药物释放检查方法有3种；日本药局方收载的品种药物释放检查根据批准时的方法进行检测，英国药典中收载的品种和中国药典中吲哚美辛贴片均不检测药物释放。在有关物质检查项上，英国药典和美国药典收载的品种均进行测定，而日本药局方和中国药典收载的品种均不涉及。

在实际生产中，质量控制则主要考虑贴剂的重量和厚度，实现涂布均匀一致性，提高产品品质。同时TTS生产线中，基材的张力控制对均匀度影响较大，要想获得均匀的涂层，恒张力输送至关重要。透皮贴剂质量监测除了采用传统的质量评价方法，包括重量差异、含量均匀度等，还增加了在线监测厚度均匀度设备，如图11-8所示。

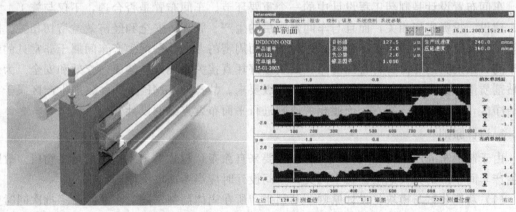

图11-8 在线涂布厚度监测装置及软件操作界面

此外，有些企业采用在线监控和调整含膏量，通常采用红外线在线测厚的方式。近红外光源是卤素灯，通过滤光片得到可用于测量的比较窄的近红外光，透过被测物体再由反射板反射回测量传感器，通过计算模型最后得到被测物的密度或厚度值。而特别设计的滤光反射信号算法，可消除光学部件老化和不同的物料反射特性引起的偏差。红外测量传感器原理如图11-9所示。

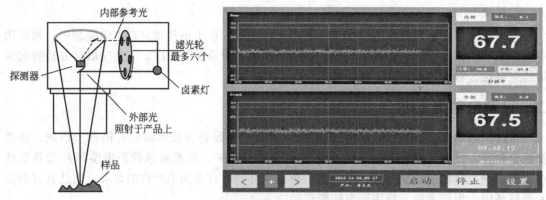

图 11-9　红外测量传感器原理和实时效果图

2. 贴剂自动化生产线

随着药物制剂工业化的不断发展，贴剂生产新技术与设备也不断涌现。透皮贴片自动化生产装置包括涂布、分切和包装等三个部分，可适用于骨架型透皮贴片生产，该装置由 PLC 全自动控制，具有连续稳定、质量可控等特点，同时配备的相机图像监测、自动报警暂停、剔除等功能增加了生产效率。

透皮贴片自动化
生产装置

工业化贴剂涂布可采用狭缝式涂布技术，其模块化生产方式是将含有药物、辅料、胶黏剂的中间体输送至防黏材料上，将其传输至四段式的干燥设备中除去溶剂，最终以背衬材料进行复合并自动收卷。设备滚轮宽度450 mm，最大工作宽度 400 mm，卷材速度 0.1～10 m/min，干燥温度范围 60～140 ℃。

工业化贴剂
涂布系统

三、贴剂生产车间设计

车间布置设计是制药工程设计中的一个重要环节。车间布置是否合理，不仅与施工、安装、建设、投资密切相关，而且与车间建成后的生产、管理、安全和经济效益密切相关。因此，车间布置设计应按照设计程序，进行细致而周密的考虑。贴剂生产车间属于非常见的制剂车间，贴剂类药品是一种特殊商品，其质量好坏直接关系到人体健康、疗效和安全。为保证贴剂质量，其生产环境都有相应的洁净等级要求。故按照 GMP 要求，贴剂生产区属于 D级洁净区，并按照工艺特点，依照相关原则进行平面布置方案的设计。

1. 设计原则

由于制剂车间产出为贴剂，火灾隐患主要来自涂布、包装等工序使用的可燃物料。故贴剂生产车间生产的火灾危险性属于丙类，车间设计时应当考虑以下原则：

（1）**功能分区与模块化设计原则**　贴剂生产所在固体制剂车间为多品种、多批次同时生产车间，为避免不同生产模块所处理的不同批次物料交叉污染，应对车间进行区域划分。

（2）**空气洁净度等级**　贴剂生产车间除外包车间为一般生产区外，其余车间为洁净区，要求其房间温度 18～26 ℃，相对湿度 45%～65%，空气洁净等级为 D。

（3）**顺流程布局原则**　该原则包含以下两点：物料无折返、物料转运距离最短。物料无折返避免处理前与处理后物料的混淆，保证产品质量，同时保证生产的流畅性与连续性；物料转运距离最短减少人员因与生产无关操作而造成的浪费，同时减少物料在转运过程中造成污染的风险。贴剂生产车间由于存在半成品待检问题，建议采用回字形布局，物料环绕中间站沿逆时针方向进行运输，减少物料转运距离，最大限度规避风险。

（4）**消防安全原则**　按一定距离合理布置感烟探测器、消防喷头、单栓消防箱（干粉型）、伸缩式消防喷头、安全喷淋洗眼器、粉尘报警器等报警、消防和应急设施，保障车间生产过程的安全可控。

（5）**建筑设计原则**　贴剂生产车间的形状可以有许多形式，如长方形、L形、T形、U形、山形、口形等，在满足工艺和其他各项规范要求的前提下，建议采用长方形，内设回形设置，具有占地面积小，便于设备布置，便于安排通道、出入口，能较多供自然采光和自然通风等优点。此外，设计外围回形走廊，既能保证非工作人员进行参观考察，又能对洁净生产区起到一个环境温、湿度缓冲的作用，也能满足建筑要求；设计为有窗厂房，较多提供自然光照。同时，洁净厂房的建筑平面和空间布局具有适当的灵活性，主体结构宜采用大空间及大跨度柱网，不宜采用内墙承重体系。

（6）**其他原则**

① 辅料制备车间应与适用设备靠近，应与墙与车间隔开，应有通风等必要的设施。设备布置时必须保证管理方便和安全。关于设备与墙壁之间的距离，设备之间的距离标准，以及运送设备的通道和人行道的标准都有一定规范，设计时应予遵守。

② 洁净区内各个房间、功能间以及对外部环境都有适当的压差梯度，车间中的洁净区采用 D 级洁净等级，要有满足各洁净等级要求的人流物流净化设备，并且在与一般生产区的联系中要防止人、物流之间的混杂和交叉污染，要防止原材料、半成品的交叉污染和混杂。做到人流、物流协调，工艺工程协调，洁净级别协调。

③ 合理安排车间的出入口以及逃生安全门，设计过程中还应考虑厂房扩建的需要，预留一定的扩建生产面积。在洁净区内设计通道时应保证此通道直接到达每个生产岗位及内包材料存放间。不能把其他岗位操作间或存放间作为物料和操作人员进入本岗位的通道。这样可有效地防止因物料运输和操作人员流动而引起的不同品种药品交叉污染。

④ 在不影响工艺流程、工艺操作、设备布置的前提下，相邻洁净操作室如果空调系统参数相同，可在隔墙上开门、开传递窗或设传送带用来传送物料，尽量少用或者不用洁净操作室外共用的通道。

⑤ 为满足固体制剂车间的卫生要求，车间要进行隔断，原则是防止产品、原料药、半成品和包装材料的混杂和污染，又应留有足够的面积进行操作。必须进行隔断的地点包括：生产区和洁净区之间；通道和各生产区之间；原料药、包装材料存贮间、成品暂存、标签暂存等；原材料称量室；各工序及包装间等；设备清洗场所等。

2. 贴剂生产车间设计

贴剂生产区采取集中布局，相对于多层及混合层数厂房，单层厂房投资较少，利用率高。同时均采用集中式布置，将生产区、辅助生产区集中布置在同一栋厂房中，便于生产管理。

贴剂生产车间同样分为生产区和辅助生产区两部分。其中，生产区包括称量室、备胶室、涂布室、内包室和外包室等。辅助生产区包括纯化水系统、空压系统、空调系统和配电系统，同样也设置了物料净化室、人流净化室、器具清洗存放室、废弃物处理室等。车间各功能区按照消防要求和 GMP 要求进行合理化布置。

辅助生产区的布置在原则上应服务于生产区的生产，满足生产工艺的要求；除满足基本的安装、检修、土建要求外，还应符合 GMP 中对辅助生产区布置的要求，以下为 GMP 中对辅助生产区要求的部分条例：

第五条　质量控制实验室通常应当与生产区分开。当生产操作不影响检验结果的准确性，且检验操作对生产也无不利影响时，中间控制实验室可设在生产区内。

第六十九条　更衣室和盥洗室应当方便人员进出，并与使用人数相适应。盥洗室不得与生产区和仓储区直接相通。

第七十条　维修间应当尽可能远离生厂区。存放在洁净区内的维修用备件和工具，应当放置在专门的房间或工具柜中。

3. 人员物料净化流程

一般生产区设置独立的人员净化室，贴剂生产线的洁净区也设置独立的人员净化室。一般生产区的人员净化室主要包括门厅（门厅内设置厕所、雨具存放室和值班室）、换鞋间、更衣间（更衣间外设洗手盆，用于人员上下班时洗手）。工作人员进入门厅前应首先除去黏附的泥土，以免将外界的尘粒带入车间。换鞋间内设置有双向鞋柜，一面用以存放脱下的非工作鞋，另一面是存放用于更换的工作鞋；鞋柜的多少应根据车间人员的多少进行配备，至少应满足车间员工的日常使用需求。更衣间用以存放脱下的非工作服，并穿上工作服，在洗手盆中清洗后即可进入生产区，贴剂生产车间总更布置如图 11-10 所示。

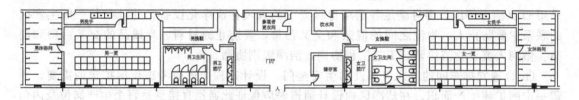

图 11-10　贴剂生产车间总更布置

D 级洁净区的人员净化过程与一般生产区的有所不同，进入洁净区的人员首先要经过换鞋，再到一更中脱去外衣，在二更中穿洁净服，进入气锁间进行手消毒后即可进入洁净区，D 级洁净区更衣间设计如图 11-11 所示。进入洁净区的原辅料及包装材料均按"外清→气锁→洁净区"程序进行净化，在外清室通过刷除灰尘、消毒水消毒的方式进行清洁净化，再通过气锁进入洁净区暂存。此外，生产过程中的废弃物通过废弃物处理室传递出去，单独设置在洁净区的另一侧，不与物料共用净化通道。

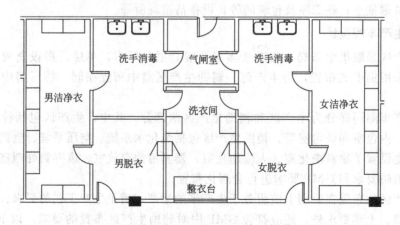

图 11-11　D 级洁净区更衣间设计

第四节　TTS 质量评价

经皮给药制剂的质量评价分为体外（*in vitro*）评价和体内（*in vivo*）评价两部分。体外评价包括含量测定、体外释放度检查、黏附性能检查以及体外经皮吸收（包括渗透和结合等）测定。体内评价主要是指经皮给药的生物利用度和体内体外相关性。《中国药典》（2020年版）规定贴剂应进行含量均匀度（content uniformity）、释放度（dissolution rate）和微生物限度（microbial limit）检查。

一、体外评价

TTS 体外试验主要包括含量均匀度、黏附性、体外释放度和经皮渗透等试验。开展试验前，首先要明确试验的目的和意义，优化试验方法并进行验证。对于体外释放试验，一般而言，应考察接受介质的种类、体积、pH 值、离子强度和温度等参数，如表 11-1 所示，pH 值对吡罗昔康的溶解度、油/水分配系数和渗透速率都有显著影响。对于体外经皮渗透试验，还应考察使用动物皮肤的种类和部位。

表 11-1　不同 pH 值时吡罗昔康的溶解度、油/水分配系数和经皮渗透速率

介质种类	溶解度 /(mg/L)	油/水分配系数	渗透速率 /[μg/(cm² · h)]
纯化水	10.100	1.160	—
PBS 4.5 水溶液	8.000	1.380	2.120±0.004
PBS 5.5 水溶液	12.780	0.720	2.333±0.012
PBS 7.0 水溶液	198.390	0.400	30.658±0.015
PBS 7.4 水溶液	420.450	0.440	64.612±0.011
PBS 8.5 水溶液	410.250	—	53.203±0.025

同时，温度对药物在接受介质中的溶解度和药物分子的热力学活度都有较大影响。为了模拟人体皮肤表面温度，试验过程中应维持温度为 32 ℃；而对于黏膜给药系统，温度通常控制在 37 ℃。

1. 释放速率和释放度

在经皮给药制剂中，药物首先从制剂中释放至皮肤表面，然后经过皮肤被人体吸收发挥作用，因此，经皮给药制剂的药物疗效与药物释放和经皮渗透速率密切相关。释放速率是经皮给药制剂重要的质量控制指标。对于大多数经皮给药制剂而言，药物经皮渗透速率是药物经皮吸收的限速步骤，但对药物释放速率小于药物经皮渗透速率的经皮给药制剂而言，药物释放速率则成为经皮给药制剂的限速步骤，可以控制药物经皮吸收。

释放度是指药物从贴剂中释放出去的比例。《中国药典》（2020年版）规定透皮贴剂的释放度采用"溶出度测定法"中第四法（桨碟法）和第五法（转筒法）进行。采用第四法测定时，按照如图 11-12 和图 11-13 所示，将接受介质置于各溶出杯内，接受介质的体积与规定体积的偏差应控制在±1%范围内，待溶出介质稳定升温至 32.0 ℃±0.5 ℃，将贴片固定于网碟中，释放面朝上浸于接受介质中，网碟需要保持水平放置于溶出杯下部，搅拌桨平行于

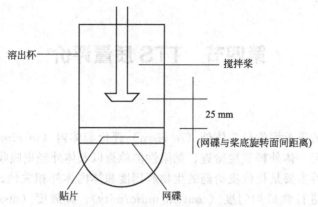

图 11-12 桨碟法试验装置图

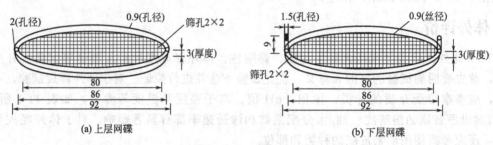

图 11-13 桨碟法中网碟装置图（单位：mm）

网碟，距网碟 25 mm±2 mm，启动搅拌桨转动，转速按照规定设置。在规定取样时间点取样并及时补充相同体积、温度为 32.0 ℃±0.5 ℃的空白接受介质。取样位置位于桨叶顶端至液面的中点处。

采用第五法测定时，按照图 11-14 进行。测定时将接收介质置于各溶出杯内，接受介质的体积与规定体积的偏差应控制在±1%范围内，待溶出介质稳定升温至 32.0 ℃±0.5 ℃，除另有规定，一般将贴片黏附于铜纺上，铜纺周边至少比贴剂大 1 cm，将贴附贴剂的铜纺面朝下放置，在铜纺边上涂黏合剂，如果有必要，贴片的背面也可以涂布黏合剂。将涂有黏合剂的铜纺仔细安装在转筒的外部固定，贴剂纵向轴与转筒轴心平行。注意排除贴附过程中可能引入的气泡，并将转筒安装在仪器上。试验过程中保持转筒底部距溶出杯底部 25 mm±2 mm，启动转筒转动，转速按照规定设置。在规定取样时间点取样并及时补充相同体积、温度为 32.0 ℃±0.5 ℃的空白接受介质。取样位置位于转筒顶端至液面的中点处。

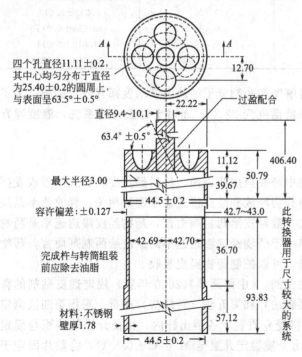

图 11-14 转筒法搅拌装置结构图（单位：mm）

除了药典规定的采用溶出仪进行经

皮给药制剂的释放试验外，在贴剂研究过程中，也可以使用扩散池进行贴剂的释放速率和释放度研究，根据需要可以采用横式或者立式扩散池。横式扩散池的特点是对贴剂中药物释放的周围温度控制比较好，而立式扩散池会比较好地反映出在贴剂实际使用条件下药物从贴剂中的释放情况。

在进行释放试验时，要注意试验条件的优化，比如接受介质要进行脱气处理，在整个试验过程中，保证药物在接受介质中的稳定性，满足药物在接受介质中符合漏槽条件等。

2. 黏附性能

对于经皮给药制剂而言，在给药过程中，要求贴剂与皮肤具有良好的接合性，同时在终止给药时，可以将贴剂从皮肤上剥离下来并不会对皮肤产生损伤，因此，要求经皮给药制剂的黏基力（压敏胶与衬材的结合力）＞持黏力＞剥离力＞初黏力。《中国药典》（2020 年版）对经皮给药制剂的黏附性能建立了相应的黏附力测定方法。

（1）初黏力 初黏力亦称快黏力（initial adhesion），轻压压敏胶与皮肤快速接触时表现出对皮肤的黏结能力，初黏性由胶快速润湿其接触表面的能力决定。由于经皮给药制剂在临床上通常采用手指加压贴附皮肤，因此初黏力是经皮给药制剂很重要的性质。目前测定初黏力的方法有很多种，如环形初黏力试验、滚球初黏力试验、90°剥离试验等。《中国药典》（2020 年版）采用滚球斜坡停止法测定贴剂的初黏力。试验时，在 18～25 ℃、相对湿度40%～70%条件下放置 2 h 以上平衡，将适宜球号和规格的钢球从置于倾斜板上的供试品黏性面滚过，根据供试品黏性面能够黏住的最大球号钢球来评价其初黏力的大小，如图 11-15 所示为一种按《中国药典》标准制备的初黏力测定装置，其倾斜角可适当调整。

（2）持黏力 持黏力（permanent adhesion）亦称内聚力，持黏力可反映压敏胶抵抗持久性剪切外力所引起形变和断裂破坏的能力，持黏力由胶的内部相互结合作用能力决定。《中国药典》（2020 年版）规定了持黏力试验方法和结果的判断。试验时，在 18～25 ℃、相对湿度 40%～70%条件下放置 2 h 以上平衡，将贴剂黏性面粘贴于试验板表面，垂直放置，沿贴剂的长度方向悬挂一规定质量的砝码，记录贴剂滑移直至脱落的时间或在一定时间内下移的距离。图 11-16 为一种持黏力测试装置。

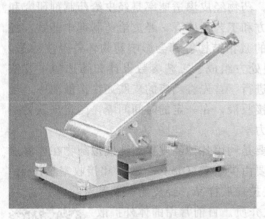
图 11-15　滚球初黏力试验装置

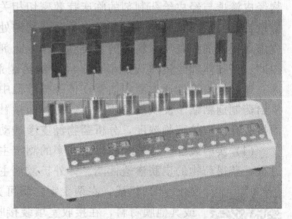
图 11-16　持黏力试验装置

（3）剥离强度 剥离强度（peel strength）可表示经皮给药制剂与皮肤的剥离抵抗力，一般采用剥离角度为 180°压敏胶剥离强度试验法测定，重现性良好。《中国药典》（2020 年版）收载了 180°压敏胶剥离强度试验法，试验时，在 18～25 ℃、相对湿度 40%～70%条件

剥离强度试验装置

下放置 2 h 以上平衡，将贴剂背面用双面胶固定在试验板上，用胶黏带将供试品固定在倾斜板上，必要时，也可以用胶黏带沿供试品上下两侧边缘加以固定。将供试品黏合层与洁净的聚酯薄膜黏结，然后用压辊对供试品来回滚压，以确保黏结处无气泡存在。供试品粘贴后，应在室温下放置 20~40 min 后进行试验。将聚酯薄膜自由端对着 180°，把薄膜自由端和试验板分别上、下夹持于试验机上。使剥离面与试验机线保持一致，试验机以 300 mm/min ±10 mm/min 下降速度连续剥离，并由自动记录仪绘出剥离曲线。按下式计算剥离强度 σ：

$$\sigma = SC/(LB) \tag{11-1}$$

式中，S 为曲线中取值范围内的面积，mm^2；L 为曲线中取值范围内的长度，mm；B 为供试品实际的宽度，mm；C 为记录纸单位高度的负荷，kN/m。

除此之外，《中国药典》(2020 年版) 还收载了用于表示经皮给药制剂的黏附表面与皮肤附着后对皮肤产生黏附力的黏着力测定方法和装置，其试验环境条件与上述几种测定方法一致。

3. 药物含量与含量均匀度

经皮给药制剂中药物含量测定与其他制剂相同，要求按药典或其他规定的标准和方法测定。经皮给药制剂中的药物通常溶解或者分散于压敏胶基质中，与一般制剂不同，压敏胶聚合物分子量比较大或者在制剂过程中产生自交联，因此，压敏胶基质比较难于溶解或者分散，因此选择适宜的溶剂溶解或者分散基质，将药物完全提取出来是经皮给药制剂含量和均匀度检测的十分重要的工作，同时还要注意排除基质和提取溶液对主药含量测定的干扰和影响。一般可通过空白试验和加样回收率试验来验证贴剂中药物提取方法是否合理。

《中国药典》(2020 年版) 规定所有的经皮给药制剂应进行含量均匀度的测定，其限度为 ±25%。

4. 体外经皮渗透性

经皮给药制剂中的药物通过经皮渗透进入皮下毛细血管，再进入体循环，产生全身药理作用。对于皮肤局部给药的制剂，药物也是经皮吸收达到皮下组织发挥治疗作用。因此，药物经皮渗透与经皮给药制剂的临床疗效密切相关，药物经皮渗透速率是经皮给药制剂研究和质量控制的重要指标之一。从经皮给药制剂的处方和工艺角度看，经皮给药制剂中药物、经皮渗透促进剂和基质材料等的种类和比例、制剂的微相结构等都会影响药物体外经皮渗透，因此，药物体外经皮渗透速率也是经皮给药制剂处方组成、工艺参数设计和筛选的主要依据。体外经皮渗透速率测定通常在体外扩散池中进行，首先将剥离的皮肤夹在扩散池中，经皮给药制剂粘贴于皮肤的角质层面，另一面接触接收液，在一定的时间间隔，测定皮肤另一面接收介质中的药物浓度，分析药物经皮渗透动力学。

（1）实验装置　体外经皮渗透速率的测定主要是利用各种经皮扩散池模拟药物在体渗透过程，获得药物的皮肤渗透性能。体外扩散池主要由供给室（donor cell）和接收室（receptor cell）组成，在两个室之间可夹持皮肤样品、经皮给药制剂或其他膜材料，在接收室填装接收介质。目前常用的体外扩散池分为两种，一种是横式扩散池（horizontal diffusion cell），另一种是立式扩散池（vertical diffusion cell），这两种扩散池的使用方法和用途不完全相同，可根据研究对象和研究目的合理选用。

横式扩散池
（固态加热型）

立式扩散池
（固态加热型）

立式扩散池是单室扩散池，亦称改良型 Franz 扩散池，常用于软膏和贴片的经皮渗透速率的测定，其实验条件开放或者半开放，与透皮吸收制剂的使用状态类似，在实验时要注意皮肤表面温度及周围环境（温、湿度）的影响；横式扩散池是双室扩散池，亦称 Vilia-Chien 扩散池，根据需要两个扩散池可以分别作为供给池和接收池，研究液体介质中成分的经皮扩散，尤其适合于饱和溶液药物的经皮渗透速率和扩散系数的测定。如果在两侧加上电极，可用于离子导入给药系统的研究，两个扩散池也可以均作为接收池使用，在两个室之间可夹持两片贴附贴剂的皮肤样品进行渗透实验，两组贴附贴剂的皮肤用不透膜隔开。

扩散池的温度和转子转速控制对取得有效的实验数据十分重要，传统的扩散池温度控制采用水浴的方法，近年来，随着固态温控技术的不断进步，采用固态保温效果更好，精度更高。扩散池中转子转速也应根据接收液黏度变化进行优化，减少皮肤表面吸附液膜厚度可能对数据准确性的影响。另外，对于溶解度小的药物，还可以采用流通扩散池体外渗透法，这种方法让接收介质以一定速度泵入、流经接收室，使接收室保持漏槽条件，流通扩散池还可与自动检测装置连接，连续测定接收介质的药物浓度。

(2) 皮肤的选择和处理　体外经皮渗透速率研究的皮肤模型最理想的是人体的皮肤，考虑不同部位的皮肤结构和厚度差异导致药物经皮渗透性有很大差别，因此，体外经皮渗透实验最好是取自临床上该制剂应用部位的皮肤。但实际人体皮肤不易得到，且使用条件很难保持一致，因此，常需用动物皮肤代替。从组织和器官形态学分析，大多数动物皮肤的角质层厚度小于人体皮肤，毛孔密度高，而药物经皮渗透不但与角质层厚度以及毛孔密度有关，还要考虑药物自身理化性质。因此，很难简单地评价一种皮肤模型适合于哪一种药物体外渗透实验研究。尽管如此，研究者仍试图找到采用动物皮肤替代人体皮肤的方法，一般认为兔、大鼠、豚鼠等动物皮肤的渗透性大于人体皮肤，而乳猪皮肤与人体皮肤的渗透性相近。不同研究者采用不同的模型药物，可能得到不同的排列次序。研究发现，猪耳皮肤与人体前臂皮肤的结构相似，而猪背部皮肤要厚得多（见表 11-2），小鼠的皮肤厚度只有人体前臂皮肤厚度的 1/3 左右，各种动物与人体皮肤比较数据列在表 11-3 中。

表 11-2　动物不同部位的皮肤厚度比较

物种,解剖部位	角质层/μm	表皮层/μm	全层皮肤/mm
人体,前臂	17	36	1.5
猪,背部	26	66	3.4
猪,耳部	10	50	1.3
小鼠,背部	5	13	0.8

表 11-3　人和动物皮肤的厚度比较

物种	角质层/μm	表皮层/μm	全层皮肤/mm
人	16.8	46.9	2.97
猪	26.4	65.8	3.43
大鼠	18	32	2.09
小鼠	9	29	0.70
裸鼠	8.9	28.6	0.70

有毛动物的皮肤用前需脱毛或剃毛，但应注意不损伤角质层或影响皮肤的渗透性，可采用经皮水分流失（trans-epidermal water loss, TEWL）等评价去毛后皮肤的完整性。去毛后皮肤的处理，通常用生理盐水淋洗去毛的动物皮肤，去除脂肪，置 4 ℃生理盐水中保存备用；研究用的皮肤最好新鲜取用，如需长期保存，可用真空包装后，放置在 −80 ℃冰箱中

保存。使用时要注意评价皮肤的贮存条件对皮肤渗透性的影响。

除了动物皮肤，近年来开发的多种人工皮肤也被用于体外经皮渗透研究，但由于目前人工皮肤渗透性要远高于正常的人体或动物皮肤，因此，采用人工皮肤替代人体皮肤还需要不断研究探索。

（3）接收液　体外经皮渗透实验要求接收液应达到漏槽条件，使接收液中药物浓度不影响药物正常的经皮渗透。通常体外经皮渗透实验采用的接收液有生理盐水、林格液和等渗磷酸盐缓冲液等。如果实验时间比较长，为了抑制微生物生长，在接收液中可加入少量不影响皮肤渗透性和药物含量测定的防腐剂。为了提高药物在接收液中的溶解度，可加入适量聚乙二醇（PEG）、乙醇或表面活性剂等，以维持全实验过程中的接收液的漏槽状态，比如 40% PEG 水溶液、20% 乙醇水溶液等，但应注意添加剂对皮肤渗透性能的影响，实验中也可以不断更换新鲜介质以维持漏槽条件，但需要高灵敏度的含量测定方法。为了减少气泡的影响，接收液在加入接收室前需经脱气处理。

二、体内评价

体内评价通常是指经皮给药制剂的体内生物利用度（bioavailability）评价。一般地讲，经皮吸收制剂在临床上使用时，贴剂需要贴附在皮肤上伴随给药全过程，在这个过程中，对于以被动扩散驱动药物经皮渗透的制剂，为了保持药物渗透动力，必须具有一定的化学势，以保证在用药时间内维持相对恒定的释药速率和经皮渗透速率，因此，在规定用药时间内，压敏胶中只有一部分药物会从基质中释放出来进入皮肤，而剩余的药物则随制剂被撕离而丢弃，如标示量为 25 mg 的每日 1 次的硝酸甘油贴剂大约只有 5 mg 被吸收。因此，在维持稳定有效的血药浓度和显著延长的作用时间的基础上，可合理降低对经皮吸收制剂生物利用度的要求。

在经皮给药制剂进行体内评价时，每次给药后将贴剂从皮肤上取下时，都会把角质层剥离掉一些，增加该部位皮肤药物的经皮渗透率，为了避免每次给药的暴露剂量不一致，在试验时要注意变换给药部位，不能在同一部位连续多次给药。由于经皮吸收制剂中药物的药效强、剂量小，经皮给药后的血药浓度往往很低，因此，对生物样本经常用一些高灵敏度的分析方法，如气相色谱、高效液相色谱、色谱-质谱联用和超高效液质联用等。

近年来，有研究者采用微透析技术（microdialysis）用于经皮给药制剂的研究，微透析技术是一种将灌流取样和透析技术结合，从生物活体内进行动态微量生化取样的新技术，具有活体连续取样、动态观察、定量分析以及采样量小等特点。采用微透析技术可以研究经皮给药制剂的血液和皮肤局部药动学特征，获得更加全面的经皮给药制剂的体内药动学规律，在国外，还有研究者采用微透析技术进行皮肤局部制剂的生物等效性（bioequivalence）评价研究。

1. 生物利用度

经皮吸收制剂的生物利用度测定方法有血药浓度法、同位素示踪法和药理效应法。

血药浓度法是直接测定血浆或尿样中的药物量，求出曲线下面积（AUC），按照下式计算生物利用度。此法要求分析仪器具有很高的灵敏度。

$$BA=[AUC_{TTS}/D_{TTS}]/[AUC_{iv}/D_{iv}] \tag{11-2}$$

式中，BA 为生物利用度；D 为给药剂量；iv 为静脉注射。

同位素示踪法是利用同位素标记的方法，给药后测定尿样或粪便中的放射量，生物利用度可由式（11-3）计算。

$$生物利用度＝总放射性_{TTS}/总放射性_{iv} \tag{11-3}$$

药理效应法是测定生物或药理反应，并应用生物分析法计算吸收率。此法主要用于定性分析，意义较小。

2.生物等效性

生物等效性是利用相对生物利用度，以药代动力学参数为终点指标，根据预先确定的等效标准和限度进行的比较研究。生物等效性研究为判断仿制产品与参比产品是否具有相同疗效、安全性的主要方法，只有二者具有生物等效性时，才能保证相互替代而不影响临床疗效及安全性。

评估等效性的方法包括：①相对生物利用度试验，检测血浆、血液或尿液等体液中的药物活性物质或一种、多种代谢产物；②比较性的人体药效学研究；③比较性的临床试验；④结合生物药剂学系统的体外溶出度试验。

（汪　晴）

思 考 题

1.什么是经皮给药？影响经皮给药最主要的障碍层是什么？

2.适合于经皮给药的药物的基本特征有哪些？

3.如何通过体外经皮渗透实验，得到药物在皮肤中的扩散系数？

4. EVA 控释膜中醋酸乙烯含量会影响药物的渗透性吗？为什么？

5.简述几种不同的涂布方式的原理及优缺点。

6.贴剂生产车间包括哪两部分？在设计时需要注意哪些问题？

7.贴剂的黏附性评价包括哪些部分？这些性能与贴剂的哪些性能相关？

8.简述贴剂的生产工艺流程。

9.体外经皮渗透实验中，横式和立式扩散池用途有何不同？举例说明。

10.体外经皮渗透实验时，皮肤的选择和处理需要注意哪些问题？

参考文献

［1］ 郑俊民.经皮给药新剂型［M］.北京：人民卫生出版社，2006.

［2］ 冯年平，朱全刚.中药经皮给药与功效性化妆品［M］.北京：中国医药科技出版社，2019.

［3］ Chandrasekaran S K, et al. Scopolamine permation through human skin *in vitro*［J］. AlChE J，1976，22 (5)：828-832.

［4］ Tojo K, Yamada K, Hikima T. Diffusion and metabolism of prednisolone farnesylate in viable skin of the hairless mouse［J］. Pharm Res，1994，11 (3)：393-397.

［5］ 梁文权，王伟朗.盐酸普萘洛尔在角质层内的吸附与经皮渗透［J］.药学学报，1992，27 (10)：779-784.

第十二章

固体分散体

本章学习要求

1. 掌握固体分散体的定义、特点与缺点；固体分散体载体材料分类及其具体类型；固体分散体制备工艺及其原理。重点掌握热熔挤出工艺操作流程与适用范围；固体分散体的鉴定方法；固体分散体的速释与缓释机理。

2. 熟悉固体分散体的类型；常用固体分散体载体材料；影响固体分散体稳定性的因素以及改善固体分散体稳定性的常用方法。

3. 了解固体分散体的发展与目前相关制剂上市情况；固体分散体载体材料的发展及其各自优点；上市固体分散体相关制剂的制备工艺。

第一节 概 述

固体分散体（solid dispersion）又称固体分散物，通常指药物高度分散在适宜的固体载体材料中形成的一种固态物质。将药物高度分散在一种固体载体中的技术称为固体分散技术（solid dispersion technology）。固体分散体由药物和载体材料构成，药物可以在载体材料中以分子、微晶、胶态或无定形状态存在。固体分散体是制剂的一种中间体，根据需要可进一步制成颗粒剂、片剂、胶囊剂、微丸、滴丸剂、软膏剂以及栓剂等，如上市的西罗莫司片（Rapamune）为西罗莫司固体分散体压制包衣得到的白色或类白色糖衣片剂。

1961 年，Sekiguchi 和 Obi 首先提出了固体分散体的概念，并以尿素为载体材料，利用熔融法制备了磺胺噻唑固体分散体。实验结果表明，该固体分散体口服给药后，药物的吸收与排泄均比口服磺胺噻唑显著提高。目前已有多种固体分散体产品被 FDA 批准上市（表12-1），多以口服方式给药。国内已上市的固体分散体产品有联苯双酯丸、复方炔诺孕酮丸、尼群地平片等。

表 12-1　FDA 批准上市的部分固体分散体产品

商品名	药品名	制备工艺	批准上市时间
Cesamet®	纳比隆	溶剂挥发法	1985 年
ISOPTIN® SR	维拉帕米	熔融挤出法	1987 年
Sporanox®	伊曲康唑	流化床干燥法	1992 年
Prograf®	他克莫司	喷雾干燥法	1994 年
NuvaRing®	催产素/炔雌醇	熔融挤出法	2001 年
Kaletra®	洛匹那韦/利托那韦	熔融挤出法	2007 年
Intelence®	四氮唑	喷雾干燥法	2008 年
Modigraf®	他克莫司	喷雾干燥法	2009 年
Zortress®	埃弗罗莫司	喷雾干燥法	2010 年
Norvir® Tablet	利托那韦	熔融挤出法	2010 年
Onmel®	伊曲康唑	熔融挤出法	2010 年
INCIVEK®	特拉普韦	喷雾干燥法	2011 年
Zelboraf®	威罗菲尼	溶剂-非溶剂法	2011 年
Kalydeco®	伊瓦卡夫特	喷雾干燥法	2012 年
Noxafil® Delayed-Release Tablet	波沙康唑	熔融挤出法	2013 年
Astagraf XL®	他克莫司	湿法制粒	2013 年
Belsomra®	苏沃雷生	熔融挤出法	2014 年
Harvoni®	雷迪帕韦/索非布韦	喷雾干燥法	2014 年
Viekira XR™	Dasabuvir/Ombitasvir/Paritaprevir/瑞托那韦	熔融挤出法	2014 年
Epclusa®	索非布韦/Velpatasvir	喷雾干燥法	2016 年
Orkambi®	Lumacaftor/Ivacaftor	喷雾干燥法	2016 年
Venclexta™	维纳妥拉	熔融挤出法	2016 年
Zepatier®	Elbasvir/Grazoprevir	喷雾干燥法	2016 年
Mavyret™	Glecaprevir/Pibrentasvir	熔融挤出法	2017 年

固体分散体的主要特点包括：①利用不同性质载体材料使药物在高度分散状态下实现不同释药模式。如利用水溶性载体材料可促进药物释放，实现速释；利用难溶性载体材料可延缓或控制药物释放；利用肠溶性载体材料可控制药物于肠中释放。②增加难溶性药物的溶解度和溶出速度，提高难溶性药物口服吸收与生物利用度。如利用聚维酮 K_{30}（povidone K_{30}，$PVP\ K_{30}$）作为载体材料将普拉格雷制成固体分散体片，普拉格雷以非结晶形式存在，其溶出速度和口服生物利用度显著提高。③利用载体的包被作用，增加药物的稳定性。如将米索前列腺醇制成固体分散体，可延缓酸或碱引发的 11 位羟基脱水作用，米索前列腺醇的稳定性明显提高。④掩盖药物的不良气味和刺激性。如将中药成分盐酸小檗碱制成固体分散体，在改善盐酸小檗碱口服吸收的同时，可缓解其特有的苦味。⑤使液态药物固体化。例如油性药物广藿香醇可利用固体分散体技术制备成固态固体分散体。

固体分散体存在的主要缺点包括：①物理稳定性差。固体分散体中药物处于高度分散状态，处于高能态，具有自发聚集成晶核、微晶生长及晶型转换的趋势，从而出现固体分散体硬度增加、析出晶体或结晶粗化，该过程称为老化（aging）。②载药量小。为了保证药物的高度分散，固体分散体材料用量往往比较大，增加了大剂量药物的给药体积。

根据药物在固态载体材料中的分散状态，固体分散体主要分为以下类型：

（1）**共晶混合物**（eutectic mixtures） 药物与载体材料在一定比例下共同熔融后，通过快速冷却等方式得到药物与载体材料的极细晶体物理混合物，药物以微晶状态分散在载体材料中。

（2）**固态溶液**（solid solutions） 药物主要以分子状态分散在载体材料中。根据药物在载体材料中的互溶情况，可分为完全互溶与部分互溶两类。完全互溶固体分散体又称为置换结晶溶液（substitutional crystalline solution），即药物分子取代了载体材料晶格中的载体材料分子，共同形成晶格。部分互溶固体分散体又称为间质结晶固态溶液（interstitial crystalline solid solution），由药物分子插入载体材料分子晶格结构内的空隙中形成。

固态溶液中药物以分子状态存在，分散程度高，表面积大，与共晶混合物相比药物的增溶效果更好。

药物以分子状态分散于熔融的透明状无定形载体材料中，骤然冷却得到质脆透明状态的固体溶液，称为玻璃态溶液（glass solutions）。其性质为加热时逐渐软化，熔融后黏度大，无熔点。常用的载体材料为糖类、有机酸类。

（3）**共沉淀物（共蒸发物）** 即药物分子在非结晶状态下的载体材料中形成的非结晶性无定形物。常以聚维酮等多羟基化合物为载体材料，药物进入载体材料分子的网状骨架中，其结晶受到抑制形成。

（4）**分子复合物** 药物在熔融—冷却的过程中，与载体材料生成具有新熔点的一种或多种不稳定的复合物。复合物在熔融或溶解时重新转变为原来的药物分子。亦有生成不溶性复合物而使药物药效降低。

（5）**固体表面分散体** 药物以微晶或微粒的形式吸附在载体表面而改变其溶解性质，一般的载体材料为微粉硅胶、微晶纤维素等亲水性材料。在含药量较低时，可起到较好的增溶作用。

第二节　固体分散体的常用载体材料

载体材料的性质对所制备的固体分散体的性质具有极大影响。载体材料应无毒、无致癌性、无药理活性、化学稳定性好、不与主药发生化学反应、不影响主药的化学稳定性、不影响药物药效与含量测定、能使药物得到最佳分散状态、价廉易得等。

常用的载体材料可分为三类：水溶性载体材料、难溶性载体材料和肠溶性载体材料。载体材料可单独使用，也可几种载体材料联合使用，以达到预期的释药模式。

一、水溶性载体材料

水溶性载体材料可提高药物的溶解度、溶出速率和生物利用度，多被应用于速释类固体分散体的制备。主要包括水溶性高分子聚合物、表面活性剂、有机酸、糖类与醇类、尿素以及纤维素衍生物等。

1. 聚乙二醇类

聚乙二醇（polyethylene glycol，PEG）类是最常用的水溶性固体分散体载体材料，其熔点较低（小于70 ℃），毒性较小，化学性质稳定（在180 ℃以上分解）。PEG 能使药物以分子状态存在，且在溶剂蒸发过程中黏度增大，阻止药物聚集，保持药物的高度分散状态。作为固体分散体载体的 PEG 分子量一般在 1000～20000 之间，最常用的型号是 PEG4000 和 PEG6000，其分子量范围分别为 3400～4200 和 5400～7800。它们常温下为蜡状固体，熔点分别为 50～54 ℃ 和 53～58 ℃。油类药物宜使用分子量较高的 PEG。

由于 PEG 熔点较低，多采用熔融法制备固体分散体。此外，PEG 溶于乙醇等有机溶剂，亦可采用溶剂法制备固体分散体。药物与 PEG 的分子量及两者比例是影响药物在 PEG 中分散状态的重要因素。熔融状态下 PEG 分子呈平行的螺旋状链结构，小分子药物可进入载体的卷曲链中形成分子水平的分散；当药物分子与载体分子大小相近时，药物分子可代替 PEG 分子进入其晶体结构生成固态溶液或玻璃态溶液。若药物比例过高，在分散体中形成小结晶，不再以分子状态分散。药物从 PEG 固体分散体中溶出的速率主要受 PEG 分子量的影响，通常 PEG 分子量增大，药物溶出速率降低。药物与载体的比例影响药物的释放速率，载体比例增加，药物的溶出速率增加。此外，制备方法亦影响药物的分散状态，进而影响药物的释放速率。

2. 聚维酮类

聚维酮（polyvidone，PVP）类为无定形高分子聚合物，无毒，对热稳定，熔点较高，一般加热到 150 ℃ 以上才会变色分解。易溶于水和乙醇等极性有机溶剂，不溶于醚及烷烃类非极性有机溶剂。由于熔点较高，宜采用溶剂法制备固体分散体。常用于制备固体分散体的 PVP 规格为 PVP K_{15}（平均分子量 5500）、PVP K_{30}（平均分子量 38000）及 PVP K_{90}（平均分子量 630000）等。在 PVP 与药物制备固体分散体时，由于氢键或络合作用，对多种药物有较强的抑制晶核形成和成长的作用，使药物形成非结晶性无定形物。PVP 具有较强的吸湿性，制备固体分散体的过程中会遇到产物黏稠、溶剂难以除尽等问题。同时，PVP 强吸湿性会促进固体分散体老化，在贮存过程中易吸湿而析出药物结晶。

为改善易吸湿的问题，对 PVP 改性得到共聚维酮 [poly(N-vinyl-2-pyrrolidone-vinyl acetat)，PVP/VA]。PVP/VA 为 N-乙烯基吡咯烷酮（N-vinyl-2-pyrrolidone，NVP）与醋酸乙烯酯（vinyl acetate，VA）的线型共聚物。PVP/VA 保留了 PVP 良好的水溶性、黏结性和成膜性，同时降低了 PVP 吸湿性，可作为固体分散体的良好载体。

3. 表面活性剂类

常用水溶性表面活性剂材料大多含有聚氧乙烯基，包括泊洛沙姆类、卖泽类、聚氧乙烯蓖麻油类等。该类载体材料的特点是可溶于水或有机溶剂，载药量大，在溶剂蒸发过程中可阻滞药物产生结晶，是较理想的速效载体材料。其中，非离子型表面活性剂泊洛沙姆是聚氧乙烯和聚氧丙烯的共聚物，泊洛沙姆熔点较低，可用熔融法和溶剂法制备固体分散体。常用泊洛沙姆 188（Poloxamer 188，即 Pluronic F68），毒性小，对黏膜刺激性小，可用于静脉注射。表面活性剂类可与其他载体联用，以增加药物的润湿性或溶解性，提高溶出速率。

4. 糖类与醇类

糖类具有水溶性强、毒性小、溶解迅速的特点，多用于配合 PEG 类高分子形成联合载体，利用其分子量小，可克服 PEG 溶解时形成富含药物的表面层妨碍内部载体材料进一步溶蚀的缺点。糖类皮质类固醇类药物，如醋酸可的松、泼尼松龙等，可单独使用糖类作载体材料。采用熔融法制备糖类载体材料固体分散体可形成玻璃态溶液。常用的糖类载体材料有右旋糖酐、果糖、半乳糖、蔗糖等。

醇类分子中的多个羟基可与药物以氢键结合形成固体分散体，但熔点较高（如甘露醇的熔点为 165～168 ℃），且不溶于多种有机溶剂，适用于剂量小、熔点高的药物。常用的醇类载体材料有甘露醇、山梨醇和木糖醇等，以甘露醇为最佳。

5. 纤维素类

羟丙纤维素（hydroxypropy lcellulose，HPC）、羟丙甲纤维素（hydroxypropyl methyl cellulose，HPMC）及微晶纤维素（MCC）等可作为固体分散体的载体材料。该类材料具有良好的亲水性，良好的分散作用，难溶性药物在固体分散体中以分子态或过饱和态的形式存在。根据选用的型号不同可起到速释或缓释的作用。

6. 有机酸类

有机酸类载体材料分子量较小，易溶于水而不溶于有机溶剂，因本身具有酸性，不适用于对酸敏感的药物。常用作载体的有枸橼酸、酒石酸、富马酸、琥珀酸、胆酸及脱氧胆酸等，多与药物形成低共熔混合物。

7. 尿素

尿素是最早应用于固体分散体的载体材料之一，极易溶于水，同时溶解于多种有机溶剂，稳定性高。尿素具有抑菌和利尿的作用，主要用作利尿类难溶性药物固体分散体的载体材料。

8. 其他水溶性载体材料

此外，聚乙烯醇（polyvinyl alcohol，PVA）也可用作固体分散体的载体材料。

二、难溶性载体材料

常用难溶性载体材料包括纤维素类、聚丙烯酸树脂类、脂质类以及二氧化硅等材料。

1. 纤维素类

乙基纤维素（ethyl cellulose，EC）是最常用的纤维素类难溶性载体材料。EC 无毒、无药理活性、不溶于水，但能溶于乙醇、丙酮等多种有机溶剂，分子中大量羟基能与药物形成氢键，具有较大的黏性，是一种载药量高、稳定性好、不易老化的理想难溶性载体材料，广泛用于制备缓释型固体分散体。EC 固体分散体常采用溶剂蒸发法制备，将药物与 EC 溶解或分散于乙醇等有机溶剂中，蒸发除去溶剂后干燥即得。

在 EC 固体分散体中，药物以分子或微晶状态包埋在 EC 网状骨架中，药物溶出基于扩散原理，通过 EC 的网状骨架扩散，故释放缓慢。影响药物释放速率的因素包括 EC 的黏度、分子量和用量等。为调节药物释放速率，在 EC 中可加入水溶性材料如 HPC、HPMC、PEG、PVP 等作为致孔剂，以获得预期的控释效果。此外，表面活性剂类如月桂醇硫酸钠等可改善 EC 固体分散体表面的润湿性，也可达到调节药物释放的目的。

2. 聚丙烯酸树脂类

常用含季铵基团的聚丙烯酸树脂（polyacrylic resin），包括 Eudragit E、Eudragit RL、Eudragit RS 等。其在胃液中可溶胀，在肠液中不溶，不能被吸收，故对人体无害，可广泛用作缓释型固体分散体载体，多采用溶剂法制备固体分散体。影响此类固体分散体释药速率的关键是聚丙烯酸树脂类的类型以及药物与聚合物的比例。

3. 脂质类

常用的有胆固醇、β-谷甾醇、棕榈酸甘油酯、胆固醇硬脂酸酯、巴西棕榈蜡、蓖麻油蜡及氢化蓖麻油等。这类载体材料的熔点较低，常采用熔融法制备固体分散体。脂质类载体降低了药物溶出速率，药物溶出速率随脂质含量增加而降低，加入适当的表面活性剂、糖类等水溶性材料，如硬脂酸钠、硬脂酸铝和十二烷基硫代琥珀酸钠等，可提高释药速度，达到预期的缓释效果。

4. 二氧化硅

二氧化硅也可作为载体材料用于固体分散体的制备，其表面具有较多的硅烷醇基，可与药物分子形成氢键，有利于药物分子均匀分散在形成的固体分散体中。二氧化硅根据结构与表面性质可分为无孔型和多孔型、亲水型和疏水型等，因其具体类型不同而对释药速率具有不同的调控作用。研究表明，多孔型、亲水型的二氧化硅尤其适合制备固体分散体，用于提高药物的溶出速率。微粉硅胶也可用作固体分散体的载体材料。

三、肠溶性载体材料

1. 纤维素类

常用的肠溶性纤维素包括醋酸纤维素酞酸酯（cellulose acetate phthalate，CAP）、羟丙甲纤维素酞酸酯（hydroxypropyl methyl cellulose phthalate，HPMCP，商品规格分为两种，分别为 HP50、HP55）、羧甲乙纤维素（carboxymethylethyl cellulose，CMEC）等，可与药物制成肠溶型固体分散体。这类固体分散体在胃中药物不溶出，在肠液中溶出，控制了药物的释放位置，适用于在胃中不稳定或要求在肠中释放的药物。

2. 聚丙烯酸树脂类

肠溶性聚丙烯酸树脂包括国产的Ⅱ号和Ⅲ号丙烯酸树脂（相当于国外商品 Eudragit L 和 Eudragit S 型），常用的型号有 Eudragit L100 和 Eudragit S100，前者在 pH 6 以上的介质中溶解，后者在 pH 7 以上的介质中溶解。聚丙烯酸树脂的类型和配比是控制释药速率的关键，将Ⅱ号和Ⅲ号丙烯酸树脂联合使用，可得到理想的释药速率，从而制成较理想的肠溶固体分散体。通常将聚丙烯酸树脂与药物共同溶解于乙醇，使用溶剂法制备固体分散体。

四、联合型载体材料

近年来，固体分散体载体材料从单一载体逐渐向联合载体发展，使制备的固体分散体同时具有稳定、控释等优点。目前生产中常使用的联合载体主要有 EC 与 HPC 联用载体、聚氧乙烯-羧乙烯共聚体、聚乙二醇-吐温 80 联合载体、聚乙烯醇-聚乙二醇接枝共聚物等。此外，在制备聚合物固体分散体时，加入一定量表面活性剂，可使药物的亲水性和分散性得到显著提高，从而能够使固体分散体的理化性质和药物溶出度得到较有效提升。例如，采用 PEG6000 和泊洛沙姆 188 作为联合载体材料制备的水飞蓟素缓释滴丸，在发挥良好缓释效果的同时也显著提高了其溶出率。

五、载体材料与固体分散体的发展

根据固体分散体的研究情况与所使用的载体材料的不同，其发展大致分为三个阶段：

第一代固体分散体使用结晶性载体制备，如尿素和糖类等。这些固体分散体加快了药物的溶解速率，改善了药物的释放速率，然而无法实现药物迅速释放。

第二代固体分散体使用非晶态聚合物材料替换晶体载体材料，药物以分子或无定形等状态分散在聚合物材料中。如以聚乙二醇类、聚乙烯吡咯烷酮类、纤维素类等作为载体材料制备的固体分散体。由于药物在载体中处于过饱和状态，水溶性载体材料带来更好的润湿性和药物分散性。在第二代固体分散体中，载体的溶解性影响药物的释放速率。

第三代固体分散体利用表面活性剂或非晶态聚合物/表面活性剂混合物作为载体材料，可减少药物的再结晶，减缓老化，使固体分散体处于更稳定状态，显著提高难溶性药物的生物利用度。用于第三代固体分散体的表面活性剂材料包括泊洛沙姆、聚乙二醇等。

第三节　固体分散体的制备

根据药物的分散过程，固体分散体常用的制备方法主要包括熔融法（melting method）、溶剂法（solvent method）、溶剂-熔融法（melting solvent method）及机械分散法（mechanical method）。溶剂法需要去除制备过程中所使用的有机溶剂，根据去除有机溶剂的原理，又可分为共沉淀法、溶剂分散法、喷雾（冷冻）干燥法、静电旋压法、超临界流体法、流化床干燥法等。应根据药物的性质和载体的结构、性质、熔点及溶解性能选择适宜的固体分散体制备方法。其中，利用热熔挤出技术、喷雾干燥技术制备的固体分散体已经有多个产品上市。

一、熔融法

将药物与载体材料混合均匀，加热至熔融（或将载体先加热至熔融后，再加入药物），然后在剧烈搅拌下将熔融物迅速冷却成固体，或将熔融物倾倒在冷却的不锈钢板上，钢板下可吹以冷空气或用冰水降温，熔融物迅速冷却至固体。将最终得到的固体干燥、粉碎、筛分即得固体分散体。迅速冷却固化是熔融法制备工艺的关键，可保证药物处于高度过饱和状态，使多个胶态晶核迅速形成，从而得到高度分散的药物。

熔融法的优点是简单、经济，适用于对热稳定的药物，多采用熔点低、不溶于有机溶剂的载体材料如 PEG、糖类及有机酸等。为防止药物或载体在熔化过程中可能会因高温而分解，可在密封的容器中或在真空中，或在氮气等惰性气体的存在下加热混合物。

热熔挤出技术（hot melt extrusion technique，HME）的发展使熔融法制备固体分散体实现了工业化生产。热熔挤出技术又称为熔融挤出技术（melt extrusion technique），是一种将物料在加热条件下熔融或软化，熔融状态的物料同时在剪切、混合和挤出等多种力的作用下实现物料的均匀混合、相互渗透及分子或微晶分散，最后以一定的形状和速度挤出，利用水或油作为导热介质降温冷却形成固态分散体的连续工艺过程。热熔挤出技术作为一种成熟的工业化技术，具有以下优点：①混合无死角，分散效果好，药物损失少；②不使用有机溶剂，安全无污染；③集多种单元操作于一体，节省空间，降低成本；④连续化加工，高效率生产，重现性好；⑤可用于多个药物配方生产；⑥通过编程处理，可实现自动化控制。

热熔挤出技术使用的设备主要是螺杆式挤出机，分为单螺杆、双螺杆和多螺杆 3 种。螺杆式挤出机由加料系统、传动系统、螺杆机筒系统、加热冷却系统、机头口模系统、监控系统及后续辅助加工系统构成。螺杆机筒系统（图 12-1）是螺杆式挤出机的核心部分，一般分为 3 个区段：①加料段；

双螺杆热熔挤出机

②压缩段或熔融段；③计量段。热熔挤出制剂的制备流程为：①药物与载体材料输送入套筒；②物料熔融；③剪切混合；④排气；⑤熔体输送；⑥挤出成型。套筒提供热量，强剪切力分解物料、缩小其体积，多相状态的物料进入入口，从出口排出，形成单相状态的制剂。在热熔挤出制剂的制备流程中，温度、扭矩、加料速度、熔体压力、螺杆转速是至关重要的工艺参数，螺杆转速应与加料速度相同，且不可转动过快，否则物料停留在套筒内的时间过短，会使物料无法充分混合；反之若螺杆转速过慢，物料停留时间长可能会导致物料降解，物料最佳停留时间应为 1 min 左右。压力与扭矩取决于物料性质。温度对制剂性质影响最大，一般挤出温度应高于载体玻璃转变温度 20～40 ℃，在 90～140 ℃为佳。

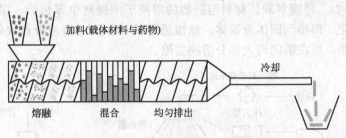

图 12-1　螺杆机筒系统原理

　　适用于热熔挤出技术的载体材料应具有热稳定性，其玻璃化转变温度不得高于药物降解温度；载体、药物之间有较高的相容性。常用材料及其熔点为：乙酸纤维素酞酸酯（192 ℃）；羟丙基甲基纤维素酞酸酯（150 ℃）；聚乙烯（140 ℃）；巴西棕榈蜡（82～85 ℃）；聚乳酸（156.7 ℃）；乙烯-醋酸乙烯共聚物（29.4～72.8 ℃）。目前利用热熔挤出技术研究的药物包括硝苯地平、对乙酰氨基酚、布洛芬、利多卡因、酒石酸美托洛尔、卡马西平、氢化可的松、地塞米松、吲哚美辛、苯海拉明等。例如，维纳妥拉（Venetoclax）口服固体分散体片采用热熔挤出技术制备，药物以无定形形式存在，提高了药物口服生物利用度。

　　熔融法还可用于滴丸的制备，如中药制剂复方丹参滴丸是我国第一个通过 FDA 新药临床试验申请的制剂。滴丸的制备工艺为将滴丸基质加热熔化，然后将处理好的药物加入其中（可溶解、乳化或混合均匀），将上述药液滴入液状石蜡等冷凝液中，迅速冷却，药滴在表面张力作用下凝固成丸，从冷却液中捞出凝固的丸粒，去除冷却液，干燥得到。利用熔融法制备滴丸的生产设备称为滴丸机，其生产效率高，重现性良好，利于工业化生产。常用的冷凝液有液体石蜡、植物油及水等。该法制得的滴丸迅速释放，生物利用度提高，如苏冰滴丸、氯霉素滴丸等。

二、溶剂法

　　又称为共沉淀法或共蒸发法，系将药物与载体材料共同溶解在有机溶剂中（或分别溶于有机溶剂后混合均匀），然后蒸发除去溶剂使药物与载体同时析出，进一步干燥除去残留溶剂后得到共沉淀物固体分散体。除去溶剂的方法还包括喷雾（冷冻）干燥法、流化床干燥法、超临界流体法、静电旋压法等。常用的溶剂有二氯甲烷、氯仿、丙酮、无水乙醇等。溶剂法的主要特点是避免高温，适用于对热不稳定或挥发性的药物，也能避免对热不稳定载体材料的高温破坏。但该法使用有机溶剂，成本高，必须添加有机溶剂去除工艺，降低溶剂残留。此外，若发生少量有机溶剂残留，可能引起药物重结晶而导致药物的分散度降低。

三、喷雾/冷冻干燥法

将药物和载体共溶于适当的溶剂中，喷雾干燥或冷冻干燥得到固体分散体。冷冻干燥过程在低温真空条件下进行，适用于易分解或氧化以及对热敏感的药物。常用的载体材料为 PVP、PEG、β-CD、乳糖、甘露醇、纤维素类、聚丙烯酸树脂类。喷雾干燥法生产效率高，产品不易粘连，生产自动化高，并可连续和批量生产，是目前上市固体分散体产品应用最多的方法。喷雾干燥系统的组成主要包括：空气加热系统、原料液输送系统、雾化器、干燥系统、气固分离收集系统、控制系统等（图 12-2）。将溶解载体材料与药物的溶液于干燥室中雾化后，在与热空气的接触中，溶剂迅速汽化，即得到固体分散体。该法通过机械作用，溶液分散成像雾一样的微粒，增大水分蒸发面积，可在瞬间将大部分溶剂去除。

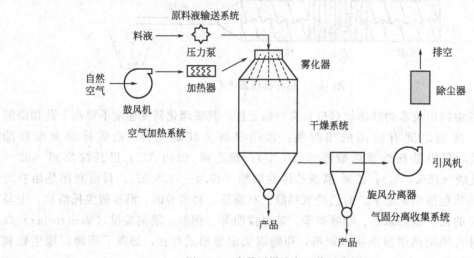

图 12-2　喷雾干燥设备工作示意图

四、流化床干燥法

流化床干燥法是利用流化床包衣技术制备固体分散体的方法。该法制备的固体分散体颗粒可直接压片或灌装胶囊，实现"一步成型"，节约时间与生产成本。例如，利用流化床干燥法制备非诺贝特固体分散体，体内实验结果表明非诺贝特的口服生物利用度提高 4.5 倍。

五、超临界流体法

超临界流体法是利用超临界流体将有机溶剂萃取走，使药物均匀分散在载体中得到固体分散体的方法。该方法具有以下优点：①易于控制其操作条件，制得的微粒重现性好；②超临界处理条件温和，适用于热敏性和易氧化物质；③可节约时间并降低药物的生产成本。药物和载体在所选择的超临界流体中应不溶或具有极小的溶解度。CO_2 价廉易得且无毒，超临界条件容易达到，所以常作为超临界流体技术中的流体。经常使用的超临界流体法包括超临界溶液快速膨胀法、静态法、饱和气体溶液法、超临界反溶剂法等。在实际生产应用中，应根据药物与载体的综合性质选取最佳的超临界流体方法来制备固体分散体。

六、静电旋压法

静电旋压法利用静电压来除去制备过程中加入的有机溶剂。该法廉价环保，近年来得到广泛研究。该法可通过控制药物与聚合物比例和静电压控制纤维状分散体的直径，进而调控药物的释放速率。将依曲康唑与羟丙基甲基纤维素的混合物溶于含乙醇和二氯甲烷的混合溶液中，利用静电旋压法采用不同的电压处理混合溶液，得到不同直径的纤维状固体分散体。

七、溶剂-熔融法

将药物用适当溶剂溶解后，再混入熔融的载体中，搅拌均匀，去除有机溶剂，然后迅速冷却固化。该法的优点是有机溶剂用量少，药物受热时间短，药物的稳定性和分散性优于熔融法。药物溶液在固体分散体中一般不超过10％（质量分数），否则难以形成脆而易碎的固体，通常用于剂量小于50 mg的药物。该法适用于液态药物，如鱼肝油，维生素A、D、E等。凡适用于熔融法的载体材料均适用于该法。

八、机械分散法

该法主要指研磨法，将药物与载体材料混合后，强力持久研磨，借助机械力降低药物的粒度，或使药物与载体之间以氢键结合，形成固体分散体。常用的载体材料有交联聚乙烯吡咯烷酮、聚乙烯吡咯烷酮、聚乙二醇、乳糖、微晶纤维素、环糊精及其衍生物等。该法优点在于不需加溶剂便可形成固体分散体，研磨时间的长短因药物而异。缺点在于研磨过程中摩擦产热，容易使副产物生成，引入杂质，且载体材料比例较高，一般适用于小剂量的药物。如将水飞蓟素与甘露醇/PVP K_{30} 混合研磨6 h制备固体分散体，显著提高了水飞蓟素的体外溶出度。

九、微波辐射法

微波辐射法是近年来发展的一种固体分散体的制备方法。将药物与载体材料混合后，利用微波照射，可非接触式加热药物与载体材料混合物，诱导药物与聚合物的相互作用，进而制备固体分散体。该法在固体分散体制备过程中不使用有机溶剂，并且不存在过度加热情况，具有环境友好、降低生产成本、安全程度高等优点。

第四节　固体分散体的速释与缓释机理

一、速释原理

1.药物的高度分散状态

在固体分散体中，药物一般以分子状态、亚稳定状态、无定形状态、胶体状态以及微晶状态（过饱和状态）存在于载体材料中，载体材料可阻止已分散的药物再聚集粗化，提高药物的溶出速率。固体分散体中药物分散状态不同，溶出速率也不同，一般溶出速率顺序如下：分子分散状态＞无定形分散状态＞微晶分散状态。

药物在固体分散体中可以两种或多种分散状态存在，药物在载体材料中的分散状态与药物的相对含量、载体材料的种类、制备方法及工艺条件有关。

2.载体材料对药物溶出的促进作用

载体保证了药物的高度分散性：高度分散的药物在固体分散体中被载体材料分子包围，使药物分子不易形成聚集体或使微粒不易形成聚附体，保证了药物的高度分散性，加快了药物的溶出与吸收。

载体材料对药物有抑晶性：药物与载体在制备过程中，由于氢键作用、络合作用或黏度增大，可抑制药物的晶核形成和生长，使药物处于较高能量非结晶无定形状态。如 PVP 可利用与药物之间的相互作用（如形成氢键等）抑制药物结晶的产生。

水溶性载体提高了药物的可湿润性：在固体分散体中，药物周围被水溶性载体材料包围，使难溶性药物的可湿润性增强，遇胃肠液后，载体材料溶解，药物很快被润湿，加快药物的溶出与吸收。

此外，表面活性剂类载体可显著提高难溶性药物的溶解度，增加固体分散体溶出时内部药物与外界药物的浓度差；降低药物与胃肠液接触的表面张力，促进药物表面的润湿性。

二、缓释原理

采用难溶性、脂质类制成的固体分散体，具有缓释作用。其缓释原理是药物以分子或微晶状态分散在载体材料形成的网状骨架结构中，溶出时，药物必须首先扩散通过疏水性网状骨架，故延缓了药物的释放速率。例如，采用 EC 为载体材料制备阿司匹林缓释固体分散体，其体外可实现 10 h 的缓释。另外，一些载体材料遇到消化液后发生水化作用生成凝胶，药物需经过扩散或凝胶骨架材料溶蚀释药，实现药物的缓释。例如，采用 HPMC 与 PEG 联合制备非洛地平固体分散体并压制成缓释片，药物在体外可缓释 12 h。

第五节　固体分散体的鉴别方法

药物与载体材料形成固体分散体后，药物的分散状态会发生改变，以分子状态、亚稳定型及无定形、胶体状态或微晶状态分散于载体材料中。因而鉴定药物的分散状态，可用于判断固体分散体的形成。常用的鉴别方法包括热分析法、X 射线衍射法、扫描电子显微镜法、红外光谱法、核磁共振法以及偏振光显微镜法等，必要时可采用几种方法同时进行鉴定。

1.热分析法

热分析法通常采用差示热分析法（differential thermal analysis，DTA）或差示扫描量热法（differential scanning calorimetry，DSC）进行测定。通过比较单纯药物、药物与载体材料物理混合物、固体分散体之间吸热峰或放热峰的位置和大小，进行判定。一般来说，固体分散体中若有药物晶体存在，在热分析曲线中则有吸热峰存在，且药物晶体存在越多，吸热峰的面积越大。

2.X 射线衍射法

X 射线衍射法用于进行晶体物质的定性分析，可根据制备固体分散体前后药物的特征衍射峰判断药物晶型的改变，判定固体分散体的形成。药物以分子或无定形分散等状态时，无 X 射线衍射。需要注意的是，结晶度在 5％～10％以下的晶体是无法用 X 射线衍射法测出的。

3. 扫描电子显微镜法

直接利用扫描电子显微镜观察固体分散体与药物分子、载体材料及药物分子与载体材料的物理混合物之间外观形态变化，观察结晶情况，也可作为判定固体分散体形成的方法。

4. 偏振光显微镜法

偏振光显微镜将普通光改变为偏振光进行镜检，用以鉴别某一物质是单折射性（各向同性）或双折射性（各向异性）。其中，双折射性是晶体的基本特征，可用于固体分散体中药物结构的鉴定。

5. 红外光谱法

在固体分散体中，由于药物与高分子载体材料间可发生相互作用（如氢键作用）而使药物红外吸收发生位移或强度改变，因此，红外光谱也可用于固体分散体的鉴别。

此外，拉曼光谱是一种源自非弹性光散射的分子振动光谱，具有快速、简单及可重复的特点，可无损伤定性定量分析，样品无须前处理，其分析原理与红外光谱类似。因此，将拉曼光谱与红外光谱结果合并分析，对于阐述固体分散体中的分子间相互作用，将能得到更全面的判断。

6. 核磁共振法

药物与载体材料形成固体分散体后，会导致核磁共振图谱峰发生位移，可根据核磁共振图谱中峰的化学位移变化进行判断。核磁共振法主要用于确定固体分散体中是否有分子内或分子间相互作用。

第六节　固体分散体的稳定性

一、影响稳定性的因素

稳定性是影响固体分散体应用的最主要因素，若固体分散体产品在贮藏期不稳定，发生老化现象，易导致固体分散体产品效果降低或失效，所以生产中应全面考虑药物的贮藏条件以保证其稳定性。固体分散体的老化过程本质上是分子运动引起药物分子自发聚集的一种宏观迁移现象。其可能是在热力学和动力学因素共同作用下，药物分子和载体材料发生热运动导致。

（一）热力学因素

1. 溶解限度

固体分散体中载体材料对药物溶解的最大程度称为溶解限度，其饱和程度可影响固体分散体的稳定性。一般来说，如果药物在载体材料中的浓度小于其在载体中的溶解限度，则该固体分散体是稳定的，溶出速率较快；反之，超过了载体的溶解限度，会降低固体分散体的稳定性，导致溶出速率的改变。需要注意的是，如果持续增大载体材料的用量，载体材料会在药物周围形成扩散层，使药物难以从载体材料中释放出来，导致其溶出度降低。所以，制备固体分散体时要选择合适的药载比，使药物与载体材料达到最佳的混合度，从而增加其稳定性。

2. 玻璃化转变温度（T_g）

在固体分散体中，载体材料的 T_g 值是药物分子迁移率高低的分界线。当环境温度高于 T_g 值时，无定形相处于黏弹态，药物分子内部处于剧烈运动的状态，固体分散体中药物分子重结晶趋势增大；当环境温度远低于 T_g 值时，固体分散体相对稳定，其老化过程减慢。实际应用可通过更换适宜的载体材料、改变材料的分子量、添加增塑剂或稀释剂等方式改变 T_g 值来增强固体分散体的稳定性。

3. 药物与载体的相互作用

固体分散体中药物和载体材料可发生相互作用（如氢键作用等），在一定程度上能提高固体分散体的稳定性。例如，雷洛昔芬上的酰胺基团能与 HPMC 功能团上的醚基形成氢键，从而提高固体分散体的稳定性。

（二）动力学因素

1. 分子迁移率

分子运动引起药物和载体分别自发聚集是固体分散体老化过程的本质。温度、药物与载体的相互作用、药物的结构等都能够影响固体分散体分子振动的频率，导致药物分子迁移并聚集，从而影响其稳定性。

2. 相分离

固体分散体的相分离过程取决于药物和载体之间的相容性以及体系所处的外界条件（如相对湿度、温度、贮存时间等）。当药物和载体材料能够完全相容时，体系处于稳定状态，不会发生相分离。当载药量达到过饱和态时，药物和载体材料会分别自发聚集形成富药层和载体层，处于富药层的药物能够进一步发生成核和晶体生长。如果体系发生相分离，该体系对药物重结晶的抑制力就会减弱，降低固体分散体的物理稳定性。

3. 成核

晶核形成和晶体生长是结晶过程的两个主要步骤，其中成核速率是决定固体分散体物理稳定性最为重要的动力学因素之一，其与载体溶解限度的饱和程度有关。相同药量的情况下，饱和程度增大，导致成核概率与速率增加。可选择具有抑晶作用的载体材料制备固体分散体，延缓药物重结晶，从而提高固体分散体的稳定性。

二、提高固体分散体稳定性的方法

1. 选择优良的载体材料

一般依据相似相溶原则选择固体分散体的载体材料，可提高固体分散体的稳定性。例如分别利用 PEG 6000 与共聚维酮 PVP-VA64 两种亲水载体材料制备联苯双酯固体分散体，其中，PVP-VA64 为载体材料与联苯双酯具有良好的相容性，其固体分散体成功制备，而 PEG 6000 与联苯双酯的相容性较差，无法制备稳定的固体分散体。

2. 加入添加剂

在制备固体分散体的过程中加入一定的添加剂，如表面活性剂、促渗剂、增塑剂、阻滞剂，能够改善药物在固体分散体中的分散程度，影响药物分子迁移率，增强药物与载体的相互作用，改善药物与载体的相分离度等，从而在一定程度上优化固体分散体的性质，增强固体分散体的稳定性。例如，在 HPMC 为载体材料的固体分散体中添加乳糖、微晶纤维素等，可进一步提高药物的溶解度，同时具有抑制药物结晶、减缓分子迁移率、延缓固体分散体老化的作用，从而增强其稳定性。

3.改善药物的制备工艺

固体分散体的制备方法不同，药物与载体材料的相互作用、分子迁移率等也不同，从而导致固体分散体稳定性和溶出速率的差异。例如，分别采用喷雾干燥法和真空干燥法制备西洛他唑固体分散体，喷雾干燥法制备的固体分散体颗粒大小是真空干燥法制备的固体分散体颗粒的 1/40，从而导致药物溶出速率更快。分别采用热熔挤出法、溶剂蒸发法、熔融冷却法制备厚朴总酚固体分散体，从 FT-IR、DSC 及 XRD 图谱中无法区分 3 种工艺所得制品间的差异，但加速稳定性和溶出实验结果表明，不同工艺固体分散体的稳定性排序为：热熔挤出法制品＞溶剂蒸发法制品＞熔融冷却法制品，分析原因为热熔挤出法制备的固体分散体致密紧实；溶剂蒸发法制备的固体分散体疏松多孔，易吸湿结晶；熔融冷却法工艺过程中采用手工混合，固体分散体中药物分散度差，易聚集析晶。

第七节　固体分散体的应用举例

例 12-1　索拉非尼衍生物-PVP K$_{30}$ 固体分散体（速释型）

【处方】索拉非尼衍生物 1 份，PVP K$_{30}$ 5 份，乙醇 适量，丙酮 适量。

【制法】精密称取 1 份索拉非尼衍生物、5 份 PVP K$_{30}$，用乙醇-丙酮（体积比 1∶10）混合溶剂溶解，在 65 ℃ 水浴中减压蒸发。待溶剂完全挥发干，置于真空干燥箱中，35 ℃ 恒温干燥 8 h，轻轻刮下固体，粉碎，过 80 目筛，干燥器内保存备用，得索拉非尼衍生物-PVP K$_{30}$ 固体分散体。

【注解】溶出实验表明，索拉非尼衍生物原料药在 60 min 内平均释放度为 9.7%，索拉非尼衍生物-PVP K$_{30}$ 固体分散体中索拉非尼衍生物在 60 min 内平均释放度为 96.3%。

例 12-2　阿司匹林-乙基纤维素固体分散体（缓释型）

【处方】阿司匹林 1 份，乙基纤维素 1 份，乙醇 适量。

【制法】将 1 份阿司匹林加入适量乙醇中，磁力搅拌下溶解，加入 1 份乙基纤维素（与阿司匹林质量比 1∶1），全部溶解后持续搅拌 1 h。将上述溶液置于水浴锅（65 ℃）上浓缩，蒸去大部分有机溶剂后将上述的混合溶液放置在烘箱中，在 65 ℃ 下进行干燥。将干燥所得固体进行粉碎、研磨、过 40 目筛，产物即阿司匹林-乙基纤维素固体分散体粉末。

【注解】溶出实验表明，阿司匹林-乙基纤维素固体分散体中阿司匹林在水、无酶模拟胃液以及无酶模拟肠液中表现出 6～8 h 缓慢释药行为。

例 12-3　恩替卡韦-聚乙二醇 4000 固体分散体

【处方】恩替卡韦 1 g，吐温 80 0.1 g，聚乙二醇 4000 3 g。

【制法】取处方量恩替卡韦、吐温 80 加无水乙醇 20 mL 溶解；取处方量聚乙二醇 4000 加热至 80 ℃熔融，在其中慢慢加入上述无水乙醇溶液，搅拌并使其分散均匀，持续混合 2 h 后，将分散体放入不锈钢容器中，至真空干燥箱中干燥至恒重，即得恩替卡韦-聚乙二醇 4000 固体分散体，将固体分散体粉碎，过 80 目筛。

【注解】将上述制备的固体分散体与赋形剂按比例混合，按干法压片工艺压制成片，每片含恩替卡韦 1 mg。

（张　娜　刘永军）

思考题

1. 什么是固体分散体？有什么特点？
2. 固体分散体的分类包括哪些？
3. 常用的水溶性、难溶性及肠溶性固体分散体载体材料有哪些？
4. 简述熔融法制备固体分散体的原理，并举例说明。
5. 简述热融挤出技术的优势及其常用设备。
6. 固体分散体的常用制备方法包括哪些？
7. 固体分散体的速释原理有哪些？列举 3 种速释的载体材料。
8. 固体分散体的缓释原理有哪些？举例说明。
9. 固体分散体常用的鉴别方法有哪些？
10. 影响固体分散体稳定性的因素有哪些？如何提高固体分散体的稳定性？

参考文献

[1] 平其能. 药剂学 [M]. 4 版. 北京：人民卫生出版社，2013.

[2] 周建平. 工业药剂学 [M]. 北京：人民卫生出版社，2014.

[3] Das P S, Verma S, Saha P. Fast dissolving tablet using solid dispersion technique：A review [J]. Int J Cur Pharm Res，2017，9 (6)：0975-7066.

[4] 张守德，衷友泉，赵国巍，等. 固体分散体稳定性的影响因素及改善方法的研究进展 [J]. 中国医药工业杂志，2018，49 (4)：433-439.

[5] Rubendra K, Dinesh Kumar M, Dinesh Kumar. Solid dispersion：A novel means of solubility enhancement [J]. J Crit Rev，2016，3 (1)：1-8.

[6] Kumar B. Solid dispersion-a review [J]. PharmaTutor，2017，5 (2)：24-29.

[7] Mankar S D, et al. Solubility enhancement of poor water soluble drugs by solid dispersion：A review [J]，J Drug Del Therap，2018，8 (5)：44-49.

第十三章

包合物

第一节　概　述

一、定义

包合物（inclusion complex）是指一种分子被全部或者部分包合于另一种分子的空腔结构内而形成的独特形式的络合物。一种分子被包嵌于另一种分子的空穴结构内，形成包合物的技术，称为包合技术。包合物由主体分子（host molecules）和客体分子（guest molecules）组成。主体分子具有较大的空穴结构，足以将客体分子容纳在内，形成分子胶囊（molecule capsule）。包合物常见的主体分子有环糊精及其衍生物，另外还有六边形通道结构的尿素、笼状结构的对苯二酚、碗状结构的卟啉、冠状结构的冠醚等。

将药物采用适当的包合技术制备成包合物可以改善药物的诸多性质，如提高药物稳定性、增加药物溶解度、使液体药物粉末化防止挥发性成分挥发、掩盖不良气味、降低药物的刺激性和不良反应、调节药物溶出速率及提高生物利用度等。

(1) 提高药物稳定性　如维生素 A、维生素 C、维生素 E 等，制成包合物，可防止其氧化水解。

(2) 增加药物溶解度　难溶性药物，如阿霉素（DOX）、喜树碱（CPT）、紫杉醇（PTX）等制成包合物后，可极大提高药物的溶解度。

(3) 使液体药物粉末化防止挥发性成分挥发　液体药物，如维生素 D、维生素 E 制成包合物后，可使其固体化，成片剂或散剂。

（4）掩盖不良气味　大蒜精油制成包合物后，大蒜臭味减小，提高患者的顺应性。

（5）降低药物的刺激性和不良反应　多数抗癌药物有很强的刺激性和毒副作用，为了降低患者的不适反应，可和β-环糊精衍生物制成包合物，药物的毒副作用因此降低。

（6）调节药物溶出速率及提高生物利用度　药物形成包合物后，稳定性提高，溶解度增大，具有一定的缓释作用，可以调节药物溶出速率等因素，可以使其生物利用度大幅度提高。

二、分类

包合物按结构和性质主要可分为以下三类。

（1）单分子包合物　由单一的主体分子和单一的客体分子形成的包合物。即单个主体分子只形成一个空腔，并且仅包合一个客体分子。

（2）多分子包合物　多个主体分子通过氢键连接，按一定方向松散排列形成晶格空腔，客体分子嵌入晶格空洞形成的包合物。

（3）大分子包合物　主体分子为天然或人工大分子化合物，客体分子镶嵌在主体分子形成的多孔结构中形成的包合物。

第二节　常用包合材料

目前在药物制剂中常用的包合材料为环糊精（cyclodextrin，CD）及其衍生物。

一、环糊精的发现与发展

1891 年，Villiers 从芽孢杆菌属（*Bacillus*）淀粉杆菌（*Bacillus* amylobacter）的 1 kg 淀粉消化液中分离出 3 g 可以在水中重结晶的物质，确定其组成为（$C_6H_{10}O_5$）$_2 \cdot 3H_2O$。由于其没有还原性且能被酸分解，故称之为"木粉（cellulosine）"，当时还不能确证它的结构与性质。1903 年，Schardinger 用分离的菌株消化淀粉得到两种晶体化合物，确认它们与 Villiers 分离出的"木粉"是同一种物质。为了区别，将与碘-碘化钾反应生成的蓝灰色晶体称作 α-环糊精（α-cyclodextrin，α-CD），生成的红棕色晶体称作 β-环糊精（β-cyclodextrin，β-CD）。这种用碘液反应生成晶体的晶型和颜色判断 α-CD、β-CD 的方法沿用至今。Schardinger 成功地分离出纯芽孢杆菌，取名软化芽孢杆菌（*Bacillus* macerans），至今仍然是生产和研究中经常使用的菌种。之后，Pringsheim 发现了这种结晶性糊精和它的乙酰化产物能结合各种有机化合物，生成复合体。由于使用不适宜的冰点降低法确定分子量，以及许多推测缺乏事实依据，这一时期的研究工作进展缓慢。

环糊精化学发展的第二阶段是在 20 世纪 30～60 年代。1936 年 Schardinger 提出了结晶性糊精的结构。在 1948～1953 年间 Freudenberg 和 Cramer 又发现了 γ-环糊精（γ-cyclodextrin，γ-CD）并确认了结构，并在德国发表了第一个关于环糊精的专利。该专利描述了天然 α-CD、β-CD、γ-CD 的基本性质，以及环糊精包合物的形成来提高生物活性化合物的水溶性和化学稳定性。1965 年 Solm 等第一次报道了 β-环糊精聚合物（简称 β-CDP）的合成。这一时期的研究结果使人们意识到环糊精有可能应用于工业。

20世纪70年代初至今，环糊精的化学研究进入了快速发展阶段。1971年Szejtli和Chinoin药物化学工厂组建生物化学研究实验室，开展环糊精在药物、食品、化妆品和分析化学领域的研究。1971年Horikoshi在碱性发酵条件下分离得到环糊精葡萄糖基转移酶，从而使β-CD的价格大幅度下降；1976年日本批准了α-CD和β-CD作为食品添加剂使用，且第一个环糊精包合物药品前列腺素E_2/β-CD舌下片由小野制药于日本上市销售。Cyclolab是世界上公认的全方位的环糊精研究和开发公司，推出了大量环糊精在医药、化妆品和食品工业等领域的应用。环糊精凭借特殊空腔分子结构以及安全低毒、易于制备的优良性质，受到研究者们高度青睐。近年来对环糊精及其衍生物的研究已在各个领域中取得众多令人瞩目的成就。环糊精化学在医药、农业、日用化工和食品等领域都有广阔的发展前景。

二、环糊精的结构

环糊精是淀粉经环糊精葡萄糖转移酶催化得到的产物，是6～12个D-葡萄糖分子以α-1,4-糖苷键连接的环状低聚糖的总称。其中最常见的是α-CD、β-CD、γ-CD，分别由6、7、8个葡萄糖分子单体构成（图13-1）。由于环糊精的单体为α-D-吡喃葡萄糖，其空间上具有椅式构象，而环糊精就是由若干个α-D-吡喃葡萄糖聚合形成的环状分子，导致环糊精的空间立体结构为上窄下宽、两端开口、中空的圆台体，而不是规则的圆柱体。α-CD、β-CD以及γ-CD三种类型均具有相同的高度（约为7.8 Å），内部空腔直径则随α-D-吡喃葡萄糖分子数量增加而增加，从5.7 Å增至7.8 Å以及9.5 Å（表13-1）。

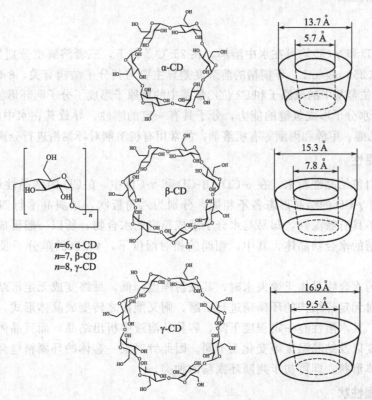

图13-1　α-CD、β-CD和γ-CD的分子结构（1Å＝10^{-10} m＝0.1 nm）

表 13-1 α-CD、β-CD 和 γ-CD 的分子结构参数

分子结构参数	α-CD	β-CD	γ-CD
葡萄糖单元数	6	7	8
分子量	972	1135	1397
空腔直径/Å	4.7~5.3	6.0~6.5	7.5~8.3
空腔高度/Å	7.9±0.1	7.9±0.1	7.9±0.1
外圆周直径/Å	14.6±0.4	15.4±0.4	17.5±0.4
空腔体积/Å³	174	262	427
空腔体积/(mL/mol CD)	104	157	256
结晶形态(水中)	六角板状	单斜晶平行四边形	方形棱柱体
腔中结晶水(质量分数)/%	10.2	13.2~14.5	8.13~17.7

经 X 射线衍射和核磁共振证实，由于羟基基团聚集在环糊精分子的外侧边缘（仲羟基位于较宽的边缘，伯羟基位于较窄的边缘），因此环糊精分子外壁具有较强的亲水性。环糊精内腔排列着 α-1,4-糖苷键（配糖氧桥原子），氧原子的非键合电子指向中心，其空腔内具有高电子云密度，使环糊精的内腔具有较强的疏水性。环糊精分子以亲水性外表面和疏水性内部空腔为特征的三维结构，决定了环糊精分子的水溶性，并使其能将合适的疏水分子部分或完全包封到空腔中，因此，环糊精分子具有包合能力。

三、环糊精的性质

（一）物理性质

1. 溶解性

α-CD、β-CD 和 γ-CD 均可在水中溶解，在 25 ℃条件下，三者溶解度分别为 137 mg/mL、18.8 mg/mL 和 256 mg/mL。环糊精的溶解度差异主要与其分子结构有关，β-CD 的低溶解性可能是由于 C3 位羟基中的氢原子和 C2 位乙氧基中的氧原子形成了分子间环形氢键，从而削弱了 β-CD 与周围水分子形成氢键的能力，分子具有一定的刚性，导致其在水中的溶解度下降。环糊精难溶于乙醇、甲醇和丙酮等有机溶剂，故常用有机溶剂对环糊精进行分离提纯。

2. 物理结晶性

环糊精为白色结晶性粉末，在 α-CD、β-CD 和 γ-CD 中，β-CD 的结晶性最好。在水中，α-CD、β-CD 和 γ-CD 的结晶形态各不相同，分别为六角板状、单斜晶平行四边形、方形棱柱体。环糊精不具有吸湿性，却易与水分子形成稳定的水合物，所以一般形成的环糊精晶体实际上是环糊精的水合物晶体。其中，相同的相对湿度下，γ-CD 的单分子吸收的水分子数最多。

当环糊精的水合物晶体干燥失水时，其反射强度降低，最终变成无定形结构。反之，在高相对湿度下对无定形结构的环糊精进行研磨，则又能使之转变成晶体形式。当环糊精与客体发生包合后，其水溶性有一定程度下降，容易从溶液中析出结晶，而且晶体形状随环糊精种类、溶液浓度以及结晶温度等变化而不同。因此针对某一客体的环糊精包合物，通过光学显微镜观察晶体形状，即可初步判断环糊精的种类。

3. 其他物理性状

环糊精无固定熔点，无气味，微甜，引入修饰基团有利于提高其热稳定性。环糊精水溶液具有旋光性，其在水中的黏度稍高于在水的黏度。

(二) 化学性质

1. 反应活性

环糊精分子内存在的三种羟基（不同碳原子上羟基）都具有反应活性，通过在羟基位置引入新的基团可以得到一系列的环糊精衍生物，这就导致环糊精具有很好的反应活性，可与较多物质发生反应，以此对环糊精进行改性。例如，环糊精上的羟基可以直接与烷基卤化物、环氧化物、烷基、芳基酰卤、异氰酸酯以及无机酸的卤化物等反应生成环糊精的酯或醚。

环糊精三种羟基的反应活性有显著差别，其活性顺序为 6 位 C 上—OH>2 位 C 上—OH>3 位 C 上—OH，而酸性强弱的顺序为 2 位 C 上—OH>3 位 C 上—OH>6 位 C 上—OH。

2. 脱水性

和其他糖类化合物一样，环糊精经浓硫酸脱水后可转变为糖醛，后者与蒽酮试剂缩合成有色物质，其最大吸收波长在 620～650 nm 之间，这也是一种不经过糖苷键水解的定量分析方法，可以特征性鉴别环糊精。

3. 稳定性

天然的 α-CD、β-CD 和 γ-CD 对 β-淀粉水解酶不敏感。由于环糊精不包含对 β-淀粉酶敏感的还原性端基，因此 β-淀粉酶不容易水解环糊精，而 α-淀粉酶则结合于环糊精分子内部，不需要自由端基，故可以水解环糊精，但是水解速率较低。α-CD 和 β-CD 对唾液中的 α-淀粉酶基本稳定，而 γ-CD 可被唾液和胰腺 α-淀粉酶快速水解。

环糊精本身呈中性，在碱性和中性条件均可保持稳定性。在酸性条件下环糊精的 α-缩醛键水解开环形成葡萄糖、麦芽糖和非环状低聚糖类，水解速率取决于环的大小、游离环糊精的浓度以及酸性的强弱。

四、β-环糊精衍生物

在天然环糊精的基础上进行适当的化学基团的修饰，可以得到一些性质优良的环糊精衍生物，而其中 β-CD 衍生物的作用最广，常见的 β-CD 衍生物有羟丙基-β-环糊精（HP-β-CD）、磺丁基-β-环糊精（SBE-β-CD）、2,6-二甲基-β-环糊精（DM-β-CD）、单琥珀酰-β-环糊精（SDM-β-CD）、2,3,6-三甲基-β-环糊精（TM-β-CD）、三乙基-β-环糊精（TE-β-CD）等。

1. HP-β-CD

β-CD 在碱性溶液中与环氧丙烷反应，2-羟丙基可被连接到 β-CD 的一个或多个羟基上，或者连接到已经与 β-CD 相连的 2-羟丙基的羟基上，所得到的产品为混合取代物。

羟丙基环糊精（HP-β-CD）是无定形白色粉末，其取代度为 13%～14%，是半固体，用冷冻干燥法或有机溶剂处理均无法形成粉末。HP-β-CD 易溶于水，可以制得 75%（质量分数）的水溶液。其在乙醇中溶解度可达到 50%～60%（质量分数）。HP-β-CD 具有较小的溶血性。HP-β-CD 对吲哚美辛、潘生丁、利多卡因、灰黄霉素、布洛芬的增溶作用与取代度没有明显的关系。

2. 磺丁基-β-环糊精 SBE-β-CD

磺丁基-β-环糊精（SBE-β-CD）是 β-环糊精 C6 位（也包括 2、3 位）的羟基被磺丁基取代的产物，是阴离子型高水溶性环糊精衍生物，能很好地与药物分子包合形成包合物。SBE-β-CD 具有水溶性高、溶血作用小等优点，在医药中应用前景广泛。目前美国 FDA 批准使用的 SBE-β-CD 药物共有 6 种，分别为伏立康唑、齐拉西酮、柠檬酸马罗匹坦、阿立哌唑、卡非佐米和盐酸胺碘酮。

五、环糊精聚合物

环糊精聚合物（cyclodextrin polymer，CDP）是指含有两个或多个共价相连的环糊精分子的产品，可以通过环糊精交联制得，也可以通过环糊精衍生物中含有的功能基团取代基的聚合而制备，或者也可把环糊精连接到其他聚合物上。

交联的环糊精聚合物包括三部分：环糊精环、连接桥、尾链（如环糊精环上的取代基侧链）。理想的交联剂应该只取代环糊精环上的一个羟基，而不与其他基团发生反应。但在许多情况下，这些取代物会和更多的交联剂反应从而形成长的聚合尾链。

一般认为水溶性的环糊精聚合物至少由两个环糊精分子单元组成。聚合物的分子量范围是3000～15000，有 5～10 个环糊精分子。分子量 20000 以上的环糊精聚合物，具有三维网状结构，遇水可以溶胀形成凝胶，但不能溶于水。嵌段共聚制得的不溶性聚合物需粉碎，得到的颗粒外观形状不规则。通过在多相溶液中的聚合反应，可以制备外观规则的球状聚合物。

第三节　包合物作用与包合技术

一、环糊精包合物的形成

1. 包合物形成

环糊精是一种常用的包合材料，其可以和多种药物分子形成包合物，比较常见的有卤素（如碘）、脂肪酸及酯、气体分子、核酸等。其中，环糊精作为包合主体，称为主体分子；被插入的药物分子为包合客体，称为客体分子。主客体分子形成的是一种特殊类型的分子复合物，由客体分子插入到环糊精分子的空腔之中，因此形成的包合物也被形象地称为"分子胶囊"。

药物和环糊精作用形成包合物的驱动力主要来自环糊精空腔中水分子的释放，环糊精疏水性空腔内部的水分子间难以充分形成氢键，以及水分子形成氢键的潜能未能充分释放，故有相当大的焓值。当这些高能量的水分子被极性比它小的合适的客体分子取代释放出来后，系统的能量会降低，利于包合物的形成。除此之外，还包括一些其他的驱动力，如范德瓦耳斯力、氢键作用、疏水作用、包合物形成过程中环张力的降低及溶剂表面张力的降低等。

环糊精与客体分子形成包合物的过程伴随着吉布斯自由能（Gibbs free energy）的改变。在水溶液中，其变化可以由下式得出：

$$\Delta G_{comp}^{*} = -KT\ln K_{mf} = \Delta G_{intrasol}^{c} + (\Delta G_{w}^{C} - \Delta G_{w}^{S} - \Delta G_{w}^{L}) + \Delta gA\gamma_1 \tag{13-1}$$

式中，K_{mf} 为结合常数；$\Delta G_{intrasol}^{c}$ 描述的是主客体分子相互作用；ΔG_{w}^{C}、ΔG_{w}^{S}、ΔG_{w}^{L} 分别为包合物（C）、客体分子（S）、环糊精（L）的溶解能；$\Delta gA\gamma_1$ 是溶剂作用的反映，其中 γ_1 为水的表面张力，A 为分子表面积，g 为表面张力的曲率校正因子，$\Delta gA = gA^C - gA^S - gA^L$。除了吉布斯自由能的改变，在包合过程中，经常还伴有一个相对较大的焓变 ΔH（负值）和熵变 ΔS（正或负）。

2. 主客分子包合比

如图 13-2 所示，药物与环糊精通常以 1∶1 的摩尔比形成包合物，但是如果客体分子太大，单一的环糊精空腔无法将其完全容纳时，未被包合的一端将作为作用位点，与另外一个环糊精形成包合物，这种方式得到的将是主客体分子 2∶1 形式的环糊精包合物。另外，还可能出现其他比例的包合物。

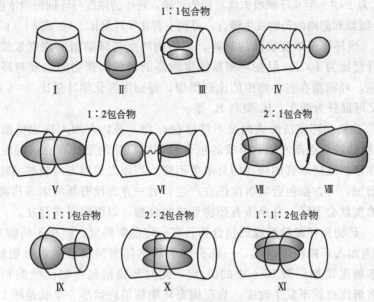

图 13-2　药物与环糊精形成包合物

不同环糊精的空腔尺寸不同，适合不同尺寸的药物客体分子，因此可能出现对于同一种药物客体分子，不同的环糊精，其进入环糊精空腔的方式有所不同。如图 13-3 中 N-正丁基-1,8-萘二甲酰亚胺分别以不同的形式和 α-CD、β-CD 或 γ-CD 形成包合物。

3. 包合物的溶解度

客体分子与环糊精形成包合物后，溶解度会发生变化。环糊精包合物的相溶解度曲线如图 13-4 所示。总体可分为 A 型和 B 型曲线。A 型曲线代表的是可溶性包合物的相溶解度曲线，但当形成的包合物的溶解度有限的时候，对应的相溶解度曲线则是 B 型。

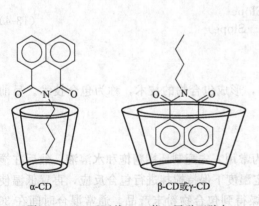

图 13-3　N-正丁基-1,8-萘二甲酰亚胺与
α-CD、β-CD 或 γ-CD 形成的包合物

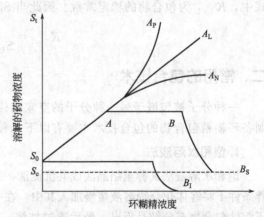

图 13-4　环糊精包合物的相溶解度曲线

S_0—无环糊精时药物的溶解度；S_t—溶解的药物（游离药物＋包合物）的总浓度；S_c—溶解性差的包合物的溶解度

其中，A 型曲线其又可以分为三类：A_L 型、A_P 型和 A_N 型。

(1) A_L 型 药物的浓度与环糊精的浓度成线性关系，形成包合物的主客化学计量比为 1∶1。

(2) A_P 型 当环糊精浓度较低的时候，药物的浓度与环糊精的浓度成线性关系，包合物的主客化学计量比为 1∶1。但在环糊精浓度较高的时候，药物的浓度与环糊精的浓度成线性正偏差关系，包合物会继续和游离的药物发生缔合，得到主客化学计量比 1∶2 或 2∶3 的包合物。

(3) A_N 型 当环糊精浓度较低的时候，药物的浓度与环糊精的浓度成线性关系，包合物的主客化学计量比为 1∶1。但在环糊精浓度较高的时候，药物的浓度与环糊精的浓度成线性负偏差关系，环糊精在包合物中的比例增加，得到主客化学计量比 2∶1 的包合物。

B 型曲线又可以分为两类：B_I 型和 B_S 型。

(1) B_I 型 药物和环糊精形成的是不溶性包合物，药物在加入环糊精前的固有溶解度为 S_0，随着环糊精的量逐渐增加，形成的包合物都以沉淀的形式存在，同时原先为固态的药物又能及时溶解，维持溶解的药物的总浓度不变。当原先的固态药物被消耗殆尽后，随着环糊精的浓度增加，一方面包合物沉淀仍在产生，另一方面没有新的固态药物溶解，因此溶解的药物的总浓度就会下降，直至所有药物形成包合物，以沉淀形式存在。

(2) B_S 型 药物和环糊精形成的包合物具有一定的溶解度，但小于药物本身的溶解度，其值为 S_c。当刚加入环糊精的时候，一部分固态药物随着溶解性的包合物的产生而溶解，使得药物的总溶解度增加到图 13-4 中的 A 点，此时环糊精包合物已经饱和，再增加环糊精，药物的总溶解度也就不发生改变，直至固态环糊精消耗殆尽，也就是图 13-4 中的 B 点，之后，出现 B_I 型后半段类似的情况，最终溶液中只剩下包合的环糊精，包合物的溶解度即为溶解的药物的总浓度。

包合物的两个最重要的特征是它们的化学计量数和稳定常数。如果 m 个药物分子（D）与 n 个环糊精分子（CD）形成包合物（D_m/CD_n），则得到以下平衡：

$$mD + nCD \xrightleftharpoons{K_{m:n}} D_m/CD_n \tag{13-2}$$

对于 A_L 型曲线下的 1∶1 型包合物，其斜率（Slope）由以下方程决定：

$$Slope = \frac{S_0 K_{1:1}}{(S_0 K_{1:1} + 1)} \tag{13-3}$$

式中，$K_{1:1}$ 为包合物的稳定常数。因此当 Slope 已知，可以用下式计算得到 $K_{1:1}$：

$$K_{1:1} = \frac{Slope}{S_0(1 - Slope)} \tag{13-4}$$

二、常用的包合技术

一种分子被包嵌于另一种分子的空穴结构内，形成包合物的技术，称为包合技术。目前制备环糊精包合物的包合技术主要有以下几种。

1. 饱和水溶液法

饱和水溶液法又称重结晶法或共沉淀法，最为常用。先配制环糊精饱和水溶液，然后在搅拌条件下将客体化合物溶液缓慢加入其中，在一定温度下保持搅拌进行包合反应，再置低温使不溶性包合物充分结晶析出。最后通过抽滤、干燥得到包合物粉末产品。通常混合时间在 30 min 以上，包合温度在 30～60 ℃为宜，适当提高包合温度能提高包合效率，但是要注意温度过高会影响药物的稳定性。对于水溶性差的客体，可加入少量丙酮或异丙醇等有机溶剂溶解，再加入环糊精溶液中；对于水溶性好的药物也可以加入某些有机溶剂来促使包合物的析出。根据搅拌包合设备的不同又可以分为电动、磁力搅拌、超声波、高速组织捣碎机法等。

例 13-1 FK506/DM-β-CD 包合物

【处方】FK506/DM-β-CD（摩尔比 1：5）。

【制法】将 FK506 乙醇溶液加入 DM-β-CD 水溶液中，在 50 ℃时搅拌、超声 30 min。待有机溶剂挥发完全后洗涤干燥即得 FK506/DM-β-CD 包合物。

【注解】采用 X 射线衍射、扫描电镜等方法表征包合物的形成，FK506 包合物的水中溶解度提升 200 倍。

2. 研磨法

将环糊精与客体化合物充分混合，同时加入极少量的水使其含湿量在 20％～50％，然后进行强力研磨，体系黏度逐渐增加而成糊状，最后进行干燥、洗涤，即可得到包合物。相比于饱和水溶液法，该法更适用于工业生产。

例 13-2 BMCP25/DM-β-CD 包合物

【处方】BMCP25/DM-β-CD（摩尔比 5：1）。

【制法】分别称取 DM-β-CD 和 BMCP25 放入研钵中，添加少量的水研磨成糊状，将 BMCP25 的四氢呋喃溶液缓慢滴加，均匀研磨后密封保存 24 h，得 BMCP2/DM-β-CD 包合物。

【注解】采用 X 射线衍射、扫描电镜等方法表征包合物的形成，BMCP25 经包合后水中溶解度提升 343 倍，且 DM-β-CD 可促进肠道对药物的吸收。

3. 冷冻干燥法

主客体化合物多以 1：1 分子比溶解后，冷冻干燥而得包合物。对于易溶于水，且加热干燥时易分解或变色的包合物，则可采用冷冻干燥法制备。冷冻干燥法制备得到的包合物外形疏散，溶解性能好，可制成注射用粉针剂。

4. 喷雾干燥法

先将客体分子和环糊精制成饱和水溶液，经喷雾干燥即得包合物。喷雾干燥法具有传热快、水分蒸发迅速、干燥瞬时的特点，适用于难溶性、疏水性药物以及热敏性好的药物。

例 13-3 小檗碱/HP-β-CD 包合物

【处方】小檗碱/HP-β-CD（摩尔比 1：1）。

【制法】分别称取 β-CD 和盐酸异丙嗪，加入适量热水溶解，搅拌下将盐酸小檗碱溶液缓慢滴加到 HP-β-CD 溶液中，50 ℃下搅拌 2 h，用 0.45 μm 微孔滤膜滤过。将滤液用喷雾干燥仪进行喷雾干燥（操作参数：进风温度 170 ℃，喷雾速度 10 r/min，喷雾压力 0.8 MPa，出风温度 70～80 ℃），即得小檗碱/HP-β-CD 包合物。

【注解】采用喷雾干燥法制备得到的包合物质量好，质地松脆，包合物水中溶解度增大，也能改善药物的溶出速率。

5.液-液法或气-液法

将客体药物的蒸气或者冷凝液直接通入环糊精的溶液中，进行包合，再经过过滤和干燥即可得到包合物。该方法主要适用于从中药中提取的挥发油或者芳香化合物。

6.固相包合法

客体分子和环糊精以一定的比例通过振荡器进行固相包合而得包合物。

三、影响环糊精包合作用的因素

包合物包合时，主客体配比、包合方法、时间、温度、溶剂等因素对包合的效果具有一定的影响。

1.主体分子与客体分子的大小

客体分子的大小决定着客体分子是否能够包入或嵌入环糊精内腔，同时，客体分子的几何形状，即立体效应对环糊精包合作用也有很大的影响。

2.主客体配比对包合效果的影响

在包合过程中，根据环糊精空腔和包合客体的尺寸的不同，会按不同的比例形成包合物。一般来说，成分单一的客体分子与环糊精形成包合物时，其最佳主客体摩尔比多表现为1∶1或1∶2，如酮洛芬、吲哚美辛、硝苯地平等环糊精包合物。对于成分复杂的包合客体形成包合物的最佳主客体配比，则往往需要通过实验筛选获得，因此，确定合适的投料比对于高效制备包合物十分重要。

3.包合方法对包合效果的影响

对于确定的客体分子，会根据客体分子的性质，选择不同的包合方法。如包合物易溶于水则不适合饱和水溶液法，可以选择研磨法；如包合物受热不稳定可采用冷冻干燥法。而对于有些客体分子，适合于多种制备方法，但使用不同的包合方法制备包合物，其所得包合物的数量和质量也可能会有很大的差异。

4.包合时间、温度、溶剂对包合效果的影响

包合时间的长短决定客体能否完全进入环糊精空腔及包合是否完全。包合温度也会在一定程度上影响包合效果。

溶剂在包合物的形成过程中也起着很重要的作用，因为在像饱和水溶液等方法中，客体分子和环糊精都需要溶解才能发生包合作用。理论上，环糊精和客体分子在溶剂中溶解越多，就有越多的分子参与包合反应。水是包合反应最理想的溶剂，因为环糊精在水中有良好的溶解度，客体分子可以轻易地将水分子从环糊精的空腔中取代出来。但是很多客分子在水中溶解度较差，这时往往会引入有机溶剂来溶解客体分子，如乙醇、乙醚等，这些有机溶剂还有一个优点，即易于去除，且不会和环糊精形成包合物。如在茶籽油包合物的制备时，便先用适量乙醚来溶解茶籽油，再加入β-CD的饱和溶液中，形成包合物。

除以上影响因素外，其他一些因素，如投料摩尔比、极性与电荷的大小、主客体分子间作用力、包合设备运转速度（搅拌速度、超声波频率、胶体磨速度）等对包合效果亦有影响。

第四节　包合物的表征

　　包合物的表征通常是基于包合物形成而使客体的物理或化学性质变化的检测。评估药物-环糊精包合物的形成通常需要使用不同的分析方法，其结果往往需要结合起来考察，相互支持以得到最准确的结论。包合物的主要表征技术包括光谱技术、电分析技术、分离技术等。常用包合物的表征方法如下。

1.紫外可见吸收光谱

　　紫外可见吸收光谱（ultraviolet visible absorption spectroscopy，UV-vis）是物质的分子吸收紫外光-可见光区的电磁波时，电子发生跃迁所产生的吸收光谱。该方法是一种简单、经济、快速且有用的方法，用于研究溶液中主-客体包合物的形成。包合物形成过程中，客体分子从水性介质到非极性环糊精腔的转移可改变其原始的 UV 吸收光谱，可以观察到客体 UV 光谱的最大吸收发生蓝移或红移，强度增加或减少。

2.红外光谱法

　　红外光谱法（infrared spectrometry，IR）是通过比较药物包合前后在红外区吸收的特征差异，根据吸收峰的变化情况（吸收峰的降低、位移或消失），由此证明药物与环糊精是否产生包合作用，并可确定包合物的结构。该方法多用于结构中含羰基基团的药物包合物的检测。

3.X射线衍射法

　　X 射线衍射法（X-ray diffraction，XRD）是鉴别药物-环糊精包合物的主要方法之一。包合后 CD 的晶体特征峰消失，且会出现新的属于包合物的晶体特征衍射峰。如果主客体分子只是物理混合物，则在衍射图上会同时出现两者的特征峰。

4.核磁共振光谱法

　　核磁共振光谱法（nuclear magnetic resonance spectroscopy，NMR）近年来也用于固态包合物的分析。核磁共振光谱法可以从核磁共振谱上碳原子的化学位移大小，推断出包合物的形成。一般对于含有芳香环的客体分子，可采用 ^{1}H-NMR 技术，而对于不含芳香环的药物可采用 ^{13}C-NMR 技术。

5.荧光光谱法

　　荧光光谱法（fluorescent spectroscopy）具有灵敏度高、选择性强、用样量少、方法简单等优点。对于本身具有荧光的客体药物，可以比较客体分子和包合物的荧光光谱，从曲线与吸收峰的位置和高度来判断是否形成包合物。

6.高效液相色谱法

　　高效液相色谱法（high performance liquid chromatography，HPLC）是研究环糊精和环糊精包合物与固定相相互作用，以及测定环糊精包合物在溶液中的化学计量和缔合常数的有力工具。该方法通常存在灵敏度和分辨率差以及分离时间长的问题。

7. 等温滴定量热法

等温滴定量热法（isothermal titration calorimetry，ITC）是测定水溶液中相互作用分子热力学参数变化的一种有效方法。通过测定包合物形成过程中产生或吸收的热量，可以精确得到化学计量和缔合常数，评估焓和熵的变化，绘制得到完整的热力学曲线。

其他包合物的表征方法有圆二色谱法、电子自旋共振和电子顺磁共振法、极谱法和伏安法、电位测定法、电导率法、旋光法等。

第五节　环糊精超分子自组装

超分子化学（supramolecular chemistry）最先由法国科学家 J. M. Lehn 提出，是化学与生物学、物理学、材料科学、信息科学和环境科学等多门学科交叉构成的边缘科学。其研究分为两个方向，即超分子化学（主-客体化学）和超分子有序组装体化学。超分子通常是指由两种或两种以上分子依靠分子间相互作用结合在一起，组成复杂的、有组织的聚集体，并保持一定的完整性使其具有明确的微观结构和宏观特性。自组装（self-assembly）是指基本结构单元（分子、纳米材料、微米或更大尺度的物质）自发形成有序结构的一种技术。近年来，在材料科学与工程、环境工程、机械工程、纳米技术和生物技术等各个领域中已经开发出大量的超分子。此外，细胞结构、DNA 结构、受体/底物反应和药物活性等方面均涉及超分子化学。尽管超分子化学不是药物领域的主要领域，但其对于理解药物科学而言是极其有用和重要的。将超分子化学的概念引入药学可以帮助发掘新的材料、思想、方法、假设、策略和机制。环糊精由于其无毒、生物降解、对光无吸收等性能而受到广泛的关注，环糊精相关的超分子自组装在递药系统领域，如脂质体、胶束、纳米粒、水凝胶、纳米凝胶和包合物，也被广泛使用。

一、环糊精主客体超分子聚合物

超分子聚合物以非共价键作用作为构筑驱动力，具有动态可逆的结构特点，在一定的外部环境刺激下，非共价键可发生动态解离，使聚合物载体表现出较低的细胞毒性、良好的生物降解性和智能响应性。近年来，基于主客体包合作用所构筑的超分子聚合物因其构筑方式简单并具有环境刺激响应性等特点而成为药物、基因递送载体研究领域的热点。

环糊精"外亲水，内疏水"的特点使其易于包合具有合适尺寸的疏水性分子，如金刚烷、二茂铁、偶氮苯、苯环、苯并咪唑等。表 13-2 所示是 β-CD 与常见客体分子的结合常数。环糊精还具有刺激响应诱导的"包合-解包合"特性，例如还原态的二茂铁能够与 β-CD 发生包合作用，结合常数为 2.2×10^3 L/mol，而氧化态二茂铁带有一个正电荷，不能与 β-CD 形成包合物。因此，基于环糊精主客体包合作用所构筑的超分子聚合物可在溶液中表现出丰富的自组装和刺激响应性能，以其作为药物或基因递送载体使用，有助于提高载体的环境响应性和可降解性，降低载体的细胞毒性，提高药物分子的生理活性和生物利用度，在药物控制释放、基因治疗等领域有着潜在的应用价值。

表 13-2 β-CD 和常见客体分子的结合常数

客体分子	二茂铁	偶氮苯(顺式/反式)	金刚烷	苯并咪唑
结合常数/(L/mol)	2.2×10^3	$7.7\times10^2/2.8\times10^2$	2.0×10^4	1.6×10^3

　　制备可在生理条件下刺激响应的超分子聚合物载体，使载体能够分步、分层次实现功能性仍是目前的主要研究方向，另外如何提高超分子聚合物的稳定性、载药量、体内循环时间仍是其作为载体使用的难点。在药物/基因共递送超分子聚合物载体领域，载体制备的复杂性、评价机制困难等仍是制约因素，但具有协同治疗作用的超分子复合载体仍有很大的研究空间。鉴于环糊精超分子聚合物"动态组装"和特殊的环境刺激响应性，其在以上领域具有广阔的应用前景，有关方面的研究具有很高的理论和实际应用价值。

二、环糊精轮烷

　　轮烷（rotaxane）是一个或多个环状分子和一个或多个链状分子为轴组成的分子集合，其链分子作轴穿过环分子的空腔，两端结合有体积较大分子以防止轴分子的滑出，从而形成了稳定的轮烷结构。环糊精的疏水性作用可以有效地包合疏水性的小分子和高分子，构建成轮烷或高分子轮烷（图 13-5）。常用的合成轮烷的方式是在饱和的环糊精溶液中加入疏水性的高分子轴，产生不溶的假轮烷（pseudo-rotaxane）(由于在有机溶剂中仍旧可以抽出高分子轴，破坏轮烷结构，故称为假轮烷)；然后通过高效率的反应导入大分子作为轴塞，从而形成了稳定的环糊精轮烷，此类合成步骤称为穿入过程。将多个环糊精分子包合在一条高分子轴上的结构称为聚假轮烷，在其两端加入轴塞后则称为聚轮烷。其中可以作为轴的高分子材料相当广泛，具有合适直径的疏水性线型分子都可以应用为轮烷的轴，其包括聚醚、聚酯、聚硅烷和聚硅醚等。当然由此类分子为基元的星型和侧链型的高分子也可以有效地应用为轴分子材料。不同环糊精的孔径不同，且内腔的疏水性能也有所不同，因而对不同的分子有着一定的选择性。比如高分子 PEG，分子直径小且具有一定的亲水性，和 α-CD 反应制备轮烷产率高达 90％以上，但和 β-CD 及 γ-CD 却几乎得不到产品。

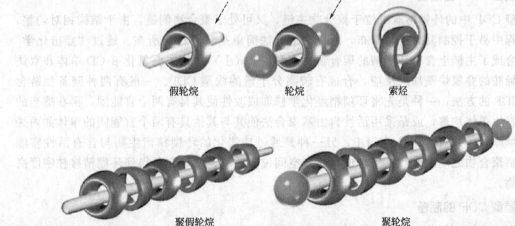

图 13-5 环糊精的超分子的结构示意图

　　轮烷结构中，其轴分子是高分子结构，因此轮烷具有高分子的性能，同时由于每个环糊精的轮结构是可以自由旋转的，因此具有空间自适应能力，可以得到空间选择性。环糊精自组装化合物的分子结合力为非键合的超分子作用，因此其能够构建具有刺激响应性的智能材料，在功能材料、传感器和药物载体等方面得到广泛应用。

三、β-环糊精聚合物

β-环糊精聚合物（β-cyclodextrin polymer，β-CDP）是在聚合物结构中引入 β-CD 单元，既保留了 β-CD 自身的分子结构和包合、缓释控释的特点，又具备空间三维网络结构和高聚物良好的机械强度等性能。除此之外，聚合物上的多个 β-CD 单元使前者具有特有的协同效应、邻基效应、交联剂效应和多价结合效应等高分子效应。因此，β-CDP 对客体物质的选择性识别、吸附力和水溶性都能有效地提高，为开发难溶药物给药系统提供了新载体材料。β-CDP 的结构和种类也逐渐复杂多样，几种典型的结构有交联型结构、线型结构、星型结构和聚轮烷型结构等。β-CDP 在医药、农业、日用化工、食品、环保等领域都有广阔的发展前景。

（一）CDP 的制备

1. 交联型 CDP 的制备

制备交联型 CDP 通常是由环糊精及其衍生物与已有的如环氧树脂、聚异氰酸酯等聚合物，或者具有双官能团甚至多官能团的化合物反应，这些化合物可以是醛、酸酐、异氰酸酯烯、丙基卤化物以及环氧化合物等小分子。大多数情况都是在碱性环境下，环糊精与交联剂环氧氯丙烷高分子化交联而成，影响这种 CDP 聚合度的主要因素有交联剂的用量、反应溶剂、体系的 pH 值和温度、搅拌速度和反应时间等。反相乳液聚合法即是在油溶性乳化剂和充分搅拌的条件下，加入非极性有机溶剂作为连续相，使聚合单体以微小液滴的形式分散在有机溶剂中，形成油包水型（W/O）乳液而进行聚合。制备过程可通过调节乳化剂的配比而得到具有较高 β-CD 含量的水溶性 β-CDP。反相乳液聚合法还具有聚合时间短，产物分子量高，粒径分布在较窄范围内，反应可以在较低温度下进行等特点。

2. 线型 CDP 的制备

线型 CDP 中的环糊精既可位于聚合物主链，又可处于聚合物侧链，由于结构相对匀整，制备过程中易于控制其分子量排布，所以合成方法简单是它的优势所在。通过"点击化学"的方法合成了主链上含有环糊精的聚合物，即利用 Cu（Ⅰ）催化二叠氮化 β-CD 单体和双炔化寡乙烯胺的叠氮炔基加成反应，合成有较高分子量的线型 CDP。一般有两种制备侧链含 CD 的 CDP 的方法：一种是先将环糊精经化学修饰或改性使其具有两个官能团，再在适当的条件下发生单体均聚，或是采用活性自由基聚合法使其与其他具有两个官能团的单体如丙烯酸、丙烯酰胺等共聚得到线型 CDP；另一种是通过功能化的环糊精衍生物与含有活性官能团的线型聚合物之间的取代反应合成，由于空间位阻效应，很难制备得到环糊精接枝密度高的聚合物。

3. 星型 CDP 的制备

根据合成原理划分，可用"核引发"和"臂引发"的方法制备具有高度分支结构的星型 CDP。前者是通过作为大分子引发剂的改性环糊精、引发甲基丙烯酸酯类单体的原子转移自由基聚合法，制得以环糊精为核的星型 CDP。后者制备的 CDP 臂长一致且可调，但环糊精与聚合物臂之间的修饰过程相对烦琐。

4. 聚轮烷型 CDP 的制备

聚轮烷型 CDP 实际上是指多个环糊精单体的疏水空腔以串联方式串在高分子聚合物的长链上，长链两端再以大基团分子封端固定以防环糊精脱落的超分子结构，在外界刺激下环糊精可在长链分子轴上发生来回运动。聚轮烷型 CDP 可用于构建药物载体（如超分子胶束、超分子纳米粒）、基因载体、形状记忆材料、抗凝血材料等。

5. 载药 CDP 的制备

一般用饱和水溶液法、研磨法和超声法来制备载药 CDP，除上述常用于实际操作的方法外，还有冷冻干燥法、喷雾干燥法、溶液-搅拌法、液-液包封法、气-液包封法、混合溶剂法、旋转蒸发法和超临界流体法等。

（二）β-CDP 在药学、化学中的应用

β-CDP 作为药物载体，具有增溶、控制药物释放、靶向给药、提高药物的稳定性、掩盖药物不良气味、减少药物刺激、降低药物毒性、改善剂型、方便贮存等功能。

近年来对环糊精主客体分子识别和 CDP 自组装等功能的研究，为分析检测和分离纯化提供了更多的理论和方法。作为主体的环糊精对客体一般都具有较高的识别能力，β-CDP 在化学分析中能改善体系的选择性。若将目标物质或者探针分子放入环糊精的疏水性空腔中，由于电极表面或刚性结构的改变，有可能产生电信号或光信号的变化，这些变化的信号可用来实现对复杂目标生物体内的各种分子的检测。作为一种优良的受体分子，β-CDP 可结合磁性纳米颗粒从而有效地实现物质的分离与纯化，也可作为气相色谱和液相色谱的固定相；基于 β-CDP 特定的空腔结构和固有的手性特征，借助 β-CDP 与外消旋体中两种构型不同的亲和性，可对一些位置异构体或手性化合物进行分离。

第六节　环糊精及其包合物在制药工业上的应用

一、概述

天然的 α-CD、β-CD 是最早用于药物制剂的环糊精材料，已有上市制剂采用天然环糊精作为药用辅料（代表性产品见表 13-3）。环糊精在上市制剂中的作用各异，主要有增溶、稳定、促进溶出、掩盖物料本体味道等作用。值得强调的是，未修饰的天然环糊精，尤其是α-CD、β-CD，注射给药时肾毒性较大，故大部分用于口服和外用制剂。一种以 α-CD 为稳定剂的药物制剂 PGE₁-α-CD 被日本批准用于海绵体内注射，其原因可能是 α-CD 使用量较小不会导致毒副作用。

表 13-3　天然环糊精作为药用辅料的代表性上市制剂

CD 种类	药物	商品名	剂型	给药途径	CD 作用
α-CD	PGE₁	Prostavasin	注射剂	海绵体注射	稳定剂
	盐酸头孢替安	Pansporin T	片剂	口服	加速溶出
	利马前列素	Opalmon	舌下片	口服	稳定剂

CD 种类	药物	商品名	剂型	给药途径	CD 作用
β-CD	地塞米松	Glymesason	滴眼剂/药膏	眼部外用	增溶
	碘	Mena-Gargle	含漱剂	口腔内局部外用	增溶剂 稳定剂
	奥美拉唑	Omebeta	片剂/肠溶胶囊	口服	稳定剂
	苯海拉明	Stada-Travel	咀嚼片	口服	掩味剂
	盐酸贝奈克酯	Ulgut	胶囊	口服	增溶 降低毒副作用
	尼古丁	Nicorette	舌下片剂	口服	稳定剂
	尼美舒利	Nimedex	片剂	口服	提高溶解度、加速溶出
	硝酸甘油	Nitropen	舌下片剂	口服	抑制挥发
	PGE$_2$	Prostarmon E	舌下片剂	口服	稳定剂
	吡罗昔康	Brexin	片剂	口服	增溶 降低毒副作用
	噻洛芬酸	Surgamyl	片剂	口服	提高溶解度 加速溶出
	头孢菌素	Meiact	片剂	口服	提高溶解度、加速溶出
γ-CD	米诺地尔	Alopexy	溶液		
	吗啡	Moraxen	栓剂		

环糊精衍生物种类众多，目前市场上常用的有 RM-β-CD、HP-β-CD、SBE-β-CD、HP-γ-CD 等。与天然环糊精相比，上述几种环糊精衍生物的水溶性均大幅度提高，即使是以疏水性更强的烷基（如甲基）修饰的环糊精衍生物，其溶解度依然大于 50%，原因在于修饰后的甲基利用支化效应破坏了环糊精疏水内核中的氢键作用，降低了材料的结晶性。尽管环糊精母核的甲基化在某些方面可以提高与药物的相互作用，得到更为稳定的药物-环糊精包合物，但往往也会导致毒副作用，推测可能与甲基化环糊精易与细胞膜发生相互作用有关，故甲基化环糊精仍不能用于注射制剂。而人们也越来越迫切需要一种既能提高与药物相互作用，本身又具有较低毒性的环糊精材料，此时 HP-β-CD、SBE-β-CD 的成功制备成为这一领域发展的重要推动力。

HP-β-CD 和 SBE-β-CD 是目前 FDA 批准仅有的两种可注射型环糊精辅料。与 β-CD 相比，HP-β-CD 安全性高，水溶性强，但对于药物的包合能力下降，且羟丙基的取代度越高，包合能力越弱，故对于此种材料，可认为是一种在"有效性"与"安全性"之间的权宜之策；SBE-β-CD 则不同，其结构中具有羧基，故与药物间的相互作用既可通过疏水作用，亦可借助药物与材料间的静电相互作用，且本身由于带电而水溶性大幅度提高，故在适宜 pH 条件下（需调节药物分子带正电），采用 SBE-β-CD 包合难溶性药物，可同时提高有效性和安全性。

迄今为止，环糊精衍生物作为辅料上市的制剂已达 10 余种，如表 13-4 所示，且数量不断增加，尤其在注射剂方面，由于改性后的 HP-β-CD 和 SBE-β-CD 等的卓越性能，已有多种注射剂、输液剂被批准进入临床。此外，陆续也有一些其他剂型的药物制剂用于市场，新的剂型提高了药物的溶解度、溶出度及生物利用度，在一定程度上也降低了药物的毒副作用。

环糊精衍生物用作药物控制释放载体，已是当今研究中最活跃和发展迅速的方向之一，具有增加药物的溶解度和溶出度、提高药物的稳定性和生物利用度、掩盖药物的不良臭味、降低药物的刺激性和毒性、定点靶向给药等优良性质，在药学领域得到广泛的应用，并在其他各个领域中也显示出巨大的市场前景。

表 13-4　环糊精衍生物作为药用辅料的代表性上市制剂

CD 种类	药物	商品名	剂型	给药途径	CD 的作用
HP-β-CD	西沙比利	Propulsid	栓剂	腔道给药	增溶剂
	吲哚美辛	Indocid	滴眼剂	眼部外用	增溶剂
	伊曲康唑	Sporanox	口服液 注射剂	口服 静脉输液	增溶剂
	丝裂霉素	Mitozytrex	注射剂	静脉输液	提高溶解度 降低毒副作用
SBE-β-CD	阿立哌唑	Abilify	注射剂	肌内注射	增溶剂
	伏立康唑	Vfend	冻干粉	静脉输液	增溶剂
	甲磺酸 齐拉西酮	Geodon	注射剂	肌内注射	增溶剂
RM-β-CD	17β-雌二醇	Aerodiol	喷雾剂	局部	提高溶解性及 生物利用度
	氯霉素	Chlorocil	滴眼剂	眼部外用	增溶剂
HP-γ-CD	双氯芬酸	Voltaren	滴眼剂	眼部外用	增溶剂
	Tc-99	Teboroxime	注射剂	静脉注射	增溶剂

环糊精用于农药，在增溶、稳定、剂型转换以及降低毒性等方面有十分突出和优越的效果。对于环氧虫啶、克百威、禾草灵等疏水性的杀虫剂可以与 β-CD 形成包合物来提高溶解度和稳定性。RM-β-CD 和农药马拉硫磷（Malathion）形成包合物能抑制其水解过程。

二、环糊精包合技术在制药工业化生产中存在的问题

包合物生产工艺中，溶剂用量、分散频率、温度等工艺因素对包合率有较大影响。工业化生产多采用搅拌桨等设备实现包合物的制备，所得产物包合率常常偏低。特别是环糊精包合技术在挥发油领域有着普遍的应用，但实际应用和相关产品较少，其产业化进展较为缓慢。目前挥发油环糊精包合工艺研究多限于实验室制备，在工业大生产上受多种因素影响，工艺质量不稳定，导致包合物质量难以控制。因此，研究者应加强与企业生产相联系，药品生产企业应重视此项技术，提高产品质量和科技含量，同时也需要不断改进相关工业化的制药机械。

三、环糊精在其他领域的应用

随着人们对环糊精的关注越来越多，对其研究也在不断深入，现如今环糊精在化妆品、食品、农业生产、环境保护和化学工业等领域中都有广泛应用。环糊精和 β-CDP 的开发和应用研究正处于大规模发展期，今后环糊精和 β-CDP 将会有更多的新用途和不可估量的前景。

1. 在化妆品中的应用

环糊精以及 β-CDP 本身无毒、刺激性小、致敏性弱、保湿性好，可作为去味剂、稳定剂和乳化剂等用在化妆品原料中。环糊精以及 β-CDP 包合香精可延长留香时间，减少香精对皮肤的刺激，避免皮肤感染炎症的发生。它还可促进亲脂性物质溶于以水为基质的产品，解决有效成分易氧化而失去活性等问题。

2.在食品中的应用

环糊精以及 β-CDP 作为食品添加剂也广泛应用于食品工业中,如保护食品营养成分不被光、热、氧破坏,选择性复合、隔离或螯合特定成分,提高和改善食品的组织结构,消除食品中苦味和恶臭味,保持食品的风味,以及用作食品包装材料等。

3.在农业中的应用

在农业中已得到广泛应用的农药大多数属于疏水性农药,易被土壤胶体吸附,导致其在土壤中传输、降解困难,从而造成农药的积累。农药在水体、果蔬等方面的残留也引起人们的高度重视,快速准确检测农药残留量已成为当今研究的一个重点。环糊精以及 β-CDP 在分解农药残留物方面已显示了其巨大的潜力,在农药制剂中作为助剂以及应用在农药污染物治理方面,都具有重要的理论意义和实用价值。

4.在环境保护中的应用

在环境保护方面,环糊精以及 β-CDP 主要用于环境监测和消除有害物质两方面。三废的排放给我国的环境带来了严重污染,且其成分复杂较难处理,借助 β-CDP 对环境污染物分子的包结络合作用,在一定条件下还可以直接和重金属离子配位生成多核金属化合物,可将环境污染物包结富集,消除环境中的污染物和有害物质,同时 β-CDP 也有易回收的特性。

(高　峰　贺牧野)

思考题

1.包合技术制备的包合物可以改善药物的哪些性质?

2.影响包合物形成的主要因素有哪些?

3.比较 α-CD、β-CD、γ-CD 的分子结构和理化性质。

4.环糊精包合物的制备方法有几种?分别叙述各方法的要点。

5.环糊精包合物的物相鉴别方法有哪几种?

6.如何验证环糊精包合物已经形成?包合率如何测定?

7.影响环糊精包合作用的因素有哪些?

8.α-CD、β-CD、γ-CD 结构和性质上分别有什么区别?这些区别怎样影响环糊精对药物分子的包合?

9.试述 β-CD 及其衍生物在医药品中的应用,举例说明。

10.简述 β-CDP 在药物递送系统中的应用。

参考文献

[1] 潘卫三.工业药剂学 [M].3版.北京:中国医药科技出版社,2015.

[2] 崔福德.药剂学 [M].6版.北京:人民卫生出版社,2007.

[3] 何仲贵.环糊精包合物技术 [M].北京:人民卫生出版社,2008.

[4] 金征宇.环糊精化学——制备与应用 [M].北京:化学工业出版社,2009.

[5] Douhal A. Chemical,physical and biological aspects of confined systems [M].Elsevier,2006.

[6] Dreyfuss J M,Oppenheimer S B. Cyclodextrins in pharmaceutics,cosmetics,and biomedicine [M].Wiley,2011.

第十四章 ▶▶▶

靶向制剂

本章学习要求

1. 掌握靶向制剂的基本概念、分类；靶向制剂体内靶向的原理。
2. 熟悉靶向制剂体内过程的影响因素及评价指标。
3. 了解靶向制剂与靶器官、靶组织、靶细胞作用的机制。

第一节　概　述

一、定义

靶向制剂又称靶向给药系统（targeting drug delivery system），是药剂学领域的第四代制剂。靶向制剂是根据疾病生理、病理特征设计的给药系统，使药物通过胃肠道、血液等途径，选择性地浓集、定位于靶组织、靶器官、靶细胞或亚细胞结构。根据靶向部位生理/病理特征、药物性质等因素，选择靶向功能分子、载体材料，药物分子以溶解、嵌合、吸附或化学键结合等多种形式与载体材料构建靶向给药系统，借助功能化载体材料的特性，用于疾病的特异性治疗和诊断。

给药系统（drug delivery system）是 20 世纪 60 年代欧美科学家首先提出的一种新概念。靶向给药系统诞生于 20 世纪 70 年代，是指药物通过局部或全身血液循环而浓集定位于靶组织、靶器官、靶细胞的一种以制剂技术和工艺为基础的新型给药系统。靶向给药系统基于药物载体系统，赋予药物选择性传输的体内特征，可以将药物传输并释放于靶组织、靶器官或者靶细胞，增大靶区药物浓度，同时降低其他非靶部位浓度以减少毒副作用。靶向制剂最初只指狭义的抗癌制剂，随着研究的深入以及研究领域的拓宽，靶向制剂在给药途径、靶向专一性及特效性方面都有突破性进展，其含义也逐渐发展成为一切具有靶向性的制剂。部分国内外上市靶向制剂见表 14-1，部分国内外临床试验靶向制剂见表 14-2。

表 14-1　部分国内外上市靶向制剂

药品名	商品名	靶向制剂技术	适应证
白蛋白结合紫杉醇纳米粒注射液	Abraxane	仿生纳米载体	乳腺癌、胰腺癌等
两性霉素 B 脂质体注射剂	Ambisome	脂质体	真菌感染
多柔比星脂质体注射剂	Doxil	脂质体	卡巴瘤、乳腺癌等
阿糖胞苷脂质体注射剂	DepoCyt	脂质体	白血病等
前列地尔脂微球注射剂	凯时	乳剂	血栓等
环孢菌素眼用溶液	Cequa	胶束	干眼症

表 14-2　部分国内外临床试验靶向制剂

药物名	靶向制剂技术	适应证
阿霉素	脂质体	肺癌、胰腺癌、乳腺癌、直肠癌等
	淀粉微球	直肠癌、肝癌
	聚甲基丙烯酸酯纳米球	肝细胞瘤
平阳霉素	W/O 乳剂	乳腺癌、颈部水囊瘤
	脂质体	脑肿瘤
顺铂	白蛋白微球	肝肉瘤
氟尿嘧啶	EC 微囊	上颌骨窦瘤、鳞状癌、肝癌
	淀粉微球	肝癌
丝裂霉素	淀粉微球	直肠癌、肝癌
	白蛋白微球	肝癌
	EC 微囊	乳腺癌、宫颈癌、胃癌、肝癌

二、优势

靶向给药系统的载体材料多种多样，包括不同生物来源的材料如蛋白质、明胶和磷脂，化学合成材料如聚合物等有机高分子化合物，以及金属、碳基材料等无机材料。药物分子以包载、分散、偶联等形式存在于载体材料之中，构建的靶向给药系统包括脂质体、微球、微囊、纳米粒、胶束等多种制剂形式。

多肽/蛋白质、抗体、DNA/RNA 等各种类型的诊断、治疗类药物都可包载于靶向给药系统。靶向给药系统通常可以改善不同药物在递送中存在的问题，比如毒副作用较强，穿透效率低，在血浆中易失活或降解，临床应用中希望达到缓释，在水溶液中稳定性差或易产生副作用。根据各种不同类型药物的理化性质、临床需求，设计选用与其性质、需求匹配的载体材料，利用给药系统制备技术，构建高效输送药物的给药系统，达到靶向递送的效果。

三、特征

靶向给药系统属于微粒给药系统，因此其剂型、表面性质、粒径等理化性质决定其物理稳定性。通过控制靶向给药系统的表面修饰、表面 ζ 电位、粒径大小可控制给药系统的体内分布。靶向给药系统具有增加疗效、降低毒副作用、提高患者用药顺应性等微粒给药系统的优势，能够进一步选择性地将药物浓集、定位于靶组织、靶器官、靶细胞或亚细胞结构。靶向给药系统普遍适用于各种类型的药物，通过改善其体内生物学过程，实现药物在体内的控制释放。靶向给药系统涉及药物学、生物学、化学、高分子材料等诸多领域，其制备工艺、质量控制都较为复杂。

靶向给药系统按照药物分布程度可分为四级：一级是将药物输送至特定的组织或器官；二级是将药物输送至特定组织或器官的特定部位；三级是将药物输送至病变部位的细胞内，

也称细胞内靶向；四级是将药物输送至病变部位细胞内的特定细胞器中。靶向给药系统按照靶向递药的目标可细分为不同的器官组织靶向给药系统、细胞靶向给药系统。器官组织靶向给药系统是指根据各种器官、组织的生理、病理特征以及条件的不同所设计的靶向给药系统，使得给药系统能有效识别靶器官、靶组织，将药物向其富集，从而提高疗效，减少对其他无关器官、组织的影响。器官组织靶向给药系统可分为脑靶向、肝靶向、结肠靶向、肺靶向、骨髓靶向、淋巴系统靶向、病灶靶向、肿瘤靶向、细胞靶向等。

四、入胞机制

靶向给药系统通过膜动转运的方式进入细胞内，主要机制包括内吞、吸附、融合、膜间转运。

(1) 内吞（endocytosis） 指细胞外物质通过膜内陷和内化进入细胞的过程（图 14-1）。药物包载入微粒给药系统后，掩蔽了药物本身的性质，而表现为微粒给药系统的细胞摄取性质，药物载体与细胞膜上的某种分子结合后，将信号传导到细胞内，诱导细胞表面发生包被凹陷或穴样凹陷内吞，微粒经内吞作用进入细胞，而后依次经过初级内体（early endosome）和次级内体（late endosome），此后可能与高尔基体作用被直接胞吐，也可能与胞内小泡融合进入前溶酶体（endolysosome）和溶酶体（lysosome）开始降解，逐步发生酶解或水解而释放出药物。药物可以从溶酶体逃逸后继续在细胞质中转运，最终到达药物作用的靶点，此类药物通常是蛋白质、核酸、酶等功能性生物分子。

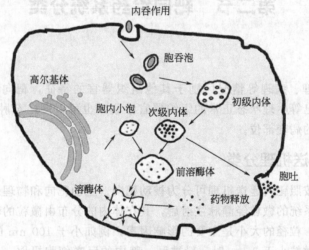

图 14-1 细胞内吞作用及胞内过程示意图

(2) 吸附（adsorption） 指微粒由于表面电荷吸附在细胞表面，吸附程度是微粒和细胞间的相互作用，受粒子大小和表面电荷密度等因素影响。吸附作用发生后，必然导致进一步的内吞或融合。吸附作用具有温度依赖性，在接近或低于脂质体膜相变温度时，吸附性最好。另外，由于细胞膜表面带负电，可以通过设计带正电的微粒给药系统与细胞膜吸附产生内吞作用，从而将药物转运进入细胞内。

(3) 融合（fusion） 由于脂质体膜中的磷脂与细胞膜的组成成分相似，因此脂质体可与细胞膜融合，包载在脂质体中的药物能够直接释放进入细胞质（图 14-2）。利用脂质体和细胞膜的融合作用，可以将生物活性大分子如酶、DNA、mRNA、环磷酸腺苷（cAMP）等转运入细胞内。脂质体所载的大分子药物可直接与细胞膜融合进入细胞，而不经过内涵体-

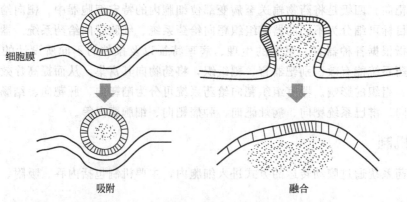

图 14-2　以脂质体为例的吸附和融合过程

溶酶体膜通路，可减少药物在溶酶体中的降解。

（4）膜间转运（inter-membrane transfer）　指微粒和相邻的细胞膜间的脂质成分发生相互交换作用。如包载在脂质体双分子膜层内的脂溶性药物可与细胞膜间发生作用引起转运或释放，但包载在脂质体内水相中的药物则不受影响。膜间转运是一种微粒不被破坏、不进入细胞内的作用方式，对于那些不具吞噬能力细胞的药物摄取具有重要意义。

第二节　靶向给药系统分类

利用靶部位生理、病理等情况区别于其他组织器官的特征，靶向给药系统可以向脑、肺、肝脏、肾、淋巴等生理状态正常的组织器官浓集，也可以靶向至肿瘤、炎症/感染、缺血、退行性疾病等的病变部位。

一、按照靶向递送机理分类

靶向给药系统按照靶向递送机理可分为被动靶向、主动靶向和物理化学靶向给药系统。

被动靶向给药系统的微粒经静脉注射后，其在体内的分布由微粒的粒径、表面性质等自身因素决定。其中，粒径的大小是主要的影响因素，例如小于 100 nm 的纳米囊或纳米球可缓慢积集于骨髓；微粒小于 3 μm 时一般被肝、脾中的巨噬细胞摄取；大于 7 μm 的微粒通常被肺以机械滤过方式截留，被单核细胞摄取进入肺组织或肺气泡。同时微粒的表面性质对分布也起到重要作用，例如进入体内的微粒可能被巨噬细胞作为外界异物吞噬。

主动靶向给药系统是根据靶组织、靶器官、靶细胞或亚细胞器的生理/病理特征，用具有特异性识别靶向部位的靶向功能分子修饰载体材料，作为所包载药物分子的"导弹"，可将药物高效运送到靶部位，浓集并发挥药效。如通过在给药系统的表面连接特定配体或单克隆抗体，可以识别靶细胞表面的相关受体蛋白，从而改变微粒在体内的自然分布而特异性浓集于靶部位。

物理化学靶向给药系统是指通过应用物理化学等方法使给药系统浓集在特定部位发挥药效。如磁性材料、温度敏感材料构建的给药系统，在外加磁场、局部热疗的作用下，使物理化学靶向给药系统在靶部位浓集释药。

二、按照靶向递药策略分类

靶向给药系统按照靶向递药策略可分为一级靶向、二级靶向、三级靶向（图 14-3）、预靶向、双重靶向、多重靶向等。

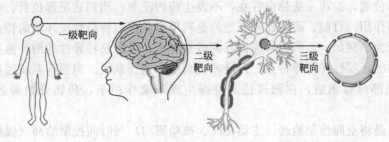

图 14-3　以脑部给药为例的一级、二级、三级靶向给药

一级靶向是指根据生物体的生理学和分子生物学特征，借助载体、配体或抗体的作用，通过体循环等途径选择性将药物递送至脑、肝、肺等靶器官，实现药物在特定组织、器官的浓集。例如，大部分小分子以及几乎全部的大分子药物无法跨越血脑屏障到达脑组织，利用血脑屏障上高表达的转铁蛋白受体、胰岛素受体识别配体，葡萄糖转运体、胆碱转运体等物质的转运生物学特征，在递药系统的表面修饰靶向功能分子，以促进递药系统跨越血脑屏障向脑内转运，进而增加药物的脑内递送效率，实现药物的脑靶向浓集。

二级靶向是在一级靶向的基础上，结合被动、主动、物理的靶向原理，进一步实现递药系统向靶组织、靶器官内的某个特定部位的细胞（靶细胞）的靶向递送，使得药物更精确地向病灶部位的细胞浓集。利用体内生理、病理特征，如肿瘤、炎症、梗死区域等病灶部位血管壁不完整的病理学特点，体循环中的递药系统通过在一级靶向不断向病灶组织被动浓集的基础上，进一步在递药系统表面修饰靶向功能分子主动识别靶细胞表面高表达的对应靶点，如通过受体-配体或抗原-抗体等机制，提高给药系统对靶细胞的亲和力，从而提高将药物递送至病灶细胞内的效率，发挥靶向治疗作用。

三级靶向是在二级靶向递药策略的基础上，考虑药物的细胞内作用靶点，将药物递送至特定组织、特定细胞的特定细胞器，如线粒体、细胞核等。如靶向线粒体、细胞核的信号肽等可以使进入细胞的小分子药物、多肽、基因药物向线粒体、细胞器或其他特定的细胞器浓集后精确地发挥治疗作用。质粒 DNA 等基因药物需要进入细胞核后通过转录、翻译发挥作用，核定位信号肽的修饰可提高其向细胞核内的转运效率。

预靶向策略主要用于肿瘤的放射免疫治疗。典型的预靶向策略是运用双功能的抗体靶向药物实现的。双功能抗体（预靶向药物）既对肿瘤组织有高亲和力，又能识别放射性核素标记的配体，因此被称作预靶向试剂。在使用时，预先给予"饱和"剂量的预靶向药物，基于其对肿瘤组织/细胞的识别，部分浓集于肿瘤组织，而对于未结合的预靶向药物可很快从血液循环中清除。接着，给予放射性核素标记的配体，通过其对预靶向药物的高效识别/亲和，可快速结合肿瘤部位的预靶向药物，同时未结合部分也可被快速清除。通过对肿瘤区域实现放射性核素的精准富集，提高对肿瘤细胞的杀伤作用。预靶向策略一方面可减少正常组织的放射性暴露时间；另一方面，由于肿瘤靶向效率的提高，可以减少对骨髓的毒性。

双重靶向是通过合理结合空间控制给药（主动靶向、被动靶向）与时间控制给药（缓控释药、刺激响应式释药、自身调节式释药）中的两种方式的药物递送策略，来实现药物的靶向递送。双重靶向递药策略是药物空间作用以及释放行为的科学结合。微粒给药系统的递药系统与药物的相互作用方式，决定了递药系统的药物释放行为。药物释放行为是影响系统靶向性的关键因素，即使递药系统对靶部位具有很高的亲和性，但是若药物在未到达靶部位前的体循环过程中就已经释放出来，递药系统仍无法将药物递送到靶部位；若递药系统过于稳定，即使到达靶部位，药物也不能及时释放出来，仍然无法发挥作用。因此，理想的情况是在未到达靶部位前，递药系统稳定存在，不发生药物泄漏；当到达靶部位后，药物可以及时释放出来发挥作用。目前，研究比较广泛的是利用病灶部位特异性微环境的特点，设计递药系统的释药行为。例如，可根据肿瘤区域的微酸环境、可分泌特异性的酶、温度高于正常组织以及细胞内的还原性环境等特点，设计环境响应的递药系统。当递药系统通过被动或主动靶向方式在靶部位蓄积后，在靶部位的特殊生理环境作用下，药物开始释放，进而发挥作用。

多重靶向是将空间控制给药（主动靶向、被动靶向）与时间控制给药（缓控释药、刺激响应式释药、自身调节式释药）其中的多种方式相结合的药物递送策略。在双重靶向的基础上，人为在体外加入诱导条件，例如超声、热源、磁场等，诱导递药系统向具有外加条件的部位迁移、蓄积和释放药物，发挥治疗作用。

第三节　被动靶向给药系统

一、定义

被动靶向给药系统也被称为自然靶向，它的靶向源动力来自机体的正常生理活动对微粒给药系统的自然处理过程。靶向制剂等载药微粒进入体内即被巨噬细胞等作为外界异物吞噬处理，通过产生的自然倾向影响体内的分布过程。可通过脂质、类脂质、蛋白质、生物降解高分子物质作为载体，将药物包裹或嵌入其中从而完成靶向制剂制备。

二、影响因素

在靶向应用领域，被动靶向给药系统中利用的微粒给药系统主要有脂质体、纳米粒或纳米囊、微球或微囊、乳剂等，其粒径一般在 $10 \sim 500$ nm。进入体内后，基于各个器官、组织或细胞，以及病灶形态、大小和结构等方面的差异，包括特定生理、病理的微环境不同，给药系统可在体内某些部位滞留或富集，从而实现对该部位靶向治疗的效果。一般的微粒给药系统都具有被动靶向的性能。同时，微粒的表面性质对分布起重要作用。

网状内皮系统（reticulo-endothelial system，RES）在被动靶向递药系统的体内分布过程中起到了重要的作用，它是巨噬细胞和血液内的单核细胞，以及骨髓、肝、淋巴器官中的网状细胞和内皮细胞的总称，广泛分布于人类机体各部位，具有吞噬功能。正常情况下，网状内皮系统的存在有利于机体对外来物质的免疫，避免外来物质的损伤。被动靶向在血液循环中主要依赖于体内的单核吞噬细胞系统（mononuclear phagocyte system，MPS）对其处理能力，单核吞噬细胞系统决定给药系统在体内的循环时间。给药系统经静脉注射后，载药微粒被网状内皮系统作为异物而吞噬，在肝脏、脾等单核吞噬细胞丰富的组织、器官富集，对这些组织脏器拥有天然的靶向作用。但是，对于给药系统在体内的递送，网状内皮系统的存在也是一个问题。当给药系统进入血液循环后，网状内皮系统会将其视为外来物质从而进行吞噬，这将使得药物难以到达相应的靶部位去发挥疗效。

被动靶向给药系统的靶向性主要与给药系统在靶向组织的分布效率有关，降低生物体的非特异器官或组织对药物载体的识别，从而增加药物载体在靶部位的分布是实现被动靶向给药的关键因素。因此，靶向性主要受生理因素及载药微粒理化性质的影响。单核-巨噬细胞系统对微粒的摄取主要由微粒吸附血液中的调理素（IgG、补体 C3b 或纤维连接蛋白）和巨噬细胞上的有关受体完成。吸附调理素的微粒黏附在巨噬细胞表面，然后通过内在的生化作用（内吞、融合等）被巨噬细胞摄取。

被动靶向制剂利用微粒给药系统粒径及其表面性质等理化性质，这些性质决定了吸附调理素的种类以及吸附程度，同时决定吞噬的途径和机制。为了成功地完成靶向药物递送，往往要尽可能地使给药系统避开网状内皮系统的吞噬。如在给药系统表面修饰聚乙二醇（PEG）可以在系统表面形成一定的水化层，使微粒给药系统的表面亲水性增加（见图 14-4），有助于减少微粒给药系统与网状内皮系统之间的疏水性相互作用，避免其被大量摄取，增强系统的"隐形作用"，从而延长给药系统在血液中的循环时间。反之，微粒表面的疏水性愈高，愈易被巨噬细胞吞噬而富集于肝脏。此外，带负电荷的微粒 ζ 电位的绝对值愈大，静注后愈易被肝的网状内皮系统滞留而积累于肝中；带正电荷的微粒则易被肺的毛细血管截留而积累于肺部。聚乙二醇化（PEGylation）技术是一种药用大分子的修饰技术。通过聚乙二醇分子与药物分子、药物载体材料的连接，能够达到延长药效、降低毒性、增大药物的水溶性等效果，是改善药物临床效果的重要手段。

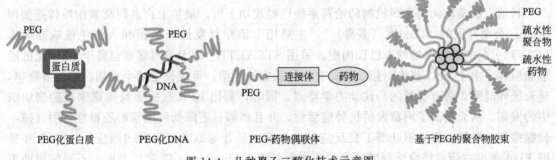

图 14-4　几种聚乙二醇化技术示意图

在肿瘤靶向的给药系统研究中，给药系统在血液中循环时间的延长是至关重要的，因为它将大大增加给药系统通过肿瘤组织 EPR 效应（enhanced permeation and retention）在肿瘤部位形成浓集蓄积的效率，从而发挥治疗作用。EPR 效应是用于解释被动靶向给药系统向肿瘤组织浓集的主要机理。由于肿瘤组织快速生长的需求，血管快速生长，导致新生血管缺乏外膜细胞、基底膜变形，因而在一定粒径范围内的纳米微粒能穿透肿瘤的毛细血管壁的"缝隙"进入肿瘤组织。另外，由于肿瘤组织的淋巴回流系统不完善，造成粒子在肿瘤部位蓄积，因此在保证较长循环时间的前提下，给药系统便可以充分利用 EPR 效应，在肿瘤部位富集，达到"被动靶向"药物输送的效果。这样，既提高了药效又降低了药物的系统毒性。在此基础上，利用表面修饰靶向功能分子的长循环药物载体还能实现主动靶向，从而实现对某些以常规手段无法到达特定部位的药物输送（图 14-5）。

另外，由于炎症组织病灶血管与肿瘤血管具有比较相似的特征，载药微粒进入体内后，利用炎症部位的血管病理特征，例如其与正常组织血管的渗透性差异而产生易于向炎症病灶的分布特征。

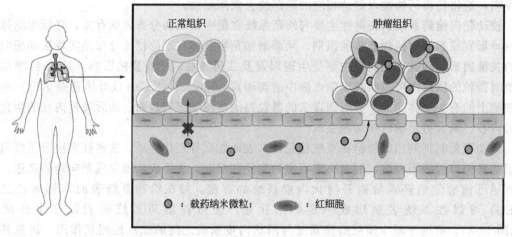

图 14-5 肿瘤 EPR 效应示意图（以肺部肿瘤为例）

　　微粒给药系统有助于提高难溶性药物的溶解度及其生物利用度；改善药物的稳定性；具有明显的缓释作用；不同大小的微粒分散体系在体内外分布具有一定的选择性，从而具有靶向性。这类载药微粒稳定性高、载药量大，对脂溶性和水溶性药物均具有较高的溶解性。在体内药物尤其是肿瘤靶向递送中，将其粒径大小控制在一定大小内可以使得药物通过 EPR 效应在靶部位浓集蓄积，在提高靶部位药物浓度的同时降低在正常组织的蓄积，从而提高疗效，降低毒副作用。

　　目前，被动靶向为主要机制的给药系统已经成功上市。最早上市的阿霉素脂质体是美国 Sequus 公司开发的"Doxil®（多喜）"，主要用于治疗复发性卵巢癌和人体免疫缺陷病毒（HIV）引起的难以医治的卡巴氏肉瘤。采用 STEALTH® 技术将阿霉素包裹于 PEG 化的隐形脂质体，由于 PEG 修饰对脂质体具有立体稳定的作用，可延长血浆半衰期，降低清除率，延长循环时间，具有优越的药代动力学特点。同时，利用 EPR 效应提高阿霉素在肿瘤组织中的聚集，从而提高了阿霉素的抗肿瘤活性，并且能够显著降低阿霉素心脏毒性，明显减小骨髓抑制、脱发、恶心呕吐等不良反应的发生率，显著地提高了患者的顺应性。2005 年美国 FDA 批准白蛋白结合紫杉醇纳米粒注射混悬液（Abraxane，凯素）上市，不再使用助溶剂聚氧乙烯蓖麻油对紫杉醇增溶，安全地增加高紫杉醇的用药剂量，白蛋白结合紫杉醇纳米粒可通过 EPR 效应有效地向肿瘤组织浓集。我国也在不断推进靶向给药系统的国产化研制进程。2008 年，复旦张江的"里葆多"率先取得了批准文号成功上市，之后一些企业也先后获得了长循环阿霉素脂质体的批准文号。

第四节　主动靶向给药系统

一、定义

　　主动靶向（active targeting）给药系统是一种通过特异性生物识别作用，将药物递送至靶部位（特定的组织或细胞）从而提高药效、降低毒副作用的药物制剂。主动靶向给药系统最初以抗肿瘤制剂为主，随着研究的逐步深入，研究领域不断拓宽，靶向选择性等方面的发展，目前包括所有具有主动识别靶器官、靶组织、靶细胞的靶向给药系统。

主动靶向给药系统一般由靶向功能分子和药物载体构成，目前主动靶向给药系统相关的基础研究较为广泛、深入，对肿瘤、中枢神经系统和肝脏等部位的疾病靶向治疗效果得到显著提高。然而目前的研究多停留在实验室的探索阶段。虽然少数主动靶向肿瘤的给药系统陆续从实验室向新药研发推进，甚至进入临床试验，但是目前都尚未上市。

二、靶向功能分子分类

靶向功能分子在主动靶向递药策略中，扮演着介导药物或递药系统主动寻找靶组织或靶细胞作用的重要角色。主动靶向功能分子包括：配体、抗体、核酸适体、转运体小分子底物等相关转运物质。

配体是一种具有极高识别能力、与受体特异性结合的生物活性物质，受体与配体结合即发生分子构象变化，从而引起细胞生物效应，如介导细胞信号传导、细胞胞吞等过程。在主动靶向给药系统中，利用配体对肿瘤细胞等靶细胞表面的特异性表达受体的高效识别，用配体分子作为靶向功能分子修饰给药系统，实现药物向靶细胞浓集。

抗体也称作免疫球蛋白，与相应抗原发生特异性结合。以靶部位细胞特异性表达的分子作为靶点，与其相对应的抗体作为靶向功能分子，通过抗体对抗原间的特异性识别，介导给药系统主动靶向定位到达病灶部位，向靶部位、靶细胞浓集，提高药物治疗效果。

核酸适体（aptamer）是经过 SELEX 筛选技术（图 14-6），从随机单链寡聚核苷酸库中得到的能特异结合蛋白或其他小分子物质的单链寡聚核苷酸。核酸适体一般长度为 $25\sim60$ 个核苷酸，可以是 RNA 也可以是 DNA。核酸适体与配体间的亲和力常要强于抗原抗体之间的亲和力。核酸适体在药物设计方面有较多应用。由于核酸适体与蛋白特异性结合后往往能抑制蛋白的功能，而且它缺乏免疫原性，体内渗透力强，因此作为药物分子具有良好的应用前景。另外，可以利用核酸适体与配体间的高度亲和力将核酸适体作为给药系统的靶向功能分子，实现药物的主动靶向递送。核酸适体对细胞的蛋白、磷脂、糖和核酸类等分子均具有高亲和力和特异识别能力，其识别分子的模式与单克隆抗体类似。作为核酸适体修饰的靶向给药系统的靶向功能分子，与蛋白类抗体相比，核酸适体具有独特优势：①易化学合成修饰、稳定性好；②无免疫原性；③可针对不同种类的目标靶进行筛选，包括生物毒性的分子和只具有半抗原性的分子，比作为靶向功能分子的抗体具有更高的特异性，甚至能识别单克

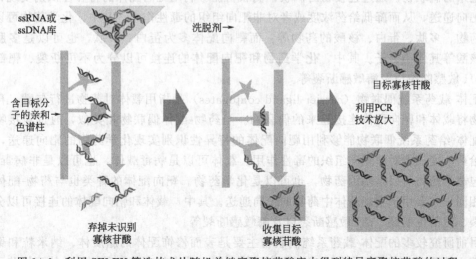

图 14-6　利用 SELEX 筛选技术从随机单链寡聚核苷酸库中得到特异寡聚核苷酸的过程

隆抗体不能识别的蛋白分子。核酸适体是一种极具应用潜力的主动靶向递药系统的高效靶向功能分子。

转运体小分子底物是细胞膜上转运体蛋白特异性识别的小分子化合物。转运体蛋白是一类膜蛋白，在正常人体组织有着广泛的表达，且具有部位特异性分布，负责内源性营养物质核苷类、肽类、氨基酸、葡萄糖、维生素、有机阳/阴离子等脂溶性不强的小分子转运通过生物膜。人体内存在多种转运体，它们同时负责药物、代谢物质等细胞内的摄取、外排。肿瘤细胞的异常生长使得其对营养物质有异常高的需求，导致肿瘤细胞表面与营养物质转运相关的转运体蛋白异常过剩表达，如葡萄糖转运体、氨基酸转运体均可作为主动靶向给药系统的靶点，通过设计相对应的靶向功能分子实现肿瘤的靶向递药。

三、主动靶向给药系统分类

主动靶向给药系统可分为受体介导、抗体介导、转运体介导和吸附介导四种。

（1）受体介导的主动靶向给药系统是基于某些组织和细胞表面存在着高表达或高结合活性的受体，利用其与配体可发生专一性识别作用的机制，将修饰有配体或载药系统的药物导向定位于特定的组织或细胞。

受体主要是细胞膜或细胞内的大分子化合物，如蛋白质及其糖复合物、核酸、脂质等，其具有高度选择性，能准确地识别配体或与配体化学结构相似的化合物并与其结合。配体与受体的结合是化学性的，通过分子间的吸引力范德瓦耳斯力、离子键、氢键或共价键等形式结合形成配体-受体复合物，接着引起一系列生理生化效应。人体的某些器官或组织的细胞膜表面存在特殊的受体，特别是某些特定组织或肿瘤细胞膜表面往往高表达某种受体。利用这些特殊的受体可与其特异性的配体发生专一性结合的特点，将配体与药物或载体结合，配体发挥靶向功能分子作用，将药物靶向递送到靶组织或靶细胞，从而实现主动靶向递药，以提高特定部位的药物浓度。如脑毛细血管内皮细胞上高水平表达转铁蛋白受体和胰岛素受体、肿瘤组织细胞膜上高表达叶酸受体、低密度脂蛋白受体、尿激酶受体和肿瘤坏死因子受体家族等。受体与配体的特异性结合为配体介导靶向递药研究提供了理论基础。通过配体介导的主动靶向药物有两种方式，即配体-药物偶联物和配体-载药系统偶联物。

配体-药物偶联物（ligand-drug conjugates）是指通过连接物直接将化学药物和靶向配体连接起来的偶联物。通过连接物的偶联，偶联物能够利用靶向配体的特异性识别实现化学药物的靶向递送，从而降低给药浓度或者对非靶向组织的毒性作用。其中，化学药物可以是单分子药物、多肽、蛋白、核酸的药物等；而靶向配体多为蛋白、多肽，也可以是多肽类似物、核酸等其他小分子。其中，化学药物和靶向配体的连接可以分为不可断裂、靶部位断裂、pH 敏感断裂以及酶敏感断裂等。

配体-载药系统偶联物（carrier-ligand conjugates）是指用载体对药物进行包载，再通过连接物将载体和靶向配体连接起来的偶联物。与药物-配体偶联物相类似，通过连接物的偶联，配体-给药系统偶联物能够利用靶向配体的特异性识别实现化学药物的靶向递送，从而降低给药浓度或者对非靶向组织的毒性作用。载体可以是病毒载体，也可以是非病毒载体。载体包载的药物可以是基因药物，也可以是化学药物。靶向配体的种类也与药物-配体偶联物中相同，主要用于实现载体中药物的靶向递送。其中，载体和靶向配体的连接可以分为不可断裂、靶部位断裂、pH 敏感断裂以及酶敏感断裂等。

目前研究较多的配体-载药系统偶联物主要是表面修饰配体的脂质体、纳米粒和聚合物胶束等主动靶向载药系统。与主动靶向脂质体类似，纳米粒表面偶联特异性的配体分子，可以通过配体分子与细胞表面特异性受体结合，实现主动靶向递药。用于修饰纳米粒的配体常包括糖类、叶酸、转铁蛋白、生物素和核酸等。如利用肿瘤细胞表面叶酸受体高表达，可将叶酸修饰于脂质体上，将药物特异性靶向递送到肿瘤部位。又或者将转铁蛋白偶联至脂质体表面，使得脂质体能主动靶向于富含转铁蛋白的靶部位。

受体介导的主动靶向给药系统作为一种有前景的治疗人类重大疾病的手段，能有效地将药物靶向递送到病灶部位，使得药物能更好地发挥药效，减少药物毒性。目前关于受体介导的主动靶向递药系统的研究，不少是将药物制成微球、纳米粒、脂质体等，再连接上配体制成主动靶向制剂。但其在疾病治疗领域仍未实现有效的临床应用，还有很多问题有待解决。如一些受体在病灶部位高表达，在正常细胞可能也有少量表达，可能会杀伤正常细胞而引起不良反应。此外，受体-配体的结合还存在饱和问题，一定时间内受体与配体的结合达到饱和时，转运更多的配体就需要更长的时间，从而影响药物迅速发挥药效。但随着人们对配体、受体认识的深入和生物技术的发展，未来可以针对特殊疾病设计出各种类型的配体，推动受体介导的主动靶向递药的发展，将其运用到临床，发挥优良的治疗效果。

（2）抗体介导靶向递药系统（antibody-mediated target delivery）是利用抗体与抗原的特异性结合，在药物或载药系统修饰抗体，使其在体内主动寻找和识别具有抗原的病灶组织，从而将药物输送至特定的组织或器官，实现靶向递药。

目前，单克隆抗体成为靶向治疗中常用的载体，特别是在肿瘤靶向治疗研究中取得了极大的进展。抗体介导的主动靶向递药系统有两种，即抗体-药物偶联物和抗体-载药系统偶联物。前者包括化学免疫偶联物、放射免疫偶联物和免疫毒素，后者包括免疫脂质体、免疫纳米球和免疫微球等。

在制备免疫偶联物时要尽量保持治疗药物和单克隆抗体的活性。免疫偶联物靶向治疗的成功与否，除取决于单克隆抗体和治疗药物的选择外，还取决于两者之间偶联的方法。两者可以通过共价键或者非共价键的形式连接，共价键虽然结合得较牢但对治疗药物和单克隆抗体均会产生影响，非共价键能减少对治疗药物和单克隆抗体的影响，但结合能力弱。因此，在制备免疫偶联物时需充分考虑药物与单克隆抗体的偶联方式及偶联剂的选用。

药物-单抗偶联物（化学免疫偶联物）是化学药物与单克隆抗体的结合物，常通过药物分子上特殊的功能基团，如羟基、羧基、巯基和氨基等，将单克隆抗体或抗体片段与化学药物通过化学交联方法构成杂合分子，发挥主动靶向治疗的作用。药物-单抗偶联物的制备主要通过共价连接的方法将抗体或其片段与化学药物相结合。可以通过利用一些偶联剂（如葡聚糖、环糊精等），或者将抗体、药物通过酯化反应等化学反应形成共价键连接。目前药物-单抗偶联物主要应用于肿瘤的治疗，一般由具有肿瘤表面抗原识别功能的抗体和抗肿瘤药物偶联而成。一方面由于抗体特异性结合肿瘤细胞可以促进细胞凋亡；另一方面抗肿瘤药物在肿瘤细胞内部释放，杀死肿瘤，相较于单独化疗药物具有更突出的疗效（图14-7）。

放射免疫偶联物（radioimmunoconjugate）是单克隆抗体与放射性物质的偶联物，将单克隆抗体与放射性同位素通过化学方法连接构成的杂合分子称为放射免疫偶联物，以单克隆抗体为载体，通过抗体特异性结合肿瘤细胞相关抗原，将产生高能射线的放射性核素靶向到肿瘤细胞，实现对肿瘤的杀伤作用。

载体-单抗偶联物（化学免疫偶联物）是由单克隆抗体直接或间接与微粒给药系统表面相连接而成，能将脂质体特异性地递送到靶部位，提高微粒给药系统对特定部位的靶向能力。

（3）吸附介导转运（adsorption-mediated transport）是通过使递药系统带正电荷，利用

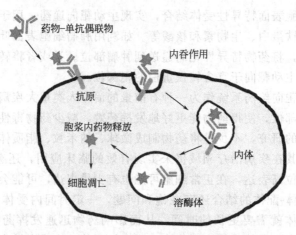

图 14-7　药物-单抗偶联物的细胞识别及胞内过程

其表面的正电荷与生物膜上负电荷的静电作用，从而诱导递药系统进入或跨过细胞的一种非特异性的药物递送途径。细胞膜是防止细胞外物质自由进入细胞的屏障，它保证了细胞内环境的相对稳定，使各种生化反应能够有序运行。同时细胞膜也参与细胞与周围环境发生信息、物质与能量的交换，从而维持特定的生理功能。细胞膜具有自己的电学特性，即细胞膜外的各种糖蛋白和蛋白聚糖等生物大分子及类脂带有大量的负电荷，在膜外形成一定厚度的负电荷层，与细胞外的各种带电粒子发生作用。

(4) 转运体介导靶向给药（transporter-mediated target delivery）是一种通过细胞膜上存在的与药物特异性结合和运送特殊转运蛋白，将药物或载药系统递送到靶部位的剂型。

通过转运体进行继发性主动转运，即依靠存在于细胞外高浓度钠离子的势能（该势能由原发性主动转运提供）转运，相当于间接消耗 ATP 的能量。例如小肠黏膜上皮细胞主动吸收葡萄糖的过程中，转运能量并不直接来自 ATP 的分解，而是依靠上皮细胞（低）与肠腔液（高）之间的钠离子浓度梯度，在钠离子顺浓度梯度进入上皮细胞的同时，葡萄糖逆浓度梯度一同被转运进细胞。利用体内不同组织存在的特异性转运体，将其作为靶向功能分子，开发出转运体介导的靶向给药系统，将药物输送到靶部位，可提高药物疗效，降低毒副作用。目前研究较多的是利用转运体介导的肝靶向和脑靶向的给药系统。

第五节　物理化学靶向给药系统

物理化学靶向给药系统是指通过某些物理化学的方法，将药物通过局部给药或全身血液循环选择性地蓄积于病变组织、器官、细胞或细胞内结构，使病变部位的药物浓度明显提高，从而减少用药量并使治疗费用降低，最终减少药物对全身的毒副作用。物理化学靶向制剂主要包括磁性靶向制剂、热敏靶向制剂、光敏靶向制剂和 pH 敏感靶向制剂。

磁性靶向制剂是采用体外磁场诱导使药物定向浓集于靶部位的制剂。磁性靶向制剂包括磁性微球、磁性脂质体、磁性纳米微粒等，它们均由药物、磁性物质、载体材料组成，通过载体材料将磁性材料和药物包裹在一起。在磁性靶向制剂中磁性材料是药物运输的核心，通常可以称为磁核。如果要将磁靶向药物输送到生物体的某一特定部位，磁核就起到了运输、导向的作用：只要在某一特定部位施加一外部磁场，由于外磁场的吸引，磁核结合骨架材料便可以将药物准确地运送到这一部位。相比于传统制剂，磁性靶向制剂具有粒径小、良好的生物相容性和降解性、毒性低或无毒、高效的靶向功能、提高药物选择性等优点。理想的磁性靶向制剂应满足下列几个条件：磁性粒子具有超顺磁性，药物粒子能自由通过最小的毛细血管壁，粒径为 10～200 nm，表面附有亲水基团的粒子使之能逃避巨噬细胞的识别，不被网状内皮系统和其他的正常细胞摄取，药物的各成分在体内可降解且降解物无毒。

热敏靶向制剂是一种携带某种药物并能够在特定温度下释放的靶向制剂。目前热敏靶向制剂主要应用于抗肿瘤药物的递释研究。有研究证实通过热敏靶向制剂可以使某些肿瘤组织的温度高于正常组织 5～10 ℃。由于正常组织的血管内皮完整，其间隙通常小于 6 nm，而载药系统粒径通常在几十到几百纳米以上，无法溢出，而肿瘤组织血管发育不全，渗漏性高，间隙可达 100～780 nm，且加热可进一步增加肿瘤血管的渗漏。此外，肿瘤组织无完整的淋巴系统，导致了肿瘤组织中药物载体大量截留。因此，利用肿瘤的这一特点，可以设计具有一定温度敏感靶向的递药系统。热敏脂质体又称温度敏感脂质体，就是基于肿瘤这一特点设计的一种能携带药物并在特定温度条件下释药的脂质体。热敏脂质体的膜中有对温度敏感的磷脂，当温度达到磷脂的相变温度时，组成脂质体的磷脂膜由"凝胶"态转到"液晶"态（图 14-8），其磷脂的脂酰链紊乱度及活动度增加，膜流动性增大，所包封药物的释放速率增大。

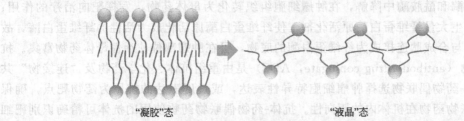

"凝胶"态   "液晶"态

图 14-8 磷脂膜由"凝胶"态转到"液晶"态示意图

光敏靶向制剂是一种在特定波长光照的条件下可以释放药物或使药物发挥疗效的靶向制剂。光敏剂是光敏靶向制剂中的核心物质。光敏剂是一种本身（或其代谢产物）能够选择性浓集于作用部位的化学物质，它（或其代谢产物）在适当波长的光激发下能发生光动力反应而破坏靶细胞（图 14-9）。然而，目前常用的光敏药物的选择性和特异性不强，在临床应用方面缺乏对病灶部位特异性靶向的能力，这在很大程度上限制了其应用。

激光光源

图 14-9 利用近红外激光照射气麻状态下注射有光敏靶向制剂的荷三阴性乳腺癌小鼠

pH 敏感靶向制剂是指能够在特定 pH 环境下释放药物或使药物发挥疗效的靶向制剂。生物体内不同部位的 pH 有明显差别，例如在实体瘤组织内，细胞外的 pH 6.5 明显低于血液中的 pH 7.4；溶酶体囊泡内的 pH 明显低于细胞质的 pH。因此，选择合适的载体材料，就能设计出利用 pH 差别将药物选择性导入不同组织、细胞及细胞内特定位置的纳米制剂。目前，pH 敏感靶向制剂已有很多类型，主要包括 pH 敏感聚合物纳米粒、脂质体、胶束及树枝状聚合物等。这些纳米载体的物理性质，如膨胀或退胀、粒子的分散和聚集等，都能对 pH 环境的变化产生响应，这些物理性质的改变也会使纳米载体与细胞之间的相互作用发生改变，从而导致药物在特定部位不同速度和程度的释放。

第六节　靶向型前体药物

靶向型前体药物是指经过靶向功能分子修饰，同时药物经过化学结构修饰后得到的在体外无活性或活性较小，在靶向功能分子的介导下，进入靶器官、靶组织、靶细胞之后在作用部位经酶或非酶的转化释放出活性药物而发挥药效的前体药物。通常，靶向型前体药物具有药物-高分子材料-靶向功能分子的结构特征，高分子材料的类型比较广泛，主要起到药物载体的作用。药物分子与高分子材料的连接应满足在靶部位控制药物释放的要求，而靶向功能分子能识别靶部位特征，实现前体药物的靶向递送。抗癌药物前体药物是利用癌细胞组织的pH 低，碱性磷酸酯酶和酰胺酶浓度高等特点，设计抗肿瘤药物和高分子化合物间具有 pH、酶等敏感性的连接，使靶向型前体药物先利用其靶向性进入肿瘤组织，进一步响应肿瘤微环境中的 pH、酶等，释放抗肿瘤药物。如制成碱性磷酸酯或酰胺类前体药物可在肿瘤的高浓度碱性磷酸酯酶和酰胺酶中降解，在肿瘤细胞组织转化为母体药物，发挥靶向治疗的作用；一些肿瘤能产生大量纤维蛋白酶原活化剂，使纤维蛋白酶原活化成为活性的纤维蛋白酶，故将抗肿瘤药物与合成肽连接成为纤维蛋白酶的底物，可在肿瘤部位使活性母体药物富集。抗体-药物偶联物（antibody-drug conjugate，ADC）是由重组抗体、化学药物及"连接物"共同构成。抗体-药物偶联物选择肿瘤细胞特异性表达，或过度表达的抗原为药物靶点，确保抗体-药物偶联物药物在机体内的靶向性。抗体-药物偶联物药物使用的抗体可精确识别靶细胞，与高细胞毒性的化学药物连接抗体后，可大幅降低抗体-药物偶联物药物在正常组织的非特异性结合。在抗体-药物偶联物药物进入靶细胞前，偶联药物保持完整，一旦进入作用靶部位，连接物断裂以确保化学药物的有效释放，发挥抗肿瘤效果。另外，脑部靶向释药对于治疗脑部疾患有较大意义。许多药物由于脂溶性小而难以透过血脑屏障，一些药物虽然有足够亲脂性，能够进入脑部，但也容易进入其他组织器官而产生毒副作用。目前比较成功的脑靶向前体药物是氧化-还原脑内释药系统，它已成功地用于多巴胺、雌二醇、青霉素等药物的脑内特异释药。

第七节　靶向药物制剂的评价

靶向制剂的质量控制目前主要是通过测定其终产物的包封率、渗透率等来实现。但靶向制剂的整个制备工艺过程、原料的组成、浓度、药物的性质等都对制剂的质量产生极大影响。这些过程影响因素众多，加上由于方法学和检测灵敏度的限制，某些杂质在成品检定时可能检查不出来。因此必须对原材料、制备过程、纯化工艺过程、最终产品等环节进行全面的质量控制。

《中国药典》（2020 年版）把靶向制剂按释药情况分为 3 类，分别是一级靶向制剂（靶向至特定组织或器官）、二级靶向制剂（靶向至靶部位特殊细胞）和三级靶向制剂（靶向至细胞内特定细胞器）。主要制备方法有：胶束聚合法（micelle polymerization method），乳化聚合法（emulsion polymerization method），界面聚合法（interracial polymerization method），盐析固化法（salting out coagulation method）等。用于产品质量控制的现代仪器分析法主要有：原子吸收分光光度法、高效液相色谱法、紫外分光光度法等。

靶向制剂的体内靶向效果主要通过靶向效率、相对摄取率、峰浓度比、综合靶向效率等指标进行评价。

相对摄取率（re）是由公式 $re=(AUC_i)_p/(AUC_i)_s$ 计算得出。式中，AUC_i 为由浓度-时间曲线求得的第 i 个器官或组织的药时曲线下面积；脚标 p 和 s 为药物制剂和药物溶液。re 大于 1 表示药物制剂在该器官或组织有靶向性；re 愈大靶向效果愈好；re 等于或小于 1 表示无靶向性。

靶向效率（te）是由公式 $te=(AUC)_{靶}/(AUC)_{非靶}$ 计算得出。式中，te 为药物制剂或药物溶液对靶器官的选择性。te 大于 1 表示药物制剂对靶器官比对某非靶器官有选择性；te 愈大，选择性愈强；药物制剂的 te 与药物溶液的 te 相比，说明药物制剂靶向性增强的倍数。

峰浓度比（Ce）是由公式 $Ce=(c_{max})_p/(c_{max})_s$ 计算得出。式中，c_{max} 为峰浓度。每个组织或器官中的 Ce 表明药物制剂改变药物分布的效果；Ce 愈大，表明改变药物分布的效果愈明显。

综合靶向效率（$T\%$）是由公式 $T\%=(AUQ)_{靶}/(AUQ)_{非靶}\times100$ 计算得出。式中，$T\%$ 为药物制剂或药物溶液相对于所有非靶器官对靶器官的选择性。$T\%$ 越大表示药物制剂对靶器官比某非靶器官具有更强的选择性；由于各组织的重量相差较大，所以 AUC 不能提供药物在不同组织分布的确切数据。为充分体现药量因素，引入组织重量的概念，以 AUQ 代替 AUC，计算出综合靶向效率 $T\%$。

（蒋　晨　孙　涛）

思考题

1. 简述靶向药物制剂的设计原理及其分类依据。
2. 简述被动靶向制剂的体内过程及其影响因素。
3. 如何实现主动靶向制剂体内过程的控制？
4. 简述靶向药物制剂评价的重点指标及其方法。

参考文献

[1] 蒋新国. 脑靶向递药系统 [M]. 北京：人民卫生出版社，2011.
[2] 方亮. 药剂学 [M]. 8 版. 北京：人民卫生出版社，2016.
[3] 杨祥良. 纳米药物 [M]. 北京：清华大学出版社，2007.

第十五章

微粒制剂

本章学习要求

1. 掌握微粒制剂各类载体的定义和特点、制备方法；聚合物胶束的定义，CMC 的含义，药物包载方法及其优缺点；纳米乳和亚微乳的定义，处方设计与制备；微囊、微球的定义和特点，微囊与微球的制备技术，重点掌握单凝聚法和复凝聚法制备微囊的工艺流程；纳米粒的定义，纳米粒载体的制备方法；脂质体的定义和特点，脂质体制备方法的类型，重点掌握薄膜分散法、注入法、逆向蒸发法等具体步骤。

2. 熟悉微粒制剂各类载体的结构、形态、常用材料和质量评价方法；聚合物胶束的结构特点；纳米乳的形成条件，纳米乳与亚微乳的质量评价；影响微囊与微球粒径的因素，微囊、微球的常用载体材料和质量评价；纳米粒的修饰方法与质量评价；脂质体的结构特点、分类、制备材料和质量评价。

3. 了解微粒制剂的优势和应用，以及部分新型微粒给药系统；聚合物胶束的优点和应用；纳米乳与亚微乳作为药物载体的应用；新型脂质体如长循环脂质体、pH 敏感脂质体、热敏脂质体和固体脂质纳米粒的特点；新型有机微粒给药系统和新型无机微粒给药系统的分类及特点。

第一节 概 述

微粒制剂又称微粒给药系统（particle drug delivery systems，PDDS），是一种将药物分散或者包埋于粒径范围在 $10^{-9} \sim 10^{-4}$ m 的高分子聚合物中的分散系统。通常以微乳、纳米粒、脂质体、微球等为代表。

按照粒径大小可将 PDDS 分为两类：粒径在 $100 \sim 500\ \mu m$ 范围内属于粗分散体系，主要包括混悬剂、乳剂、微囊、微球等；粒径小于 1000 nm 属于胶体分散体系，主要包括脂质体、微乳、纳米粒等。

随着新药开发周期的延长和新药研发费用的不断上涨，致力于从新型给药系统中开发新产品已经成为全球新药研发的重要发展方向。PDDS 是目前给药系统中最为活跃的研究领域之一。然而大多数 PDDS 仍处于临床前及临床试验阶段，这与其制剂的新型辅料、制备工艺、体内过程、临床应用等方面仍存在一些需要进一步克服的问题密切相关。

　　微粒给药系统相比于传统给药系统而言具有明显的优势：对于口服给药途径，PDDS 可提高药物生物利用度，避免多肽类药物胃肠道失活；对于注射给药途径，PDDS 可增加药物靶向性，减少血管刺激性；对于经皮给药途径，PDDS 可增强药物皮肤渗透性，增强药物皮肤滞留，同时降低药物的毒副作用；对于其他给药途径而言，微乳滴眼液有着较长的药物释放时间和较好的耐受性，生物利用度更好，选择性也更高，而微乳鼻腔黏膜给药则显著提高了其脑靶向性。同时，PDDS 也具有一些缺点和不足，如载药量低，稳定性不足，靶向性差，生产工艺和质量标准较为复杂，技术条件和成本相对较高等。

　　常见的微粒给药系统常包括以下几种给药载体：聚合物胶束、纳米乳与亚微乳、微囊与微球、纳米粒、脂质体与类脂囊泡以及其他微粒给药系统。

第二节　聚合物胶束

一、概述

　　包含亲水嵌段和疏水嵌段两部分的聚合物称为两亲性聚合物。当两亲性聚合物处于溶液状态时，分子结构中的亲水段在表面成壳，同时疏水段在内部成核，自发形成热力学稳定胶束，称作聚合物胶束（polymer micelles）。在低浓度的溶液中，聚合物呈现出单分子分布状态；但是当浓度超过临界胶束浓度（critical micelle concentration，CMC）后，带有极性基团的亲水端与溶剂相互吸引形成胶束外壳，疏水段与疏水段之间缔合成胶束内核。聚合物胶束具有载药范围广、结构稳定、组织渗透性强、体内循环时间长以及靶向性等优点。图15-1 为水溶液中两亲性嵌段共聚物 PLGA-PEG 胶束。

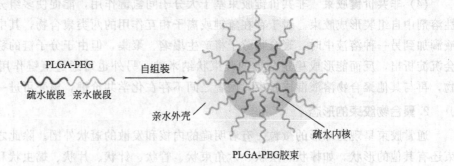

图 15-1　水溶液中两亲性嵌段共聚物 PLGA-PEG 自组装成聚合物胶束

二、聚合物胶束的组成、结构、类型

1. 聚合物胶束的类型

　　聚合物类型、材料结构和性质的不同，如疏水段与亲水段的比例，容易影响胶束的形态与大小。聚合物胶束，按聚合物主链结构和性质可分为均聚物胶束和共聚物胶束。

　　（1）嵌段聚合物胶束　嵌段共聚物以胶束结构存在于水溶液中，具有柔韧性的亲水性聚合物嵌段形成胶束外壳，疏水性聚合物嵌段聚集成内核，胶束粒径约为 $10\sim100$ nm。该结构一方面可提高疏水性药物的溶解度；另一方面可使胶束被 RES 识别和摄取的机会大大下降，从而通过 EPR 效应，实现被动靶向。两亲性嵌段共聚物亲水段主要有聚乙二醇（polyethylene glycol，PEG）和聚乙烯吡咯烷酮（polyvinylpyrrolidone，PVP）等。PEG 作为最为常见的生物材料，具有无毒、亲水、生物相容性好等特点。疏水段聚合物种类范围较广，有许多可生物降解的共聚物，如聚乳酸（polylactic acid，PLA）、乳酸-羟基乙酸共聚物 [poly (lactic-*co*-glycolic acid)，PLGA] 等；也有采用不可生物降解的共聚物，例如：聚苯乙烯（polystyrene，PS）、聚 *N*-异丙基丙烯酰胺 [poly（*N*-isopropylacrylamide），PNIPAM] 等。类似于泊洛沙姆（PEG-PPO-PEG），PEG-PLGA-PEG 等三嵌段的亲水-疏水-亲水共聚物也可作为胶束的材料。在嵌段聚合物胶束结构中，当疏水链大于亲水链时，胶束的稳定性更高，载药性更好。但一般疏水段的分子量不大于 8000，分子量大于 8000 聚合物容易产生沉淀。而亲水段的 PEG 分子量一般在 5000 以下，具有最好的胶束效果。制备胶束一般选用硬度较小的疏水性材料。

（2）**改性聚合物胶束**　改性聚合物，例如将天然高分子经过两亲性化改性的衍生物等，包括改性壳聚糖、纤维素衍生物等，在水中亦可形成聚合物胶束，例如：以羟乙基纤维素为主链的改性两亲性嵌段接枝共聚物 HEC-*g*-PCL-*b*-PAA，该改性聚合物在溶液中可以自组装形成粒径在 $30\sim50$ nm 的核-壳型胶束。这类胶束在纳米运载、靶向治疗等方面具有较大的应用价值。

（3）**聚电解质胶束**　将前段聚电解质（即含有聚电解质链的嵌段共聚物）与带相反电荷的另一聚电解质聚合物混合时，就会形成以聚电解质复合物为核，以溶解的不带电荷的聚合物为壳而形成的水溶性胶束，即聚电解质胶束。例如，中性条件下将聚乙二醇-聚天冬氨酸（PEG-PASP）共聚物与聚乙二醇-聚赖氨酸（PEG-PLL）共聚物在水中混合，带正电的聚赖氨酸和带负电的聚天冬氨酸通过静电作用聚集成聚离子复合物胶束的内核，外壳由亲水的 PEG 组成，最后形成聚电解质胶束。

（4）**非共价键胶束**　非共价键胶束基于大分子间氢键作用，能促使多组分高分子在选择性溶剂中自组装形成胶束。对于存在氢键或离子相互作用的两类聚合物，其中一种聚合物溶液滴加到另一种溶液中时，聚合物分子将产生塌缩、聚集，但由于分子链的稳定作用，并不会沉淀析出，反而能形成稳定分散的胶束状纳米粒。另外也可通过氢键作用形成接枝络合物，再与其他聚合物溶液混成胶束，两者之间不存在化学共价键，核壳可进一步分离。

2. 聚合物胶束的形态

通常胶束呈现为球形的微粒，有着明确的内核和发散的冠状外围。除此之外，聚合物胶束还有其他的形状，如棒状、层状、六角束状、管状、针状、片状、蠕虫状和其他多种复合形状（图 15-2）。形态是受多种力效应平衡的结果：内核疏水链段的伸展度、胶束内核与溶剂的界面能、外围亲水链段之间的作用力等。在平衡、准平衡以及不平衡的状态下将形成不

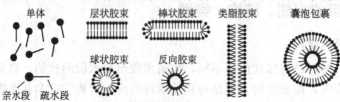

图 15-2　各种胶束形态图

同的形态。例如：非球状结构的胶束由不对称的、疏水链段明显短于亲水链段的嵌段共聚物构成。同样根据胶束亲水-疏水嵌段长度的不同，可将胶束分成两种，若亲水端长度大于疏水端，形成星形胶束；亲脂嵌段大于亲水嵌段，则形成平头胶束。

3. 聚合物胶束的制备与药物包载方法

传统的胶束载药方法主要有透析法、水包油乳化溶剂蒸发法、固体分散法，其他的方法还有冻干法、络合法等。制备过程与胶束材料、药物性质有关：脂溶性药物通过与胶束疏水段的相互作用被有效包载。胶束的长疏水链以及药物强疏水性均会提高载药量，但是同时也会增加胶束的粒径，降低稳定性，在体内不易长循环。亲水性的药物主要在胶束的表面增溶，脂溶性药物主要在胶束的核中增溶，两亲性药物则主要在胶束亲水、亲脂的界面增溶。

(1) 透析法　将聚合物和药物溶于与水互溶的有机溶剂（如二甲基亚砜、二甲基甲酰胺和四氢呋喃）中，加入少量的水混匀，随后透析除去有机溶剂。采用这种方法所使用的有机溶剂影响胶束的粒径及载药量，这种方法的缺点是药物和胶束发生部分沉淀，影响药物的包封率和载药效率。

(2) 水包油乳化溶剂蒸发法　药物和聚合物溶于与水不溶的有机溶剂（如氯仿、丙酮）或者混合溶剂（如氯仿与乙醇），剧烈搅拌下缓慢加入蒸馏水；或将药物溶于有机溶剂，再将其逐滴加到聚合物的水溶液中，形成内相为有机相、外相为连续水相的乳剂，聚合物重排形成胶束。

(3) 固体分散法　药物与聚合物溶于有机溶剂，有机溶剂减压蒸发形成聚合物的药膜骨架，药膜骨架在水溶液中水合形成胶束。

(4) 冻干法　将聚合物和药物溶于有机溶剂中，再与水混合，冻干后聚合物胶束分散于等渗的水性介质中。

(5) 络合法　络合法主要用于铂类金属抗癌药胶束的制备，主要是利用高分子聚合物与金属离子之间形成的金属配位键诱导载药胶束的形成。

4. 聚合物胶束的优点

聚合物胶束可通过物理包埋、化学结合和静电作用等方式将疏水性或亲水性药物增溶在内核，主要具有以下优势：

(1) 聚合物胶束的疏水内核对疏水性药物有较明显的增溶效果，而且包封率高，避免了药物在体内运输过程中的过多释放，使药物毒副作用大大降低。

(2) 聚合物胶束的亲水外壳具有隐形的特点，避开了网状内皮系统（RES）的非特异性识别和吞噬，减少药物损失，延长药物在血液中的循环时间，提高药物的生物利用度。

(3) 由于肿瘤组织的高通透性和滞留效应（EPR），纳米级的给药系统可以穿过肿瘤组织血管壁实现被动靶向，集中在肿瘤组织，有利于抗癌药物的发挥。

(4) 可以通过对疏水段的修饰来提高载药量、胶束稳定性、药物的刺激响应性释放；通过对亲水段的修饰来实现对病灶部位的主动靶向等。

5. 聚合物胶束的应用

(1) 难溶药物载体　作为难溶药物载体口服给药，由于吸收较少，药物的生物利用度通常都比较低。胶束内部疏水性药物的增溶作用可以解决这个问题。采用普朗尼克制备包载姜黄素的聚合物胶束制剂，使得姜黄素的溶解性和稳定性得到显著改善。聚乙二醇-聚乳酸共聚物、聚乙二醇-聚己内酯共聚物胶束也已被成功用来输送姜黄素，以提高其溶解性和生物利用度。

(2) 主动靶向载体　　聚合物胶束可以通过配体修饰来实现主动靶向，能够在减少全身毒性和不良副作用的同时增加对肿瘤细胞的选择性和增强细胞内的药物传递。例如可采用叶酸-聚乙烯亚胺-普朗尼克和 Pluronic L121 的共聚物制备载有紫杉醇的混合胶束。该混合胶束具有强的抗癌活性，能够有效增加药物在细胞的聚集和延长药物在肺部的滞留时间。

　　(3) 被动靶向载体　　具有亲水性的表面，同时粒径在 10～100 nm 之间的纳米胶束可以有效避开网状内皮系统的摄取而在血液中长循环，从而实现被动靶向。运用聚乙二醇-聚己内酯共聚物制备阿霉素的纳米胶束，与游离的阿霉素相比，聚集到细胞质中的阿霉素增加，降低细胞毒性。

　　2002 年，FDA 批准的第一个用于治疗前列腺癌的聚合物纳米颗粒是 Eligard®，这是一种 PLGA 纳米颗粒，用于包裹白丙瑞林（一种睾丸激素抑制药物）。阿霉素负载的聚（烷基氰基丙烯酸酯）目前正处于治疗耐多药肝细胞癌的三期临床试验。Opaxio® 是紫杉醇和聚谷氨酸的聚合物-药物结合物，已进入三期临床试验，在治疗非小细胞肺癌方面显示出显著的生存率，与多西他赛相比，其发热性中性粒细胞和脱发明显减少。

　　(4) 基因药物载体　　可生物降解的纳米胶束具有稳定、无毒、无抗原性等优点，可用于基因输送治疗。选用混合多肽共聚物聚乙二醇-聚（L-赖氨酸)-聚（L-亮氨酸)（PEG-PLL-PLLeu）制备可生物降解胶束用于基因传递。PEG-PLL-PLLeu 胶束带正电荷，粒径大小（40～90 nm）取决于 PLL 和 PLLeu 嵌段的长度而且可调控。与 PEG-PLL 共聚物相比，该胶束表现出更高的转染效率和更小的细胞毒性。同时，胶束的转染效率和生物相容性可以通过调节 PLL 和 PLLeu 嵌段的长度来改善。

　　(5) pH 敏感型胶束　　肿瘤组织细胞间隙液的 pH 为 6.5，细胞内涵体的 pH 为 5.0～5.5，因此依赖 pH 的改变进行药物释放成为设计功能化纳米给药系统的策略之一。pH 敏感型聚合物胶束设计的思路有两种，一是在酸性条件下聚合物主链不稳定，二是通过酸性条件完成胶束的疏水和亲水的转变。因此，腙键（—NH—N ═）等 pH 敏感的化学键常被用来连接载体和药物制备智能药物载体，使胶束到达肿瘤细胞的内涵体或溶酶体中时发生水解，定点给药。

　　(6) 温度敏感型胶束　　温敏型聚合物是用具有温度响应性的聚合物嵌段和疏水聚合物嵌段组成的共聚物，在最低临界胶束浓度（LCST）以上或者最高共溶浓度（UCST）以下的温度条件下形成胶束，包裹药物。由于肿瘤组织的温度一般会高于正常组织，达到 UCST 温度以上，致使胶束中温度响应型聚合物发生相变，从而导致胶束发生解离或者聚合，实现药物的迅速或者缓慢释放。表 15-1 为一些比较重要的聚合物在溶液中的相转变温度。

表 15-1　一些比较重要的聚合物在溶液中的相转变温度

聚合物种类	结构式	LCST 或 UCST/℃
聚-N 异丙基丙烯酰胺 poly(N-isopropylacrylamide)(PNIPAM)		32
聚-N,N-二甲基丙烯酰胺 poly(N,N-diethylacrylamide)(PDEAM)		33

聚合物种类	结构式	LCST 或 UCST/℃
聚-N 乙烯基己内酰胺 poly(N-vinylcaprolactam)(PVCL)		32
聚-N,N-甲基丙烯酸二甲基氨基乙酯 poly(N,N-dimethylamincethyl methacrylate)(PDMAEMA)		14~50
聚-[2-(2-甲氧基乙氧基)甲基丙烯酸乙酯] poly[2-(2-methoxyethoxy)ethyl methacrylate](PMEO$_2$MA)		26
聚-氧化乙烯 poly(ethylene oxide)(PEO)		85

(7) 超声敏感型胶束 超声作用包括由连续波产生的热效应和脉冲超声产生的非热效应（机械效应），超声形成的空化效应可暂时增加肿瘤细胞膜通透性，促进药物进入细胞。药物释放程度取决于超声参数如频率、功率密度、脉冲密度、脉冲间隔。超声辐射使共聚物中的大部分酯键断裂，使药物在胶束被快速释放。

(8) 光敏感型胶束 一般光敏基团在光激发下发生光解，导致光敏疏水嵌段材料的分离和亲水性改变，从而促使胶束的崩解破坏。响应型光敏剂可分为两类：一类是紫外光响应的，具有紫外光异构化性能的典型化合物是三苯甲烷无色染料衍生物和偶氮苯。在紫外光照射下偶氮苯的顺式、反式两种异构体可以相互转化。另一类是红外光响应的，例如在温敏材料 PNIPAM 中加入金纳米粒，在红外光的照射下金纳米粒温度升高，可使材料做出响应。

(9) 氧化还原敏感胶束 由于生理条件下，细胞外与细胞内的谷胱甘肽（glutathione，GSH）浓度分别为每升微摩尔和毫摩尔级，意味着细胞内环境比细胞外环境的还原性强得多。因此氧化还原响应的聚合物胶束通常在聚合物的主链、侧链或交联结构中设计二硫键，致使该类聚合物可以对环境中氧化还原电位变化的刺激做出快速响应，从而实现药物的控制释放。

第三节　纳米乳与亚微乳

一、概述

纳米乳（nanoemulsion）是指由水、油、乳化剂和助乳化剂组成的，具各向同性，外观澄清的热力学稳定体系，通常粒径为 $10\sim100$ nm。在一定条件下，纳米乳可自发（或轻微振摇）形成，无须外力做功；其乳滴多为球形，大小比较均匀，透明或半透明，可过滤除菌；其在较大温度范围内保持热力学稳定，经热压灭菌或离心也不能使之分层；纳米乳由于内部同时存在亲油、亲水区域，能显著增大药物的溶解度；处方中除加入乳化剂外还需要加入助乳化剂，有利于促进曲率半径很小的乳滴的形成。

亚微乳（submicroemulsion）乳滴粒径在 100～1000 nm 范围，外观不透明，呈浑浊或乳状，其稳定性介于纳米乳与普通乳之间。虽可热压灭菌，但加热时间太长或数次加热，也会分层。亚微乳通常要用高压乳匀机制备。

纳米乳与亚微乳都可以作为药物的载体，由于处方和制备工艺条件的差别，亚微乳的粒径大于纳米乳，从而产生了以稳定性差异为代表的一系列性质的差异，但其形成原理、制备工艺等没有本质区别，因此下面的讨论以纳米乳为主，亚微乳参考纳米乳，必要时会特别列出。

二、常用的乳化剂和助乳化剂

乳化剂和助乳化剂的选择对纳米乳和亚微乳的形成和稳定均起着重要作用。选用乳化剂时不仅要考虑其使纳米乳稳定的乳化性能，而且要考虑毒性、对微生物的稳定性和价格等。随着纳米乳在药剂学研究领域中的广泛运用，低毒高效的天然表面活性剂成为首选；合成、半合成非离子型表面活性剂由于对 pH 和离子强度不敏感、CMC 低而成为研究的热点。

1. 乳化剂

（1）天然乳化剂　天然乳化剂有阿拉伯胶、西黄蓍胶、明胶、白蛋白、酪蛋白、大豆磷脂、卵磷脂及胆固醇等。这些天然乳化剂降低界面张力的能力不强，但它们易形成高分子膜，有利于乳滴的稳定。明胶及其他蛋白质类乳化剂在其等电点时对乳滴的稳定性最小，因此要注意 pH 对其稳定性的影响。

（2）合成乳化剂　合成乳化剂可分为离子型和非离子型两大类。纳米乳常用非离子型乳化剂，如脂肪酸山梨坦（亲油性，商品名 Span）、聚山梨酯（亲水性，商品名 Tween）、聚氧乙烯脂肪酸酯类（亲水性，商品名 Myrj）、聚氧乙烯脂肪醇醚类（亲水性，商品名 Brij）、聚氧乙烯聚氧丙烯共聚物类（聚醚型，商品名 Poloxamer 或 Pluronic）、蔗糖脂肪酸酯类和单硬脂酸甘油酯等。

在通常的纳米乳处方中，乳化剂与助乳化剂的量可达 10％以上，有的甚至超过 30％。乳化剂潜在的毒副作用备受关注，因此制备时尽可能减少乳化剂的用量。很多研究表明，混合乳化剂的乳化能力强于单一乳化剂。

2. 助乳化剂

纳米乳的形成往往需要借助助乳化剂，因为助乳化剂具有以下作用：①使乳化剂具有超低表面张力，有利于纳米乳的形成和热力学稳定；②改变油水界面的曲率；③增加界面膜的流动性，降低膜的刚性，有利于纳米乳的形成。

助乳化剂可调节乳化剂的亲水亲油平衡值（HLB 值），并形成更小的乳滴。助乳化剂应为药用短链醇或具有适宜 HLB 值的非离子型表面活性剂。常用的助乳化剂通常是小分子的醇类，包括含 2～10 个碳的醇及二醇类，也可以是有机氨类、中短链醇类、低分子量的聚乙二醇类等，具有不饱和双键的表面活性剂也有类似助乳化剂的作用。

三、纳米乳的形成

（一）纳米乳的相图和结构

1. 伪三元相图

纳米乳的制备，通常需要制作相图来确定处方。常常是将乳化剂/助乳化剂作为三角形的一个顶点，水和油作为三角形的另外两个顶点，用滴定法制备伪三元相图。纳米乳的制备在伪三元相图中占有很狭窄的区域，见图15-3。

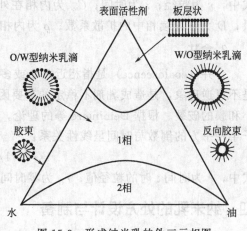

图15-3 形成纳米乳的伪三元相图

2. 分类

纳米乳与亚微乳按结构可分为 W/O 型、O/W 型和双连续相型三种

（1）油包水（W/O）型 微小的水滴分散于油中，表面覆盖一层乳化剂和助乳化剂分子构成的单分子膜。分子极性头朝着水相，脂肪链朝着油相。

（2）水包油（O/W）型 其结构与 W/O 型相反，微小的油滴分散于水相中。

（3）双连续相型 这是纳米乳特有的结构，当油水两相比例适当时，任一部分的油相在形成液滴破水相包围的同时，亦可与其他油滴一起组成油连续相，包围介于油相中的水滴，油水间界面不断波动使其具有各向同性，称为双连续相型纳米乳。双连续相型纳米乳结构中，水相与油相皆非球状，而是类似于海绵状的结构，如图15-4所示。纳米乳的结构类型由处方中各组成成分的性质及比例决定。

(a)   (b)   (c)

图15-4 常见纳米乳的结构示意图

(a) O/W型；(b) 双连续相型；(c) W/O型

（二）纳米乳的形成机制

1. 奥斯特瓦尔德熟化

奥斯特瓦尔德熟化是乳液中小乳滴不断消失，大乳滴不断增大的现象。以水包油乳剂为例，假设乳滴全部由油相组成，乳滴大小不一致，使得不同乳滴中包含的油在水中的溶解度不同，小乳滴因其比表面积小，乳滴中的油相在水相中的溶解度较大，相反，大乳滴中的油相在水相中的溶解度则较小，那么不同乳滴中的油相之间存在一个化学势差，使小乳滴中的油相不断溶解在水相，然后在大乳滴中析出，以消除化学势差，最终使得乳滴平均粒径不断变大。发生奥斯特瓦尔德熟化时，油相通过在水相中的不断溶解析出，从小乳滴转移至大乳滴中，从而使乳滴不断变大。

Lifshitz-Slezov-Wagner（LSW）理论认为，内相粒子半径的三次方与时间呈线性关系，其斜率即为奥斯特瓦尔德熟化率（Ostwald ripening rate，ω）。

$$\omega = \mathrm{d}r^3/\mathrm{d}t = 8C_\infty \gamma V_m D/(9\rho RT) \tag{15-1}$$

式中，r 为粒径；t 为时间；C_∞ 为内相在外相的溶解度；γ 为表面张力；V_m 为油相的分子量；D 为在连续相中的扩散系数；ρ 为内相的密度；R 为气体常数；T 为热力学温度。

2. 合并

合并（coalescence）是指相近两个或多个小乳滴破裂并聚集在一起形成大乳滴的现象，是不可逆现象，是造成乳剂不稳定的重要因素。通常将合并过程分为两个阶段：膜的厚度减小和膜的破裂。根据 Deminiere 等的理论，当合并是引起乳剂不稳定的主要机制时，内相粒子半径平方的倒数与时间呈线性关系：

$$1/r^2 = 1/r_0 - 8\pi/(3\omega t) \tag{15-2}$$

式中，r 为时间 t 时的粒径值；r_0 为零时间的粒径值；ω 为单位油水界面膜断裂的频率。

四、纳米乳的处方设计与制备

(一) 纳米乳的处方设计

1. 纳米乳形成的基本条件

三个基本条件：①油水界面上存在短暂的负表面张力；②有高流动的界面膜；③油相与界面膜上乳化剂分子之间能相互渗透。

纳米乳的制备需要以下基本条件：

(1) 需要大量乳化剂 纳米乳中乳化剂的用量一般为油相用量的 20%～30%，而普通乳中乳化剂多低于油相用量的 10%。纳米乳乳滴小，界面积大，其形成及稳定需要大量的乳化剂。

(2) 需要加入助乳化剂 原因一：乳化剂的超低界面张力（$\gamma < 10^{-2}$ m·N/m）可自发形成稳定的纳米乳，通常 γ 大于这个数值，则成普通乳，该值称为临界值。而乳化剂受溶解度的限制，一般情况下 γ 降低不到这个值已达到临界胶束浓度，γ 就不再降低。助乳化剂使乳化剂的溶解度增大，γ 进一步降低，甚至可出现负值（可以理解为增大界面不需要能量，会自动进行并释放能量），有利于纳米乳的形成。原因二：助乳化剂可调节乳化剂的 HLB 值，使之符合油相的要求。一般不同的油对乳化剂的 HLB 值有不同的要求。制备 W/O 型纳米乳时，大体要求乳化剂的 HLB 值为 3～6，制备 O/W 型纳米乳则需用 HLB 值为 8～18 的乳化剂。HLB 值是纳米乳处方设计的一个初步指标。体系 HLB 值由乳化剂和助乳化剂的种类及用量决定，还与体系中的其他组分以及温度、盐度等有关。

2. 助乳化剂的选择

助乳化剂在纳米乳形成过程中协助乳化剂降低界面张力，增加界面膜的流动性，减少纳米乳形成时的界面弯曲能，并调节乳化剂的 HLB 值。一般常用的助乳化剂为中链、短链醇和胺类物质。

3. 油相的选择

油相分子与界面膜分子之间应保持一定作用，意味着油相分子的大小对纳米乳的形成较为重要。原则上油相分子体积越小，对药物的溶解能力越强，油相分子链过长则不易形成纳米乳。因此，为了提高主药在油相中的溶解度、增大纳米乳形成区域，应选择药物溶解度较大的无毒无刺激性的短链油相。常用的油相有豆油、肉豆蔻酸异丙酯、棕榈酸异丙酯、中链（$C_8 \sim C_{10}$）甘油三酯类（如 Miglyol 812、Captex 355）等。

（二）纳米乳的制备

1.制备的一般步骤

（1）处方筛选　处方中必需的成分通常是油、水、乳化剂和助乳化剂。当油、乳化剂和助乳化剂确定之后，可通过三元相图（图15-5）找出纳米乳区域，从而确定它们的用量。图中有两个纳米乳区，一个靠近水的顶点，为O/W型纳米乳区，范围较小；另一个靠近助乳化剂与油的连线，为W/O型纳米乳区，范围较大，故制备W/O型纳米乳较为容易。由于温度对纳米乳的制备影响较大，研究相图时需要恒温。

纳米乳的形成通常需要较大量的乳化剂，其潜在的毒性使纳米乳的应用受到限制。因此在处方筛选中尽量减少乳化剂用量是研究中关注的重点，可通过制作三元相图选择适宜的乳化剂用量。

（2）纳米乳的制备　由相图确定处方后，将各成分按比例混合即可制得纳米乳，且与各成分加入的次序无关。通常制备W/O型纳米乳比O/W型纳米乳容易。配制O/W型纳米乳的基本步骤是：①选择油相

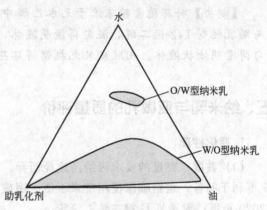

图15-5　形成纳米乳的三元相图

及亲油性乳化剂，将该乳化剂溶于油相中；②在搅拌下将溶有乳化剂的油相加入水相中，如已知助乳化剂的用量，则可将其加入水相中；③如不知助乳化剂的用量，可用助乳化剂滴定油水混合液，至形成透明的O/W型纳米乳为止。

2.制备方法

纳米乳的制备通常为滴定法或搅拌法，亚微乳的制备一般常用高能乳化法。

高能乳化法包括剪切搅拌乳化法、胶体磨乳化法、超声波乳化法和高压匀质法等，其中高压匀质法是目前工业生产中应用最为广泛的方法，一般先用高速混合器制得粗乳，再用高压匀质机乳化。高压匀质机工作压力一般为50～350 MPa，制备的纳米乳粒径分布窄，乳化效率高。该法可以减少表面活性剂的用量，降低大量表面活性剂带来的毒性影响。

低能乳化法即利用纳米乳体系的理化性质，使乳滴的分散能够自发产生，避免或减轻机械制备过程对药物的物理破坏，可以形成更小粒径的乳滴。一般包括相变温度（phase inversion temperature，PIT）法和相转变法。PIT法利用聚氧乙烯型非离子表面活性剂的HLB值在温度的影响下可发生改变而使纳米乳转相，当温度升高时，表面活性剂分子上的氢键脱落，聚氧乙烯链脱水，分子疏水性增强，自发曲率变成负值，形成水性反胶束（W/O型纳米乳）；当温度降低到相变温度时，表面活性剂自发地使曲率接近于零，并形成层状结构；温度进一步降低时，表面活性剂的单分子层产生很大的正向曲率，形成细微的油性胶束（O/W型纳米乳）。相转变法是将W/O型表面活性剂加入油相中溶解，缓慢加入水相形成W/O型乳剂，随着水相比例的增加，改变了其中表面活性剂曲率，连续相由油相转变为水相，形成O/W型纳米乳。

3.制备实例

环孢素是一种免疫抑制剂，是由11种氨基酸组成的环状多肽化合物，不溶于水，也几

乎不溶于油（如橄榄油），但可溶于无水乙醇。用于器官移植后的免疫抑制治疗，可大幅度提高患者的存活率。环孢素前纳米乳经口服后遇体液可自动乳化，形成 O/W 型纳米乳，生物利用度可提高 74%～139%。

例 15-1 环孢素前纳米乳软胶囊的制备

【处方】环孢素 100 mg，无水乙醇 100 mg，1,2-丙二醇 320 mg，聚氧乙烯（40）氢化蓖麻油 380 mg，精制植物油 320 mg。

【制法】将环孢素粉末溶于无水乙醇中，加入乳化剂聚氧乙烯（40）氢化蓖麻油与助乳化剂 1,2-丙二醇，混匀得澄明液体，测乙醇含量合格后，加精制植物油混合均匀得澄明油状液体。由胶皮轧丸机制得环孢素前纳米乳软胶囊（胶丸）。

五、纳米乳与亚微乳的质量评价

1. 理化性质

（1）**黏度** 黏度的要求因给药途径而异。例如，对以注射方式给药的乳剂，黏度过大不仅不利于制备，也给临床使用带来不便。用旋转式黏度计，依照黏度测定法［《中国药典》（2020 年版）附录Ⅵ G 第二法］测定。

（2）**折射率** 纳米乳的折射率一般使用阿贝折光仪，依照《中国药典》（2020 年版）附录Ⅵ F 折射率测定法，恒温（20 ℃）条件下测定。

利用黏度和折射率可以检查纳米乳的纯杂程度。

（3）**电导率** 电导率是鉴别纳米乳结构类型的重要方法。油是外相时，含水量低，电导率值很低，相当于或者大于油的电导率。水含量增至一定比例时，电导率急剧上升，体系由 W/O 型渐变至油水两相各呈双连续相的双连续型。当水含量继续增至一定数值时，电导率达到峰值后下降（因为水增加后离子浓度下降），说明纳米乳液转型为 O/W 型。

2. 乳滴粒径及其分布

乳滴粒径是评价纳米乳和亚微乳的重要质量指标之一。乳滴粒径的常用测定方法有：①激光衍射测定法，无须加入电解质，因而不会影响亚微乳的稳定性。②电镜法，包括扫描电镜（SEM）法、透射电镜（TEM）法和冷冻蚀刻电镜（freeze cleaving）法。③光子相关光谱法和计算机调控的激光测定法，可有效地测定 0.05～10 μm 范围的乳滴。

亚微乳在热力学上仍是不稳定的，在制备过程及贮存中乳滴有增大的趋势。静脉注射亚微乳的乳滴不应产生毛细血管阻塞或肺栓塞，根据《中国药典》（2020 年版）指导原则，静脉注射用亚微乳分散相 90% 的粒度应在 1 μm 以下，不得有大于 5 μm 的球粒。口服乳剂应是均匀的乳白色，用半径为 10 cm 的离心机以 4000 r/min 的转速离心 15 min，不应有分层现象。

3. 影响稳定性的因素

（1）**乳化剂** 使用蛋黄卵磷脂和 poloxamer 作混合乳化剂，并以油酸作为稳定剂，以地西泮为模型药物制得的亚纳米乳可在 4 ℃ 稳定 24 个月以上。

（2）**分散相比例** 纳米乳分散相的质量分数一般小于 50%，当分散相的质量分数大于 74% 时，纳米乳容易转相或破裂。

（3）**贮存温度和时间**　提高温度和延长贮存时间也会使纳米乳的分散逐渐趋向不稳定。

（4）**黏度**　高黏度的分散相减缓乳滴的聚集，分散介质的黏度高可以阻止分散乳滴的沉降并阻止乳滴的布朗运动，防止相互碰撞。

（5）**其他**　乳化时的温度、机械力、时间、内外相和表面活性剂的混合顺序等均对纳米乳的稳定性有影响。

六、纳米乳与亚微乳作为药物载体的应用

（1）**口服给药系统**　纳米乳和亚微乳可以提高口服难溶性药物的溶解度。口服后，部分可经淋巴管吸收，避免肝脏的首过效应，并能增强多肽蛋白质等生物大分子药物通过胃肠道上皮细胞膜，促进药物吸收，提高药物的生物利用度。

（2）**注射给药系统**　纳米乳与亚微乳粒径小，不易堵塞静脉血管且稳定性好，根据需要还可以实现缓释和靶向给药。

用油酸乙酯、吐温 20 将水不溶性药物氟比洛芬制备成供静脉注射用 O/W 型纳米乳，纳米乳中氟比洛芬最大溶解度可达 10 mg/mL，体内药代动力学参数与溶液型注射剂无差异。

（3）**透皮给药系统**　纳米乳的经皮透过机制有多种：①纳米乳对亲油性药物有较高的溶解度，给药后能够产生较高的浓度梯度；②形成纳米乳的一些组分具有透皮促渗作用；③油相的种类及用量可改变药物的分配系数，有助于药物进入角质层，纳米乳还可以通过毛囊进入皮肤，实现药物的透皮吸收。

第四节　微囊与微球

一、概述

微囊（microcapsules）是指固态或液态药物作为囊心物被天然或合成的高分子聚合物囊材包封形成的微型胶囊，具有包囊结构，通常其粒径在 $1 \sim 250 \ \mu m$。微球（microspheres）是将药物溶解、分散或吸附在高分子聚合物基质中形成的微型球状实体，属于基质型骨架结构，一般其粒径在 $1 \sim 250 \ \mu m$ 范围内。

微囊与微球统称为微粒（microparticles），但其在结构上有所差异。这类微粒制剂是一种将药物分子包裹于载体材料中以达到长时间平稳释放药物目的的药物递送系统，在制剂过程中先制备成微囊或微球后，再根据需求制备成不同的剂型，如混悬剂、注射剂、栓剂等微粒制剂。

微粒制剂的特点有：①增加药物的稳定性，防止药物在胃肠道内被破坏或产生刺激作用，如包裹尿激酶、红霉素等可防止药物在胃内失活，包裹氯化钾可减少对胃的刺激性；②具有缓释控释的性质，逐渐释放药物从而达到缓释或控释的效果，大大减少治疗周期的给药剂量，如减少给药次数，降低血药浓度峰谷波动等；③靶向递送药物，通过被动分布、主动靶向性结合或磁性物质吸引等使药物在体内所需部位释药，提高药物有效浓度，同时使其他部位药物浓度相应降低，使药物全身毒性和不良反应减小；④减少复方药物的配伍变化，提高药物生物利用度；⑤掩盖药物的不良气味，提高患者的口服顺应性；⑥液态药物固态

化，将油类、香料、脂溶性维生素等包裹成微粒，便于贮存和运输。但是微粒制剂存在一些缺点，比如载药量的限制、生产工艺和质量标准较为复杂、技术条件和成本相对较高等。

二、常用载体材料

用于制备微囊与微球的各种载体材料的基本要求：①物理化学性质稳定；②具有合适的释放药物速度；③无毒、无刺激性，具有良好的生物相容性；④可以与药物进行配伍，不影响药物的药理作用以及含量测定；⑤具有一定的可塑性、弹性且包封率高；⑥符合标准要求的黏度、亲水性、溶解度、渗透率等。常用的高分子载体材料主要分为天然的、半合成的以及合成的三类。

1. 天然高分子材料

天然高分子材料是最常用的载体材料，具有良好生物相容性、易降解、稳定无毒、用途广泛等优异特性。

(1) **明胶**（gelatin） 氨基酸与肽交联形成的直链聚合物，是目前常用的囊材之一。由于制备时水解的方法不同，可分为 A 型和 B 型。A 型明胶的等电点为 7～9；B 型明胶的等电点为 4.7～5.0。两者在体内均可生物降解，几乎无抗原性，因此通常可依据药物对酸碱性的要求选用 A 型或 B 型，制备微囊的一般用量为 20～100 g/L。

(2) **阿拉伯胶**（acacia gum） 一种天然植物胶，由高分子量的多糖类及其钙、镁、钾盐等组成。一般常与明胶等量配合使用，可作囊材的用量常为 20～100 g/L，也能与白蛋白配合作复合材料。

(3) **海藻酸盐**（alginate） 用稀碱从褐藻中提取的多糖类化合物。海藻酸钠可溶于不同温度的水中，不溶于乙醇、乙醚及其他有机溶剂，不同分子量的产品黏度有所差异，可与甲壳素或聚赖氨酸合用作复合材料。利用氯化钙使海藻酸钠固化成囊的制备方法可得到不溶于水的海藻酸钙。此外，灭菌方式不同对海藻酸盐有一定的影响，如高温灭菌（120 ℃，20 min）可使其 10 g/L 溶液的黏度降低 64%。

(4) **壳聚糖**（chitosan） 由甲壳素（chitin）脱乙酰化制得的一种天然聚阳离子多糖，可溶于酸性水溶液，无毒、无抗原性，在体内可被溶菌酶或葡萄糖苷酶等酶解，具有优良的生物降解性和成囊性，在体内可溶胀成水凝胶。

(5) **蛋白质类及其他** 蛋白质因其良好的生物相容和降解性质而被用作药物微囊化材料，常采用改变温度法或使用化学交联剂（加入甲醛或戊二醛等）法。常用的有人或牛血清白蛋白、玉米蛋白、鸡蛋白等。采用加热交联时，随交联温度的升高和时间延长，降解时间亦延长。

2. 半合成高分子材料

半合成高分子材料是指纤维素衍生物，一般其毒性小、黏度大、成盐后溶解度增大，但稳定性稍差。由于易水解，需现配现用。

(1) **羧甲基纤维素钠**（sodium carboxyl methyl cellulose，CMC-Na） 属高分子阴离子电解质，常与明胶配合作为复合囊材，一般分别使用 1～5 g/L CMC-Na 和 30 g/L 明胶，再按照 2：1 的体积比混合。CMC-Na 遇水发生溶胀，体积可增大 10 倍，但在酸性溶液中不溶。由于水溶液的黏度大，其抗盐能力和热稳定性较好，也可单独用作成球材料。

(2) **邻苯二甲酸醋酸纤维素**（cellulose acetate phthalate，CAP） 在强酸中不溶，可溶于 pH>6 的水溶液，其水溶液的 pH 及 CAP 的溶解性是由分子中游离羧基的相对含量决定的。可与明胶配合使用，在用作成球材料时也可单独使用，一般用量在 30 g/L 左右。

（3）乙基纤维素（ethyl cellulose，EC） 化学稳定性强，但需加增塑剂增强其可塑性。不溶于水、丙二醇和甘油，可溶于乙醇，但遇强酸易水解，故不适用于强酸性药物的微囊化。

（4）甲基纤维素（methyl cellulose，MC） 在水中溶胀形成澄清或微浑浊的胶体溶液，在无水乙醇、乙醚或三氯甲烷中不溶。用于成球材料的用量为 10～30 g/L，亦可与明胶、CMC-Na、PVP 等配合作复合成球材料。

3. 合成高分子材料

合成高分子材料分为生物降解的和非生物降解的两大类。生物降解并可生物吸收的材料其特点是无毒、成膜性及成球性好、化学稳定性高等，而且可用于注射，因此得到广泛应用。

（1）聚酯类 常用的羟基酸是乳酸（lactic acid）和羟基醋酸（glycolic acid）。乳酸分为 D-型、L-型及 DL-型三种类型，直接缩合得到的聚酯分别用 P(D)LA、P(L)LA 和 P(DL)LA 表示。由羟基醋酸缩合得到的聚酯用 PGA 表示。聚酯类常用聚乳酸和乳酸-羟基醋酸共聚物两种。聚乳酸（polylactic acid，PLA）可以利用乳酸直接缩聚而得到，其分子量较低。制备高分子量聚乳酸是用丙交酯（lactide）作为原料，丙交酯是乳酸的环状二聚体。PLA 不溶于水和乙醇，可溶于二氯甲烷、三氯甲烷、三氯乙烯和丙酮。PLA 的分子量越高，在体内的分解越慢。常用作微囊囊膜材料和微球成球体材料、缓释骨架材料，在体内可缓慢降解为乳酸，最后成为水和二氧化碳，具有无毒、安全的特性。乳酸-羟基醋酸共聚物（poly-lactic-*co*-glycolic acid，PLGA）是将乳酸与羟基醋酸共聚得到的。PLGA 不溶于水，能溶解于三氯甲烷、醋酸乙酯和四氢呋喃丙酮等有机溶剂中。目前用于制备缓释微球的骨架材料主要是 PLGA 和 PLA，其中又以 PLGA 更常用，两者均为被 FDA 批准的可用于人体的生物降解性材料。

（2）聚酰胺（polyamide） 由二元酸与二胺类或由氨基酸在催化剂的条件下聚合而制得的聚合物，也称尼龙（nylon）。对大多数化学物质稳定，无毒安全，不耐高温，在碱性溶液中稳定，而在酸性溶液中易破坏。在体内不会被吸收分解，常供动脉栓塞给药。

（3）聚酸酐（polyanhydrides） 其基本结构为 $\text{⦅}CO\text{—}R^1\text{—}COO\text{⦆}_x$、$\text{⦅}CO\text{—}R^2\text{—}COO\text{⦆}_y$，其中 R^1、R^2 的单体为链状或环状的，有脂肪族聚酸酐、芳香族聚酸酐、不饱和聚酸酐等。聚酸酐具有可生物降解性，不溶于水，可溶于有机溶剂如二氯甲烷、三氯甲烷等，可采用加热熔化法制备微球。

三、微囊的制备技术

微囊的制备方法一般分为物理化学法、化学法和物理机械法三大类。制备时可根据药物、囊材、微囊的粒径、释放要求以及靶向性要求选择适宜的微囊化方法。

1. 物理化学法

物理化学法又称为相分离法（phase separation），是一种将囊心物与囊材在一定条件下形成新相析出制备微囊的方法。微囊由囊心物和囊材组成，囊心物（core materials）即被包裹的物质。囊心物除主药以外，还可以加入辅料，如稳定剂、稀释剂以及控制药物释放速率的阻滞剂等。物理化学法制备微囊大体可分为囊心物的分散、囊材的加入、囊材的沉积、微囊的固化等四步，如图 15-6 所示。根据形成新相的方法不同，物理化学法可分为凝聚法（coacervation）、溶剂-非溶剂法（solvent-nonsolvent method）、液中干燥法、改变温度法。

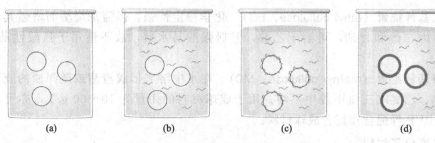

图 15-6　在液相中微囊化的示意图

(a) 囊心物的分散；(b) 囊材的加入；(c) 囊材的沉积；(d) 微囊的固化

(1) 单凝聚法（simple coacervation）　是指在高分子囊材溶液中加入凝聚剂达到降低囊材的溶解度目的并凝聚成囊的一种方法。

基本原理是以一种高分子化合物为囊材，将囊心物分散在囊材介质中，然后加入凝聚剂，如乙醇等强亲水性非电解质或硫酸钠溶液等强亲水性电解质析出凝聚成囊。由于囊材微粒水合膜中的水与凝聚剂结合，导致体系中囊材的溶解度降低而凝聚形成微囊。但是这种凝聚是可逆的，一旦形成凝聚的这些条件解除，就可发生解凝，使形成的微囊很快消失。根据囊材性质，使凝聚囊材固化，使之长久地保持囊形，不粘连、不凝结，可成为不可逆的微囊。

以明胶微囊为例来说明单凝聚法制备微囊。明胶在水中溶胀，在大量的水中形成溶液，在低温下，该溶液脱水而析出，这种相分离现象称为胶凝（gelation）。在大量的电解质、醇类和酮的存在下也可以发生胶凝。明胶在 pH 小于等电点的溶液中带正电荷，与醛类发生氨醛缩合，使明胶分子相互交联、固化。

明胶微囊的处方工艺流程见图 15-7。

影响微囊形成的因素如下。

①囊材浓度和胶凝温度的影响：在一定浓度的囊材溶液中，温度升高，不利于胶凝，而温度降低则有利于胶凝。胶凝温度还与高分子材料浓度有关，浓度高则胶凝温度高，浓度低则胶凝温度低。②电解质的影响：电解质影响胶凝，而起胶凝作用的主要是阴离子。常用的阴离子是 SO_4^{2-}，其次是 Cl^-，而 SCN^- 则可阻止胶凝。③药物与囊材亲和力的影响：成囊时体系中含有互不溶解的药物、凝聚相和水三相。单凝聚法在水性介质中成囊，要求药物在水中不溶解，但也看药物与明胶的亲和力。一般来说，$0° < $ 接触角 $\theta < 90°$ 时，药物对明胶有较好的润湿性和亲和力，药物易被包裹成囊。药物或囊心物过于亲水或疏水均不易包裹成囊。④酸碱度的影响：A 型明胶在 pH 3.2～3.8 易于成囊，此时明胶分子中有较多的—NH_3^+，可吸附大量的水分子，

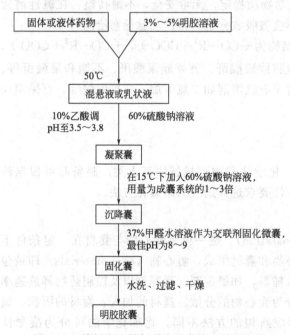

图 15-7　单凝聚法制备明胶微囊的工艺流程图

使凝聚囊的流动性改善，易于成囊；若 A 型明胶在 pH 10～11 则不能成囊。B 型明胶的等电点低（pH 4.7～5.0），制备时不调 pH 也可成囊。⑤交联剂的影响：加入交联剂可阻止已成囊重新溶解或粘连。常用的交联剂为甲醛，其与明胶交联形成不可逆的微囊，最佳 pH 为 8～9。若药物不适于在碱性环境中成囊，交联剂可改为戊二醛，在中性介质中使明胶交联。戊二醛通过希夫反应（Schiff reaction）使明胶交联固化，即 R—NH$_2$＋OHC—(CH$_2$)$_3$—CHO＋NH$_2$—R′—→RN＝CH—(CH$_2$)$_3$—CH＝NR′＋H$_2$O。另外，单凝聚法常用的囊材除明胶、CAP 外，还可用白蛋白、EC 等。

(2) 复凝聚法（complex coacervation） 是指利用两种具有相反电荷的高分子材料作为复合囊材，将囊心物分散、乳化或混悬在囊材的水溶液中，在一定条件下交联且与囊心物凝聚成囊的方法。

例如以明胶和阿拉伯胶作囊材，复凝聚成囊的原理如下：明胶分子结构中的氨基酸在水溶液中可以离解形成—NH$_3^+$ 和—COO$^-$。pH 低时，—NH$_3^+$ 的数目多于—COO$^-$；相反，pH 高时，—COO$^-$ 的数目多于—NH$_3^+$；两种电荷相等时的 pH 即为等电点。pH 在等电点以上明胶分子带负电荷，在等电点以下带正电荷。在水溶液中阿拉伯胶分子仅离解形成—COO$^-$。将明胶溶液和阿拉伯胶溶液混合后，调节 pH 至 4～4.5，明胶的正电荷达到最高量，与负电荷的阿拉伯胶结合成为不溶性复合物，凝聚形成微囊，且生成量最大。以明胶和阿拉伯胶为囊材的复凝聚法工艺流程如图 15-8 所示。

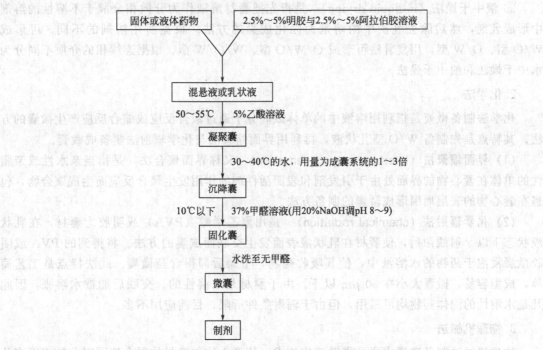

图 15-8　复凝聚法制备明胶-阿拉伯胶微囊的工艺流程图

采用单凝聚法和复凝聚法制备微囊时，药物表面应能被囊材溶液润湿，因此在某些情况下可适当加入润湿剂。此外，还应控制温度等保持凝聚物具有一定的流动性，这也是保证良好囊形的必要条件。

天然植物胶如海藻酸盐、桃胶、杏胶及果胶等，纤维素衍生物如 CAP、CMC-Na 等同阿拉伯胶一样都含有羧基或羧酸根，均能与明胶复凝聚，故也可用作复凝聚法制备微囊的囊材。

(3) 其他方法

① 溶剂-非溶剂法（solvent-nonsolvent method） 是将囊材溶液加入一种对该聚合物不溶的液体（非溶剂）中，引起相分离而将囊心物包成微囊的方法。所用的囊心物可以是水溶性、亲水性的固体或液体药物，但在包囊溶剂与非溶剂中均不溶解，也无化学反应发生。使用的囊材种类很多，一些常用囊材及其溶剂和非溶剂的组合见表 15-2。

表 15-2　一些囊材及其溶剂和非溶剂

囊材	溶剂	非溶剂
乙基纤维素	四氯化碳（或苯）	石油醚
醋酸纤维素	丁酮	异丙醚
聚氯乙烯	四氢呋喃（或环己烷）	水（或乙二醇）
聚乙烯	二甲苯	正己烷
聚醋酸乙烯酯	三氯甲烷	乙醇
苯乙烯-马来酸共聚物	乙醇	醋酸乙酯

② 改变温度法　是通过控制温度制备微囊。如用白蛋白作囊材时，先制成 W/O 型乳剂，再升温将其固化；用蜡类物质作囊材时，可先在高温下熔融，药物混悬于或溶解于其中，制成 O/W 型乳剂，然后降温固化成囊。

③ 液中干燥法（in-liquid drying） 是指先把囊材溶液作为分散相分散于不溶性的溶剂中形成乳剂，然后除去乳滴中的溶剂而固化成囊的方法。根据所用溶剂的不同，可形成 W/O 型、O/W 型，用复乳法可形成 O/W/O 型、W/O/W 型。根据连续相的介质不同分为水中干燥法和油中干燥法。

2.化学法

化学法制备微囊是指利用溶液中的单体或高分子通过聚合反应或缩合反应产生微囊的方法。其特点是先制备 W/O 型乳状液，再利用界面缩聚法与化学辐射法制备成微囊。

（1）**界面缩聚法**（interface polycondensation） 又称界面聚合法，是指当亲水性或亲脂性的单体在囊心物的界面处由于引发剂和表面活性剂的作用发生聚合反应而生成聚合物，包裹在囊心物的表层周围形成微囊的制备方法。

（2）**化学辐射法**（chemical radiation） 是用聚乙烯醇（PVA）或明胶为囊材，在乳状液状态下以 γ 射线照射，使囊材在乳状液表面发生交联而成囊的方法。将得到的 PVA 或明胶微囊浸泡于药物的水溶液中，使其吸收药物，干燥后即得含药微囊。此法特点是工艺简单，成型容易，微囊大小在 50 μm 以下。由于囊材是水溶性的，交联后能被水溶胀，因此凡是水溶性的固体药物均可采用，但由于辐射条件所限，目前应用不多。

3.物理机械法

物理机械法制备微囊主要是借助流化技术，使囊心物与囊材的混合液同时分散成雾滴并迅速蒸发或冻结成微囊，或将囊心物单独分散悬浮，用囊材包被而成。常用的有喷雾干燥法、喷雾冷凝法、空气悬浮法等。物理机械法制备的微囊一般不适用于注射给药，主要是因为原材料和微囊产品的灭菌较困难。

四、微球的制备技术

微球的制备方法与微囊的制备方法大体相似，制备微囊的大多数囊材也可用于微球的载体。根据药物、载体材料的性质以及制备条件不同形成微囊或微球。目前，制备微球的常用方法主要有乳化分散法、凝聚法及聚合法三种。根据所需微球的粒度与释药性能及临床给药途径不同，可选用不同的制备方法。

（一）乳化分散法

乳化分散法（dispersion and emulsification）是指药物与载体材料溶液混合后，将其分散在不相溶的介质中形成类似于油包水（W/O）或水包油（O/W）型乳剂，然后使乳剂内相固化、分离制备微球的方法。

加热固化法（heat solidification）是指利用蛋白质受热凝固的性质，在 100~180 ℃ 的条件下加热使乳剂的内相固化分离制备微球的方法。常用的载体材料为人血清白蛋白，药物必须是水溶性的。常将药物与 25％白蛋白水溶液混合，加到含适量乳化剂的油相（如棉籽油）中，制成油包水的初乳；另取适量油加热至 100~180 ℃，控制搅拌速度将初乳加入热油中，约维持 20 min，使白蛋白乳滴固化成球，用适宜溶剂洗涤除去附着的油，过滤、干燥即得。

（1）**交联剂固化法**（crosslinking solidification）　是指对于一些预热易变质的药物可采用化学交联剂如甲醛、戊二醛、丁二酮等使乳剂的内相固化分离而制备微球的方法。要求载体材料具有水溶性并可达到一定浓度，且分散后相对稳定，在稳定剂和匀化设备配合下使分散相达到所需大小。常用的载体材料有白蛋白、明胶等。

（2）**溶剂蒸发法**（solvent evaporation）　是指将水不溶性载体材料和药物溶解在油相中，再分散于水相中形成 O/W 型乳液，蒸发内相中的有机溶剂，从而制得微球的方法。

（二）凝聚法

凝聚法（coacervation）是指在药物与载体材料的混合液中，通过外界物理化学因素的影响，如用反离子、脱水、溶剂置换等措施使载体材料的溶解度发生改变，凝聚载体材料包裹药物而自溶液中析出。凝聚法制备微球的原理与微囊制备中的复凝聚法基本一致。常用的载体材料有明胶、阿拉伯胶等。

（三）聚合法

聚合法（polymerization）是以载体材料单体通过聚合反应，在聚合过程中将药物包裹，形成微球。此种方法制备微球具有粒径小、易于控制等优点。

（1）**乳化/增溶聚合法**（emulsion/solubilization polymerization）　是将聚合物的单体用乳化或增溶的方法高度分散，然后在引发剂的作用下使单体聚合，同时将药物包裹制成微球的方法。该法要求载体材料具有良好的乳化性和增溶性，且聚合反应易于进行。

（2）**盐析固化法**（salting-out coagulation）　又称交联聚合法，与单凝聚法制备微囊的原理类似，向含有药物的高分子单体溶液中加入适量的盐类沉淀剂（如硫酸钠）使溶液浑浊而不产生沉淀，制得的颗粒粒径为 1~5 μm，然后加入交联剂固化，可得到稳定的微球。

五、影响微囊与微球粒径的因素

1.影响微囊粒径的因素

（1）**囊心物的大小**　要求微囊的粒径约为 10 μm 时，囊心物粒径应达到 1~2 μm；要求微囊的粒径约为 50 μm 时，囊心物粒径应在 6 μm 以下。对于不溶于水的液态药物，用相分离法制备微囊，可先乳化再微囊化，可得到粒径均匀的微囊。

（2）**囊材的用量**　一般药物粒子越小，其表面积越大，要制成囊壁厚度相同的微囊，所需的囊材越多。在囊心物粒径相同的条件下，囊材的用量越多，微囊的粒径越大。

（3）**制备方法**　采用相分离法制备微囊，微囊粒径可小至 2 μm；采用物理机械法制备微囊，其粒径一般大于 35 μm。

（4）**制备温度与搅拌速度**　一般在不同温度下制得的微囊的收率、大小及其粒径分布均不同。一般来说，温度越低，粒径越大。在一般情况下，搅拌速度直接影响微囊的粒径大小，搅拌速度越大，粒径越小。有时搅拌速度过高，也可导致微囊合并生成较大的微囊。

（5）**附加剂的浓度**　附加剂的浓度影响微囊的粒径，但浓度与粒径不一定是正比或反比关系。如采用界面缩聚法制备微囊，在搅拌速度一致的情况下，分别加入 0.5％与 5％的司盘 85，则分别得到 100 μm 和 20 μm 的微囊。

2. 影响微球粒径的因素

（1）**药物浓度**　药物浓度影响粒径与药物加入的方法有关。将药物加入微球中有两种方法：一种是药物在形成微球的过程中掺入微球内部；另一种是先制备空白微球再吸附药物从而将药物加入微球内部。随药物浓度增加、微球载药量的增加，微球的粒径也会变大。

（2）**附加剂的影响**　表面活性剂通过降低分散相与分散介质间的界面张力，改变制备过程中乳滴的大小，从而影响粒径的大小。分散介质不同对微球的粒径影响较大。

（3）**制备方法**　粒径对制备方法的依赖性较大，不同的制备方法可能得到的微球粒径不相同。同种制备方法，采取不同的处理过程，得到的微球粒径也可不同。

（4）**搅拌速度与乳化时间**　一般来说，搅拌速度快，微球粒子小，超声处理比搅拌法制备的微球粒子更小。乳化时间越长，微球粒子越小，粒度分布越均匀。

此外，固化时间和温度、交联剂、催化剂的用量和种类、γ 射线的强度和照射时间等均对制备的微球大小有影响。

六、微囊、微球的质量评价

微囊、微球常为制剂中间体，需按临床不同给药途径和用途制成各种制剂。根据《中国药典》（2020 年版）总则中的指导原则，微囊、微球的质量评价主要分为如下几方面。

1. 形态与粒径及其分布

微囊、微球应形态圆整或呈椭圆形，且流动性良好。微囊应为封闭囊状物，微球应为球状实体。粒径小于 2 μm 的用扫描电镜或透射电镜观察，粒径较大的用光学显微镜观察，应附形态照片，并应提供粒径平均值及粒径分布数据（如直方图或分布曲线图）或跨距。跨距＝$(D_{90} - D_{10})/D_{50}$，其中 D_{90}、D_{10}、D_{50} 分别表示粒径累积分布图上 90％、10％、50％所对应的粒径值。跨距越小，微囊的粒径分布范围越窄，即大小越均匀。

2. 载药量与包封率

微囊（球）中药物含量即载药量，一般通过溶剂提取法测定，使用的溶剂应使药物最大限度溶出而最少溶解材料，溶剂本身也不应干扰测定。微囊（球）内的药量占投药量的百分率称为药物收率（即包封率），可用于评价工艺。可根据式（15-3）和式（15-4）计算：

$$载药量 = \frac{微囊（球）中所含药物量}{微囊（球）的总重} \times 100\% \tag{15-3}$$

$$包封率 = \frac{系统中包封的药量}{系统中包封与未包封的总药量} \times 100\% \quad (15\text{-}4)$$

《中国药典》（2020 年版）规定，包封率不得低于 80%。

3. 释药速度、突释效应及渗漏率

为了掌握微囊、微球中药物的释放规律、释放时间，须进行释药速度的测定。可参考《中国药典》（2020 年版）通则中释放度测定法进行测定，或者将试样置薄膜透析管内按第一法进行测定，也可采用流池法测定。药物在微囊、微球中的情况一般有三种，即吸附、包入和嵌入。在体外释放试验时，表面吸附的药物会快速释放，称为突释效应。开始 0.5 h 内的释放量要求低于 40%，若微囊、微球产品分散在液体介质中贮藏，应检查渗漏率，可由式（15-5）计算：

$$渗漏率 = \frac{产品在贮藏一定时间后渗漏到介质中的药量}{产品在贮藏前包封的药量} \times 100\% \quad (15\text{-}5)$$

4. 有机溶剂限度

在生产过程中引入有害有机溶剂时，应参照《中国药典》（2020 年版）通则中残留溶剂测定法测定，凡未规定限度者，可参考 ICH，否则应制订有害有机溶剂残留量的测定方法与限度。

第五节　纳米粒

一、概述

纳米粒（nanoparticles，NP）是指药物或与载体辅料经纳米化技术分散形成的粒径 <500 nm 的固体粒子。药物可以溶解、包裹于高分子材料中形成载体纳米粒。纳米粒可分为骨架实体型的纳米球（nanospheres）和膜壳药库型的纳米囊（nanocapsules）。仅由药物分子组成的纳米粒称为纳晶或纳米药物，以白蛋白作为药物载体形成的纳米粒称为白蛋白纳米粒。纳米粒药物载体见图 15-9。

聚合物纳米粒　　水凝胶纳米粒　　金属纳米粒　　碳纳米管　　树枝状聚合物

图 15-9　纳米粒药物载体

纳米粒除了具有微粒给药系统通常的缓释、靶向、保护药物、提高疗效和降低毒副作用的一般特点外，还具有其他的优点：①粒径较小，粒径小于 100 nm 的纳米粒，适合静脉注射。载入抗癌药的纳米粒在应用中，因肿瘤的血管壁间隙约为 100 nm，对粒径小于 100 nm 的粒子具有较好的生物通透性，从而载药纳米粒可从肿瘤有间隙的内皮组织血管中溢出而进入肿瘤内部发挥疗效。②药物分子可比较牢固地吸附于载体上，故载药量大。③作为口服制剂，可防止多肽、疫苗类和药物在消化道的失活，提高药物口服稳定性和提高生物利用度。

④作为黏膜给药的载体，如一般滴眼剂消除半衰期仅 1～3 min，纳米囊（球）滴眼剂会黏附于结膜和角膜，可大大延长作用时间；还可制成鼻黏膜、经皮吸收等各种给药途径的制剂，均可延长或提高药效。

二、纳米粒载体材料

用于制备纳米粒的载体材料在性质上主要应具有生理相容性、生物降解性、靶向性、细胞渗透性以及良好的载药能力。目前多使用天然或合成的可生物降解的高分子化合物。天然高分子及其衍生物可分为蛋白类（白蛋白、明胶和植物蛋白）和多糖类（纤维素和淀粉及其衍生物、海藻酸盐、壳多糖和脱乙酰壳多糖等）。由于许多药物与蛋白质亲和性好，所以载药容易。但缺点是制备工艺复杂，有时用于人体会产生抗原反应。合成高分子材料主要有聚乳酸/聚乙醇酸、聚氰基丙烯酸酯等，使用这类载体材料时，制备工艺简单，载药量高。至今纳米粒应用于临床的最大障碍是载体材料缺少足够的生物相容性，国际上仅 PLGA 被批准用于血管内注射。

三、纳米粒载体制备方法

制备纳米粒的方法很多，常见的有聚合法、天然高分子凝聚法、乳化-溶剂挥发法等。

1. 聚合法

合成高分子材料多采用聚合法制备，包括胶束聚合法、乳化聚合法和界面聚合法。由于该方法是通过单体分子聚合反应而成的，最终产物中将会残留未反应的单体、引发剂或催化剂等，因此，纳米粒的分离以及残留物质的安全性需引起重视，且该方法并非制备载药纳米粒的主流方法。制备纳米粒的聚合法中以水为连续相的乳化聚合法是目前最重要的制备方法，一般在机械搅拌下将单体分散于含乳化剂的水相中。单体遇 OH⁻ 或其他引发剂或经高能辐射发生聚合单体的快速扩散，使聚合物的链进一步增长，胶束及乳滴作为提供单体的"仓库"，而乳化剂对相分离以后的聚合物微粒也起防止聚集的稳定作用。该方法可避免使用有机溶剂。如制备注射用盐酸米托蒽醌纳米粒系将药物、右旋糖酐和亚硫酸氢钠溶解于蒸馏水中，用稀盐酸调节 pH 为 1～2，搅拌下缓缓加入氰基丙烯酸正丁酯，继续搅拌 3 h，加入无水硫酸钠，再继续搅拌 1 h，用稀氢氧化钠溶液调节 pH 至近中性，微孔滤膜滤过，即得蓝色胶体溶液。该方法制得的米托蒽醌纳米粒的平均粒径为 55 nm，包封率为 86%，载药量为 46%。

2. 天然高分子凝聚法

天然高分子材料可由于化学交联、高温变性或盐析脱水而凝聚成纳米粒。

① 高温变性法　主要利用蛋白质在 100～180 ℃变性形成含有水溶性药物的纳米粒。将药物溶入或分散入白蛋白或明胶水溶液中作水相，在油相中搅拌或超声乳化得 W/O 型乳浊液。将此乳浊液快速滴加到 100～180 ℃的热油中并保持 10 min，白蛋白即可变性形成含有药物的纳米粒，再搅拌并冷至室温用醚等分离、洗涤纳米球即得。

② 化学交联法　利用甲醛交联固化蛋白质形成纳米粒。这种不加热的方法可用于热敏感药物。第一步同高温变性法，首先制备 W/O 型乳浊液；第二步将乳滴在冰浴中冷却至胶凝点以下，使明胶乳滴完全胶凝，再用丙酮稀释过滤，洗涤除去油相；第三步加入含 10% 甲醛的丙酮溶液使纳米粒固化 10 min，然后再用丙酮洗去多余的甲醛，在空气中自然干燥即得。

此外还可以通过改变 pH、加入盐析剂等方法使明胶、白蛋白等高分子材料发生盐析脱水而凝聚。如将药物和载体材料明胶溶于水中，在表面活性剂存在下高速搅拌，慢慢加入盐类沉淀剂（如硫酸钠溶液）使盐析。加入少量乙醇或异丙醇至浑浊刚消失，继续搅拌并加入适量固化剂（如戊二醛水溶液）固化，经透析或葡聚糖凝胶柱除去盐类即得。

3. 乳化-溶剂挥发法

乳化-溶剂挥发法是一个典型的制备纳米粒的工艺，将载体材料［如聚（乳酸-羟基乙酸）共聚物、聚乳酸和聚甲基丙烯酸酯等］溶于含有药物、水不溶性的有机溶剂（二氯甲烷、氯仿、乙酸乙酯）中，然后滴加到含有表面稳定剂（如聚山梨酯、聚乙烯醇、甲基纤维素、明胶、白蛋白和泊洛沙姆等）的水相中，使用匀质机提供的高剪切力制成油相/水相型乳浊液，再挥发除去有机溶剂使纳米粒硬化，最终通过冷冻干燥从水性混悬液中收集最终产品——载药纳米粒。

纳米粒的粒径主要取决于溶剂蒸发之前形成的乳滴的粒径，可通过调节搅拌速度、分散剂的种类和用量、有机相及水相的量和黏度、容器及搅拌器的形状以及温度等因素来控制纳米粒的粒径，纳米粒的粒径也与有机溶剂中载体材料的含量有关。乳化-溶剂挥发法既可包裹水溶性药物，也可包裹水不溶性药物。

四、纳米粒的质量评价

1. 形态、粒径及其分布

通常透射电子显微镜（TEM）、冷冻电镜（cryo-EM）或扫描电子显微镜（SEM）均可用于直接观察纳米粒。对于形态学考察，扫描电子显微镜更好。透射电子显微镜的粒径的检测限更小，能够检测 1 nm 以上的纳米粒。另外，使用冷冻电镜可观察纳米粒在溶液中的真实状态。粒径分布可采用激光散射粒度分析仪，再绘制直方图或粒径分布图。可用跨距或多分散指数表示粒径分布，且应符合使用要求。

2. ζ 电位

一般来说，ζ 电位对纳米粒的稳定性有较大影响。一般 ζ 电位高，粒子不易沉降、凝结或聚集，体系稳定；反之，ζ 电位低，粒子容易聚集，体系不稳定。一般 ζ 电位大于 15 mV，可以达到稳定性要求。另外，ζ 电位的大小也会影响纳米粒的体内分布，带正电的纳米粒易于被动靶向到肺部，而带负电的纳米粒易于靶向到脾脏，应根据具体应用需求调控电位。

3. 再分散性

冻干品的外观应为细腻疏松块状物，色泽均匀；加一定量液体振荡，应立即分散成几乎澄清的均匀胶体溶液。再分散性可以用体系的浊度变化表示，如浊度与一定量介质中分散的纳米粒的量基本呈线性关系，说明具有再分散，直线回归的相关系数接近 1，表示再分散性能良好。

4. 载药量与包封率

将液体介质与混悬的纳米粒进行分离后，分别测定系统中的总药量和游离的药量，从而计算出包封率，包封率一般要求不低于 80%。纳米粒中的药物的质量分数称为载药量，其测定一般采用溶剂提取法。溶剂的选择原则：主要应使药物最大限度溶出而最少溶解载体材料，溶剂本身也不干扰测定。对于粉末状纳米粒，可以仅测定载药量；对于混悬于液态介质中的微囊、微球，可将其分离，分别测定液体介质和纳米粒总的含药量，计算其载药量。

5. 药物的释放度

可采用《中国药典》（2020 年版）四部附录释放度测定方法进行测定，另外亦可将试样置薄膜透析管内进行测定。开始 0.5 h 的释放量须小于 40%，认为释放度合格。

6. 稳定性考察

参考《中国药典》（2020 年版）四部附录稳定性的试验所规定的要求进行。

7. 有机溶剂残留量

在纳米粒的制备中，溶剂残留所带来的毒理风险越来越受到人们的关注。如果挥发和冻干不当，溶剂就会残留于最终的纳米粒产品中。溶剂残留按《中国药典》（2020 年版）四部附录残留溶剂测定法测定残留量。

8. 对特殊纳米粒的要求

《中国药典》（2020 年版）四部附录规定，特殊纳米粒应提供药物的体内分布数据及体内分布动力学数据、生物相容性等。

第六节　脂质体与类脂囊泡

一、概述

脂质体（liposomes）是由脂质双层组成的球形自组装人工囊泡，包含水性核心，能够传递多种分子，大小一般为几十纳米到几微米（图 15-10）。

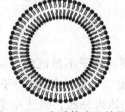

脂质体是一种理想的药物载体，其中亲水性药物包封于囊泡内部，疏水性或亲脂性药物负载于磷脂双层中，使得药物分子与周围环境分离，对药物具有保护作用。这也可以防止药物在到达目标部位之前被代谢，并最大限度地减少细胞毒性药物对于健康组织的不必要的暴露。脂质体可通过静脉注射、肌内和皮下注射、口服给药、黏膜给药、经皮给药等途径给药。

图 15-10　脂质体囊泡结构

二、脂质体制备材料与理化性质

1. 脂质体制备材料

脂质体通常由磷脂类和胆固醇组成，具有良好的生物相容性。

（1）磷脂类　脂质体制备的磷脂类材料根据荷电主要分为中性磷脂（neutral phospholipid）、负电荷磷脂（negatively charged phospholipid）和正电荷脂质（positively charged lipid）三大类。磷脂酰胆碱（phosphatidylcholine，PC）即卵磷脂（lectithin），是脂质体制备的常用材料（图 15-11），其属于中性磷脂，来源有天然及合成两大类，其中天然的卵磷脂可从大豆及蛋黄中提取。二棕榈酰胆碱（dipalmitoyl phosphatidyl choline，DPPC）、二硬脂酰胆碱（distearoyl phosphatidyl choline，DSPC）等是常用的合成磷脂酰胆碱。其他的磷脂类材料如磷脂酰甘油（phosphatidyl glycerol，PG）、磷脂酰肌醇（phosphatidyl inositol，

PI)、磷脂酰丝氨酸（phosphatidylserine，PS）等属于负电荷磷脂。正电荷脂质作为脂质体制备的原料，其主要来源于人工合成，主要包括 DOTMA（1,2-di-O-octadecenyl-3-trimethylammonium）、硬脂酰胺（stearylamine）等，由于其带正电，核酸及细胞膜带负电，因此常用于基因转染。

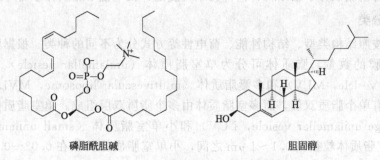

磷脂酰胆碱　　　　　　　　　　　　　胆固醇

图 15-11　磷脂酰胆碱与胆固醇结构

（2）胆固醇　胆固醇是脂质体制备中的重要组分，是一种中性脂质（图 15-11）。胆固醇通常掺入脂质体膜双层中，本身并不能形成脂质双分子层结构，其在磷脂分子中排列，可改变脂质体双分子层膜的流动性。胆固醇在磷脂分子中排列，其羟基面向水相，脂肪族的链朝向并平行于脂质双分子层中心的羟链。胆固醇又称为"流动性缓冲剂（fluidity buffer）"，当低于相变温度时，可使膜减少有序排列，增加流动性；当高于相变温度时，可使膜增加有序排列，减少流动性。

2. 脂质体理化性质

（1）相变温度　脂质体的物理性质与介质温度有密切关系。当温度升高时，脂质体双分子层疏水链排列由有序变为无序，随之引起脂质体膜物理性质的一系列转变，脂质体膜可从胶晶态转变为液晶态，同时膜厚度减小、横切面增加、流动性增强，这一转变时的温度称为相变温度（phase transition temperature，T_C）。当处于相变温度以下时，磷脂分子的排列紧密，膜刚性与膜厚度增加，处于胶晶态；当处于相变温度以上时，磷脂分子的脂肪酸链运动增加，膜厚度减小，处于液晶态。相变温度主要取决于磷脂的种类。磷脂的酰基侧链越长，则相变温度越高。相变温度可由差示扫描量热（differential scanning calorimetry，DSC）、电子自旋共振（electron spin resonance，ESR）等手段进行测定。

（2）荷电性　含酸性脂质的脂质体带负电，例如磷脂酸（phosphatidic acid，PA）和磷脂酰丝氨酸（phosphatidylserine，PS）；含碱性（氨基）脂质的脂质体带正电，例如十八胺等；不含离子的脂质体呈电中性。脂质体的荷电性对于包封率、稳定性、靶器官分布和靶细胞作用有影响。带正电脂质体更易装载带负电的药物，同理，带负电脂质体更易装载带正电的药物。测定脂质体表面特性的手段有荧光法、显微电泳法及激光粒度分析仪等。

（3）膜的通透性　脂质体的磷脂双分子层膜是脂溶性的半通透性膜。不同分子、离子扩散跨膜的速率差异很大。电中性的小分子（如水和尿素）易于跨膜；在水和有机溶剂中溶解度较好的分子，磷脂膜对其通透性较好；极性分子和高分子化合物，磷脂膜的屏障作用较大，不易透过。带电离子的跨膜通透性很大，质子和羟基离子易于穿过磷脂膜，原因可能是水分子间的氢键结合，钠和钾离子跨膜非常缓慢。不同磷脂构成的磷脂膜对同一化合物的屏障作用不同，磷脂脂肪酸链延长，膜的厚度增加，通透性下降。

三、脂质体的结构特点及分类

1.脂质体结构特点

脂质体具有磷脂双分子层结构，内部为水相囊泡，在电镜下脂质体多为球形或类球形。

2.脂质体分类

脂质体可按照结构类型、结构性能、荷电性等方式分为不同的种类。根据脂质体磷脂双分子层的双层膜的数量，脂质体可分为单室脂质体（unilamellar vesicle）、多室脂质体（multilamellar vesicle，MLV）和多囊脂质体（multivescular liposome，MVL）（图 15-12）。单室脂质体具有单个脂质双层，而多室脂质体由多个脂质双层组成。单室脂质体又分为大单室脂质体（large unilamellar vesicle，LUV）和小单室脂质体（small unilamellar vesicle，SUV），大单室脂质体粒径在 $0.1\sim1~\mu m$ 之间，小单室脂质体粒径在 $0.02\sim0.08~\mu m$ 之间。多室脂质体一般由两层以上磷脂双分子层组成多层同心层，粒径在 $1\sim5~\mu m$ 之间。

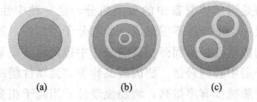

(a)   (b)   (c)

图 15-12　单室脂质体（a）、多室脂质体（b）及多囊脂质体（c）示意图

根据脂质体的结构性能，脂质体分为普通脂质体和特殊功能脂质体。普通脂质体是一般类脂类组成的脂质体；对普通脂质体进行特殊修饰或添加特殊材料从而赋予普通脂质体多种功能，即为特殊功能脂质体，例如 pH 敏感脂质体、温敏脂质体、前体脂质体、靶向脂质体、长循环脂质体、配体修饰脂质体、免疫脂质体等。长循环脂质体又称为隐形脂质体，其通常在脂质体表面修饰磷脂酰肌醇、聚乙二醇等阻止血浆蛋白吸附于脂质体表面，减少血液中调理素的识别，降低网状内皮系统的吞噬，增加其在血液中的长循环。

根据脂质体的带电性，脂质体可分为正电性脂质体、负电性脂质体、中性脂质体。在癌症治疗上，目前基因疗法作为新型手段受到广泛关注，阳离子脂质体是一个有吸引力的基因递送系统，其易于合成，具有高递送效率并且可增强核酸治疗剂的稳定性。阳离子脂质由阳离子头和疏水结构域组成，可与质粒 DNA（pDNA）、小干扰 RNA（siRNA）或 miRNA 等相互作用，形成颗粒复合物，将核酸类药物递送入体内发挥治疗效果。

四、脂质体特点

脂质体作为目前得到广泛研究的药物载体，其可装载脂溶性及水溶性药物，作为药物载体，具有许多优点。

（1）**载药范围广**　脂质体具有磷脂双分子层结构，内部为亲水囊泡，不仅可包封水溶性的药物，而且可包裹脂溶性的药物。

（2）**生物相容性**　脂质体的主要原料磷脂与胆固醇是细胞膜的天然组成成分，具有类似生物膜结构的囊泡，在体内可完全降解，对机体无毒，无抗原性，对正常细胞无损害及抑制作用，有细胞亲和性和组织相容性。

（3）**靶向性**　脂质体给药后，可被巨噬细胞作为外源物质吞噬，浓集在肝、脾、淋巴系统等单核-巨噬细胞丰富的组织器官中。经单克隆抗体或特异性抗体修饰的脂质体具有特定的靶向性，从而有利于其在靶位点的富集。例如具有靶向性的脂质体用于抗肿瘤治疗，可在保持靶位点细胞毒作用的同时减小非靶向组织的毒性。目前已有大量研究表明，将脂质体作为游离药物的载体，与施用游离药物相比，其在保持治疗活性的同时可降低毒性。

（4）**可调整性**　脂质体可根据需要调整处方与制备方法，得到不同粒径和荷电的脂质体。此外，可在脂质体添加特殊材料或特异性修饰实现脂质体的多种功能，例如为延长血液循环时间，可对脂质体表面进行 PEG 化修饰。

（5）**提高药物稳定性**　药物一般包封于脂质体内部，隔绝外界环境的影响，可有效提高一些不稳定药物例如酶等的稳定性。

（6）**降低药物毒性**　药物包封于脂质体后，主要被单核-巨噬细胞丰富的组织器官所摄取，在心、肾中的富集程度明显降低。若施用对心、肾具有较大毒性的药物，则可将其包封于脂质体，降低药物毒性。例如载有两性霉素 B（Ambisome）的脂质体制剂用于抗真菌治疗。两性霉素 B 伴随着肾毒性和极度超敏反应等重要不良反应。含有两性霉素 B 的脂质体可显著降低全身毒性，改善药物递送，同时达到有效的抗真菌治疗效果。

五、脂质体制备方法

脂质体的制备主要分为被动载药技术与主动载药技术，被动载药技术主要包括薄膜分散法、注入法、逆向蒸发法等。主动载药技术包括 pH 梯度法、硫酸铵梯度法等。

1. 被动载药技术

（1）**薄膜分散法**　薄膜分散法（film dispersion method）是目前最经典的脂质体制作方法，此方法既可加载脂溶性药物，又可加载水溶性药物。薄膜分散法指将磷脂等膜材料溶于适量的氯仿或乙醚等有机溶剂，随后减压旋蒸去除有机溶剂，使脂质在瓶壁形成薄膜，随后加入缓冲液，振摇水化，可得到多层脂质体，但其一般粒径较大且不均匀，因此常需要经过后处理，后处理可采用不同的方法，如振荡、超声、匀化、挤压等。薄膜分散法可分为薄膜-振荡分散法、薄膜-超声法、薄膜-匀化法、薄膜-挤压法等。

① 薄膜-振荡分散法　缓冲液加入脂质膜后，在液体快速混合器下快速振荡，经过一定时间处理后形成脂质体，但制备得到的脂质体粒径均匀性较差。

② 薄膜-超声法　缓冲液加入脂质膜后，进行超声处理。可通过调节超声的能量与时间，控制脂质体的粒径大小与分布。超声一般为探头式超声和水浴式超声。探头式超声产生能量高，可导致局部过热，因此一般需要在水/冰浴中进行处理，同时需要注意采用间断式超声，此方法有利于制备粒径小且均匀的脂质体，适用于制备体积小的脂质体，但探头存在污染溶液的可能性。水浴式超声指将含脂质溶液的容器置于水浴超声仪器中进行超声，相比于探头式超声，该方法通常更容易控制脂质分散体的温度，且超声处理的材料可以置于无菌容器中或惰性气体下进行保护，其适用于制备体积大的脂质体，但超声功率较小。

③ 薄膜-匀化法　采用薄膜分散法制备的脂质体可通过组织匀浆机或高压乳匀机进行匀化处理，一般适用于工业化生产。

④ 薄膜-挤压法　将脂质体通过挤压的方式通过固定孔径的滤膜，多次处理后使得脂质体粒径变小，分布更均匀。常用的滤膜为聚碳酸酯膜，其规格有 $0.1\,\mu m$、$0.2\,\mu m$、$0.4\,\mu m$、$0.6\,\mu m$、$0.8\,\mu m$、$1.0\,\mu m$ 等。挤压法可温和处理不稳定药物，在较小的压力下即可完成。

（2）**注入法**　注入法（injection method）是将磷脂与胆固醇等类脂类物质与脂溶性药物溶于乙醚或乙醇等有机溶剂（多采用乙醚）中，随后通过注射器匀速缓慢注射于恒温在有机溶剂沸点以上的水性溶液（可溶解水溶性药物）中，在搅拌下直至有机溶剂挥发干净，即可得到制备的脂质体。但其一般粒径较大，若需制备粒径较小、分布均匀的脂质体，则需经过进一步后处理。

（3）逆向蒸发法 逆向蒸发法（reverse phase evaporation）是将磷脂与胆固醇等膜材料溶于氯仿、乙醚等有机溶剂，将其加入待包封药物的水溶液中，有机相与水相的比例一般为（1∶3）～（1∶6），随后将混合溶液进行短时超声，直至得到稳定的 W/O 型乳剂。对乳剂减压蒸发去除有机溶剂达到胶态后，加入缓冲液，继续减压蒸发形成水性的悬浊液，除去未包封的药物，即可得到脂质体。采用逆向蒸发法制备的一般为大单层脂质体，包封药物量大，适合装载水溶性药物和大分子生物活性药物，例如胰岛素、免疫球蛋白等。

除上述方法外，还可采用冷冻干燥法、喷雾干燥法、复乳法制备脂质体。

2. 主动载药技术

主动载药技术指先形成空白脂质体，再将药物装载于其中，其基本原理是一些两亲性的弱酸弱碱药物可以电中性的形式跨过脂质双层，进入脂质体内部水相中，在缓冲液作用下电离，不能再通过脂质双层进入外部水相中。主动载药技术的关键在于使得空白脂质体膜内外形成电位梯度、pH 梯度、醋酸钙梯度或其他类型梯度，以此促进药物主动透膜聚集于脂质体内部水相中。主动载药技术可实现水溶性药物高包封率目的，相较于被动载药技术，在此方面具有极大优势，但其并非适用于所有药物，这和药物的结构密切相关。药物在生理 pH 条件下要具备可解离的基团，为弱酸弱碱性药物，有合适的油水分配系数。药物与脂质体内部缓冲液可生成稳定复合物或沉淀，保持药物内外浓度梯度，所产生的复合物或沉淀作用不宜太强，以免对药物在靶部位的释放产生影响。

主动载药技术包括以下三个基本步骤：①制备空白脂质体，选择合适脂质体内部水相缓冲液；②进行外水相置换，采用透析等手段形成脂质体内外水相缓冲液的梯度；③将所要装载的药物溶解于脂质体的外部水相中，在适宜温度下孵育，完成药物的装载。

主动载药技术根据缓冲液的不同可分为 pH 梯度法、硫酸铵梯度法等。pH 梯度法与硫酸铵梯度法主要适用于弱碱性药物。

（1）pH 梯度法 弱酸弱碱性药物在不同 pH 条件下具备不同解离度，空白脂质体的内外水相 pH 梯度可促进解离后的药物以离子形式通过脂质双层进入水相囊泡中。1996 年获得临床批准的美国 NeXstar 制药公司研发的柔红霉素脂质体采用 pH 梯度法制备。

（2）硫酸铵梯度法 硫酸铵梯度法的制备过程为：制备空白脂质体，使得脂质体内部水相为硫酸铵缓冲液，随后利用交叉流透析等方法去除脂质体外部水相的硫酸铵，形成硫酸铵梯度，随后孵育载药。其制备方法与 pH 梯度法类似，相较于 pH 梯度法，在制备过程中所使用的水相溶液偏中性，较 pH 梯度法所使用的溶液的条件更为温和。

除以上制备方法，醋酸钙梯度法也可实现脂质体的主动载药，适用于弱酸性药物。

六、脂质体的质量评价

脂质体的粒径大小、粒度分布、包封率及稳定性等对脂质体在体内分布与代谢具有很大影响，进行脂质体的质量评价至关重要。

1. 形态与粒径

脂质体的形态可通过光学显微镜观察，其粒径小于 2 μm 时，需要通过扫描电镜或透射电镜观察，脂质体形态一般为封闭的多层囊泡或多层圆球。其粒径大小可用显微镜法、电感应法（Coulter 计数器）、光感应法（粒度分布光度测试仪）或激光散射法确定。

2. 包封率和载药量

包封率与载药量是微粒制剂的重要指标，在计算包封率与载药量前，需要先分离脂质体与游离药物，测定药量。分离方法如前所述，可通过透析法、凝胶过滤法和离心法等将脂质体与游离药物分离。包封率（encapsulation efficiency，EE）指脂质体内包封的药物量与投药量的百分比。载药量（loading efficiency，LE）指脂质体中药物的质量分数。

3. 泄漏率

脂质体在贮存期间可能会出现药物的泄漏，泄漏率表示脂质体在贮存期间包封率的变化情况，与脂质体的稳定性密切相关。

4. 脂质体氧化程度检查

脂质体膜材料中的磷脂含有不饱和脂肪酸，易被氧化，从而对脂质体稳定性产生影响，采用氧化指数为指标考察脂质体氧化程度。相较于未氧化的磷脂，氧化偶合后的磷脂在233nm 波长处具有特殊的紫外吸收峰。测定氧化程度方法为：将磷脂溶于无水乙醇制备一定浓度的澄明溶液，在 233 nm 与 215 nm 处测定其吸光度，计算氧化指数，氧化指数应控制在 0.2 以下。

七、固体脂质纳米粒

固体脂质纳米粒（solid lipid nanoparticles，SLN）是指以固态的天然或合成类脂为载体材料，如图 15-13 所示，药物嵌入或溶解于固体脂质核心中，形成尺寸范围在 50～1000 nm 之间的固体胶粒给药系统。

SLN 是药物递送的重要载体，其具有以下特点：使用生物相容性材料，具备良好的组织耐受性，无明显的毒副作用；稳定性较高，可有效保护药物，减少降解。在 SLN 中，分散相由固体脂质和表面活性剂（0.5％～5％）组成。固体脂质包括甘油三酯类（例如三硬脂酸甘油酯）、脂肪酸类（例如硬脂酸）、类固醇类（例如胆固醇）和蜡质类（例如鲸蜡醇棕榈酸酯）等材料。其中，表面活性剂起到乳化剂的作用，联合使用乳化剂可有效阻止 SLN 聚集，有利于保持其稳定。

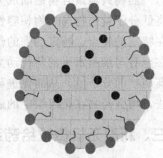

图 15-13　固体脂质纳米粒结构
●药物；⌇⌇表面活性剂；
▨固体脂质

SLN 的制备方法有高压匀质法、微乳法、溶剂乳化挥发法、W/O/W 型复乳法、薄膜-超声分散法、溶剂乳化扩散法和溶剂分散凝聚法等方法。SLN 的质量评价与脂质体类似。

第七节　其他微粒给药系统

一、概述

目前发展了很多新型微粒给药系统，比如树枝状的高分子和自组装的聚合物胶束，已经被开发用于多种药物传递系统。其中，生物可降解传递系统研究得最为广泛，主要用来发展可控制的持续药物释放平台。典型的生物可降解纳米药物传递系统由胶体聚合物纳米颗粒组成，其中药物分子被包裹、混合、吸收或附着在聚合物基体上。药物的包载方法与聚合物的化学性质有关，同时聚合物的性质也决定着药物的释放机制。生物相容性和在特定靶点产生的持续药物释放能力是聚合物纳米给药系统的主要优势。同时，近年来无机材料由于其载药量高、结构稳定，在药物传递方面的应用越来越受重视。

二、新型有机微粒给药系统

1. 树枝状高分子

树枝状高分子是一类有明确结构的大分子，具有高度分支化的三维结构，同时表面具有可功能化的基团，其尺寸和大小可以通过化学手段进行控制。树枝状高分子具有三个突出的结构单元：①一个引发反应的核心单元；②一个内部的链状连接基团，由重复单元组成，呈放射状与核心单元相连；③最外层的功能基团。树枝状大分子通常是一系列连续反应的产物，每次外围的加成反应都会生成更高一代的树枝状高分子产物。树枝状高分子的种类很多，包括聚酰胺-胺型高分子（PAMAM）、聚丙烯亚胺（PPI）、多肽类树枝状高分子、缩聚甘油树枝状高分子等。树枝状高分子具有单分散，精确的纳米尺寸，可控的分子量，大量可功能化的表面基团，内部疏水环境具有十分良好的包裹客体药物分子的能力等优良性质，这些特性使其成为一种较为理想的新型药物传递载体。

2. 药物共轭聚合物

药物共轭聚合物逐渐成为一个很有前景的药物传递系统。药物共轭聚合物是通过共价键将低分子量药物与生物相容性的水溶性聚合物连接而成，通过给药管理，使药物共轭聚合物在特定的位点、特定的酶的作用下释放药物，产生治疗作用。这种相互作用/结合导致药物在全身与细胞水平的药代动力学分布发生了显著变化。药物共轭聚合物设计的目的是通过提高药物的分子量，从而促进药物分子的增强与滞留作用（EPR 效应），即采用被动靶向的方法，增强药物在靶组织中的通透性和滞留作用。

三、新型无机微粒给药系统

1. 硅基纳米药物传递系统

在各种硅基材料中，多孔硅或介孔二氧化硅是最常用的纳米孔结构材料，通常将其制成钙化纳米孔材料、多孔/介孔纳米颗粒和纳米针。纳米孔的大小（直径）和密度可以被精确控制，从而使药物以恒定的速度通过纳米孔释放。这种硅纳米材料在含有纳米模板的悬浮液中制成，有多种形式，如多孔空心二氧化硅纳米颗粒。目前正在研究的使用硅基给药系统的例子有很多，包括铂嵌入多孔硅用于抗肿瘤药物传递，多孔硅用于抗体传递，钙化的多孔硅用于人工生长因子的传递，多孔二氧化硅包载抗生素、酶和 DNA 等。

2. 碳基纳米药物传递系统

碳基结构主要有三种类型：富勒烯、石墨烯和碳纳米管。碳纳米管在药物传递系统中应用最为广泛。碳纳米管是由碳原子组成的苯型六角形环构成的单原子层石墨烯片管状管壳，长度在 1～100 nm 之间。单壁碳纳米管（SWCNT）和多壁碳纳米管（MWCNT）是近年来备受关注的碳基结构，在诊断，疫苗传递，基因传递，肽、核酸和靶向药物传递等方面都有应用。

3.基于金属的纳米药物传递系统

金属纳米长期以来被用于生物医药，如各种抗原和 DNA 生物传感器的检测，以及用于分子成像、诊断和治疗。许多种金属如金、银、钯、铂、铁和氧化锌等都被用来作为纳米材料。通常金属纳米的尺寸＜100 nm，导致其有很大的表面积、能官能团化，因此，被广泛地应用于药物、基因递送和诊断。

（平　渊　高建青）

思考题

1.什么是聚合胶束？其基本结构是什么？

2. CMC 是什么？对于聚合物胶束而言有什么现实意义？

3.利用聚合物胶束包载药物的方法有哪些？各有什么优缺点？如何提高药物的包载效果？

4.简述纳米乳与亚微乳的概念以及形成的基本条件。

5.简述乳化聚合法制备纳米乳、亚微乳的原理，并举例说明。

6.简述药物微囊与微球的定义。微粒制剂有何特点？

7.以明胶为囊材，说明以单凝聚法制备微囊的处方工艺流程。

8.影响微囊与微球粒径大小的因素有哪些？

9.什么是纳米粒？纳米粒有哪些修饰方法？

10.什么是脂质体？脂质体具备哪些特点？脂质体可分为哪些类型？脂质体是根据什么进行分类的？

参考文献

[1]　潘卫兰.工业药剂学 [M].3 版.北京：中国医药科技出版社，2015.

[2]　崔福德.药剂学 [M].7 版.北京：人民卫生出版社，2011.

[3]　王建新.药剂学 [M].2 版.北京：人民卫生出版社，2015.

[4]　方亮.药剂学 [M].8 版.北京：人民卫生出版社，2016.

[5]　张志荣.药剂学 [M].2 版.北京：高等教育出版社，2014.

[6]　国家药典委员会.中华人民共和国药典 2020 年版 [M].北京：中国医药科技出版社，2020.

[7]　Ram B Gupta. Nanoparticle technology for drug delivery [M].CRC press，2006.

[8]　Lenoir Timothy. A magic bullet：Research for profit and the growth of knowledge in Germany around 1900 [J]. Minerva，1988，26.1：66-88.

第十六章 ▶▶▶

生物技术药物制剂

本章学习要求

1.掌握生物技术药物的基本分类和性质；蛋白质和多肽类药物的理化性质和常用剂型。

2.熟悉蛋白质和多肽类药物制剂的设计原理。

3.了解核酸类药物的基本性质和常用递送系统；细胞制剂的基本种类。

第一节 概　述

一、定义及分类

（1）**定义**　生物技术药物（biotechnology-derived drugs）是以微生物、细胞、动物或人源组织和体液为原料，采用现代生物技术（如采用 DNA 重组技术或其他生物新技术）或传统技术（如化学或其他传统技术）制备得到的用于人类疾病预防、诊断和治疗的药物。广义的生物技术药物是指所有以生物物质为原料制备的各种具有生物活性的药物，包括生物活性物质及其人工合成类似物、通过现代生物技术制备的药物。狭义的生物技术药物是指利用生物体、生物组织、细胞及其成分，综合应用化学、生物学、医学和药学等学科原理和技术方法制备的用于预防、诊断、治疗和康复保健的制品。

（2）**分类**　生物技术药物按照化学结构可分为多肽类药物、蛋白质类药物、核酸类药物及细胞类药物。其中，蛋白质、多肽类药物又可分为：

① **细胞因子类**　根据细胞因子功能的不同可以将其分为干扰素、白介素、集落刺激因子、肿瘤坏死因子、生长因子、趋化因子等。

② **重组溶栓类**　国内外已正式上市的溶栓药物主要有重组组织型纤溶酶原激活剂、链激酶、尿激酶等。

③ **重组激素类**　重组人胰岛素是第一个 FDA 批准上市的基因重组药物，用于治疗糖尿病，IGF-Ⅰ、NGF 等也可以归于重组激素类药物。

④ **血液替代品**　生物技术血液替代品主要有血红蛋白类和红细胞类，改造血红蛋白如

脂质体包裹血红蛋白、微囊化血红蛋白、无细胞基质血红蛋白溶液等。

⑤ 治疗性抗体　按抗体的构成、组成成分和来源可以分为多克隆抗体、单克隆抗体、基因工程抗体。

⑥ 基因工程疫苗　使用 DNA 重组技术克隆并表达保护性抗原基因，利用表达的抗原产物或重组体本身制成的疫苗，如重组戊型肝炎疫苗、DNA 重组乙型肝炎疫苗。

⑦ 重组可溶性受体　主要有细胞因子受体、免疫球蛋白受体、补体受体、抗原受体等类型的可溶性受体药物。第一个被 FDA 批准上市的重组可溶性受体药物就是重组可溶性 TNF 受体，用于治疗顽固性类风湿关节炎。

⑧ 黏附分子药物　采用基因工程技术表达可溶性的黏附分子可以阻断细胞表面黏附分子介导的黏附作用，从而可以治疗那些黏附分子功能异常导致的疾病。

二、特点

1.药学特点

① 药理活性高，一般使用剂量小；②结构复杂，理化性质不稳定；③口服给药易受胃肠道 pH、菌群及酶系统破坏；④生物半衰期短，体内清除率高；⑤具有多功能性，作用广泛；⑥检测存在诸多困难和不便。

2.药代动力学特点

①体内分布具有组织特异性，分布容积较小；②某些药物还呈现非线性消除动力学特征；③体内降解部位广泛，即在大多数组织中均有降解发生，降解迅速；④从血中消除较快，因此体内作用时间较短，一般注射给药往往无法充分发挥其作用。

3.存在的问题

① 潜在的免疫原性　虽然生物技术药物大多为内源性物质，临床用量小，但在生产分离纯化过程中，未除尽的杂质就有可能引起过敏反应或改变药物原有的治疗作用；外源的核酸物质、他人来源的细胞等均存在免疫原性问题。

② 结构确认的不完全性　蛋白质和多肽类药物活性主要取决于其空间结构和氨基酸序列，但由于其分子量大，空间结构复杂，现有的分析方法局限，不能完全确认其复杂的化学结构。

③ 种属特异性　不同种属的动物，同类受体的结构和功能可能存在差异，不能特异性结合蛋白质、多肽类药物。

④ 稳定性差　生物大分子物质对外界环境如温度、酸碱度、离子强度、酶等较为敏感，容易变性失活，而细胞的活力更是与外界环境密切相关。

第二节　蛋白质和多肽类药物制剂

一、蛋白质和多肽类药物性质

1.理化性质

① 旋光性　除甘氨酸外，其余氨基酸的 α 碳原子都是不对称的，因而由氨基酸组成的

多肽和蛋白质也具有旋光性，其总体旋光性由构成氨基酸旋光度的总和决定，通常是右旋。

② 两性电离与等电点　氨基酸分子上有氨基与羧基，可以发生两性电离，具有特定的等电点。

③ 紫外吸收　含有苯环氨基酸（如酪氨酸、苯丙氨酸、色氨酸）的蛋白质具有紫外吸收能力，一般在 280 nm 处有最大吸收。

④ 胶体性质　蛋白质水溶液为亲水胶体，较稳定，与低分子药物相比，蛋白质分子扩散速率慢，难以透过半透膜，黏度大。

⑤ 呈色、成盐反应　氨基酸能与金属离子或酸生成盐，与醇生成酯，与有机酸形成酰胺化合物，在生化检验中，氨基酸能与某些试剂生成有色化合物，构成氨基酸定性、定量测定的基础，如大多数氨基酸与茚三酮反应生成蓝紫色化合物。

2. 生物药剂学性质

①药理作用强，副作用小；②结构复杂，稳定性差，容易被胃肠道的 pH、菌群及酶系统破坏而降低药效；③分子量大，生物膜穿透性差，不易到达病灶，生物利用度低；④体内清除率高，生物半衰期短。

二、蛋白质和多肽类药物注射给药系统

由于蛋白质和多肽在常温下稳定性差，在体内生物半衰期短、易降解，且较难透过体内生理屏障，为保证生物利用度，常规给药途径以注射为主。根据体内过程特点分为：普通的注射剂如溶液型、混悬型和注射用无菌粉末和利用脂质体、微球、微囊、纳米粒和微乳等工艺制备的缓释控释注射剂。在制备蛋白质、多肽药物注射剂时，剂型的选择主要取决于药物的稳定性，而增加蛋白质、多肽类药物稳定性可以通过结构修饰和添加适宜的稳定剂等药剂学手段来实现。

1. 采用化学手段进行结构修饰

化学修饰技术灵活多样、简便易行，成为近年的研究热点而得到广泛应用。代表性的化学修饰剂包括聚乙二醇、醋酸酐、右旋糖酐、聚乙烯吡咯烷酮、环糊精、聚氨基酸、肝素、葡聚糖、乙酰咪唑、乙二酸/丙二酸共聚物等。修饰位点主要是蛋白质分子的氨基、羧基、巯基、精氨酸胍基、组氨酸咪唑基、色氨酸吲哚基、酪氨酸酚羟基、丝氨酸羟基等。采用的反应类型有酰化反应、烷基化反应、氧化与还原反应、芳环取代反应等，具体是磷酸化与脱磷酸化、乙酰化与脱乙酰化、甲基化与脱甲基化、腺苷化与脱腺苷化、—SH 与—S—S—互变等。

值得注意的是，延长蛋白质、多肽在体内滞留时间最为成功的是聚乙二醇修饰（PEG化）方法，即在蛋白质、多肽类药物分子表面的非必需基团共价结合上 PEG。该修饰具有以下三个优势：①降低蛋白质、多肽类药物的免疫原性或免疫反应性。PEG 可以作为一种屏障，挡住蛋白质分子表面的抗原决定簇，或阻止抗原与抗体的结合，从而抑制免疫反应的发生。②改变蛋白质、多肽在体内的生物分配和溶解行为。③PEG 在修饰的蛋白质、多肽周围产生空间屏障，减少药物的酶解，降低在肾脏的代谢速率，并使药物不能被免疫系统的细胞识别，这些均有助于延长蛋白质、多肽类药物循环半衰期。

PEG 末端的羟基是其化学反应的功能基团，但必须在比较激烈的条件下才能与其他基团发生反应，因此必须通过适当的方式活化后，才能用于蛋白质、多肽类药物的修饰。常用的 PEG 衍生物有三嗪类衍生物、氨基酸类衍生物、酰胺类衍生物等。目前 PEG 修饰探究的

新方向大多集中在改良 PEG 基团与各类蛋白质、多肽类药物分子相互作用后生成的化学键的相对稳定性，防止作用中药物失活的新连接方式等。常用 PEG 修饰方法有修饰氨基、羧基、巯基，三种方法各有优劣，见表 16-1。

表 16-1　PEG 修饰方法的比较

方法	修饰位点	优点	缺点
修饰氨基	分子表面赖氨酸残基上的氨基，包括 α-氨基或 ε-氨基	较高的亲核反应活性，是蛋白质化学修饰最常被修饰的基团	蛋白质分子中游离氨基较多，随机修饰，修饰后易造成蛋白质活性的损失和最终产品的不均一
修饰羧基	天冬氨酸、谷氨酸及末端羧基	反应温和	易产生其他交联反应
修饰巯基	巯基	蛋白质组成中通常含量不高，位置确定，可进行定量、定点修饰	修饰率低

现有的 PEG 修饰蛋白质、多肽类药物有 PEG-腺苷脱氨酶、PEG-天冬酰胺酶、PEG 修饰的 G-CSF、PEG 修饰的干扰素等。此外，还有一些 PEG 修饰的蛋白质多肽类药物处于临床试验阶段，如超氧化物歧化酶、白介素-2、水蛭素、尿激酶、牛血红蛋白、肿瘤坏死因子等。

2.基因工程技术

通过基因工程手段定点突变以替换引起不稳定的残基或引入能增加稳定性的残基，可提高蛋白质多肽的稳定性，即通过改变编码基因，使蛋白质的氨基酸序列甚至空间结构发生改变，从而达到改变蛋白质性质和功能的目的。例如，干扰素 β 含有 3 个半胱氨酸残基，其中两个形成一个分子内的二硫键，剩余的一个游离的巯基可以与其他的干扰素 β 分子形成分子间二硫键，这使得重组工程菌生产的干扰素 β 极不稳定，容易因形成二聚体或寡聚体而失活。将 Cys-17 突变为 Ser-17 可以增加干扰素 β 的稳定性。

3.药剂学方法

将蛋白质、多肽类药物包封进脂质体、微球、微囊等中（图 16-1），具有多种优势：①可提高蛋白质、多肽对蛋白质酶、肽酶的稳定性，保护其生物活性。②控制药物释放，延长药物作用时间。例如，黄体生成素释放激素类似物曲普瑞林（triptorelin）是第一个上市的缓释多肽微球制剂，可缓释达 1 个月。③由于这些制剂颗粒自身具有一定的分布特征，同时还会具有一定的组织靶向性，从而改变蛋白质、多肽类药物的体内分布，有望提高其疗效，并降低毒副作用。例如将 IFN-α 包入多层脂质体，能显著提高其抗肿瘤活性，并明显降低胃潴留及肺出血、坏死、血栓形成等严重并发症。由于之前章节已对药物制剂有较多介

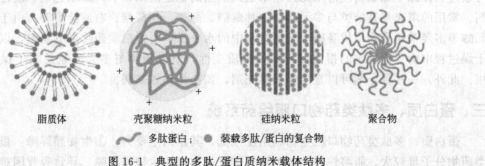

脂质体　　　　壳聚糖纳米粒　　　　硅纳米粒　　　　聚合物

多肽蛋白；　●装载多肽/蛋白的复合物

图 16-1　典型的多肽/蛋白质纳米载体结构

绍，这里不再赘述。

4.添加稳定剂

注射剂的稳定剂包括盐类、缓冲剂、表面活性剂、糖类与多元醇、氨基酸和人血清白蛋白（HSA）等，它们对蛋白质、多肽类药物的稳定作用如下。

（1）**缓冲剂** pH对蛋白质、多肽类药物的稳定性和溶解度均有重要的影响，在强酸、强碱条件下，蛋白质、多肽类药物容易发生化学结构的变化，构象的可逆/不可逆改变而出现聚集、沉淀、吸附或者变性等现象。常用的缓冲剂有枸橼酸钠/枸橼酸缓冲对和磷酸盐缓冲对。

（2）**盐类** 无机盐类对蛋白质的稳定性和溶解度有比较复杂的影响，一般加入的无机离子在低浓度下以盐溶为主（蛋白质高级结构稳定性降低，蛋白质溶解度增加），在高浓度下则可能发生盐析（蛋白质高级结构稳定性提高，蛋白质溶解度下降）。

（3）**表面活性剂** 含长链脂肪酸的表面活性剂或离子型表面活性剂（十二烷基硫酸钠等），甚至长链的脂肪酸类化合物（如月桂酸）均可引起蛋白质的解离或变性，而少量的非离子型表面活性剂（以聚山梨酯类为主）具有防止蛋白质聚集的作用，其机制可能是表面活性剂倾向性地分布于气/液或液/液界面，防止蛋白质在界面的变性。

（4）**糖类与多元醇** 糖类与多元醇均可增加蛋白质药物在水溶液中的稳定性，机制可能是糖类促进蛋白质的优先水化。常用的糖类有葡萄糖、蔗糖、海藻糖与麦芽糖，常用的多元醇有甘油、甘露醇、山梨醇、PEG和肌醇。

（5）**氨基酸** 一些氨基酸如甘氨酸、精氨酸、天冬氨酸和谷氨酰胺，可以增加蛋白质药物在给定pH下的溶解度，并可提高其稳定性，降低表面吸附和保护蛋白质的构象，还可以防止蛋白质、多肽类药物的热变性与聚集，因此用来稳定干扰素、EPO、尿激酶等。

（6）**人血清白蛋白** HSA易被吸附，可减少蛋白质药物的损失，可部分降低产品中痕量蛋白质酶等的破坏，还可保护蛋白质的构象，作为冻干保护剂。HSA常用作干扰素、单抗制剂、肿瘤坏死因子、球蛋白制剂、乙肝疫苗等的稳定剂。

5.冷冻干燥和喷雾干燥

蛋白质、多肽发生的一系列化学反应如脱酰胺、β消除、水解等都需要水参与，水还可以作为其他反应剂的流动相；而含水量降低可使多肽的变性温度升高，因此，干燥可提高蛋白质、多肽的稳定性。故当一些蛋白质药物不能采用溶液型制剂时，往往用冷冻干燥与喷雾干燥的工艺解决这类制剂的稳定性问题。冷冻干燥制备蛋白质类药物制剂主要考虑两个问题：一是选择适宜的辅料，优化蛋白质药物在干燥状态下的长期稳定性；二是考虑辅料对冷冻干燥过程一些参数的影响，如最高与最低干燥温度、干燥时间、冷冻干燥产品的外观等，可通过在冷冻干燥制备注射用无菌粉末加入适当的稳定剂来调节，如填充剂、缓冲剂和稳定剂。常用的填充剂是糖类与多元醇，如甘露醇、蔗糖、葡萄糖、右旋糖酐等，由于糖类与多元醇等多羟基化合物可代替冷冻干燥过程中的水分子，与蛋白质药物形成氢键，以防止冷冻干燥过程中由于周围水的损失而导致蛋白质变性，所以糖类与多元醇兼具冻干保护剂的作用。此外，一些稳定剂可以直接作为填充剂，如盐类和氨基酸类。

三、蛋白质、多肽类药物口服给药系统

蛋白质、多肽类药物口服生物利用度很低，其原因主要为：①生物膜屏障：蛋白质多肽类药物分子量较大、脂溶性较差，不容易透过消化道的生物膜屏障，导致吸收困难。②酶屏

障：胃肠道中存在大量的酶可降解蛋白质多肽类药物，导致其失活，降低生物利用度。③肝脏的首过效应和肾脏的排泄。而口服给药系统使用方便、患者顺应性高，是蛋白质多肽类药物最热门的研究给药途径之一，其研究侧重点在提高生物利用度。

1. 提高生物利用度的策略

(1) 突破膜屏障的方法 提高膜通透性是突破膜屏障的关键所在，一般利用吸收促进剂提高生物膜的通透性。吸收促进剂应当对消化道黏膜无损害，可促进药物吸收，且不受食物、消化道生理状况等因素影响。常用的吸收促进剂有氨基酸类衍生物、水杨酸及其衍生物类、胆酸及其衍生物类、脂肪酸类、表面活性剂、金属螯合剂等。如胆酸及其衍生物具有表面活性作用，改变消化道黏膜的表面性质，增加消化道生物膜的通透性，从而可提高蛋白质、多肽类药物的利用度。而脂肪酸类分子可增加药物的溶解度、使药物免受胃肠道消化液降解、增加消化道生物膜的通透性，从而延长药物在胃肠道内滞留时间，提高药物的吸收度。

(2) 克服酶屏障的方法

① 酶抑制剂 酶抑制剂能降低或抑制消化道中酶的活性，从而减少药物降解，如抑肽酶、胰蛋白酶抑制剂等。

② 肠溶胶囊 小肠下段和大肠的消化酶较少，药物吸收较快，利用肠溶胶囊使药物在该段肠道释放可有效降低药物降解率而提高生物利用度，其中氰基丙烯酸异丁酯及其聚合物常作为肠溶胶囊包衣材料。

③ 载药微粒制剂 微粒，特别是纳米级微粒，可包载蛋白质、多肽类药物，并以微粒形式直接吸收入血，从而降低其降解率。

④ 生物黏附给药系统 蛋白质、多肽类药物吸收具有部位特异性，使用生物黏附给药系统可提高对特定部位的黏附性，延长停留时间而增加吸收。

⑤ 病毒载体 病毒外壳的主要成分是蛋白质，此类蛋白质具有在胃肠道中稳定性较高、对药物具有包载性及对细胞具有攻击性等特点。因此选择耐受消化酶的病毒与大分子药物复合，可有效提高口服吸收，并能进一步靶向特定部位。

2. 口服缓控释给药系统

该给药系统根据临床需要可设计成定时、定速和定位释药的制剂，使用方便，受到广泛关注。针对不同的起效作用部位及释药要求，可以设计不同的口服缓控释给药系统，包括骨架片、胃内漂浮片、生物黏附片、微丸、口服微粒给药系统、口服微乳给药系统及结肠定位释药系统等。这些给药系统的基本材料、制备方法等与本书其他章节提到的基本一致，区别在于设计时需特别关注对蛋白质多肽类药物活性的保持。

3. 应用实例

> **例 16-1** 重组人表皮生长因子生物黏附颗粒剂
>
> **【处方】** 重组人表皮生长因子（rhEGF）150 μg，乳糖 1 g，糊精 1 g，Carbopol 934P 0.2 g，羟丙甲纤维素（HPMC）4%。
>
> **【制法】** 将辅料过 100 目筛，混匀后将 rhEGF 水溶液与辅料混合，用 4% HPMC 溶液制软材，30 目筛制粒，60 ℃烘干，再用 30 目筛整粒，60 目筛筛去细粉，即得重组人表皮生长因子黏附颗粒剂。

【注解】rhEGF 是由 53 个氨基酸组成的单链多肽，可通过小鼠的颌下腺以及人的颌下腺、十二指肠、Brunner 腺等分泌得到，其分子结构中有 3 对二硫键，结构稳定、耐酸、耐热、抗蛋白酶水解的能力较强。它不被消化道黏膜吸收，但有保护黏膜的局部作用，可促进溃疡愈合，因此 rhEGF 有望开发为治疗胃溃疡的药物。该应用要求 rhEGF 能在胃部停留较长时间，因此需设计成能够黏附于黏膜上的制剂，如黏附型颗粒剂等，使药物能在胃中保留较长时间，并在胃黏膜上释放出 rhEGF，起到保护黏膜、促进愈合的作用。

四、黏膜给药系统

对于胃肠吸收差且肝脏首过效应强的蛋白质、多肽类药物可以考虑黏膜给药途径，具体途径包括鼻腔、肺部、口腔、阴道、直肠等。这些部位黏膜角质化程度低、通透性好，毛细血管相对比较丰富，吸收迅速，药物可直达患处或可避开肝脏首过效应，生物利用度较高。

1. 鼻腔黏膜给药

目前认为鼻腔给药是蛋白质、多肽类药物非注射给药剂型中最有前途的给药途径之一。主要剂型有滴鼻剂、气雾剂、粉雾剂等，已上市的药物有布舍瑞林、去氨加压素、降钙素、催产素、胰岛素等。药物经鼻黏膜给药后可在鼻腔的呼吸区或嗅觉区被吸收。在呼吸区，药物被吸收进入体循环；在嗅觉区，药物吸收后通过嗅黏膜上皮途径和嗅神经途径进入中枢神经系统，为蛋白质、多肽类药物进入脑中发挥疗效提供了一种有效的途径。

2. 肺部给药

肺部给药有快速、及时、有效及生物利用度高的特点，且有以下优点：①酶的活性较低；②吸收总表面积大（约 100 m^2）；③毛细血管丰富；④肺泡上皮细胞层很薄，只有 0.1～0.2 μm；⑤气-血屏障较小，只有 0.5 μm 左右。与蛋白质、多肽类药物口服给药类似，提高生物利用度的方法有应用吸收促进剂、酶抑制剂以及对药物进行修饰或制成脂质体等。肺部给药剂型包括喷雾剂、定量吸入气雾剂和干粉雾剂。目前用于全身治疗的蛋白质、多肽类药物有胰岛素、重组人生长素、亮丙瑞林醋酸盐、鲑降钙素，用于局部治疗的有白介素、干扰素、环孢素 A 等。已有数种胰岛素肺部给药装置进入了临床研究阶段，但该方式的个体差异较大，影响了其临床应用前景。

3. 口腔黏膜给药

口腔黏膜与其他部位黏膜相比给药更为方便、快捷，易被患者接受且容易停药。但其黏膜通透性相对较差，需要加吸收促进剂增强通透性。口腔黏膜给药可通过舌下给药或颊黏膜给药进入体循环或用于局部治疗。口腔黏膜给药剂型包括片剂、喷雾剂、粉剂、贴剂等。已研发的产品有干扰素口含片、胰岛素舌下粉剂等，但均尚未上市。其中，干扰素口含片以乳糖、糖粉、淀粉浆为辅料制备，口腔给药后，可有效产生分泌型免疫球蛋白 sIgA，并维持 30 天左右。

4. 其他黏膜给药

阴道黏膜给药多用于局部治疗，如杀精避孕、抗微生物感染以及局部止血、润滑等。剂型有溶液剂、片剂、膜剂、栓剂、软膏剂、凝胶剂等，最常用的为栓剂和片剂（常见为泡腾片），如：重组人干扰素 α2b 阴道泡腾片给药后可通过阴道黏膜吸收，直接在局部发挥抗病毒作用，用于治疗病毒感染引起的宫颈糜烂。直肠黏膜给药和眼部黏膜给药也主要用于局部治疗。

五、经皮给药系统

经皮给药系统（transdermal drug delivery system）是指药物以一定的速率通过皮肤经毛细血管吸收进入体循环产生药效的一类制剂。该制剂可避免肠胃环境对药物的破坏和肝脏首过效应，提高半衰期较短药物的治疗效果，具有长期稳定给药等特点。但同黏膜给药相比，皮肤的角质化程度要远远高于黏膜，且蛋白质、多肽类药物分子量相对较大，使得药物透过量和透过率较低，限制了其应用，因此需要设计给药系统以提高其透过率。

经皮给药系统中药物的透皮速率主要取决于以下 3 个因素：①药物在经皮给药系统中存在的方式，这决定了该系统释放的特征；②给药系统所处生理环境及其变化，如 pH、角质层厚度、皮肤损伤程度、皮肤温度、皮肤水合情况等；③经皮给药系统中的添加剂，如促渗剂、控释材料等。据此，提高蛋白质、多肽类药物透皮吸收以及生物利用度的途径主要有渗透促进剂、离子导入法、超声导入法、微针技术、电致孔技术、药剂学方法等。

渗透促进剂可改变角质层细胞紧密排列，降低药物扩散阻力，增加皮肤通透性，从而促进和增强药物透皮吸收。常用的经皮吸收促进剂有：有机溶剂类（醇类、酯类、二甲亚砜及其同系物）、脂肪酸与脂肪醇类（油酸、亚油酸、月桂醇等）、月桂氮卓酮类、非离子表面活性剂、保湿剂（尿素、水杨酸、吡咯酮类）、萜烯类（如薄荷醇、桉树脑、柠檬烯）等。例如，2% 的冰片可使得胰岛素的透皮率提高 6.1 倍。

离子导入是指利用直流电或低频脉冲电流作用使药物离子或带电胶体微粒通过电导、电渗和溶剂牵引等机理通过毛孔、汗腺等，由电极定位导入皮肤或黏膜，进入局部组织或血液循环。蛋白质、多肽在等电点以下时的导入效果最佳，在等电点以上时次之，在等电点时的导入效果最差。比如在添加电场的情况下，牛胰岛素透过大鼠皮肤效率提高 2 倍，在结合柠檬酸乙醇预处理皮肤后，透皮效率提高到 20 倍。

微针是以铬沉积于硅片上，应用氟/氧化学为基础的控制等离子体进行深度蚀刻而成的一种做工极为精巧的微细针簇，目前也有采用高分子材料制备的可溶性微针用于蛋白质、多肽药物经皮给药的研究。其原理主要是依靠微针的机械作用，在皮肤上形成微米级的孔洞，实现药物导入。类似的，超声导入和电致孔法均是采用一定的技术，即一定频率的超声波或脉冲电场波，造成角质层的紊乱或形成孔洞，从而提高药物透皮效率。例如，将胰岛素分散在透明质酸中做成微针贴片，发现含有 0.25 IU（国际单位）胰岛素的微针贴片具有持续降糖效果，且给药 2 h 后，其效果显著优于皮下注射胰岛素。

药剂学方法主要是将蛋白质、多肽类药物做成各种新剂型，利用剂型的特征促进其透皮吸收，典型的剂型包括纳米乳或亚微乳、柔性脂质体、纳米粒等。其中，柔性纳米脂质体是指以渗透压差为驱动力，通过它本身的高度形变，高效地穿过比其自身小数倍的皮肤孔道的类脂聚集体，是大分子、小分子药物和水溶性、脂溶性药物的良好透皮载体。例如将胰岛素包裹于柔性脂质体内部，采用皮肤涂抹的方式给药小鼠，5 h 的降糖百分率为 61%，且可维持降糖时间 18 h。

六、植入给药系统

植入给药系统（implantable drug delivery system）是一类由药物或与赋形剂经熔融压制或模制而成的一种供腔道或皮下植入用的无菌控释制剂，又称皮下植入控释剂型。释放的药物经皮下吸收直接进入血液循环起全身作用，避免了首过效应，生物利用度高。植入给药系统作用时间较长，甚至可达数年之久。植入给药系统原应用于长效避孕药物，现已在抗癌、心血管疾病、糖尿病、眼部疾病、疫苗等多个领域得到广泛重视。

1. 植入给药系统特点

该系统具有以下优点：①消除因间歇给药和药量不均匀而产生的峰、谷现象，在特定的作用部位以恒定的速率持续释药并维持治疗浓度，较小的剂量即可起到疗效；②药物直接作用于靶位，可避免对体内其他组织的副作用；③避免一些药物的迅速代谢，延长其体内的半衰期；④适用于难以通过其他途径给药的药物；⑤可避免某些剂型给药后引起的不适感、损伤及痛苦等。但植入给药系统存在以下缺陷：①必须经手术途径植入，给患者带来痛苦；②早期的制剂骨架材料为非生物降解聚合物，释药结束后还需经手术取出；③制剂在局部组织有刺激与不适感；④可降解植入剂也有其自身缺陷，其酸性降解产物（乳酸、羟乙酸）在植入剂内部逐渐蓄积，影响药物的稳定性；⑤植入剂可能移动以致不能取出。

一般来说，植入剂延长了生物技术药物的作用时间，但在设计生物技术药物的植入系统时首先必须对药物做全面研究。研究内容包括以下几个方面：

① 药物的理化性质 蛋白质、多肽类药物分子量较大，释放较慢，且活性易受影响，因此需考虑使用保护剂。

② 药理学性质 毒性较大或治疗窗过窄的药物不适合做成植入剂，蛋白质、多肽类药物的活性一般较高，需要考虑释放量过大产生的毒副作用。

③ 药动学性质 半衰期很长或很短的药物不适合做成植入剂。因为半衰期过短，则植入剂的剂量过大。通过化学修饰可一定程度提高蛋白质、多肽类药物的半衰期，使其便于制备为植入剂。

2. 制剂实例

蛋白质、多肽类药物的植入剂国外已有相关产品上市，如布舍瑞林和戈舍瑞林的注射植入剂。戈舍瑞林（goserelin）是一种合成的促黄体生成激素释放激素类似物。给药后能刺激脑垂体前端释放黄体生成激素和促卵泡激素并能短暂升高男性丙酸的水平。戈舍瑞林的注射植入剂是一种无菌、可生物降解的植入剂。其用于皮下注射，缓释药物长达 28 天。该制剂是将醋酸戈舍瑞林分散在由 D,L-乳酸和羟基乙酸共聚物中，每剂量 13.3～14.3 mg。制剂是一种白色或奶白色、直径 2 mm 的小柱，装在一个特殊的配有 16 号针头的一次性注射器中。使用时用无菌技术在上腹部皮下注射。

第三节　寡核苷酸及基因类药物制剂

核酸药物是以核酸类化合物为基础，在核酸水平（DNA 或 RNA）上对疾病进行诊断、预防和治疗的药物。FDA 批准的治疗艾滋病药物 AZT、ddC、ddI 等都是核酸类物质，抗病毒首选药物三氮唑核苷、阿昔洛韦等也是核酸药物。又如，一些抗代谢紊乱、治疗肿瘤药物也是核酸类药物，包括抗恶性肿瘤药氟铁龙，一类新药 8-氯腺苷等。前述药物虽然结构上属于核酸类，但基本性质与小分子化合物类似，因此不在本节讨论范围之内。RNA 及 DNA 由于可以直接对遗传物质进行加工，靶点选择精确，获得了广泛的关注，目前已有 DNA 药物及 RNA 药物批准用于临床治疗。本节主要讨论以 RNA 和 DNA 为基础的药物制剂。

一、核酸类药物的结构特点和理化性质

1. 核酸的组成和结构

核酸是生物体内的高分子化合物，包括 DNA 和 RNA 两大类。组成核酸的元素有 C、H、O、N、P 等，与蛋白质比较，其组成上有两个特点：核酸一般不含 S 元素，且核酸中 P 元素的含量较多并且恒定，占 9%～10%。核酸经水解可得到核苷酸，因此核苷酸是核酸的基本单位。DNA 一般形成双螺旋结构，由互补碱基对之间的氢键和碱基对层间的堆积力维系。RNA 一般为单链结构，局部可因碱基互补配对（A-U、C-G）以氢键相连形成双螺旋结构，不参加配对的碱基所形成的单链则被排斥在双链外，形成环状突起，即 RNA 的二级结构。

2. 核酸的理化性质

核酸通常显酸性，易与金属离子生成盐，同时具有高分子化合物的某些性质。主要性质包括：

① 黏度较大　DNA 由于分子极为细长，直径和长度之比可达 $1:10^7$，因此即使是极稀的溶液也有较大的黏度，但加热可降低黏度；RNA 分子较小，黏度也小得多。

② 有紫外吸收　嘌呤和嘧啶环中均含有共轭双键，对 250～280 nm 波长的紫外光有较强的吸收，并在 260 nm 具有最强吸收。据此，可对核酸进行定量分析，还可根据样品在 260 nm 及 280 nm 紫外吸收度的比值（OD_{260}/OD_{280}）来估计核酸的纯度。

③ 两性电解质　由于 DNA 和 RNA 的多核苷酸链上既有酸性的磷酸基团，又有碱基上的碱性基团，在一定 pH 溶液中可带某种电荷，故可用电泳方法将其分离。

④ 变性与复性　DNA 分子由稳定的双螺旋结构松解为无规则线型结构的现象即为变性。变性时维持双螺旋稳定性的氢键断裂，碱基间的堆积力遭到破坏，但不涉及其一级结构的改变。凡能破坏双螺旋稳定性的因素，如加热、酸、碱、有机溶剂、尿素及甲酰胺等，均可引起核酸分子变性。变性 DNA 常发生一些理化及生物学性质的改变，如溶液黏度降低，沉降速率加快。核酸热变性后，温度再缓慢下降，解开的两条链又可重新缔合而形成双螺旋，此即为核酸的复性，它是变性的一种逆转过程。不同来源的变性核酸一起复性，有可能发生杂交，杂交可以发生于 DNA 与 DNA 之间，也可以发生于 RNA 与 RNA 之间和 DNA 与 RNA 之间。

3. 影响 DNA 结构稳定性的因素

稳定 DNA 分子的双螺旋结构的因素有多种，其中主要有氢键、碱基堆积以及与水分子和金属离子间的相互作用。A 和 T 之间可以形成 2 个氢键，G 和 C 之间可以形成 3 个氢键，因此 GC 碱基对要比 AT 碱基对稳定。单个氢键在室温下非常不稳定，但在 DNA 分子中，众多氢键的集合赋予了 DNA 分子结构的稳定性。此外，水分子（位于双螺旋的沟中）和金属离子（与 DNA 骨架中的磷酸基团相互作用）对稳定存在于水溶液中的 DNA 的双螺旋结构也具有一定作用。

影响因素主要包括：

① 温度　DNA 在室温下相对比较稳定，但随着温度升高，会逐渐解离。

② pH　pH 过高或过低均会导致 DNA 不稳定。当 pH 低于 5.0 时 DNA 易脱嘌呤，更酸的条件将使碱基广泛质子化。当 pH 过高时，碱基将广泛去质子化，失去形成氢键的能

力。DNA 保存的合适 pH 为 7~8。

③ 离子强度 DNA 的溶解温度同溶液的离子强度有关。一般溶解温度随盐浓度增加而升高，高盐浓度有利于 DNA 的热稳定性。

④ 变性剂 如甲醇、乙醇、甲酰胺、脲等可以通过与核苷酸形成氢键，或者碱基对间的堆积作用而使 DNA 变得不稳定。

⑤ 核酸酶 DNA 容易受到 DNA 酶的降解。但大多数 DNA 酶作用时需要 Mg^{2+}、Ca^{2+} 等二价金属离子。因此可以通过在溶液中加入 EDTA、EGTA、柠檬酸盐等螯合剂来抑制 DNA 酶的活性。对于 RNA 来说，RNA 酶分布广泛，且 RNA 酶耐热，其作用时不需要二价金属离子的参与，添加螯合剂无法抑制其活性。目前多采用 RNA 酶抑制剂来抑制 RNA 酶活性。

二、核酸类药物的分类

核酸类药物治疗的策略大致分为：基因的修正、基因的修补、基因的替换以及基因的失活。前三种治疗措施所用的核酸药物主要是基因治疗类药物和核酸疫苗，而基因的失活策略所涉及的药物包括寡核苷酸类药物。

1. 基因治疗药物

基因治疗是指通过外部导入基因调节靶细胞中特定基因的表达，以实现对基因的修正、修补或替换，从而治疗因基因缺陷、缺失、错误而导致的疾病。1990 年，美国国家食品药品监督管理总局正式批准了第一个基因治疗临床试验。一名年仅 4 岁患有先天性腺苷脱氨酶缺乏症的患儿，经过基因治疗技术导入正常的腺苷脱氨酶基因，患儿的免疫能力得以提高，获得了明显的治疗效果。随着生物技术的发展和人类基因库的不断完善，基因治疗的适应证包括遗传性疾病（如镰状细胞病、血友病、地中海贫血等）、遗传性免疫缺陷病（白细胞黏附分子缺陷病、TcR-CD3 缺乏症）、肿瘤及恶性血液病、糖尿病以及高血压等。

基因治疗通常可采用体外和体内两种途径。体外是指将含外源基因的载体在体外导入人体自身或异体细胞，经体外细胞扩增后，输回人体。体内是指将外源基因装配于特定的真核细胞表达载体，直接导入体内。体外方式易于操作，较为安全，但不易工业化；体内方式有利于大规模工业生产，但对基因载体的要求非常高、难度较大。

2. 寡核苷酸

寡核苷酸是一类 20 个左右碱基的短链核苷酸的总称 [包括脱氧核糖核酸（DNA）或核糖核酸（RNA）等]。寡核苷酸可以抑制或替代某些基因的功能，因而具有药物开发价值，有些内源性寡核苷酸（如 microRNA）对疾病诊断、治疗和预后评估等有重要意义。目前医药工业界开展临床试验比较多的主要是反义寡核苷酸。

反义寡核苷酸（antisense oligodeoxynucleotide，asODN）类药物是人工合成并经化学修饰的寡核苷酸片段，能通过自身设计的特定序列与靶 mRNA 结合，在基因水平干扰致病蛋白的产生。它涉及反义 RNA、反义 DNA、siRNA 及核酶。反义 RNA 是指体外合成的寡核苷酸，它能与 mRNA 互补，而抑制与疾病发生直接相关的基因的表达。反义 DNA 是人工合成的一小段反义寡核苷酸，它可以与 mRNA 或 DNA 特异性结合并阻断其基因表达。siRNA，有时也称为小干扰 RNA，是长度在 20~25 个核苷酸的双链 RNA，主要参与 RNA 干扰，对特定基因具有专一性的基因敲除效果。本质上，任何已知序列的基因都可以是经过适当剪裁而具有序列互补性的 siRNA 的作用对象。这使得 siRNA 成为研究基因功能与药物目标的一项重要工具。核酶（ribozyme）是能够催化生化反应的核酸类物质，又称催化RNA。它们具有水解酶、激酶、氨基乙酰转移酶等各种酶促活性。

反义寡核苷酸的特点主要有：

① 研发成本低、周期短　asODN是对疾病蛋白的某一特定基因序列有的放矢地合成与之互补的序列，从而大大降低了新药的研发成本，缩短了新药的研发周期。

② 具有高度的特异性　asODN是以疾病蛋白基因为靶点，针对疾病蛋白表达的某一特定过程进行阻断，因此具有高度特异性。

③ 在真核细胞中具有内源性。

④ 稳定性较差　体内存在大量核酶，可以水解asODN的磷酸二酯键，导致其失效。

⑤ 细胞膜的通透性较差　asODN的通透性主要取决于其碱基序列的多少，碱基序列较少就会降低药物对靶基因的序列特异性，而碱基序列太多、分子过大则难以透过细胞膜发挥疗效。

基于这些特点，目前主要对asODN自身化学结构进行修饰和改造，或是选择合适的药物传递系统对其进行保护和传递。寡核苷酸的修饰方法有多种，其修饰方式包括骨架修饰、糖基化修饰和碱基修饰，其中最易进行的是骨架修饰，即对反义寡核苷酸磷酸二酯键骨架进行修饰。

① 硫代寡核苷酸　由于磷酸二酯键是核酸酶的主要靶点，因此采用硫化试剂将磷酸二酯键的氧原子硫化成为硫原子，是增强ODN稳定性的有效途径。经修饰后的硫代寡核苷酸大部分可以在组织内稳定存在48~72 h，不但能够有效地抵抗核酸酶的降解，还具有良好的溶解性，杂交能力也更强。用于二线治疗艾滋病所致的巨细胞病毒视网膜炎的反义药物福米韦森（fomivirsen）即属于该类。

② 混合骨架寡核苷酸　该类药物是人们根据不同修饰的ODN特性而加以各种组合设计而成，其结构的共同特征在于以第一代反义修饰物硫代或甲基化磷酸反义寡核苷酸为基础结构，在序列两翼或中间的核糖上2′位置用甲氧基或乙氧基修饰。与硫代修饰相比，混合骨架寡核苷酸通过不同化学修饰的组合降低了硫代磷酸二酯键的数量，减少了自身携带的负电荷，降低了体内降解速度并改变了核酸降解物的种类，从而减少了由硫代导致的副反应；提高了与靶mRNA的结合能力并提高了诱导RNase H降解mRNA的能力。

③ 多肽核酸　该药物是以多肽骨架结构替代寡核苷酸中的糖-磷酸骨架，并采用改进的固相多肽合成法合成的以肽为骨架的核酸模拟物。它与天然DNA有相似的结构特征，其核苷酸单元间的化学链数与DNA分子中糖-磷酸骨架中的化学链数相同，两者骨架核心与碱基之间的链数相同，碱基间距也相同。与前两代asODN相比，多肽核酸具有更强的亲和力及更好的特异性，具有良好的蛋白酶和核酸酶抗性，经修饰后具有良好的细胞膜穿透性，其应用前景广阔。

3. 核酸疫苗

核酸疫苗，也称为基因疫苗，它分为DNA疫苗和RNA疫苗两种，由于RNA容易降解，不易保存，所以核酸疫苗主要指DNA疫苗。它不含肽、蛋白质或病毒载体，只是由来源于病原体的一个抗原编码基因及作为其载体的质粒DNA组成。这段抗原编码基因可在活体细胞中控制合成抗原蛋白，从而引起免疫反应。它所合成的抗原蛋白类似于亚单位疫苗，区别只在于基因疫苗的抗原蛋白是在免疫对象体内产生的。

核酸疫苗的优越性有：①激发机体全面的免疫应答，其保守抗原的保护性免疫应答对不同亚型的病原体有交叉抵御作用；②核酸疫苗表达的抗原接近天然构象，抗原性强；③制备简单、成本低廉、易进行规模化生产且运输保存方便；④能联合免疫，即可将编码不同抗原的基因构建在同一个质粒中或将不同抗原基因的多种质粒联合应用，制备多价 DNA 疫苗；⑤核酸疫苗既可用于预防，也可用于治疗。

但核酸疫苗具有潜在的危险性，如染色体整合、免疫耐受、自身免疫和抗 DNA 抗体形成等诸多可能性。目前在动物实验中尚未出现这些现象，但是其安全性还需通过长期大量的观察和实验加以证实。

三、核酸类药物的传递系统

核酸类药物导入包括物理导入法和载体法。

1. 物理导入法

最简单的核酸类药物导入系统是裸 DNA 转染，是指直接将含有功能基因的质粒转移到靶细胞中以达到治疗或功能增强等目的。但这种基因导入方法效率过低，转基因效率也较差，没有太大的临床应用价值。①注射是导入基因的简便而有效的方法。一般用注射器直接将裸 DNA 的盐溶液注入动物体内，就能达到免疫效果。而通过对注射部位的肌肉或皮肤组织造成损伤，如局部冷冻、注射麻醉药等，使组织处于再生状态，则可进一步提高 DNA 的转化效率。②基因枪介导转化法，是用火药爆炸或者高压气体将包裹了 DNA 的球状金粉或者钨粉颗粒加速而直接送入完整的组织或者细胞中的一种技术。治疗基因或报告基因能在各种组织和血液中得到表达，如皮肤、肝脏、肌肉等。缺点是制备 DNA 包被的金属颗粒操作较复杂，并有特殊的设备要求；基因枪仅使金属颗粒深入组织中几毫米，限制其体内应用。③电脉冲介导法。对受体细胞施加高压电脉冲，细胞膜上会形成许多瞬间小孔，从而使外源 DNA 通过细胞膜上出现的小孔而进入细胞内。这种方法无系统损害，较为安全有效，且方便使用。但它会引起局部细胞损害和炎症反应的副作用。物理导入法只能应用于皮肤、肌肉和肝脏等有限几种组织。

2. 载体法

基因治疗载体是指把治疗性基因转载到病患细胞的载体，这些载体转染效率高，对人体安全，而且在基因到达病患细胞之前阻止其在循环系统中被各种酶降解。利用性能优异的基因载体克服一系列诸如基因负载、血液循环、细胞膜、内涵体、基因释放等障碍，进而顺利地将基因递送到靶细胞的作用靶点以完成目标基因的表达。理想的载体应具有以下特征：容易生产、持续表达，弱免疫原性、组织靶向性，较高的包装容量，较好的复制、分裂或整合能力，能够转染分裂期细胞和未分裂期细胞。

目前应用于基因治疗的载体可分为两大类：病毒型载体和非病毒型载体。

(1) 病毒型载体 病毒型载体系统是通过侵染宿主细胞将外源基因整合到染色体上。病毒的基因组比较小，结构简单，容易被修饰和改造，转染效率高，靶向性好，因此改性后的病毒作为基因载体的应用越来越广泛。可供利用的病毒可分为逆转录病毒、慢病毒与腺病毒。

逆转录病毒载体是最早被研究利用的载体，它的优点有：该载体携带的目的基因能够完全整合到靶细胞的染色体上，随着宿主基因组一起遗传和表达；逆转录病毒载体能够转染的细胞类型非常广泛，包括免疫细胞、上皮细胞、脏器细胞和血管细胞等；逆转录病毒对分裂的细胞非常敏感，几乎能实现 100% 转染。在实际的应用过程中，还可以通过改变逆转录病毒表面的包被蛋白来提高载体的靶向性。但是逆转录病毒载体在应用过程中存在的缺点也显而易见：由于本身基因结构简单，一般只能转运长度小于 8 kb 的目的基因；不能感染处于静止期的细胞；有可能产生具有自我复制能力的病毒而存在安全性风险。

慢病毒载体，即以人类免疫缺陷病毒Ⅰ型（HIV-Ⅰ）等慢病毒为基础构建的逆转录病毒载体，与常规逆转录病毒相比，慢病毒载体能够有效感染处于非分裂期的细胞，对最终分化的细胞也具有一定感染能力。另外，由于 HIV-Ⅰ 的基因结构比较复杂，具有容纳较大外源基因片段的能力。在临床应用过程中通常敲除病毒的部分结构基因和调控基因，以提高其安全性。

腺病毒载体，也是较早应用到临床试验的病毒载体之一，到目前为止已经发展到了第四代。与前三代相比，第四代腺病毒载体最大限度降低了免疫原性；载体可容纳的最大外源基因片段增至 37 kb，同时基因表达时间有一定延长。腺病毒载体的缺点在于靶向性很弱，远不能达到靶向治疗的要求；所携带的目的基因不能整合到宿主的基因组上，会随着细胞的裂解而失去表达作用。通过一些新型载体，如脂质体的进一步包裹，有助于提高其靶向性，并降低其免疫原性。

此外，新建立的病毒载体还包括杆状病毒、乙型肝炎病毒等。通过对病毒载体的不断改造，可以获得理想的转染效率和良好的跨膜特性。但是病毒载体具有一定的免疫原性，很容易引起人体的免疫应答；同时，由于病毒的侵染特性，在体内多次应用病毒载体，其安全性也令人担忧。另外，绝大多数病毒载体没有靶向性，制约了药物特异性释放，因而很难达到靶向治疗目的。未来需要针对这些方面加以研究。

将外源基因包装到病毒颗粒中，是病毒载体制备的核心技术。一般来说，病毒载体的制备包括以下要素：

① 宿主细胞　病毒载体的包装主要是在对该病毒敏感的宿主细胞中进行的。宿主细胞不但提供了病毒复制和包装的环境条件，它的许多细胞成分还直接参与了病毒的复制和包装过程。

② 病毒复制和包装所必需的顺式作用元件和外源基因的表达盒，它们由细菌质粒携带并组成病毒载体质粒，是被包装的对象。

③ 辅助元件　包括病毒复制和包装所必需的所有反式作用因子。这些元件一般包括病毒基因转录调控基因、病毒 DNA 合成和包装所需的各种酶类的基因、病毒的外壳蛋白基因等。

病毒的纯化一般分为以下几个步骤：

① 初始物的收集或制备　根据病毒产生方式的不同而采取不同的方式。有的在病毒产生达到高峰时，收集培养上清，例如生产病毒过程中使宿主细胞发生病变和死亡的病毒，如腺病毒。

② 初始物的浓缩　当初始物体积较大时，要考虑对其进行浓缩后再分离纯化。浓缩时最好同时能获得初步纯化效果，可选用盐析、超滤、透析等方法。

③ 目标病毒的分离纯化　氯化铯密度梯度离心法是分离纯化各种病毒的最常用方法，主要依据不同病毒具有特征性的浮力密度，使其与细胞裂解液中的其他成分分离。还可用柱色谱法尤其是亲和色谱法分离纯化病毒，将病毒的特异性受体、抗体或配体偶联在色谱基质上并制备成亲和色谱柱，然后将含有目标病毒的初始物经简单处理后直接上柱，最后洗脱和收集目标病毒。

(2) 非病毒型载体　近几年，非病毒型载体的研究有了长足的发展，它们具有较小的免疫原性、无载体容量限制、无传染性、巨大的设计操作潜力以及方便大规模生产的特性，所以在核酸药物的治疗中倍受人们青睐。目前研究的非病毒型载体主要包括脂质体、阳离子聚合物、纳米粒等。

① 脂质体　脂质体是将药物包封于类脂双分子层中间所制成的微球状载体制剂。用脂质体来包装核酸分子来达到转移基因的目的，已经发展成为一种有效的基因转移技术。脂质体用于基因转移的方法早已被美国批准用于临床试验。1992 年，FDA 批准 Nabel 等将 HLA-B7 基因用脂质体包埋，治疗晚期黑色素瘤取得了一定成功。目前市面上脂质体很多，其成分在不断改造和修饰，常用的主要有以下几种。

阳离子脂质体是目前应用最广泛的非病毒载体。阳离子脂质体通常由带正电荷的阳离子脂质和一个中性辅助脂质组成。转染的原理是带正电荷的脂质体与带负电荷的磷酸基团通过静电作用结合形成复合物被细胞内吞。阳离子脂质体的优势有：脂质体与细胞膜融合将目的基因导入细胞后即被降解，对细胞无毒副作用，可反复给药；脂质体不激活癌基因和免疫反应；脂质体与基因的复合过程容易；DNA 或 RNA 可得到保护，不被灭活或被核酸酶降解；脂质体携带的基因可转运至特定部位；操作简单快速，重复性好。其中，由 $3\beta\text{-}[N\text{-}(N',N'\text{-}二甲基氨乙基)氨基甲酰基]$ 胆固醇（DC-Chol）和溴化三甲基十二烷基铵（DTAB）按 3∶2 的摩尔比应用超声方法制备而成的脂质体，因其具有转染效率高、毒性小、稳定性好、长期贮存转染活性不变等特点而成为第一个被批准用于人体的阳离子脂质体。

通过模拟某些病毒（例如 HIV）在中性 pH 时可与细胞膜融合的现象，在制备脂质体时加入可在膜上形成可逆的六角形结构的融合剂，如聚乙二醇、甘油、聚乙烯醇或重组病毒细胞膜、病毒蛋白等即可制得融合脂质体。然而由于制备方法复杂、细胞特异性和血浆稳定性较差、有病毒蛋白颗粒的融合脂质体免疫原性较强等原因，使得此方法的应用受到一定限制。

② 纳米粒　依靠阳离子聚合物与基因通过静电作用复合成为纳米粒是最常用的递送手段。这种复合物纳米粒大大压缩了裸露 DNA 的体积，提高了 DNA 进核能力。此外，其粒径 80～100 nm，带正电荷，可与细胞表面带负电荷的膜蛋白结合，因此能被有效内吞而介导基因转移。聚阳离子蛋白质是最早用于转基因的阳离子聚合物。近年来，各种水溶性生物可降解阳离子聚合物被广泛用于基因递送研究，有多肽类、多聚胺类、聚甲基丙烯酸类等，主要包括聚赖氨酸、聚谷氨酸及其衍生物、聚乙烯亚胺（PEI）、聚丙烯亚胺树状物、聚酰胺型星状聚合体等。其中，PEI 的阳离子电荷密度较大，常被用作核心组成成分，构建不同的聚合物以递送基因。除上述通过静电作用结合核酸药物形成递送体系外，各种非阳离子材料所构成的微粒或纳米粒子也逐渐成为核酸药物的递送载体，它们直径在 10～500 nm 之间，为固体胶态的粒子，活性组分通过溶解、包裹作用进入纳米粒内部，或者通过吸附作用附着于离子表面。制备纳米控释系统的载体材料通常为高分子化合物，其中可生物降解的聚乳酸-羟基乙酸共聚物 PLGA 或聚乳酸微球是近年来报道比较多的一种载体。微球的缓释作用对延长基因表达时间具有明显的优越性。无机纳米粒子载体如二氧化硅、铁氧化物、碳纳米管、磷酸钙、金属纳米粒子量子点等，通过吸附可将 DNA 或 RNA 包裹在粒子中，然后以内吞入胞等方式转运至细胞内，并释放核酸药物，发挥功能。

四、核酸类药物的质量控制与稳定性评价

对于核酸类制剂，应按照下列各项进行相应的检查。

1. 原材料

主要是对目的基因、表达载体及宿主细胞（如细菌、酵母、哺乳细胞和昆虫细胞）的检查，以及使用它们时制订严格要求，否则就无从保证产品质量的安全性和一致性，并可能产

生遗传诱导的变化。

2.培养过程

无论是发酵还是细胞生产，关键是保证基因的稳定性、一致性和不被污染。主要控制的有生产用细胞库、有限代次的生产、连续培养过程。

3.纯化工艺过程

要求能保证去除微量 DNA、糖类、残余宿主蛋白质、纯化过程带入的有害化学物质、致热原，或者将这类杂质减少至允许量。

4.最终产品

主要表现在生物学效价测定、蛋白质纯度检查、蛋白质的比活性等几个方面。生物学效价的测定常见指标为目的基因的表达量以及表达产物的生物学活性等。目的基因表达量的检测常采用重组病毒（或质粒）体外感染（或转染）宿主细胞。如目的蛋白为分泌性表达可采用 ELISA 法检测细胞培养上清中目的蛋白的含量，如目的蛋白不能分泌表达可采用免疫印迹的方法。纯度的检测通常需要由两种或两种以上不同原理的方法进行。常见的基因治疗药物的纯度检测方法包括紫外吸收法、HPLC 法和 SDS-PAGE 法等。

5.杂质检测

杂质包括生产相关的杂质和产品相关的杂质。生产相关的杂质主要包括宿主细胞蛋白和宿主细胞 DNA。宿主细胞蛋白由于降解、聚合或者错误折叠而造成的目的蛋白变构体在体内往往会导致抗体的产生，可用 ELISA 法检测；宿主细胞 DNA 往往在极低的水平就可以产生严重的危害作用，可采用 DNA 杂交法、Pico-Green 染色法或 PCR 的方法进行检测。

6.安全性试验

基因治疗药物的安全性检测指标除无菌试验、支原体检测、细菌内毒素/热原试验和异常毒性试验等常规项目外，还包括残留复制型病毒、残留辅助病毒和其他外源性病毒的检测。其中的无菌试验、热原试验、安全性和毒性试验按我国新颁布的《中国生物制品规程》进行。

7.制剂相关检测指标

根据制剂的检测要求，常需检测外观、pH、装量、可见异物、渗透压以及相关辅料的含量等指标；需提供最终制剂的均一性资料，不同批号的最大均一性范围，通过有效性与安全性试验证明在该均一性范围内有效与安全的证据。

五、核酸类药物现状

2004 年，我国具有自主知识产权的基因治疗药物"今又生"即重组 p53 腺病毒注射液，获得国家食品药品监督管理总局批准上市，成为世界第一个基因药物。"今又生"是由正常人的 p53 基因与经过改造的一种腺病毒基因重组而成。之后，又批准第二个基因疗法药物"H101"。H101 是经过基因工程改造的一种普通感冒腺病毒，可以选择性地在肿瘤细胞内繁殖，从而杀伤肿瘤细胞，而对正常细胞影响很小。

2012 年由欧盟审批通过的 Glybera 的载体是另外一种腺相关病毒（AAV），内含基因是编码脂蛋白脂肪酶的基因，用以治疗这种酶的缺乏引起的严重肌肉问题，提高生活质量。但是由于其价格过于高昂，现已面临退市的困境。2017 年，Spark 公司的 Luxturna 获得 FDA 的批准上市。它用 AAV 运输的基因疗法，用于矫正患者基因缺陷引起的视网膜病变

（IRD）。此疗法用 AAV 将健康的 RPE65 基因引入患者体内，让患者生成正常功能的蛋白来改善视力。它不但能治疗莱伯氏先天性黑蒙症，还能够治疗其他由 RPE65 基因突变引起的眼疾。但对于因病毒引起免疫反应等，这种药物只能在有限的时间内有效。

有几个寡核苷酸类药物也已上市。Fomivirsen/Vitravene 是 FDA 批准上市的第一个反义寡核苷酸类药物，由 21 个硫代脱氧核苷酸组成，主要用于治疗艾滋病患者并发的巨细胞病毒性视网膜炎，通过对人类巨细胞病毒 mRNA 的反义抑制发挥特异而强大的抗病毒作用。Mipomersen sodium/Kynamro 于 2013 年获 FDA 批准，用于纯合子型家族性高胆固醇血症（HoFH）患者，作为降脂药物和饮食的辅助以降低低密度脂蛋白胆固醇、载脂蛋白B、总胆固醇和非高密度脂蛋白胆固醇。

第四节　细胞治疗中的制剂研究

细胞治疗是以细胞为基础的用于疾病治疗的手段，按照治疗中所使用的细胞类型大致分干细胞治疗和体细胞治疗，以及以细胞为主要生物学效力而发挥作用的一些复合药物治疗。其细胞来源和细胞种类繁多，而且对细胞进行的操作复杂。这些细胞可能是自我更新的干细胞、进一步分化成型的祖细胞或者是具有特定生理功能的终末分化的细胞。细胞的来源可能是自体或者是异体（和异种）。另外，细胞也可进行遗传修饰。这些细胞可能是单独使用，也可能与生物分子、化学物质或者医疗器械结合起来应用。由于细胞治疗药物是以细胞作为活性物质的特殊药物，并且相当一部分是个体化的治疗方案，其生产、质量控制和安全性研究与其他生物技术药物有许多不同之处。

一、干细胞治疗

干细胞治疗主要包括利用胚胎干细胞或诱导多能干细胞（induced pluripotent stem cells，iPSC）治疗和成体干细胞治疗两大类。

1.胚胎干细胞

胚胎干细胞具有无限增殖和多向分化的潜能，可以分化成体内各种组织细胞，在临床治疗中具有巨大的应用前景。但是，随着临床试验的开展，胚胎干细胞所引起的一系列医学伦理问题，在一定程度上阻碍了胚胎干细胞技术的发展及应用。胚胎干细胞具有如下功能：①具备多向分化潜能和发育的全能性，可长期增殖培养，始终保持高度未分化状态。②其在体外培养的条件下可形成稳定的细胞系，并维持稳定的二倍体核型。③胚胎干细胞可在体外遗传或转化，包括基因重组、诱导基因突变等。但也具有一定的安全性问题，包括成瘤性、免疫排斥、遗传稳定性等。

2.成体干细胞

胚胎干细胞其临床应用受到伦理限制，而诱导多能干细胞的临床应用受安全性（致瘤风险）、临床疗效及成本等限制，所以目前主要以成体干细胞治疗为主。

成体干细胞是指存在于不同组织中的未分化细胞，它保持自我更新和分化成该组织各类型细胞的能力。其生物学特点为：具有自我更新和分化潜能、存在于特定微环境中、处于静止状态、体积小、细胞质少、细胞核较大，成体干细胞的数量与活性随年龄的增大而减少。成体干细胞主要包括造血干细胞、神经干细胞、间充质干细胞、脂肪干细胞、肌肉干细胞、肝脏干细胞等，均有较高临床应用潜力。

成体干细胞运用于疾病治疗上，有许多优势：①成体干细胞可以从患者自身多种组织获得，取材方便，获取相对容易，成本低，便于推广应用；②成体干细胞比胚胎细胞更安全，无胚胎细胞的致瘤性；③不存在组织相容性的问题，避免了移植物排斥反应和免疫抑制剂的使用；④自体成体干细胞几乎可以避免所有的毒副作用；⑤多种成体干细胞还有多向分化的潜能，可以由一种细胞分化成多种不同组织和功能的细胞，而分化的定向性却比胚胎干细胞要好。成体干细胞治疗是目前发展最快也是最成熟的干细胞治疗手段。

成体干细胞治疗存在的问题在于：①成体干细胞在成人体内的贮量是非常少的，特别是一些特殊组织的干细胞，比如神经干细胞；②很难分离纯化，除造血干细胞在外周血中可以分离得到，其他的成体干细胞基本上都存在于机体组织中，难以分离；③数量随年龄增长而降低，治疗时需要长时间的体外培养以获得足够数量的细胞；④在一些遗传缺陷疾病中，遗传错误可能出现在患者的干细胞中，因而不能进行移植；⑤由于周围环境的毒性影响以及DNA 复制过程中的错误，可能包括更多的 DNA 异常。

二、体细胞治疗

体细胞包含各种免疫细胞、分泌细胞、肝细胞、肌细胞等。体细胞治疗是将机体细胞在体外进行各种处理后，再回输患者的治疗方式。在众多体细胞治疗中，以免疫细胞为基础的细胞治疗，特别是在肿瘤治疗领域的应用受到了人们的广泛关注。用于治疗性的细胞包括NK、γδT、LAK、TIL、DC-CIK 等，其疗效、特异性、整体有效率、副作用反应等方面的情况逐步改善。

1. NK 细胞和 γδ T 细胞

NK 细胞即自然杀伤细胞，无主要组织相容性复合体（MHC）限制，不依赖抗体。NK细胞是人体先天免疫的核心组成部分，是肿瘤细胞免疫的基础。它通常处于休眠状态，一旦被激活，会渗透到大多数组织中攻击肿瘤细胞和病毒感染细胞。γδT 细胞是介于特异性免疫与非特异性免疫之间的一类免疫细胞，主要分布于皮肤和黏膜组织，γδT 细胞具有独特的抗原识别特性和组织分布，使其成为最合适的早期抗肿瘤效应细胞之一，与其他天然免疫细胞一起构成机体防御细胞癌变的第一道屏障，在抗肿瘤免疫监视和免疫效应中发挥着重要的作用。

2. LAK 细胞和 TIL 细胞

IL-2 刺激的血细胞中产生的一类细胞可以对 NK 细胞耐受的实体瘤产生杀伤作用，被命名为淋巴激活杀伤细胞（lymphokine activated killers，LAK）。在 FDA 批准下，1984 年首次应用 IL-2 与 LAK 协同治疗肾细胞癌、黑素瘤、肺癌、结肠癌等肿瘤患者。肿瘤浸润淋巴细胞（tumor infiltrating lymphocyte，TIL）是在肿瘤组织中分离得到的，加入 IL-2 体外培养后，其生长、扩增能力强于 LAK 细胞，对 LAK 治疗无效的晚期肿瘤具有一定治疗效果。

3. CIK 细胞

在多种细胞因子（γ-干扰素、CD3 单抗、IL-1 和 IL-2）作用下，外周血淋巴细胞可以被定向诱导并大量增殖，称为细胞因子诱导的肿瘤杀伤细胞（cytokine induced killer，

CIK）。CD3$^+$、CD56$^+$、细胞毒性 T 淋巴细胞是 CIK 群体中主要效应细胞，与其他过继性免疫治疗细胞相比，具有增殖速度更快、杀瘤活性更高、杀瘤谱更广等优点，是肿瘤过继免疫治疗中更为有效的抗肿瘤效应细胞。

4. DC-CIK 细胞

DC-CIK 是指与树突状细胞（dendritic cells，DC）共培养的 CIK 细胞。成熟的 DC 可以通过 MHC-Ⅱ等途径提呈肿瘤抗原，有效抵制肿瘤细胞的免疫逃逸机制。CIK 细胞可通过非特异性免疫杀伤作用清除肿瘤患者体内微小残余病灶，所以负载肿瘤抗原的 DC 与 CIK 的有机结合（即 Target DC-CIK 细胞）能产生特异性和非特异性的双重抗肿瘤效应。在 CIK 细胞免疫治疗的基础上，进一步提高了治疗的特异性和有效性。

5. TCR-T 和 CAR-T 细胞

在肿瘤患者体内，免疫耐受普遍存在，为了重新激活免疫系统，使得制备细胞毒性 T 淋巴细胞更具靶向性，基因工程改造 T 细胞受体（TCR-T 和 CAR-T）应运而生。TCR-T 是对 T 细胞受体进行基因改造，使其对靶标抗原的结合力更强。CAR-T 细胞是指表达抗原特异性抗体的 T 细胞，它既有抗体对抗原的高度亲和性，又有 T 细胞高度杀伤能力。CAR-T 是将识别肿瘤相关抗原（TAA）的单链抗体（scFv）和 T 细胞的活化序列在体外进行基因重组，形成重组质粒，通过体外转染技术，纯化和大规模扩增经过基因改造和修饰后的 T 细胞。CAR-T 在体外及体内都对特定肿瘤抗原具有高度亲和性，同时 CAR-T 在体内能够迅速扩增，对抗原阳性肿瘤细胞具有高效选择性杀伤作用。临床试验表明，CAR-T 对白血病有高达 90% 的有效性，所以成为治疗白血病的最新技术。

全球 CAR-T 临床试验中，以治疗血液肿瘤居多，大多数采用 2 代 CAR-T 进行治疗。2017 年 FDA 批准全球第一个 CAR-T 药物——Kymriah（tisagenlecleucel），适用于儿童和年轻成人急性淋巴性白血病（ALL）。目前越来越多的研究关注于 CAR 结构设计，主要包括对 CAR-T 的特异性、有效性、可控性、通用性的研究与改进。

三、细胞治疗产品研究评价

近年来，随着干细胞治疗、免疫细胞治疗等基础理论、技术手段和临床医疗探索研究的不断发展，细胞治疗产品为一些严重及难治性疾病提供了新的治疗思路与方法。对细胞治疗产品安全、有效、质量可控的技术要求尤为重要。由于细胞治疗产品种类多、差异大、性质复杂多变、研究进展快、技术更新迅速、风险程度不同，对于不同类型产品，可基于风险特征和专项控制措施，采用适合其产品的特有技术。

1. 制备工艺与过程控制

细胞治疗产品的制备工艺指从供者获得细胞到细胞成品输入到受者体内的一系列体外操作的过程。研究者应进行工艺的研究与验证，证明工艺的可行性和稳健性。生产工艺的设计应避免细胞发生非预期的或异常的变化，并满足去除相关杂质的要求；需建立规范的工艺操作步骤，工艺控制参数、内控指标和废弃标准，对生产的全过程进行监控。研究者应不断优化制备工艺，减少物理、化学或生物学作用对细胞的特性产生非预期的影响，以及减少杂质的引入，比如蛋白酶、核酸酶、选择性的抑制剂的使用等。建议尽量采用连续的制备工艺，如果生产过程中有不连续生产的情况时，应对细胞的保存条件和时长进行研究与验证。建议尽量采用封闭的或半封闭的制备工艺，以减少污染和交叉污染的风险。

生产工艺全过程的监控包括生产工艺参数的监测和过程控制指标的达成等。研究者应在对整体工艺的理解和对生产产品的累积经验的基础上，明确过程控制中关键的生产步骤、制订敏感参数的限定范围，以避免工艺发生偏移。必要时，还可以对制备过程中的细胞进行质量监控，过程中的质量监控与细胞放行检测相互结合与互补，以达到对整体工艺和产品质量的控制。例如，细胞在体外需要进行基因修饰/改造时，需要关注基因物质的转导效率、基因进入细胞后的整合情况、细胞的表型和基因型、目的基因的遗传稳定性、转导用基因物质的残留量以及病毒复制能力回复突变等；细胞在体外进行诱导分化时，需要关注细胞的分化情况、细胞生长特性（如恶性转化等）、细胞的表型和/或基因型、诱导物质的残留情况等。

产品的剂型、制剂处方和处方工艺，应根据临床用药要求和产品自身的稳定性情况而定。有些细胞治疗产品在给药前需经过产品成分物理状态的转变、容器的转换、过滤与清洗、与其他结构材料的联合以及调整给药剂量等操作步骤，这些工艺步骤的确定也应该经过研究与验证，并在实际应用中严格执行。

2.稳定性研究

细胞治疗产品的生产建议采用连续的工艺，对于生产过程中需要临时保存的样品应进行稳定性研究，以支持其保存条件与存放期。细胞治疗产品稳定性研究的基本原则可参照一般生物制品稳定性研究的要求，并根据产品自身的特点，临床用药的需求，以及保存、包装和运输的情况设计合理的研究方案。采用具有代表性的细胞样本和贮存条件开展研究。其中，需要特别关注细胞治疗产品的运输稳定性研究和使用过程中的稳定性研究等，证明在拟定的贮存条件下，细胞治疗产品的质量不会受到运输、使用中或其他外界条件的影响。根据产品自身的特点和贮存条件等方面，合理地设计稳定性考察的项目和检测指标，例如，冷冻贮存的样品或产品一般应模拟使用情形（如细胞复苏过程）开展必要的冻融研究。考察项目应涵盖生物学效力、细胞纯度、细胞特性、活细胞数及比率、功能细胞数和安全性相关的内容等。

四、细胞治疗产品制备实例

作为现今细胞治疗中的热点领域。CAR-T 细胞的通用生产也备受瞩目。CAR-T 细胞的生产需要几个详细的步骤，质量控制检测贯穿于整个过程。首先，从患者体内的外周血分离白细胞，并将其他成分返回血液循环。当白细胞收集足够后，用白细胞分离产品对 T 细胞进行富集。淋巴细胞的富集可以通过密度梯度离心法完成，而 T 细胞亚群的分离可通过 CD4/CD8 特异性抗体或者表面标记偶联磁珠进行分离。为更加高效地激活 T 细胞，可利用 CD3/CD28 单克隆抗体磁珠或者人工刺激的抗原呈递细胞（APCs）。在选择刺激源时同时也可以考虑将 T 细胞在扩增中极化为特异性表型（例如 Th2 或 Th17）。T 细胞激活后，转染编码 CAR 的病毒载体。病毒载体利用病毒机制进入细胞内后，载体以 RNA 的形式将基因转导。在 CAR-T 细胞中，此基因编码为 CAR。RNA 反转录成 DNA，并永久地整合到患者细胞的基因组；因此，CAR 可以在细胞分裂时得以表达，并且在生物反应器中也可以扩增。CAR 通过患者细胞进行转录和翻译，且表达于细胞表面。当细胞扩增完成，将细胞浓缩至一定体积回输给患者，也可将清洗和浓缩的细胞冻存起来，接着经过产品放行，冻存细胞运输至目的地再解冻回输给患者。

（高会乐）

思考题

1.如何提高蛋白质、多肽类药物的稳定性？

2.一个良好的蛋白质、多肽类药物递送系统应当具备哪些特征？

3.蛋白质、多肽类药物制剂常用给药途径有哪些？各有什么优缺点？

4.核酸类药物制剂需要克服哪些屏障？

5.细胞制剂需要关注哪些方面？

参考文献

[1] 张志荣.药剂学 [M].2版.北京：高等教育出版社，2014.

[2] 梅兴国.生物技术药物制剂：基础与应用 [M].北京：化学工业出版社，2004.

[3] 林中翔，胡艳玲，谭小燕.谈蛋白多肽类药物聚乙二醇化修饰的研究进展 [J].中国医药指南，2013 (15)：465-466.

[4] 付春晓.蛋白的聚乙二醇修饰及其在生物医学领域的应用 [J].国际药学研究杂志，2001，28 (2)：78-81.

[5] 刘日勇.融合表达人 β 干扰素-1b (17Ser-IFN-β) 的制备及 PEG 修饰 [D].重庆：重庆理工大学.

[6] 郭会灿.提高蛋白质多肽类药物生物利用度的途径 [J].科技风，2012 (09)：215.

[7] 朱文静，李范珠.蛋白多肽类药物鼻黏膜给药直接入脑途径的研究进展 [J].中国药物与临床，2005，5 (10)：731-734.

[8] 姜毓丽，张望刚，陈国神.蛋白质和多肽类药物肺部给药系统的研究发展 [J].浙江省医学科学院学报，2005 (1)：29-32.

第十七章 >>>

中药制剂

本章学习要求

　　1.掌握中药、中药制剂与天然药物的定义；中药制剂的分类及具体类型；中药制剂前处理的流程；中药提取、分离的常用方法与特点；中药制剂的常用剂型及制备方法。

　　2.熟悉中药制剂质量标准的主要内容；影响中药制剂质量的因素；中药浸提的传质过程；影响浸提的因素和浸提的常用方法；中药提取物的纯化方法及其适用条件；中药制剂常用剂型的特点。

　　3.了解中药提取物的常用浓缩方法和浓缩设备；中药提取物的常用干燥方式及设备；中药制剂常用剂型的质量要求。

第一节　概　述

一、中药制剂的定义

　　中药是指在中医药理论指导下，用于预防、治疗和诊断疾病的药物。中药制剂是根据药典、制剂规范和其他规定的处方将中药材加工制成具有一定规格，可以直接用于临床的药品。

　　天然药物是指在自然界中存在的具有一定药理活性的动物药、植物药以及矿物药等天然产物，其与中药的区别在于天然药物的加工与应用是根据现代医药理论体系而不是中医药理论。

二、中药制剂的特点与分类

　　中药制剂在长期的医疗实践中逐步形成了自己的特色。随着现代科学技术的发展，以及新工艺、新辅料和新设备的应用，中药制剂也出现了许多新剂型与新制剂。

（一）中药制剂的特点

　　中药制剂是在中医药理论的指导下进行处方调配和临床应用的，这是区别于化药制剂的最大特点。

　　由于中药化学成分的多样性和有效成分的非单一性，药材需经过一系列的提取、纯化处理以最大限度地获得各种有效成分、除去杂质，从而提高中药制剂的疗效，减少用药剂量，且有利于制剂处方调配，保证临床疗效。

中药有效成分的复杂性决定了中药制剂工艺流程的特殊性。在制剂过程中，中药有效成分的结构可能会受到破坏或发生改变，从而导致有效成分的消失或含量降低。因此，必须严格把控中药制剂制备的工艺流程，保障中药制剂质量的稳定性和可靠性。

"药辅合一"是中药制剂选择辅料的重要原则之一，并在中药制剂中广泛存在。这是由中药来源的多样性、物料性质复杂性以及制剂工艺特殊性决定的。从制剂学角度看，处方中有些中药的理化性质较为特殊，可以同时作为制剂的辅料，辅助制剂成型；从治疗学角度看，有些组方中的药物作为辅料能改善或提高其他药物的溶解性、释放速率或吸收程度，协同增效或减毒等。

（二）中药制剂的分类

中药制剂种类繁多，可以按照物态性质、分散系统、制备方法、给药途径以及原料性质等进行分类。

1. 按物态性质分类

中药制剂根据物态性质可分为液体剂型（如汤剂、合剂、糖浆剂、注射剂等）、固体剂型（如丸剂、散剂等）、半固体剂型（如软膏剂、糊剂、凝胶剂等）以及气体剂型（如气雾剂、喷雾剂等）。

2. 按分散系统分类

将所有剂型视为分散系统，则可按制剂的分散特性对其进行分类，可分为真溶液型、胶体溶液型、乳状液型、混悬液型、气体分散型、固体分散型、微粒分散型。

3. 按制备方法分类

根据不同剂型主要制备工序采用的方法，可对中药制剂进行分类。如用浸出法制备的汤剂、合剂、浸膏剂、流浸膏剂、酒剂以及酊剂等为浸出制剂；用灭菌方法或无菌操作制备的注射剂、滴眼剂等制剂为无菌制剂。

4. 按给药途径分类

中药制剂按给药途径可分为胃肠道给药剂型和非胃肠道给药剂型。

5. 按原料性质分类

根据其原料性质的不同，可将中药制剂分为中药单体成分制剂、中药有效部位制剂和中药复方提取物制剂。

三、中药制剂的质量要求

影响中药制剂质量的因素众多，主要包括原材料和辅料，炮制与生产工艺，有毒有害物质含量控制，制剂的贮存、包装和运输等。因此，建立符合中医药特点的质量标准尤为重要。

中药制剂的质量标准主要包括品名、处方、制法、性状、鉴别、检查、含量测定等内容，可为中药制剂的生产、质检以及使用提供科学可控的质量依据。

中药制剂从汤剂、散剂、膏剂等传统剂型发展到注射剂以及靶向、缓控释等现代制剂，不仅在剂型研究方面取得了显著进展，而且其质量控制方法也从传统的感官经验判断、性状鉴别、理化鉴别发展到成分定性、多指标定量测定、指纹图谱以及药效物质基础相关的评价方法等，逐步实现了对中药制剂质量更加全面而精确的控制。

第二节　中药制剂的前处理

中药制剂的前处理步骤一般包括中药的提取（粉碎、浸提）、分离与纯化、浓缩与干燥等。

一、中药的提取

（一）粉碎

中药粉碎的目的主要是促进药物有效成分的浸出，增加药物表面积，利于药物溶解吸收，便于药剂的制备与调配，利于新鲜药材的干燥贮存。中药材常用粉碎方法主要有：干法粉碎、湿法粉碎、低温粉碎以及超微粉碎。

1. 干法粉碎

干法粉碎（dry crushing）指将药材适当干燥，使水分降低到一定限度（<5%）后粉碎的方法。干法粉碎包括单独粉碎和混合粉碎。其中，单独粉碎主要适用于名贵中药或毒性、刺激性等性质较为特殊的中药；混合粉碎主要适用于复方中性质与硬度相似的中药粉碎。

2. 湿法粉碎

湿法粉碎（wet crushing）指在药材中加入适量水或其他液体共同研磨粉碎的方法。湿法粉碎所选的液体通常为不使药物遇湿膨胀、溶解或发生化学反应。此外，液体不能影响药物药效。湿法粉碎可以有效避免粉末扬尘，根据加入液体情况可分为加液研磨法和水飞法。

3. 低温粉碎

低温粉碎（cryogenic crushing）可使物料脆性增加、易于粉碎，主要包括三种方式：①药物先处于低温条件下，经高速撞击或粉碎机粉碎；②粉碎机机壳通入低温冷却水，在循环冷却的条件下进行粉碎；③物料先与干冰或液氮混合再粉碎。

4. 超微粉碎

超微粉碎（ultra-fine crushing）又称超细粉碎，指将物料粉碎至粒径达微米级以下的方法。超微粉体根据粒径大小分为微米级、亚微米级（0.1~1 μm）和纳米级（1~100 nm）粉体。超微粉碎技术极大地增加了物料的表面积，获得的超微粉具有很强的表面吸附性、亲和性和溶解性。

（二）浸提

中药浸提是指采用适当方法浸出提取药材中有效成分或有效部位，其目的在于减少服用量和便于后续制剂过程。

1. 中药浸提过程

中药浸提过程可分为浸润与渗透、解吸与溶解、扩散（置换）几个阶段。浸提过程的实质就是溶质从药物固相转移到溶剂液相中的传质过程。

（1）**浸润与渗透**　浸润为药材与溶剂接触后溶剂润湿药材表面；溶剂依靠液态静压和毛细管作用进入药材内部，并进一步渗透进入药材的组织细胞内的过程，称为浸润渗透。

（2）**解吸与溶解**　药材中各种成分之间存在亲和性和互相吸附作用，当溶剂渗入药材时，必须首先解除这种吸附作用，因此这一过程称为解吸。解吸之后，各成分之间的亲和力解除，有效成分转而以分子、离子或胶体粒子等形式分散于浸提溶剂中，这一过程即为溶解。

（3）**扩散（置换）**　当进入细胞内的浸提溶剂溶解大量成分后，细胞内外出现浓度差和渗透差，细胞外侧稀溶液向细胞内渗透，细胞内高浓度溶质向周围低浓度溶液中扩散，直至细胞内外浓度相等。扩散速率可参考 Fick 扩散定律：

$$ds = -DF \frac{dc}{dx} dt \tag{17-1}$$

式中，dt 为扩散时间；ds 为 dt 时间内物质扩散量；F 为扩散面积；dc/dx 为浓度梯度；负号表示药物扩散方向与浓度梯度方向相反。

扩散系数 D 值可以按照以下公式进行计算：

$$D = \frac{RT}{N} \times \frac{1}{6\pi r \eta} \tag{17-2}$$

式中，R 为摩尔气体常数，其值为 8.314 J/(mol·K)；T 为热力学温度；N 为阿伏伽德罗常数；r 为溶质分子半径；η 为黏度。

从以上的两个公式可以看出，扩散速率 ds/dt 与扩散面积 F 成正比，即药材的粒度以及表面状态、扩散过程中的浓度梯度 dc/dx 与温度成正比，与溶质分子半径 r 和液体的黏度 η 成反比。在中药的浸提过程中，最重要的是保持最大的浓度梯度，生产中常采用多次浸提、渗漉法提取以形成新的浓度梯度，充分浸提药材中的有效成分。

2.影响浸提的因素

影响浸提的因素包括药材粒度、有效成分性质、浸提温度、浸提时间、浓度梯度、浸提压力以及浸提溶剂性质等，需要根据实际生产中药材的性质和实际情况优化最佳浸提工艺。

3.浸提方法与设备

在实际生产中，常用的浸提方法有煎煮法、浸渍法、渗漉法、回流法、水蒸气蒸馏法和超临界流体提取法等。

（1）**煎煮法**　煎煮法（decoction）是指用水作溶剂，通过加热煎煮来浸提药材中有效成分的方法。该法适用于水溶性且对湿、热稳定的成分，加热不仅可以促进有效成分浸出，还可以杀死微生物和酶，保持制剂的稳定性。煎煮法常用设备有多功能提取罐、敞口倾斜式夹层锅、圆柱形不锈钢罐、球形煎煮罐、带搅拌倾斜式煎药机等。

（2）**浸渍法**　浸渍法（maceration）是指在一定温度下，用适当溶剂浸泡药材一定时间后浸出药材中有效成分的一种方法。浸渍法属于静态浸提，溶剂通常选用不同浓度的乙醇，在封闭环境下浸泡。适用于具有黏性、无组织结构、新鲜且易于膨胀的药材，不适用于贵重、毒性药材。浸渍法常用设备包括浸渍器和压榨器两部分，浸渍器为药材浸渍的容器，常用圆柱形不锈钢罐、搪瓷罐等；压榨器可挤压药渣中残留的浸提液，常用螺旋压榨机。

（3）**渗漉法**　渗漉法（percolation）是指将药材粗粉置于渗漉装置内，从上部连续加入新鲜溶剂，将渗漉液不断从下口放出，动态提取药材有效成分的方法。适用于贵重、毒性药材或提取挥发性、热敏性成分以及高浓度制剂的制备，也可用于有效成分含量较低的中药的提取。渗漉法常用设备为渗漉罐，一般为圆柱形和圆锥形，前者常用，后者用于提取具有膨胀性或体积较大的药材。

（4）回流法 回流法（circumfluence）是指用乙醇等挥发性有机溶剂提取药材中有效成分，将浸出液加热蒸馏，其中挥发性溶剂受热蒸发而又被冷凝回流继续提取有效成分，直至药材中有效成分回流浸提完全的方法。回流法常用设备为索氏提取器和多功能提取罐。

（5）水蒸气蒸馏法 水蒸气蒸馏法（vapor distillation）是指将含挥发性成分药材与水蒸气共同蒸馏，冷凝后分去水层获得挥发性成分的浸提方式。该方法适用于能随水蒸气蒸馏而不被破坏、不溶于水且不与水发生反应的有效成分的提取，如挥发油、麻黄碱、丹皮酚等。水蒸气蒸馏法常用设备有多功能提取罐、挥发油提取罐等。

（6）超临界流体提取法 超临界流体（supercritical fluid）是指处于临界温度和临界压力以上的流体，其性质介于气体和液体之间，既有液体的良好密度和对溶质有较好的溶解性，又具有气体的黏度及极高的扩散系数，易于扩散运动。适用于亲脂性或小分子量物质的提取，由于萃取温度较低，特别适用于易氧化、热敏感性成分的提取。

（7）其他方法 为了提高浸提效率，还可利用超声波辅助提取（ultrasonic assisted extraction）或微波辅助提取（microwave-assisted extraction）等技术。

二、分离与纯化

中药制剂的纯度、收率、安全性与中药提取物的分离与纯化密切相关，分离与纯化技术的高低也直接影响中药制剂的质量。中药提取物的分离与纯化工艺，一方面是为了根据粗提取药物性质，选择相应的分离方法与条件，提取有效成分或有效部位；另一方面是除去提取物中的无效和有害组分，尽可能多的保留有效成分。

（一）分离

分离（separation）是将中药浸提液中的固体（药渣、沉淀物、泥沙等）与液体（含有效成分溶质的浸出液）分开的操作。分离操作可以便于后续制剂制备，并减少服用剂量。一般常用的分离方法有：沉降分离法、离心分离法、滤过分离法。

1. 沉降分离法

沉降分离法利用了固体物与液体介质的密度差，固体物借助自身重力自然下沉一段时间后，取上层澄清液即可实现固液分离。此方法不需特制设备，操作简单，但是耗时长，固液分离不够完全。适用于固体物含量高、易下沉的分离；对于固体物含量少，粒子细小的分离不适用。

2. 离心分离法

离心分离法也是利用混合液密度差进行分离，通过离心机高速旋转产生的离心力对混合液实现固液分离。适用于沉降分离和过滤分离难以分离、含粒径很小微粒的混合液或黏度较大的提取液。

3. 滤过分离法

滤过分离法是利用多孔的过滤介质将固-液体系中的固体微粒截留，液体经介质孔道流出而实现分离的一种方法。滤过的产物收集视有效成分的物态性质而定，常用的滤过方法有常压滤过法、减压滤过法、加压滤过法以及薄膜滤过法。

（二）纯化

纯化是采用适当方法和设备除去药液中的杂质，以满足不同剂型制剂的需要。目前常用的纯化方法有水提醇沉法、醇提水沉法、大孔树脂吸附法、透析法、絮凝澄清法等。

1.水提醇沉法

水提醇沉法是指在水提液或浓缩液中加入不同浓度乙醇沉淀除去杂质的方法，利用了药材成分在水和乙醇中的溶解度差异，使一部分物质析出而实现分离精制。中药中含有的有效成分如生物碱类、苷类、氨基酸、有机酸类成分在醇溶液中都能溶解，油脂性组分不溶于水易溶于醇，而无效组分多糖、黏液质、蛋白质、糊化淀粉等在醇溶液中难溶解，因此可以通过水和不同浓度乙醇交替处理而除去杂质，精制有效成分。

2.醇提水沉法

醇提水沉法是指在药物的乙醇提取液中加入水沉淀并除去杂质的方法，也利用了药材成分在水和乙醇中的溶解度差异。醇提水沉法主要是除去水不溶性物质，适用于含黏液质、蛋白质、多糖等杂质较多的药材的提取与精制，其操作方式和原理与水提醇沉法相似。

3.大孔树脂吸附法

大孔树脂具有多孔高分子网状结构，可以选择性吸附中药提取液中的有效成分，再经洗脱回收有效成分而除去杂质。大孔树脂凭借范德瓦耳斯力、氢键、表面电性等产生的吸附性吸附有效成分，再通过不同溶剂进行洗脱，有效成分因与树脂间的吸附能力不同、分子量大小不同，进而可以达到分离不同成分的目的。大孔树脂机械强度大，吸附能力强，分离效果好，理化性质稳定，而且可重复使用，已经广泛运用于黄酮类、苷类、生物碱类成分的分离与纯化。

4.透析法

透析法利用半透膜来分离大分子和小分子物质。大分子物质如皂苷、蛋白质、多糖，其粒径与胶体颗粒类似，不能通过半透膜，因而可通过透析法除去无机盐、小分子糖类等，或可通过透析法截留大分子物质，如鞣质、树胶等获得小分子物质。常用的透析膜有动物膀胱膜、火棉胶膜、羊皮纸膜、再生纤维膜、玻璃纸膜和蛋白胶膜等。

5.絮凝澄清法

絮凝澄清法是指在中药提取液中加入一种絮凝沉淀剂，使得杂质微粒（果胶、蛋白质等）聚集、絮凝，再经过滤分离除去杂质达到精制和纯化的方法。目前常用的絮凝沉淀剂主要有101果汁澄清剂、甲壳素及其衍生物、明胶、ZTC澄清剂等。该方法不需特殊的设备，操作简单，成本低；能有效保留药液的有效成分，对某些杂质的去除具有专属性；可提高液体制剂的澄明度和稳定性。

6.其他方法

除上述提及的纯化方法外，目前中药提取物的其他纯化方法有盐析法、酸碱法、分子筛法、聚酰胺吸附法等。

三、浓缩与干燥

中药提取液经过分离与纯化之后，需要进一步进行浓缩与干燥处理以利于后续制剂与成型。根据中药提取液的性质和浓缩液的要求，选择合适的浓缩干燥工艺是保证中药制剂品质与疗效的重要前提。

(一)浓缩

浓缩是指通过沸腾状态来除去或回收溶剂蒸气,使溶剂与提取物分离,缩小药液体积利于后续制剂的方法。蒸发是药液浓缩的重要手段,常用浓缩方法有以下几种。

1. 常压蒸发

在一个标准大气压条件下进行蒸发浓缩称为常压蒸发,适用于成分稳定、非热敏性的药物浓缩。以乙醇等有机溶剂提取时,应在有限的蒸馏装置内进行浓缩,降低乙醇的损耗,如外循环式蒸发器;以水为溶剂时,常采用敞口倾倒式夹层蒸发锅。

2. 减压蒸发

减压蒸发是指在密闭的容器中,抽真空使得蒸发器溶液侧压力低于大气压,从而降低溶液沸点进行蒸发的方式。减压蒸发可增大传热温度差,提高蒸发效率,还能够不断排除溶剂蒸气,回收溶剂。减压蒸发适用于含热敏性成分的药液浓缩,常用设备有减压浓缩装置、真空浓缩罐等。

3. 薄膜蒸发

薄膜蒸发是利用药液在蒸发过程中形成薄膜,增大汽化表面积进行浓缩的方法。该方法不受料液静压和过热的影响;受热温度低,蒸发速度快,受热时间短,有效成分不易被破坏;可在常压和减压条件下连续操作;溶剂能回收利用。薄膜蒸发由加热室和分离室组成,常用设备为升膜式蒸发器、降膜式蒸发器、刮板式蒸发器、强制循环式蒸发器和离心式蒸发器等。

4. 多效蒸发

多效蒸发是将几个减压蒸发器串联起来,第一个蒸发器(前效)中蒸出的二次蒸汽作为第二个蒸发器的加热蒸汽(后效),第二个蒸发器蒸出的二次蒸汽作为第三个蒸发器的加热蒸汽,以此类推组成多效蒸发器。当效数过多时,温度损失会更大,目前常用三效蒸发器。由于二次蒸汽的反复利用,多效蒸发器消耗较少的加热蒸汽和冷凝水,但是受热时间长,不适用于浓缩热敏性物质。

(二)干燥

干燥是指利用热能等除去湿物料中所含的水分或者其他溶剂,获得干燥物料的工艺。在药剂生产中,新鲜药材除水,原辅料除湿,片剂、颗粒剂制备过程中均需要干燥。中药提取物浓缩之后进行干燥有利于提高制剂的稳定性并利于贮存,方便后续的制剂步骤。

中药提取物的干燥方法主要有:

1. 常压干燥

常压下进行干燥,物料处于静止状态,且干燥温度高,时间长,易破坏有效成分,不适合热敏性物质。

2. 减压干燥

又称真空干燥,应用非常广泛,在负压条件下干燥,干燥温度低,速度快;减少了物料与空气接触,避免成分氧化或污染;产物呈松脆海绵状,易粉碎。适用于热敏性、加热易氧化、排出气体有回收价值的物料干燥。

3.喷雾干燥

喷雾干燥是流化技术在液态物料干燥中的应用，是用雾化器将液态物料喷射成雾状液滴，使之与通入干燥器的热空气进行热交换，水分瞬间汽化获得干燥粉末或颗粒的方法。为动态干燥法，瞬间干燥，受热时间短，特别适用于热敏性物质干燥。成品多为松脆的颗粒或粉粒，溶解性好，保留了原来的色香味，可以根据需要调节产品的粗细度和含水量等指标。

4.流化干燥

流化干燥又称沸腾干燥，是利用热空气流使湿颗粒悬浮，呈流态化，似"沸腾状"，热空气在湿颗粒间通过，在动态下进行热交换，带走水汽达到干燥的方法。适用于湿粒性颗粒的干燥，如片剂、颗粒剂湿法制粒后干燥和水丸干燥。流化干燥为动态干燥，气流阻力小，物料磨损程度轻，热利用率较高，干燥速度快，产品干湿度均匀，没有杂质引入，干燥时无须翻料。

5.冷冻干燥

冷冻干燥是指将浓缩后的药液先冻结成固体，在低温、负压条件下将水分直接升华除去的干燥方法。其优点是低温真空条件下物料成分不会被破坏，适合极其不耐热的物质的干燥，如天花粉针、淀粉止血海绵、血浆、血清等生物制品。干燥成品疏松多孔，易溶解，含水量低，利于药品的长期贮存。

6.其他干燥方法

除上述提及的干燥方法外，目前中药提取物的其他干燥方法有红外线干燥法、微波干燥法、吸湿干燥法、鼓式干燥法等。

第三节　常用的中药制剂

中药制剂在临床治疗中占有重要地位。本节主要介绍汤剂与合剂、酒剂与酊剂、流浸膏剂与浸膏剂、煎膏剂、丸剂与贴膏剂等常用中药制剂。

一、汤剂与合剂

（一）汤剂

1.汤剂的含义与特点

汤剂（decoctions）是指中药饮片加水煎煮、去渣取汁制成的液体制剂，也称为"汤液"或"煎剂"。汤剂为我国传统的中药剂型，也是中医应用最早、最广泛的剂型，其制法简单，加减灵活，奏效快，既可以内服，也可以供洗浴、熏蒸、含漱用。

2.汤剂的制法

汤剂常采用煎煮法进行制备。将处方中的各类药材加水浸没，浸渍一段时间后加热煮沸，并保持微沸一段时间，滤取煎液，药渣再依次加水煎煮1～2次，合并各次的煎液即得。

3.影响汤剂质量的因素

（1）**煎煮器具**　制备汤剂的煎煮器具应以瓦罐及搪瓷、不锈钢器具为宜，需避免使用铁器与铜器。现有煎药包装组合机，使煎药、滤过、煎液包装一体化，方便快捷，适于医院、药店、煎药房使用。

（2）**煎煮用水** 煎煮用水最好为纯化水或经软化处理的水，以避免杂质的引入。水的用量应适当，水的用量不足会造成有效成分浸提不完全；而煎煮用水过量则会导致成品量增大，造成服用不便。煎煮用水量一般为中药量的5～8倍。

（3）**煎煮火候** 汤剂的传统制法一般是用直火加热，武火至沸，文火保持微沸，使其减慢水分的蒸发，有利于有效成分的提取。

（4）**煎煮次数** 多次煎煮可以提升有效成分的浸出总量，但煎煮次数过多不仅耗费工时和能源，也使服用量增大，而且在提取有效成分的同时，杂质与无效成分的浸出量也随之增加。因此，煎煮次数一般以2～3次为宜。

（5）**煎煮时间** 饮片的煎煮时间与其有效成分的性质、质地、投料量，以及煎煮工艺和设备有关。通常情况下在煮沸后继续煎煮20～30 min。解表类、清热类、芳香类药材不宜久煎，滋补类药材应文火久煎，武火煮沸后应改为文火慢煎。

（6）**特殊中药的处理** 对于不同性质与质地的中药饮片，其煎煮也应采取不同的处理方法，包括先煎、后下、包煎、烊化、另煎、冲服、榨汁等。

4. 举例

例 17-1 小青龙汤

【处方】麻黄9 g，芍药9 g，细辛6 g，干姜6 g，甘草6 g，桂枝9 g，半夏9 g，五味子6 g。

【制法】按处方称取药材饮片，先取麻黄9 g，加8倍量的水浸泡0.5 h后，武火煎煮微沸，改用文火再煎煮20 min；其余药材按处方称取，加8倍量的水浸泡0.5 h后加入已经煎煮了20 min的麻黄煎液中，武火煎沸后用文火继续煎煮40 min，趁热过滤，药渣再加6倍量的水，煎煮40 min后趁热过滤，合并两次滤液即得。

【功能主治】解表散寒，温肺化饮。用于外感风寒，内停水饮。

【用法用量】口服，分两次温服。

（二）合剂

1. 合剂的含义与特点

合剂（mixtures）是在汤剂基础上发展起来的剂型，是指饮片用水或其他溶剂采用适宜的方法提取制成的口服液体制剂。与汤剂相比，合剂既保留了处方中的有效成分，又可成批生产，避免了汤剂需要临时配方和煎煮的麻烦，而且比汤剂稳定，服用剂量也有所减少，便于携带，提高了患者的顺应性，但中药合剂组方固定，不能随病症加减，也不能完全替代汤剂。

2. 合剂的制法

合剂的制备与汤剂类似，工艺流程如图17-1所示。

（1）**提取** 将饮片洗净后，适当加工成片、段或粗粉，一般采用煎煮法浸提，生产中常用多功能提取罐。

（2）**纯化** 常用的纯化方法有水提醇沉法、醇提水沉法、高速离心法、超滤法、大孔树脂吸附法等。

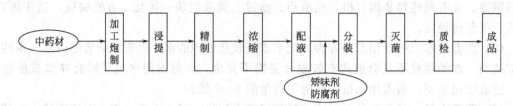

图 17-1　合剂的制备工艺流程图

（3）**浓缩**　纯化后的药液需要适当浓缩至规定的相对密度。浓缩的程度视纯化方法而定，一般以每日服用剂量 30～60 mL 为宜，经醇沉净化处理的合剂，应回收乙醇后再进行浓缩，每日服用剂量需控制在 20～40 mL。

（4）**配液**　合剂可根据需要加入防腐剂和矫味剂，以延长贮存时间和改善口感。常用的防腐剂有苯甲酸、山梨酸和尼泊金类等，矫味剂有蜂蜜、单糖浆和甜菊苷等。

（5）**分装**　合剂分装前，应将配制好的药液进行过滤，灌装于无菌干燥洁净的容器中或按单剂量灌封于适宜的容器内，密封。

（6）**灭菌**　一般采用煮沸灭菌法、流通蒸汽灭菌法或热压灭菌法进行灭菌。也可以在无菌操作条件下，灌装后不灭菌，直接包装。

3.合剂的质量控制

（1）**性状**　除另有规定外，合剂应澄清。贮存期间不得发生霉变、异物、酸败、变色、产生气体或其他变质的现象。

（2）**一般检查**　一般检查包括相对密度、pH 等的检查。

（3）**含糖量**　合剂若加蔗糖，除另有规定外，含蔗糖量一般不高于 20%（g/mL）。

（4）**装量**　单剂量灌装合剂：取供试品 5 支，用标准化的量入式量筒在室温条件下检视每支装量并与标示量进行比较，少于标示量的不得多于 1 支，并不得少于标示装量的 95%。多剂量的合剂灌装参照《中国药典》（2020 年版）四部通则中最低装量检查法检查。

（5）**微生物限度**　按照《中国药典》（2020 年版）四部规定，按照非无菌产品微生物限度检查，应符合规定。

4.举例

例 17-2　清喉咽合剂

【处方】地黄 180 g，夏冬 160 g，玄参 260 g，连翘 315 g，黄芩 315 g。

【制法】以上五味粉碎成粗粉，用渗滤法进行浸提，浸提溶剂为 57% 乙醇，浸渍 24 h 后，以 1 mL/min 的速度缓缓渗滤，收集渗滤液约 6000 mL。将渗滤液减压回收乙醇，并浓缩至约 1400 mL，取出，加水 800 mL，煮沸 30 min，静置 48 h，滤过，滤渣用少量水洗涤，洗涤液并入滤液中，减压浓缩至约 1000 mL，加苯甲酸钠 3 g，搅匀，静置 24 h，滤过，加水 1000 mL，搅匀，即得。

【功能主治】养阴，清咽，解毒。用于局限性的咽白喉，轻度中毒型白喉，急性扁桃体炎，咽峡炎。

【用法用量】口服，首次服用 20 mL，以后每次 10～15 mL，一日 4 次，儿童酌情减量。

二、酒剂与酊剂

(一) 酒剂

1. 酒剂的含义与特点

酒剂 (medicinal wines) 是指中药饮片采用蒸馏酒提取制成的澄清液体制剂,又称药酒。酒剂既可内服,也可供外用。因酒辛甘大热,能散寒,且大多数中药有效成分能溶于白酒中,因此治疗风寒湿痹、止痛散瘀、祛风活血等方剂多制成酒剂。酒剂剂量小,便于服用与保存,且不易发生霉变,但因乙醇具有一定的药理作用,不适用于儿童、孕妇以及心脏病、高血压患者。

2. 酒剂的制备

酒剂可用浸渍法、渗漉法以及回流提取法进行制备,其一般制备工艺流程如图 17-2 所示。

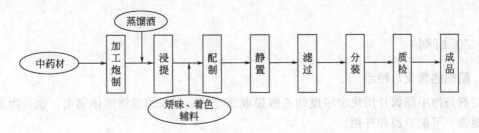

图 17-2 酒剂制备的一般工艺流程图

(1) 浸渍法 浸渍法包括冷浸渍法与热浸渍法,均是以白酒为溶剂,将中药饮片按照冷浸渍法或热浸渍法操作,浸渍一段时间后取上清液,与药渣压榨液合并,根据需要加入糖或蜜,搅拌溶解,再静置一段时间,滤过、分装即得。

(2) 渗漉法 将处方中的饮片进行适当的粉碎,以白酒为溶剂,按照渗漉法操作,收集渗漉液。可根据需要在渗漉液中加入糖或蜜等矫味剂进行矫味,搅拌均匀后密闭静置,滤过、分装即得。

(3) 回流提取法 以白酒为溶剂,将饮片按照回流提取法进行操作,多次提取至回流液呈无色状态,合并回流液,加入糖或蜜进行矫味,搅拌均匀后密闭静置,滤过、分装即得。

3. 酒剂的质量控制与评价

根据《中国药典》(2020 年版) 四部相关要求,酒剂的总固体量、甲醇量、乙醇量、装量以及微生物限度等,应符合规定。

(1) 外观性状 酒剂需澄清,在贮存期间允许存在少量摇之易散的沉淀。

(2) 总固体量 按照《中国药典》(2020 年版) 酒剂项下方法检查,其中含糖或蜂蜜的按照第一检查法,不含糖和蜂蜜的酒剂按照第二检查法,需符合项下规定。

(3) 甲醇量 按照《中国药典》(2020 年版) 甲醇量检查法检查,应符合规定。

(4) 乙醇量 按照《中国药典》(2020 年版) 乙醇量测定法测定,应符合各品种项下规定。

(5) 装量 按照《中国药典》现行版最低装量检查法检查,应符合规定。

（6）**微生物限度** 按照《中国药典》（2020年版）非无菌产品微生物限度检查，应符合规定。

4. 举例

> **例 17-3** 牛膝独活酒
>
> 【处方】桑寄生30 g，牛膝45 g，独活25 g，秦艽25 g，杜仲40 g，人参10 g，当归35 g。
>
> 【制法】将所有药材洗净后切碎，放入纱布袋中，缝口，放入1000 mL白酒中，浸泡30天，将药渣取出，过滤备用。
>
> 【功能主治】补养气血，益肝强肾，除祛风湿，止腰腿痛。此酒主治腰膝发凉、麻木、酸软疼痛，腿足屈伸不利，痹着不仁，肝肾两亏，风寒湿痹。
>
> 【用法用量】每次10～30 mL，每日1次。
>
> 【贮藏】密封，置阴凉处。

（二）酊剂

1. 酊剂的含义与特点

酊剂是指中药饮片用规定浓度的乙醇提取或溶解而制成的澄清液体制剂，也可用流浸膏稀释制备，可供口服和外用。

酊剂与酒剂的区别在于其浓度有一定的要求，除另有规定外，每100 mL酊剂相当于原饮片20 g，含剧毒药品的中药酊剂每100 mL相当于原饮片10 g；有效成分明确者，应根据其半成品的含量加以调整，且内服酊剂一般不加矫味剂。

2. 酊剂的制法

酊剂多用溶解法或稀释法、浸渍法、渗漉法进行制备。

3. 酊剂的质量控制与评价

根据《中国药典》（2020年版）四部相关要求，检查酊剂的甲醇量、乙醇量、装量以及微生物限度等，应符合要求。

4. 举例

> **例 17-4** 当归红花酊
>
> 【处方】当归150 g，红花50 g。
>
> 【制法】取当归切成薄片后与红花混匀，用适量60%乙醇浸渍法浸渍7天，制成酊剂1000 mL即得。
>
> 【功能主治】调经养血。主治月经不调，痛经。
>
> 【用法用量】每次口服2～5 mL，1日3次。
>
> 【贮藏】密封，置阴凉处。

三、流浸膏剂与浸膏剂

（一）流浸膏剂与浸膏剂的含义和特点

流浸膏剂或浸膏剂是指中药饮片采用适宜的溶剂提取有效成分，蒸发部分或全部溶剂，再调整至适宜浓度而得的制剂。其中，蒸发部分溶剂得到的液体制剂称为流浸膏剂；蒸发大部分或全部溶剂得到的半固体或固体制剂为浸膏剂。除另有规定外，流浸膏剂 1 mL 相当于原药材或饮片 1 g；浸膏剂 1 g 相当于原药材或饮片 2～5 g。浸膏剂又分为稠浸膏剂和干浸膏剂两种，稠浸膏剂呈半固体状，一般含水量为 15%～20%；干浸膏剂呈粉末状，含水量约为 5%，性质较为稳定，可长期贮存。

浸膏剂和流浸膏剂大多作为配制其他制剂的原料。流浸膏剂一般多用作配制酊剂、合剂、糖浆剂等的中间体，大多以不同浓度的乙醇为溶剂，少数以水为溶剂（其成品需加 20%～25% 的乙醇作为防腐剂）。浸膏剂一般多用作配制颗粒剂、片剂、胶囊剂、丸剂、散剂等的中间体。

（二）流浸膏剂与浸膏剂的制备

1.流浸膏剂的制备

除另有规定外，流浸膏常采用渗漉法制备，如当归流浸膏；也可以用浸膏剂稀释制成，如甘草流浸膏；或者用水提醇沉法制备，如益母草流浸膏。

2.浸膏剂的制备

浸膏剂常用煎煮法或渗漉法制备，全部煎煮液或渗漉液应低温浓缩至稠膏状，加入甘油或液状葡萄糖等稀释或继续浓缩至规定量。将稠膏采用适当的方法干燥，可得到干浸膏粉，再加入淀粉、乳糖、蔗糖等稀释剂调整至规定量。也可在稠膏中掺入适量药材细粉、淀粉等，稀释后再进行干燥。

（三）流浸膏剂与浸膏剂的质量控制与评价

根据《中国药典》（2020 年版）四部相关要求，检查甲醇量、乙醇量、装量以及微生物限度等，应符合规定。

（1）**性状**　浸膏剂外观应符合各品种项下规定。流浸膏剂外观应澄清，久置如产生沉淀，在乙醇量和有效成分含量符合各品种项下规定的情况下，可滤除沉淀。

（2）**甲醇量**　除另有规定外，含甲醇的流浸膏按照《中国药典》（2020 年版）四部中的甲醇量检查法检查，应符合规定。

（3）**乙醇量**　除另有规定外，含乙醇的流浸膏按照《中国药典》（2020 年版）四部中的乙醇量测定法测定，应符合各品种项下规定。

（4）**装量**　按照《中国药典》（2020 年版）四部通则中的最低装量检查法检查，应符合规定。

（5）**微生物限度**　按照《中国药典》（2020 年版）四部通则中的非无菌产品微生物限度检查法检查，应符合规定。

(四) 举例

例 17-5 浙贝流浸膏

【处方】浙贝母（粗粉）1000 g，70％乙醇适量。

【制法】取浙贝母 1000 g，粉碎成粗粉，以 70％乙醇为溶剂浸渍 18 h 后进行渗漉，收集初漉液 850 mL，继续渗漉一段时间，直至可溶性成分完全漉出，续漉液在 60 ℃以下浓缩至稠膏状，加入初漉液，混匀，再加 70％乙醇适量，稀释至总体积为 1000 mL，静置，滤过，即得。

【性状】本品为棕黄色至棕褐色的液体；味苦。

【贮藏】密封，阴凉干燥处贮藏。

例 17-6 大黄浸膏

【处方】大黄（粗粉）1000 g，60％乙醇适量。

【制法】取大黄（粗粉）1000 g，按浸膏剂制备项下的渗漉法，用 60％乙醇作溶剂，浸渍 12 h 后，以 1～3 mL/min 的速度缓慢渗漉，收集渗漉液约 8000 mL；或用 10000 mL 和 8000 mL 75％乙醇回流提取 2 次，每次提取 1 h，合并提取液。提取液滤过，滤液减压回收乙醇至稠膏状，低温条件下干燥，研细，过四号筛，即得大黄浸膏粉。

【性状】本品为棕色至棕褐色粉末；味苦，微涩。

【功能主治】刺激性泻药，苦味健胃药。用于便秘、食欲不振。

【用法用量】口服。一次 0.25～0.5 g，一日 0.5～1.5 g。

【贮藏】密封，干燥。

四、煎膏剂

(一) 煎膏剂的含义与特点

煎膏剂（concentrated decoctions）是指中药材或饮片加水煎煮，去渣，浓缩成清膏后加炼制的蜂蜜或糖制成的稠厚状半流体剂型。煎膏剂由浓缩药液制成，具有体积小、口感好、药物浓度高、稳定性佳和便于服用等优点。由于药效偏于滋补，治疗作用缓和，又称膏滋，常用于治疗慢性疾病。

(二) 煎膏剂的制备方法

1. 辅料选择与处理

(1) **蜂蜜** 煎膏剂所用的蜂蜜必须经过炼制处理，蜂蜜的选择与炼制详见本章第三节丸剂部分。

(2) **蔗糖** 除另有规定外，煎膏剂制备用的糖应使用《中国药典》（2020 年版）收载的蔗糖，不同品质的糖会影响煎膏剂的质量和功效。一般采用的糖有红糖、白糖、冰糖、饴糖等。红糖具有补血、驱寒、化瘀等作用，富有营养，适用于产妇、儿童、贫血患者。白糖性寒，有润肺生津的功效。冰糖系洁净型蔗糖，含水量较小。饴糖又称麦芽糖，为淀粉经大麦芽浆催化制成，含水分较多。由于有水分存在时糖类易发酵变质，因此需要炼糖。

2. 煎膏剂的制法

煎膏剂的制备工艺流程包括：煎煮，浓缩，炼糖、炼蜜，收膏，以及分装，如图 17-3 所示。

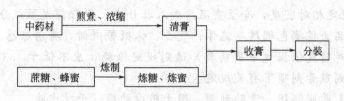

图 17-3 煎膏剂的制备工艺流程图

(1) 煎煮 根据处方中药物性质，将饮片粉碎后加水煎煮 2～3 次，每次 2～3 h，滤过，合并滤液，静置后再滤过取滤液。

(2) 浓缩 将上述滤液加热浓缩至规定的相对密度，或趁热蘸取浓缩液滴于桑皮纸上，以液滴周围无渗出水迹为度，得到清膏。

(3) 炼糖、炼蜜 根据药物的性质选择炼糖或炼蜜的类型。

(4) 收膏 取清膏加入定量炼糖或炼蜜，一般加入量不超过清膏的 3 倍。稠度增加可适当降低加热温度，收膏过程无须搅拌，一般控制相对密度在 1.4 左右，或出现"挂旗"（用细棒趁热挑起膏滋可似旗般挂上）、"打白丝"（取适量膏滋于食指拇指上共捻，能拉出 2 cm 左右白丝）现象。

(5) 分装 待煎膏剂冷至室温后分装，避免水蒸气回流至煎膏剂表面造成久贮腐败，常用干净大口容器盛装半流体状煎膏。

(三) 质量检查要求

按照《中国药典》（2020 年版）四部，检查煎膏剂的相对密度、不溶物、装量以及微生物限度等，应符合规定。

(1) 性状 煎膏剂应质地细腻，无焦臭味，无糖结晶析出，无霉变腐败现象。

(2) 相对密度 除另有规定外，取供试品适量，精密称定，加水约 2 倍量，精密称定，混匀作为供试品溶液。按照《中国药典》（2020 年版）相对密度测定法测定，实际生产中也可用波美计测定。凡加入饮片药粉的煎膏剂不检查相对密度。

(3) 不溶物 取供试品 5 g，加 200 mL 热水搅拌溶化，静置 3 min 后观察，不得有焦屑等异物。需要加入饮片药粉的煎膏剂需要在加入药粉前检查，检查合格后再加入药粉。

(4) 装量 按照《中国药典》（2020 年版）最低装量检测法检查，应符合规定。

(5) 微生物限度 按照《中国药典》（2020 年版）非无菌产品微生物限度检测法检查，应符合规定。

(四)举例

例 17-7 养阴清肺膏

【处方】地黄 100 g，麦冬 60 g，玄参 80 g，川贝母 40 g，白芍 40 g，牡丹皮 40 g，薄荷 25 g，甘草 20 g。

【制法】以上 8 味，川贝母以 70% 乙醇为溶剂，用渗漉法（慢渗）提取；牡丹皮和薄荷采用水蒸气蒸馏法提取；药渣与其余 5 味药加水煎煮 2 次，每次 2 h，合并煎液，滤过，滤液与川贝母提取液合并，浓缩至规定相对密度，加炼蜜 500 g，混匀，滤过液浓缩至规定相对密度，冷至室温后加入牡丹皮、薄荷挥发性成分混匀，即得。

【性状】本品为棕褐色稠厚半流体；气香，味微苦微甜，有清凉感。

【检查】相对密度依据《中国药典》通则规定检验，应不低于 1.37。其他应符合《中国药典》通则煎膏剂项下有关规定。

【功能主治】养阴润燥，清肺利咽。用于阴虚肺燥、干咳少痰。

【用法用量】口服，一次 10~20 mL，一日 2~3 次。

五、丸剂

(一)丸剂的含义与特点

丸剂（pills）是指药物与适宜的黏合剂以及其他辅料制成的球形或类球形固体制剂，为中药传统剂型之一。不同种类的丸剂可满足不同治疗需求，水丸取其易化，蜜丸取其缓化，糊丸取其迟化，蜡丸取其难化。中药丸剂的特点主要有以下几个方面。

① 传统丸剂作用迟缓，可用于慢性病治疗。与汤剂、散剂相比，水丸、蜜丸、糊丸、蜡丸等服用后在胃肠道溶散慢，药效缓和，作用持久，多用于治疗慢性病或久病体弱、病后气血亏虚者。

② 缓和或降低某些药物的毒副作用。某些刺激性、毒性药物可加入适宜赋形剂制成糊丸、蜡丸以延缓药物吸收，降低毒性和不良反应。

③ 减缓挥发性成分挥散损失或掩味。可将芳香性或有特殊不良气味药物泛制于丸剂中心层，减缓挥散或起到掩味的效果。

④ 某些新型丸剂可用于急救。苏冰滴丸、复方丹参滴丸、麝香保心丸等由于药物有效成分高度分散在水溶性基质中，故溶出快，起效快。

⑤ 丸剂不足之处：服用剂量大；小儿服用困难；原料多以原粉入药，易染微生物；水丸溶散时限难以控制等。

(二)丸剂的分类

1.按制备方法分类

根据制法分类，中药丸剂可分为泛制丸、塑制丸、滴制丸等。随着科学技术发展，应用了一些新设备和新辅料，出现了一些新的制丸方法，如压缩式制丸、层积式制丸、旋转式制丸、熔融法制丸、球形化制丸和液体介质中制丸等。

2.按赋形剂分类

根据丸剂所使用的赋形剂分类，中药丸剂可分为水丸、蜜丸、水蜜丸、糊丸、蜡丸、浓缩丸等。

（三）丸剂的辅料选择

1.黏合剂

丸剂常用的黏合剂包括蜂蜜、米糊或面糊、糖浆以及药材稠膏。

（1）蜂蜜　制备丸剂的蜂蜜应呈半透明、带光泽、浓稠、乳白色至淡黄色，室温相对密度不低于 1.349，还原糖不少于 64%，应不含淀粉、糊精，清洁无杂质。蜂蜜作为黏合剂时，一般需要进行炼制，即将生蜜加热熬炼至适宜程度。炼蜜的目的是除去杂质，降低水分含量以增加黏合性，破坏酶类，杀灭微生物等。根据处方中药性质不同，可将蜜炼制至不同程度使用，如嫩蜜、中蜜或老蜜。一般冬季多用嫩蜜，夏季多用老蜜。

（2）米糊或面糊　是指以黄米、糯米、黍米粉、小麦以及神曲等细粉制成的糊，其用量大约为药粉质量的 40%。制得的丸剂一般比较坚硬，在胃中释药缓慢，可延长药物在体内的滞留时间，防止药物的突释并减缓药物对胃肠道的刺激。

（3）糖浆　常用于制备丸剂的糖浆为蔗糖糖浆或液状葡萄糖，具有较强的黏性，同时还具有一定的还原性，适用于易氧化或黏性较小的药物粉末。

（4）药材稠膏　中药材或饮片的提取液浓缩后得到的稠膏大多具有较强的黏性，在丸剂的制备过程中也可作为黏合剂使用。

2.润湿剂或赋形剂

如果药物粉末自身具有较大的黏性，适当加入润湿剂可诱发其中黏性成分如黏液质、淀粉、胶质、糖等的黏性，从而不需要加入黏合剂即可制备成丸。

（1）水　水是最常用的润湿剂，一般采用蒸馏水、冷开水或去离子水。水本身无黏性，但可诱导某些中药成分（黏液质、胶质、糖、淀粉）产生黏性，利于泛制成丸。

（2）酒　常用黄酒（含乙醇 12%～15%）和白酒（含乙醇 50%～70%），酒有祛风散寒、活血通络之力，故活血类丸剂常用酒作赋形剂；含不同浓度乙醇的酒可以溶解药材中的树脂、油脂等成分而增加药物的黏性，还有助于生物碱、挥发油溶出从而提高疗效，酒润湿药物诱导产生黏性的能力较水弱，水泛丸黏性太强时可用酒代替（六神丸）；酒有一定防腐作用，且易挥发利于成品的干燥。

（3）醋　常用米醋（含乙酸 3%～5%），醋有理气止痛、行水消肿、解毒杀虫之功，可引药入肝，故散瘀止痛方多用醋作赋形剂。醋可与生物碱成盐，增加其溶解度而提高疗效。

（4）药汁　处方中若含有不易制粉或体积较大的药材，可制成液体作赋形剂，有利于减小剂量，保存药性。例如富含纤维药物、质地坚硬药物、树脂类、黏性大的药物、浸膏类、胶质类、可溶盐类以及液体药物等可取其煎汁或加水溶化后泛丸。另外，新鲜药物可捣碎榨汁或煎汁。

3.其他辅料

丸剂中通常还需加入少量的稀释剂或吸收剂，如处方中含有浸出物、挥发油等液体成分时，则需加入药物粉末或其他吸收剂。当丸剂的释放过于缓慢时，可加入适量的崩解剂如CMC、HPMC、MCC等，能加速丸剂的崩解和药物的溶出。

（四）丸剂的制备方法

1. 泛制法

是指在转动的适宜容器或机械中，将饮片细粉与赋形剂交替湿润、撒布，不断翻滚，逐渐增大的方法制备丸剂。例如水丸、水蜜丸、糊丸、浓缩丸等常用泛制法。其工艺流程见图17-4。

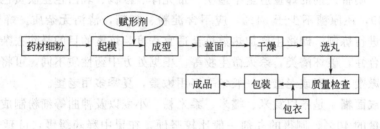

图 17-4 泛制法制丸的一般工艺流程图

2. 塑制法

塑制法制备的丸剂是指饮片细粉加适宜的黏合剂，混合均匀，制成软硬适宜、可塑性较大的丸块，再依次制丸条、分粒、搓圆而成的丸粒。塑制丸多用制丸机进行制备，例如制蜜丸、糊丸、蜡丸、浓缩丸、水蜜丸等。

3. 滴制法

是指中药或中药中提取的有效物质或化学成分与水溶性基质、非水溶性基质制成溶液或混悬液，滴入一种与之不相混溶的液体冷凝剂中，冷凝而制成丸粒的一种方法。滴丸的制备均采用滴制法。

（五）丸剂的质量要求

丸剂在生产与贮藏期间应符合下列相关规定。

（1）**外观性状**　除另有规定外，丸剂外观应圆整，大小、色泽应均匀，无粘连现象。

（2）**水分**　除另有规定外，蜜丸和浓缩蜜丸中所含水分不得过15.0%；水蜜丸和浓缩水蜜丸不得过12.0%；水丸、糊丸、浓缩水丸不得过9.0%。蜡丸不检查水分。

（3）**装量**　装量以重量标示的多剂量包装丸剂，照《中国药典》（2020年版）四部通则最低装量检查法（通则0942）检查，应符合规定。以丸数标示的多剂量包装丸剂，不检查装量。

（4）**溶散时限**　除另有规定外，取供试品6丸，选择适当孔径筛网的吊篮，照《中国药典》（2020年版）四部崩解时限检查法（通则0921）片剂项下的方法加挡板进行检查。小蜜丸、水蜜丸和水丸应在1 h内全部溶散；浓缩丸和糊丸应在2 h内全部溶散。滴丸剂不加挡板检查，应在30 min内全部溶散，包衣滴丸应在1 h内全部溶散。

（5）**微生物限度**　按照非无菌产品微生物限度检查，应符合项下规定。

（6）**贮存**　除另有规定外，丸剂应密封贮存，蜡丸应密封并置阴凉干燥处贮存。

（六）举例

例 17-8 西黄丸

【处方】牛黄或体外培育牛黄 15 g，麝香或人工麝香 15 g，醋乳香 550 g，醋没药 550 g。

【制法】以上四味，牛黄或体外培育牛黄、麝香或人工麝香研细，另取黄米 350 g，蒸熟烘干，与醋乳香、醋没药粉碎成细粉，过筛，再与牛黄或体外培育牛黄、麝香或人工麝香粉末配研，过筛，混匀，用水制丸，阴干，即得。

【性状】本品为棕褐色至黑褐色的糊丸；气芳香，味微苦。

【功能主治】清热解毒，消肿散结。用于热毒壅结所致的痈疽疔毒、瘰疬，流注，癌肿。

【用法用量】口服。一次 3 g，一日 2 次。

【贮藏】密封。

【质量检查】用 HPLC 法检查，本品 1 g 含牛黄或体外培育牛黄以胆红素（$C_{33}H_{36}N_4O_6$）计，不得少于 1.9 mg。

【注】孕妇禁服。每 20 丸重 1 g。

六、贴膏剂

贴膏剂（adhesive plasters）是指中药提取物、饮片细粉或化学药物与适量的基质和基材制成的膏状物，可供皮肤贴敷、产生局部或全身性作用的一类片状外用制剂。贴膏剂包括橡胶膏剂和凝胶膏剂（巴布膏剂）。

（一）橡胶膏剂

1. 橡胶膏剂的含义与特点

橡胶膏剂（rubber plasters）是指中药提取物或化学药物与橡胶等基质混匀后，涂布于背衬材料上制成的贴膏剂。橡胶膏剂分为不含药和含药两类。含药者常用于治疗风湿痛、跌打损伤等；不含药者可保护伤口，防止皮肤皲裂。其特点是黏着力强，可直接贴于皮肤，无须加热软化，使用携带方便，不污染衣物。但贴膏剂膏层薄，容纳药量小，维持功效时间短。

2. 橡胶膏剂的组成

橡胶膏剂主要由膏料层、背衬材料和膏面覆盖物三部分组成。

（1）膏料层　由药物和基质组成，为橡胶膏剂主要组成部分。其中，基质主要由橡胶、增黏剂、软化剂、填充剂等组成。

（2）背衬材料　一般用漂白纱布。

（3）膏面覆盖物　多用硬质纱布、塑料薄膜或玻璃纸等，以避免膏片互相黏着及防止挥发性成分的挥散。

3. 橡胶膏剂的制备方法

橡胶膏剂常用制备方法有溶剂法和热压法。

（1）溶剂法　溶剂法的制备工艺是指药料通过适当的有机溶剂和方法提取、滤过、浓缩后备用，再制备胶浆、涂布膏料、回收溶剂，最后用切割机切成适宜大小后包装。

（2）**热压法**　热压法是将胶片用处方中的油脂性药物等浸泡，待溶胀后再加入其他药物和立德粉或氧化锌、松香等，炼压均匀，涂膏盖衬。热压法不需汽油，无须回收装置，但成品欠光滑。

4. 质量检查与评价

（1）**外观性状**　膏面应光洁，色泽一致，厚薄均匀，无脱膏、失黏现象。背衬层应平整、洁净、无漏膏现象。涂布中使用有机溶剂的应当检查残留溶剂。

（2）**含膏量**　按《中国药典》（2020 年版）通则规定含膏量第一法检查。

（3）**耐热性试验**　按《中国药典》（2020 年版）通则规定耐热性检查方法检查。

（4）**黏附力**　除另有规定外，按《中国药典》（2020 年版）通则规定黏附力测定法（第二法）测定。

（5）**微生物限度**　除另有规定外，按《中国药典》（2020 年版）通则规定非无菌产品微生物限度检查微生物计数法和控制菌检查法及非无菌药品微生物限度标准检查，应符合规定。

5. 举例

例 17-9　消炎止痛膏

【处方】颠茄流浸膏 200 g，樟脑 80 g，冰片 100 g，薄荷脑 280 g，麝香草酚 68 g，盐酸苯海拉明 16 g，水杨酸甲酯 60 g，桉油 40 g。

【制法】以上八味，混匀；另取橡胶 820 g，氧化锌 960 g，松香 600 g，羊毛脂 100 g，制成基质，再加入上述颠茄流浸膏与樟脑等八味，搅匀，制成涂料，进行涂膏，切段，盖衬，切成小块，即得。

【性状】本品为淡黄色的片状橡胶膏；气芳香。

【功能主治】消炎，活血，镇痛。用于神经性疼痛，关节痛，头痛等。

【用法用量】外用，贴于患处。一次 1～2 片，一日 1～2 次。

（二）凝胶膏剂

1. 凝胶膏剂的含义与特点

凝胶膏剂（gel plasters）又称巴布膏剂，是指中药提取物、饮片细粉或化学药物与适宜的亲水性基质混匀后，涂布于背衬材料上制成的贴膏剂。

凝胶膏剂与橡胶膏剂、膏药均属于硬膏剂，与它们相比，凝胶膏剂具有以下特点：①载药量大，尤其适用于中药浸膏；②与皮肤生物相容性好，透气，耐汗，无致敏性，无刺激性；③释药性能佳，能提高皮肤角质层水化作用，有利于透皮吸收；④采用透皮吸收控释作用，使血药浓度平稳，药效持久；⑤使用方便，不污染衣服，易洗除，反复揭贴仍能保持黏性。

2. 凝胶膏剂的组成

凝胶膏剂主要由背衬层、防黏层和膏体三部分组成。

（1）**膏体**　为凝胶剂的主要部分，由基质和药物组成，应有适当的黏度，能与皮肤紧密接触以发挥治疗作用。基质材料应该不影响主药稳定性，不产生副反应，有适当的黏性和弹性，具有一定的稳定性和保湿性，无刺激性。基质主要由黏合剂、保湿剂、填充剂、渗透促进剂、附加剂等其他附加剂组成。

（2）背衬层 为基质的载体，常用无纺布、棉布等。

（3）防黏层 起保护膏体的作用，常用聚丙烯、聚乙烯、聚酯薄膜、玻璃纸、硬质纱布等。

3.凝胶膏剂的制备方法

根据凝胶膏剂主药与基质原料的类型的不同，其制备流程也有差异。其流程一般是先制备基质，与药物混匀、压合、涂布，压合防黏层，再切割和包装。

4.质量检查与评价

（1）外观性状 膏面应光洁、色泽一致、厚薄均匀，无脱膏、失黏现象。背衬层应平整、洁净、无漏膏现象。涂布中使用有机溶剂的应当检查残留溶剂。

（2）含膏量 按《中国药典》（2020 年版）通则规定含膏量第一法检查。

（3）黏附力 除另有规定外，按《中国药典》（2020 年版）通则规定黏附力测定法（第一法）测定。

（4）其他 凝胶膏剂应进行赋形性试验。重量差异、微生物限度等测定均应符合《中国药典》规定。

5.举例

例 17-10 川芎凝胶膏剂

【处方】甘羟铝 4 g，NP-700（黏合剂，亲水性高分子辅料）55 g，甘油 350 g，酒石酸 2 g，川芎提取液 200 g。

【制法】将甘羟铝和 NP-700 混匀，向混合物中缓缓加入甘油并不断搅拌，得到 A 相备用。将浓缩后的川芎提取液加入酒石酸水溶液中，混合均匀，倒入 A 相，快速搅拌，交联后将其涂布于无纺布上，即得。

【功能主治】止痛，缓解关节炎疼痛。

【用法用量】外用贴敷。

（冯年平）

思考题

1.简述中药制剂的特点及其与化药制剂的区别。

2.简述中药制剂的分类方法及其具体类型。

3.比较分析中药制剂前处理的各种方法及其特点。

4.酒剂与酊剂有哪些区别？

5.简述流浸膏剂与浸膏剂的含义、特点以及常用的制备方法。

6.简述丸剂的分类、常用的辅料和制备方法。

7.简述中药贴膏剂的类型与特点。

参考文献

[1]　国家药典委员会.中华人民共和国药典2020年版［M］.北京：中国医药科技出版社，2020.

[2]　冯年平.中药药剂学［M］.北京：科学出版社，2017.

[3]　周建平，唐星.工业药剂学［M］.北京：人民卫生出版社，2014.

[4]　胡容峰.工业药剂学［M］.北京：中国中医药出版社，2010.

[5]　潘卫三.工业药剂学［M］.3版.北京：中国医药科技出版社，2015.

第十八章

药物制剂的工业化生产管理

本章学习要求

1. 掌握药物制剂工业化生产管理的内容和方向。
2. 熟悉药物制剂工业化生产管理的关键对象、核心任务和流程。
3. 了解药物制剂工业化生产管理的发展趋势和目标。

第一节 概 述

当代的药物制剂工业化生产按照药物的主要活性成分可以分为：①小分子的药物制剂，主要以单一或多组分的化学分子实体为主的化学药品；②大分子或具有生物活性组分的药物制剂，主要为抗毒素及抗血清、血液制品、细胞因子、生长因子和酶等生物活性制剂，毒素、抗原、变态反应原、单克隆抗体、抗原抗体复合物、免疫调节剂及微生态制剂等，以及从动物的器官、组织、体液、分泌物中经前处理、提取、分离、纯化等制得的蛋白质、多肽、氨基酸及其衍生物、多糖、核苷酸及其衍生物、脂、酶及辅酶等生化药品。

药物制剂的工业化生产包含两个阶段。第一个阶段：药物制剂商业化生产上市前，药物制剂处方研究和工艺开发的可行性研究及验证配套的工业化生产。第二个阶段：药物制剂商业化生产上市后的工业化生产。在未确立科学合理的制剂处方（配方）和开发出安全稳定经济的生产工艺前，工业化生产通过小试和中试生产设备（或者商业化生产设备）进行小批量生产，将生产的药品用于临床研究，用以确立其安全性和有效性，不具备满足大范围市场和适应证治疗的质量和产量的需求。

药物制剂的工业化生产建立在科学合理处方剂型和稳定可靠的生产工艺基础上，经过临床阶段的产品和技术转移（中试至商业化生产）的验证后，才进入到正式的工业化生产（商业化生产）。无论固体制剂、液体制剂或是外用制剂，化学药物制剂的工业化生产的生命周期始于药物活性成分的投料，而生物技术药物制剂的工业化生产的生命周期多开始于由菌体、病毒、细胞和组织等获得的原液。

药物制剂的工业化生产不论是在临床试验阶段，还是商业化阶段，均需遵循各个国家或地区的药品生产质量管理规范（GMP），例如：在美国本土上市或者出口到美国的药品就需遵循美国的 21 CFR Part 210 & 211，在欧盟范围内的成员国其药品就需遵循 EudraLex - Volume 4 -Good Manufacturing Practice Guidelines，在我国生产和销售的药物制剂需要遵循国家药品监督管理局（NMPA）的《药品生产质量管理规范》（2010 年修订）及其对应药品分类的附录。此外，还有众多的国际非政府非营利性组织的指导原则，例如：全球公认的国际人用药品注册技术协调理事会（ICH）的指南 Q7 Good Manufacturing Practice，以及药品检查协作组织 PIC/S（the Pharmaceutical Inspection Convention and the Pharmaceutical Inspection Cooperation Scheme）的指南 PIC/S GMP Guide（Introduction，Part Ⅰ，Part Ⅱ and Annexes）。

一、药物制剂的生命周期

工业药剂学的任务之一是将药物制剂在工业生产中的理论、技术和工艺运用到实际生产中，批量生产出质量稳定均一、具有安全性和有效性并满足治疗或预防需求的医药产品。由制剂起始物料的选择到药品（drug products，DP）的检测放行，中间过程的剂型研究和改进，处方和生产工艺的开发与优化，中试工艺到商业化生产的技术转移，商业化生产到临床用药，最后到产品适应证的变化和退市停产，每个环节的输出成果决定了下一阶段的输入及启动能否顺利进行和展开（图 18-1）。

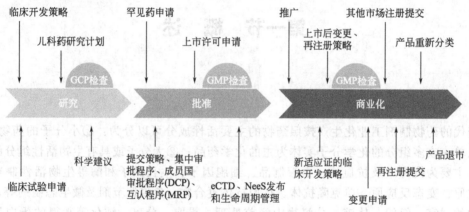

图 18-1　药物制剂的生命周期
eCTD—药品电子通用技术文档；NeeS—非电子通用技术文档

工业药剂学在剂型研究阶段的主要工作之一是选择合适的起始物料，结合已确立的给药途径和剂型，采用质量源于设计（QbD）的理念确立影响药品关键质量属性（critical quality attributes，CQA）的机制或者机理，将影响产品 CQA 的因素通过处方的物料配比和合理的生产工艺设备及其系统控制，为处方和生产工艺的设计和开发确立输入条件；在临床前、临床Ⅰ期和临床Ⅱ期分别通过动物试验和人体试验确立安全有效的剂量和剂型，确立了计划用于商业化生产的剂量和剂型后就申请进入临床Ⅲ期，进行大规模的多中心多人群的治疗/预防作用确证验证阶段，获取更丰富的药物安全性和疗效方面的资料，对药物的获益/风险进行评估，为产品获批上市提供支撑。

在进行临床Ⅲ期试验的过程中如果该产品在已有生产线上生产，可在临床Ⅲ期试验结束前进行产品技术转移，对已有生产线及其生产质量管理体系进行差距分析，根据差距分析的结果进行整改，以满足计划转移的产品的生产和合规需求，整改完成后实施正式的技术转移（生产工艺转移和分析方法转移）后的试生产和验证活动，以证明已有生产线的生产能力和性能满足此产品的商业化生产和合规性需求。对于计划新建生产线的商业化项目，就需根据产品的生产规模、批量和产量，以及产品的性质特点筹建新的生产车间或工厂，在完成生产车间或工厂配套的厂房设施、公用工程系统等，以及生产工艺设备确认，包含分析检测仪器的确认和分析方法转移的确认后，实施试生产、工艺验证和产品验证活动，以确保新建生产车间或工厂满足产品的商业化生产工艺和合规性要求，并且工艺验证批的产品稳定性实验符合既定的质量标准（根据药品分类和剂型需完成3～6个月的稳定性实验，并且有合格的结果）。完成以上的商业化生产上市申请前的活动后就可向药监部门提出药品上市申请，通过药监部门的药品审评和现场检查，并获得药监部门的上市许可后，即可正式开展药物制剂的商业化生产。

随着药物制剂原辅料供应链的变化，医药行业监管法规的更新，上市后临床Ⅳ期药物不良反应和事件数据的积累，生产制造技术水平的提升，或者行业竞争和环保要求的提高，还需根据生产过程和临床用药累积的数据进行药物制剂处方的优化或者生产工艺的优化，开发和验证更多的适应证范围，以降低药物制剂中的不明或有害组分的含量，提高药品的纯度，提高商业化生产的效率，降低药品的各项成本，对于重大药品处方或生产工艺的变更再次进行验证和提交注册变更申请，待药监机构对于药品审评和生产现场检查通过后，拿到补充申请批件后实施处方变更或生产工艺变更，才能按批准变更后的处方或生产工艺，进行商业化生产。

二、药物制剂工艺放大与技术转移

药物制剂的工艺放大是工艺研究的重要内容，是实验室制备技术向工业化生产转移的必要阶段，是药品工业化生产的重要基础，同时也是制剂工艺进一步完善和优化的过程。由于实验室制剂设备、操作条件等与工业化生产的差别，实验室建立的制剂工艺在工业化生产中常常会遇到问题，如胶囊剂工业化生产采用的高速填装设备与实验室设备不一致，实验室确定的处方颗粒的流动性可能并不完全适合商业化生产的需要，可能导致重量差异变大；对于缓释、控释等新剂型，工艺放大研究尤为重要。

工艺放大环节研究重点主要有两方面：一是考察生产过程的主要环节，进一步优化工艺条件；二是确定适合工业化生产的设备和生产方法，保证工艺放大后产品的质量和重现性。研究中需要注意对数据的翔实记录和积累，发现前期研究建立的制备工艺与工业生产工艺之间的差别，包括生产设备方面（设计原理及操作原理）存在的差别。如这些差别可能影响制剂的性能，则需要考虑进行进一步的研究或改进。

对于已经完成工艺放大的药物制剂工业化生产，仍然需要根据多批量累积的数据进行工艺优化。工艺优化是指根据经验对工艺过程性能进行检验，也就是以经验为基础选择一系列参数（例如三种不同的混合时间），然后筛选出具有最佳结果的参数值，而这种选择并不是统计学分析的结果。参照工艺路线开发阶段进行放大，通过大型设备实现处方量的放大生产，如果这种条件下制造的产品经过验证是合格的，就可以认为比例具有等价性。并且当所制备的大批量药品符合技术指标时，我们还能确定整个生产过程是可控的。

技术转移活动的目标是在研发和生产之间，以及在生产场地内或之间转移产品和工艺知识，以实现产品商业化生产。这些知识构成了生产过程、控制策略、工艺验证方法和持续改进的基础。如果接收方能够通过合格的工艺持续生产产品/物料,并通过对产品/物料的工艺过程监测和生产产品/物料的分析检测证明产品/物料很好保持了质量属性,则认为技术转移是成功的。成功的技术转移是药物制剂商业化生产的起点,将工艺数据、产品质量数据(原始数据或 PAT 生成数据)与历史数据进行可比性研究,如果各个工艺特性表征数据一致,趋势相同,符合既定转移的质量标准,则表明工艺过程控制策略可行;产品关键质量属性指标稳定,则表明产品或者工艺的技术转移在工业化生产方面可行。同时产品或工艺的技术转移符合接收方的生产安全、环保和职业健康的管理目标,这样产品或工艺的技术转移工业化生产的可行性的基本条件和要素就具备了。

规范化的技术转移,转出方和接收方都应在公司内部建立相关管理规程,形成技术转移管理体系,用来指导具体的技术转移活动。转出方和接收方均需成立技术转移小组,而双方的技术转移小组协作运行,共同组成技术转移的整体项目组。

技术转移项目组需要对技术转移以及相关内容的所有细节进行考虑,编写技术转移方案。技术转移方案是转出方和接收方双方统一认知、统一管理思路的关键性文件,是在技术转移管理体系基础上做出的更具体、更具备可操作性的纲领性文件。此纲领性文件明确了转出方和接收方双方的职责划分和界面,同时明确了技术转移的成功标准。技术转移方案同时也给出了技术转移的工作路径和工作步骤,转出方和接收方双方应基于该方案开展后续所有工作。

基于技术转移方案,转出方应编写(或整理)技术转移资料包,为技术转移做好准备。同时,转出方应基于待转移产品的生产工艺状况和接收方所做出的各项准备(包括生产设施等硬件,同时也包括公司管理状况等软件情况等)做出分析(风险评估),评估本次技术转移工作准备的充分程度,以便决策是否进行技术转移,或选择合适的时机启动技术转移。

接收方收到转出方提供的文件资料信息(全部或部分),应基于此文件资料的要求和公司现状(包括生产设施等硬件,同时也包括公司管理状况等软件情况等)开展差距分析,识别不利于成功技术转移的各项风险,并提出补充性风险控制措施,为技术转移做好准备。

转出方和接收方在完成相应准备工作后,开展具体的技术转移。通常分析方法的转移要早于生产工艺,成功转移分析方法是后续开展生产工艺转移的基础。在技术转移开展过程中,需要对具体的分析方法和生产工艺进行风险评估,识别其中的风险点,并采取相应的措施以实现风险管控,提升技术转移成功率。针对转移而来的分析方法和生产工艺,应通过工艺(程序)验证的方法,证实其可靠性和稳定性。

在技术转移执行完毕后,应编写技术转移报告,对整个技术转移工作进行总结。在技术转移报告中,应对技术转移的过程和结果进行整体回顾分析,并做出成功技术转移的结论。同时,报告也应指出遗留的尾项活动,为后续改进做出指引。

三、药物制剂商业化项目建设过程

药物制剂由中试车间或者实验室进入商业化生产,走向市场,一般需要进行商业化项目建设这个过程。当代的药物制剂商业化生产无论是采用上市许可制度(MAH)下的 CMO 形式,或是采用自建生产线,或生产车间实现商业化改造,这些仅是项目的物质表现形式。药物制剂商业化项目还涉及药物制剂的原料药、辅料、包装材料,生产相关的制药机械装备的市场供给和配套,以及从事该类药物制剂产业的专业生产、管理和营销类人才。

影响药物制剂商业化的要素有生产要素、市场需求条件、医药产业相关支持性产业、医药企业同业竞争,以及政府行为和环境保护。其中,生产要素主要由自然资源、人力资源、知识资源、资本资源和基础设施构成;市场需求条件主要受社会老龄化程度和医疗保险影响。

药物制剂商业化项目在建设论证和规划阶段，就需要调研满足商业化生产的生产资料的来源和产地，以保证这些生产资料的稳定供给和成本可控；通过调研多个满足生产资料供给的地区的环境保护和招商引资及税收政策，确保药物制剂商业化项目投产后满足当地的环保要求，同时又可以享受当地的政策优惠，有利于提高药物制剂商业化项目的商业利润。

当药物制剂商业化项目经过充分的调研和可行性研究论证，确立了建设目标、市场预测、资源条件评价、建设地址、建设规模、产品方案、工艺设备方案、工程技术方案、总图运输、环评/安评/卫评、组织机构与人力资源配置、项目进度、投资估算、融资方案、财务评价、社会评价和风险分析后，就可以进行项目建设的决策。

完成项目可行性研究后，药物制剂商业化项目的建设过程主要包括以下环节：

(1) **项目的概念开发阶段**　这个阶段主要进行以下的活动：任命项目经理，编制项目概念大纲、项目需求调研和编制用户需求说明，进行项目概念方案比选分析，建立项目可交付物清单，建设能力评估，制定采购策略，确定投资估算。

(2) **项目规划阶段**　这个阶段主要进行以下的活动：定义项目范围，组建项目团队，沟通项目计划，定义项目设计管理策略，定义项目工程技术策略，制定采购计划，制定建造计划，定义项目测试策略，定义项目开车策略，定义项目竣工和移交策略，进行概念或方案设计，定义项目进度计划，进行项目控制性概算编制。

(3) **项目设计阶段**　这个阶段主要进行以下的活动：开发项目范围的定义，进行初步设计（或基础设计）和施工图设计（也称详细设计），规划项目风险管理。

(4) **项目实施阶段**　这个阶段主要进行以下的活动：进行供应商资格预审，发布招标邀请书和招标文件，筛选应标供应商，进行技术和商务采购合同谈判，授予合同和签订合同，供货跟踪和检验，建造和安装，制定测试进度计划，执行调试确认和培训。

(5) **项目竣工阶段**　这个阶段主要进行以下的活动：进行项目验收和移交，进行项目合同收尾，进行项目财务和行政收尾，进行项目评价。

(6) **项目试产和验证阶段**　这个阶段主要进行以下的活动：产品由中试生产或临床生产向商业化生产进行技术转移，进行分析方法验证、工艺验证、产品性能验证（稳定性试验）。

四、药物制剂工业化生产管理的依据和内容

药物制剂的工业化生产均在制剂工厂中大批量生产，因此，根据药物制剂的目标市场，在进行项目的规划和建设时就需要明确未来上市后使用要求和药政机构的监管要求。药物制剂工业化生产的工厂需要依据目标上市各个国家或地区的现行 GMP 建立自己的生产和质量管理体系，利用体系中的原则、方针、制度、标准、方案、计划和程序进行工业化的生产管理，达到降低污染和交叉污染，以及避免差错和混淆的风险，生产出安全、有效和质量稳定一致的药物制剂产品。

第二节　药物制剂工业化生产设计概述

药品剂型和种类较多，分类方法也各不相同。对于药物制剂工业化设计而言，着重考虑

的是产品的特性、产品的交叉污染及其造成的危害程度。从产品的种类和性质来讲，制剂产品（相对应生产车间或生产线）可分为青霉素类、头孢类、激素类、抗肿瘤细胞毒性类、生物制品、放射性药品等较为特殊类别的产品和普通类产品。以上分类方法并非严格意义上按产品性质的分类，而是特殊类产品相互之间或者对其他普通产品可能产生的污染有时会造成严重的危害，因此 GMP 对各类产品的生产设计提出了相应的不同要求。

另外，制剂产品还有其他分类方式，如按剂型可分为片剂、（软、硬）胶囊、颗粒剂、口服液、软膏剂、喷雾剂、栓剂、洗剂、滴眼剂、小容量注射剂、大容量注射剂、冻干粉针剂、无菌粉针剂等，药物制剂工业化设计要考虑各种剂型的生产工艺及其特点，对于制剂工厂（车间）设计而言，产品的生产班次安排对产品生产产能设计规模、工程投资影响较大，应根据生产要求、习惯和生产工艺充分论证后确定。

药物制剂工厂的选址、设计必须符合药品生产要求，应当能够最大限度地避免污染、交叉污染、混淆和差错，便于清洁、操作和维护。

一、药物制剂工厂选址与总平面布置设计原则

药物制剂工厂选址是指在拟建的多个地址中确定建设项目坐落的位置的过程，是药物制剂工厂建设的一个重要环节，选择的优劣对工厂的设计建设进度、投资金额、产品质量、经济效益以及社会效益等方面具有重大影响。

GMP 中对工厂选址有明确规定。目前，我国药物制剂工厂的选址工作大多采取由建设单位提出、设计部门参加、政府主管部门审批的组织形式进行。

对于药物制剂工厂选址，应考虑以下各项因素：

(1) GMP 对工厂所在地环境的要求　药物制剂生产企业的外部环境应当能够最大限度地降低物料或产品遭受污染的风险。药物制剂工厂宜选在大气条件良好、空气污染少的区域，避开闹市、化工区、风沙区、铁路和公路主干道等污染较多的位置。

(2) 供水、电、热、燃气、通信　应考虑工厂所在地供水、电、热、燃气、通信是否满足使用要求。

(3) 交通运输　药物制剂工厂宜建在交通运输便捷的地区，厂址周围已建成或即将建成市政道路，消防车进入厂区的道路不宜少于两条。

(4) 自然条件　自然条件包括气象、水文、地质、地形，主要考虑药物制剂工厂所在地的气候特征（如气温、降水量、汛期、风向、雷暴雨、灾害天气等）是否有利于减少基建投资和日常操作费用。

(5) 区域规划要求　药物制剂工厂建设符合工厂所在地城市发展的近、远期发展规划，节约用地，但能留有发展的余地。应注意当地的区域环境评价，需要对工厂投产后给环境可能造成的影响做出预评估，并得到当地环保部门认可。

对于药物制剂工厂的总平面布置，根据 GMP 的要求，应当有整洁的生产环境；厂区的地面、路面及运输等不应当对药品的生产造成污染；生产、行政、生活和辅助区的总体布局应当合理，不得互相妨碍；厂区和厂房内的人、物流走向应当合理。具体需要考虑生产、环保安全卫生节能、用地规划等方面的要求。

(1) 生产要求　总体布局应合理功能分区和避免污染。药物制剂工厂一般包含：制剂生产车间，辅助生产车间（机修、仪表、动物房等）；仓库（原料、辅料、包装材料、成品等）；公用工程（变电、水塔、锅炉、冷冻水、压缩空气、冷却水、消防泵等）；环保设施（污水处理、废气处理等）；全厂性管理和生活设施（行政办公、质检化验、研发、食堂等）。

在总平面布置设计时，应按照上述各功能区（划分为生产区、辅助生产区、行政区和生活区）进行分区布置。从整体上做到功能分区布置合理，相互又便于联系。执行人、物分流原则，在厂区设置人流入口和物流入口。人流与物流的方向尽量进行反向布置，并将物流出入口与工厂主要人流出入口分开，以消除彼此的交叉。车间物流出入口与门厅分开，避免与人流交叉。在防止污染的前提下，应使人流和物流的交通路线尽可能短捷，避免交叉和重叠。

具体应考虑以下原则和要求：

① 一般在厂区中心布置主要生产区，将仓库、公用工程等辅助生产区布置在它的附近。

② 生产性质相类似、生产联系较密切或工艺流程相联系的车间要靠近或集中布置。

③ 生产厂房应考虑工艺特点和生产时的交叉感染。例如高活性类生产厂房的设置应考虑防止与其他产品的交叉污染。

④ 仓库、堆场等布置在邻近生产区的货运出入口及主干道附近，并使厂区内运输路线短捷。

⑤ 质控实验室区域通常应与生产区分开，避免相互之间产生不利影响。

(2) 环保安全卫生节能要求

① 总平面布置时，应将卫生要求相似的车间靠近布置，可能产生烟尘、异味（锅炉房、动物房）的设施布置在厂区边沿地带以及生活区的全年主导风向的下风向。全厂性管理和生活设施（行政办公、质检化验、研发、食堂等）布置在厂前区，并处于全年主导风向的上风侧或全年最小频率风向的下风侧。

② 对于药物制剂工厂生产可能使用的有机溶剂、天然气等易燃易爆危险品，总平面布置应充分考虑安全间距，严格遵守消防、安全卫生等规范和标准的有关规定，重点是防止火灾和爆炸事故的发生。

③ 负荷中心或负荷量大的车间靠近水、电、汽、冷等动力供应源；有流顺和短捷的生产作业线，使各种物料的输送距离短，减少介质输送距离和耗损；原材料、半成品存放区与生产区的距离要尽量缩短，以减少途中污染，提高工厂运行效率，节省能源。

④ 危险品库应布置在厂区的安全地带。动物房应布置在相对僻静处。

(3) 用地规划要求 土地作为稀缺资源，随着经济的发展，节约建设用地已经成为规划的重要要求。提高建筑系数、土地利用系数及容积率，厂房集中布置或车间合并是有效措施之一。目前国内不少药物制剂工厂都采用组合式厂房布置，这种布局方式能满足生产并缩短生产工序的路线，方便管理和提高工效，同时节约用地，并能将零星的间隙绿地合并成较大面积的集中绿化区。

如生产性质相近的水针车间及大输液车间，对洁净、卫生、消防要求相近，可合并在一座楼房内分层（区）生产；片剂、胶囊剂、颗粒剂等固体制剂加工有相近的工艺过程，可按中药、西药类别合并在一个生产区生产。

设置多层建筑厂房是提高容积率的主要途径。一般可以根据药品生产性质和使用功能，将生产车间组成综合制剂厂房，并按产品特性进行合理分区。如非必要，多层厂房建筑总高度不宜超过 24 m。

药物制剂工业化生产工厂总平面布置图示例详见图 18-2。

二、药物制剂工业化生产工艺流程设计原则

药物制剂工业化生产工艺流程设计是工厂设计的核心，通过工艺流程设计，为工程设计的其他专业输入所必需的设计条件。通过工艺物料平衡计算，为工艺设备的选型及数量提供依据，为生产车间工艺平面布局及配套的洁净空调设计提供输入的基本条件。通过工艺及设

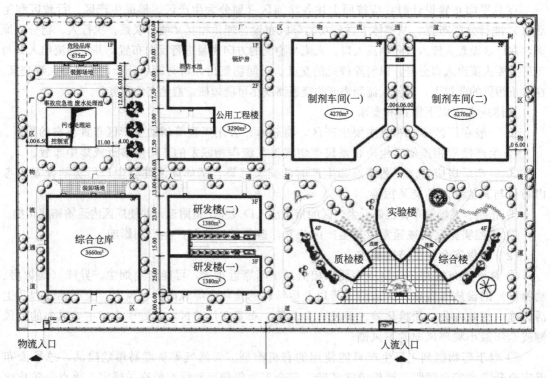

图 18-2 药物制剂工业化生产工厂总平面布置图示例

备能量平衡计算，为配套所需的各类公用工程提供输入条件，包括需要的工艺用水、纯化水、注射用水、供电、蒸汽、冷冻水、冷却水、压缩空气等的使用量及使用参数要求等。

药物制剂工业化生产工艺流程设计通常要遵循以下原则：

①满足 GMP 要求，按工艺流程合理布置，避免生产流程的迂回、往返和人流与物流交叉；②保证产品质量符合规定的标准；③选用成熟、先进的技术和设备；④优化工程设计，减少"三废"排放量，确保安全生产，采用节能技术及方案；⑤生产操作易于控制，具有在各种条件下能够正常操作的能力；⑥具有良好的经济效益。

三、药物制剂工业化生产车间布局设计

药物制剂工业化生产车间可以是单层大跨度轻钢结构厂房，其优点是：大跨度的厂房，减少结构柱，有利于按区域概念分隔厂房，分隔房间灵活、紧凑、节省面积，便于以后工艺变更、更新设备或进一步扩大产量；车间可按工艺流程布置得合理紧凑，生产过程中交叉污染、混杂的机会也少；投资省，上马快；设备安装方便；物料、半成品及成品的输送，有条件采用机械化输送，便于生产车间与仓库之间的自动化输送，有利于人流、物流的控制，便于安全疏散等。缺点是此方案占地面积大，土地利用率不高，规划指标可能不达标。

多层厂房是药物制剂工业化生产车间的另外一种形式。目前以矩形或方形厂房为生产厂房的主要形式。这种多层厂房具有占地少，对剂型较多的车间可减少相互干扰，物料利用位差较易输送等优点。多层厂房的主要缺点是：平面布置上需增加水平联系走廊及垂直运输电梯、楼梯等；层间运输不便，运输通道位置制约各层合理布置；在疏散、消防及工艺调整等方面受到约束。

药物制剂工业化生产车间布局设计遵循以下基本原则：①车间应按工艺流程合理布局，有利于生产操作、维修及设施安装，并能保证对生产过程进行有效的管理，生产出合格产

品。②车间布置要防止人流、物流之间的混杂和交叉污染，要防止原材料、中间体、半成品的交叉污染和混杂。做到人流、物流合理，无关人员和物料不得通过生产区。③洁净要求应与所实施的操作相一致，并有合适的洁净分区。洁净度高的工序应布置在室内的上风侧，易造成污染的设备应靠近回风口。洁净级别相同的房间尽可能地布置在一起。④相互联系的洁净级别不同的房间之间要有防污染措施，如物净间与洁净室之间应设置必要的气闸（或缓冲间）、传递窗（柜），用于传递原辅料、包装材料和其他物品。⑤在布置上要有与产品生产工艺和洁净级别相适应的人员净化用室，如换鞋、更衣、缓冲等人身净化设施。⑥车间的设备、管线布置，要从防止产品污染方面考虑。应有与生产规模相适应的面积和空间，满足生产要求的同时，有利于清洁和维护。

（一）口服制剂的生产车间布局

1.口服固体制剂车间

对于口服固体制剂车间，一般可以同时兼顾片剂、胶囊、颗粒剂的生产。目前全世界最先进的口服固体制剂车间已经实现了全自动化生产，国内主流设备以及工艺流程，仍是以单机设备的单元操作组合的工艺流程为主。考虑大规模生产以及密闭操作的需要，口服固体制剂车间可以按流程设计成多层厂房，例如可以考虑设计成三层厂房的车间，在第三层设计成原辅料预处理、制粒总混生产操作区，可以包括粉碎、过筛、制粒、总混等工序；在第二层设计为成型生产操作区，可以包括压片、包衣、胶囊填充等工序；在第一层设计成内外包装生产操作区，可以包括内包装、外包装等工序。内包装可以是铝塑包装、双铝包装、瓶包装等包装形式，内外包装生产的发展趋势是自动化联动生产线。原辅料从三层、二层、一层依次而下制成产品，方便大规模生产的固体物料垂直密闭转运。

对于生产规模不太大的口服固体制剂车间，大多设计为同层布局，固体物料通过操作人员在各工序之间人工转运。同层布置的口服固体制剂车间示例详见图18-3。

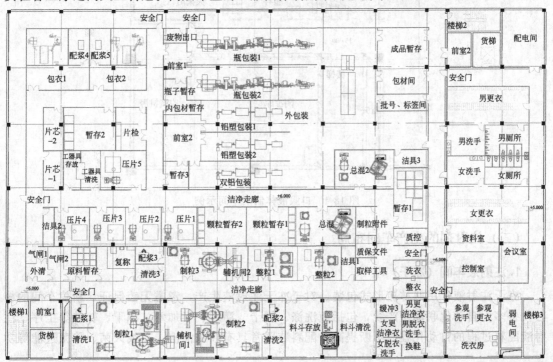

图 18-3　口服固体制剂车间示例

2. 口服液体制剂车间

对于口服液体制剂，包装材料以玻璃瓶为多，近年来塑料等材料的包装形式也不断出现。玻璃瓶的口服液体制剂生产的核心设备一般为自动化联动生产线，包括瓶洗涤、烘干、灌装、轧盖、灭菌等工序，口服液配料过程的自动化程度也日益提高，配料装置常具有在线清洗等功能。口服液体制剂车间示例详见图18-4。

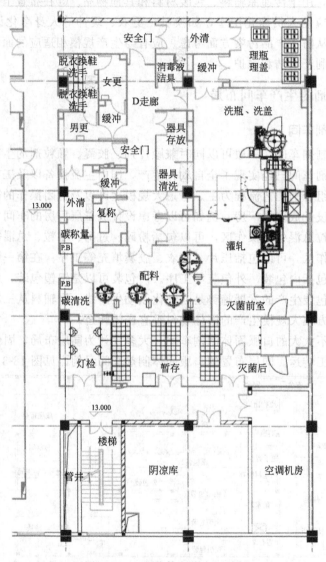

图 18-4　口服液体制剂车间示例

（二）注射剂的生产车间布局

1. 注射液车间（冻干）

冻干注射液常用西林瓶形式包装。对于冻干注射液生产，考虑无菌保证，新建车间的核心设备多为自动化联动生产线，包括瓶洗涤、烘干、灌装、半加塞、冻干、轧盖等工序，注射液配料过程的自动化程度不断提高，配料装置常具有在线清洗、在线灭菌、除菌过滤等功能。冻干注射液车间示例详见图 18-5。

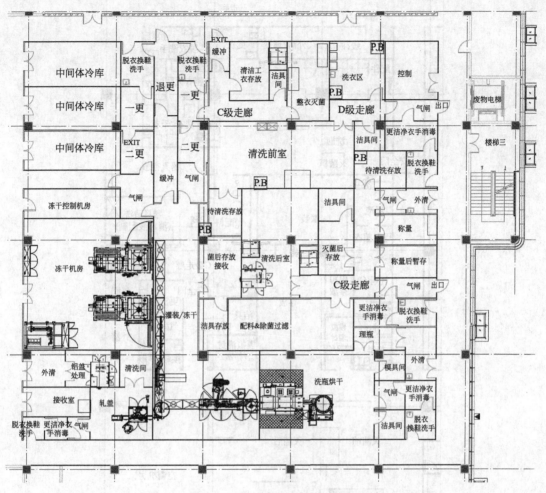

图 18-5　冻干注射液车间示例

2.注射液车间（水针）

水针注射液常用西林瓶形式包装，也有用安瓿瓶封装的。对于水针注射液生产，核心设备多为自动化联动生产线，西林瓶包装的生产主要包括瓶洗涤、烘干、灌装、加塞、轧盖等工序；安瓿瓶包装的生产主要包括瓶洗涤、烘干、灌装、封口、灭菌等工序。注射液配料过程的自动化程度不断提高，配料装置常具有在线清洗、在线灭菌、除菌过滤等功能。水针注射液车间示例详见图 18-6。

3.注射用大输液车间

注射用大输液包装形式多样，传统的玻璃瓶包装大输液产品已经越来越少，新建车间多采用塑料瓶或塑料复合袋形式包装。对于注射用大输液生产，核心设备多为自动化联动生产线，玻璃瓶包装的自动化联动生产线主要包括瓶洗涤、灌装、压塞、轧盖等工序；塑料瓶（袋）包装的自动化联动生产线主要包括制瓶（袋）、灌装、封口、灭菌等工序，注射用大输液配料过程的自动化程度一般都比较高，配料装置常具有在线清洗、在线灭菌等功能。注射用大输液车间示例详见图 18-7。

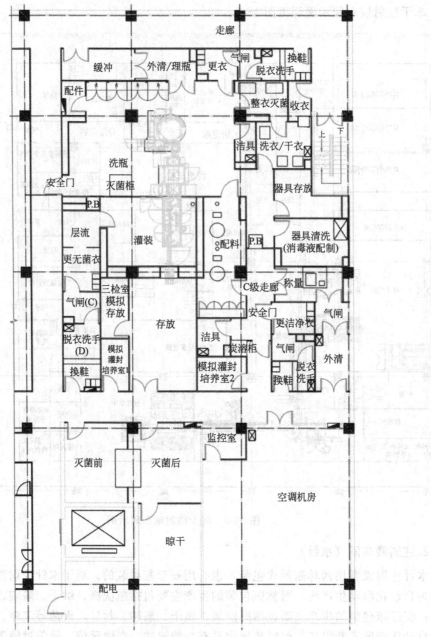

图 18-6　水针注射液车间示例

四、药物制剂工业化生产设备选型要求

药物制剂工业化生产设备以机械设备为主（大部分为专用设备）。每生产一种剂型都需要一套专用生产设备。制剂专用设备又有两种形式：一种是单机生产，由操作人员衔接和运送物料，并完成生产，如片剂等固体口服制剂生产目前主要是这种生产形式，其生产规模可大可小，比较灵活，但人为影响因素较大，效率较低；另一种是自动化联动生产线，是从原料到包装材料加入，通过机械加工、传送和控制，完成如输液、口服液等生产，其生产规模一般较大，效率高，但操作、维修技术要求较高，对原材料、包装材料质量要求较高。后一种形式是药物制剂工业化生产发展的方向。

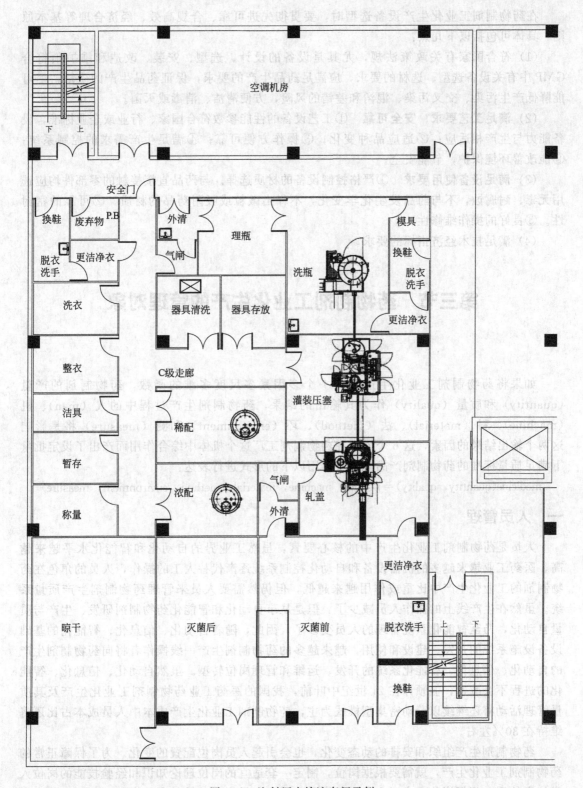

图 18-7 注射用大输液车间示例

在药物制剂工业化生产设备选型时，要贯彻先进可靠、合规高效、经济合理等基本原则，具体可包括以下几点：

（1）符合国家有关政策法规，尤其是设备的设计、选型、安装、改造和维护须符合GMP中有关设备选型、选材的要求，应满足药品生产的要求，保证药品生产的质量，尽可能降低产生污染、交叉污染、混淆和差错的风险，方便清洁、消毒或灭菌。

（2）满足工艺要求，安全可靠　①工艺设备的性能参数符合国家、行业或企业标准，设备能力与生产相适应；②适应品种变化；③操作方便可靠；④满足生产需求的控制系统；⑤能改善环境保护，节能安全。

（3）满足设备使用要求　①严格控制设备的材质选择。与药品直接接触的零部件均应选用无毒、耐腐蚀，不与药品发生化学变化，不释出微粒或吸附药品的材质。②可靠的密封性。③良好的操作维修性。

（4）满足技术经济指标的要求。

第三节　药物制剂工业化生产的管理对象

如果将药物制剂工业化生产看作一个多因素多尺度多维的函数，药物制剂的产量（quantity）和质量（quality）作为其输出的结果，药物制剂生产过程中的人（man）、机（machine）、料（material）、法（method）、环（environment）和测（measure）将是影响这两个输出结果的因素，这6个因素在药物制剂工厂这个机体中综合作用而产出了设定批量下满足质量标准的药物制剂产品，即可以用以下的形式进行表达：

$$medicine(quantity, quality) = f(man, machine, material, method, environment, measure)$$

一、人员管理

人员是药物制剂工业化生产中的核心要素，虽然工业界的自动化和智能化水平越来越高，医药工业越来越多的机器设备和自动化控制系统逐渐代替人工的操作，人员的角色在药物制剂的工业化生产中比重或作用越来越低，但仍然需要人员来管理药物制剂生产质量系统。虽然在生产线上的操作人员减少了，但是从事自动化和智能化药物制剂研发、生产与质量自动化，乃至智能化系统管理的人员变多了。因此，随着自动化、信息化、智能化的基础设备设施系统的开发、建设和使用，越来越多的药物制剂生产一线操作者将向药物制剂生产的自动化、信息化、智能化系统的开发、运维和管理岗位转型。虽然自动化、信息化、智能化的进程不会减速，但预计在21世纪中叶前，我国的医药工业药物制剂工业化生产及其质量管理活动将还继续以劳动密集型模式为主，药物制剂工业化生产成本中人员成本占比还将维持在30％左右。

药物制剂生产组织和安排的动态变化，也会引起人员岗位配置的变化。为了保障正常的药物制剂工业化生产，就需要根据岗位，制定一套适宜的岗位理论知识和经验技能的岗位人员培训体系，根据岗位需求对人员进行岗前、岗中、转岗和继续教育培训，以保证人员生产质量行为意识和实践技能的不断提升，进而提高药物制剂生产质量的稳定性，适应新产品、新工艺、新设备、新系统的需求。

无论是一线的生产操作，还是质控实验室的药品检验操作，人是药物制剂质量属性中的微生物限度和无菌特性保证的最大风险因素。对于药物制剂的研究和开发，在其给药途径的选择和生产工艺的开发上，人员对于药物制剂质量的稳定性是研究和控制因素中的重要内容。相对于非无菌生产工艺制造的药物制剂，无菌药物制剂对于人员的要求就会更加严格，对于新招聘的没有无菌制剂工艺操作经验的员工，需要经过多学科和多层次的培训考核后才能上岗。

同一厂区内避免从事高活性、高致敏性和高毒性药物制剂生产的人员与其他人员接触，在进行车间的布局设计时需考虑此类人员的活动区域和人流路线与其他人员在空间的隔离或时间上错开，从保护产品质量和人员职业健康安全的角度避免污染和交叉污染的发生。

根据药物制剂的工业化生产工艺特性以及药品自身的质量属性，还需要对从事药品生产和质量的操作人员进行健康管理，根据岗位特性制订体检项目和计划，定期安排这些人员进行健康体检，审查体检报告，防控人员的传染性疾病风险对药物制剂质量的影响，避免对其他员工的传染。

二、设备管理

药物制剂工业化生产的主要载体是有形的硬件——设备（以下将设备、设施、仪器仪表和硬件系统称为设备），以及与硬件相关的软件——无形的信息系统或控制系统。药物制剂生产从其处方开发和生产工艺开发的第一步起就与这些工艺设备联系在一起。从药品质量源于设计（QbD）的理念追溯，影响药品关键质量属性（CQA）的因素除了关键物料属性（CMA），还有关键生产工艺过程参数（CPP），即同一批物料分不同的批次投料后产出的药物制剂产品的质量属性仍然会不同，有时会出现较大的波动。造成这一现象的关键因素就是药物制剂工业化生产的工艺设备在运行和操控过程中发生了动态的变化，而这些变化未能在工艺开发和优化过程中识别出来，并在工业化生产中加以控制。因此，从临床前药理药效研究，到剂型确立和临床药品生产，再到商业化生产前的产品技术转移，其中的临床前研究开发或临床药品生产过程中使用的工艺设备，在之后发生型号或者产能的变更时，就会影响到药物制剂工业化生产工艺过程对于 CPP 的控制，就有可能出现产品质量的波动，甚至超标。小试阶段或者中试阶段的工艺过程控制参数转移至药物制剂商业化生产，仍然需要在实验设计（DOE）的支持下进行多批次的摸索和优化，这些实验设计、摸索和优化需要对工艺设备的组件、结构、原理和控制有着深刻的了解，才能在预计的期限内达到优化的目标。

由于缺乏经验等原因，也存在处方设计和工艺开发早期未考虑商业化生产时的批量和产量，在进行中试或中试转移至商业化生产时，未能在现有的生产设备水平和条件下，选择适应商业化生产批量和产量的合适工艺设备，仍然沿用中试期间的设备选型进行商业化生产，造成生产批量小和单批次生产成本居高不下，满足不了市场需求的状况。因此，有必要在处方设计和工艺开发前期，就考虑药物制剂工业化生产期间采用工艺设备的可及性和可行性。

用于药物制剂工业化生产阶段的工艺设备需进行全生命周期的管理，以保证其在生命周期内能持续稳定地用于工业化生产。对于商用化现货类设备（COTS）的全生命周期分为以下阶段：用户需求阶段、采购阶段、安装调试阶段、确认验证阶段、使用维保阶段、退役拆除阶段；市场上的 COTS 不能满足工艺需求时，就需要定制化的工艺设备。定制化的工艺设备全生命周期分为以下阶段：需求确立阶段、设计标准定义阶段、设计论证阶段、采购加工制造阶段、安装调试阶段、确认验证阶段、使用维保阶段、退役拆除阶段。在药物制剂的工业化生产中，口服固体制剂多使用 COTS，而液体制剂的配液分装前阶段多使用定制化生产设备。

在投入到生产使用前，按照设备对药物制剂产品质量的影响关键程度，对新购的工艺设备进行评估，利用系统影响评估（SIA）确立需要纳入确认范围内的药物制剂生产设备。在采购前，对于有直接影响和关键影响的设备组件，需要依据产品的工艺需求制定用户需求说明文件（URS），以保证在全生命周期中，设备满足药物制剂生产工艺的需求并符合现行的法规标准和指南的要求。在采购阶段，依据 URS 进行设备的选型。在设备发运阶段按照 URS 进行设备的工厂验收测试（FAT），在到场安装前和调试时，进行设备的现场验收测试（SAT）或者安装确认（IQ），在联机运行前进行系统功能的测试（运行确认，OQ），同时对于有嵌入式控制系统或者独立的计算机/自控系统控制的设备进行计算机化系统的验证，以保证在设备带料进行产量能力和稳定性相关的性能确认（PQ）前满足计算机化系统的管理要求，确保设备控制其自身机械部分的控制系统稳定可靠并符合现行的生产质量法规管理要求。对于通过系统影响评估纳入确认范围内的药物制剂工业化生产设备设施 IQ、OQ 和 PQ 阶段的具体测试范围和深度，需在设备设施系统安装的前期通过组件关键性（CCA）和功能风险评估（FRA）确立。

对于完成机械组件功能确认和控制系统验证的药物制剂工业化生产设备在投入使用前需要建立操作使用、清洁/消毒（或灭菌）和维护保养操作规程（SOP），以保证在工业化生产期间的设备设施及相关操作使用人员按照 SOP 的要求进行合规的设备操作、使用、清洁和维保，避免人员在未经 SOP 培训考核合格前，进行工业化生产设备的操作，避免由此带来的影响药物制剂生产稳定性、连续性和质量稳定性的事件发生。新购设备不断使用，其组件发生磨损或老化，导致其功能故障或性能稳定性下降。为了降低设备的故障发生，延长其使用寿命，保障其持续稳定运行，需要管理设备的团队制定科学合理的设备预防性维护保养计划和方案，将日常的点检、巡检和周期性的综合性检修保养活动结合起来，对设备的组件、耗材和控制系统进行全面的、有计划的维护。

对于纳入 GMP 管理范畴设备的采购、验收、安装、调试、确认验证、使用操作、清洁消毒、维护保养和升级改造等质量相关活动，需按照 GMP 的管理要求如实完整地进行记录，为设备生命周期内的再确认和再验证活动积累素材和数据，以保证周期性或计划性的再确认活动建立在对设备的历史状态综合分析和回顾的基础上，实现再确认或再验证活动的终极目的。

三、物料管理

药物制剂工业化生产车间的物料管理即车间对所需的原料、辅料、包材、标示性材料、耗材、燃料、备品备件和工具等有计划、有组织地进料、暂存、保管和使用，节约代用和综合利用等一系列管理工作的总称，包含物料需求计划管理、物料采购管理、物料贮备管理和物料使用管理四大内容。

物料管理流程首先是车间相关人员按照生产计划根据生产物料的消耗与库存详细拟定物料需求计划；其次，采购部门审核物料需求计划，向合格的供应单位采购物料；再次，物料仓储部门按照物料类别分类验收请检，请检合格后按照生产指令发料给生产车间；最后，车间收料或领取物料后按处方和工艺要求投料生产。

物料需求计划（material requirement planning，MRP）是建立在计算机化系统上的生产计划与库存控制系统，是根据生产下达的生产任务和原材料的消耗定额进行计算，根据药物制剂的处方（配方）和工艺流程，将主生产计划分解为各种成品或中间产品的生产计划与原材料采购计划，结合库存、委外生产和加工、成品与原材料有效期、批次管理、成品与物料先进先出原则等，在生产中配置和协调，保证产品的产量和交货期，保持低库存水平，使生产过程物料的组织和控制规范化。MRP 强调时间进度，重计划，以确保交货期为目的，以时间计划为主线，以产品为结构，以工艺工序为计划分解依据，强调正确的时间将正确的物料和信息按照正确的数量送达正确的地方。MRP 已经发展到目前的 MRP-Ⅱ/ERP 系统阶段，它实现了制剂生产的物流、信息和资金在企业内部的集成，在 MRP-Ⅱ 中，生产制造资源，包括人工、物料、设备、能源、市场、资金、技术、时间和空间等被纳入统一的管理，使企业内部的制剂生产活动协调一致，有效地利用各种资源，缩短生产周期，降低成本，实现制剂工业化生产经营管理整体优化。

在工业化生产阶段对于物料和包材供应链的管理，是决定药物制剂工业化生产能否持续稳定进行的基础。21 世纪初，较多的药物制剂生产企业依靠外部供应商供给包含主要活性成分在内的药物制剂起始物料。对于外购的关键原辅料，通常会选择两家以上的供应商进行物料的供给。对于这些供应商，为了保证其物料供货质量稳定性，就需对其生产质量活动进行系统性的管理，通过资质审核，现场生产质量管理体系全面审计，前期物料供货多批次试产实验，日常供应过程周期性审计和评估，以及对其影响物料质量的变更和偏差进行审查等进行管理，为物料的采购、到货验收和放行建立依据和保障。

到货的物料需要按照已经建立的物料验收放行体系，逐批次进行取样检测，结合随货的分析检测报告（COA）进行评价和放行，同时对于待验、合格和不合格的物料进行物料标识和状态的管理。物料在仓库的贮存或在生产车间的暂存需满足其贮存的环境要求，以确保其物理和化学属性的稳定，并防止存放过程中被环境中的其他物料污染或者污染其他物料。为保证在药物制剂工业化生产过程中的物料平衡，避免多个药物制剂同一时间段生产时存在的混淆和差错，需要对药物制剂生产过程使用的物料进行标签标识管理，物料的领用/配送、使用和退库的信息均需要按照生产管理要求进行记录。

对于超过有效期的物料按照既定的管理规定进行标识隔离和处置销毁。对于药物制剂工业化生产过程中用量较小但成本较高，或者受国家行政机构管制的易制毒，以及非易制毒类的极高活性和致敏类的物料，需要加强贮存的安全措施，防止这些贵重物料或有人身和环境危害的物料遗失、盗窃或者损毁。

对于药物制剂工业化生产过程中有晶型和粒度要求，或者活性药物成分与辅料之间有相互作用的物料，在其供应商的生产工艺发生可能影响以上物料特性的变更后，根据物料对于药物制剂的质量稳定性影响和制剂工艺关键工艺控制参数的影响，有可能需要进行再次的工艺验证和稳定性实验研究，以确保发生变更后的物料的质量属性仍然满足药物制剂工业化生产的关键物料属性要求。

液体类药物制剂工业化生产构成中使用的工艺用水（纯化水或者注射用水等）也是药物制剂生产的关键物料，因工艺用水不同于其他批次性物料，工艺用水属于即用现制的类型，不能做到完全的检验放行后使用，因此，对于作为药物制剂主要物料的工艺用水需要更加严格和完备的在线实时质量控制，以保证配料过程中的工艺用水质量满足既定的质量标准。

药物制剂在完成工业化生产制成品后，需要在合适的包装材料或容器中分装。对于为药物制剂产品提供防止污染和环境保护屏障的包装材料或容器需要在药物制剂的工业化生产上市许可或者临床实验注册药品生产前进行包装材料与药物制剂的相容性实验，以考察包装材料或容器是否会析出影响药物制剂产品质量的物质，或者与包装材料相互作用产生影响用药人群生命健康的风险，药品的安全性和有效性不受包装材料或包装系统的影响；通过稳定性实验研究过程，确认药物制剂的包装材料/包装系统能够为药物制剂提供安全可靠和稳定的环境条件，药物制剂的贮藏、转运和运输过程中药物制剂的包装系统可靠稳定。

四、质量与数据管理

药物制剂工业化生产过程的质量管理概括即是对生产中的人、机、料、法、环的管理，其中的人员、设备（机）和"料"的管理在本小节前进行了概述，对于"法（工艺、程序和方法）"和"环（生产环境）"的管理介绍如下。

药物制剂工业化生产目的是持续稳定批量地产出质量均一稳定的产品。药物制剂工业化（商业化）生产前的处方研究和工艺、程序和方法开发，因当时所处的历史环境、资源条件和技术水平限制，有较多的待优化的空间。在生产过程中，质量管理中对于"法"的管理就是监测"法"的适用性和有效性，管理动态生产过程中"法"所发生的偏差、变化及其趋势，对其偏差进行全面的调查，对变化进行科学合理的控制，为优化和改进"法"积累全面和准确的数据，为产品的放行提供客观的评价和决策依据。为确保在"法"优化和改进前期适用性而进行基于风险评估的持续性确认和验证，以保证组织内部和药政机构批准的"法"的稳定性和有效性；对支持"法"运转的质量管理体系进行周期性的内部审计或自检，以确保质量管理体系的所有活动按照批准的 SOP 执行。

具体到生产过程中，药物制剂工业化生产车间"法" SOP 的管理，是按照 SOP 对物料、中间产品、成品、标签、不合格品、记录和人员在车间内的控制，人员按照确认的更衣流程进行更衣，保证生产物料按照生产指令领用，在既定的物料传递路径上流转，在满足其暂存的环境中贮存，按照岗位操作要求进行投料和设备操作，按照良好的文件和记录实践要求进行批生产记录和批包装记录，以及辅助记录的填写，如实记录生产操作过程发生的偏差数据和现象；按照标签管理的要求进行空白标签和废弃标签的管理，及时按照要求进行清场、清洁、消毒、灭菌，在清洁、消毒、灭菌有效期内使用工器具，对生产过程的废弃物按照要求进行包装传递和处理。做好生产过程中的物料消耗和存储的信息，人员资质、上岗和操作信息，设备设施仪器使用和维护状态信息，文件记录审核信息，生产环境质量监测信息，偏差变更 CAPA 和事故信息，物料中间产品和成品质量检测信息等生产和质量管理全流程的信息管理，分析和发掘制剂车间的生产组织和执行效率的症结、质量管理活动效果不佳的原因，为生产和质量管理效能、综合生产和质量运营成本的分析和研究积累准确的数据。

质量管理在其初期和基础层级即是对于流程的管理，药物制剂工业化生产需遵循各个地区或国家现行的 GMP 要求和行业环境的法律法规要求。随着社会科学技术水平的发展和医疗健康市场需求的变化，各国或地区的医药行业法律法规也会发生更新，安全性和有效性要求不断提高，要求药物制剂的稳定和一致性更高，用药周期更长，药品的成本更低，这些需求最终会转化为药物制剂工业化生产公司的药物制剂处方和工艺优化的竞争，转化为制剂生产质量管理的竞争，在不考虑药物制剂处方和工艺优化，以及成熟的供应链管理时，就会要求制剂生产公司进行内部生产质量管理效率和效益的提升，生产质量管理目标的提升就需要优化质量管理体系的架构、流程和标准，就需要更强健的架构，更高效的流程，更科学的标准来支撑药物制剂工业化生产的需求，以便能够更加快速响应市场需求的变化，从而减少产品的召回和退货，降低投诉和不合格品的产生。

药物制剂工业化生产中的数据从其来源可以分为两类，一类是来自人工测量和观察的后手工记录数据；另一类是由设备设施、仪器仪表和系统运行自动产生的。根据当前国际对于

医药工业数据管理的要求，以上两类数据需满足 ALCOA+CCEA 的原则，即

Attributable A 可追溯的，记录可追溯。

Legible L 清晰的，可见的，清晰可见。

Contemporaneous C 同步的，与操作同步生成/录入。

Original O 原始的，第一手数据，未经转手的。

Accurate A 准确的，与实际操作相一致的，无主观造假或客观输入错误。

Complete C 完整的，无遗漏。

Consistent C 一致的，与实际生成逻辑顺序一致，显示的记录人同实际操作者一致。

Enduring E 长久的，耐受的，原始数据长久保存，不易删除，丢弃。

Available A 可获得的，数据在审计时可见，不被隐藏。

在药物制剂工业化生产的过程中直接参与生产和质量管理操作的人员需遵守已建立的良好的文件记录实践（good documentation practices，GDP）的要求。对于观测的数据要在正确的时间，以正确的形式记录在正确的载体上。对于由设备设施、仪器仪表和系统产生的数据需要建立在经过计量/检定/校准的系统上，进行及时的归档和备份。在生产项目规划前期就需要考虑工业化生产过程的数据管理，对数据管理的范围进行评估和定义，确认不同来源和类型的数据管理策略，对数据的生成和记录、处理、使用、保存、备份、归档和销毁建立完整的数据管理流程和要求。

药物制剂工业化生产过程中从制剂生产物料的采购、验收、贮存、检验、放行、配发、使用、退库、处置销毁，人员的招聘、培训、考核、上岗、转岗和离职，设备的选型、采购、验收、安装、调试、确认、使用、维护、校准检定、改造升级、退役和拆除，质量系统文件记录的制定、审批、培训、生效、分发、使用、升版、回收和撤销，生产指令、投料配料、过程控制、取样检测、环境监测、阶段性放行、分装包装、贮存发运等，这些活动中每天会产生海量级的数据，对这些数据的归集整理和分析，利用数据统计分析软件或工具得出的分析结果，进行全局性和多维度评价，可以得到工业化生产中关于处方和生产工艺优化、生产质量管理流程改进、资源配置效率效益提升的决策和行动措施制定的客观性数据支持。

这些海量数据正由传统的纸质记录向电子化记录转变，因传统的纸质记录的局限性已经不能满足现代数据管理的基础需求，因而越来越多的自动化系统、信息化系统和智能化系统应用到生产过程中，各系统的开发平台通过开放信息数据通信协议，实现了不同终端设备设施系统的数据共享，连接企业资源管理系统 ERP 和设备设施底层控制系统 PCS（或 PLC/DDC）的生产制造执行系统 MES 越来越多地被应用到了生产管理过程。随着具备数据管理功能的信息化、智能化系统应用，个性化定制生产、连续化生产和参数实时放行成为可能，通过这些信息化平台，生产过程的大数据也逐渐从多层次、多维度和多来源发挥出其应有的价值。

五、生产过程分析与控制

药物制剂工业化生产的过程分析和控制是一个相辅相成的有机体，生产过程分析为生产过程控制提供控制策略、控制方法和控制流程制定和调整的基础数据，生产过程控制反过来也体现了过程分析的及时性、准确性和有效性。2004 年美国 FDA 颁布了一套过程分析技术（PAT）指南，力图在药物开发、生产和质量保证方面支持和推进创新，提高效率。根据 FDA 医药工业指南的定义，PAT 是一种通过及时地对原料和生产中的材料及过程工艺的关键质量和性能属性的测量，以确保最终产品质量为目标的设计、分析和生产控制系统，简而

言之，其主要目标是提供可连续生产既定质量产品的过程。PAT 是获取生产过程认识的数据、知识和规律必不可少的技术，对于过程分析技术的成果将会被用于优化药物制剂的生产过程，使用 on-line，in-line，at-line 和 off-line 检测分析技术和对应的控制措施，对工艺有更科学的了解，防止废料、报废或返工以提高药物制剂的生产效率，通过间歇性批次生产到连续性生产的转换而提高自动化生产设备利用度，以期达到产品实时放行，降低对环境的影响和生产过程的能耗，提高生产过程的安全性，降低生产成本。

过程分析技术始终以产品为目标，建立过程分析技术模型，测定关键过程变量和产品的关键质量属性（CQAs），以获得过程和产品的实时数据，实现过程分析仪器和测量数据与控制之间的通信；从测量获得的数据来提取对过程条件和产品属性有用的信息，将原材料特性（例如：CMA）与过程参数（例如：CPP）关联，并将此信息转化为对过程的理解和认识；在信息和过程认识的基础上执行风险评估（RA），建立过程操作设计空间，设计并实施过程控制策略，适当调整变量以保证生产过程处于控制状态，并保持产品质量符合既定的要求；通过持续监测过程性能并与设计目标比较，不断提高对过程的认识，并利用改进后的认识，优化过程操作以确保稳定实现 CQAs，对药物制剂工业化生产的全生命周期活动进行管理，同时进行持续改进。

为使生产过程的中间产品或成品持续稳定达到既定的质量标准，就需要建立一套全面的测量系统来获取合适的关键过程变量和原辅料质量变量信息，这个系统也是持续检测最终产品的关键质量和性能属性的可靠系统，建立这样的过程分析系统首先就需要明确系统相关的关键过程变量和中间产品与成品的关键质量属性，例如：生物技术药物生产过程中，就必须开展产品的理化性质、生物活性、免疫化学性质、纯度和杂质的详细表征研究，而后选用适当的传感器和仪表仪器，采用实时测量关键过程变量。

PAT 的应用首要任务是实现生产工艺设备设施、仪器仪表系统的底层设定数据、运行数据和控制数据与上层的过程分析/控制系统的数据通信，为使 PAT 的过程设备和数据采集控制系统数据的基础设施实现信息交互，用于过程控制的对象连接与嵌入 OPC（object linking and embedding for process control）已经成为医药工业制造的通信标准，OPC 协议使得不同仪器设备之间通过计算机系统实现数据交换。数据处理系统和工业应用的执行操作软件使用 OPC 客户端软件调用 OPC 服务器获取所需的过程数据，OPC 客户端和服务器之间的通信是在同一个局域网内通过组件模型（component object model，COM）或分布式组件模型（distributed component object model，DCOM）进行，或者是通过建立在互联网上的客户端与服务器之间的 OPC 通道来实现。

过程分析技术 PAT 是过程控制的工具和手段，执行过程控制是保证药物制剂生产及产品质量的核心途径。越来越丰富的市场需求和多样化的物料配给，以及越来越全面和严格的过程控制需求，要求在这种复杂的条件和需求的组合中要强化过程控制，精细化药物制剂工业化生产关键工序或步骤的输入和输出管理，保证生产中输入和输出的进度和质量，重点对制剂生产过程的投料、配料、补料和制备过程，进行单一变量的控制或多变量/尺度的控制。目前的药物制剂工业化生产装备或系统都配备了过程控制系统以实现不同程度复杂性的过程控制策略。最基本层级是基础的常规控制，这种常规控制多为单一过程变量的控制，通过合理调整操作变量（MV）（例如：冷却水流量），从而使控制变量的值达到所需的设定值，最常见的控制策略是使用比例积分微分（PID）调节器和受控变量（CV）的反馈控制，来确定 MV 值使 CV 值保持在设定点或范围。但当某一个 MV 的操作导致多个 CV 同时改变时，同时也会产生其他未知过程的动态变化，这种复杂的情况就需要更先进的控制策略，例如：

在生物技术药物工业化生产过程中，控制单一的营养成分加料速率的改变，不仅仅是一种营养成分的改变，而是整个反应器内基于复杂的生物化学和生物物理变化导致组成成分的改变，这种状态下的过程控制就需借助一个适用于这种生物反应过程机理的过程控制模型，或者多个阶段的过程控制模型来进行生产过程控制。

在生产过程控制中需要对投料后未制成成品之前的中间产品进行重点的控制，为保证生产作业的计划进度，均衡组织生产，减少中间产品的污染和损坏，需要有效并高效地对生产过程进行跟踪，保证中间产品实物的安全完整，质量可靠，数量规格准确且合理地暂存，做好中间产品的信息管理，进行及时登记，保证账卡签物数目等信息相符，促使生产过程责任分工明确和周转迅速。将中间产品的实物数量压缩到一个经济合理的水平，对不同的中间产品进行分类管理，定期进行抽查和盘点。

六、环境与安全管理

药物制剂工业化生产过程中环境与安全的管理是指生产过程中物料产品不受到环境和与其接触设备设施的污染，具有易挥发、高活性和高毒性等物料和产品不发生外排或外泄（造成对周围环境和人员健康的危害）。药物制剂工业化生产过程是原料消耗的过程，产品形成的过程，也是污染物产生的过程。工业化生产所采取的生产工艺决定了污染物的种类、数量、性质和毒性。目前生产都在 D 级洁净等级以上的洁净区中进行，因此，通过合理的洁净区功能布局设计，人流和物流的设计，生产工艺操作和辅助操作空间、时间上的规划，空调系统的过滤净化，厂房设施设备的清洁消毒和灭菌，可实现外界对于制剂生产的环境控制。对于洁净区内生产污染物排放的控制和处理一般都不能达到清洁生产和绿色工厂的要求，因此，环境和安全管理的主题是尽量选用污染少或没有污染的清洁生产工艺，改造污染较重的落后生产工艺，以消除或减少污染物的排放，同时对污染物需开展综合利用，尽量化害为利，或无害化处理污染物。

生产过程中产生的有毒、有害气体，粉尘，气溶胶等物质，宜采用密闭的生产工艺和设备，尽可能避免敞开式操作，例如：在物料的投料和预处理过程中使用捕尘装置，对于产生气溶胶或挥发性有害气体时的排风末端需要有吸收、降解或净化装置。生产过程的含有高活性和高毒性的工艺废水需进行集中的收集和预处理，满足污水处理工艺的进水要求后，再排放至污水处理站。

生产安全需要将生产厂房设计和建造后的消防与疏散、防静电接地、火灾报警、电气防爆、应急照明、防排烟等火源杜绝与消除、静电消除、噪声振动控制、辐射隔离、防尘与降尘等这些硬件的使用与维保结合起来，同时调动 EHS 管理人员、生产管理和操作人员识别生产过程中的安全风险，挖掘存在的隐患，进行生产过程的危险与可操作性分析（HAZOP）活动，预防生产过程的危险和有害因素，排除工作场所的危害和有害因素，处置危险和有害因素，并将其降至行业法规标志规定的限值内，预防生产设备设施失控和生产误操作时产生的危害和有害因素，生产操作中按照劳动安全防护要求穿戴合适的个人防护用品（PPE），发生意外事故时为遇险人员提供自救条件。

需建立日常环境与安全检查制度，设置责任人和管辖区域，建立环境与安全检查方案与计划，将检查对象的环境安全特性与日检、周检、月检、季度检和年检结合，保证每项检查工作有效执行。周期性地对员工进行职业环境健康安全教育，规划工厂级、车间级和班组级的教育培训内容，建立和落实安全生产责任制，将生产安全、职业健康和环境保护相关的风险控制在预防阶段。对于行业内发生的 EHS 事故进行学习，对工厂和车间内发生的 EHS

事故进行全面调查分析，对于有人员伤亡的事故进行正确和合理的处理。

第四节　药物制剂工业化生产的技术创新与持续改进

一、我国药物制剂工业化生产的主要现状

目前列入《中国药典》(2020 年版) 四部制剂通则的药物剂型按照给药途径主要分为器官组织系统注射用、腔道给药和外敷用药三种形式。分析《国家基本药物目录》（2018 年版）收录的 685 种药品，结合目前医药市场（医药经营公司、医疗机构和药房）剂型的分析，目前可见的主要剂型为口服制剂（液体制剂和固体制剂）与注射剂。尽管我国的药物制剂发展历史悠久，可以追溯到古代的中药制剂（汤剂、酒剂、丸剂和散剂等），但是我国现代药物制剂的发展却源于西方发达国家，从 20 世纪 50 年代开始发展，到现阶段创新的制剂剂型较少。回顾我国现代药物制剂工业的发展历史，结合近年来医药监督管理机构的政策导向，目前我国的药物制剂工业化生产主要面临以下问题：

(1) 药物制剂的剂型开发、辅料开发、包材开发、制剂设备、给药装置、药品检测装备的开发虽然有发展，但是未形成完整的系统体系，即使剂型和辅料在小试阶段可行，但是在大生产阶段药包材和制药设备仍然制约药品生产过程质量的均一性和稳定性。

(2) 药物制剂中的传统剂型多，创新型的药物制剂剂型少，新型药物递送系统中的缓释制剂、控释制剂、靶向制剂，以及纳米体、脂质体、微球、微囊和微粒载药系统的发展仍然落后发达国家。

(3) 虽有众多的新型药物制剂剂型，但是其应用在改善药物疗效、减少不良反应和增强用药安全性方面的研究成果转化率低，医药终端市场上具备上述三个特点的商品化药物制剂品种种类仍然占比较低。

(4) 因国家环保政策力度的加强和地方建设规划产业升级的需求，部分以化学合成为主的化学原料药供给出现波动，不能及时满足市场药物制剂生产的需求。

(5) 药用辅料虽然近些年在研制、生产和推广应用上有了快速的发展，但是其品种和规格还比较少，质量还欠稳定，尚需进一步开发研究，并完善质量标准以满足药物制剂生产的需要。

(6) 当前我国的仿制药种类繁多，质量参差不齐，从 2013 年出台仿制药一致性评价政策至今已超过 7 年时间，通过口服固体制剂一致性评价和注射剂再评价的品种占比仍然较低。

二、我国药物制剂工业化生产模式的创新

新药从其药物实体发现到上市销售需要 10 年左右的时间，药物试验、药物制剂剂型研究、生产工艺开发和质量研究，面临着很大的时间和金钱风险。纵观欧美医药工业的发展，合作研发 CRO、合作生产 CMO 或者合作研制 CDMO，以及药物上市许可制度 MAH 的产生，加速了药品的开发生产和上市。随着全球药品研发成功率的降低、研发成本的升高和投资回报率的下降，基于效率和成本控制的全球产业转移和专业化分工，必将促使 CMO/CDMO 市场规模持续增长。传统医药 CMO 企业基本不涉及自有技术创新，依靠制药企业研发

的生产工艺和技术支持，利用自身的生产设施进行工艺实施，为客户提供扩大化规模生产服务。而在目前医药产业链专业化细分程度愈发提升的环境下，制药企业希望外包企业能够更多承担工艺研发、改进的职能，为制药企业提供具备创新性的技术服务，进一步帮助制药企业降低成本，提高研发效率，降低研发风险。因此，高技术附加值的工艺研发及商业化运用的模式CDMO，代表了未来医药外包行业的发展趋势。

三、我国药物制剂工业化生产工艺改进方向

参数放行和连续化生产是目前制药工业中最为关注的两个方向，其内在也存在紧密的联系。药物制剂工业化生产的参数放行强调的是质量风险管理，形成从设计到生产、放行的完整体系，通过系统控制，尽可能降低或杜绝系统风险对产品质量的影响，保证产品质量的稳定性。参数放行体现了药品质量控制"以过程控制为重心"的基本理念，把对质量控制从事后控制转化为事前控制和事中控制，这恰恰体现了GMP的精神实质，参数放行是GMP的深化结果，参数放行能够提升GMP管理与执行水平，是GMP的高级阶段。参数放行在无菌药物制剂工业化生产方面的应用将带来客观的效益。相对于传统的抽样检查，由于参数放行系统中各方面参数要求更加严格，参数放行的执行会提高临床用药的安全性。参数放行必须在企业具有严格和高水平的GMP管理水平之后方能实施。

连续生产对患者和制药行业的好处十分显著，不仅可以缩短生产时间，还能提高生产效率。连续生产通过更灵活的测试和控制措施减少生产故障，以此防止药品短缺。连续化生产首先是减少了复杂的清洗步骤和中间产物的停放时间，同时，由于生产效率的提高，单个设备的尺寸也会减小。例如，传统方法生产的片剂是在所有生产操作完成后，在离线的实验室中进行检验。而片剂连续化生产，则通过制药设备和控制系统设计，使得每单元操作之间的物料、产品不间断地通过。物料、产品在每个单元操作之间可以持续流动，生产过程中的实时监测，整个工艺的微调基于在线检测结果和评估，极大地缩短了取样检测的时间，降低了离线检测结果准确度波动的风险。国内制药行业的连续化生产还有很大的革新空间，因其能大大缩短供应链，减少长供应链带来的不确定性和额外成本，也能大大减少生产用时，缩短生产周期。同时也无须工艺的放大，剂型设计更灵活。

四、我国药物制剂车间和设备设施技术创新方向

制剂设备的能耗高、效率低和自动化程度低阻碍了制剂的工业化生产效率；同时，制药装备的研究与实际的药物制剂生产过程脱节，制药装备研发制造公司不完全了解药物制剂的生产工艺，停留在按照机械工程原理进行制药机械设备的设计和制造，导致生产的设备适应性、灵活性和GMP符合性不强；制剂设备的自我诊断和生产过程质量控制功能不精细，导致生产过程工艺参数调节不准确；众多制药设备不符合GMP的验证需求，不能为验证测试仪器提供接口或者不具备中间过程取样检测配套装置，造成药物制剂生产过程的工艺放大或者技术转移在剂型工艺参数放大时，需要进行大量的摸索和尝试，影响了药物制剂产品的商业化项目进度，也耗费了大量的人力、物力和财力。随着药监法规的升级和标准的加强，为了满足药监法规和指南的合规要求和企业内部的生产质量管控要求，在进行这些既有的药物制剂生产设备技术改造或升级时，往往会对设备的重要组件的完整性造成影响，导致这些设备设施的性能退化。

虽然现代制剂车间的设计和建造，逐渐与设备设施的设计建造发生协同，在新建制剂生产厂房和设备设施的选型时进行一体化设计。但是由于制剂研发、生产，机械设备研发制

造，制剂工厂工程建设之间的行业分工及其隔离，满足我国药物制剂生命周期的高水平和高质量的制剂机械设备设施的研发和制造还有很大的发展空间。研究发达国家的制药工艺机械装备的发展历史发现，他们已将制剂机械设备的生命周期与制剂的生命周期进行了融合和协同。

实现药物制剂工业化生产的硬件要素除了制药机械设备及其关联的系统以外，还有承载这些制药机械设备和系统的厂房和设施。制剂生产的厂房设施除了配套的公用工程系统厂房设施、仓储仓房设施，其核心的生产厂房设施大部分区域和面积是需要进行环境质量控制的洁净区，这些洁净区的设计和建造逐渐地由传统的钢筋混凝土＋彩钢板围护结构，向钢结构＋彩钢板围护结构和模块化厂房的方向发展，尤其在生物制药领域更为显著。厂房的设计建造要从传统的设计建造模式向节能和智能的方向转变，改变以前厂房只管建造，不管运维的粗放工程建设模式。在厂房的设计阶段和工程阶段就要考虑将厂房的能源高效利用和废弃物的回收利用，以降低厂房投用后的高能耗和高污染问题，以期在其整个的生命周期中维持较低的能耗和废弃物产出，降低生产运营成本和环境保护的压力。

五、我国药物制剂工业生产的自动化和智能化

随着药物制剂工业化生产自动化水平的提高，新型制剂生产模式和工艺的应用（如：连续化制造、定制化生产、柔性生产线）要求进行产品的实时参数放行，以减少生产制造到终端患者之间的时间。需要医药生产企业的物料供应链智能化、生产执行过程智能化、检测放行自动化、信息管理一体化，保证整个过程流程合规，同时需满足药监机构对于生产制造过程的可追溯审查需求。实现工业化生产的自动化和智能化的前提是药物制剂的工业化生产设备设施的自动化和检测放行仪器设备自动化。

目前，我国的药物制剂工业化生产的众多设备处于单机状态，局部生产过程采用联动线设备，设备设施之间的集成化和一体化程度不高，设备设施的操控粗放，不能满足多个工艺控制参数之间的关联性调控。制剂设备的自动化对外大多是封闭的，往往既无法提供必要的重要质量参数和工艺条件参数的数据输出，更无法提供外部系统对设备进行统一协调和优化控制的指令输入条件；有些设备甚至还不具备完整的网络和数据通信功能。制剂生产过程往往是断离的，大量的原辅料、中间品、半成品到最后成品的物流转运和投放大多采用人工操作，整个生产过程存在许多信息化孤岛。虽然目前也有一些企业在设备供应商和工程公司的配合下，开始对一些局部设备单元的通信和数据采集以及局部批过程的控制进行探索，也有一些企业采用进口或国产的软件平台，在探索建立制剂生产的生产制造执行系统（MES），但由于受现有制药设备的限制，也只实现了部分的数据采集、采用条码或 RFID 和电子称重对物料和仓库进行管控与追踪，实现部分电子化的记录与车间级的生产管理，严格地说，还并未能实现制剂生产过程完整意义上的制造执行系统和自动化的过程控制。

因此，需要进一步提升制药生产制药装备集成化、连续化和自动化的水平，改进制药装备的合规性与开放性，增强制药装备信息上传下控和网通互联功能，形成真正的自动化、信息化和智能化制药装备。首先实现单机设备的高度自动化、信息化和智能化，然后以工业互联网为基础连接不同设备设施，进行设备设施的运营过程数据和信息的管理，结合设备设施自我运行状态的监测反馈，以工业互联网/物联网为基础的设备设施系统之间的生产运营协调，及时调整各自的输入和输出，保证生产过程实时可控。

药物制剂工业化生产的智能化基础还需要整个生产质量运营的信息化、数字化和网络化，目前我国的大多数药物制剂企业的信息化管理应用大部分还局限在传统的企业上层的财

务管理、供销存管理、生产计划管理、客户和商务管理以及办公自动化等水平和模式，尚未真正深度融合到产品（药品和设备）优化设计、产品（药品和设备）生产加工过程的控制和管理、产品质量的控制和管理、设备和能源的优化管理以及工业环境改进等工业过程之中。因此，只有在系统集成化、连续化和自动化单点成熟度提高的前提下，以生产质量运营的信息化、数字化和网络化为联系这些单点之间的纽带，以网络的形式将企业资源管理（ERP）系统、财务及成本管理（FCM）系统、供应链管理（SCM）系统、客户关系管理（CRM）和办公室自动化（OA）系统、文档管理系统（DMS）、培训管理系统（LMS）、验证管理系统（VMS）、质量管理系统（eQMS）和数据分析管理系统等系统集成，才能真正达到药物制剂工业智能化生产的水平，才能更加快速地响应市场需求，更合规高效地进行药物制剂工业化生产。

（王云宝　庞红宁　王　勇）

思考题

1. 全球各地的药物制剂工业化生产需要遵循哪些基本的法规和政策？

2. 药物制剂工业化生产需要解决的核心问题是什么？这些问题对于药物制剂工业化生产有哪些制约和影响？

3. 药物制剂工业化生产与药物制剂的商业化生产有何区别和联系？

4. 药物制剂的商业化生产项目建设过程有哪些主要工作？

5. 药物制剂工业化生产工艺有哪些基本的特征？怎样的药物制剂工业化生产工艺才能满足商业化生产的需求？

6. 药物制剂工业化生产的厂房设施设计需要注意哪些要点？

7. 药物制剂工业化生产管理的主要任务是什么？

8. 如何才能保证药物制剂工业化生产满足基本的合规要求？

9. 如何才能提高药物制剂工业化生产的效率和降低成本支出？

10. 如何才能加强药物制剂的工业化生产和产品的生产工艺过程控制？

参考文献

[1] 国家药典委员会.中华人民共和国药典（2020年版 四部）.北京：中国医药科技出版社.

[2] 国家药品监督管理局.药品生产质量管理规范（2010年修订）.

[3] 谢明，杨悦.药品生产质量管理 [M].人民卫生出版社，2014.

[4] 胡荣峰.工业药剂学 [M].北京：中国中医药出版社，2018.

[5] 张洪斌.药物制剂工程技术与设备 [M].2版.北京：化学工业出版社，2018.

[6] 张珩，王存文，汪铁林.制药设备与工艺设计 [M].2版.北京：高等教育出版社，2018.

[7] 王沛.制药工艺学 [M].2版.北京：中国中医药出版社，2017.

[8] 王志祥.制药工程原理与设备 [M].3版.北京：人民卫生出版社，2018.

[9] 森克·恩迪.过程分析技术在生物制药工艺开发与生产中的应用 [M].褚小立，肖雪，范桂芳，译.北京：化学工业出版社，2018.

[10] 国家基本药物目录（2018年版）.

第十九章 >>>

药品包装

本章学习要求

1. 掌握药品包装的定义及分类；药品包装材料的种类、性能和常用药品包装材料。

2. 熟悉药品包装的基本功能；药品包装材料选择原则及药品包装技术分类。

3. 了解药品包装管理的有关法律法规；药品包装材料的质量评价；无菌包装技术、真空及充气包装技术、热成型包装技术、防潮包装技术。

第一节 概 述

一、药品包装的定义及分类

1. 定义

药品包装是指选用适宜的包装材料或容器，采用适宜的包装技术对药品进行分（灌）、封、装、贴签等加工过程的总称。药品包装为药品在运输、贮存、管理过程和使用中提供保护、分类和说明。本章所介绍的药品包装侧重于药物制剂产品的包装。

2. 分类

药品包装可按照不同的方法进行分类。

(1) 按材料分类 可分为塑料、玻璃、金属、复合材料、橡胶、纸张、陶瓷等。

(2) 按包装容器形态分类 可分为瓶类、袋类、管类、泡罩、窄条、罐类和盒式等。

(3) 按药品包装作用分类 可分为内包装和外包装。内包装是指直接与药品接触的包装（如安瓿、注射剂瓶、铝箔等）；外包装是指内包装以外的包装，按由里向外分为中包装和大包装。

(4) 按剂量分类 可分为单剂量包装和多剂量包装，单剂量包装如注射剂的玻璃安瓿包装，多剂量包装如普通口服制剂的塑料或玻璃瓶包装。

(5) 按包装技术分类 如防潮、防水、防霉、防盗、防伪、儿童安全、真空、无菌、泡罩、施药等。

二、药品包装的基本功能

药品离不开包装，药品包装具有多种功能。

1. 保护功能

药品包装的保护功能是其最重要也是最基本的功能。药品包装对药品的保护作用体现在：

(1) 阻隔作用 防止药品在有效期内变质。外部环境中的湿度、温度、光线、气体、微生物等可能对药品的质量产生影响，如药物见光分解、遇湿变质或遭受微生物污染等。合适的药品包装应将药品与外界环境隔绝，避免药品质量受外界环境影响，防止药物挥发、溢出或泄漏。

(2) 缓冲作用 防止药品在运输、贮存过程中受到外力的振动、冲击或挤压，造成药品的破坏。

2. 方便功能

药品包装应方便药品的生产、贮运、使用与合理用药，如药品包装要适应药品的机械化、自动化生产的需要。

3. 标示功能

(1) 标签和说明书 标签和说明书均是药品包装的重要组成部分。标签用于向使用者科学而准确地介绍药品的基本内容、商品信息。根据《药品包装、标签和说明书管理规定》，与药品直接接触的内包装标签应包含药品通用名称、成分、性状、适应证或者功能主治、规格、用法、用量、不良反应、禁忌、注意事项、贮藏、生产日期、产品批号、有效期、批准文号、生产企业等内容。说明书应当包含药品安全性、有效性的重要科学数据、结论和信息，用以指导安全、合理使用药品，其内容、格式和书写要求由国家药品监督管理局规定。

(2) 包装标志 包装标志是为了药品的分类、贮运和使用过程中便于识别。对于麻醉药品、精神药品、医疗用毒性药品、放射性药品等特殊管理药品应当通过鲜明的特殊标志以防止不当使用。此外，对于贮藏有特殊要求的药品，也可以通过鲜明、醒目的标志进行说明。

4. 销售功能

设计新颖、造型美观、色彩鲜艳的药品包装可促进药品的销售。

5. 环保功能

药品的包装要有利于环保、节省资源、降低能耗和减少对环境的污染。尽可能选择绿色包装材料。

6. 经济功能

尽量降低药品包装的费用以减轻患者的负担。

三、药品包装管理的有关法律法规

包装是药品生产过程中的重要环节，是药品的重要组成部分，是保证药品质量的重要措施。《中华人民共和国药品管理法》（2019年修订）第四章"药品生产"中对药品包装及包装材料进行了规定。第四十六条规定：直接接触药品的包装材料和容器，应当符合药用要求，符合保障人体健康、安全的标准。对不合格的直接接触药品的包装材料和容器，由药品监督管理部门责令停止使用。第四十八条规定：药品包装应当适合药品质量的要求，方便贮存、运输和医疗使用。发运中药材应当有包装。在每件包装上，应当注明品名、产地、日期、供货单位，并附有质量合格的标志。第四十九条规定：药品包装应当按照规定印有或者贴有标签并附有说明书。标签或者说明书应当注明药品的通用名称、成分、规格、上市许可持有人及其地址、生产企业及其地址、批准文号、产品批号、生产日期、有效期、适应证或者功能主治、用法、用量、禁忌、不良反应和注意事项。标签、说明书中的文字应当清晰，生产日期、有效期等事项应当显著标注，容易辨识。麻醉药品、精神药品、医疗用毒性药品、放射性药品、外用药品和非处方药的标签、说明书，应当印有规定的标志。

早在 1988 年，国家医药管理局颁发《药品包装管理办法》，包括 7 部分共 44 条，其中规定：各级医药管理部门和药品生产、经营企业必须有专职或兼职的技术管理人员负责包装管理工作。国家、省、自治区、直辖市医药管理部门应设立机构或委托具备条件的单位负责药品包装质量检测工作。该办法规定：凡选用直接接触药品的包装材料、容器（包括油墨、黏合剂、衬垫、填充物等）必须无毒，与药品不发生化学作用，不发生组分脱落或迁移到药品当中，必须保证和方便患者安全用药；直接接触药品（中药材除外）的包装材料、容器不准采用污染产品和药厂卫生的草包、麻袋、柳筐等包装；标签、说明书、盒、袋等物的装潢设计，应体现药品的特点，品名醒目、文字清晰、图案简洁、色调鲜明。

国家食品药品监督管理总局于 2004 年公布《直接接触药品的包装材料和容器管理办法》，对药品包装材料和容器的标准、注册、再注册、补充申请等进行规定；于 2006 年公布《药品说明书和标签管理规定》，以规范药品说明书和标签管理。

第二节　药品包装材料

一、药品包装材料的种类、性能和选择原则

药品包装材料是指用于制备药品包装容器和构成药品包装的材料的总称。药品包装材料是药品包装的物质基础。在药品包装中，包装材料及容器决定药品包装的整体质量，没有药品包装材料也就谈不上药品包装，它是制约医药包装工业发展速度和水平的关键因素。

1. 分类

药品包装材料可以按使用方式、材料类型及形状进行分类。

按照使用方式，药品包装材料可以分为Ⅰ、Ⅱ、Ⅲ类。Ⅰ类药品包装材料指直接接触药品且直接使用的材料，多为高分子材料，如药用丁基橡胶瓶塞、PTP 铝箔、复合膜（袋）、固体或液体药用塑料瓶、塑料输液瓶、软膏管等；Ⅱ类药品包装材料指直接接触药品，经清洗后需要消毒灭菌的材料，多为玻璃材料，如玻璃输液管、玻璃管（模）制抗生素瓶、玻璃管（模）制口服液瓶、玻璃（黄料、白料）药瓶、安瓿、玻璃滴眼液瓶、输液瓶、天然胶塞等；Ⅲ类药品包装材料是间接使用或者非直接接触药品的材料，如铝（合金铝）盖、铝塑组合盖。

按照材料类型，药品包装材料可以分为金属、玻璃、塑料（热塑性、热固性高分子材料）、橡胶（热固性高分子材料）及上述成分的组合（如铝塑组合盖、药品包装用复合膜）等。

按照形状，药品包装材料可分为容器（口服固体药用高密度聚乙烯瓶等）、片、膜、袋（聚氯乙烯固体药用硬片、药用复合膜、袋等）、塞（药用氯化丁基橡胶塞）、盖（口服液瓶撕拉铝盖）。

2. 性能

药品包装材料的基本性能：

(1) 力学性能 主要包括弹性、强度、塑性、韧性和脆性等。药品包装材料的缓冲防震性能主要取决于弹性，弹性愈好，缓冲性能愈佳。强度分为抗压性、抗拉性、抗跌落性、抗撕裂性等，用于不同场合和范围的药品包装材料，其强度要求不同。塑性是指材料在外力的作用下发生形变，移去外力后不能恢复原来形状的性质。塑性良好的药品包装材料受外力作用拉长或变形程度大且不破裂。

(2) 物理性能 主要包括密度、吸湿性、阻隔性、导热性、耐热性和耐寒性。合适的药品包装材料应具有性价比高、密度小、质轻、易流通等特性。密度是药品包装材料的重要参数，可用于说明材料的紧密度和多孔性。吸湿性是指药品包装材料在一定的温度和湿度条件下，从空气中吸收或放出水分的性能。药品包装材料吸湿性对所包装药物有影响，药品包装材料吸湿率和含水量对控制水分、保障药品质量具有重要意义。阻隔性是指药品包装材料对气体如氧气、氮气、二氧化碳和水汽的阻隔性能，主要取决于药品包装材料结构的紧密程度。导热性是指药品包装材料对热量的传递能力。耐热性和耐寒性是指药品包装材料耐温度变化而不致失效的性能。低温或冷冻条件下使用的药品包装材料需具有耐寒性，即在低温下保持韧性，脆化倾向小。

(3) 化学稳定性能 指药品包装材料在外界环境影响下，不易发生老化、锈蚀等的性能。老化是指高分子材料在可见光、空气及高温的作用下，分子结构受到破坏，物理机械性能急剧变化的现象。老化会造成高分子结构的主链断裂，分子量降低，材料变软、发黏、机械性能变差。锈蚀是指金属表面受周围介质腐蚀的现象。抗锈蚀的金属包装材料应耐酸、耐碱、耐水、耐腐蚀性气体等。

(4) 加工（成型）性能 药品包装材料往往需加工成型用于包装，应具有较好的加工（成型）性能。不同材料和不同的加工（成型）工艺有不同的加工性能的要求。

(5) 生物安全性能 药品包装材料应无毒、无菌、无放射性，对人体不产生伤害，对药品无污染和影响，具有良好的生物安全性。

(6) 环境友好性能 包装工业发展的过程中，虽不断提升了药品包装技术水平，改善了药品包装质量，但也给环境保护带来压力。有些药品包装材料的使用严重危害环境。提倡选择合适包装材料及形式进行环境友好型"绿色"包装，使用可回收、可降解的药品包装材料。

3. 选择原则

(1) 协调性原则 药品包装材料应与包装所承担的功能相协调，根据药物制剂产品的剂型选择不同材料制作包装容器。

(2) 相容性原则 药品包装材料应具有良好的物理相容、化学相容和生物相容性，与被包装药品之间不应发生物理、化学和生物反应。在选择药品包装材料时，应按照相关规定进行药品包装材料与药品相容性的考察。

(3) 适应性原则 药品通过流通领域才能到达患者手中，各种药品的流通条件并不相同，药品包装材料的选用应与流通条件相适应。流通条件包括气候、运输方式、流通对象与流通周期等，它们对药品包装材料性能的要求各不相同。药品包装材料还需满足在有效期内确保药品质量的稳定。

（4）对等性和经济性原则　在设计药品包装时，除了保证药品的质量外，还应考虑药品的价格、品性或附加值，选择价格对等的包装材料。对于价格适中的常用药品，所用的药品包装材料要多考虑经济性，与之协调；对于价格较低的普通药品，所用药品包装材料应注重实惠性，价格较低。

（5）美学性原则　药品包装的美观程度会影响药品的命运。所用的药品包装材料应考虑其颜色、透明度、挺度、种类等。

二、常用药品包装材料

常用药品包装材料包括玻璃、塑料、金属、纸、陶瓷、橡胶、干燥剂及复合材料等。下面主要介绍用于药品内包装的金属、玻璃、塑料、橡胶和复合材料。

1. 金属

金属类药品包装材料大多用于制成筒、管、罐和箔等包装容器。

（1）特点　金属作为药品包装材料，其优点为：①机械强度高，所制成的容器薄而不易破，具有良好的力学性能；②阻气性、阻湿性和遮光性高，综合保护性能好；③具有良好的延展性，易加工成型；④具有特殊光泽，外表美观；⑤可回收再利用。主要缺点是：化学稳定性差，易腐蚀；铅、锌等重金属元素可能影响药品质量，危害人体健康；重量大，成本高。

（2）分类　金属材料众多，常用于药品包装的主要为铁、铝、锡。

① 铁（钢）　镀锡钢板（马口铁）为将低碳薄钢板放在熔融的锡液中电镀或热浸，使表面镀上锡保护层制得。低碳薄钢板具有良好的塑性和延展性，优良的综合保护性能，但耐蚀性差，易生锈，镀锡后能形成钝化膜增强耐蚀能力。

② 铝　铝质轻，具有延展性、可锻性与不透性，无味、无毒，可用于制成刚性、半刚性或柔软的容器。铝可直接制成铝管和铝瓶用于包装软膏等半固体制剂。铝箔由电解铝经压延而成，可单独用于包装（厚度均在 0.2 mm 以下），可与纸、玻璃纸、塑料薄膜等复合使用。铝箔表面形成的氧化铝薄膜可防止进一步氧化，具有较好的光线、水分及气体阻隔性。铝箔导热性好，易于杀菌消毒，不易滋生微生物，耐热耐寒性好。铝箔易被强酸强碱腐蚀，可通过表面镀锡或涂漆增加其防腐性。

③ 锡　化学惰性，冷锻性好。锡管中常含 0.5% 的铜以增加硬度。锡片上包铝能改良成品外观并抵御氧化。锡昂贵，可采用价廉的涂漆铝管代替锡管。一些眼用软膏目前仍用纯锡管包装。

2. 玻璃

玻璃是经高温熔融、冷却而得到的非晶态透明固体，是一种主要的药品包装材料。

（1）特点　玻璃作为药品包装材料，其优点包括：①化学稳定性高，耐腐蚀，药物相容性较好，对药物吸附少；②湿、热阻隔性好，有一定强度，保护性能好；③表面光滑，易于清洗，无毒无味；④耐高温高压，便于消毒；⑤种类多，易于制造；⑥价廉易得，可回收利用。其缺点是：不耐温度急剧变化，易破碎；使用前处理工序多；密度大，携带不便；与水、碱性物质长期接触或刷洗、加热灭菌，会使其内表面毛糙、透明度降低，发生水解而影响药品质量。

(2) 分类及用途 药用玻璃主要为钠钙玻璃以及硼硅酸盐玻璃。中国药品包装容器（材料）标准 YBB00342003—2015《药用玻璃成分分类及理化参数》根据玻璃的成分及性能将药用玻璃分为高硼硅玻璃、中硼硅玻璃、低硼硅玻璃和钠钙玻璃（见表 19-1）。高硼硅玻璃线热膨胀系数小，耐热冲击性能高，可用于制备低温冻干粉针瓶。中硼硅玻璃在药品包装中用途广泛，注射液一般采用中硼硅玻璃容器包装。低硼硅玻璃含硼量较低，线热膨胀系数较大，耐水性略低，不能用于制备安瓿。钠钙玻璃容易熔制和加工、价廉，可用于制造耐热性、化学稳定性要求不高的玻璃制品。

表 19-1　药用玻璃按成分分类

化学组成及性能	玻璃类型			
	高硼硅玻璃	中硼硅玻璃	低硼硅玻璃	钠钙玻璃
B_2O_3（质量分数）/%	≥12	≥8	≥5	<5
SiO_2（质量分数）/%	约81	约75	约71	约70
Na_2O+K_2O（质量分数）/%	约4	4~8	约11.5	12~16
$MgO+CaO+BaO+SrO$（质量分数）/%	—	约5	约5.5	约12
Al_2O_3（质量分数）/%	2~3	2~7	3~6	0~3.5
平均热膨胀系数/$10^{-6}K^{-1}$	3.2~3.4	3.5~6.1	6.2~7.5	7.6~9.0
121℃颗粒耐水性	1级	1级	1级	2级
98℃颗粒耐水性	HGB 1级	HGB 1级	HGB 1或2级	HGB 2或3级
耐酸性能（重量法）	1级	1级	1级	1~2级
耐碱性能	2级	2级	2级	2级

(3) 药用玻璃容器及成型工艺

① 模制瓶　采用玻璃模具进行成型，主要产品包括模制抗生素玻璃瓶、玻璃输液瓶和玻璃药瓶。成型方式包括利用两次吹气，将玻璃料液在模具中固定成型；先利用金属冲头压制雏形，再在模具中吹气固定成型。具体流程为：玻璃液→供料道→供料剪切→下料道→初型模→成型模→入退火炉。

② 管制瓶　利用玻璃管进行二次加工。管制瓶的成型工艺流程：人工续管→口部成型→切割→封底→退火。

③ 安瓿　利用玻璃管进行二次加工。安瓿的成型工艺流程：人工续管→拉丝→烧压出曲径→扩口→封底→点刻痕→退火。

3. 塑料

采用塑料可制成瓶、袋、膜等药品包装。塑料还可与纸、金属等材料制成高性能复合材料，作为药品包装材料。

(1) 特点　塑料作为药品包装材料，其优点在于：①密度小，重量轻；②光学性能优良；③阻隔性好，可阻隔气体、水分等；④化学稳定性好，耐水、二氧化碳和一般酸、碱等物质；⑤有适当的机械强度，结实耐用；⑥加工成型性好，便于热封、复合；⑦价格便宜，运输成本低。塑料材料耐热性差，在高温下易变形，易磨损，废弃后处理不当会造成环境污染等。

(2) 常用塑料　塑料材料可分为热固性塑料和热塑性塑料。热固性塑料受热后分子结构破坏，无法再次成型，如酚醛树脂、环氧树脂等；热塑性塑料受热熔融塑化，冷却变硬成型，分子结构和性能无明显变化。药用塑料包装材料多采用热塑性塑料。

① 聚乙烯（polyethylene，PE）由乙烯聚合而得，是一种典型的热塑性塑料，为无臭、无味、无毒的可燃性白色粉末。具有良好的柔韧性、阻湿性、抗溶剂性，耐大多数酸碱侵蚀，但对二氧化碳、氧气的阻透性较差。按照密度的不同，可将 PE 分为高密度聚乙烯（HDPE）、中密度聚乙烯（MDPE）和低密度聚乙烯（LDPE）。随着密度的增加 PE 对气体的阻隔率和抗拉伸强度增强，伸长率和抗冲击强度减弱。LDPE 常用于制成薄膜，HDPE 用于制成容器。

② 聚丙烯（polypropylene，PP）由丙烯聚合而得。PP 外观与 PE 类似，密度较低，是一种非极性塑料。PP 具有优良的化学稳定性，除强酸（如发烟硫酸、硝酸）对其有腐蚀作用外，室温下还没有一种溶剂能使之溶解；力学性能优于 PE，具有更好的刚性和抗弯曲性；具有优良的耐热性，耐沸水煮，可高温消毒灭菌。PP 耐低温性能不如 PE，低温下易脆裂，耐老化性能差。PP 主要用于制备输液瓶、药用滴眼剂瓶、口服固体药品瓶、多层共挤输液用膜（袋）、药品包装用复合膜等。

③ 聚氯乙烯（polyvinyl chloride，PVC）由氯乙烯聚合而得，为无毒、无臭的白色粉末。PVC 的机械性能取决于分子量、增塑剂和填料的含量。PVC 分子量越大，力学性能、耐寒性、热稳定性越高，但成型加工越困难；分子量低则相反。在 PVC 中加入增塑剂，能提高流动性，降低塑化温度，使其变软。软质 PVC 用于制造薄膜、袋等；硬质 PVC 可制成瓶、杯、盘、盒等容器。PVC 片材被广泛用于制备片剂、胶囊剂的铝塑泡罩包装。

④ 聚苯乙烯（polystyrene，PS）是质硬、脆、透明、无定形的热塑性塑料。由于苯基的空间位阻，PS 具有较大的刚性，是最脆的塑料之一，常通过共混或接枝共聚技术改善。PS 收缩率较低，加工性能好，是优良的模塑材料。PS 具有成本低、吸水性低、易着色等优点，但会被化学药品侵蚀和溶解，造成开裂、破碎，一般不用于液体制剂包装，特别不适合用于包装含油脂、醇、酸等有机溶剂的药品，常用来盛装固体制剂。

⑤ 聚对苯二甲酸乙二醇酯（polyethylene terephthalate，PET）是结晶型聚合物，具有优良的力学性能，韧性在热塑性塑料中最大，薄膜拉伸强度可与铝箔相当，大于聚乙烯、聚碳酸酯和尼龙。PET 耐化学性能好，在较高温度下，能耐氢氟酸、磷酸、乙酸、乙二酸。PET 还具有良好的气体阻隔性，可阻隔水汽、氧气、二氧化碳等。其缺点是不耐高温蒸汽，在沸水中易降解，易带静电，热封性差。

聚碳酸酯（polycarbonate，PC）、聚偏氯乙烯（polyvinylidene chloride，PVDC）、聚酰胺（polyamide，PA）、聚氨酯（polyurethane，PU）、聚四氟乙烯（polytetrafluoroethylene，PTFE）等具有防潮、遮光、阻气、阻湿功能的塑料也可应用于药品包装。

4. 橡胶

橡胶具有高弹性、低透气和透水性、耐灭菌、良好的相容性等特性，主要用于制备胶塞、密封垫等。高质量胶塞应具备：①良好的弹性及柔韧性，针头易刺入，刺穿后再封性良好；②良好的化学稳定性，耐溶剂，耐老化，不会增加药液或药粉中杂质；③低的药物吸附作用；④低气体和水蒸气透过性；⑤耐高压蒸汽、环氧乙烷和辐射消毒性等。

天然橡胶是第一代用于药用瓶塞的橡胶，由于天然橡胶需要高含量的硫化剂、防老化剂，现已被淘汰。目前主要使用合成橡胶，常见种类如下：

(1) 丁基橡胶 异丁烯和少量异戊二烯的共聚物，具有优异的耐老化、耐热、耐低温、耐化学、耐臭氧、耐水及蒸汽、耐油等性能及较强的回弹性等。

(2) 卤化丁基橡胶 常用的有氯化丁基橡胶和溴化丁基橡胶。由于卤族元素的存在，胶料的硫化活性和选择性更高，易与不饱和橡胶共硫化，卤化丁基橡胶不仅具备丁基橡胶的优良性能，还可消除普通丁基橡胶的污染问题，无须添加防老化剂，可直接与药品接触，是当前药用瓶塞最理想的材料。

乙丙橡胶、丁腈橡胶等可用于制备气雾剂、喷雾剂等的密封件。

5. 复合材料

复合材料是指将纸张、塑料薄膜或金属箔等两种或两种以上材料复合而得，通常制成复合膜，厚度一般不大于 0.25 mm。

(1) 结构及特点　复合材料（复合膜）可由表层、中间阻隔层和内层组成。表层常用 PET、PP、双向拉伸聚丙烯（BOPP）、双向拉伸尼龙（BOPA）等，一般要求透明、耐热、耐磨损、耐刺穿、有良好的印刷性，且对中间层具有良好的保护作用；中间阻隔层常用镀铝膜、BOPA、乙烯-乙烯醇共聚物（ethylene-vinyl alcohol copolymer，EVOH）、PVDC 等，要求能够很好地阻止气体、液体向内或向外渗透，避光性好；内层常用 PE、PP、乙烯-醋酸乙烯共聚物（ethylene-vinyl acetate copolymer，EVA）等，要求无毒，具有良好的化学惰性，不与被包装物质发生作用，具有良好的热封性、机械性能等。复合材料层与层之间若相容性好可直接复合，若相容性差还需使用黏合剂。

复合膜的优点在于其综合性能好，具有构成复合膜各单层膜的性能，同时通过选择性的复合，实现功能互补，提高对被包装物的综合保护性，如可改进包装材料的耐水性、耐油性等，增强对气体、液体和光的阻隔性，增强对微生物、灰尘等外界物质的防护性能，提高机械强度，增强刚度和耐冲击性，改善耐热、耐寒性能，改善加工适用性等。复合材料涉及材料种类多，在回收利用时分离困难，回收利用性较低。

(2) 生产工艺　复合膜的生产工艺包括干式、湿式和挤出复合法。

干式复合法是将黏合剂通过复合机涂敷在基材表面，辊压并加热复合在其他薄膜基材表面，形成复合膜；湿式复合法是将水溶性或水分散性黏合剂涂布在基材表面，在湿润状态下与其他薄膜基材复合，然后辊压干燥，形成复合膜；挤出复合法是用挤出机将 PE、PP、EVA 等材料挤出成薄膜状，与掺入的加工剂在薄膜上复合，再经冷却、固化，加工成型，该法是目前复合膜加工的最常用方法。

(3) 用途　复合材料常用于制备袋、泡罩、软管等。

① 复合膜制袋　用复合材料制备成袋，用于颗粒剂、散剂、片剂或胶囊剂等固体制剂的包装，一般为三边或四边热封的平面小袋。

② 条形包装　采用再生纤维素、纸、塑料、铝箔等材料或其复合物制成膜片，在两层膜片之间放置片剂、胶囊剂或栓剂等固体制剂，在制剂周围的膜片内侧热封，压印齿痕。通常作为单剂量包装的形式，以方便消费者使用。若两层膜片均采用涂覆铝箔的材料，即为双铝包装，具有优越的密封或避光性能。

③ 泡罩包装　主要由热塑性塑料薄片与衬底组成，一般通过热合方式将塑料薄片制成的罩壳与底板材料组合。我国罩壳材料大多采用 PVC 硬片，衬底材料采用铝箔。该类泡罩具有一定阻隔性，但 PVC 在阻气、阻湿方面的性能不够理想。利用冷冲压成型机械将铝塑复合膜与铝箔或铝塑复合膜制备成具有更高阻隔性能的泡罩，可用于片剂、胶囊剂、丸剂或栓剂等产品的包装。

④ 复合软管　分为全塑复合软管和铝塑复合软管，为将复合材料制成片材，再经制管机加工而成。相比于传统金属软管，复合软管具有更好的抗挠曲、抗龟裂性，较好的阻隔性，外观精美，广泛用于软膏、凝胶等制剂的包装。

三、药品包装材料的质量评价

1.药品包装材料与药物相容性评价

药品包装材料与药物相容性试验是指为考察药品包装材料与药物之间是否发生迁移或吸附，进而影响药物质量而进行的一种试验。由于包装材料众多，包装容器各异以及被包装制剂不同，为规范试验，国家食品药品监督管理总局发布了《药品包装材料与药物相容性试验指导原则》（YBB00142002—2015）。该指导原则规定了试验方法、试验条件和检测项目等。

试验测试方法的建立：

在考察药品包装材料时，应选用三批包装材料制成的容器对拟包装的一批药品进行相容性试验；考察药品时，应选用三批药物用拟上市包装的一批材料或容器包装后进行相容性试验。当进行药品包装材料与药物相容性试验时，可参照药物及该包装材料或容器的质量标准，建立测试方法。必要时，进行方法学的研究。

试验条件：

(1) 光照试验 采用避光或遮光包装材料或容器包装的药品，应进行强光照射试验。将供试品置于装有日光灯的光照箱或其他适宜的光照装置内，照度为 4500 lx ± 500 lx（1lx＝1lm/m^2）的条件下放置 10 天，于第 5 天和第 10 天取样，按相容性重点考察项目，进行检测。

(2) 加速试验 将供试品置于温度 40 ℃ ± 2 ℃、相对湿度 90% ± 10%或 20% ± 5%的条件下放置 6 个月，分别于 0、1、2、3 和 6 个月取出，进行检测。对温度敏感的药物，可在温度 25 ℃ ± 2 ℃、相对湿度 60% ± 10%条件下，放置 6 个月后，进行检测。

(3) 长期试验 将供试品置于温度 25 ℃ ± 2 ℃、相对湿度 60% ± 10%的恒温恒湿箱内，放置 12 个月，分别于 0、3、6、9、12 个月取出，进行检测。12 个月以后，仍需按有关规定继续考察，分别于 18、24、36 个月取出，进行检测，以确定包装对药物有效期的影响。对温度敏感的药物，可在 6 ℃ ± 2 ℃条件下放置。

(4) 特别要求 将供试品置于温度 25 ℃ ± 2 ℃、相对湿度 20% ± 5%或温度 25 ℃ ± 2 ℃、相对湿度 90% ± 10%的条件下，放置 1、2、3、6 个月。本试验主要对象为塑料容器包装的眼药水、注射剂、混悬液等液体制剂及铝塑泡罩包装的固体制剂等，以考察水分是否会溢出或渗入包装容器。

(5) 过程要求 在整个试验过程中，药物与药品包装容器应充分接触，并模拟实际使用状况。考察注射剂、软膏剂、口服溶液剂时，包装容器应倒置、侧放；多剂量包装应进行多次开启。

(6) 必要时应考察使用过程的相容性

包装材料重点考察项目：取经过上述试验条件放置后的装有药物的三批包装材料或容器，弃去药物，测试包装材料或容器中是否有药物溶入、添加剂释出及包装材料是否变形、失去光泽等。

(1) 玻璃 常用于注射剂、片剂、口服溶液剂等包装。重点考察玻璃中碱性离子的释放对药液 pH 的影响，有害金属元素的释放，不同温度（尤其冷冻干燥时）、不同酸碱度条件下玻璃的脱片，含有着色剂的避光玻璃被某些波长的光线透过使药物分解，玻璃对药物的吸附，以及玻璃容器的针孔、瓶口歪斜等问题。

(2) 金属 常用于软膏剂、气雾剂、片剂等的包装。应重点考察药物对金属的腐蚀，金属离子对药物稳定性的影响，金属涂层在试验前后的完整性等。

（3）**塑料** 常用于片剂、胶囊剂、注射剂、滴眼剂等的包装。应重点考察水蒸气的透过，氧气的渗入，水分、挥发性药物的透出，脂溶性药物、抑菌剂向塑料的转移，塑料对药物的吸附，溶剂与塑料的作用，塑料中添加剂、加工时的分解产物对药物的影响，以及微粒、密封性等问题。

（4）**橡胶** 通常作为容器的塞、垫圈。应重点考察各种添加物的溶出对药物的作用，橡胶对药物的吸附，以及填充材料在溶液中的脱落。在进行注射剂、口服液体制剂等试验时，应倒置、侧放，使药物能充分与橡胶塞接触。

原料药与药物制剂相容性重点考察项目：取经过上述试验条件放置后带包装容器的三批药物，取出药物，按表 19-2 中项目考察药物的相容性，并观察包装容器。

表 19-2　原料药与药物制剂相容性重点考察项目

剂型	相容性重点考察项目
原料药	性状、熔点、含量、有关物质、水分
片剂	性状、含量、有关物质、崩解时限或溶出度、脆碎度、水分、颜色
胶囊剂	外观、内容物色泽、含量、有关物质、崩解时限或溶出度、水分(含囊材)、粘连
注射剂	外观色泽、含量、pH 值、澄明度、有关物质、不溶性微粒、紫外吸收、胶塞的外观
栓剂	性状、含量、融变时限、有关物质、包装物内表面性状
软膏剂	性状、结皮、失重、水分、均匀性、含量、有关物质(乳膏还应检查有无分层现象)、膏体易氧化值、碘值、酸败、包装物内表面性状
眼膏剂	性状、结皮、均匀性、含量、粒度、有关物质、膏体易氧化值、碘值、酸败、包装物内表面性状
滴眼剂	性状、澄明度、含量、pH 值、有关物质、失重、紫外吸收、渗透压
丸剂	性状、含量、色泽、有关物质、溶散时限、水分
口服溶液剂、糖浆剂	性状、含量、澄清度、相对密度、有关物质、失重、pH 值、紫外吸收、包装物内表面性状
口服乳剂	性状、色泽、有关物质、含量
散剂	性状、含量、粒度、有关物质、外观均匀度、水分、包装物吸附量
吸入气(粉、喷)雾剂	容器严密性、含量、有关物质、每撒(吸)主药含量、有效部位药物沉积量、包装物内表面性状
颗粒剂	性状、含量、粒度、有关物质、溶化性、水分、包装物吸附量
贴剂、擦剂、洗剂	性状、含量、释放度、黏着性、包装物内表面颜色及吸附量、性状、含量、有关物质、包装物内表面颜色

2. 药品包装材料的生物学评价

（1）YBB00012003—2015《细胞毒性检查法》 将一定量的供试品溶液加入细胞培养液中，培养细胞，通过对细胞形态、增殖和抑制影响的观察，评价供试品对体外细胞的潜在毒性作用。

（2）YBB00022003—2015《热原检查法》 将供试品溶液经静脉注入家兔体内，在规定时间内，观察家兔体温升高的情况，以判定供试品中所含热原的限度是否符合规定。

（3）YBB00032003—2015《溶血检查法》 通过供试品与血液直接接触，测定红细胞释放的血红蛋白量以检测供试品体外溶血程度。

（4）YBB00042003—2015《急性全身毒性检查法》 将一定剂量的供试品溶液由静脉注入小鼠体内，在规定时间内观察小鼠有无毒性反应和死亡情况，以判定供试品是否符合规定。

（5）YBB00052003—2015《皮肤致敏检查法》 将一定量的供试品溶液与豚鼠皮肤接触，以检测供试品是否具有引起接触性皮肤变态反应的可能性。

（6）YBB00062003—2015《皮内刺激检查法》 将一定量的供试品溶液注入家兔皮内，通过对局部皮肤反应的观察，评价供试品对接触组织的潜在刺激性。

（7）YBB00072003—2015《原发性皮肤刺激检查法》 将材料或材料浸提液与动物皮肤在规定时间内接触，通过动物皮肤的局部反应情况来评价材料对皮肤的原发性刺激作用。

3. 药品包装材料的理化性质评价

不同类别药品包装材料的理化性质检测项有所不同，如玻璃类药品包装材料需检测内应力、耐内压力、热膨胀系数、玻璃耐沸腾盐酸浸蚀性等，塑料类药品包装材料需检测剥离强度、拉伸性能等，橡胶类药用包装材料需检测挥发性硫化物、灰分等。各类药品包装材料理化性质检测项目及检测方法参见国家食品药品监督管理总局于 2015 年发布的直接接触药品的包装材料和容器国家标准。表 19-3 列举了部分包装材料相应检测项目及方法标准。

表 19-3　不同包装材料的理化性质的检查

所有材料	玻璃	塑料	橡胶	陶瓷
YBB00082003—2015《气体透过量测定法》	YBB00272004—2015《包装材料不溶性微粒测定法》			YBB00402004—2015《药用陶瓷吸水率测定法》
YBB00092003—2015《水蒸气透过量测定法》	YBB00162003—2015《内应力测定法》	YBB00262004—2015《包装材料红外光谱测定法》		YBB00182005—2015《药用陶瓷容器铅、镉浸出量限度》
YBB00312004—2015《包装材料溶剂残留量测定法》	YBB00172003—2015《耐内压力测定法》	YBB00242005—2015《环氧乙烷残留量测定法》		YBB00192005—2015《药用陶瓷容器铅、镉浸出量测定方法》
	YBB00182003—2015《热冲击和热冲击强度测定法》	YBB00102003—2015《剥离强度测定法》	YBB00302004—2015《挥发性硫化物测定法》	
	YBB00192003—2015《垂直轴偏差测定法》	YBB00112003—2015《拉伸性能测定法》	YBB00322004—2015《注射剂用胶塞、垫片穿刺力测定法》	
	YBB00202003—2015《平均线热膨胀系数测定法》	YBB00122003—2015《热合强度测定法》	YBB00332004—2015《注射剂用胶塞、垫片穿刺落屑测定法》	
	YBB00212003—2015《线热膨胀系数测定法》	YBB00132003—2015《密度测定法》	YBB00262005—2015《橡胶灰分测定法》	
	YBB00372004—2015《砷、锑、铅、镉浸出量测定法》	YBB00142003—2015《氯乙烯单体测定法》		
	YBB00232003—2015《三氧化二硼测定法》	YBB00152003—2015《偏二氯乙烯单体测定法》		
	YBB00242003—2015《121 ℃内表面耐水性测定法和分级》	YBB00282004—2015《乙醛测定法》		

所有材料	玻璃	塑料	橡胶	陶瓷
	YBB00252003—2015《玻璃颗粒在 121 ℃耐水性测定法和分级》	YBB00292004—2015《加热伸缩率测定法》		
	YBB00342004—2015《玻璃耐沸腾盐酸浸蚀性测定法》			
	YBB00352004—2015《玻璃耐沸腾混合碱水溶液浸蚀性测定法》			
	YBB00362004—2015《玻璃颗粒在 98 ℃耐水性测定法》			
	YBB00382004—2015《抗机械冲击测定法》			
	YBB00392004—2015《直线度测定法》			
	YBB00172005—2015《药用玻璃铅、镉、砷、锑浸出量限度》			

第三节　药品包装技术

一、定义及分类

药品包装技术包括采用的药品包装方法、机械仪器等操作手段及其操作遵循的工艺措施、检测监测手段和保证包装质量的技术措施等。药品包装是药品生产的关键过程，药品包装技术水平直接影响着药品包装的质量和效果，影响着包装药品的贮运、销售。

药品包装技术可分为药品包装基本技术和专门技术。

把形成一个药品基本的独立包装件的技术和方法称为药品包装基本技术，主要包括药品充填、灌装技术，包裹与袋装技术，装盒与装箱技术，热成型和热收缩包装技术，封口、贴标和捆扎技术等。

为进一步提高药品质量和延长包装药品的贮存期，在药品包装的基本技术基础上又逐渐形成了药品包装的专门技术，如真空包装、无菌包装、充气包装、防潮包装等。

（1）**无菌包装**　将药品、包装容器、材料或包装辅助器材灭菌后，在无菌的环境中进行充填和封合的方法。

（2）**防潮包装**　防止因潮气透过包装材料使药品受潮的方法。如直接用防潮包装材料密封产品，或在包装容器内加入适量的干燥剂以吸收残存的潮气和通过包装材料透入的潮气。

（3）**条形包装**　将一个或一组药片、胶囊等包封在带状包装物内，使每个、每组药片或胶囊形成一个单元的方法。每个单元可以单独撕开或剪开以便于使用或销售。这种包装也可以用于包装少量的液体粉末或颗粒状药品。

(4) **充气包装** 将药品装入气密性包装容器，用氮、二氧化碳等气体置换容器中原有空气的方法。

(5) **喷雾包装** 将液体或膏状药品装入带有阀门和推进剂的气密性包装容器中，当开启阀门时，药品在推进剂产生的压力作用下被喷射出来的方法。

(6) **真空包装** 将药品装入气密性包装容器，抽去容器内部的空气，使密封后的容器内达到预定真空度的方法。

(7) **儿童安全包装** 一种能够保护儿童用药安全的包装，其结构设计使儿童难以自己取出药品。

(8) **危险品包装** 危险品包装应能控制温度、防潮、防止混杂、防震、防火，以及将包装与防爆、灭火等急救措施相结合。

无论哪一种形式的包装，都必须有利于保护药品的质量，有利于药品的装卸、贮存、运输、销售及使用。

二、无菌包装技术

无菌包装技术指无菌或灭菌的被包装物、包装容器或材料、包装辅助器材在无菌的环境中进行充填和封合的包装技术。

1. 包装材料或容器的灭菌技术

无菌包装的包装容器或材料必须不附着微生物，具有对气体及水蒸气的阻隔性。除了杀灭被包装药品的细菌，还要对与其接触的容器、材料和环境进行灭菌处理。包装容器或包装材料的灭菌通常有化学灭菌、紫外线灭菌技术等。

化学灭菌所用的杀菌剂必须杀菌力强，对设备无腐蚀，杀菌过程中不会生成有害物质，同时在包装材料中残留量少。常用的杀菌剂为过氧化氢，俗称双氧水。过氧化氢的灭菌效力与它的浓度和温度有关，浓度越高，温度越高，灭菌效力就越好。过氧化氢溶液浓度一般为 $25\%\sim30\%$，温度 $60\sim65$ ℃。通常将包装容器或包装材料在过氧化氢溶液中浸渍，或将过氧化氢溶液喷射在包装容器（或包装材料）上，然后加热使存留在包装容器或包装材料上的过氧化氢和热空气完全蒸发，分解成无害的水蒸气和氧。

紫外线的灭菌机理主要是紫外线照射后微生物体内的核酸产生化学变化，引起新陈代谢障碍，失去增殖能力。紫外线的灭菌效果与紫外线波长、照射度以及照射时间有关，波长为 $250\sim260$ nm 时最强。紫外线能量小，穿透能力差，只限于表面杀菌。包装材料或容器表面灰尘和异物下的细菌无法杀灭。紫外线杀菌时必须注意避免异物黏附。高性能紫外线杀菌装置的照度受紫外线灯管的老化，灯泡及反射面的油垢、手垢、烟、灰尘等污染的影响而降低。

可以选用高温、微波、远红外、电离辐射等对包装材料或容器灭菌。

2. 无菌包装系统

无菌包装指药品的输入，包装容器或材料的输入，药品的充填，以及最后的封合、分切等都必须在无菌的环境中进行。近年来，在药品包装行业中出现了越来越多的无菌包装系统。

为了适用不同的包装容器及包装材料，无菌包装系统的包装过程也不尽相同。

(1) **无菌灌装系统** 包装罐进入设备后，在设备中完成蒸汽灭菌，在无菌环境下充填已预先灭菌的药品并完成封罐。

（2）塑料瓶无菌灌装系统　向设备中输入塑料膜材，过氧化氢灭菌，直接热成型得到包装容器，再充填预先灭菌的药物，用同样经过氧化氢灭菌的塑料膜材进行封口。

（3）塑料袋无菌包装系统　一般先采用塑料薄膜制袋，根据材料要求采用适宜的方法灭菌后直接在无菌环境下充填预先灭菌的药物，并完成封口。

三、真空及充气包装技术

药品真空和充气包装可通过改变包装药品环境条件而延长药品的保质期。

1. 真空包装

真空包装是在气密性包装容器密封之前抽真空，使密封后的容器内达到预定真空度的一种包装方法。常用包装容器包括玻璃瓶、金属瓶、塑料瓶等。

真空包装通过减少包装内氧的含量，防止包装药品变质，保持药品原有的性质，延长保质期。当氧浓度低于1％时微生物的繁殖速度急剧降低，低于0.5％时大部分细菌将停止繁殖。药品的氧化、变色等都与氧密切相关。真空度大小对药品真空包装的效用至关重要。真空包装需采用合适的包装技术，进行灭菌或冷藏，才能保证药品的质量。

2. 充气包装

充气包装是充填一定量的氮、二氧化碳等保护气体的包装方法。该方法通过充入保护气体，减少空气量或完全用保护气体置换空气，从而降低包装内含氧量，达到与真空包装类似的效果。真空包装的产品，因包装内外压力不平衡会导致被包装物品受到挤压变形。充气包装既可以保证药品的质量，又能够解决真空包装的不足，使包装内外压力平衡，包装外形美观。

二氧化碳在低浓度时可促进多种微生物繁殖，但在高浓度时却能阻碍大多数需氧菌和霉菌等微生物的繁殖，延长其增长停滞期并延缓指数增长期，因而对药品有防霉和防腐作用。二氧化碳无法抑制厌氧菌和酵母菌的繁殖生长，需采用其他方法抑制其增长。在混合气体中二氧化碳的浓度超过30％就足以抑制细菌增长。实际应用中，由于二氧化碳易通过塑料包装材料逸出和被药品吸收，混合气体中二氧化碳的浓度一般都需超过50％。

氮气作为一种理想惰性气体，一般不与药品发生化学作用，包装中提高氮浓度，相对减少氧浓度，能起到防止药品氧化和抑制细菌生长的作用。氮不直接与微生物作用，可抑制微生物的呼吸。对于极易氧化变质的药品，充氮包装能有效地延缓药品的氧化变质并保证药品质量。

3. 真空及充气包装工艺设计

（1）包装材料选择　用于真空、充气包装的材料对于透气性的要求可以分成两类：高阻隔性材料，用于药品防腐的真空、充气包装，减少包装内含氧量和混合气体各组分的变化；透气性材料，用于药品充气包装，维持其低呼吸速度。真空包装和充气包装对于透湿性的要求是相同的，即对水蒸气的阻隔效果越好越有利于保证药品质量。塑料薄膜广泛用于真空、充气包装。不同的塑料薄膜对氧气、二氧化碳、氮气等气体的透过系数不一样。实际应用中，塑料薄膜一般不单独使用，往往根据阻隔要求选择特定的复合材料。

（2）包装工艺　包装材料对气体渗透速度与环境温度紧密相关，需注意贮存环境温度对真空和充气包装的影响。真空和充气包装的操作过程中，包装材料的热封应确保封口质量，避免漏气。加热灭菌应避免包装内压力变化对包装结构的破坏。真空包装应充分抽气，避免残存空气导致药品的质量问题。真空包装还需避免易碎或带棱角的药品，这类药品可采用充气包装。

四、热成型包装技术

1. 泡罩包装

泡罩包装是将塑料片加热软化并置于模具内，通过压缩空气吹塑、抽真空吸塑或模压成型为泡罩，然后将药品放入泡罩，再用涂有黏合剂的药用底板材料热封，形成泡罩包装。泡罩包装主要由塑料片材、热封涂料、印刷油墨、底板（纸板、塑料薄膜或薄片、铝箔或复合材料）等组成。与瓶装相比，泡罩包装最大的优点是便于携带，可减少药品在携带和服用过程中的污染。此外，泡罩包装具有良好的气体阻隔性、防潮性、安全性，以及生产效率高、剂量准确性好等特点。泡罩包装可全自动封装，最大限度地保障药品包装的安全性。

泡罩材料包括纤维素类、聚苯乙烯类和聚酯类等。在选择泡罩材料时应考虑耐冲击性、耐老化性、迁移性以及材料对药品的适应性等因素。最常用的药用泡罩包装材料有 PVC 片、PVDC 片及真空镀铝膜。

传统底板材料为纸板，现在应用广泛的为带有涂层的铝箔。带有涂层的铝箔以硬质铝箔为基材，具有无毒、无腐蚀、不渗透、卫生、阻热、防潮等优点，很容易进行高温消毒灭菌，并能遮光，可保护药品免受光照变质。铝箔与塑料硬片密封前需在专用印刷涂布机上印制文字图案，在铝箔的另一面涂以黏合剂。印刷油墨应具有良好的黏附性，印刷图案牢固，溶剂挥发快，耐磨性和耐热性好，无毒无污染。常用印刷油墨有醇溶性聚酰胺类等。黏合剂的作用是使铝箔与塑料硬片具有良好的黏合强度，主要为醋酸乙烯酯与硝酸纤维素混合的溶剂型黏合剂。油墨层表面通常涂以保护剂，以防止油墨图文磨损，同时也防止铝箔在机械收卷时外层油墨与内层的黏合剂接触而造成污染。铝箔泡罩除用于片剂、胶囊的包装外，还可用于针剂等药品的外包装。

2. 贴体包装

贴体包装是指将产品置于纸板或者气泡布上，将贴体膜加热后，在抽真空条件下紧贴产品，并与底板封合的包装。

贴体包装的结构形式、组合方法和主要优点与泡罩包装有相似之处，二者区别在于贴体包装是以产品本身形状作为模型，通过对覆盖其表面的塑料膜进行抽真空并加热以形成紧贴于产品的贴体泡罩，再使其与底板热封。贴体包装的结构如图 19-1 所示。

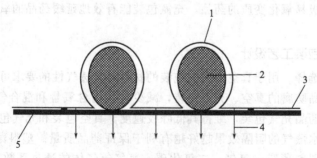

图 19-1　贴体包装结构图

1—塑料膜片；2—产品；3—热封涂层；4—抽真空；5—底板

贴体包装材料中的塑料薄膜主要有低密度聚乙烯、聚氯乙烯等。热封涂料要求渗透性小，光泽度和透明度好；底板应选用空隙大、透气性好的材料。

五、防潮包装技术

防潮包装是指防止潮气侵入包装而影响被包装药品质量的一种保护性包装措施。一般采用透湿性低的材料将产品密封包装或在包装内装入可吸收渗入潮气的干燥剂的方法，来减少或防止潮气对药品的影响。

1.防潮包装的目的与方法

药品防潮包装的目的是防止药品因受潮而变质（霉变、变色、潮解等）或防止含有水分的药品因脱水而变质。

防潮包装采用防潮材料对药品进行包装，隔绝外界湿气对包装内药品的影响，同时保持包装内干燥，使被包装药品处于临界相对湿度以下。为实现防潮，一方面需把包装时封入容器的水分排除；另一方面还需限制因包装材料的透湿性而渗入包装内水汽的量。

去除包装内湿气保持干燥的方法有静态干燥法和动态干燥法。静态干燥法是在包装内装入适量干燥剂以吸收包装内部的水分来防止药品受潮，其效果取决于包装材料的透湿性、干燥剂性质和数量、包装内空间大小等，一般适用于小型包装和有限期的包装；动态干燥法是采用降湿机械，将经干燥后的空气输入包装内，置换包装内潮湿的空气，实现对包装内相对湿度的控制，保持干燥，一般适用于大型包装和长期贮存包装。

2.防潮包装设计

(1) 防止被包装药品水分丢失 该类防潮包装为了防止被包装含水药品失去水分，保证产品的性能稳定，采用具有一定透湿率的包装材料进行包装，这类包装在设计时应注意：

① 包装容器内不同部位物料吸湿不同 如粉状易吸湿物料在包装后置于高温环境中，靠近包装容器壁处的物料吸湿严重。

② 包装容器内以及包装操作环境湿度 在相对湿度一定的条件下，当温度升高时，空气中水分含量增高；当温度下降时，空气中水分含量易达到饱和状态，直至产生凝露。在较高温度下将药品封入包装容器内的相对湿度符合产品质量要求，但当贮运环境温度低于前者，包装内的相对湿度可能超过限度要求。

③ 防潮效果 可用惰性气体置换包装内空气、包装内部抽真空或送入经干燥的空气。

④ 包装材料 应根据药品性质、价值、形状、体积、重量以及贮运条件、流通周期等恰当确定防潮包装的等级与包装材料的品种。选用透湿度不为零的包装材料时，则需进行透湿计算。

⑤ 包装容器的结构与外形 一般包装容器以球形为佳，若为非球形，应当以包装内吸潮最剧烈处出发进行整体设计。

(2) 防止被包装药品水分增加 可在包装内存放适量的干燥剂。将固体干燥剂与产品同时放入密闭的包装容器中，干燥剂可从湿物质中夺取水分而蓄于自身内，从而降低包装容器内的湿度或减少被包装产品的水分。此种防潮包装方法防潮性强且可靠，对包装容器的防潮性要求低，但仅适用于药品、食品或其他小型机电产品的短期防潮包装。

这种防潮包装要求采用透湿度小的防潮包装材料，包装内存放干燥剂后增加了包装内外的湿度差，所使用的包装材料透湿度较大，会使包装外的水分更快地进入包装内，使包装内有限的干燥剂很快失去作用，造成被包装物品吸湿变质。所使用的干燥剂应具有如下特性：①吸湿能力强，单位体积的吸湿量应尽可能大；②物理稳定性好，无味、无毒、不挥发；③化学稳定性好，吸湿后不产生化学变化；④在一定温度范围内，温度对吸湿能力无显著影响；⑤通过烘焙等干燥处理可再生、重复使用。

3.防潮包装常用材料

(1) 防潮材料　具有阻隔潮气功能的材料均可作为防潮包装材料。金属或玻璃，塑料如HDPE、LDPE、PP、PVC、PVDC、PET 等，复合材料如铝箔/PE、纸/PE、BOPP/PP、PE/铝箔/PE、布/铝箔/PE、PE/铝箔/PE/布等均可作为防潮材料。

(2) 吸湿材料　对于吸潮后质量会下降的干燥产品，除了用阻湿性包装容器外，还要在包装容器内加入一定数量的密封干燥剂，以吸收包装内的水蒸气。常用的干燥剂主要有硅胶干燥剂和蓝色指示剂。硅胶表面层覆盖有许多羟基，有很好的亲水吸附功能，可再生使用。蓝色指示剂是以细孔球形或块形硅胶为原料，经氯化钴液浸染，制得蓝色或浅蓝色玻璃状颗粒，该指示剂必须与专门的湿度指示色图配合使用。当 RH（相对湿度）为 20％时呈蓝色或浅蓝色，当 RH 为 25％时开始变为紫红色，当 RH 大于 38％时变为粉红色。

（郭圣荣　金　竹）

思考题

1.简述药品包装及其基本功能。

2.常用的药品包装材料主要有哪几类？它们的特点分别是什么？

3.如何评价药品包装材料与药物的相容性？

4.举例说明一到两种药品包装技术及其特点。

参考文献

[1]　孙智慧.药品包装学 [M].北京：中国轻工业出版社，2006.

[2]　陈燕忠，朱盛山.药物制剂工程 [M].3 版.北京：化学工业出版社，2018.

[3]　Dean D A，Evans Edward R，Hall L H. Pharmaceutical packaging technology. London：Taylor & Francis，2000.

[4]　柯学.药物制剂工程 [M].北京：人民卫生出版社，2014.

[5]　潘卫三.工业药剂学 [M].北京：中国医药科技出版社，2015.

[6]　周建平，唐星.工业药剂学 [M].北京：人民卫生出版社，2014.

附录 常用术语中英文对照表

absolute bioavailability, F_a	绝对生物利用度
absorption	吸收
acacia gum	阿拉伯胶
active pharmaceutical ingredient, API	活性药物分子
active targeting	主动靶向
active transport	主动转运
adhesive plaster	贴膏剂
adhesive	黏合剂
adsorption	吸附
adsorption-mediated transport	吸附介导转运
aerosol	气雾剂
alginate	海藻酸盐
amorphous particle	无定形粉末
amphiphilic characteristic	两亲性质
angle of repose	休止角
antibody-drug conjugate, ADC	抗体-药物偶联物
antisense oligodeoxynucleotide, asODN	反义寡核苷酸
antisepsis	防腐
apparent partition coefficient	表观分配系数
apparent solubility	表观溶解度
apparent volume of distribution, V	表观分布容积
aptamer	适体
area under blood concentration time curve, AUC	血药浓度-时间曲线下的面积
aseptic technique	无菌操作法
Bacillus	芽孢杆菌属
Bacillus amylobacter	淀粉杆菌
Bacillus macerans	软化芽孢杆菌
bioavailability, BA	生物利用度
bioequivalence, BE	生物等效性
biopharmaceutics	生物药剂学
biopharmaceutics classification system, BCS	生物药剂学分类系统
biotechnology-derived drug	生物技术药物
biotransformation	生物转化
breakage	脆碎度
Brown movement	布朗运动
caking	结饼
candidate compound	候选化合物
capillary electrophoresis, CE	毛细管电泳
capillary phenomenon	毛细现象
capsule	胶囊剂

carboxymethylethyl cellulose,CMEC	羧甲乙纤维素
carrier-ligand conjugates	配体-载体偶联物
carrier-mediated transport	载体转运
cellulose acetate phthalate,CAP	纤维醋法酯、醋酸纤维素酞酸酯
cellulosine	木粉
certificates of analysis,COA	分析检测报
chlorofluorocarbons,CFC	氟氯烷烃
chemical penetration method	化学促渗法
China Food and Drug Administration,CFDA	国家食品药品监督管理总局
chitosan	壳聚糖
circumfluence	回流法
classical nucleation theory	经典成核理论
clearance,CL	清除率
clinical pharmaceutics	临床药剂学
cloud point	昙点或浊点
coalescence	合并
coating	包衣
cocrystal	共晶
cocrystal former	共晶配体
code of federal regulations,CFR	联邦法规
colorant	着色剂
commercial off-the-shelf,COTS	商用化现货类设备
compartment model	隔室模型
compatibility	成型性
component object model,COM	组件模型
compressibility	压缩性
compressibility and compatibility	压缩成型性
concentrated decoction	煎膏剂
configurational polymorphs	构型多晶型
conformational polymorphs	构象多晶型
contact angel	接触角
container closure system,CCS	容器密封系统
content uniformity	含量均匀度
continuous growth	连续生长
contract development manufacturing organization,CDMO	合同开发制造组织
contract manufacturing organization,CMO	合同制造组织
contract research organization,CRO	合同研究组织
controlled or sustained release DDS	控释药物递送系统
controlled release tablets	控释片
controlled variable,CV	受控变量
controlled-release preparations	控释制剂
corrective actions and preventive actions,CAPA	纠正措施与预防措施
cosolvency	潜溶
cosolvent	潜溶剂
cream	乳膏剂
critical material attributes,CMA	关键物料属性

critical micelle concentration, CMC	临界胶束浓度
critical process parameters, CPP	关键生产工艺过程参数
critical quality attributes, CQA	关键质量属性
critical relative humidity, CRH	临界相对湿度
crushing	粉碎
cryogenic crushing	低温粉碎
crystal	晶体
crystal lattice	晶格
current good manufacture practice, CGMP	动态药品生产管理规范
customer relationship management, CRM	客户关系管理
cyclodextrin, CD	环糊精
cyclodextrin glucanotransferase	环糊精葡萄糖转移酶
decoction	煎煮法;汤剂
deflocculating agent	反絮凝剂
degree of dispersion	分散度
delamination	分层
demulsification	破裂
dendritic cells, DC	树突状细胞
density	密度
design of dosage form	制剂设计
design of experiment, DOE	实验设计
design space	设计空间
differential scanning calorimetry, DSC	差示扫描量热法
differential thermal analysis, DTA	差示热分析法
diluent	稀释剂
dimethyl sulfoxide, DMSO	二甲基亚砜
direct compression method	粉末直接压片法
disinfection	消毒
disintegrant	崩解剂
dispersed phase	分散相
dispersion type	分散型
displacement value, DV	置换价
dissociation constant	解离常数
dissolution rate	溶出速度;释放度
dissolve type	溶解型
distributed component object model, DCOM	分布式组件模型
distribution	分布
dimethyl ether, DME	二甲醚
DM-β-CD	2,6-二甲基-β-环糊精
DNA DDS for gene therapy	基因治疗药物递送系统
documentation management system, DMS	文档管理系统
dosage form	药物剂型
drug delivery system, DDS	药物递送系统
dry crushing	干法粉碎
dry granulation	干法制粒
dry powder inhalation, DPI	干粉吸入剂

drying	干燥
electron paramagnetic resonance, EPR	电子顺磁共振
electron spin-resonance spectroscopy, ESR	电子自旋共振
electronica quality management system, QMS	质量管理系统
elimination	消除
elimination rate constant, k	消除速度常数
emulsification	乳化作用
emulsifier	乳化剂
emulsion	乳状液或乳剂
emulsion polymerization method	乳化聚合法
enantiotropic	互变关系
endocytosis	入胞作用, 内吞
endolysosome	前溶酶体
enhanced permeation and retention, EPR	增强穿透和滞留效应
enterprise resource planning, ERP	企业资源计划管理系统
environment health safety, EHS	环境、健康和安全
equilibrium solubility	平衡溶解度
ethical drug	处方药
ethyl acetate	乙酸乙酯
ethyl cellulose, EC	乙基纤维素
ethylene-vinyl acetate copolymer, EVA	乙烯-醋酸乙烯共聚物
ethylene-vinyl alcohol copolymers, EVOH	乙烯醇共聚物
eutectic mixtures	共晶混合物
excipient	辅料
excretion	排泄
exocytosis	出胞作用
eye ointments	眼膏剂
facilitated diffusion	促进扩散
factory acceptance test, FAT	工厂验收测试
fatty oil	脂肪油
film	膜剂
financial cost management, FCM	财务及成本管理
first-pass effect	首过效应
flavoring agent	矫味剂
flocculating agent	絮凝剂
flocculation	絮凝
fluidity	流动性
Food and Drug Administration, FDA	(美国)食品药品监督管理局
functional risk assessment, FRA	功能风险评估
fusion	融合
gel plaster	凝胶膏剂
gelatin	明胶
gel	凝胶剂
glass solution	玻璃态溶液
glycerin	甘油
Good Clinical Practice, GCP	《药物临床试验质量管理规范》

Good Documentation Practices, GDP	良好的文件记录实践
Good Laboratory Practice, GLP	《药品非临床研究质量管理规范》
Good Manufacturing Practice, GMP	《药品生产质量管理规范》
Good Supply Practice, GSP	《药品经营质量管理规范》
granulation	制粒
granule	颗粒剂
glutathione, GSH	谷胱甘肽
guest molecule	客体分子
guttate pill	滴丸剂
half life, $t_{1/2}$	消除半衰期
hard capsule	硬胶囊
hardness	硬度
hazard and operability analysis, HAZOP	危险与可操作性分析
host molecule	主体分子
hot melt extrusion technique, HME	热融挤出技术
HP-β-CD	羟丙基-β-环糊精
hydrofluoroalkane, HFA	氢氟烷
hydrofluorocarbon, HFC	氢氟烃
hydrogel	水凝胶
hydrophile and lipophile balance value, HLB	亲水亲油平衡值
hydrotropic agent	助溶剂
hydrotropy	助溶
hydroxypropyl cellulose, HPC	羟丙纤维素
hydroxypropyl cellulose, HPMC	羟丙甲纤维素
hydroxypropyl methyl cellulose phthalate, HPMCP	羟丙甲纤维素酞酸酯
immediate release preparation	快速释放制剂
implantable drug delivery system	植入给药系统
inclusion complex	包合物
induced pluripotent stem cell, iPSC	诱导多能干细胞
induction time	诱导时间
industrial pharmaceutics	工业药剂学
infrared spectrometry, IR	红外光谱法
infusion	输液
inhalation	吸入制剂
initial adhesion	初黏力
injection	注射剂
installation qualification, IQ	安装确认
intelligent DDS	智能药物递送系统
interface	界面
interface chemistry	界面化学
interfacial tension	界面张力
inter-membrane transfer	膜间转运
International Council for Harmonization, ICH	人用药品注册技术要求国际协调会议
interracial polymerization method	界面聚合法
interstitial crystalline solid solution	间质结晶固态溶液
intrinsic dissolution rate	固有溶出速率

intrinsic solubility	特征溶解度
Krafft point	克拉夫特点
lanolin	羊毛脂
lattice	点阵
learning management system,LMS	培训管理系统
ligand-drug conjugates	配体-药物偶联物
liposome	脂质体
liquid paraffin	液体石蜡
lubricant	润滑剂
lysosome	溶酶体
maceration	浸渍法
macromolecule micelle	大分子胶束
manipulated variable,MV	操作变量
manufacturing execution system,MES	制造执行系统
material requirement planning,MRP	物料需求计划
matrix type	基质型
mechanical method	机械分散法
medicinal wine	酒剂
melting method	熔融法
melting point	熔点
melting solvent method	溶剂-熔融法
membrane-mobile transport	膜动转运
metabolism	代谢
metastable form	亚稳定型
metastable zone	亚稳区
metastable zone width	亚稳区宽度
metered dose inhalation,MDI	定量吸入气雾剂
methyl cellulose,MC	甲基纤维素
micelle	胶束
micelle polymerization method	胶束聚合法
microbial limit test	微生物限度检查
microcapsule	微囊
microdialysis	微透析技术
microemulsion	微乳
micromeritic	粉体学
microparticle	微粒
microsphere	微球
mixing	混合
mixture	合剂
moistening agent	润湿剂
molecular pharmaceutics	分子药剂学
mononuclear phagocyte system,MPS	单核吞噬细胞系统
monotropic	单变关系
mucosal DDS	黏膜药物递送系统
nanocapsule	纳米囊
nanoemulsion	纳米乳

nanoparticle, NP	纳米粒
nanospheres or nanocapsules	纳米球或纳米囊
National Medical Products Administration, NMPA	国家药品监督管理局
new chemical entity, NCE	新化学实体
Newtonian fluid	牛顿流体
non-Newtonian fluid	非牛顿流体
nonprescription drug	非处方药
Object Linking and Embedding for Process Control, OPC	用于过程控制的对象连接与嵌入
office automatic, OA	办公室自动化系统
ointment	软膏剂
operational qualification, OQ	运行确认
oral chronopharmacologic drug delivery system	口服择时释药系统
oral colon-specific drug delivery system, OCDDS	口服结肠定位释药系统
oral site-specific drug delivery system	口服定位释药系统
orally disintegrating tablet, ODT	口腔崩解片
osmotic pump	渗透泵
paracellular pathway	细胞旁路通道
paraffin	石蜡
particle drug delivery system, PDDS	微粒给药系统
particle engineering DDS	微粒工程药物递送系统
partition coefficient	分配系数
passive diffusion	被动扩散
peel strength	剥离强度
pellet	微丸
peptide, protein and vaccine DDS	多肽蛋白疫苗类药物递送系统
percolation	渗漉法
performance qualification, PQ	性能确认
permanent adhesion	持黏力
permeation rate	经皮渗透速率
personal protective equipment, PPE	个人防护用品
phagocytosis	吞噬
Pharmaceutical Inspection Convention PIC and the Pharmaceutical Inspection Cooperation Scheme, PIC/S	国际药品检查协定组织
pharmaceutical preparations	药物制剂
pharmaceutics	药剂学
pharmacokinetic model	药物动力学模型
pharmacokinetic	药物动力学
pharmacopoeia	药典
Pharmacopoeia Internationals, Ph. Int.	《国际药典》
Pharmacopoeia of Japan, JP	《日本药局方》
Pharmacopoeia of the People's Republic of China, Ch. P	《中华人民共和国药典》
Pharmacopoeia of the United State, USP	《美国药典》
phase inversion	转相
phase volume ratio	相容积比
physical penetration method	物理促渗法
physical pharmaceutics	物理药剂学

relative bioavailability, F_r	相对生物利用度
relative humidity, RH	相对湿度
reticulo-endothelial system, RES	网状内皮系统
rheology	流变学
risk assessment, RA	风险评估
RM-β-CD	随机甲基化 β-环糊精
rotaxane	轮烷
rubber plaster	橡胶膏剂
salting out coagulation method	盐析固化法
SBE-β-CD	磺丁基醚-β-环糊精
scanning electron microscopy, SEM	扫描电子显微镜法
screw dislocation	螺旋位错
sedimentation rate	沉降体积比
semisolid preparation	半固体制剂
sieving method	筛分法
sink condition	漏槽条件
size distribution	粒度分布
skin metabolism	皮肤代谢
sodium carboxyl methyl cellulose, CMC-Na	羧甲基纤维素钠
soft capsule	软胶囊
solid dispersion	固体分散体
solid solution	固态溶液
sol	溶胶剂
solubility	溶解度
solubilization	增溶
solubilizer	增溶剂
solvent method	溶剂法
space lattice	空间点阵
Span	司盘
specific surface area	比表面积
spectrofluorometric method	荧光光谱
spray	喷雾剂
spreading	铺展
stable form	稳定型
standard operating procedure, SOP	标准操作程序
sterility	无菌
sterilization	灭菌
submicroemulsion	亚微乳
substitutional crystalline solution	置换结晶溶液
supersaturation	过饱和度
supply chain management, SCM	供应链管理
suppository	栓剂
surface activity	表面活性
surface Gibbs energy	表面吉布斯能
surface tension	表面张力
surfactant	表面活性剂

suspending agent	助悬剂
suspension	混悬剂
sustained release tablet	缓释片
sustained-release preparation	缓释制剂
system impact assessment,SIA	系统影响评估
tablet	片剂
targeting DDS	靶向药物递送系统
targeting delivery	靶向给药
the International Council for Harmonization of Technical Requirements for Pharmaceuticals for Human Use,ICH	国际人用药品协调理事会
TM-β-CD	2,3,6-三甲基-β-环糊精
transcellular pathway	经细胞转运通道
transdermal drug delivery system,TDDS	经皮给药系统
transdermal therapeutical system,TTS	经皮治疗系统
trans-epidermal water loss,TEWL	经皮水分流失
transition temperature	相转变点
transport	转运
triptorelin	曲普瑞林
two dimensional nucleation	二维成核
Tyndall effect	丁达尔效应
ultra-fine crushing	超微粉碎
ultraviolet visible absorption spectroscopy,UV-vis	紫外可见吸收光谱
unit cell	晶胞
user requirements specification,URS	用户需求说明文件
validation management system,VMS	验证管理系统
vaseline	凡士林
vinyl acetate,VA	醋酸乙烯酯
wet crushing	湿法粉碎
wet granulation	湿法制粒
wetting	润湿
wetting agent	润湿剂
α-cyclodextrin,α-CD	α-环糊精
β-cyclodextrin β-CD	β-环糊精
γ-cyclodextrin γ-CD	γ-环糊精